超越 Protel 创新电子设计丛书

Altium Designer 快速入门

(第 2 版)

徐向民　主编

邢晓芬　华文龙　李　磊　副主编

北京航空航天大学出版社

内 容 简 介

本书详细介绍 Altium Designer 的功能和面向实际的应用技巧及操作方法。主要内容包括从 Protel 99 SE 到 Altium Designer、Altium Designer 设计环境、原理图基本要素、PCB 设计、FPGA 设计、嵌入式软件设计、多图纸设计、多通道设计、全局编辑功能描述、PCB 规则约束及校验、交互式布线和差分布线功能、嵌入式智能、实现基于 32 位处理器的 FPGA 设计、创建元件库以及 Altium Designer 资源定制等。

本书适合作为各大中专院校相关专业和培训班的教材，也可以作为电子、电气、自动化设计等相关专业人员的学习和参考用书。本书由 Altium 公司授权出版，并对书的内容进行了审核。

图书在版编目(CIP)数据

Altium Designer 快速入门 / 徐向民主编. --2 版
-- 北京 ：北京航空航天大学出版社，2011. 4
ISBN 978 - 7 - 5124 - 0390 - 1

Ⅰ. ①A… Ⅱ. ①徐… Ⅲ. ①印刷电路－计算机辅助设计－应用软件，Altium Designer Ⅳ. ①TN410. 2

中国版本图书馆 CIP 数据核字(2011)第 049537 号

Altium Designer 快速入门(第 2 版)
徐向民　主编
邢晓芬　华文龙　李　磊　副主编
责任编辑　张　楠　王　松
*
北京航空航天大学出版社出版发行
北京市海淀区学院路 37 号(邮编 100191)　http://www.buaapress.com.cn
发行部电话：(010)82317024　传真：(010)82328026
读者信箱：bhpress@263.net　邮购电话：(010)82316936
北京时代华都印刷有限公司印装　各地书店经销
*
开本：787 mm×960 mm　1/16　印张：24.75　字数：554 千字
2011 年 4 月第 2 版　2011 年 4 月第 1 次印刷　印数：5 000 册
ISBN 978 - 7 - 5124 - 0390 - 1　定价：45.00 元

序言一

Altium一直致力于为每一个电子设计工程师提供最好的设计技术和解决方案。

而这也是我在20多年前创建Altium(原名为Protel——编者注)的原因。

本书将介绍Altium最新一代的电子设计解决方案。在Altium的电子设计方案里,将打破创新的障碍,使新器件和新技术的应用变得更容易;帮助探索并尝试新的设计理念,并在一个统一的设计系统里把从概念到产品的转换变为可能。

在这里,软硬件结合的方案使得软设计成为产品的核心。让工程师无须通过原型就可以通过可视化,对设计进行交互式修改和更新,并可以在确认已符合市场要求之后再对硬件进行最后的定型。

新的一体化设计方式代替了原本拼凑的设计工具,让创新设计变得更为容易。并可以避免高成本的设计流程以及错误和产品的延迟。

中国正在从世界的制造中心向设计中心转型,拥有巨大的市场潜力。专注于创新,提升设计能力和有效性将有机会使得这样的潜力得以变为现实。

无论是独自设计,参与设计部门的工作人员,或者是大型研发机构的一员;还是致力工作于日益增长软设计环境,试图最大限度地运用当前低成本桌面计算机,Altium的解决方案都将能够帮助工程师们设计新一代电子产品,并获得成功。

Nick Martin

Altium公司创始人兼首席执行官

Preface

At Altium we are passionate about putting the best available design technology into the hands of every electronics designer and engineer.

This is the reason I formed the company Altium, under its original name Protel, more than two decades ago.

This book takes you through Altium's next generation electronics design solution. Altium helps remove the barriers to innovation, by making it easy to experiment with new devices and technologies, explore and implement new design concepts, and take your design from concept through to manufacture all within a single design system.

The combination of our software and hardware solution pushes soft design to the center of the process, making it easy to visualize, interact, explore and update the designs as an alternate to prototyping, without you having to commit to final hardware until the design is considered ready to go to market.

This new unified design approach replaces the previous ad-hoc collection of design tools, making it easier to innovate and allows you to avoid being bogged down in costly processes, mistakes or delays.

China has a great opportunity ahead, to move from being the world's electronics manufacturing power house, to become the world's electronics design power house. That opportunity will come from a focus on innovation and raising the power and effectiveness of the electronics designer.

Whether you are working alone, as part of a small team, or as part of a large organization; or whether you're coping with an increasingly soft' design environment, or harnessing the power of today's powerful, low-cost desktop computers; Altium can help you be successful in developing the next generation of electronic products.

Nick Martin

序言二

2000 年 6 月，国务院颁布了《鼓励软件产业和集成电路产业发展的若干政策》，为中国软件产业的发展提供了重要的政策保证。作为中国软件行业的代表协会，我们很欣喜地看到软件作为信息产业的核心与灵魂，已广泛渗透到国民经济的各行各业，促使制造业、农业、服务业及社会管理等其他领域的生产、经营方式及工作效率等发生深刻变化。作为国际领先的一体化电子设计平台提供商 Altium，在继 Protel 在中国获得极大的成功后，又将其优势拓展到一体化设计领域(PCB 板级设计、嵌入式设计、SOPC 和 FPGA 设计)，采用软硬件结合的方式，提供了一个更为广阔的开发平台。我们很高兴看到“超越 Protel 创新电子设计丛书”的第 1 册——《Altium Designer 快速入门》的出版。

目前中国正处于国民经济迅速发展的关键时刻，国家实施“两化融合”与“五化并举”发展战略，推动产业发展。对于软件产业而言，这意味着软件与硬件相融合，硬件通过软件提升自身的功能和增加产品的附加值，软件通过硬件拓展新的应用市场。融合也体现在软件与服务的融合，基于软件的信息服务和行业应用日趋流行，有偿服务的商业模式日益取代传统的软件产品销售模式。

与此同时，中国作为制造业大国，有着广阔的嵌入式软件发展市场。利用嵌入式软件提升制造业产品质量与档次，增强产品的智能化功能，增加产品的附加值，进而优化传统制造业的产业结构，降低资源消耗和生产成本，减少环境污染，既顺应了现代制造业绿色、高效、节能、环保、安全的发展潮流，也提升了中国制造业信息化水平。2007 年中国嵌入式软件产业规模已超过 1 215 亿元，年增长率超过 30%。目前国产嵌入式软件已广泛地应用在汽车电子、机床电子、医疗电子、国防电子、消费电子等众多智能化、数字化产品中。

2008 年 6 月，国务院发布《国家知识产权战略纲要》。实施《国家知识产权战略纲要》，有利于激励全社会科学技术创新，特别有益于知识与智慧含量较高的软件领域的技术创新，促进新技术和新发明成果快速转化为现实生产力。

至此，人们可以看到中国正日益关注信息产业对社会发展的拉动力，花大力气保护并鼓励创新知识产权的发展。由此可见，创新设计能力将成为中国拉动产业发展的必不可少的基础，而增强对知识产权的保护将会成持续发展的一个可靠的保障。

我们非常希望可以有更多的创新型的理念和工具来支持我们的创新能力的发展，增强我们的设计能力，使得产品更具有国际竞争力。希望这一套“创新电子设计丛书”能够给国内广大的工程师、大专院校的师生和科研机构的研发人员在思路和实践上一个新的起点，为中国的从“中国制造”到“中国设计”的产业转型起到一定的作用。

陈冲

中国软件行业协会

前　言

随着电子工业和微电子设计技术与工艺的飞速发展，电子信息类产品的开发明显地出现了两个特点：一是开发产品的复杂程度加深，即设计者往往要将更多的功能、更高的性能和更丰富的技术含量集成于所开发的电子系统之中；二是开发产品的上市时限紧迫，减少延误、缩短系统开发周期以及尽早推出产品上市是十分重要的。

当前电子设计三大主要工作为板级设计、可编程逻辑设计和嵌入式软件设计，如果设计工具能有效实现三者之间的进一步融合，设计者把几个重要“零件”组合起来就能完成产品，便能有效解决电子系统开发的复杂程度与上市时限性的矛盾。

Altium Designer 是 Altium 公司继 Protel 系列产品（Protel 99，Protel 99 SE，Protel DXP，Protel 2004）后的高端设计软件，较之于以往产品增强了 FPGA 的开发功能。它将电子产品的板级设计、可编程逻辑设计和嵌入式设计开发融合在一起，可以在单一的设计环境中完成电子设计，通过 Altium Designer 软件和 NanoBoard 开发板的结合，使得开发测试更加快速、有效。同时，Altium Designer 还集成了现代设计数据管理功能，使得 Altium Designer 成为电子产品开发的完整解决方案，可谓是一个既满足当前，也满足未来开发需求的解决方案。

新的 Altium Designer 的功能涵盖了电子设计过程中的各个方面，包括了：

1. 板级设计

Altium Designer 统一了板卡设计流程，提供单一集成的设计数据输入、电路性能验证和 PCB 设计环境。用户通过强大的规则驱动设计、版图和编辑环境可完全控制电路物理实现的所有方面。Altium Designer 还保留了层次化设计和在物理领域的设计功能的分割，可方便地基于物理约束去驱动版图设计和布线过程。通过目标设计规则可完全支持高速设计、差分对管理以及集成的信号完整性分析。其混合信号仿真是一个与输入过程统一的部分，完全集成了原理图编辑环境。

2. 管理库

Altium Designer 提供完整的管理器件信息，帮助用户控制设计中零部件的用量。灵活的集成化库搜索功能确保用户快速便捷地从即使是最大的部件集合中找到器件。Altium Designer 可快速便捷地生成综合报告，详细描述特定库中的所有器件。

3. 设计到制造

Altium Designer 把完整的制造文件验证和编辑集成进设计环境中,还提供很多输出选择,可生成满足任何制造要求的合适文件;可完全配置材料清单的信息和格式,并以多种格式生成BOM 列表;可精确定义想要打印的 PCB 层组合,设置比例和方向,在打印前可在页面上进行精确预览。Altium Designer 提供广泛的接口,支持大量机械 CAD 工具。另外,还提供强大的Smart PDF 向导和免费的 Viewer Edition,支持同事间安全的协同工作。

4. 可编程器件

Altium Designer 支持各大厂商的可编程逻辑(FPGA)器件,在 Altium Designer 原理图编辑器内,以块级把它们连接在一起,创建电路设计。还可方便地可编程器件转移,并具有板级开发相同的技巧和方便。

5. FPGA/PCB 集成

Altium Designer 解决了使用大规模可编程器件的问题,使用板卡设计提供 FPGA 设计项目的无缝链接。提供完整的 FPGA-PCB 共同设计,可进行基于 FPGA 应用的快速开发。可轻易地在开发流程中更改和更新软件,可在目标运行平台上交互地调试。

6. 设计管理

Altium Designer 可在单一环境中创建并链接构成最终产品的所有不同项目。其存储管理器可查看并管理与项目有关的所有设计文档,与版本控制系统一起无缝地工作。具有强大的图形区分引擎,可从空间上和在连接性级别比较文件版本。

为了让设计者更好地应用 Altium Designer 开展电子系统设计工作,在 Altium 公司支持下,我们完成了本书的编写。

本书由徐向民任主编,邢晓芬、华文龙、李磊参编。特别感谢李辉宪先生为本书的编写提出的宝贵意见,同时感谢郭振灵、黄晓泓、匡炎、黄建敬、许杏、杨劼学、许立腾、刘佩如、邱立、戴求森、邢晓洁、董理、张洋、黄俊敏、罗冰然、郑文杰、吴睿、厉晗、喻玲娟、张前进、谢伦鹏、袁伟才、汤小剑、毛云峰、郭振灵、张朋、谢杨鑫等同学付出的艰辛劳动。感谢 Altium 公司高级工程师张金平女士、游晋先生和亿道电子工程部总监刘远贵先生协助审稿并提出宝贵意见。本书中资料来自 Altium 公司,并在编写中得到 Altium 公司的鼎力支持,在此一并表示感谢。

由于编者自身的水平有限,如果书中存在错误和不妥之处,敬请读者批评指正。

作者

2011年3月

目 录

第1章

从 Protel 99 SE 到 Altium Designer

概　要：

这章的内容是关于用户如何实现由 Protel99SE 到 Altium Designer 的转变。

Protel 99 SE 采用设计数据库(即 DDB)来存储设计文件。而 Altium Designer 在硬盘中存储设计文件，并且引入了工程的概念。99SE 导入向导在将 99SE 的 DDB 文件载入 Altium Designer 的过程中，为用户提供控制以及可视化操控。

1.1　由电子设计发展历程谈起

1.1.1　电子设计现状

在电子技术发展进入二十一世纪后，由于单位面积内集成的晶体管数正急剧增加、芯片尺寸日益变小；同时，低电压、高频率、易测试、微封装等新设计技术及新工艺要求的不断出现，另外，IP 核复用的频度需求也越来越多。这就要求设计师不断研究新的设计工艺，运用新的一体化设计工具。图 1-1 为电子系统设计流程。

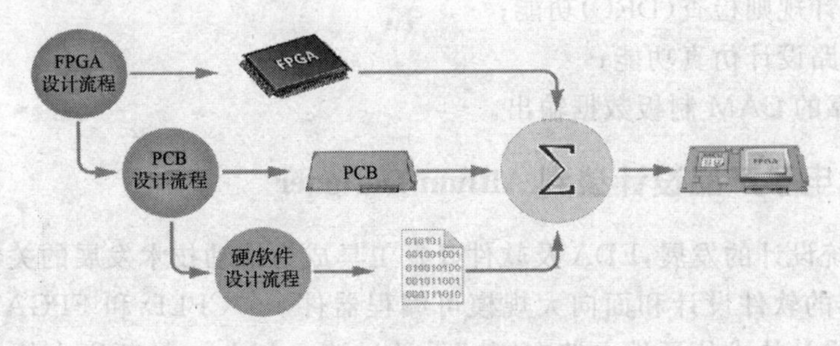

图 1-1　电子系统设计流程

正如微处理器最初只是被开发用于增强个人计算器产品的运算能力，随后伴随着性能的

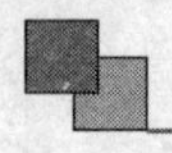

增强和价格的下降,微处理的应用扩展到更广阔的领域,这也就直接引发了后来的基于微处理器的嵌入式系统取代基于分立式器件通过物理连线组成系统的设计技术变革。而这一变革的关键并不在于微处理器件本身,而是微处理器将系统设计的重心从关注器件间连线转变到“soft”设计领域。基于这一观点,伴随着 FPGA 技术的发展,电子设计中更多的要素将通过“soft”设计实现。

现代电子产品设计流程被简单地分成两个阶段。

其一、器件物理连线平台的设计,即 PCB 板级电路设计;

其二、“软”设计,即在器件物理连线平台上编程实现的“智能”。

1.1.2 由板级电路设计谈到 Protel 99SE

20 世纪 90 年代末,基于个人电脑(PC)性能的迅速提升及微软视窗操作系统(Windows)的广泛使用,Altium 公司(原 Protel 公司)在业界率先提出了贯穿原理图设计—电路仿真—PCB 版图设计—信号完整性分析—CAM 数据输出板级电路设计完整流程的电子自动化设计(EDA)工具——Protel 99SE 版本。Protel 99SE 以可靠、易用的电路设计风格迅速获得了全球主流电子设计工程师的喜爱,从工业控制到航空航天,从消费电子到医疗电子等全球不同的电子设计领域和行业都能发现电子设计工程师熟练的应用 Protel 99SE 开发出性能卓越的板级电子设备。

Protel 99SE 的主要特点:

- 模块化的原理图设计;
- 强大的原理图编辑功能;
- 完善的库元件编辑和管理功能;
- 32 位高精度版图设计系统;
- 丰富、灵活的版图编辑功能;
- 强大、高效的版图布线功能;
- 完备的设计规则检查(DRC)功能;
- 完整的电路设计仿真功能;
- 快速、可靠的 CAM 制板数据输出。

1.1.3 由现代电子产品设计谈到 Altium Designer

纵观电子系统设计的发展,EDA 及软件开发工具成为推动技术发展的关键因素。与此同时,基于微处理器的软件设计和面向大规模可编程器件——CPLD 和 FPGA 的广泛应用,正在不断加速电子设计技术从硬件电路向“软”设计过渡。Altium 最新版本的一体化电子产品设计解决方案——Altium Designer Release10 将帮助全球主流电子设计工程师全面认识电子自动化设计技术发展的最新趋势和电子产品的更可靠、更高效、更安全的设计流程。

"软"设计 SoPC 系统开发流程

物理板级电路设计、FPGA 片上组合逻辑系统设计和面向软处理器内核的嵌入式软件设计是"软"设计 SoPC 系统开发的三个基本流程阶段。

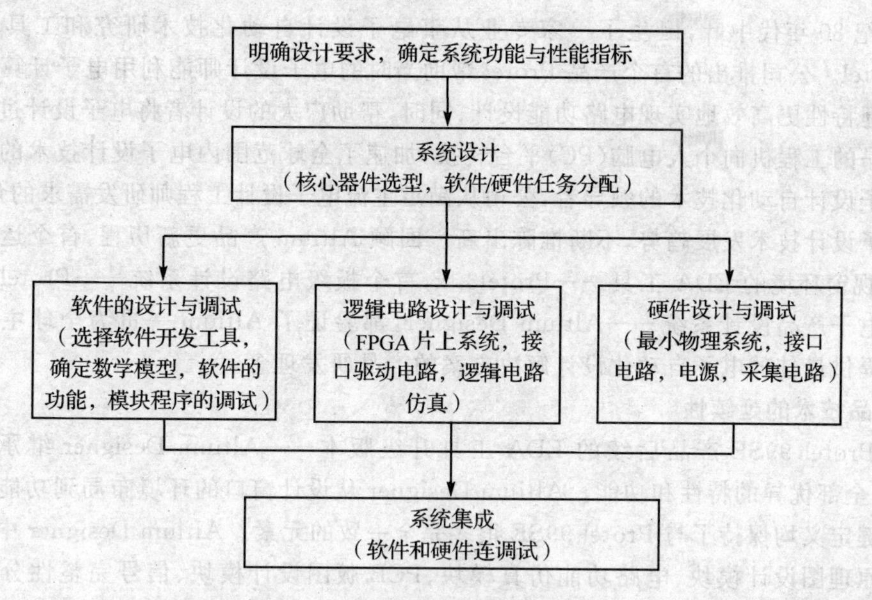

图 1-2　SoPC 系统开发流程

以"软"设计为核心的 SoPC 系统具有结构简单、修改方便、通用性强的突出优点。Altium Designer 与当前电子设计工具的关键差异就在相对于重新设计或设计实现后软件或固件设计更容易被移植。

- 在硬件平台实现之前，可以开展"soft"设计；
- 在硬件设计之后，得以持续"soft"设计；
- 在硬件制造之后，得以持续"soft"设计；
- 在硬件交付给客户之后，得以持续完善"soft"设计；
- 系统调用的设计 IP，更易于保护；
- 只需要提供相应的功能，而非设计源代码；
- "soft"设计将为通过器件建立设计师与厂商间协作提供标准处理模式。

通过提供用于 PCB 版图设计的高级功能和用于 FPGA 片上设计的 IP 内核，Altium 公司力图帮助每位电子产品设计者摆脱繁琐地元器件连线和外围接口部件设计的纠缠；Altium Designer 将为设计创新提供源源不断地支持，使"soft"设计处于系统设计流程的核心地位。

1.2 Protel 99 SE 与 Altium Designer

20 世纪 80 年代中叶,诞生了一家专业从事电子设计自动化技术研究和工具开发的公司——Protel。公司推出的首个产品 Protel 帮助当时的电子设计师能利用电子计算机在图形运算和处理特性更高效地实现电路功能设计;同时,帮助广大的设计者将电子设计过程有机会从价格高昂的工程机向个人电脑(PC)平台转换,加速了全球范围内电子设计技术的普及。作为全球电子设计自动化技术的领导者,公司从满足主流电子设计工程师研发需求的角度,跟踪最新的电子设计技术发展趋势,不断推陈出新。回顾 Altium 产品更新历程,首个运行于微软 Windows 视窗环境的 EDA 工具——Protel3. x,首个板级电路设计系统——Protel 99SE,首个一体化电子产品设计系统——Altium Designer,都验证了 Altium 一贯为全球主流电子设计工程师提供最佳的电子自动化设计解决方案的产品研发理念。

1. 产品技术的延续性

作为 Protel 99SE 产品后续的 EDA 工具升级版本——Altium Designer 继承了 Protel 99SE 软件全部优异的特性和功能。Altium Designer 从设计窗口的环境布局到功能切换的快捷组合按键定义均保持了与 Protel 99SE 很多完全一致的元素。Altium Designer 中仍然延续了传统的原理图设计模块、电路功能仿真模块、PCB 版图设计模块、信号完整性分析模块和 CAM 制板数据输出模块;仍然提供与多款第三方工具软件间良好设计数据的兼容性。

2. 产品技术的创新性

作为 Altium 公司电子自动化设计技术战略转变的主打产品——全球首个一体化电子产品开发平台,Altium Designer 从系统设计的角度,将软硬设计流程统一到单一开发平台内,保障了当前或未来一段时间内电子设计工程师可以轻松地实现设计数据在某一项目设计的各个阶段(板级电路设计—FPGA 组合逻辑设计—嵌入式软件设计)无障碍地传递,不仅提高了研发效率,缩短产品面市周期;而且增强了产品设计的可靠性和数据的安全性。

所谓一体化设计,Altium Designer 提供了三项主要特性:

- 电子产品开发全程调用相同的设计程序;
- 电子产品开发全程采用一个连贯的模型的设计;
- 电子产品开发全程共用同一元件的相应模型。

统一的设计可以极大地简化电子设计工作,利用新技术(如低成本、大规模可编程逻辑器件),整合于企业级产品不同的开发过程,从而使板级设计工程师和嵌入式软件设计工程师在一个统一的设计环境内共同完成同一个项目的研发。

1.2.1 元器件模型设计

在新一代的 Altium Designer 平台中,软件不仅具备了原有 99SE 中的原理图器件模型设

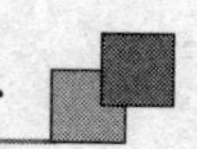

计、PCB 其间模型设计，同时采用了全新的 3D 图像引擎构建元器件的实际外形，使得开发人员可以在软件平台下得到电路的各方面的详细信息；在模型的设计上，新一代的 Altium Designer 具备更加智能化的设计功能，提高了模型设计的效率和速度，简化了开发人员的设计工作。其中在 Altium Designer 中原理图元器件模型、PCB 元器件模型以及元器件外形 3D 模型，如图 1－3 所示。

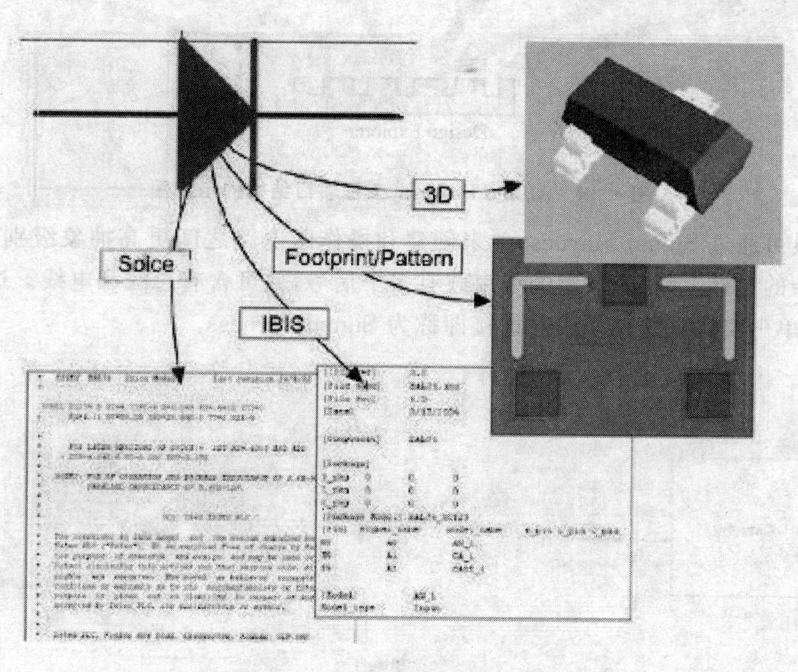

图 1－3 元器件的各类模型设计

1.2.2 电子设计工程管理

Altium Designer 具备了强大的工程项目管理功能，不仅包括文件管理和编辑，同时也将 PCB 工程、嵌入式工程、EDA 设计工程等集合到了一个平台上，使得项目在开展过程中，各个子工程间的联系和管理得到了很好的保证。图 1－4 为 Altium Designer 工程项目结构的示意图，其中本书的第 3 章节将会对项目的管理做深入的介绍。

1.2.3 原理图设计模块

1. 总线线束(Harness)设计

Altium Designer 引进一种叫做 Signal Harnesses 的新方法来建立元件之间的连接和降低电路图的复杂性。该方法通过汇集所有信号的逻辑组对电线和总线连接性进行了扩展，大大简化了电气配线路径和电路图设计的构架，并提高了可读性。

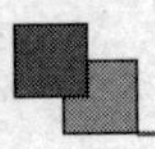

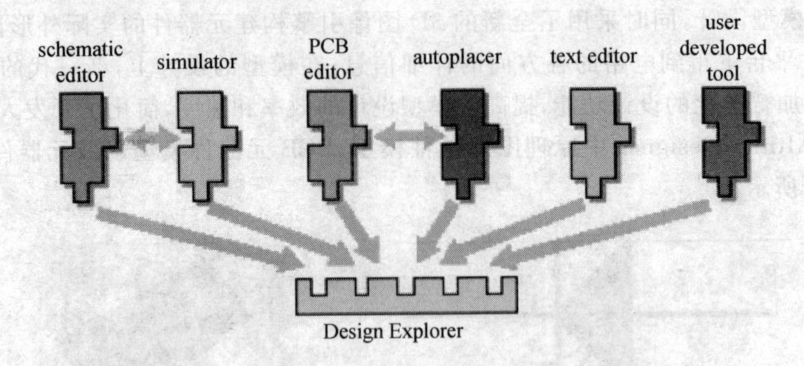

图 1-4 Altium Designer 工程项目结构的示意图

开发人员可通过 Signal Harnesses 来创建和操作子电路之间更高抽象级别,用更简单的图展现更复杂的设计。图 1-5 中的线束载有多个信号,并可含有总线和电线。这些线束经过分组,统称为单一实体。这种多信号连接即称为 SignalHarness。

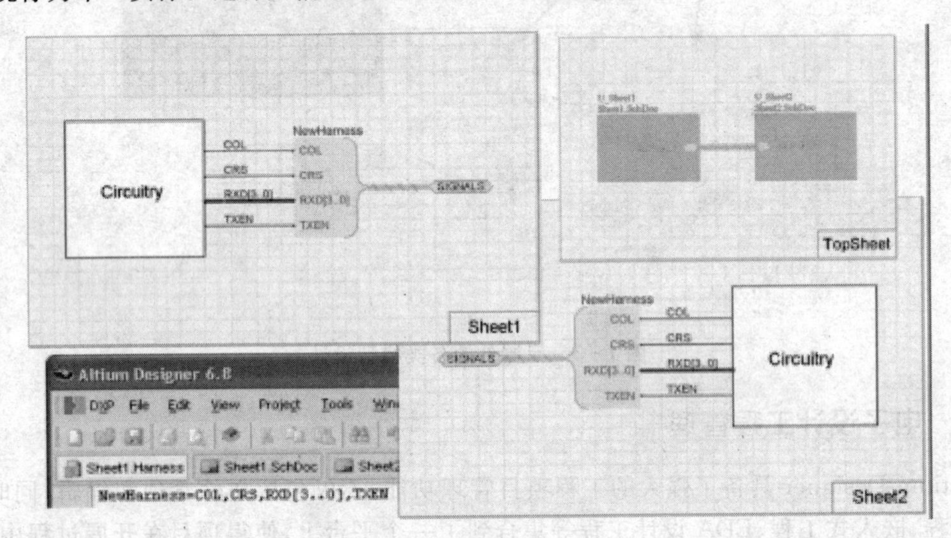

图 1-5 总线约束设计风格

2. 定义原理图装配变量(Variant Definition)

Altium Designer 支持在单个项目中创建多种使你可以处理在同一个设计板上采用不同的器件装配的来制造不同的产品的设计装配变量。通常在 PCB 项目中包含多个电路中部分差异元件或是不同的模型的装配变量。Altium Designer 对定义变量的数量没有任何限制。

Altium Designer 变量管理器可以在一个项目中定义多个装配变量,对每个变量按要求设定其输出。当完成设计项目和装配变量的定义(见图 1-6),由变量就可以产生装配文件和材料清单。

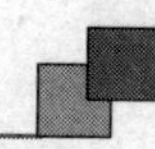

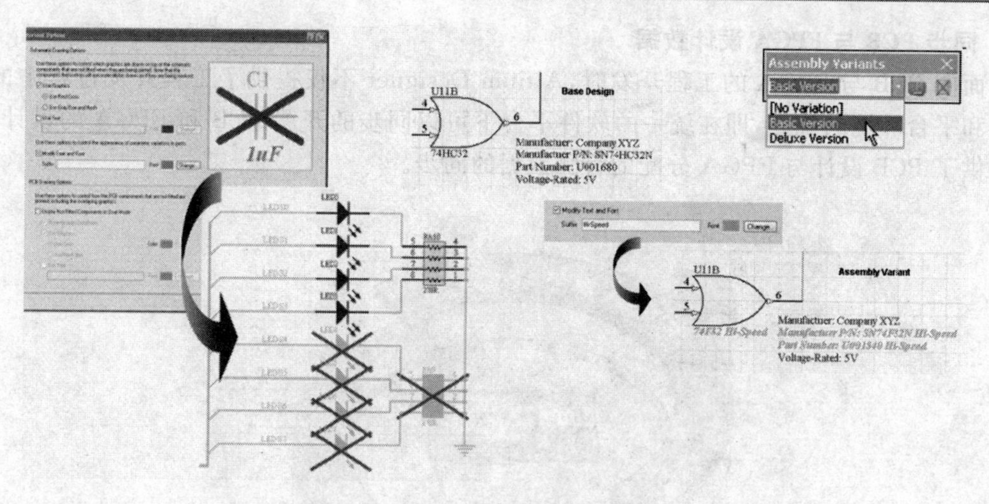

图 1-6　装配变量定义

1.2.4　印制版图设计模块

1. 规则驱动的版图设计

Altium Designer 提供了一个基于规则驱动的 PCB 版图设计环境，允许开发人员自动以多类型的设计规则来完善 PCB 设计的完整性。其中图 1-7 是 Altium Designer 规则驱动的设置界面。

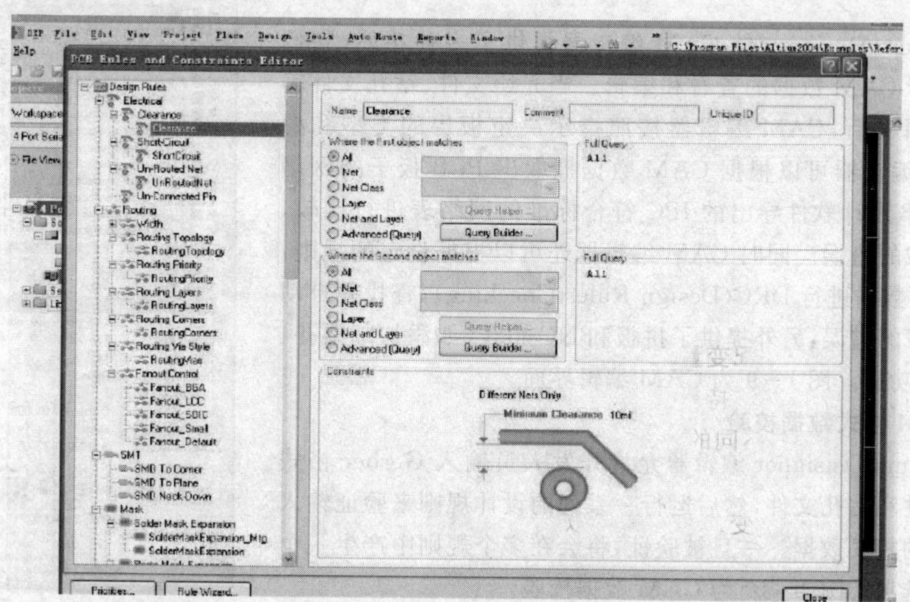

图 1-7　PCB 规则驱动的设置

2. 同步 PCB 与 FPGA 设计数据

在面向 PCB 与 FPGA 的工程开发时，Altium Designer 不仅提供了工程开发过程中的设计同步和平台环境的统一，即在统一的软件平台下可以同步的开展 PCB 和 FPGA 的设计，同时也提供了 PCB 设计与 FPGA 分配的管脚数据的同步。

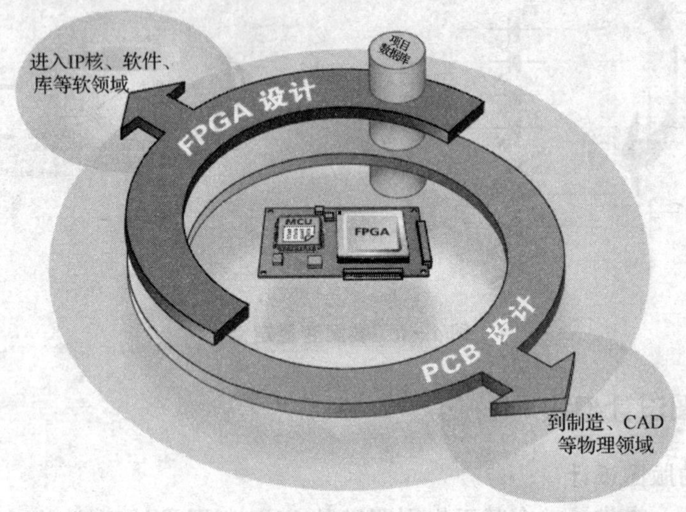

图 1-8　PCB 与 FPGA 设计的集成

1.2.5　CAM 格式数据编辑

Altium Designer 的 CAM 编辑器提供了多种功能，它们主要基于 CAM 数据的查看和编辑。当光绘文件、钻孔文件输入到编辑器后，CAM 编辑器按照指示决定板层的类型和叠层，并且编辑器可以根据 CAM 数据提取出 PCB 板子的网络表与 PCB 设计软件导出的 IPC 符合标准的网络表进行比较，查找隐藏的错误。同时 CAM 编辑器还可以根据设定的规则，对 CAM 数据进行 DRC(Design Rules Checking)，查找并自动修复隐藏的错误，另外提供了拼板和 NC 布线(如添加邮票孔、V 刀)等功能。图 1-9 为 CAM 编辑界面。

CAM 格式数据校验

Altium Deisigner 编辑器允许开发人员输入 Gerber 格式光绘文件和钻孔文件，然后运行一系列的设计规则来验证输入文件中的相关数据。一旦被验证，将会在多个规则中产生一个自适应选项。图 1-10 为 CAM 数据校验。

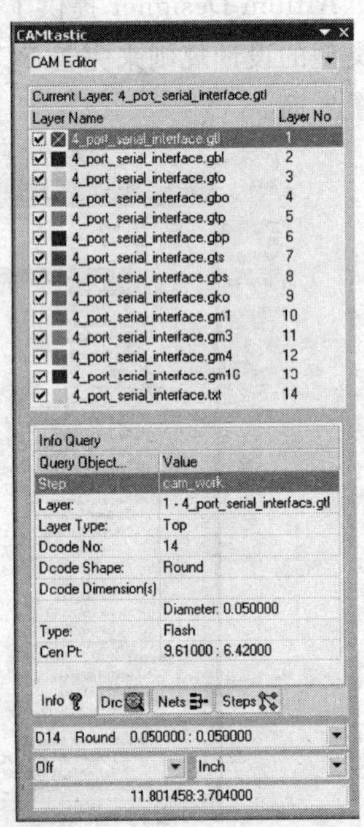

图 1-9　CAM 编辑界面

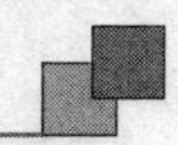

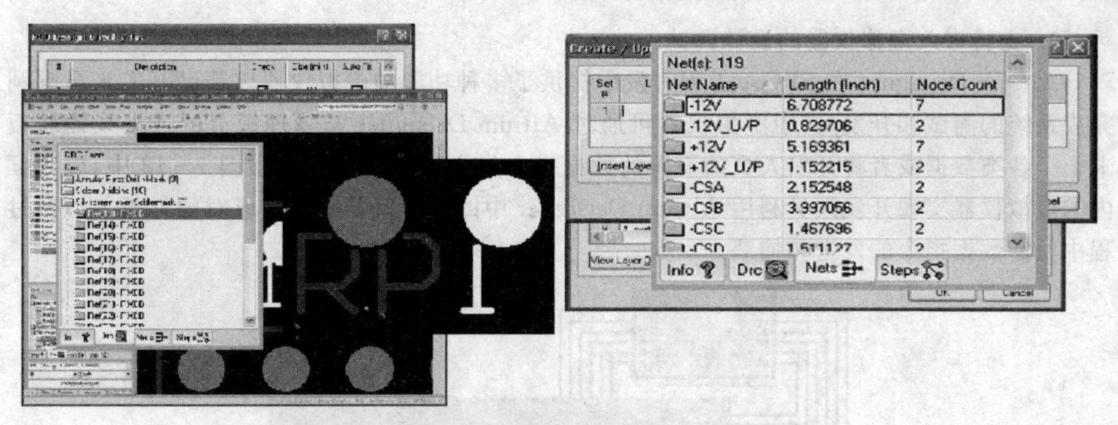

图 1－10　CAM 数据校验

1.2.6　FPGA 数字电路设计模块

1. 独立于器件的 FPGA 设计

Altium Designer 开发环境中提供了 FPGA 开发功能，该功能不仅可以作为复杂工程中一个子工程进行开展，同时也可以作为独立的 FPGA 开发工程进行开发。其中图 1－11 为 Altium Designer 中 FPGA 工程界面。

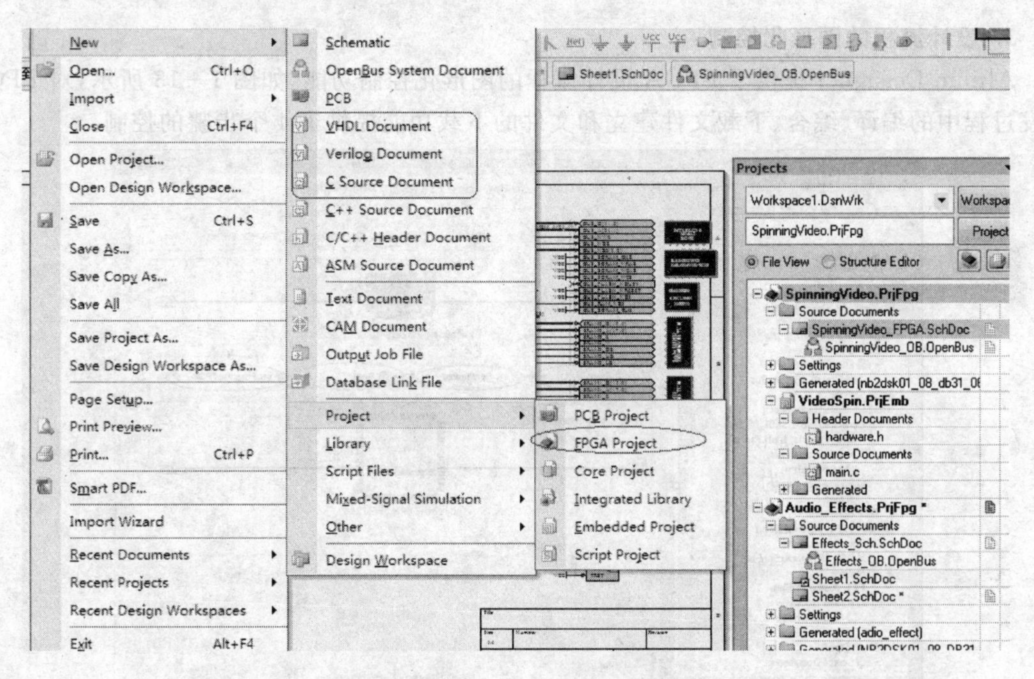

图 1－11　FPGA 工程开发界面

2. 支持嵌入虚拟仪器的设计调试

Altium Deisigner 在 FPGA 工程开发中提供了多种功能的虚拟仪器以帮助开发人员顺利完成系统的测试和开发,其中虚拟仪器可通过 Altium Deisigner 与物理板卡的连接线捕获板卡上个各类数据或者将开发人员的设置的数据指令发送到板卡内部。在图 1-12 中,虚线框内的虚拟仪器实现开发人员利用 Altium Deisigner 中的虚拟仪器界面完成对硬件板卡运行过程中所需数据指令的发送和捕获。

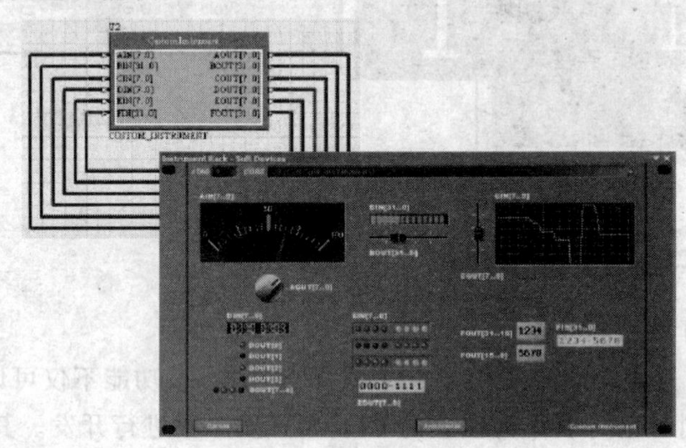

图 1-12 虚拟仪器与 FPGA 开发的结合

3. 设计流程的图形化控制

Altium Deisigner 提供了 FPGA 设计流程的图形化控制功能,如图 1-13 所示,对 FPGA 开发过程中的编译、综合、下载文件建立和文件的下载功能提供了 4 个步骤的控制。

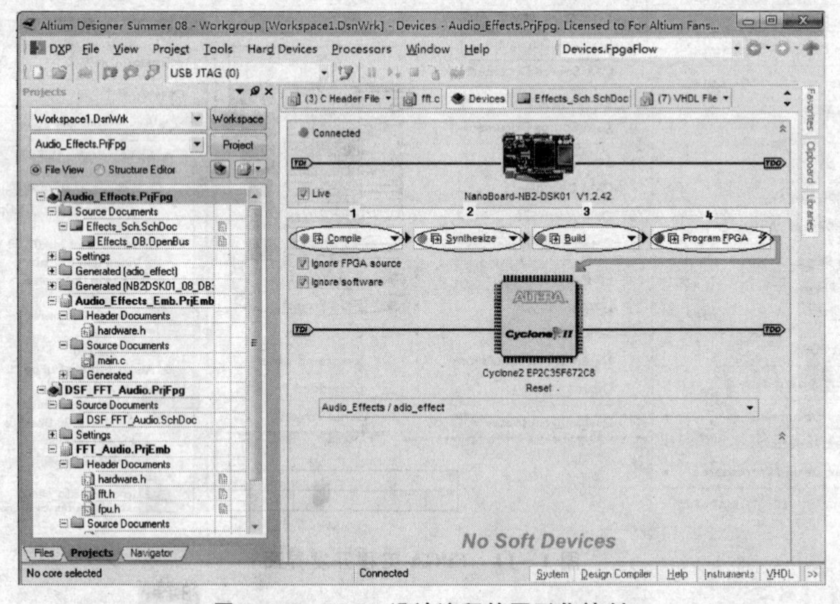

图 1-13 FPGA 设计流程的图形化控制

1.2.7 嵌入式软件设计模块

支持8位及32位处理器设计

Altium Designer 开发平台中集成了8位和32位的嵌入式处理器软核，开发人员可依据工程的具体需要选择相应的处理器，同时平台下的嵌入式工程支持基于所集成的处理器软核C/C++语言的嵌入式软件开发。表1-1列出了目前 Altium Designer 所集成的处理器。

表1-1 Altium Designer 支持的软核处理器

处理器名称	图标	说 明
TSK51/52		基于8051的8位处理器软核
TSK3000		基于MIPS结构的32位处理器软核
PPC450		基于PowerPC结构的32位Xilinx处理器接口

续表 1-1

处理器名称	图标	说　明
MICROBLAZE	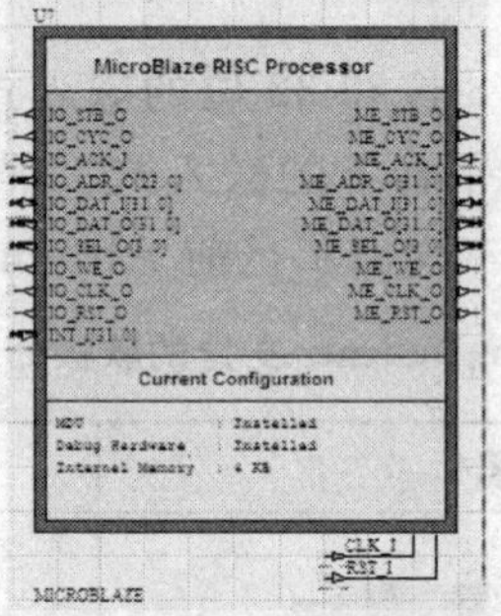 U? MicroBlaze RISC Processor IO_STB_O　ME_STB_O IO_CYC_O　ME_CYC_O IO_ACK_I　ME_ACK_I IO_ADR_O[23..0]　ME_ADR_O[31..0] IO_DAT_I[31..0]　ME_DAT_I[31..0] IO_DAT_O[31..0]　ME_DAT_O[31..0] IO_SEL_O[3..0]　ME_SEL_O[3..0] IO_WE_O　ME_WE_O IO_CLK_O　ME_CLK_O IO_RST_O　ME_RST_O INT_I[31..0] Current Configuration MDU : Installed Debug Hardware : Installed Internal Memory : 4 KB CLK_I RST_I MICROBLAZE	基于 RISC 结构的 32 位 Xilinx 软核处理器接口
COREMP7	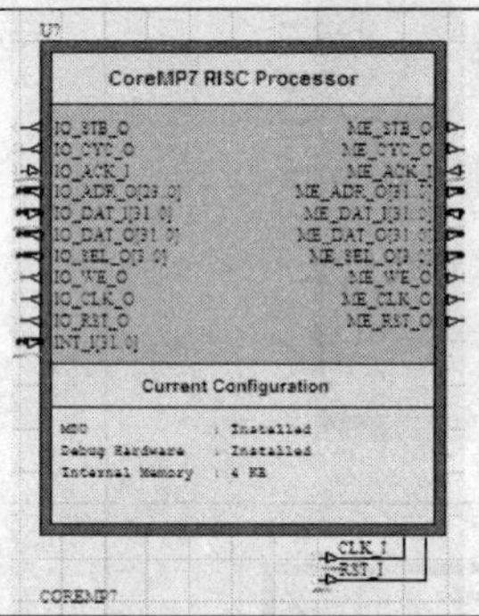 U? CoreMP7 RISC Processor IO_STB_O　ME_STB_O IO_CYC_O　ME_CYC_O IO_ACK_I　ME_ACK_I IO_ADR_O[23..0]　ME_ADR_O[31..0] IO_DAT_I[31..0]　ME_DAT_I[31..0] IO_DAT_O[31..0]　ME_DAT_O[31..0] IO_SEL_O[3..0]　ME_SEL_O[3..0] IO_WE_O　ME_WE_O IO_CLK_O　ME_CLK_O IO_RST_O　ME_RST_O INT_I[31..0] Current Configuration MDU : Installed Debug Hardware : Installed Internal Memory : 4 KB CLK_I RST_I COREMP7	基于 ARM7 结构的 32 位 Actel 软核处理器接口
NIOSII	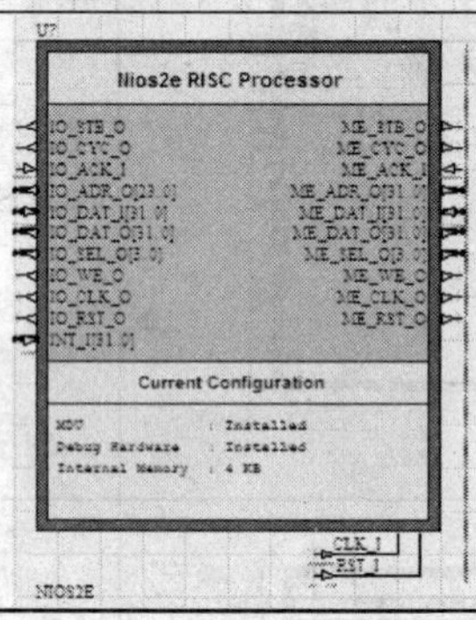 U? Nios2e RISC Processor IO_STB_O　ME_STB_O IO_CYC_O　ME_CYC_O IO_ACK_I　ME_ACK_I IO_ADR_O[23..0]　ME_ADR_O[31..0] IO_DAT_I[31..0]　ME_DAT_I[31..0] IO_DAT_O[31..0]　ME_DAT_O[31..0] IO_SEL_O[3..0]　ME_SEL_O[3..0] IO_WE_O　ME_WE_O IO_CLK_O　ME_CLK_O IO_RST_O　ME_RST_O INT_I[31..0] Current Configuration MDU : Installed Debug Hardware : Installed Internal Memory : 4 KB CLK_I RST_I NIOS2E	基于 RISC 结构的 32 位 Altera 软核处理器接口

1.3　导入 Protel 99SE 设计数据(Import Wizard)

1.3.1　导入 DDB 设计数据包

当用户导入 99 SE 的 DDB 文件时,在文件菜单中选择 File→Importer Wizard。选择 99SE DDB File Type 导入,如图 1-14 所示。在导入过程中,用户需要关闭在 Altium Desig-

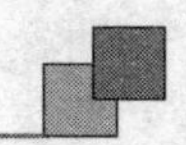

ner 中已打开的文件、工程和工作区。如果条件不满足，软件会提示用户完成这些工作。

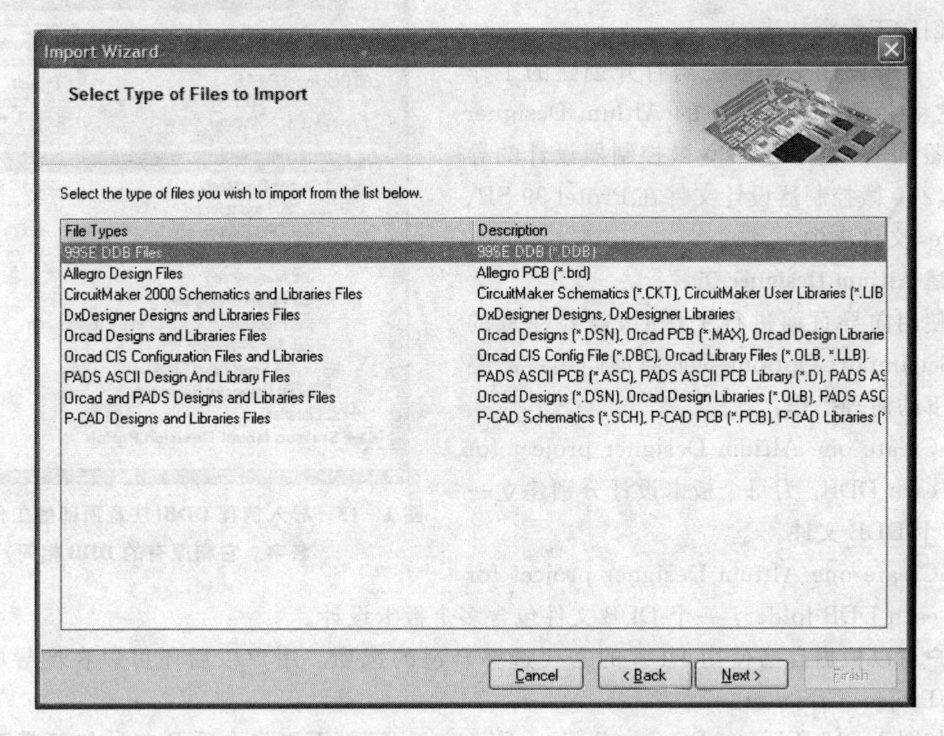

图 1－14　选择 99SE DDB File Type 导入 DDB 文件

用户可以使用向导将一个 DDB 或所有的 DDB 文件安装在一个文件夹里。下面介绍如何导入一个 DDB 文件。

导入过程进行如下步骤的处理：

(1) 提取 DDB 中的文件到硬盘指定的文件夹中，文件结构将在硬盘中重建。无论数据库中的文件是否与工程关联都会被提取出来。

(2) 把原理图文件转换成当前文件格式(如果该选项被使能)。

(3) 给所有原理图以及 PCB 文件添加文件后缀名。Altium Designer 根据文件的后缀名识别文件。对于原理图，其后缀名应当是 Sch、SchDoc，或是早期的 DOS 原理图 S01、S02 等文件后缀名。如果在 DDB 文件中有些原理图没有后缀名，系统将会自动加上 *. SchDoc。值得注意的是这种做法并不会改变文件结构，Altium Designer 的编译器会自动检测这种情况并且维持设计的架构以及互相之间的联系。此外需注意软件不会自动给不带标准后缀名的非 Altium 文件命名。

(4) 为每个已命名的工程创建一个工程文件，以 PrjPcb (PCB project) 或 LibPkg (library package)为类型，并且添加相应的工程文件。

(5) 创建设计工作区(＊.DsnWrk),然后将所有已创建工程添加进去。

(6) 打开设计工作区。当打开创建的工作区时,它将会显示所有建立的 Altium Designer 工程。图 1－15 显示了 Z80 微控制器设计的导入结果,Z80 微控制器设计文件在 Protel 99 SE\Examples 文件夹中。

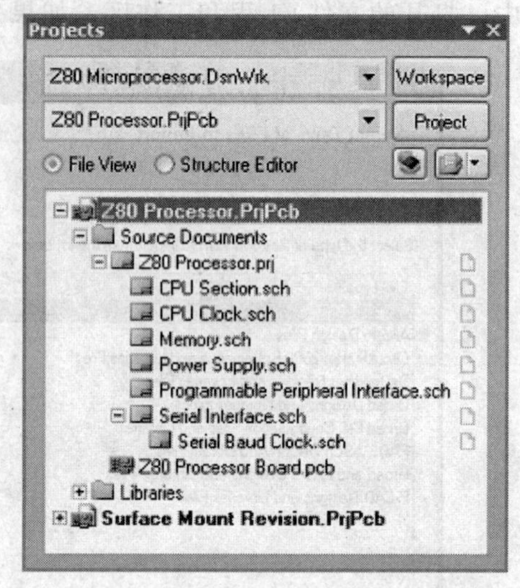

图 1－15　导入例程 DDB(注意顶部的工作区名字。它和原有的 DDB 相同)

创建 Altium Designer 工程

当使用向导页面进行工作时,需要注意的是,在 Set Import Options 页面将询问用户需要进行以下的何种操作:

- Create one Altium Designer project for each DDB:为每个板卡设计分别建立一个 DDB 文件。
- Create one Altium Designer project for each DDB folder:一个 DDB 文件包含多个板卡设计。

用户可以根据自己使用 DDB 的需要选择合适的选项。用户以后还可以在向导中调整 Review Project Creation。

正如图 1－16 所示,在 Review Project Creation 页面,用户将会看到向导如何基于 DDB 的内容建立工程的方案。需要花费一些时间设置这些选项,以保证 DDB 的导入能够取得理想的效果。

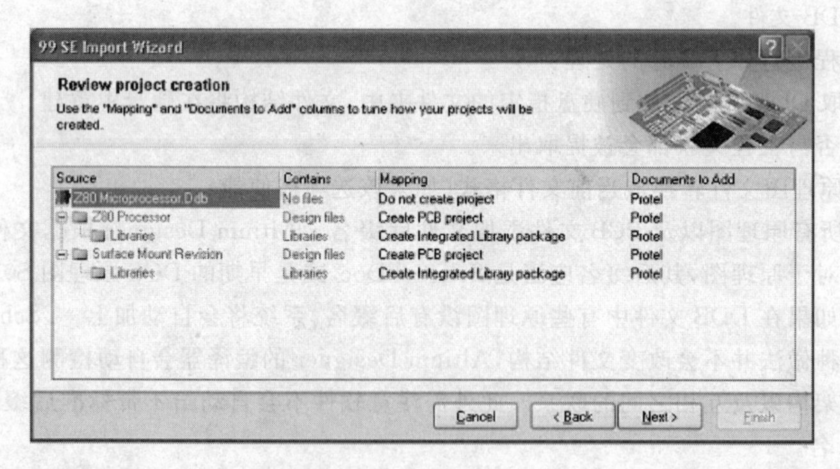

图 1－16　使用 Review Project Creation 选项精确控制每个文件到 Altium Designer 工程中的映射

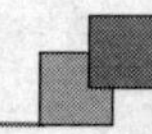

在工程中手工添加和移除文件

如图 1-17 中的例子所示，通过向导导入完成后，Altium Designer 将会显示所有的工程以及工程文档。用户需要注意，必须在编译工程后，才会显示工程的结构，这部分的内容将在本章后面讲述。

如果用户在导入文件后发现并没有正确地指定到工程中，可以通过如下步骤进行整理：

- 通过单击，拖曳，把一个文件从一个工程中移到另一个工程中。或者在用户进行这些操作的时候按住 CTRL 键，可以使两个工程都包含该文件。
- 要从一个工程中删除一个文档，右击该文件，并且在弹出的菜单中选择 Remove from Project。
- 在工程中添加一个丢失的文件，可以右击工程文件，在弹出的对话框中选择 Add Existing to Project。用户应注意所添加的文件必须具备能被 Altium Designer 识别的文件后缀名。
- 添加一个新的文件，可以右击工程文件，并且在弹出的菜单中选择 Add New to Projects。

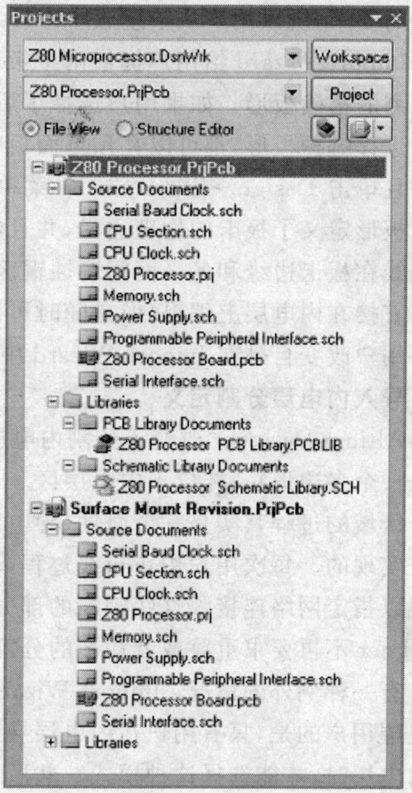

图 1-17　Z80 DDB 导入后的例子（注意到原来的 DDB 中包含由两个 PCB 设计，现在每个设计都转变成了一个 Altium Designer 工程）

原理图设计文件格式转换

在本软件中，原理图和原理图库、PCB 和 PCB 库的文件格式和 99SE 的对应文件的格式是不同的。

用户可以在 Altium Designer 中直接使用 99SE 的原理图和原理图库的文件格式，但是在存档的时候，系统将会询问客户是否需要转换它们的格式。

在编辑 99SE PCB 文件前，必须将其转换成 Altium Designer 的文件格式。当用户打开一个 99SE 格式的 PCB 文件时，PCB Import Wizard 就会开始运行，并且提示用户完成下面的操作。

印制版图（PCB）设计文件导入向导

导入板形定义

所有 Altium Designer 中的 PCB 设计都要求设定板形。因为较早版本的 Protel 中并没有相关的要求,所以用户从早期版本中导入时,需要添加板形。

Import Wizard 给用户提供两个板形选项:包含用户所有设计元件的长方形板形,或是设计探测的精确板形。如果用户选择了后者,系统将会根据板形分析禁止布线和机械层。无论用户选择哪种板形,都可以在预览面板中观察板形。如果这些都不正确,那么选择长方形的选项并且单击 Design→Board Shape 菜单选项,这样可以在 Altium Designer 中配置板形。

板形定义了板卡的物理边界,并且给出了内电层分隔线的轮廓。因为内电层是负片影像,分隔线在板卡边缘和各平面间腐蚀铜区,以防止在板卡生产时边缘短路。这些分隔线不能直接在直接在内电层上编辑,但是随时可以用 Altium Designer 重新设置板形。板层堆栈管理器允许用户改变自己在 Import Wizard 中设置的初始分隔线距离。

导入内电层分割定义

Altium Designer 改变了分割内电层的方法,以前,每个内电层就像一个封闭的区域(实质上是一个多边形)一样位于内电层区。与之对应的是,在 Alitium Designer 中将内电层分割为多个区域的过程其实是一个腐蚀(导电区域)的过程,而这个过程是通过设置线路,圆弧以及填充区实现的。每次用户中止布线过程,软件将分析电层并且探测所有单独的区域。双击一个区域以指定网络连接。这些割断的部分并不单独属于某个单独的区域;分割内电层时 Altium Designer 不再要求重叠或者均衡的分割线,并且支持分割区域的嵌套。

有一种例外的情况:Import Wizard 允许用户使用原有的分割内电层模式进行操作。需要提醒用户的是,只有用户在内电层导入遇到困难,或者 PCB 包含需要在更早的版本中编辑的内电层时,才能选择这种模式。然后,用户可以把自己的设计转化为 Altium Designer 内电层模型;同时,内电层分割线必须为闭合区域。

当用户将自己的设计转化为新的方法,可以简化自己的分割内电层定义。用户并不一定要这么做,正如原来分割的内电层在 Altium Designer 中仍然能够运行,然而这些里面可能会有多余的线路,这会使用户的电路板更加复杂并且增加运算量,而这本身是可以避免的。更新 99 SE 分割内电层定义最简单的方法是,添加新的电层,然后沿着已有的区域设计新的内电层。一旦完成了这些工作,选择所有在旧电层上的对象,并且删除它们。在断开电层的网络连接后,能够从板层堆栈管理器中删除层。最后,检查每片区域的网络设置是否正确,通过双击每片区域或者使用 PCB 面板的 Split Plane 编辑器完成该工作。

导入 PCB 设计规则定义

Altium Designer 另一个改变是设计规则辖域采用条件检索来定义。除了辖域以外,所有设计规则都可以正确地导入。设计规则辖域是通过一系列对话框标签以及下拉列表选项进行精确定义的,它们以条件检索的形式显示出来,如 InNet(GND)。如果需要让规则辖域覆盖整个电路板,则默认的辖域(All)必须保留。

在 Altium Designer 中打开早期版本的 Protel 格式 PCB 文件时,规则辖域转换(包括优先级别的转换,这在多个辖域规则重叠时是必要的)自动完成。这个新的辖域规则系统,能够对

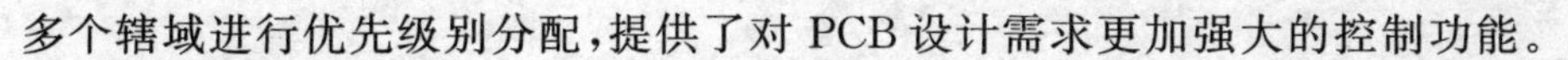

多个辖域进行优先级别分配，提供了对 PCB 设计需求更加强大的控制功能。

特殊规则转换

有些旧版本的 Protel 不允许焊盘设置跨越阻焊规则，这意味着对于旧版本的设计需要添加焊膏或阻焊扩展规则用于绑定单个焊盘。Import Wizard 会检测到用户设计中所有的相关规则，并且将其转化为焊盘设置，以此简化用户设计的设置。在另一方面，Import Wizard 将创建新的规则用于断开过孔与内电层的连接，因为某些早期的 Protel 版本并不支持过孔与内电层的连接。

1.3.2　转换设计数据到 99SE 版本格式

原理图与 PCB 编辑器都支持以 V4(99 SE)格式保存原理图、原理图库、PCB 及 PCB 库。不能转换为 99 SE 格式的数据包括下列几项：

- 新的原理图设计对象，包括节点、编译掩蔽、参数集对像以及跨图纸接口。
- 新的 PCB 设计对象，包括区域、实心敷铜(旧版本的敷铜风格可被转换)板形轮廓、尺寸以及复杂的焊盘堆栈。
- 不能映射回 99 SE 的设计规则。
- 内电层分割定义(Altium Designer 根据在内电层上放置的分割线进行分割，它不支持使用多边形铜块定义分割区域)。

1.4　典型问题分析

1. 针对 99SE 中底层贴片焊盘丢失的问题

在 99SE 中当贴片焊盘使用"Use Pad Stack"模式对焊盘进行设置的时候，将这样的文件导入到 Altium Designer Summer 09(9.0 的版本)会出现底层焊盘丢失的状况。在 Altium Designer 的版本 Summer 09(9.4.0.20159)中已经对这个 Bug 进行了修复。

2. 关于内电层的丢失

在将 99SE 的文件导入到 Altium Designer Summer 09 的时候，会出现内电层丢失的现象，需要特别的注意，在 AD Summer 09 中需要重新分割以及网络制定。当然，也可以在 99SE 中用 line 将 Splite Plane 描一遍，然后导入到 AD Summer 09 中，重新制定网络即可。该问题在最新的版本 Release 10 中已解决。

3. 将旧版本的文件导入到 AD 之后会出现无法编辑的铜的问题

由于 98 以及 99 的文件并非是以 DDB 的工程文件的方式存在，而对于 AD 而言，提供的是 DDB 文件的导入，所以对于 98、99 以及 99SE 的导入，建议不要直接导入 *.pcb* 或者是 *.sch* 的文件，而是导入 DDB 的文件。如若只有单纯的 PCB 或 SCH 文件，最好也是先将其加入 DDB 文件后再进行导入操作。

第2章
认识 Altium Designer 设计环境

概　要:

Altium Designer 是一个完整的电子产品开发环境,它提供多文档编辑和个性化的设计操作。本章主要从整体上对 Altium Designer 独特的设计环境进行介绍。

Altium Designer 提供了统一的电子产品开发环境,涵盖了电子发展过程中的各个方面,包括:

① 系统的设计与输入;

② 物理 PCB 设计;

③ FPGA 硬件设计;

④ 嵌入式软件开发;

⑤ 混合信号电路仿真;

⑥ 信号完整性分析;

⑦ PCB 制作;

⑧ FPGA 系统的设计和调试(必须使用配套的 FPGA 开发板,如 Altium 公司的 Nanoboard)。

上述各个单一的设计领域统一集中在 Altium Designer 的设计开发(DXP)集成平台中。该平台所涉及的范围、软件的特点和所提供的功能都取决于具体购买的注册码。

DXP 集成平台是 Altium Designer 的基本设计平台,它汇集了 Altium Designer 的各种编辑器和软件开发引擎,并对所有的工具和编辑器提供了统一的用户界面。

Altium Designer 的环境是完全可定制的,用户在该设计环境中建立自己的工作空间,以配合用户的工作方式。由于 Altium Designer 对不同的编辑器采用一致的编辑方式进行选择和使用,从而使用户能轻易、顺利地在 Altium Designer 的环境中切换各种设计任务。

2.1　Altium 设计环境

Altium Designer 提供了唯一的设计环境,是通过后台 DXP 集成化技术平台的支持将所有的设计聚集在一个环境中——从输入到 PCB 的制作；从嵌入式软件开发到把 FPGA 设计下载到一个物理 FPGA 器件中。这样的环境支持显示和编辑多个不同类型的设计文件，并且是完全可定制的，它允许用户调整工作区的资源，包括菜单、工具栏和快捷方式。图 2-1 介绍了 Altium Designer 环境中的主要内容。

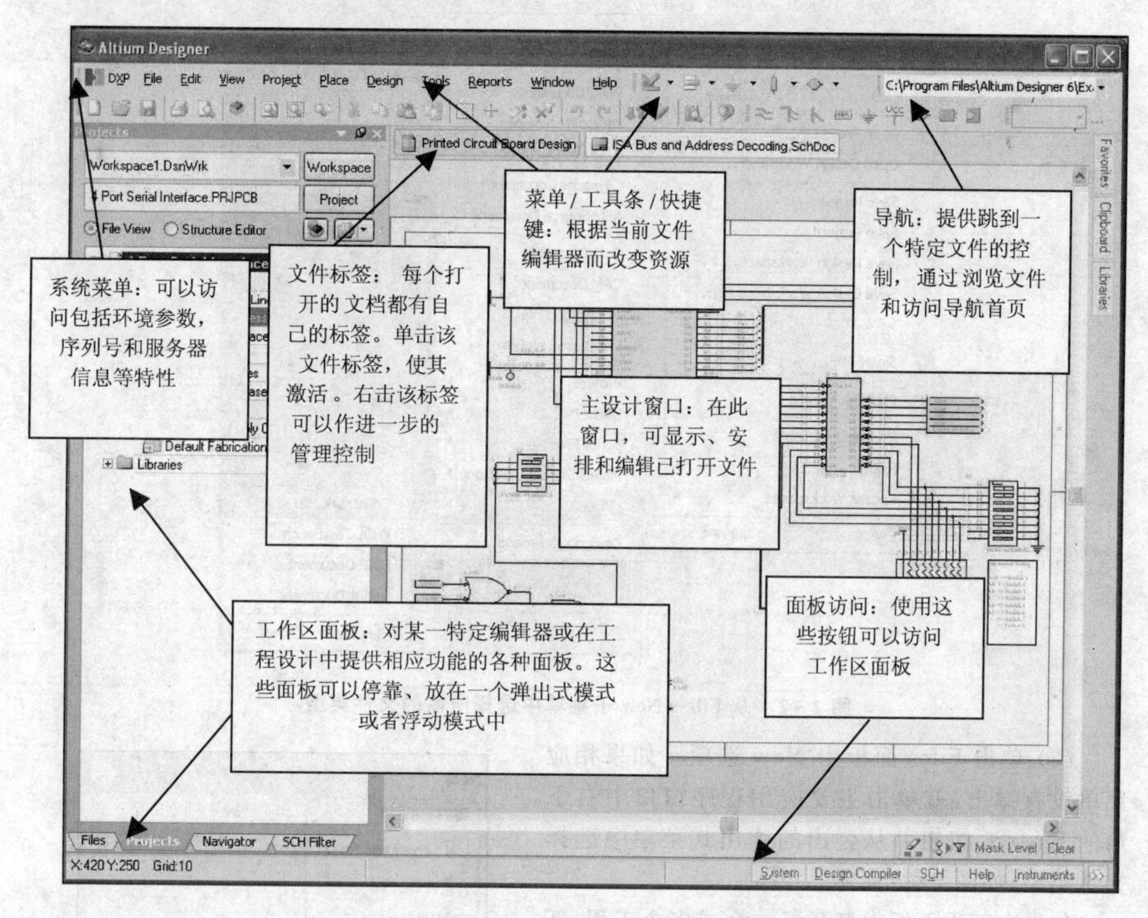

图 2-1 Altium Designer

以下各节详细讲述 Altium Designer 环境的组成、特点和功能。

2.1.1 工作文件

在 Altium Designer 中，每种类型的文件打开和编辑都在相应的编辑器中。举例来说，原理图的打开和编辑在原理图编辑器中；PCB 库文件的打开和浏览在 PCB库编辑器中，等等。如果用户创建一个新文件或打开一个现有的文件，与文件类型相关的编辑器将会自动成为当前编辑器。

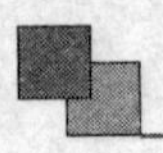

1. 建立新文件

可以用下列方法之一来建立新文件。

(1) 从 File→New 子菜单中选择所需的文件类型,如图 2-2 所示。

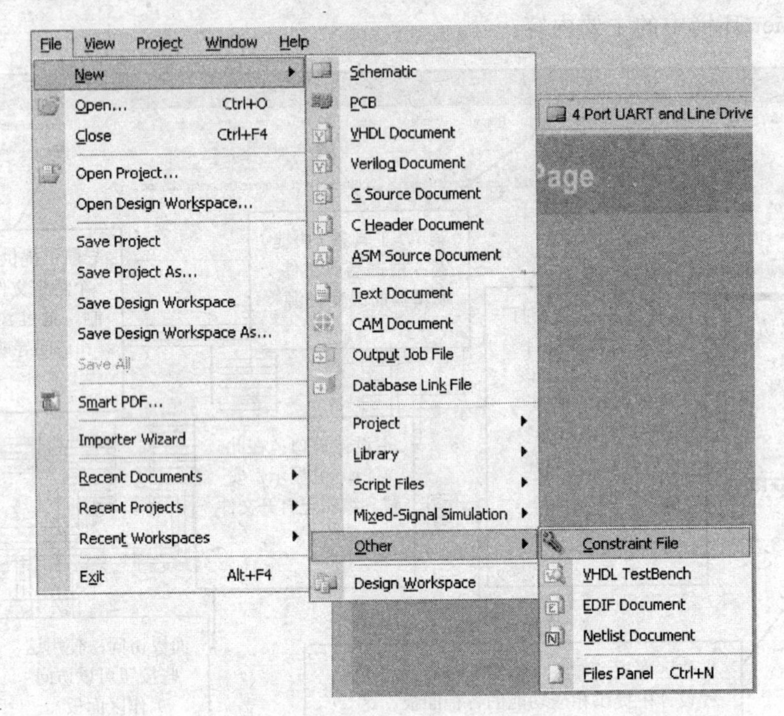

图 2-2 从 File→New 子菜单中选择所需的文件类型

(2) 单击 Files 面板中 New 选项。如果相应菜单没有弹出,就单击主要应用程序窗口中右下角的 System 按钮并从弹出的弹出式菜单中选择文件类型,如图 2-3 所示。

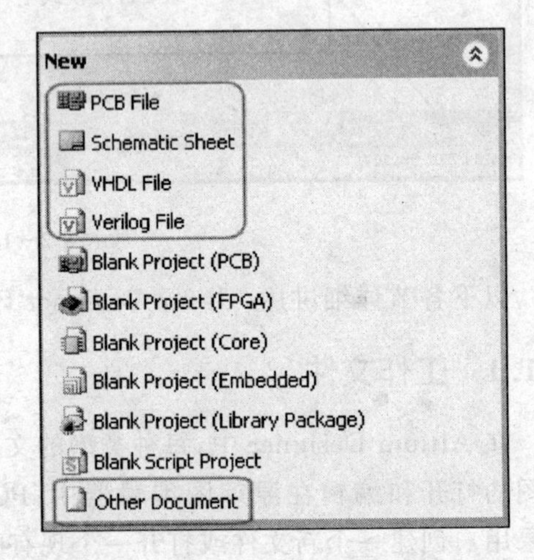

图 2-3 单击 System 按钮建立新文件

如果在工程面板中打开了一个或多个工程,新的文件就自动添加到当前的工程中。图 2-4 显示如何直接向一个打开的工程添加新的文件,无论这个工程是否是当前工程,只要右击工程面板中的工程条目并从 Add New to Project 子菜单中选择文件类型即可。

2. 打开和显示文件

当用户打开一个文档,该文档就会在应用程序的主设计窗口成为当前文件。多份文件也可同

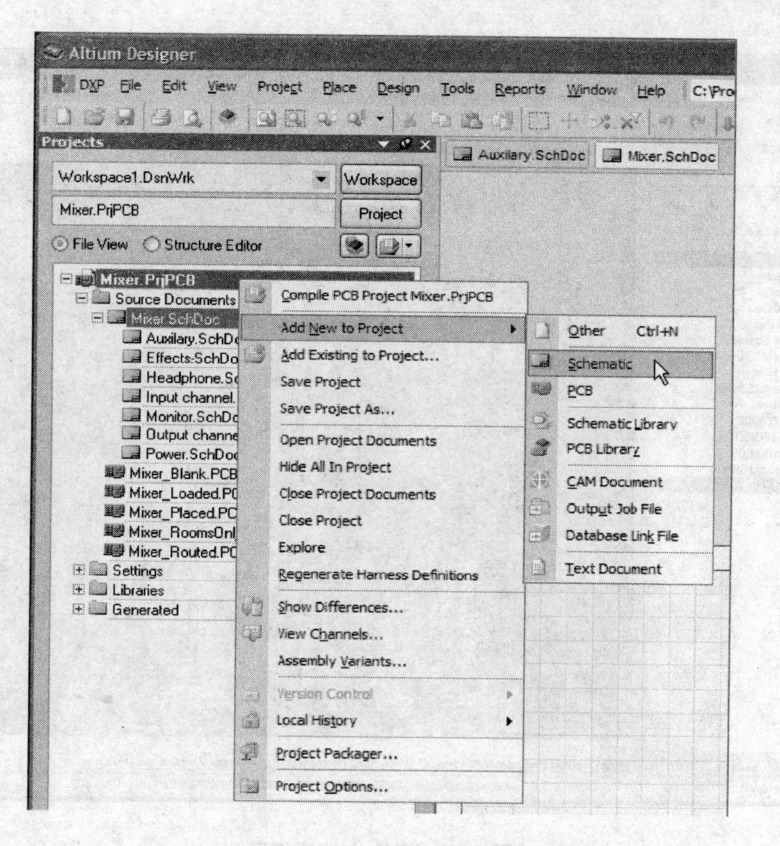

图 2-4　向一个打开的工程添加新的文件

时打开。每个打开的文档都会在主设计窗口的顶部产生相应的标签，但是主设计窗口中只有一个可编辑文件。图 2-5 显示 3 个文件被打开——一个 PCB 图和两个电路原理图，其中 PCB 图是当前激活的。

当前文件的标签是突出显示的。只要单击相应标签就可以使另一个已经打开的文件成为当前文件。另外，使用 Ctrl ＋Tab 和 Ctrl ＋ Shift ＋Tab 快捷键可以分别向前或向后激活打开的文件。

如果用户有大量的文件要打开，可以将它们在文件列表中分组。用户可以根据文件的类型或工程来分组。图 2-6 显示多个文件根据工程分组放在文件栏中。

打开 Preferences 对话框（ DXP→Preferences），可以改变用户的文件栏设置。

3. 文件洞察器

文件洞察器是设计洞察器的一部分，用以预览和打开用户的文件。无论是在工程面板还是在 Documents Bar 中，将鼠标悬停在该文件的图标上，就可以看到文件的预览和个人文件所在路径。一旦用户找到要打开的或激活的文件，单击“预览”按钮，被选择的文件就可以在主设

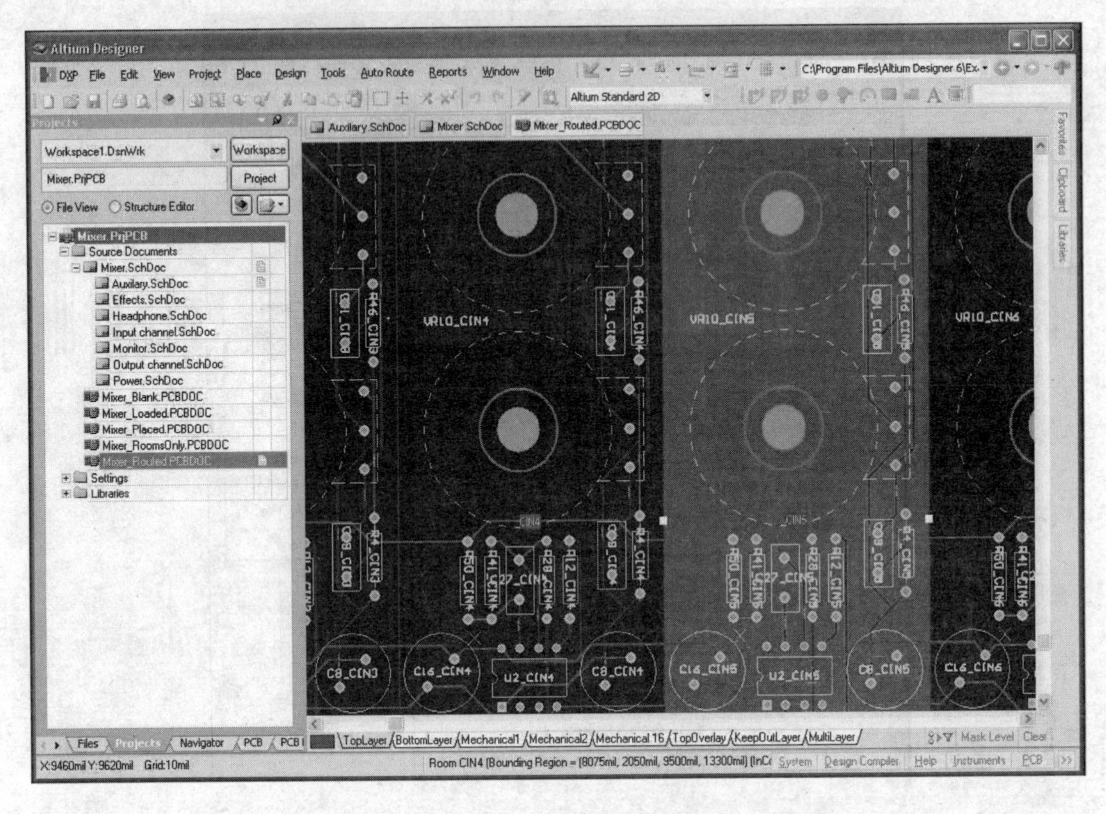

图 2-5　多个文件被打开

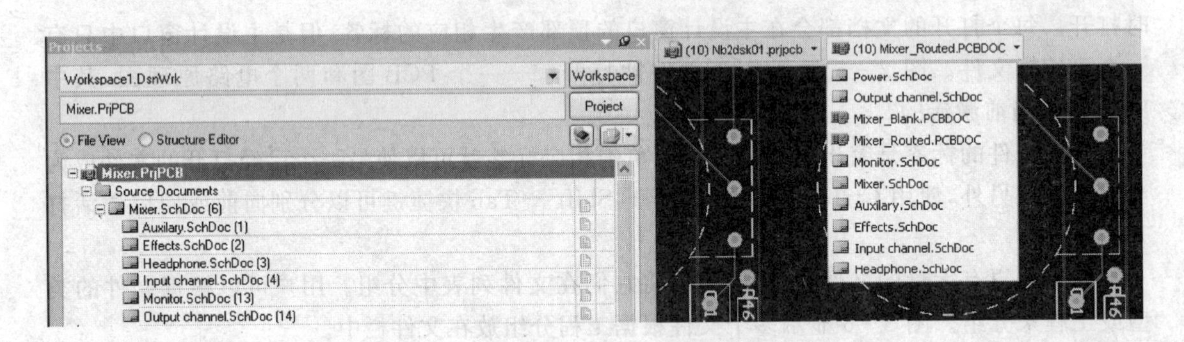

图 2-6　多个文件根据工程分组放在文件栏中

计窗口中打开,如图 2-7 所示。

文件洞察器适用于电路原理图、PCB、OpenBus 和所有文本文件,包括注释档案、层次定义文件等。

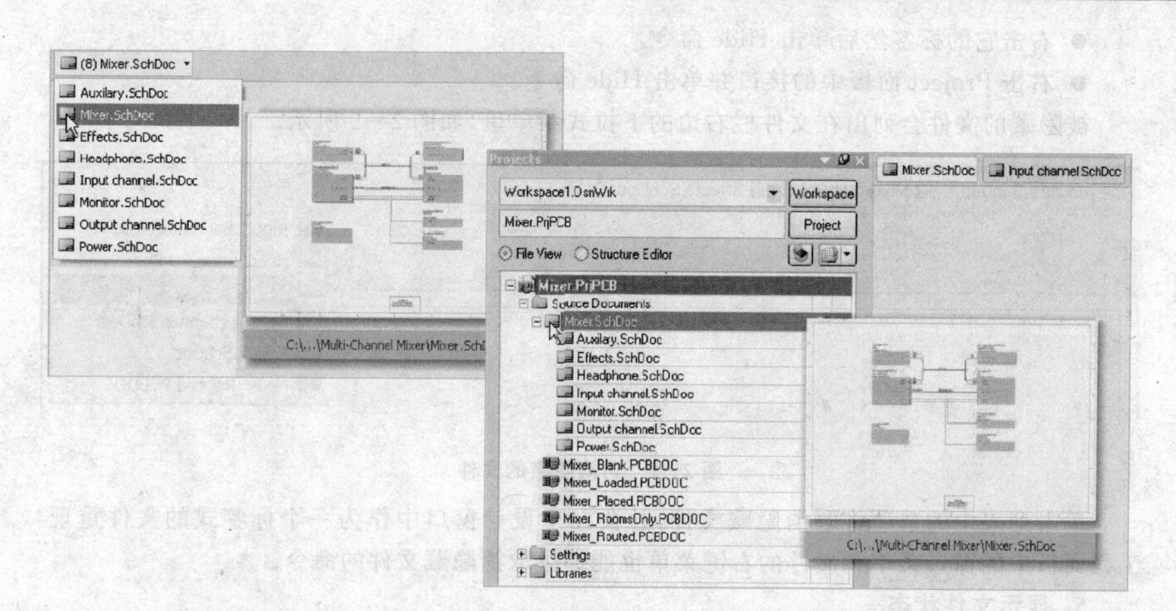

图 2-7　文件预览将显示在工程面板和文件栏，单击“预览”按钮即可打开文档

用户还可以确定工程和工程文件的完整路径，通过利用工程名称或个人文件名称作为各自的完整路径，如图 2-8 所示。完整路径预览适用于所用户工程文件，包括原理图文件、PCB 文件、OutJob 文件、netlists、库文件和元器件表。

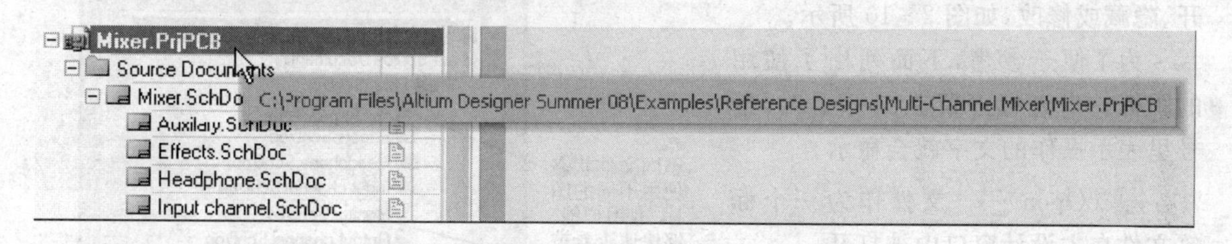

图 2-8　预览该工程或工程文件的完整路径

可通过访问 Design Insight 界面中的 Preferences 对话框的参数（DXP→Preferences→System）来控制文件洞察器是否被显示。

4. 隐藏文件

有许多情况可能需要编译所有源文件，在必要时，此编译是自动执行的。为了做到这一点，所有此类文件都必须打开。根据相应的工程，可能会有相当数量的原始文件被用于编译。若在主设计窗口中打开所有文件，就显得比较杂乱。为此，Altium Designer 提供“隐藏”文件的能力，像汇编、交叉搜索和注释这些功能，都被隐藏在主要的设计窗口中。

任何打开的文件都可通过以下方式存放在隐藏模式中。

- 右击它的标签然后单击 Hide 命令。
- 右击 Project 面板中的接口并单击 Hide 命令。

被隐藏的文件会列出在文件栏右边的下拉式菜单里,如图 2-9 所示。

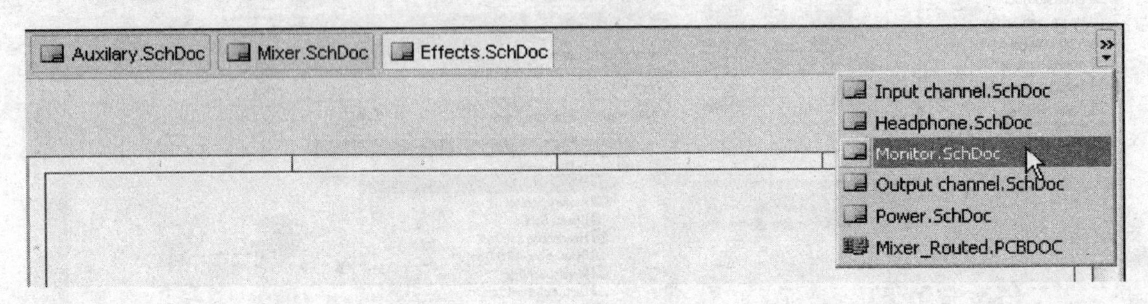

图 2-9 访问隐藏的文件

单击列表中的选项将取消隐藏文件,并会在主设计窗口中作为一个标签式的文件重现。工程面板中的窗口菜单和文件的右键菜单也能提供取消隐藏文件的命令。

5. 显示文件状态

作为工程面板中常用选项的一部分,用户可以使用显示图标来查看文件打开/修改状态。这些可视化的图标可以使用户快速查看哪个文件被打开、隐藏或修改,如图 2-10 所示。

为了便于参考,下面列出了使用的图标。当光标停留在图标上时,括号里表示操作的文字就会显示。

(Open)——文件作为一个标签文件在主设计窗口中被打开。

(Hidden)——文件被隐藏。

(Open/Modified)——文本被打开并且被修改过(尚未被保存)。

(Modified)——此图标只显示在主要工程文件旁边,则表示该工程被修改过(尚未被保存)。

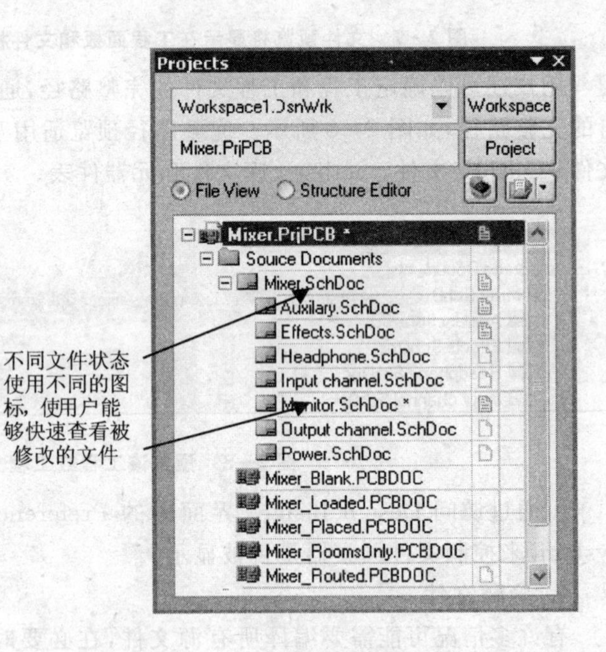

图 2-10 文件状态的图标显示

在面板中未保存的文档、工程或者设计工作区会用星号在相应条目旁标注,并在主设计窗口相关的标签里用星号来标明。

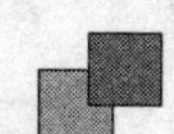

2.1.2　文档窗口管理

在 Altium Designer 里，用户并不局限于在同一时间处理单一的设计文件。它会为用户提供各种指令，让用户根据自己的工作习惯有效地管理、打开文件和调整其显示。

右击文件标签，弹出的菜单显示了访问和管理文件的命令。这些命令包括关闭、存储和隐藏文件，以及在主设计窗口里显示所有打开的文件的命令，如图 2－11 所示。

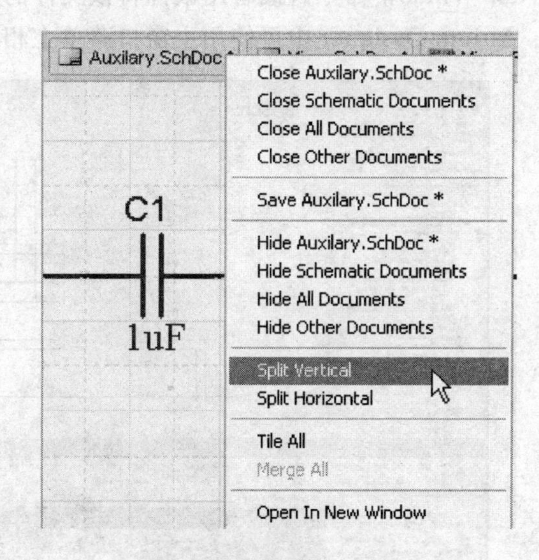

图 2－11　访问文件管理指令

当想使用交互探查时，用横向或纵向分割主设计窗口的指令就会非常有用，例如图 2－12显示了电路原理图和 PCB 文件并排打开的布局图。

这些区域被划分时，可以将其看成是单独的窗口。任一窗口中都可以编辑文件，但是在任何时间里，所有区域中只有一个区域的文件可以作为当前文件。当创建一个新的文件或者打开一个现有文件时，它将会在当前文件工作的窗口中打开。相应的命令还允许用户覆盖文件或者合并文件到默认的设计窗口。

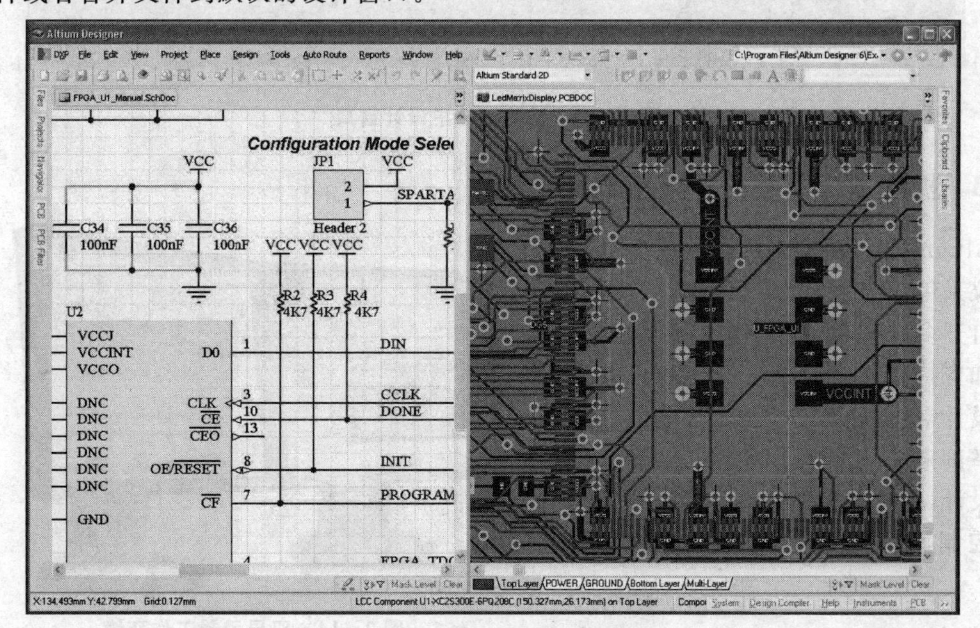

图 2－12　纵向划分主设计窗口

用户也可以在独立的设计窗口打开一个文档。右击文件标签,从弹出式菜单中单击 Open In New Window 命令。或者用鼠标将该文件的标签拖拽到主设计窗口外的视窗区域。

Altium Designer 中可使用主窗口菜单上相关指令将窗口横向(见图 2－13)或纵向放置。

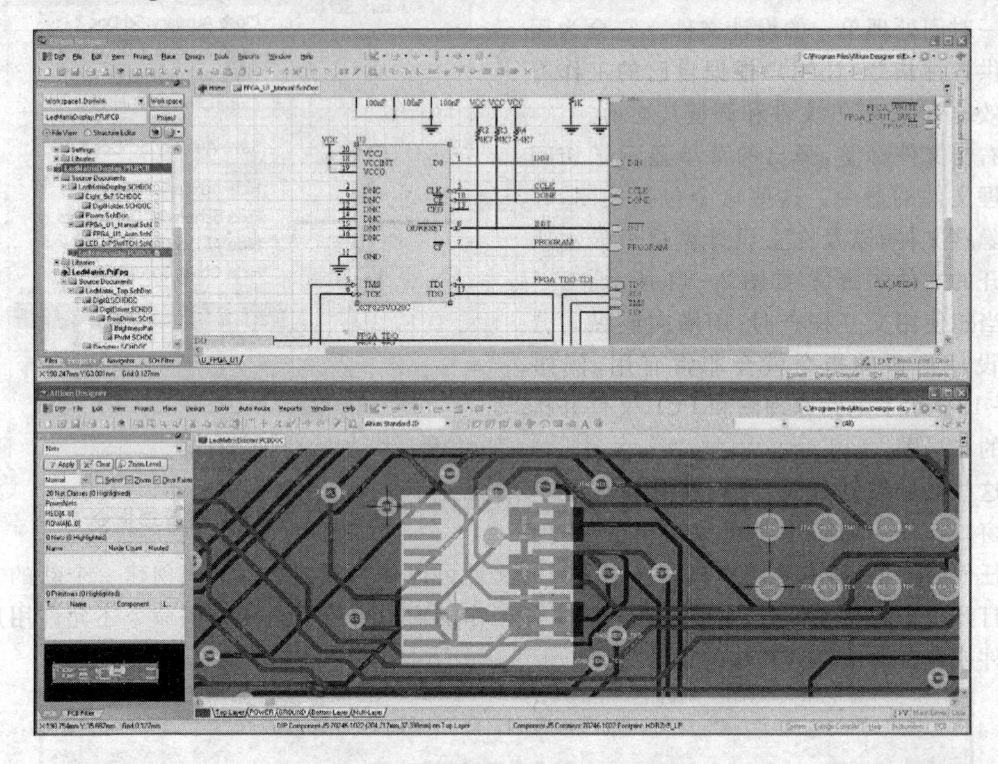

图 2－13 横向划分主设计窗口

2.1.3 扩展设计界面——支持双显示器

Altium Designer 支持使用双显示器并建议采用 1280×1024 分辨率。它可以同时打开多个文件,如工作空间面板、工具栏和支持文件。这个功能让用户有足够的设计空间,创建一个更舒适的工作环境。举例来说,用户可以使用一台显示器进行设计,同时用另一台显示器查看工作空间控制面板和其他文件,如图 2－14 所示。

图 2－14 双显示器工作环境

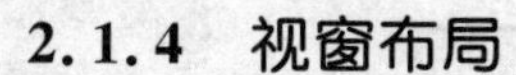

2.1.4　视窗布局

Altium Designer 支持的视窗布局功能可以使用户对工作环境进行设置。用户根据自己的喜好在视窗上相应位置放置应用程序的文件窗口、工作区面板和工具栏，然后将其保存为布局文件。用这种方法，多个用户可以快速装载自己所习惯的布局环境。

保存和装载布局，以及返回软件的默认布局的相关指令，可在 View→Desktop Layouts 子菜单中查看。

2.1.5　文件储存

Altium Designer 将所有的设计文件和生成的输出文件分类保存在用户硬盘上的相应文件夹中，包括管理和进入某种特定的设计功能，如设计验证、比较和同步等。一个工程文件中包含设计文件的链接，以及对其他的工程层次的定义。

1. 工　程

Altium Designer 支持用户创建和运行以下工程类型。

① PCB 工程（*.PrjPcb）；

② FPGA 工程（*.PrjFpq）；

③ 内核工程（*.PrjCpr）；

④ 嵌入式工程（.PrjEmb）；

⑤ 库程序包（.LibPkg）；

⑥ 脚本工程（.PrjScr）。

以上任何类型都可以用下列方法创建新工程。

从 File→New→Project 子菜单中选择所需的工程类型，如图 2－15 所示。

在 Files 面板中的 New 选项中单击相应的命令。如果这个面板没有打开，可以单击主设计窗口右下角的 System 按钮，从弹出菜单中单击相应的 Files 命令，弹出菜单如图 2－16 所示。

在主界面（View→Home）中 Pick a Task 部分中单击相关的设计区域链接，然后选择可用的选项创建一个新的工程。

当用户打开一个现有的工程或创建一个新的工程时，它的目录树将会显示在 Projects 面板中。任何现有的文件或添加进来的新文件都是工程的一部分，显示于目录树中相应类型的目录下，如图 2－17 所示。

当光标停留在某个面板上时按 F1 键，可获得更多关于该控制面板的信息。

为了更好地管理工程中的文件，Altium Designer 有一个专业的存储管理器。作为一个工作空间面板，存储管理器面板可以通过单击主设计窗口下面的 System 按钮，并从随后弹出

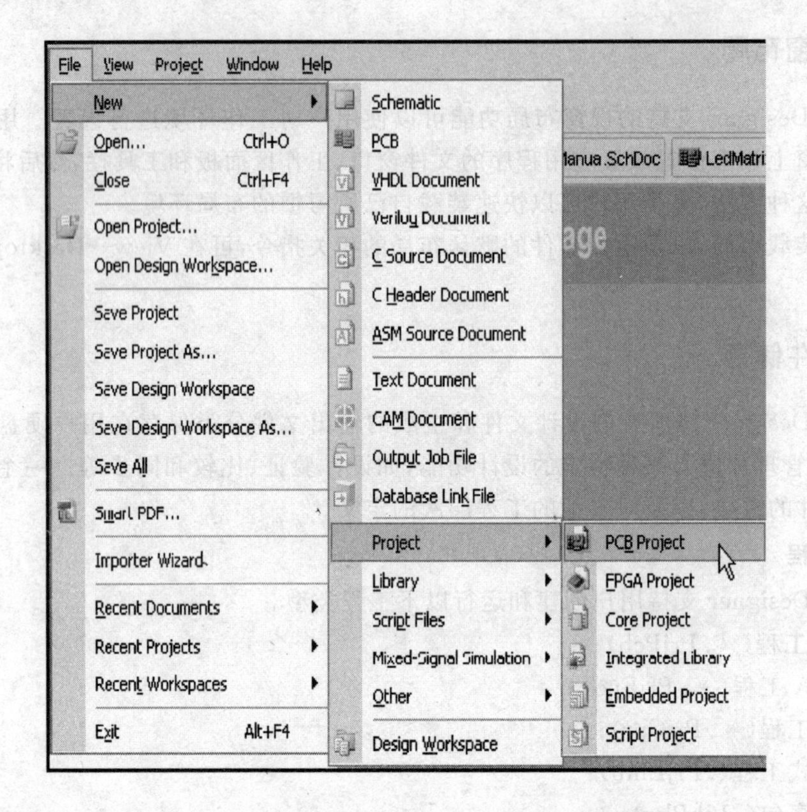

图 2－15　从 File→New→Project 子菜单创建新工程

的菜单中单击 Storage Manager 命令来打开。打开存储管理器后，可以看到一个关于当前工程文件的展开/文件预览(见图 2－18)。

Storage Manager 面板主要用于：

① 一般日常档案管理的职能——针对在工程中或在当前工程文件夹结构里的文件。

② 管理存储于 SVN 目录内相关的符号库和封装库。该面板提供对存储器中库副本的本地工作目录的访问。库的改变和更新只能通过面板来执行。

③ 使用本地历史记录功能管理备份(请看 2.1.6 小节文件管理——本地历史)。

④ 可作为工程的 SCCI(源代码控制)兼容版本的控制界面。

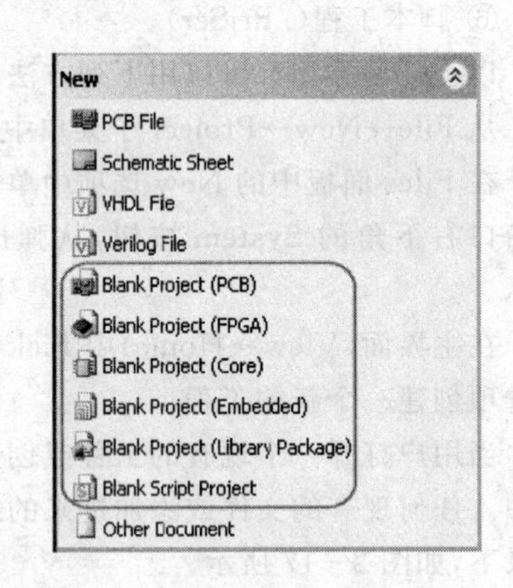

图 2－16　单击 System 按钮创建新工程

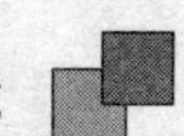

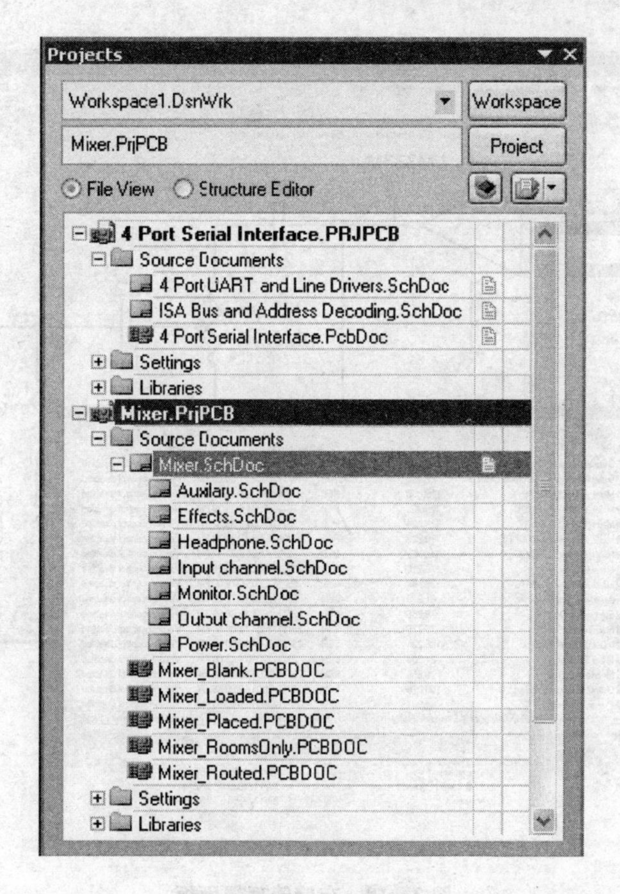

图 2－17　Projects 面板

⑤ 可作为工程的 CVS 兼容(并发版本系统)接口。

⑥ 可作为工程的 SVN(版本)控制系统兼容接口。

⑦ 在本地历史和 VCS 修订图纸中,对任何两个版本进行物理上和电气上的比较。

当光标停留在某个面板上时按 F1 键,可获得更多关于该面板的信息。

2. 设计工作区

因为用户可以打开和编辑多个设计工程,所以 Altium Designer 为用户提供了可以将多个已打开工程保存为一个工作区(＊. dsnwrk)的指令。当用户使用多个相互密切联系的工程时,这个指令将会是一个高效率的选择。例如,用户的一个 PCB 设计中可能包含一个或多个 FPGA 器件。这种针对那些器件的设计可能包含处理器内核,以及运行于内核中的专用嵌入式程序。这 3 个工程可以作为一个单独的设计进行保存、打开和操作,而不必分别打开相应的工程(PCB、FPGA 和嵌入式)。

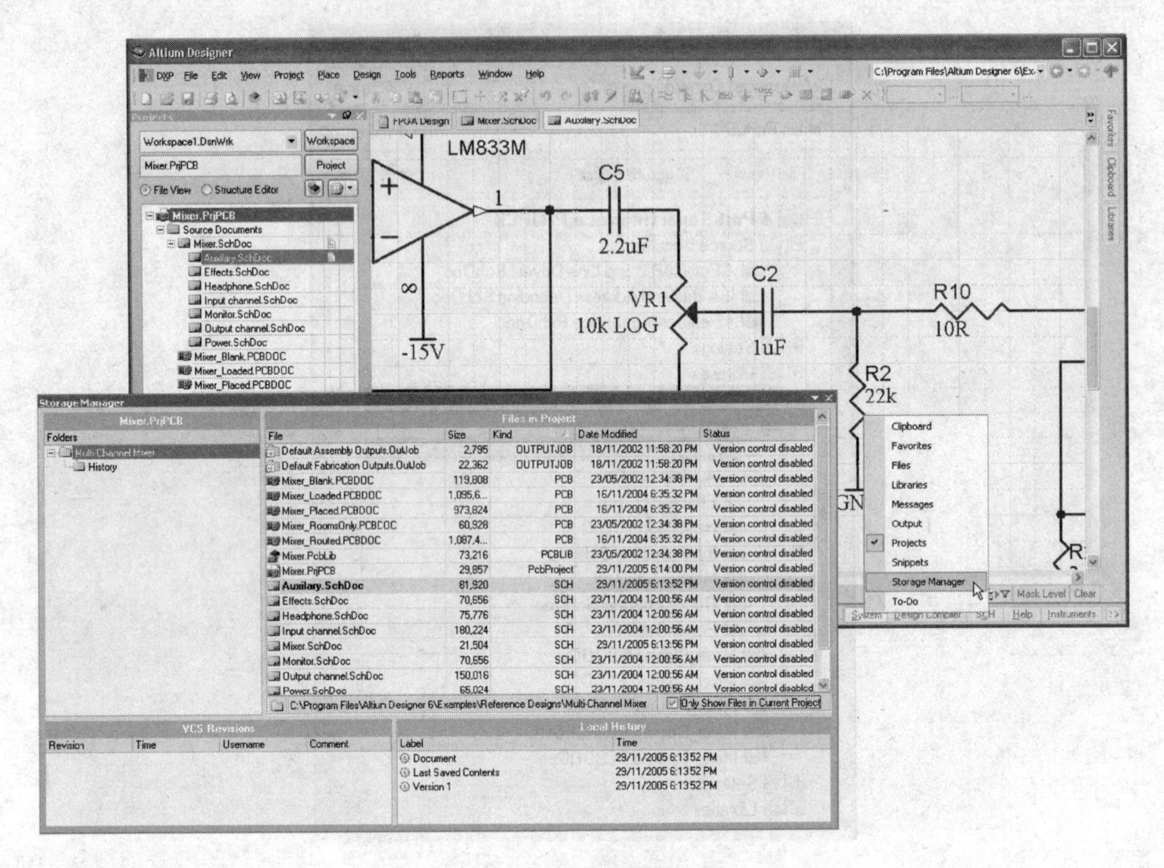

图 2-18　存储管理器面板

2.1.6　文件管理——本地历史

Storage Manager 中内含一个版本历史管理系统，可让用户跟踪文件的修改，而无须使用外部版本控制系统。历史文件管理包括查看物理和逻辑之间的差异和恢复到以前保存过的文件版本。

本地历史管理系统与安装的版本控制系统协同工作。单个设计者可以使用本地历史系统来管理自己的文档修改，而 VCS 则主要用于管理团队的文档修改。

本地历史管理系统的操作方式如下：在用户每次执行保存操作时复制一次文件，保存所有的副本在一个工程历史文件夹里(副本是在复制之前的文件)。该工程的历史文件夹创建在与工程文件夹相同的文件夹中。如果用户的工程包含存储在子文件夹中的文件，那么这个子文件夹结构存储在历史记录文件夹中。

用户也可以对历史上的所有工程使用同一个中央储存库。在参数对话框(Tools→Prefer-

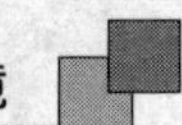

ences)的 Version Control-Local History 页面里配置此功能，如图 2－19 所示。文件保存的历史天数也可以在这里设置。

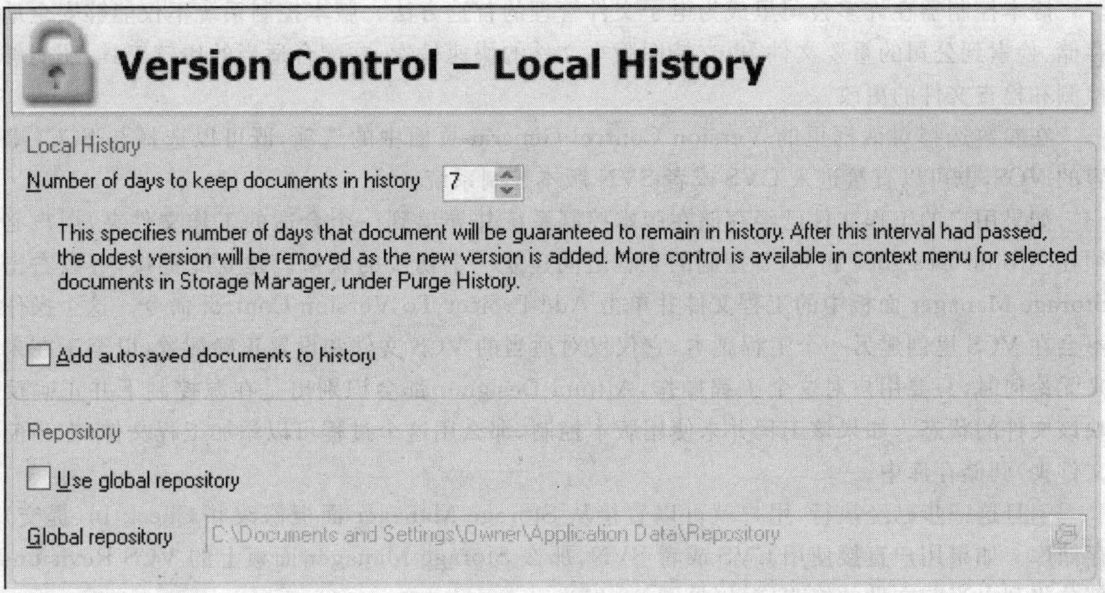

Version Control – Local History

Local History

Number of days to keep documents in history 7

This specifies number of days that document will be guaranteed to remain in history. After this interval had passed, the oldest version will be removed as the new version is added. More control is available in context menu for selected documents in Storage Manager, under Purge History.

Add autosaved documents to history

Repository

Use global repository

Global repository C:\Documents and Settings\Owner\Application Data\Repository

图 2－19　本地历史特性的设置

Storage Manager 面板的下方区域显示所选文件的本地历史记录，每个历史文件都被标签为 Version x，并且 x 随着保存的次数递增。右击一个保存的版本，为其申请一个标签，以“标记”某一特定版本供以后参考。

右击历史记录列表中的文件可以打开它，或者回到原始版本。按住 Ctrl 键，单击选中两个文件，然后在右键菜单里单击 Compare 命令可以比较它们，如图 2－20 所示。

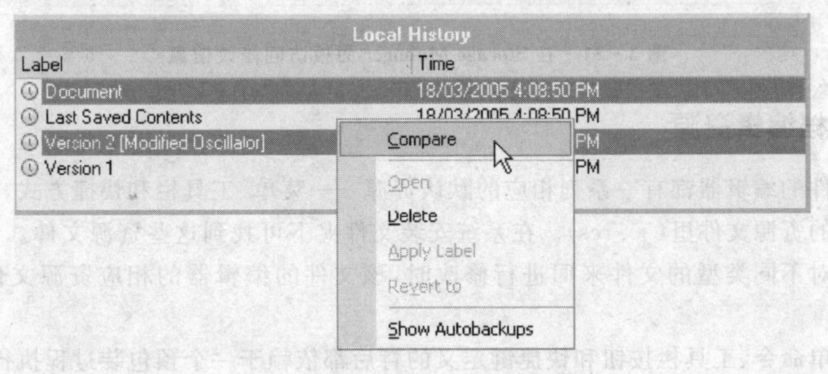

图 2－20　比较单个文件的两个版本

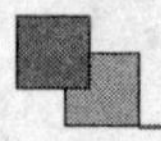

2.1.7 文件管理——外部版本控制器

版本控制器在许多公司里成为电子文件管理的首选方法。版本控制系统不仅能够安全地存储、检索到公司的重要文件,也支持旧版本文件的快速检索,并配合适当的比较工具,还能够检测和检查文件的更改。

在参数选择对话框里的 Version Control-General 页面中的选项,既可以选择与 SCCI 兼容的 VCS,也可以直接进入 CVS 或者 SVN 版本控制系统。

如果用户的工程文件已经存储在版本控制系统并导出到一个合适的工作文件夹,用户必须在 Altium Designer 和 CVS 控制的工程之间建立一个初步的联系。建立此链接,可以右击 Storage Manager 面板中的工程文件并单击 Add Project To Version Control 命令。这个操作不会在 VCS 里创建另一个工程副本,它仅仅对适当的 VCS 文件和设置正确配置,以至于在未来无论何时,只要用户对这个工程操作,Altium Designer 都会识别出是在源控制下并正确反映该文件的状态。如果该工程并未使用版本控制,那么用这个过程可以添加工程文件(在当前文件夹)到储存库中。

一旦这一步已经执行,用户就可以直接从 Storage Manager 面板修改并 Check In(提交)存储库。如果用户直接使用 CVS 或者 SVN,那么 Storage Manager 面板上的 VCS Revisions 部分将列出当前文件的修改信息(见图 2-21)。

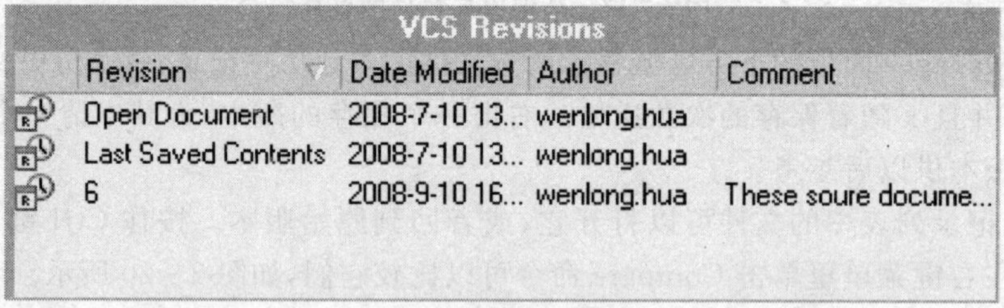

VCS Revisions

Revision	Date Modified	Author	Comment
Open Document	2008-7-10 13...	wenlong.hua	
Last Saved Contents	2008-7-10 13...	wenlong.hua	
6	2008-9-10 16...	wenlong.hua	These soure docume...

图 2-21 在 Storage Manager 面板访问修改信息

2.1.8 文档编辑资源

每个文件的编辑器都有一系列相应的默认资源——菜单、工具栏和快捷方式,这些定义都存储在相应的资源文件里(*.rcs)。在系统安装文件夹下可找到这些资源文件。当用户在主设计窗口中对不同类型的文件来回进行修改时,该文件的编辑器的相应资源文件就会自动载入。

每个菜单命令、工具栏按钮和快捷键定义的背后都依赖于一个预包装过程执行器,当相应的菜单命令、工具栏按钮、快捷键被执行时,相应进程就会按照参数的规定运行。

任何的资源编辑器都可以按需要修改或添加,使用户完全可以按自己的需求和喜好自定

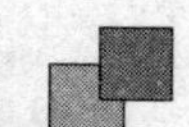

义工作环境。访问相应编辑器的定制对话框可以采用下列方式之一。

(1) 右击菜单栏或工具栏，从弹出式菜单中单击 Customize 命令。

(2) 双击菜单栏或工具栏上的空白区。

(3) 单击 DXP→Customize 命令。

2.1.9　工作区面板

工作区面板是 Altium Designer 环境的基本要素。不管是某个特定的文件编辑器或用于系统的整体设计，Altium Designer 环境的工作区面板都能体现出相应编辑状态下所需用到的信息和控制命令，使用户的设计更有效率。

1. 访问面板

当 Altium Designer 第一次被打开时，部分面板已经打开了。有一些面板，包括 Files 和工程面板，会分组显示和停驻在左侧的应用程序窗口。其他的，包括 Libraries 面板会处于弹出式模式，在主设计窗口的右边的边框上以按钮的形式显示。

用户当前使用的文件编辑环境中，在主设计窗口的底部有很多按钮，可快速访问现有的面板。每个按钮都显示着允许访问的面板类型的名称。当单击一个按钮时，会打开这个类型面板的弹出式菜单。

单击菜单中的命令会打开相应的面板。勾号标记表明该面板在工作区是打开和可视的。如果一个面板是打开但不是可视的，例如它是一组打开面板中的非活动面板或它目前处于弹出式模式，单击进入其菜单，会令其可视并且成为活动的面板。

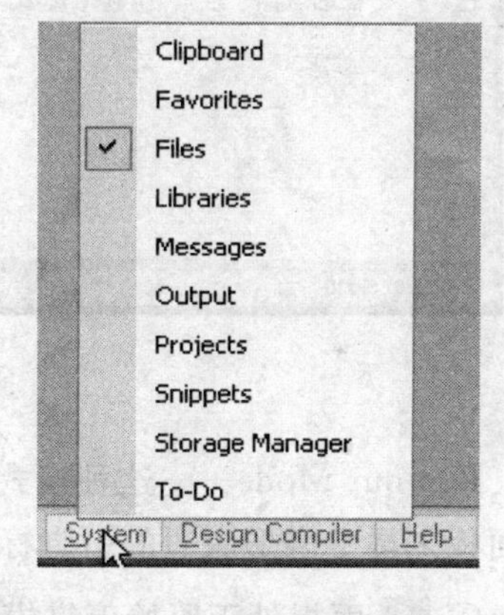

图 2-22　访问工作面板

图 2-22 显示了用菜单中的命令访问工作面板的示意图。所有的工作面板也可从 View→Workspace Panels 子菜单中访问。

2. 管理面板

依靠当前激活的特定的文件编辑器，可以访问大量的工作面板，或者在特定时间打开工作面板。为方便布局和在工作区使用多个面板，Altium Designer 提供了多种面板显示模式和管理功能。

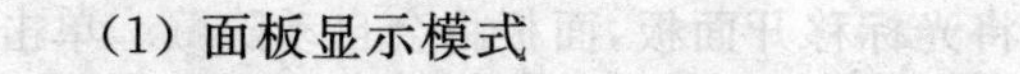

(1) 面板显示模式

面板有 3 种不同的显示模式。

Docked Mode——在此模式下一个面板可以在主设计窗口中横向或纵向停靠。右击一个面板的标题栏或标签，在弹出式菜单中单击 Allow Dock 命令，可设置面板横向或纵向停靠于 Altium Designer 设计环境中。

当纵向停靠时,面板会停靠在主设计窗口的右边或左边;当横向停靠时,面板要么停靠在主设计窗口的上方(在工具栏之下),要么停靠在主设计窗口的下方(在状态栏之上);示意图如图 2-23 所示。

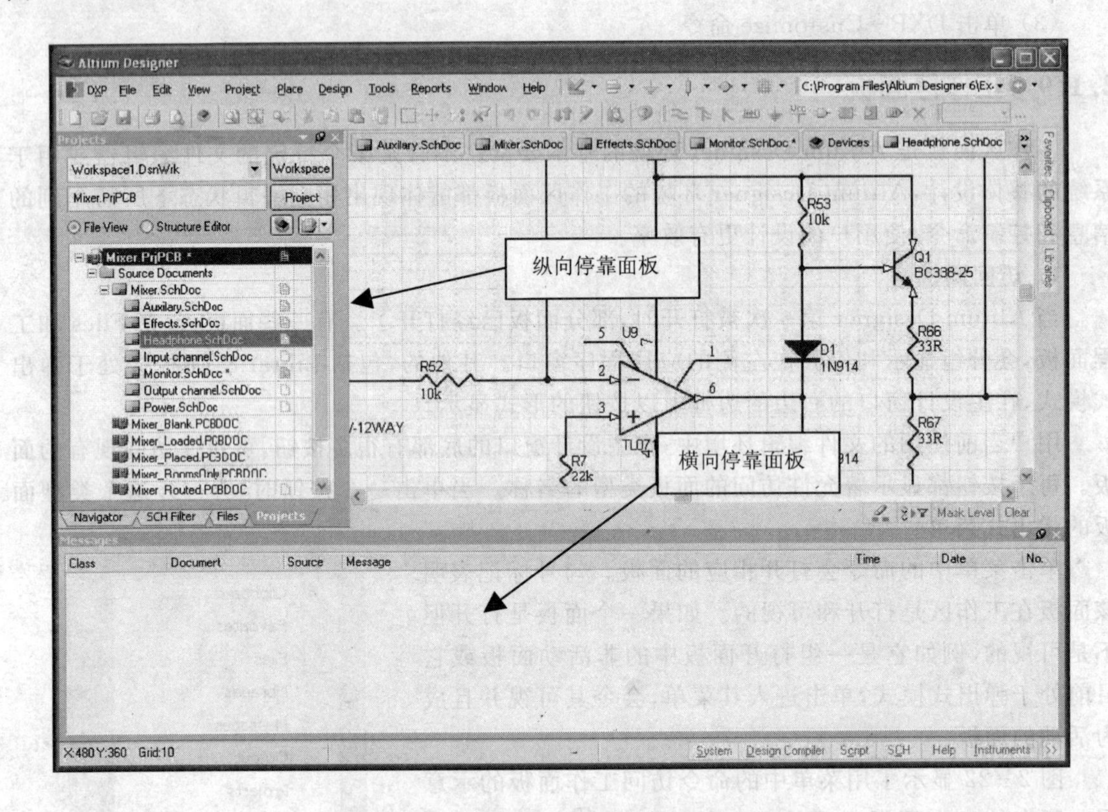

图 2-23　纵向、横向停靠面板

Pop-out Mode——这种模式基本上是一个扩展的标准对接模式。停靠面板可以通过单击面板末尾十字形旁边的引脚标记转换该模式。引脚标号的含义如下:

① 面板处于原始停靠模式。

② 面板现在处于弹出式模式。

在此模式里,面板会以按钮的形式显示在主设计窗口的边框上,如图 2-24 所示。在面板按钮上放置光标会使相应面板从边框中自动滑出,将光标移开面板,面板将会自动隐藏。单击面板按钮可以使面板展开,单击面板以外的区域可以使它再一次缩回。

浮动模式——在此模式下,面板可以放置在 Altium Designer 环境中或环境外的任何地方。对于之前没有设置为停靠或弹出式模式的面板,会以这种标准的浮动模式打开。

当在主设计窗口进行一个交互式设计时,可以将位于主设计窗口编辑区的浮动面板设置

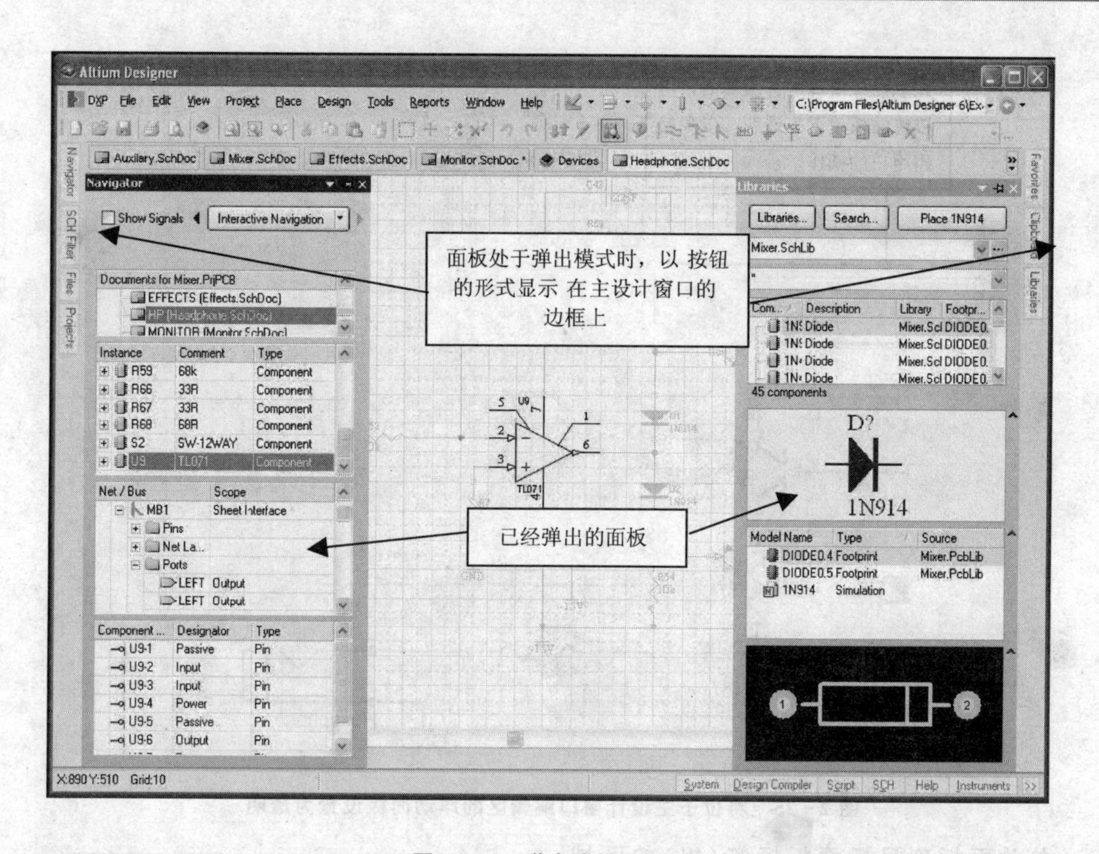

图 2-24 弹出式模式面板

为透明，如图 2-25 所示。进入 System-Transparency 对话框中进行相应的参数设置(DXP→Preferences)。

(2) 分组面板

简单地拖动和放置一个面板到另一个面板上面就可以将面板分组。分组的显示界面取决于用户将一个面板"放置"于另一个面板的哪一个方向。这里提供了两种分组面板模式。

Standard tabbed grouping——此模式将一组面板显示为一个标签组，在任何时间只有一个面板当前可见，如图 2-26 所示。

通过执行以下步骤实现该方式的分组。

拖动用户想要组合的面板，将其添加到目标面板(或现有分组)的中心后松开鼠标。一个黄色的箭头会显示在标签(组)的右边作为标志，这表明该面板将加入到该组作为其中的一个标签。在目标面板中，显示的阴影(蓝色)和方向图标是用来表示用户将要移动添加面板的位置。拖放面板至目标面板的中心位置将导致整个目标面板(或目标面板组)被阴影覆盖。图 2-27显示了 Standard tabbed grouping 模式下拖放面板的整个过程。

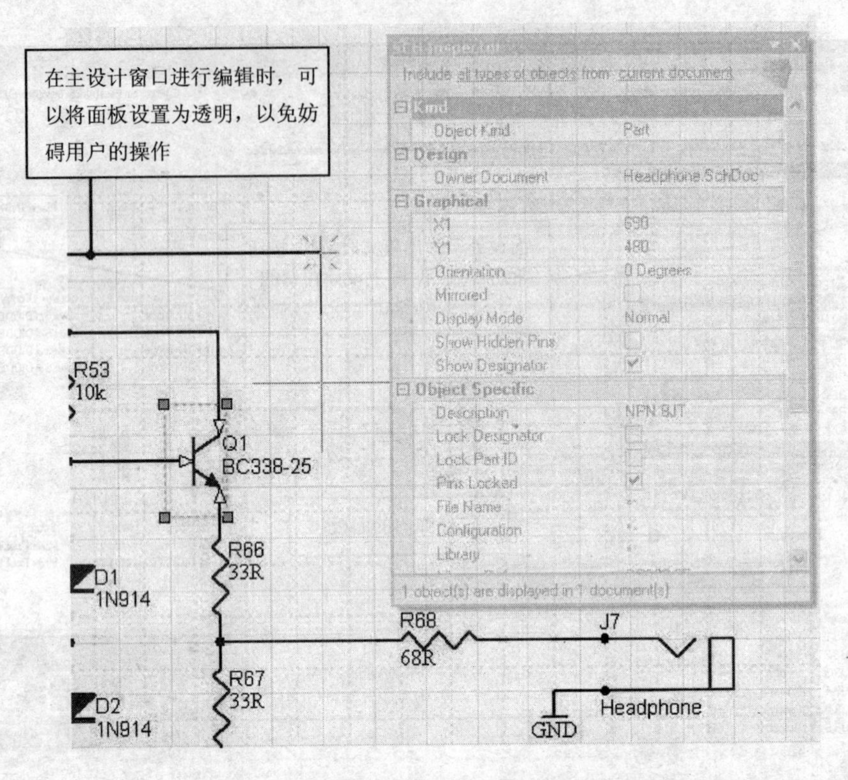

图 2-25　将位于主设计窗口编辑区的浮动面板设置为透明

拖放面板到目标面板标签(组)的区域。整个目标面板被阴影覆盖并且显示一个黄色箭头，这表示将添加一个面板到该组，成为该组的另一个标签。拖动鼠标到想放置位置的相应指示箭头上，然后松开鼠标放下面板。

在分组面板右上角使用小的向下箭头来改变面板的可视/激活状态。另外，直接单击分组中面板的标签也可以改变面板的可视/激活状态。

面板标签组中各个面板的次序可以任意改变。直接单击面板的标签然后拖动到更改的位置。如果松开鼠标，会显示一个方向箭头，用以指示面板将放置的分组次序。

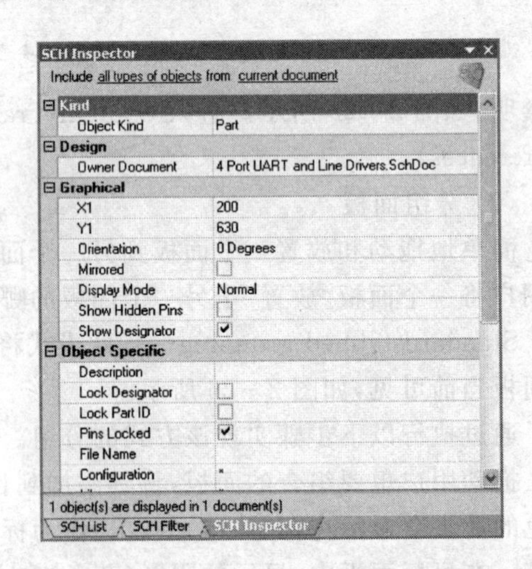

图 2-26　Standard tabbed grouping 模式

Fractal grouping——这个模式将一组面

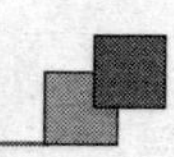

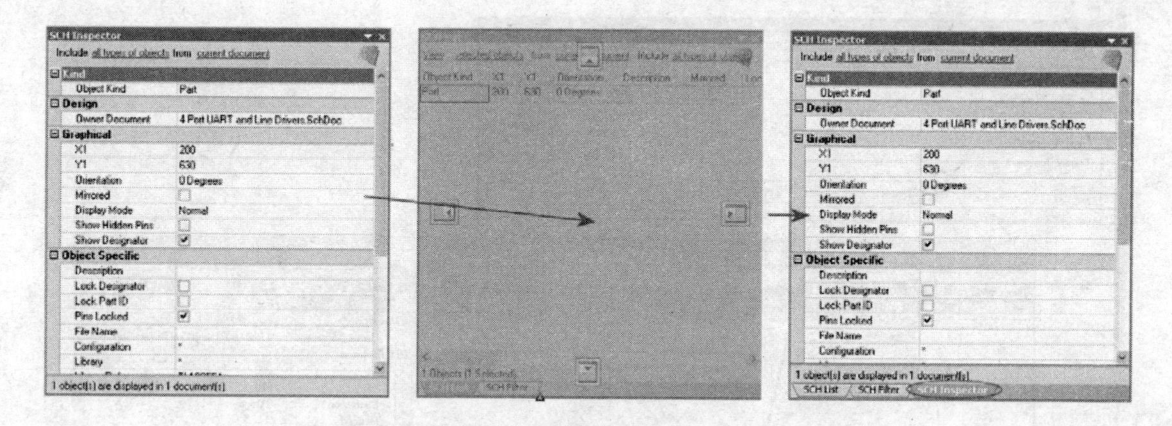

图 2-27　Standard tabbed grouping 模式下拖放面板

板显示为一个分组，分组中的多个面板可同时显示，如图 2-28 所示。

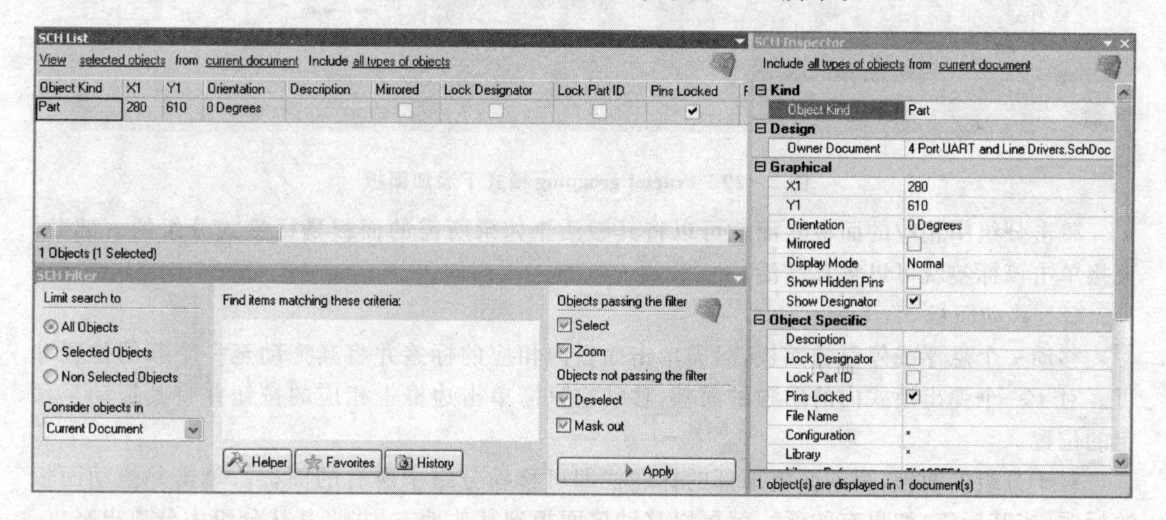

图 2-28　Fractal grouping 模式

这种模式类似于横向/纵向排列的打开窗口，用户可以拖动一个面板停靠在另一个面板内而有效地排列它们。同一个分组可以由单个的面板和/或标准标签面板组成。

拖动想要添加的面板至目标面板的顶端、左侧、右侧或底部，然后松开鼠标将其放在相应的位置，就可以实现面板分组。

用户在目标面板中选择的方向决定了新面板显示的位置。当用户移动面板到目标面板上时，将会凸显阴影和方向图标——利用此来定位面板需要放置的位置。在添加面板时确定目标面板下方没有显示黄色箭头，否则该面板将作为标准标签添加到分组面板中。

该模式下添加面板示意图如图 2-29 所示。

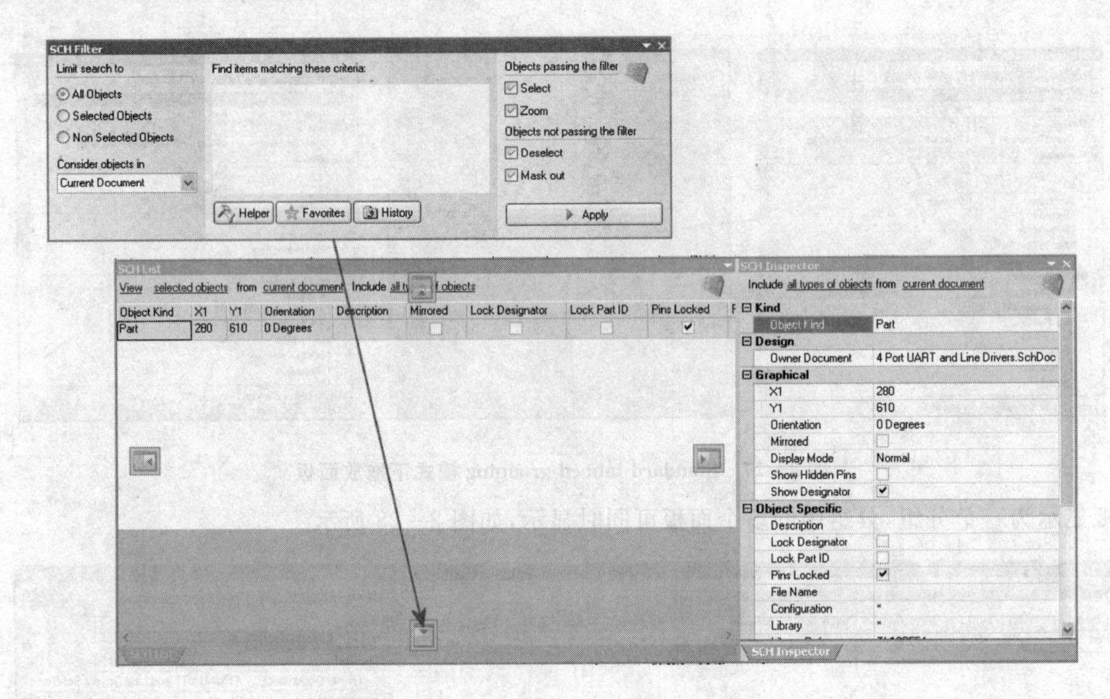

图 2-29 Fractal grouping 模式下添加面板

单击分组中相应的面板界面就可以将其激活。如果所需的面板是标签式分组的一部分，直接单击该标签就可以将其激活。

(3) 移动面板

移动一个悬浮或停靠的面板，只需单击面板内相应的标签并将其拖动至一个新的位置即可。对于一个弹出模式内的单独的面板，移动它只需单击边框上相应的按钮并将其拖动至预定的位置。

对于分组的面板，拖动面板顶部的标题栏即可移动分组中所有的面板。单击并拖动面板的标题(或其标签，如果有的话)，就可以移动该面板到其他地方，并将其从分组中分离出来。

将一个分形分组模式中的面板放回成为一个标准的标签式分组，可以直接拖动分形分组模式中的平铺面板的标题栏至目标面板或现有的标签式分组，当显示一个黄色箭头(目标面板全部成为阴影)时释放，此时面板将会添加到标签式分组中。

将一个面板移动到已经包含了一个或多个面板的桌面边框，会使该面板添加到与那些已经存在的面板相同的模式(停靠或弹出式模式)下。

当用户移动一个面板靠近另一个悬浮面板时，它们的边界会合并在一起。同样，移动一个面板至视窗的边界，面板和视窗的边界会合并在一起。这种“合并”特性使得在环境内更易安排浮动面板。

在移动面板过程中使用 Ctrl 键，可防止面板自动停靠、分组或合并。

(4) 关闭面板

关闭面板可以右击其标题栏或标签,从弹出的菜单中单击关闭命令。也可以单击面板标题栏最右边的关闭按钮。注意,如果面板处于分组模式,那么使用这个关闭按钮将会关闭组内所有的面板。

(5) 最大化/还原面板

在浮动模式中,右击面板的标题栏(或者标签),从右键菜单中单击 Maximize 命令,就可以最大化面板。直接右击标题栏或标签并单击弹出式菜单中的 Restore 命令,就可将最大化的面板还原为原始大小。

另外,双击标题栏可以在最大化和还原状态间切换。

3. 环境设置

Altium Designer 通过文件编辑器和服务器来简化环境设置选项,这些选项集中在一个相互关联的对话框进行设置——Preferences 对话框(见图 2-30)。对话框具有树状导航结构,使用户迅速、有效地设置系统的各项参数,并且具有加载和保存参数设定的功能,使设计者更自由地设置自己的工作环境。

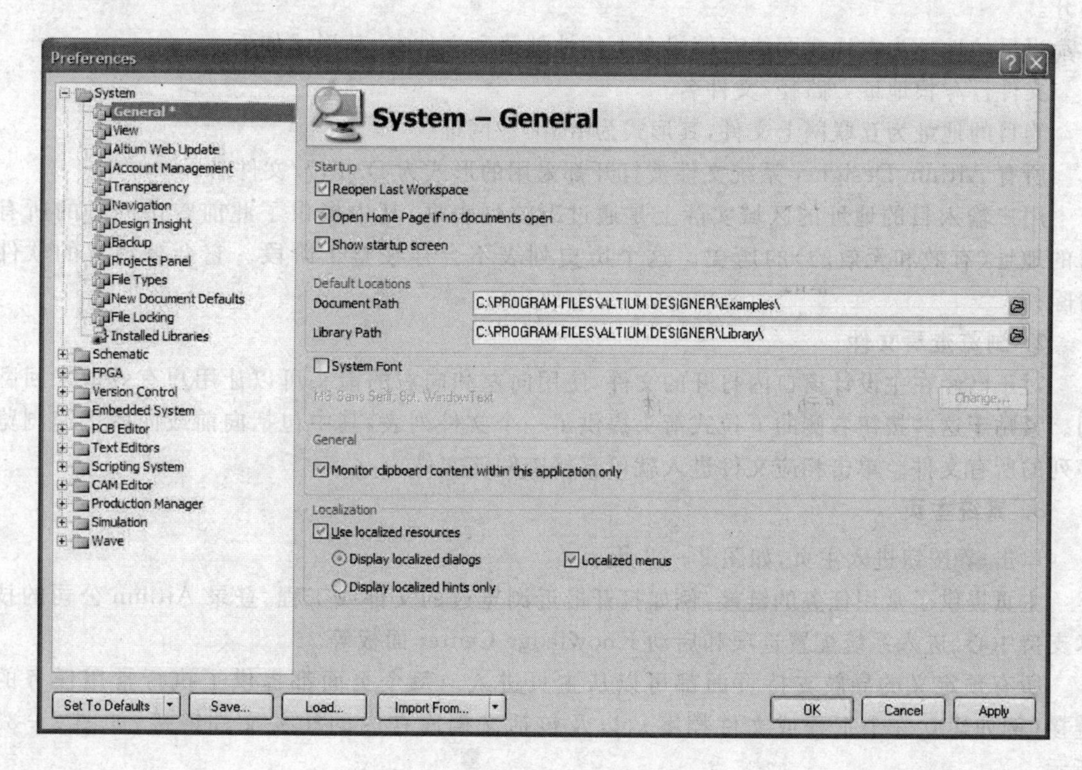

图 2-30 Preferences 对话框

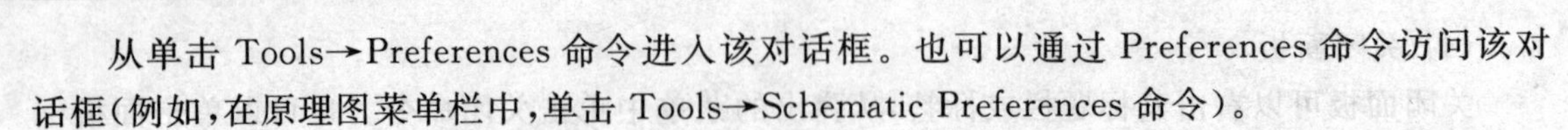

从单击 Tools→Preferences 命令进入该对话框。也可以通过 Preferences 命令访问该对话框(例如,在原理图菜单栏中,单击 Tools→Schematic Preferences 命令)。

2.1.10 导 航

为了辅助文件的设计,Altium Designer 提供了一个专用的 Navigation 工具(图 2-31),设计者可以从任何文件编辑界面中访问该导航工具。

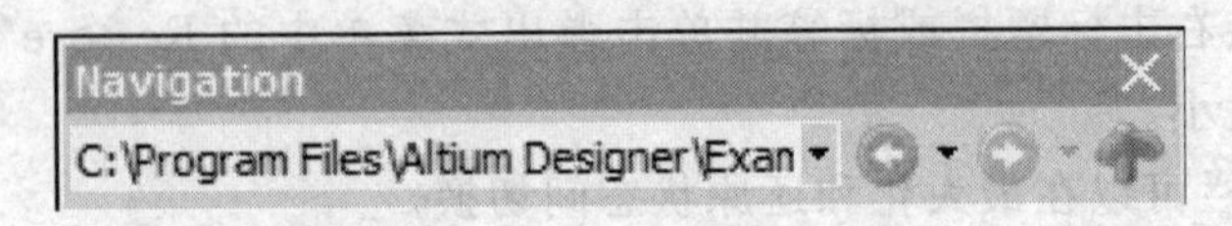

图 2-31 专用文件导航工具

1. 直接文件导航

在导航栏左侧区域可以为用户链接到 PC 上的任何地址或文件,甚至到互联网上的任何网页。输入或粘贴目的地址到该区域,并按 Enter 键,目的地址或文件将会在主设计窗口打开。

当目的地址为本地或网络存储媒介上的地址簿和文件夹,其形式如下。

文件:///根地址:/路径/文件名

当目的地址为互联网上文件,其形式为 http://网址

所有 Altium Designer 系统文件被打开都采用的形式为 DXP://文件名。

用户输入目的地址的区域实际上是通过下拉列表框,其中提供了此前曾访问过的所有目的地址(有效和无效的)的历史。这个历史列表不会存在整个阶段。它会被现有的软件清除。

2. 浏览查看文件

对于已经在主设计窗口内打开的文件,使用向左和向右的箭头可以让用户有效地来回翻阅。紧贴于这些按钮右侧的下拉式箭头提供了一个文件列表,其中包括向前或向后迅速浏览序列的所有文件。单击相应文件进入就可直接查阅该文件。

3. 系统主页

单击按钮进入主页,如图 2-32 所示。

主页提供了常用任务的链接,例如打开最近浏览过的文件或工程、登录 Altium 公司的技术支持中心、进入系统配置选项和启动 Knowledge Center 面板等。

所有预定义的导航支持页面都可以从主页进入。每个页面都提供了执行常用任务的链接(例如建立一个工程或文件档案),以及包括文档库在内的相关文件链接,如图 2-33 所示。

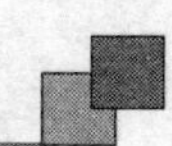

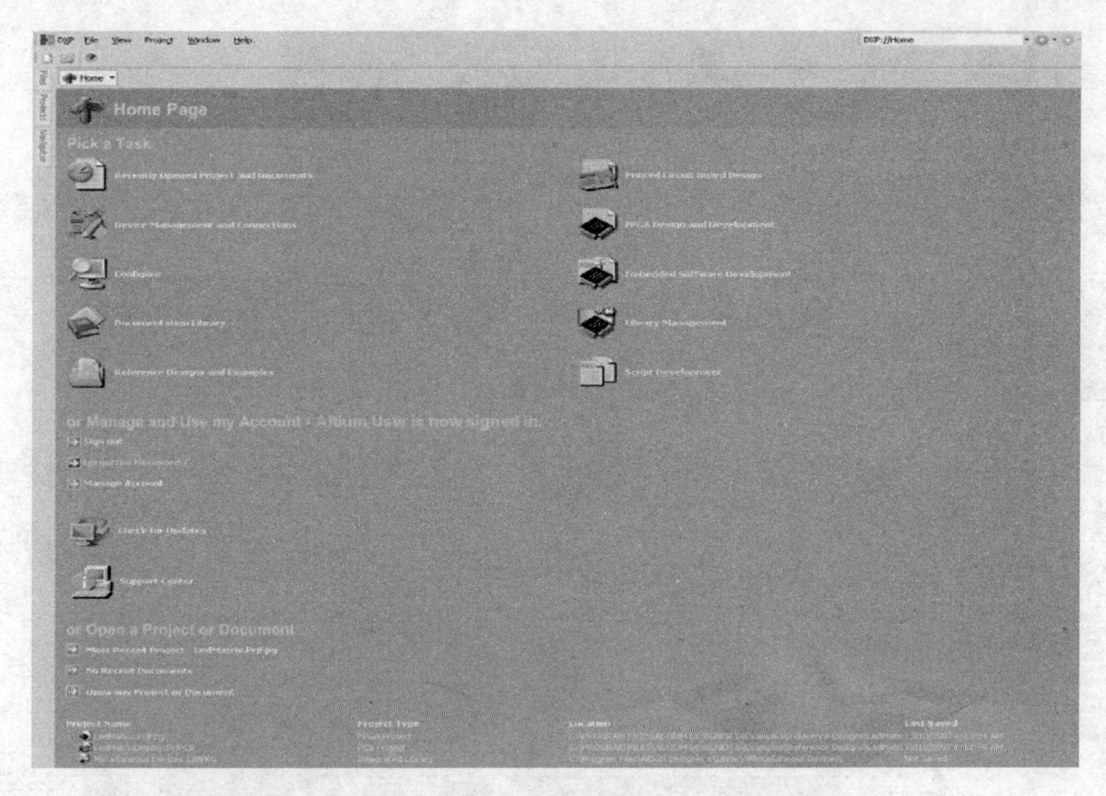

图 2－32　主　页

2.1.11　本地化语言环境

Altium Designer 提供多种语言本地化支持。所有菜单项和大多数对话框文本标签都可以使用安装在 PC 上的语言进行显示。本地化语言可作为英文文本的翻译提示，或是作为对表格和菜单的翻译。

在 System-General 页面的参数设定对话框（Localization）中进行本地化设置。如图 2－34 所示。

2.1.12　输入设计文件

Altium Designer 整合了各种各样的格式转换技术，可让用户毫不费力地载入源自以前版本的设计或类似软件中的设计。载入这些文件的操作可以通过 Choose Document to Open 对话框（单击 File→Open 命令）（图 2－35）执行。

以下的非 Altium Designer 文件可以被输入：

① Protel 99 SE 设计数据库（＊.DDB）；

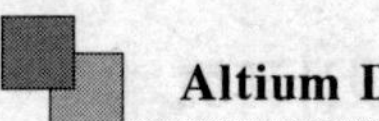

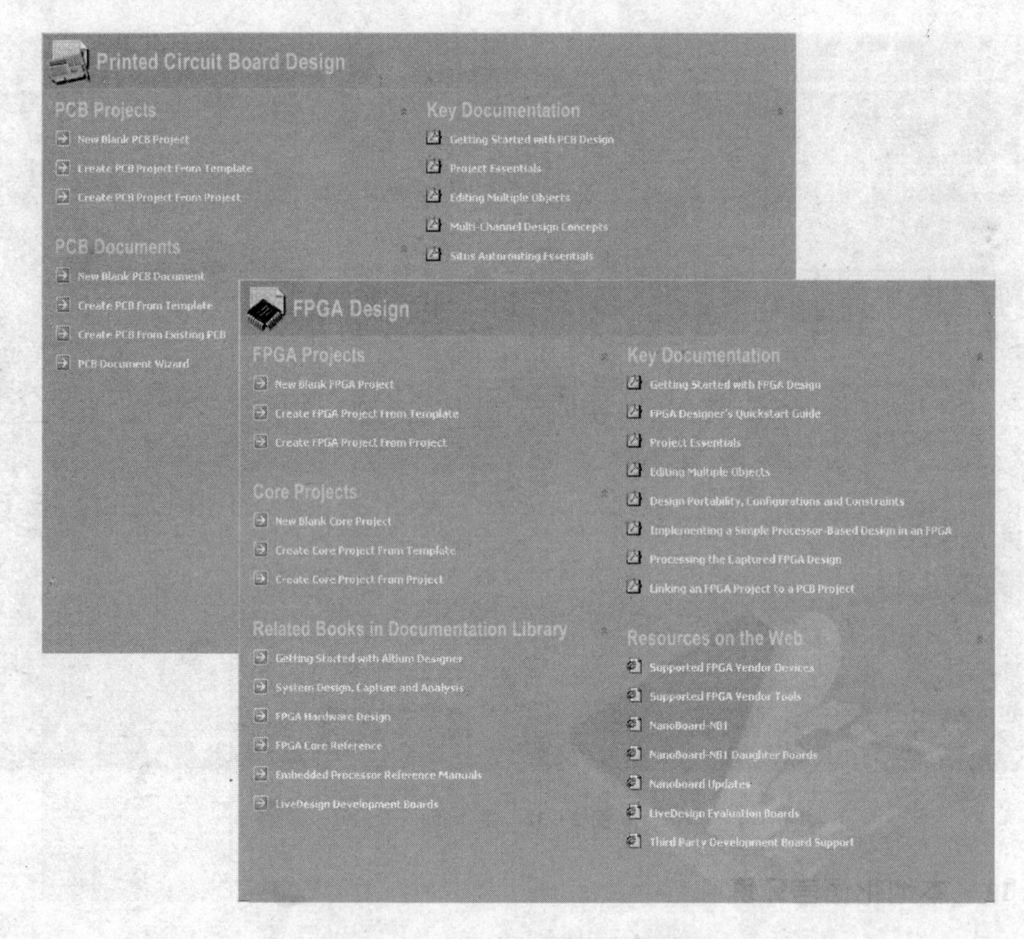

图 2-33　支持设计区域页面的超链接

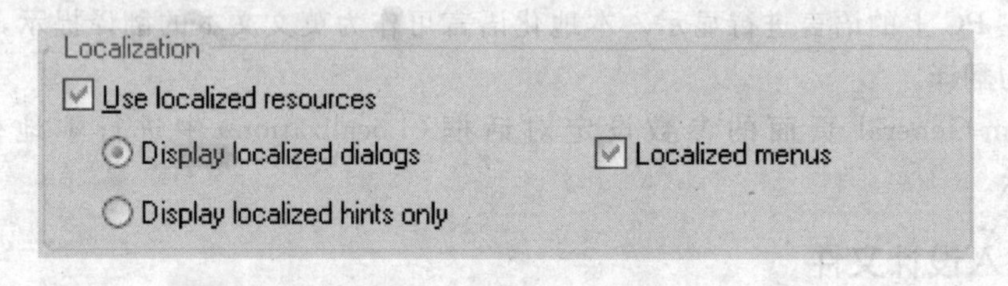

图 2-34　设置本地化选项

② P-CAD V16 或 V17 ASCII 原理图(＊.sch)；

③ P-CAD V16 或 V17 ASCII 原理图库(＊.lia，＊.lib)；

④ P-CAD V15、V16 或 V17 ASCII PCB(＊.pcb)；

⑤ P-CAD PDIF 文件(＊.pdf)；

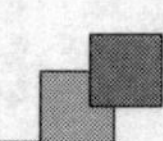

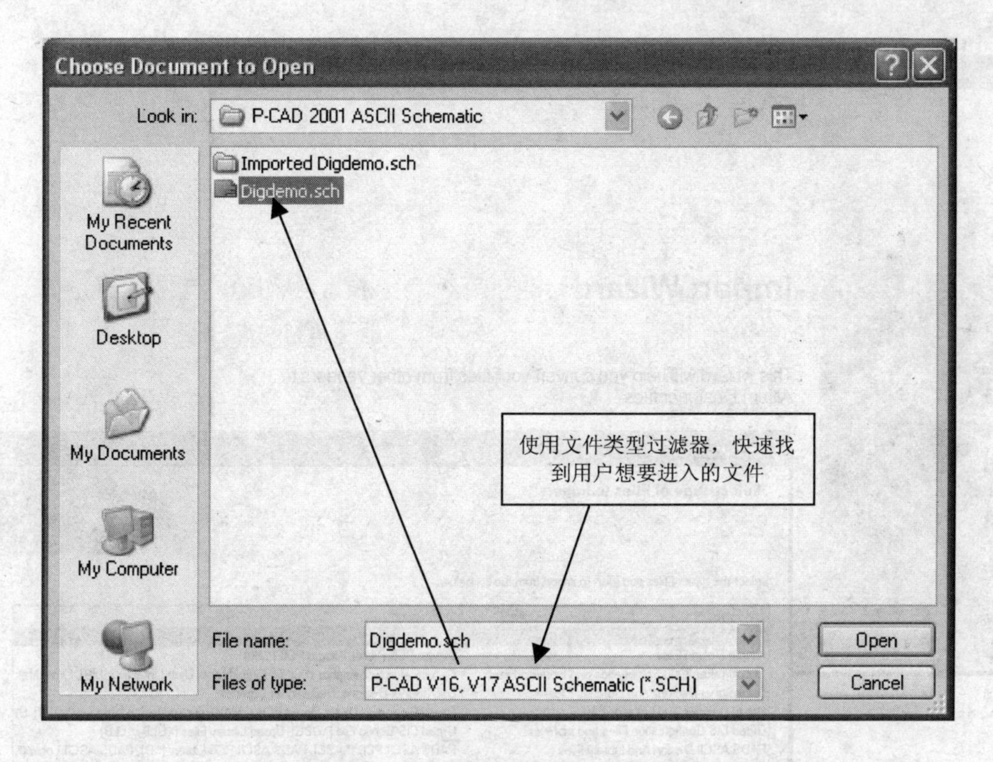

图 2－35　用打开命令输入文件

⑥ CircuitMaker 2000 Designer(*.ckt)；

⑦ CircuitMaker 2000 Binary 用户库(*.lib)；

⑧ OrCAD 版图文件(*.max)；

⑨ OrCAD Max Library 文件(*.lib)；

⑩ OrCAD Capture Design(*.dsn)；

⑪ OrCAD Capture Library(*.olb)；

⑫ OrCAD CIS Configuration 文件(*.dbc)；

⑬ PADS PCB 文件(*.asc)；

⑭ SPECCTRA Design 文件(*.dsn)。

Altium Designer 在各种不同的设计工具中提供了统一的导入设计方法，就是 Import Wizard。图 2－36 为 Import Wizard 向导窗口，该向导引导用户完成设计过程，包括实现原理图和 PCB 的设计，并管理两者之间的关系。用 Import Wizard 可以输入下列类型的设计工程：

① Protel 99 SE 设计数据库；

② Cadence Allegro 设计文件；

③ CircuitMaker 2000 原理图和元器件库；

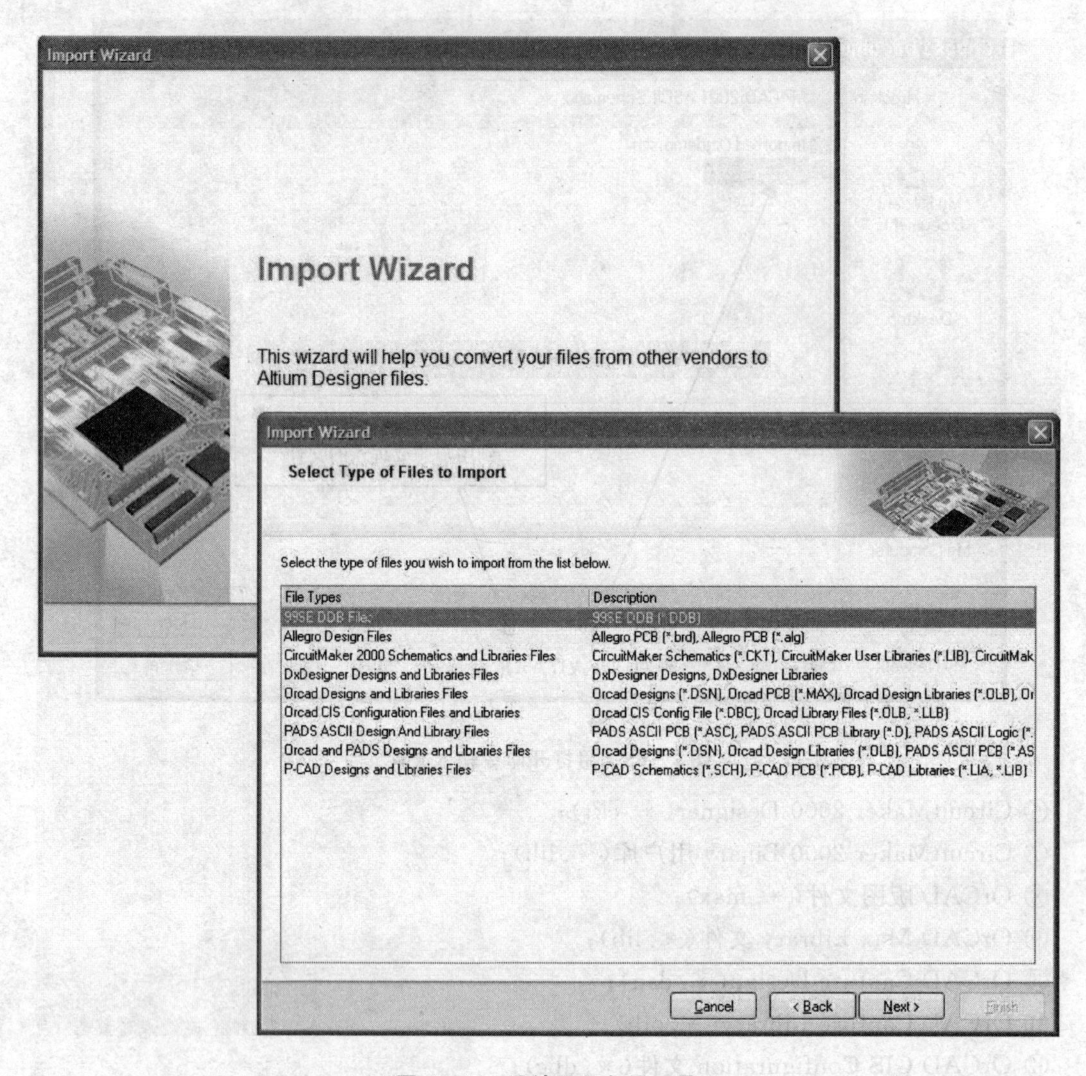

图 2-36 设计导入向导工具

④ DxDesigner 设计和元器件库；

⑤ P-CAD 设计和元器件库；

⑥ OrCAD 设计和元器件库；

⑦ OrCAD CIS Configuration 文件和元器件库；

⑧ PADS ASCII PCB 设计和元器件库；

⑨ OrCAD 和 PADS 设计和元器件库。

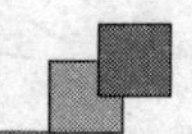

2.1.13　输出设计文件

设计文件(如原理图、PCB 文件)或工程本身可以用各种不同的格式输出,包括 Altium Designer 以前的版本。PCB 配置也可以用三维 STEP 模型文件输出,用于机械 CAD 工具。输出此类文件是通过单击 File→Save As 命令,进入另存为对话框来执行的,如图 2-37 所示。

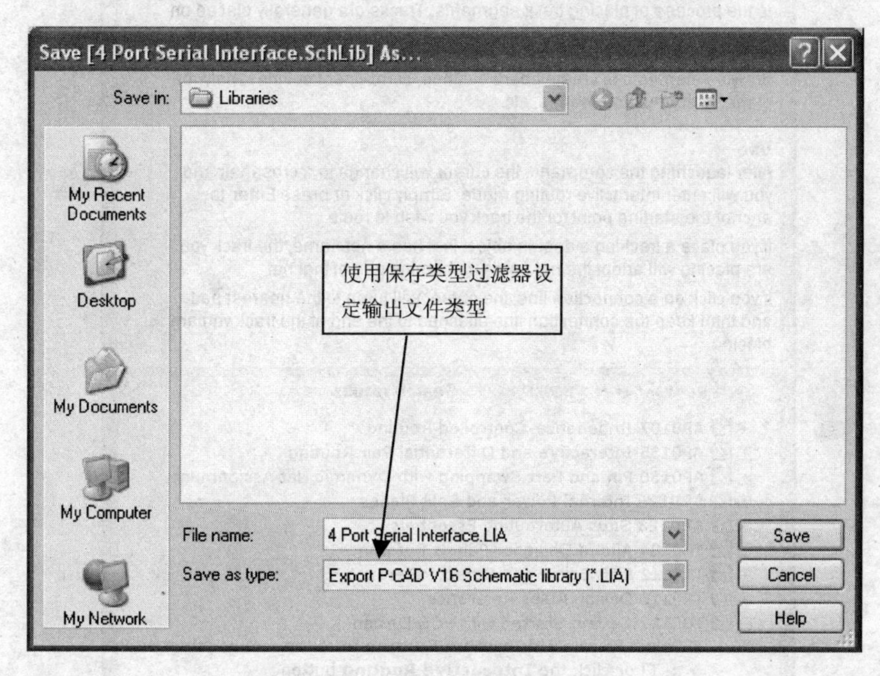

图 2-37　用另存为对话框输出设计文件

2.1.14　文档和帮助

通过 Knowledge Center 面板进入 Altium Designer 文档。图 2-38 显示了如何使用 Knowledge Center 面板了解用户正在做什么,或者用它来浏览和搜索 PDF 文件。

Knowledge Center 面板为用户提供帮助信息。它跟踪当前光标所停留的命令、对话框、对象或面板,并载入帮助内容——光标悬停 1 秒以上就会显示帮助内容。如果希望"冻结"当前加载话题中的面板内容,单击 Autoupdate 按钮 可自动下载。用户也可以用 F1 键查看不能自动下载的内容。

Knowledge Center 面板还可以将显示在面板顶端的帮助摘要链接到相应的 PDF 参考文档和应用文件。

在面板的下方有一个导航树状图,用它可以快速浏览 PDF 参考文档和感兴趣的文件。

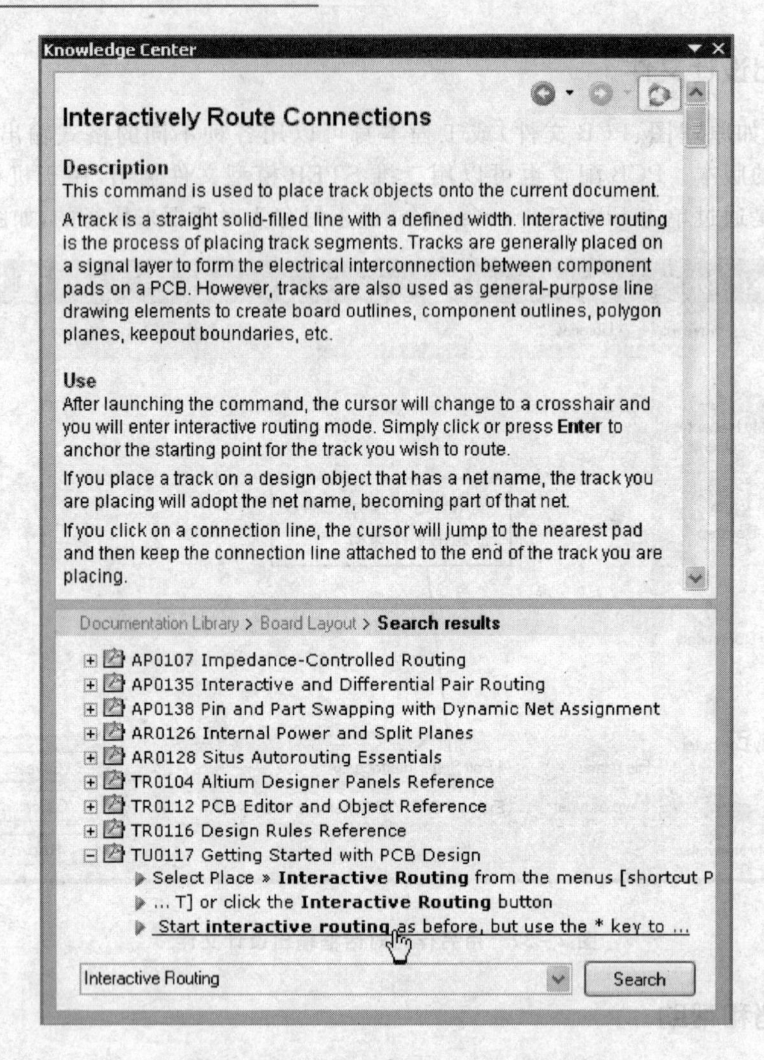

图 2-38 使用 Knowledge Center 面板

在 Knowledge Center 面板的底部有一个强大的 PDF 搜索系统，所有包含搜索字符的页面都会返回到面板中显示出来(除了共用词语，如和、或、等)。搜索的范围取决于用户目前在导航结构中的位置。

1. 快捷键访问

在任何软件环境中，用户要想使事情做得更有成效，也许唯一的方法就是学习快捷键。快捷键比用鼠标单击按钮或菜单更有效。

在像 Altium Designer 这样统一的设计环境中，很难记住快捷键，尤其是那些不常用到的具有特殊用途的快捷键。

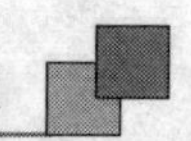

为了解决这个问题,Altium Designer 提供了一个快捷键菜单,如图 2-39 所示,它提供了所有的原理图和 PCB 交互命令。当运行一个命令时,例如 Place Wire,按下～(波浪号)键,相应的快捷键菜单就会被打开,列出所有当前操作会用到的快捷键。

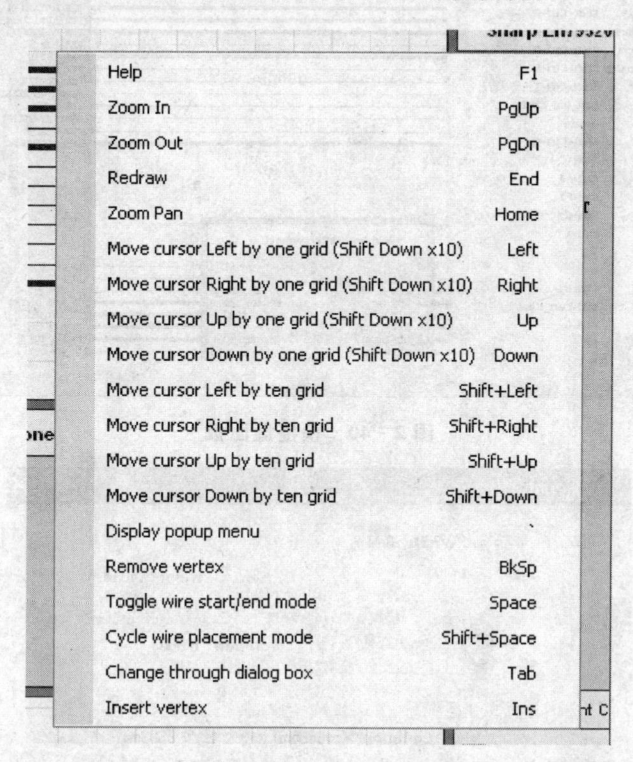

图 2-39　打开快捷键菜单

使用该菜单可以增强用户对快捷键的记忆,也可以在菜单中单击相应的命令。

通过快捷键菜单,用户快速了解当前需要用到的快捷命令。例如,在一个原理图文档中,快捷键面板将显示多种用于原理图编辑的快捷方式,如图 2-40 所示。

2. "?"帮助按钮

使用"?"帮助功能,可以获得对话框中每个选项的详细说明。单击一下在对话框右上方的"?"按钮,然后单击一个编辑栏或选项,就可弹出这个域或选项的详细说明,如图 2-41 所示。

2.1.15　网络更新

为了保证用户的软件、元件库和文档不断更新,Altium Designer 提供了网络更新功能(DXP→Check For Updates),如图 2-42 所示。进行网络更新需要有 Altium 公司技术支持中心的账户。

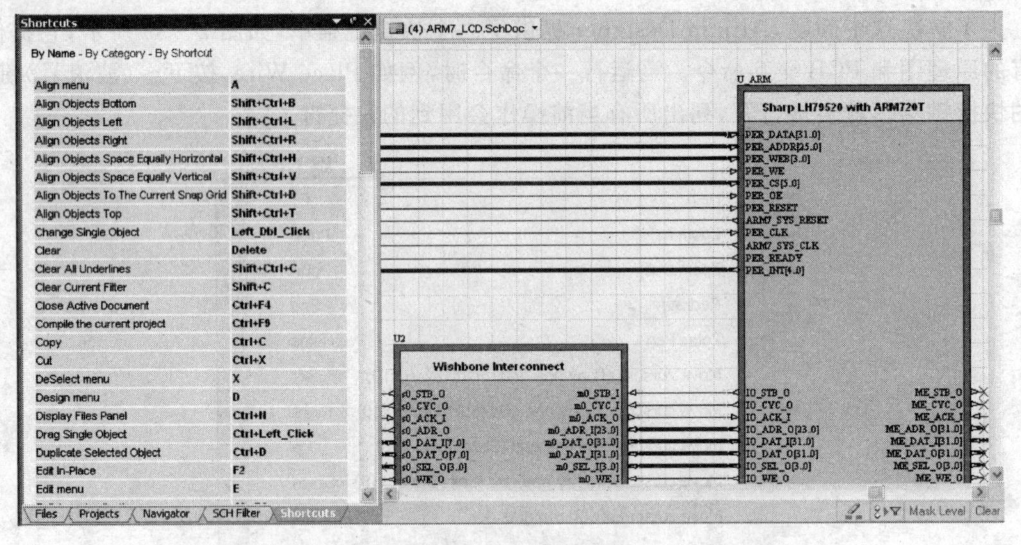

图 2-40　快捷键面板

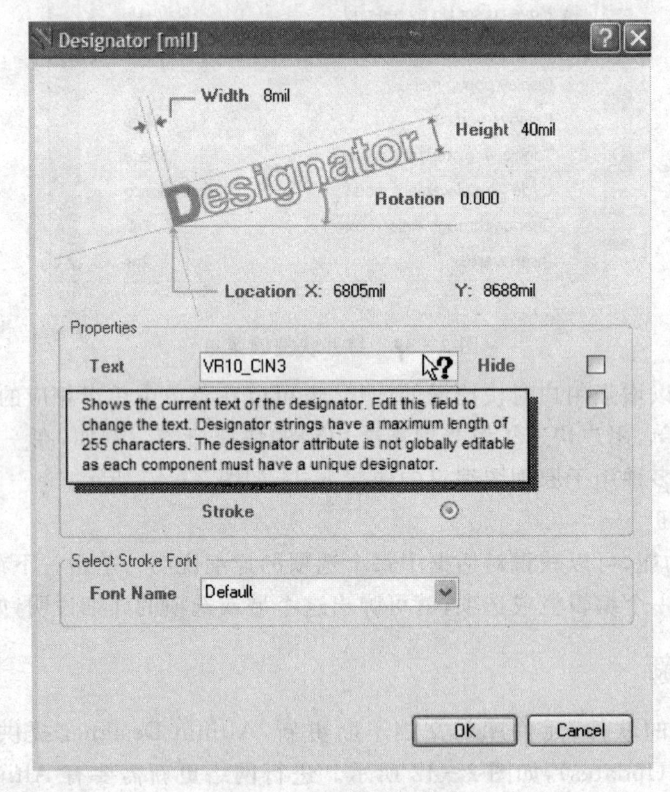

图 2-41　使用"?"帮助功能

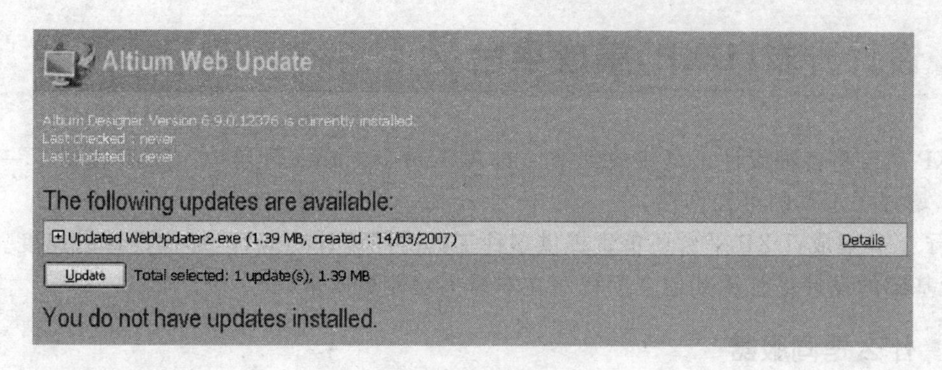

图 2－42　网络更新

当用户安装了多个 Altium Designer 软件后，就可以利用自动更新检查功能，实现网络版本升级。在参数设置对话框（DXP→Preferences）的 System-Altium Web Update 页面（图 2－43）中，选择自动查询更新信息选项。

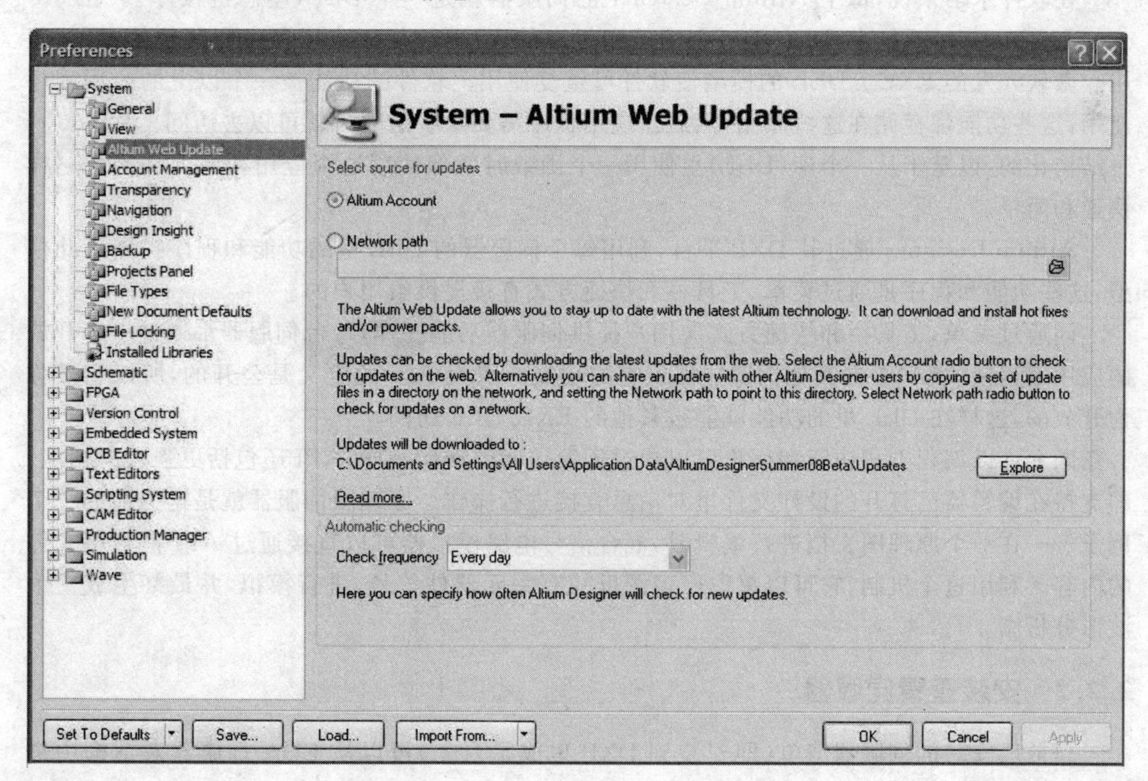

图 2－43　设置自动查询更新

2.2 设计开发(DXP)集成平台

DXP 平台将各种设计工具集成到单一的 Altium Designer 环境中。DXP 提供了一致的用户界面,增强了工具的可操作性。

除了工具集成,DXP 平台还负责提供多种工具协同设计功能,以加快设计的速度。因此,DXP 为基础的设计平台比其他应用程序在本质上功能更丰富。

2.2.1 什么是伺服器

在计算机用户语言中,伺服器是一个可以接入 DXP 平台并能向环境添加新的功能的模块。它可以从一个简单的计算印刷电路板上所有过孔的数量工具到整个的文件编辑器,如原理图编辑器转到一个复杂的分析引擎,如混合信号电路模拟器。

在软件术语来说,每个 Altium Designer 的伺服器就是一个 DLL(动态链接库)。在 Microsoft Windows 系统中,DLL 是一个功能和程序的库,可被任何应用程序和其他的 DLL 使用。微软开发的 EXE / DLL 的模型使软件可重复使用。软件的功能被一个以上的应用程序使用,这些功能都存储在这些库里,然后当应用程序需要这些函数时就可以去访问。Windows 是结构化的,以至于从一个库(DLL)里使用一个函数时就像使用这个应用程序内部函数一样快速和简单。

Altium Designer 通过其 DXP 平台,利用每个伺服器的 DLL 里的功能和程序扩展了此模型,这些功能和程序是通过菜单、工具栏和快捷方式直接提供给用户的。

同通过菜单,工具栏和快捷方式向用户提供伺服器功能一样,每台伺服器都通过一个开放的应用编程接口(API)向其他伺服器提供它的功能。因为 API 的定义是公开的,所以它被称为开放的,这样在 DLL 里的功能就能被其他的 EXE/DLL 访问。

同允许以编程方式访问和用户可以通过资源访问的功能一样,API 还包括更强大的功能,即支持在编辑器已打开的设计文件里对信息直接进行操作。原理图伺服器就是这方面的一个例子——在一个原理图文档进行编辑时,混合信号电路模拟器可以直接通过 API 检查该文件的内容。利用这个机制,它可以提取原理图里的有关元器件符号,进行模拟,并最终生成一个波形分析图。

2.2.2 安装查看伺服器

目前已安装的伺服器清单(即安装到 DXP 集成平台上)可以从 EDA 伺服器对话框中进行查看(见图 2-44)。从 DXP 主菜单里单击 System Info 命令就可对此对话框进行访问。

伺服器可有 3 种不同的分类:

Document Editor/Viewers——这类伺服器显示了一个文件编辑编辑(或查看器)的窗口,

图 2-44　已安装伺服器清单

包括原理图和 PCB 编辑器。

Wizards——这些伺服器作为一个向导弹出，在这里用户通过一系列的页面一步一步地回答问题。例如 PCB Board Wizard(PCB 制作)和 PCB Component Wizard(元件制作)。

Utility Servers——这些伺服器与文件编辑伺服器共同工作。通常它们将项目添加到文件编辑器的菜单中，并允许项目访问相应的功能。例如混合模式模拟服务器(SIM)和孔径编辑器(HSEdit)。

从对话框的菜单(选定按钮，右击)中使用命令，可以查看在清单中选定的伺服器的资料。另外，直接双击条目，会显示 Server 对话框，其中你可以获得关于文档编辑器的信息并获悉一系列它支持的操作(见图 2-45)。

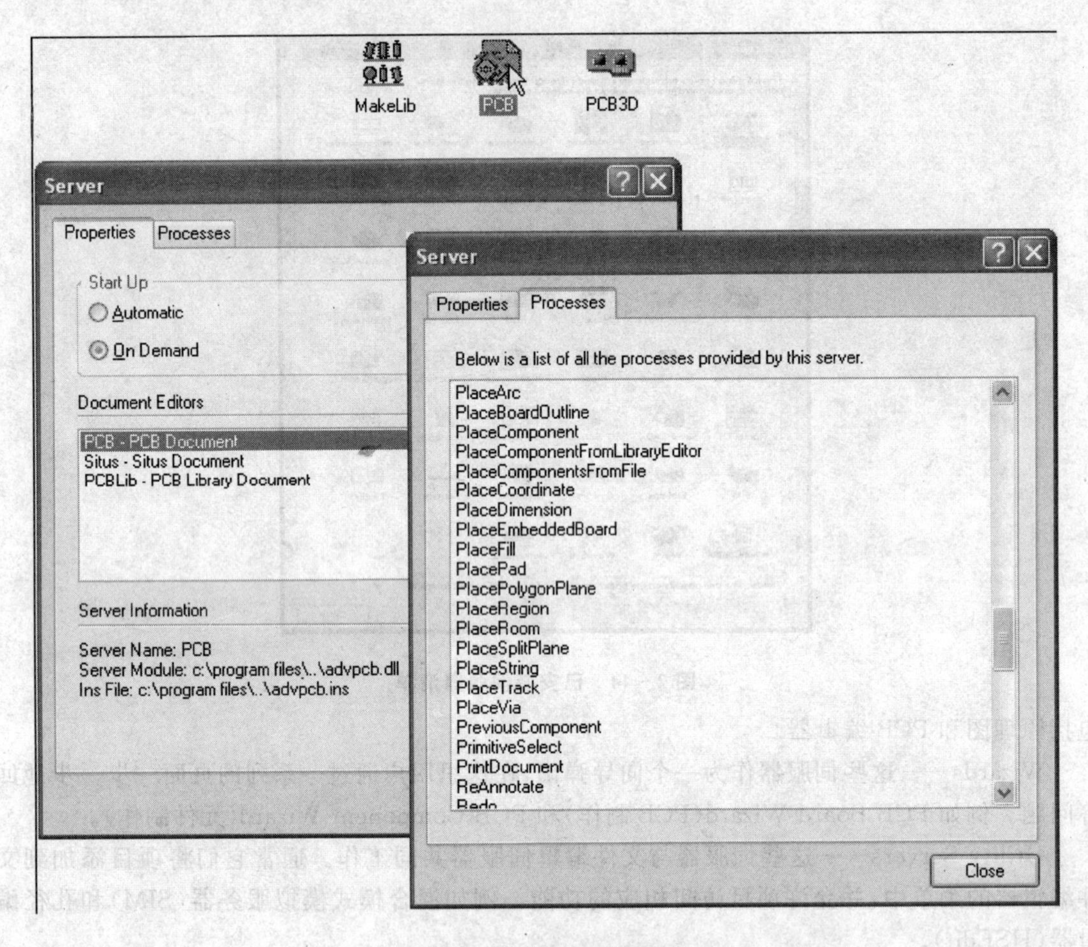

图 2－45　查询伺服器属性

第3章 工程的要素

概　要：

Altium Designer 里的每个设计的基础就是工程。本章概述了各种不同类型的工程、工程中设计的技巧和如何有效地使用工程。

3.1 什么是 Altium Designer 工程

在 Altium Designer 里创建每个设计的起点是工程。一个 Altium Designer 工程，是一种设计文件，它们的输出确定了一种单一的执行情况。举例来说，PCB 工程中的原理图和 PCB 的输出文件将被用于制造印刷电路板，而在一个 FPGA 工程里的电路原理图和 HDL 的输出文件则被用于对 FPGA 进行编程。

3.2 工程的类型

Altium Designer 支持许多种不同类型的工程。下面是对各种类型的一个简要说明。

1. PCB 工程(*. PrjPcb)

这一系列的设计文件是用于制造印刷电路板的。

电子电路是被绘制成电路的原理图，它是由元件库内的元件符号经过放置、连线而建成的。这个设计转换到 PCB 编辑器，其中的每个器件都被转化为一个封装，并且电路布线成为点对点连接线。最终制成不同形状的 PCB 板。设计规则指定了布局布线约束，如走线宽度和安全间隙。这些元件先在板子里放置好，然后用手动或自动的方式布线。当设计完成后就可以生成标准格式的输出文件，它可用于制造电路板，管理元器件装配等。

2. FPGA 工程(*. PrjFpg)

这一系列的设计文件用于 FPGA 设计。

FPGA 工程设计可以利用电路原理图和/或 HDL 代码(VHDL 或 Verilog)来实现。约束

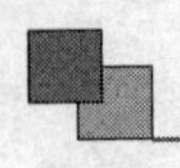

性文件被添加到工程中用以指定设计要求,如目标设备、内部的网络至设备引脚映射、网络频率要求、时钟引脚分配等。设计综合器使用了被称为 EDIF 的标准文件格式来将源数据转为一个低层次的门电路的形式。然后 FPGA 厂商工具就可以处理 EDIF 数据,并尝试通过特定的针对目标设备的方式对设计进行布局和布线,如果成功,将产生一个元器件编程文件。接着这个设计便可以在相应的开发板的目标设备上执行,并可以进行测试。

3. 嵌入式工程(*.PrjEmb)

这一系列的设计文件用于产生一个软件应用程序,这个应用程序可以被用于电子产品中的嵌入式处理器里。

其设计源文件由 C 和/或汇编语言实现。当代码编写完成后,所有源文件都被编译成汇编语言。然后编译器将程序转换成机器语言(对象代码)。接着对象文件被连接在一起,并映射到指定的存储单元中,产生一个单一的目标输出文件。

4. 内核工程(*.PrjCor)

这一系列设计文件用于产生可以被用在 FPGA 里的一个功能元件的 EDIF 网表(型号)。

该设计是使用电路原理图和/或 HDL 代码(VHDL 或 Verilog)来实现的。约束性文件被添加到工程中用来指定所支持的目标器件。设计综合器基于 EDIF 的标准文件格式将源数据转为一个低层次的门电路的形式。用关联了 EDIF 网表的元件符号代表电路原理图中的元件。

5. 集成库(*.LibPkg) & (*.IntLib)

这一类设计文件是用来生成一个集成库的。

原理图符号可以在 SCH 库编辑器里进行绘制,同时还可以进行关联模型的定义。参考模型可以包括 PCB 封装、电路仿真模型、信号完整性模型和三维机械模型。包含这些模型的文件被添加到集成库包里(*. libpkg),也可以通过定义搜索路径来指定它们的位置。然后,原理图符号库和所需的模型被编译成一个集成库文件。

6. 脚本工程(*.PrjScr)

这一类设计文件用来管理一个或多个 Altium Designer 脚本。

每当一个脚本在 Altium Designer 中执行时都会被解析为一系列的操作。其他脚本也是在同样的环境下编辑和调试的。有两种类型的脚本文件:语言脚本和窗体脚本。语言脚本可以使用 DXP 的应用编程接口(API)来对设计文件里的设计对象进行修改。窗体脚本主机控制和对一个提供的脚本对话框使用 DXP API 一样,是在 Altium Designer 中打开的设计文件里执行的。

3.3 工程文件的作用

组成工程的一系列设计文档是通过工程文件关联在一起的。工程文件存储了所有与工程

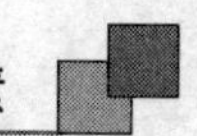

相关的设置，包括工程中每个文件的链接和与所有工程有关的环境参数。在该工程中的每个文件被保存为一个单独的文件，这些文件是通过在同一工程中文件的相对路径，或不同目录下文件的绝对路径来连接成工程的。由该工程产生的输出也会反映在工程文件中。

特定的工程选项的设置会因工程类型的不同来进行存储。包括在 Options for Project 对话框里的这类参数，如：

① 编译器的错误检查设置；

② 设计的同步设置；

③ 设计的编译设置；

④ 文件的输出位置；

⑤ 多通道的注释设置。

存储在工程文件中的其他工程设置包括：

① 原理图的注释设置；

② 输出设置，如报告、打印、Gerber 等。

请注意，这些输出设定的存取是通过原理图或 PCB 编辑器的菜单，而不是定义在 OutJob 文件的输出设定。

3.4 工程面板

在 Altium Designer 中最常用的面板可能就是工程面板。工程面板是客户查看工程的途径。当客户打开一个工程时，它的文件会被显示，就像允许多个文件被打开编辑一样，系统也支持多个工程在同一时间被打开。它们可以是无任何相互关联的工程，也可以是相关的工程，如图 3-1 所示。在这个图里有 3 个相关工程——PCB 工程，包括一个 FPGA 工程，其中有软处理器内核；以及一个嵌入式软件工程，它运行在 FPGA 内的软处理器内核中。

1. 工程洞察器

工程洞察器是设计洞察器的一部分，它能让客户轻松预览项目中的所有文件和导航到特定的文件。光标悬停在 Project 面板的工程图标上，即可以查看工程中的文件。在预览里单击一下就可以跳转到该文件中去。

工程洞察器显示原理图和 PCB 文件，如图 3-2 所示。

如果工程中有大量的文件，向左和向右箭头就变得很有用。右箭头向前导航，左箭头向后导航，从而可以遍历工程中的文件，如图 3-3 所示。

在工程洞察器里的文件是根据它们添加到工程的顺序来显示的。

为了查看文件添加的顺序，可以在 Preferences 对话框中的 System-Projects Panel 页面里选中 Show document position in project 复选框。工程面板中的文件的旁边会显示一个数字。

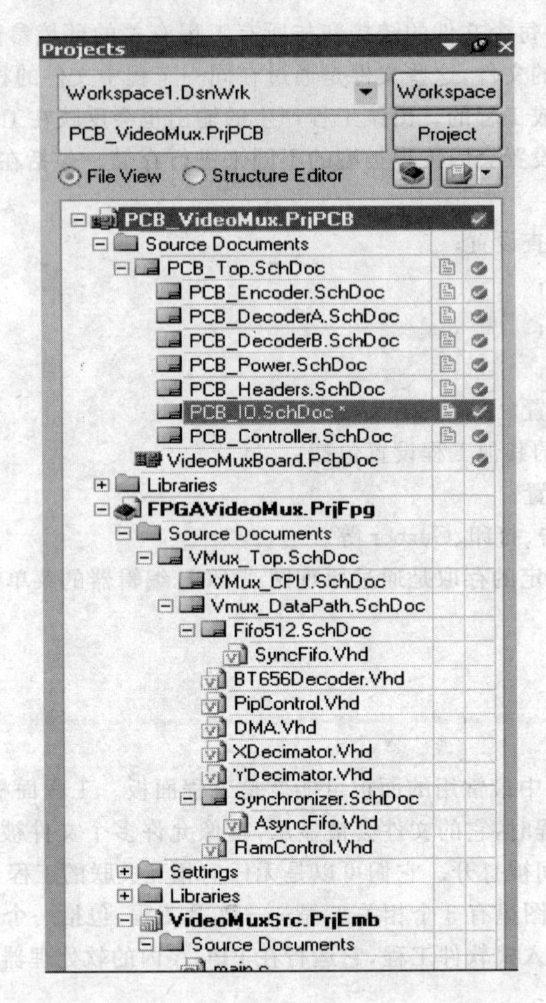

图 3-1　在 Project 面板中打开 3 个相关的工程

2. 更新工程

客户正在编辑的文件被称为激活文件,在面板中是突出显示的。用户会在图 3-4 中注意到,工程和激活的文件都是突出显示的,激活的工程也是一样。在 Projects 菜单里任何命令所做的改变,将会是针对于激活的工程的。

当客户有多个工程要打开编辑,一个对已选择的工程执行工程相关命令的简单方法,就是在工程面板里右击该工程的名称。这样做将会弹出一个关联菜单,在这个菜单里用户可以在执行工程操作,不论该激活文件是否属于该工程。

图 3-4 表明,一个文件在嵌入式工程里是激活的,但 PCB 工程被右击弹出了工程关联菜单。

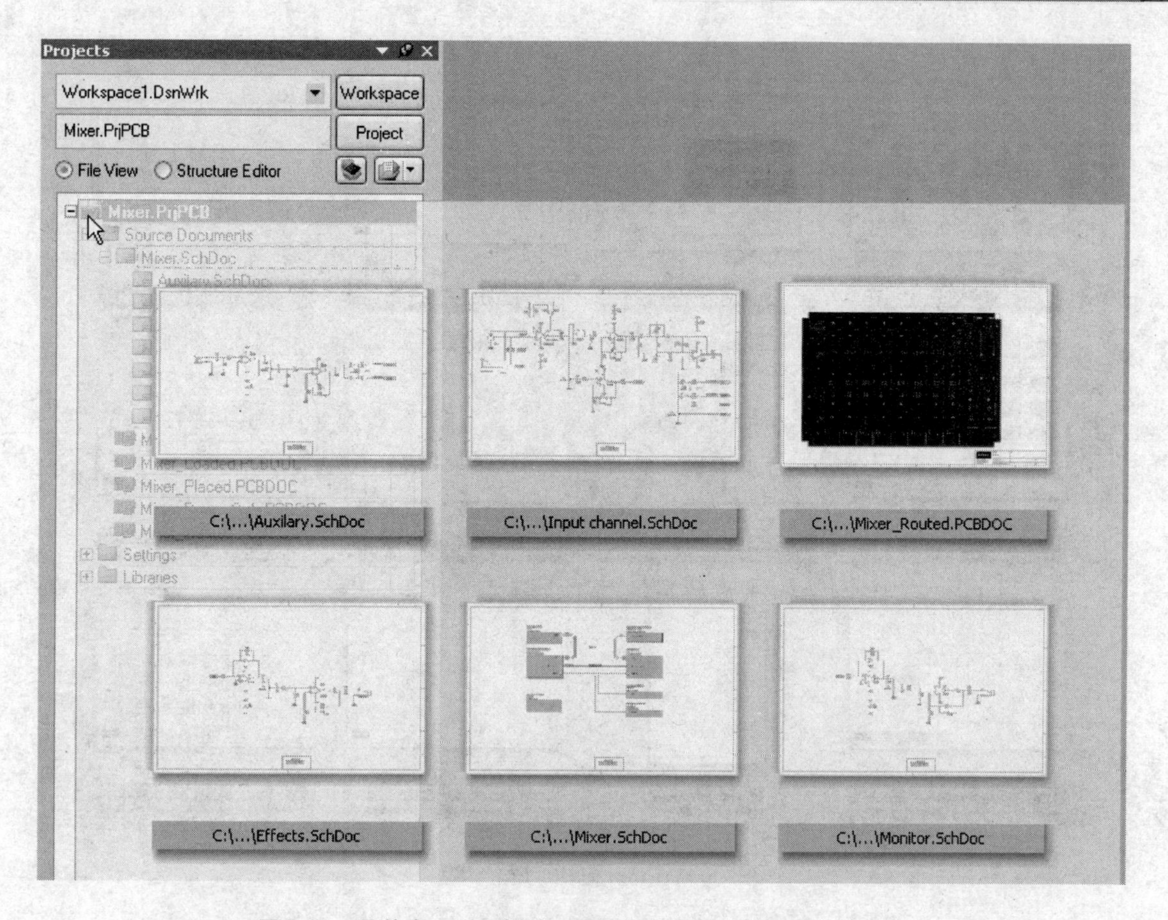

图 3-2　悬停在工程面板的工程图标上可以查看工程中的文件

3. 工程面板显示选项

工程面板有大量的显示选项。默认的显示模式是将工程文件按照独立的文件夹来组织，如源文件、库、配置等。对于工程文件分组有很多其他的显示模式，如栅格显示、工程文件夹根据工程打开情况进行显示等。

这些选项可以在 Preferences 对话框(DXP 菜单)的 System-Projects Panel 页面中进行设置。访问这些工程面板设置的一个快速的方法就是单击工程顶部的按钮，如图 3-5 所示。

要注意，显示在工程面板上的文件夹并不代表着存储在硬盘上的文件夹，它们仅仅是一种易于管理的表示工程文档的方式。

4. 工程中文件的顺序

一个分组里的文件，如源文件，默认是按照它们被添加到该工程的顺序来显示的(即是它们在工程文件中排列的顺序)。要在一个显示文件夹里更改文件的顺序，只需单击、拖放文件

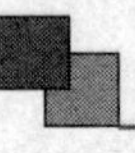

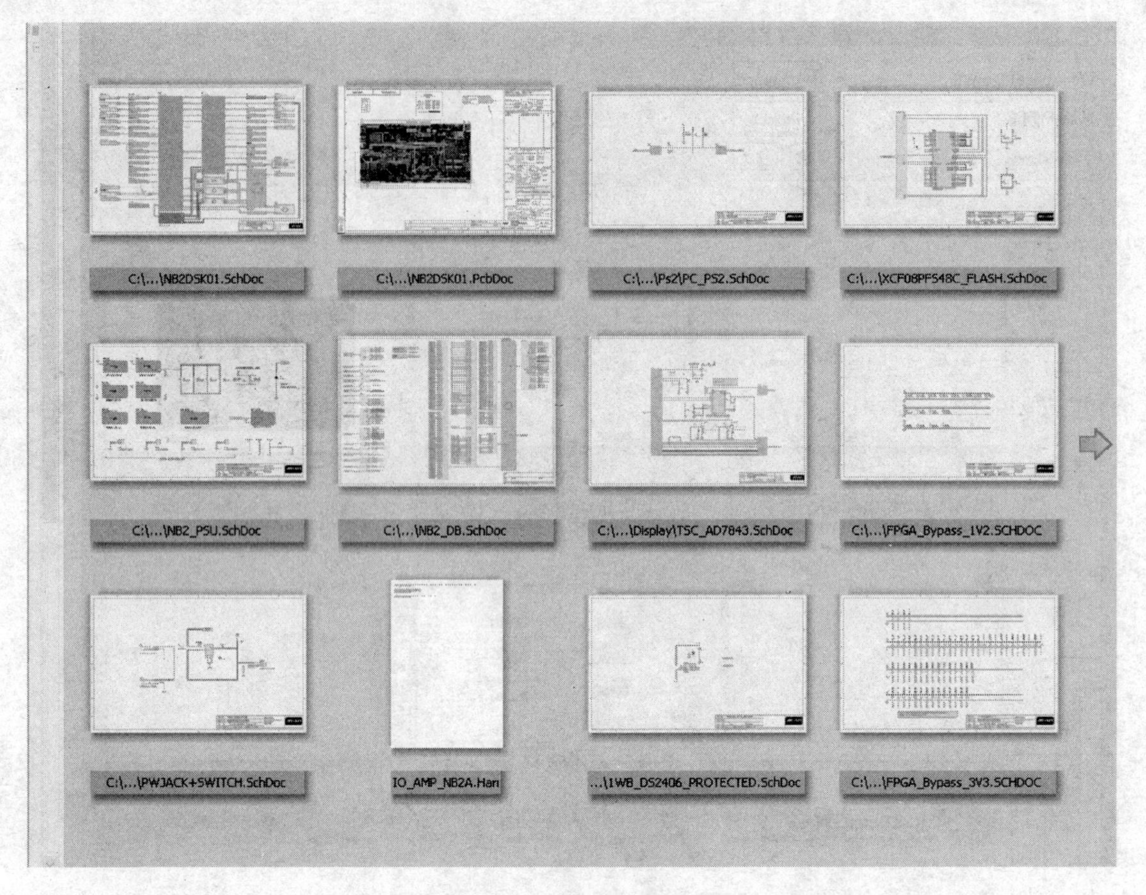

图 3-3 工程洞察器界面

到其新的位置。一旦一个工程已被编译,源文件也会按照设计的层次结构来显示。

要注意的是,客户不能通过在面板里拖拽文件来建立工程层次。在一个工程中文件之间的层次关系是由子图纸的页面符号来定义的。

5. 显示工程面板

如果当前工程面板是不可视的,客户可以单击工作区右下侧的 System 按钮,并从打开的菜单中单击 Projects 命令来打开它,如图 3-6 所示。

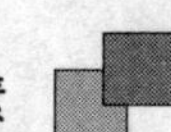

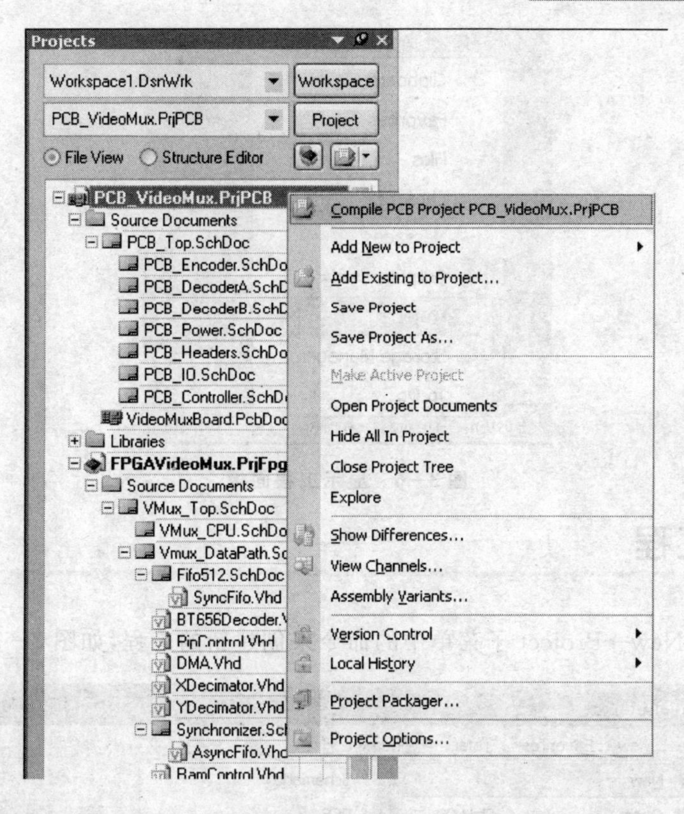

图 3-4 右击该工程的名称来访问了一系列与工程有关的命令

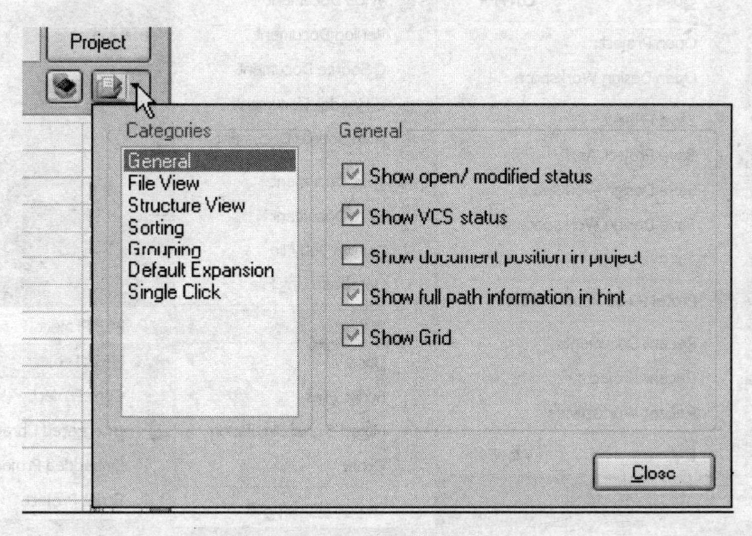

图 3-5 在工程面板控制显示

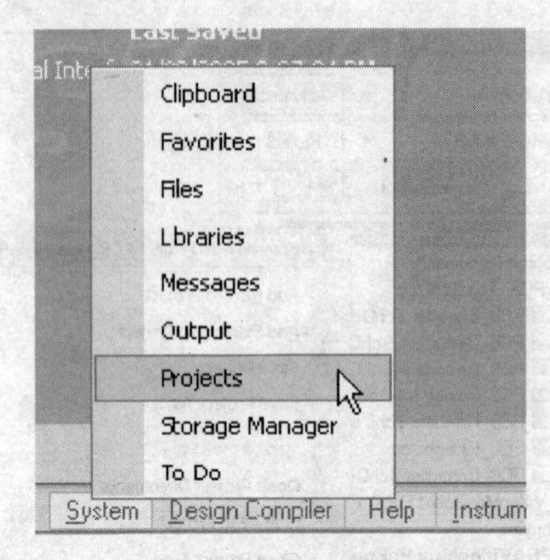

图 3-6　显示工程面板

3.5　创建工程

使用在 File→New→Project 子菜单中的命令来创建新的工程,如图 3-7 所示。

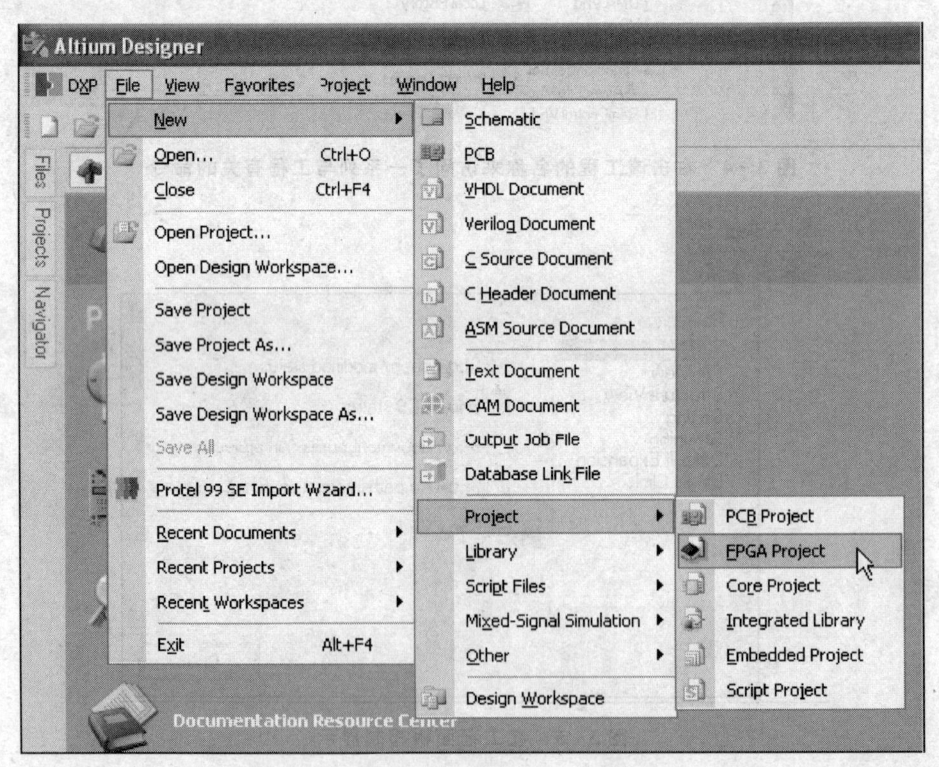

图 3-7　通过文件菜单创建一个新的工程

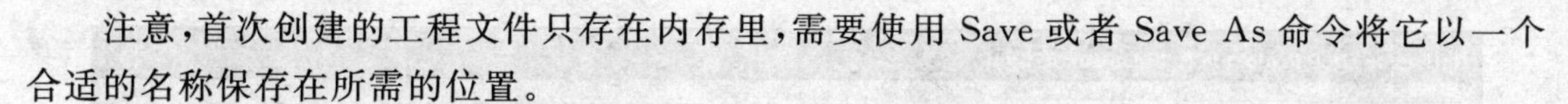

注意,首次创建的工程文件只存在内存里,需要使用 Save 或者 Save As 命令将它以一个合适的名称保存在所需的位置。

FPGA、内核和嵌入式工程的文件名不应该包括任何空格。

3.6 从工程中添加和移除文件

一旦用户创建了工程并保存它到所需的位置,用户就可以开始添加设计文件。要添加新的或现有的设计文件到一个工程,最简单的方式是右击 Project 面板的工程名称并使用 Add New to Project 或者 Add Exisiting to Project 命令。

用户还可以添加其他和工程有关的文档到工程中,如 Word®文件或是 Adobe® PDF 格式的文件,如图 3-8 所示。用惯常的方式添加它们即可,要能在选择文件添加对话框中看到这些文件,只需将 File Type 设置成所有文件(*.*)即可。

图 3-8 工程中包括了其他类别的文件

3.7 设置工程选项

工程参数可以在工程选项(Options for Project)对话框中配置,如图 3-9 所示。用户可以使用主菜单栏上的 Project 菜单,或右击 Project 面板的工程名称来访问它。

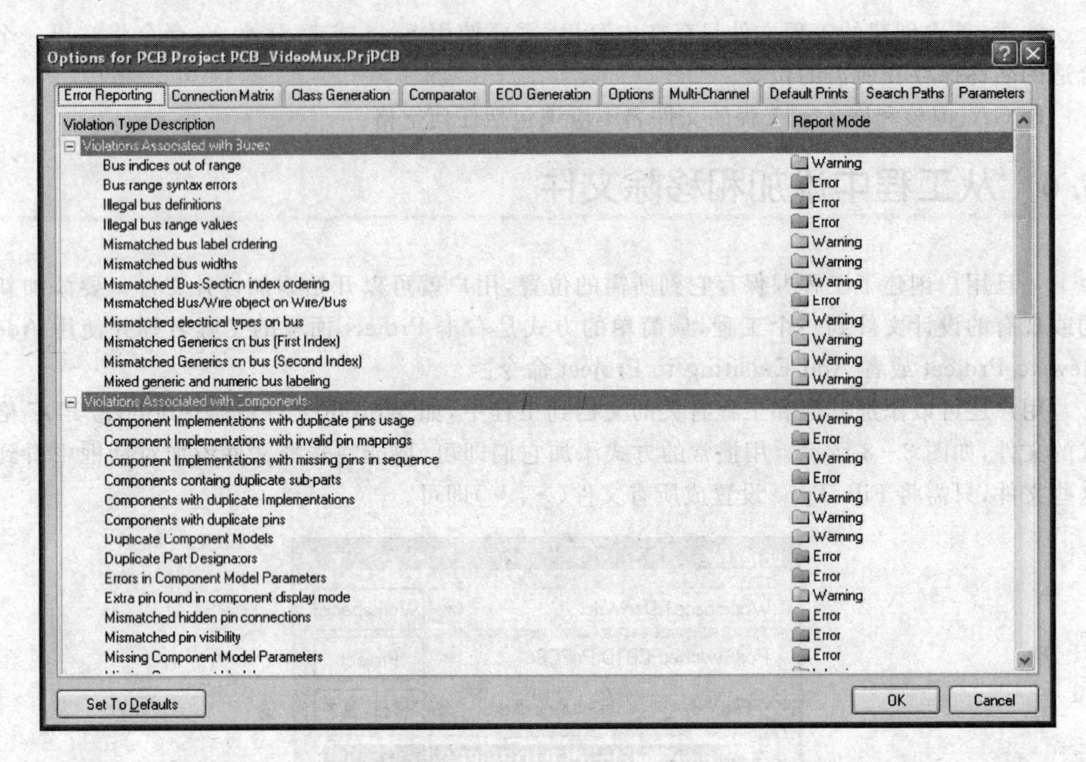

图 3－9　工程选项对话框

下面是 Altium Designer 文件库中的更多的关于工程选项设置的相关文件。用户也可以使用 F1 键和工程选项对话框右上角的"?"帮助按钮来了解更多详情。

① 关于 PCB 工程选项，请参阅 PCB 设计教程入门章节。

② 关于 FPGA 工程选项，请参阅 FPGA 设计教程入门章节。

3.8　管理工程文件

认识到工程面板内文件的表示方式并不代表它们在硬盘上的存储方式，是非常重要的。一种认识观点是，工程面板是对工程的一种逻辑关系的表示方式。文件存储的组织结构取决于用户，用户可以按照自己的想法将工程文件存储在一个公共的公司服务器上，或者将草稿文件存储在用户自己的计算机上。另外，用户可以使用 Atium Designer 的版本控制系统，检查中央存储库和用户的个人电脑上的工程文件。

1. 工程中文件的共享

因为每个工程文件都链接到工程，所以用户可以在多个工程间共享文件。它可能是客户在设计不同产品时所使用的电源设计原理图，也可能是用户想要单独仿真的部分电路。

2. 以一个新的名称保存工程文件

Save As 对话框允许用户以一个新名称来保存文件。值得注意的是，这不是一个重命名操作，操作后在硬盘上将同时拥有旧文件和新文件。对一个文件执行 Save As 操作的同时也会更新工程，这样做是为了确保该文件仍然是工程的一部分。如果用户想要在不影响工程的前提下建立一个后备文件副本，请使用 Save As 命令。

如果属于两个工程的文件以一个新的名称保存，并且这么做时两个工程均是打开的，那么，这两个工程将得到更新以反映名称的变化，从而保持两个工程的完整性。

请注意，用户不能依靠对工程文件本身执行 Save As 命令，将它保存到一个新的位置来迁移一个工程，这仅仅将该工程文件保存到该位置。它也将更新所有在该工程中的链接文件，从新的工程文件链接到旧的工程文件存储地址。再次，工程面板并非档案管理，这种情况下，用户必须通过操作系统迁移工程及其文件。

3. 用存储管理器管理工程文件

工程面板能显示工程的逻辑结构，而 Storage Manager 则为用户提供了一种档案管理接口。如图 3-10 所示，它列出了在活动工程中的文件，并在文件清单下显示已选定文件的路径。右击文件名即可执行档案管理任务，例如重命名或删除。

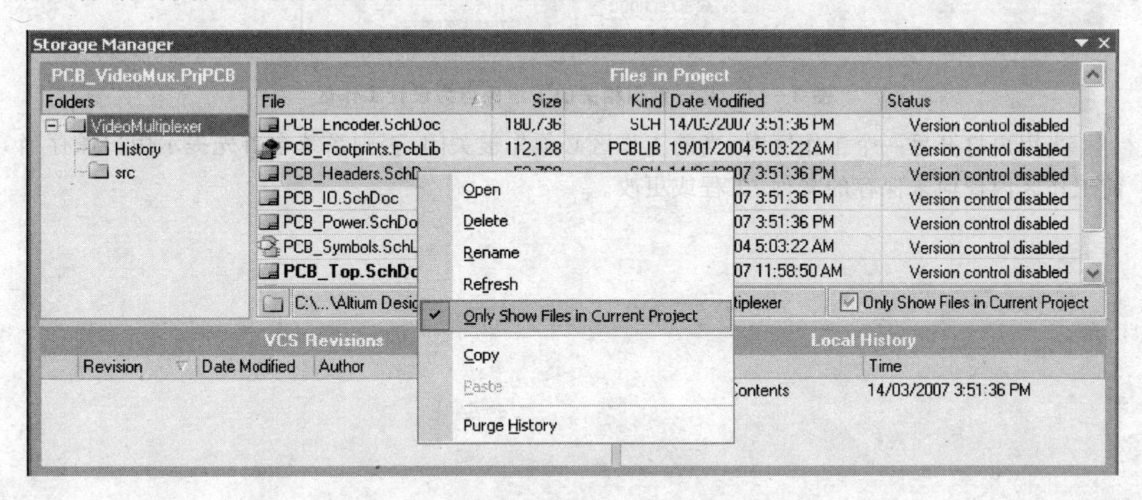

图 3-10　用存储管理器重命名和删除工程文件

3.9　分组相关的工程——设计工作区

通常用户的一些工程是相关的，或许是一个包括了多个 PCB 的产品，或许是用户想将一块板设计的多个版图组合在一起。用户可以通过创建一个设计工作区来分类相关的工程。

客户可以将一个工作区想象为一系列工程。工程面板实际上是显示当前的工作区，无论是默认的,还是用户创建或打开的。

要将当前打开的一组工程保存为一个工作区,只需单击工程面板顶部的 Workspace 按钮,或者使用 File 菜单中的命令,如图 3-11 所示。

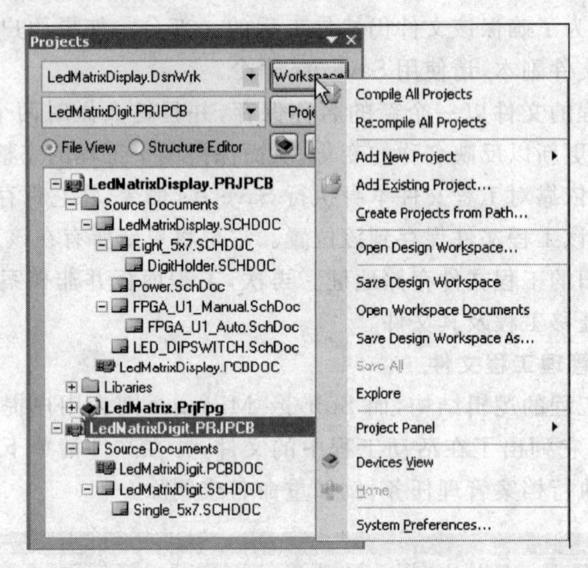

图 3-11 将一系列相关的工程保存为设计工作区

当用户打开另一个工作区时,当前工作区必须先被关闭,否则系统会首先提示用户保存当前工作区内任何未保存的文件、工程或更改。

第4章

原理图基本要素

概　要：

本章是关于在 Altium Designer 中进行原理图对象的编辑和放置的。

4.1 基本对象放置

4.1.1 栅格与光标

在往原理图编辑器放置对象之前，设置好栅格有助于简化放置操作。Altium 提供了 3 种栅格类型：用于导航的可视化栅格、用于布局的捕获栅格以及用于辅助创建连接的电气栅格。栅格属于文档选项，所以它们的设置会因应文档的不同而异。通过 Design→Document Options 命令调出文档选项对话框可以设置栅格的初始值。

可视化栅格会在区域内以线或者点的形式显示。捕获栅格会在用户放置或者移动对象的时候帮用户跳跃到栅格处。捕获栅格是电气栅格的一类，它可让连接器保持在格上。当在工作区内移动一个电气对象的时候，如果它落在另一个用户可以连接到的电气对象的电气栅格范围内，它就会跳到格上，同时显示一个红色交叉。值得说明的是，电气栅格应该设置得比当前的捕获栅格稍微小点，否则电气对象的定位会变得相当困难。

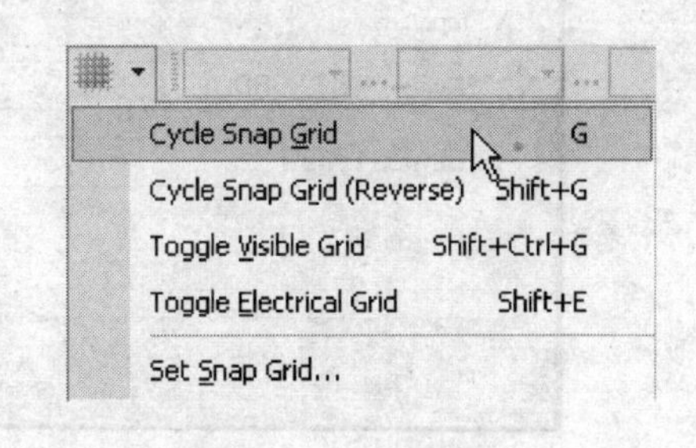

图 4-1　Girds 菜单

栅格可以通过键盘或者鼠标等快捷方式进行切换或者开关。例如，按 G 键可以使捕获栅格在 1、5 和 10 之间循环切换。用户也可以使用 View→Grids 子菜单或者 Girds 右键菜单，如图 4-1 所示。使用 Preferences 对话框（Tools→Schematic Preferences 或者快捷键 T，P）下的 Schematic-

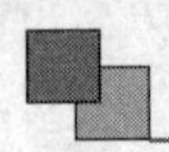

Girds 页面,可以设置英制和公制的栅格预设值。

用户也可以在 Preferences 对话框下的 Schematic-Graphical Editing 页面中修改光标的类型以适应用户的需要。例如,移动整个设计窗口的可以帮助用户更方便地放置对象和纠正对象的位置。

4.1.2 放置设计对象

放置原理图设计对象的基本步骤如下。

(1) 选择用户要放置的对象类型。用户可以通过 Place 菜单来选择对象类型(如单击 Place→Wire 命令),或者直接在放置工具栏中单击对象的按钮即可,另外也可用放置对象的快捷键(例如用 P, W 来放置一条线)。如果要放置元器件,用户可以在库器件列表中单击放置按钮,甚至直接在库中选中对应元件然后拖到文档中。

(2) 当要放置的对象被选中后,光标随之变成十字准线,这表示当前处在编辑模式,同时对象会在光标下以浮动的形式显示。

(3) 在放置对象之前,按 Tab 键即可编辑对象的属性。弹出的属性对话框可以允许用户修改对象的各种特性,如图 4-2 所示。

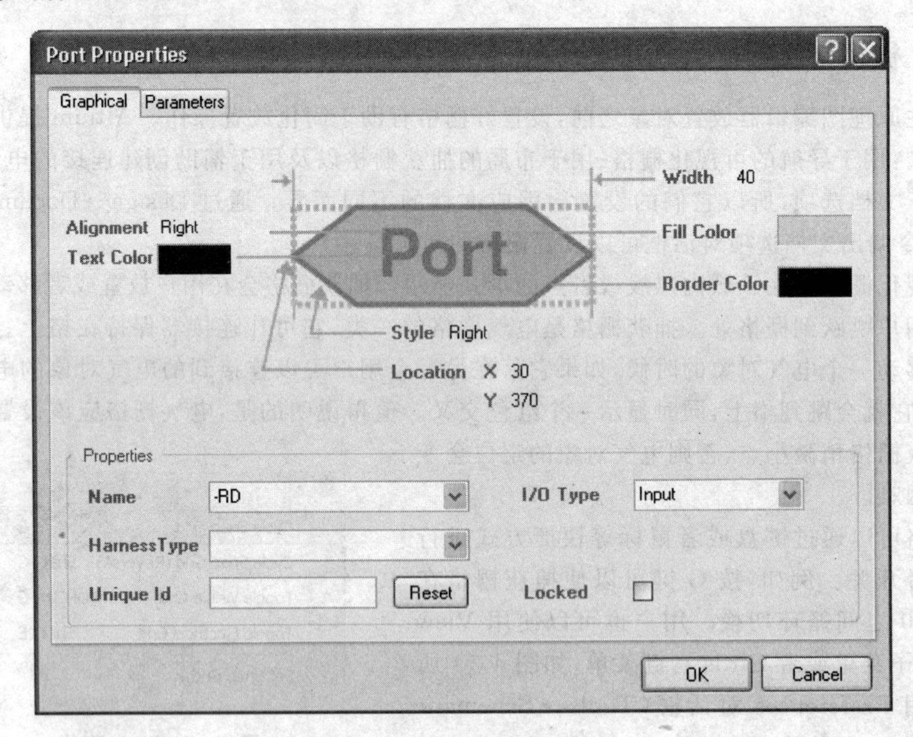

图 4-2 端口属性对话框

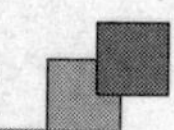

设置好对象属性之后，单击 OK 按钮即可回到放置模式。

在含有数字 ID 对象的放置时，它们的标识符会自动递增，这是在编辑中的高级特性。并且，放置中对对象所做的设置，将自动作为该类对象的默认设置。除非 Preferences 对话框(T,P 快捷键)下的 Schematic-Default Primitives 页面中的 Permanent(固定)复选框被选中，否则任何对对象属性的改动都将引起默认属性的更新。

(4) 定位好光标后，单击或者按 Enter 键即可放置对象。对于复杂的对象，诸如线或者多边形，用户必须连续定位和单击才能完成放置。

提示：如果 autopanning(自动滚动)模式是开启，用户可以通过移动鼠标到编辑窗口的某一边界来让图纸向该方向滚动，以到达用户想要的位置。用户可以在 Preferences 对话框(快捷键 T,P)下的 Schematic-Graphical Editing 页面中设置自动滚动的速度和方式。

Schematic-AutoFocus 页面中的自动聚焦选项控制原理图显示的状态。例如：它可以设置成在放置或者进行对象链接编辑时自动缩放，或者淡化所有跟当前连线无关的其他对象。

其他的缩放和滚动设置可以通过快捷键或者鼠标滚轮实现。通过按下 Ctrl 键的同时滚动滚轮可以实现缩放，推下滚轮的同时上下移动也可以在放置的时候实现缩放。用户可以在 Preferences 对话框下的 Schematic-Mouse Configuration 页面中设置鼠标的功能。

(5) 放置一个对象后用户还处于放置模式(以十字准线表示)，这样就允许用户一次性放置几个类型相同的元件。

(6) 要结束放置模式，右击或者按 Esc 键。处在放置多边形模式下时，用户需要右击两次，一次用于结束放置对象，一次用于退出放置模式。退出放置模式后，光标会恢复它初始时的形状。

要获取更多的关于设计对象的细节信息，将关标移动到对象上再按下 F1 键，对象的信息会在 Knowledge Center(知识中心)面板中显示出来。

4.1.3 Re-Entrant Editing

原理图编辑器包含一个强大的功能，叫做 re-entrant editing，它可以使用户不用退出当前的操作而通过快捷键执行第二个操作。例如，在放置一个元件的时候，按空格键即可翻滚该对象，但是这不会打断放置操作。用户放置这个元件后，一个新的、已经翻滚好的元件又会显示在光标之上。

另一个反映 re-entrant editing 功能的实用性例子是，当用户开始放置一条线到一个用户还未放置好的端口的时候。用户无须退出放置连线模式，只需按下放置端口快捷键(P,R)放下端口，按 Esc 键退出放置端口状态，接着即可继续连线。

4.1.4 测量原理图文档中的距离

原理图编辑器包含了测距工具，可以在 Reports 菜单(Reports→Measure Distance 或者快捷键 Ctrl+M)中调出。用户可以通过这个工具测量原理图文档中两个点之间的距离。

当用户调用这个命令时,用户会被提示在原理图文档中单击两个点,当用户选择两个点之后,信息对话框就会以 X 距离、Y 距离和总距离的方式精确显示出两位小数点精度的距离值。

测量单位取决于系统单位,可以在原理图文档中设置(Design→Document Options)。如果对话框中不包含度量单位,则文档将会采用 DXP 系统的默认值,即 1 单位等于 10 mils。用户可以通过切换系统单位(View→Toggle Units)来在公制和英制之间进行切换。

4.2 放置图形对象

原理图对象被分成两类:图形对象和电气对象。

放置诸如线、圆弧和文本等图形对象用画图工具栏(View→Toolbars→Utilities),如图 4-3 所示。画图工具栏功能还可以通过 Place→Drawing Tools 菜单命令激活,其中粘贴阵列需要用 Edit→Paste Array 命令激活。

图 4-3 画图工具栏

4.3 放置电气对象

原理图电气设计对象定义的是实际线路。电气对象包括元件和连接元素,诸如导线、总线和端口等。通过放置菜单或者走线工具栏(单击 View→Toolbars→Wiring 命令)可以放置电气对象。图 4-4 为走线工具栏。

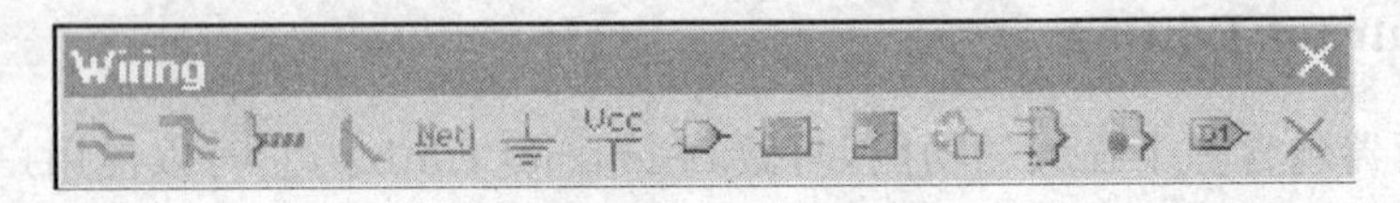

图 4-4 走线工具栏

以下部分详述两个常用的对象类型——元件和导线的放置过程。

4.3.1 放置元件

单击 Place→Part (P,P)命令或者在走线工具栏中单击按钮,即打开放置元件对话框,如图 4-5 所示。用户可以输入参考库中的元件名或者单击浏览按钮通过搜索和添加库来定位一个元件。用户可以通过单击 History 按钮来放置先前用过的元件。

元件也可以通过库面板或者原理图库编辑器上的 Place 按钮进行放置。此外,在库面板

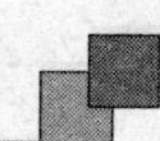

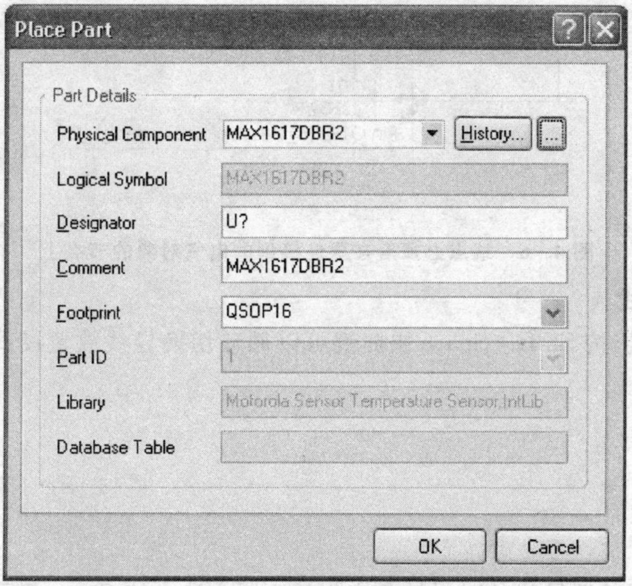

图 4-5 放置元件对话框

中选中一个元件，然后拖动到文档区域，它就会浮动显示在光标的旁边，这表示它已经处于预放置状态，此时单击即可完成放置。

放置元件的时候，捕获栅格将确保引脚端点落在栅格交点上。

4.3.2 放置导线

导线用于表示节点之间的电气连接。当放置导线时，需注意应使用 Place→Wire 命令而不是画线命令，以防错误。放置导线命令也可以在原理图文档中通过右键菜单或者走线工具栏调出。

一条线的端点必须落在要连接到的电气对象的引脚节点上，例如：线端必须落在被连引脚的引出端，如图 4-6 所示。连线时，当导线落在另一个电气对象的电气栅格范围内时，光标会跳转到该对象，同时用红色十字准线表示。这个准线将会给用户指出可连接的有效接口并且自动将光标跳转到电气连接点上。如果导线的终端落在节点上，导线连接过程会自动终止。

建议将电气栅格设置得比当前的捕获栅格更小，否则在电气对象的各栅格之间跳转会变得很难。

如果用户希望放置一条暂时不连接到另一个电气对象的导线，右击（或者按 Esc 键）来中断连线。右击或者按 Esc 键来退出放置模式。

放置导线的时候，使用 BackSpace 键来取消最后一次放置。

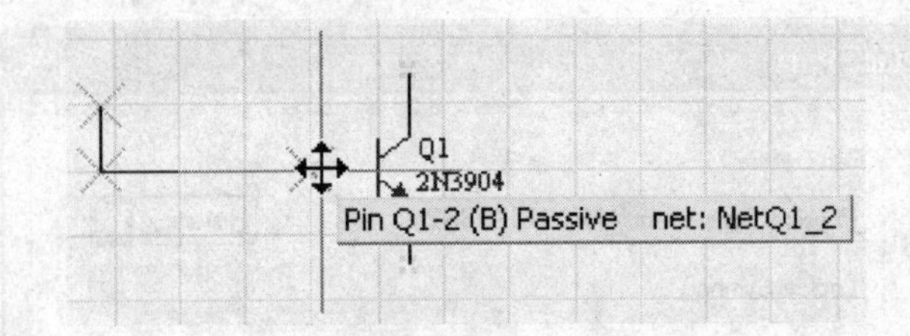

图 4-6 端点必须落在要连接到的电气对象的节点上

1. 导线放置模式

放置导线的时候,按 Shift+Space 快捷键可以循环切换导线放置模式。有以下多种模式可选:

① 90°;

② 45°;

③ 任意角度;

④ 自动连线。

这些模式规定了放置导线的时候转角产生的不同方法。按 Space 键可以正向和反向模式之间(如 90°和 45°模式),或在任意角度和自动连线模式之间切换。

自动连线模式是一种提供给用户完成原理图里面两点间自动连接的特殊模式,它可以自动绕过障碍物走线。在这种模式下,按 Tab 键可以弹出点到点走线选项对话框(Point to Point Router Options),设置自动走线选项。

2. 接 点

导线之间有自动接点功能,该功能可以在一条线开始而结束在另一条线上,或者一条线通过一个引脚的时候自动插入一个接点。自动以及手动接点的尺寸和颜色显示都可以通过 Preferences 对话框下的 Schematic-Compiler tab 页面控制。用户还可以采用 Preferences 对话框下的 Schematic-General 页面设置导线的跨越以及转换已有的导线为跨越线。图 4-7 为自动跨线示意图。

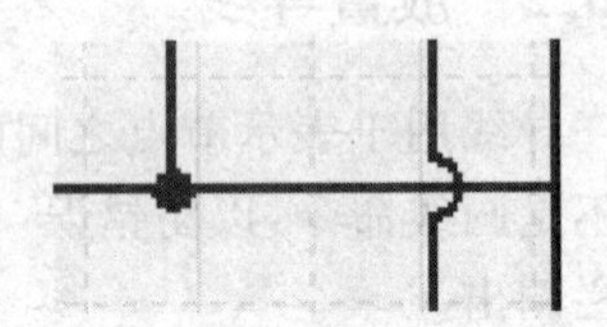

图 4-7 自动跨线

4.4 编辑原理图设计对象

用户在原理图中所放置的所有设计对象都可以通过多种方式进行编辑。这些对象可以在文档中或文档间随意移动、剪切、复制和粘贴。用户也可以通过编辑对象的属性来改变它们的颜色、标识符和参数值等。对于某些多折线的对象(诸如总线、导线、多边形和连线),用户可以在它们已经被绘制以后再改变它们的形状。

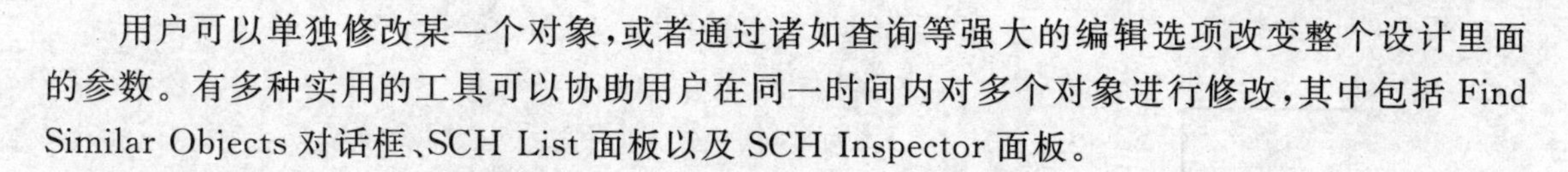

用户可以单独修改某一个对象，或者通过诸如查询等强大的编辑选项改变整个设计里面的参数。有多种实用的工具可以协助用户在同一时间内对多个对象进行修改，其中包括 Find Similar Objects 对话框、SCH List 面板以及 SCH Inspector 面板。

4.5 已放置对象的图形化编辑

一般而言，在工作区内通过图形化的方式编辑一个对象的外观比较容易。为此，用户需要先选中对象。当选中一个对象之后，用户可以移动对象或者编辑它的图形特征。如图 4-8 所示，单击选中一个对象，之后它的各个顶点或者说“把手”会高亮显示。要改变对象的形状，单击并拖动这些“把手”。被拖动的这些点会随着光标而动，之后只需移动鼠标到一个新的位置并释放即可。选中并拖动一个对象可以实现对象的移动，选中后按 Delete 键即可实现对象的删除。

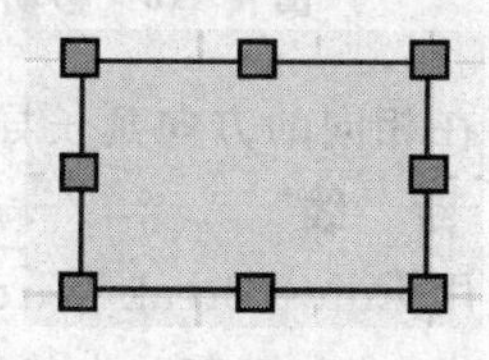

图 4-8 图形化编辑

4.5.1 对已有导线的编辑

对已有导线的编辑可有多种方法——移动线端、移动一段、移动整条线或者延长导线到一个新的位置。用户也可以通过 wire's Properties 对话框中的 Vertices 对线端进行编辑、添加或者移除。

1. 移动线端

要移动某一条导线的线端，应该先选中它。将光标定位在用户想要移动的那个线端，此时光标会变成双箭头的形状。然后按下鼠标左键并拖动该线端到达一个新的位置即可，如图 4-9 所示。

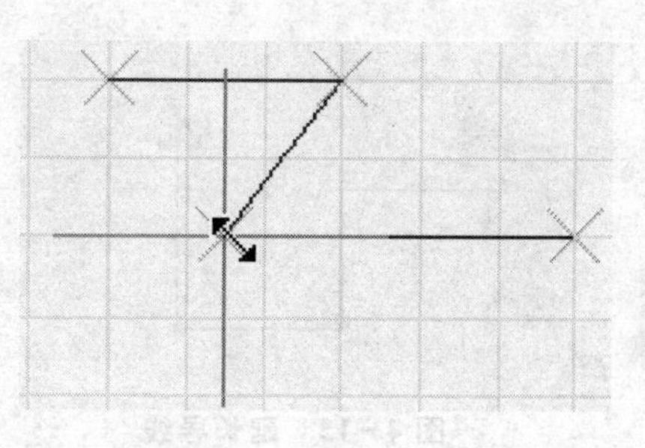

图 4-9 移动线端

2. 移动线段

用户可以对线的一段进行移动。先选中该导线，并且移动光标到用户要移动的那一段上，此时光标会变为十字箭头的形状。然后按下鼠标左键并拖动该线段到达一个新的位置即可，如图 4-10 所示。

3. 移动整条线(见图 4-11)

要移动整条线而不是改变它的形态，按下鼠标左键拖动它之前请不要选中它。

4. 延长导线到一个新的地方

已有的导线可以延长或者补画。如图 4-12 所示，选中导线并定位光标到用户需要移动的线端直到光标变成双箭头。按下鼠标左键并拖动线端到达一个新位置，在新位置单击。在用户移动光标到一个新位置的时候，用户可以通过按下 Shift+Space 快捷键来改变放置模式。

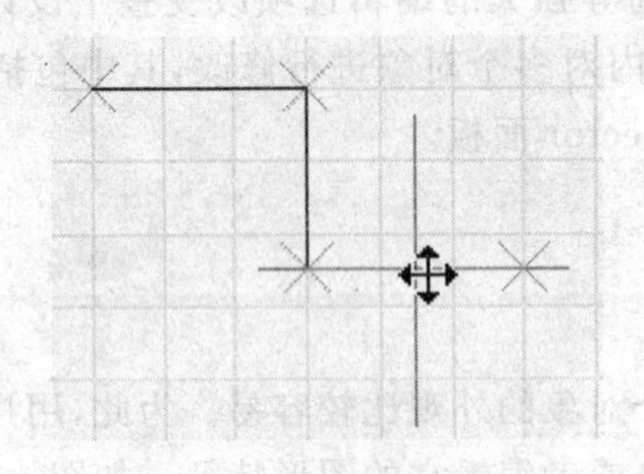

图 4-10　移动线段

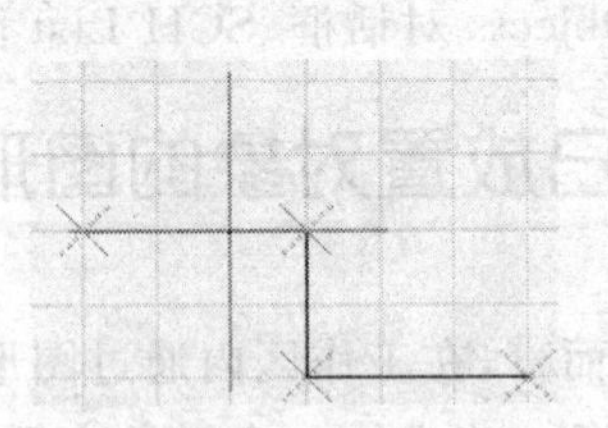

图 4-11　移动整条线

要在相同的方向延长导线,可以在拖动线端的同时按下 Alt 键。

5. 断　线

使用 Edit→Break Wire 命令来将一条线段断成两段。本命令也可以在光标停留在导线上的时候,在右键菜单中找到。默认情况下,会显示一个可以放置到需要断开导线上"断线刀架"标志。被切断的情形如图 4-13 所示。断开的长度就是两段新线段之间的那部分。按下空格键可以循环切换 3 种截断方式(整线段、按照栅格尺寸以及特定长度)。按 Tab 键来设置特定的切断长度和其他切断参数。单击以切断导线。右击或者按 Esc 键以退出断线模式。断线选项也可以在 Preferences 对话框下的 Schematic-Break Wire 页面中进行设置。

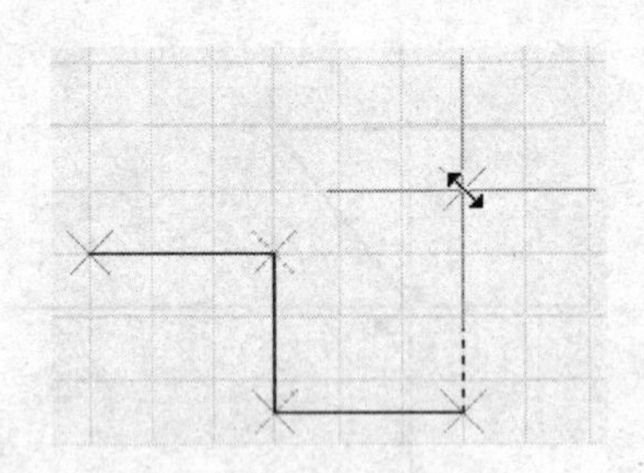

图 4-12　延长导线

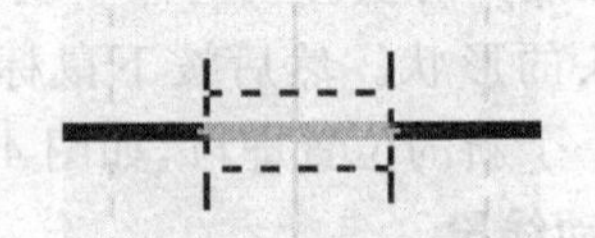

图 4-13　断　线

用户可以在 Preferences 对话框下的 Schematic-General 页面中选中 Components Cut Wires 复选框。当此选项和 Components Cut Wires 复选框都被选中的时候,用户可以放置一个元件到一条导线上,同时线段会自动分成两段而成为这个元件的两个连接端。

6. 多段线

原理图编辑器中的多线编辑模式允许用户同时延长多根导线。如果多条并行线的结束点具有相同坐标,用户选中那些线并拖动其中一根线的末端就可以同时拖动其他线,并且并行线的末端始终保持对准。详细参看图 4-14 和图 4-15。

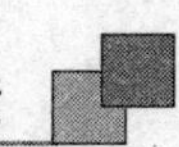

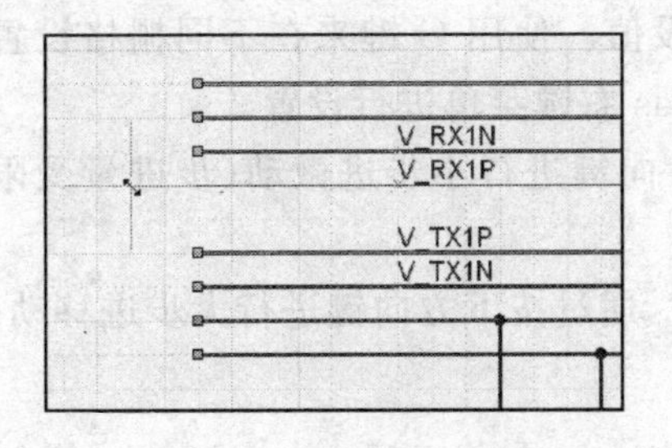

图4-14 多段线编辑前

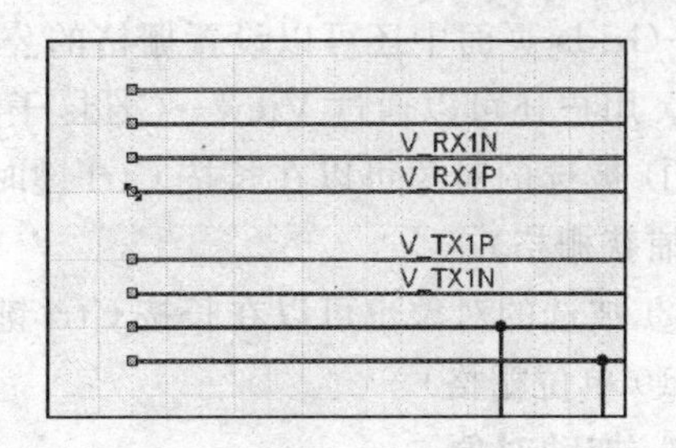

图4-15 多段线编辑后

4.5.2 移动和拖动原理图对象

在 Altium Designer 中，移动一个对象就是对它进行重定位而不影响与之相连的其他对象。例如，移动一个元件不会移动到与之连接的任何导线。另一方面，拖动一个元件则会牵动与之连接的导线，以保持连接性。如果用户需要在移动对象的时候保持导线的电气连接，需要在 Preferences 对话框下的 Schematic-Graphical Editing 页面中选中 Always Drag 复选框。

1. 移动多个对象

用户可以通过鼠标单击和拖动来移动单一的、未选中的对象，或者是多个已选中的对象。特别地，当用户想要移动一些对象到另外一些已经放置的对象的上面或者后面的时候，用户也可以使用 Edit→Move 命令。

在页面内移动对象的时候，用户无须预先选中它们。按住鼠标左键直到电气热点标志显示的时候拖动对象或元件到新位置即可。光标会移动到最近的电气热点上，例如：当首次单击对象的时候光标会定位在最近一个引脚上。在 Preferences 对话框下的 Schematic-Graphical Editing 页面中的 Object's Electrical Hot Spot 复选框定义了对象在被移动或者拖动时定位在哪里。

当对象被移动时：

① 按下空格键可以旋转它。旋转是每次90°的逆时针方向。按 Shift+空格键可以按顺时针方向旋转。

② 按 X 或者 Y 键可以使对象分别沿 *X* 轴和 *Y* 轴翻转。

③ 按住 Alt 键可以限制移动沿着水平和垂直轴进行。

2. 移动选中的对象

在原理图文档中，用户可以通过 Ctrl 键和方向键的组合，或者 Ctrl 键、Shift 键和方向键的组合来移动选中的对象。

被选中对象的移动是根据 Document Options 对话框(Document→Options or short cut D, O)中的当前的捕获栅格的设置来决定的。可使用该对话框来修改捕获栅格的值，这些栅格设置值同时会在 Altium Designer 的状态栏中显示出来。在 Preferences 对话框下的 Sche-

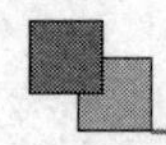

matic-Grids 页面中还可以设置栅格的公制和英制预设值。使用 G 键来在不同栅格设置值间切换。用户还可以通过 View→Grids 子菜单或者 Grids 右键菜单进行设置。

① 被选的对象可以在长按 Ctrl 键时,通过按下方向键进行小步进微动(步进量受限于当前的捕获栅格)。

② 被选的对象也可以在长按 Ctrl 键和 Shift 键时,通过按下方向键进行大步进移动(步进量为 10 单位栅格)。

3. 拖动对象

Edit→Move→Drag 命令让用户可以移动任何对象,例如:元件、端口、导线或者总线,以及所有连接线都会随着对象被拖动而移动,以保持原理图上连接属性。当定位光标到被拖动对象上的时候,光标变成十字准线,然后单击或者按 Enter 键即可开始拖动。移动对象到所需的位置,并单击或者按下 Enter 键完成放置。此后可以继续移动其他对象,或者右击/按下 Esc 键退出拖动模式。

要拖动多个被选对象而保持连接性,可以使用 Edit→Move→Drag Selection 命令。另外,用户也可以采用快捷键进行对象拖动。单击的同时长按 Ctrl 键,长按左键并移动鼠标,当用户已经开始拖动时,即可松开 Ctrl 键,对于多个被选对象也是如此。

提示:可以用 Ctrl 键来临时切换 Preferences 对话框里的 Always Drag 值。

拖动对象时:

① 拖动时,按下空格键或 Shift+Space 键可改变连线模式。

② 移动模式下,按下 Shift+Space 键可旋转对象。旋转是以每步进 90°的逆时针方向进行的。

③ 移动模式下,按下 X 或者 Y 键可分别让对象沿 X 轴和 Y 轴翻转。

④ 对任何连接到对象的导线,在移动时按下空格键可切换正交走线模式。

⑤ 移动时按下 Alt 键可以限制运动为水平和垂直轴方向,这依赖于运动的初始方向。

4. 锁定对象不被移动

要防止原理图对象被意外移动,用户可以通过 Locked 属性来保护它们不被修改。如果用户试图编辑一个被锁定的设计对象,需要在弹出的询问用户是否需要继续这个动作的对话框中进行确认。

提示:如果 Preferences 对话框下的 Schematic-General 页面中的 Protect Locked Objects 复选框和 Locked 复选框被选中,则对对象的移动不会有效,同时不会有任何确认提示。当用户试图选择一系列包括被锁定对象在内的对象时,被锁定的对象将不能被选中。

4.5.3 使用复制和粘贴

在原理图编辑器中,用户可以在原理图文档中或者文档间复制和粘贴对象。例如一个文档中的元件可以被复制到另一个原理图文档中。用户可以复制这些对象到 Windows 剪贴板,

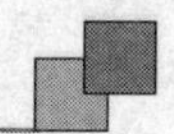

再粘贴到其他文档中。文本可以从 Windows 剪贴板中粘贴到原理图文本框中。用户还可以直接复制、粘贴诸如 Microsoft Excel 之类的表格型内容，或者任何栅格型控件到文档中。通过智能粘贴可以获得更多的复制/粘贴功能。

选择用户要复制的对象，通过 Edit→Copy（Ctrl＋C）命令和单击以设定粘贴对象时需要精确定位的那个复制参考点。

提示：如果 Preferences 对话框下的 Schematic-Graphical Editing 页面中的 Clipboard Reference 复选框被选中，用户只会被提示单击一次来设置参考点。

4.5.4　使用智能粘贴

原理图编辑器提供的智能粘贴功能允许用户在粘贴对象的时候更灵活。例如：用户可以复制一个网络标号并把它们粘贴为端口，或者用户可以选择图纸入口并粘贴为网络标号和导线，如图 4－16 所示。

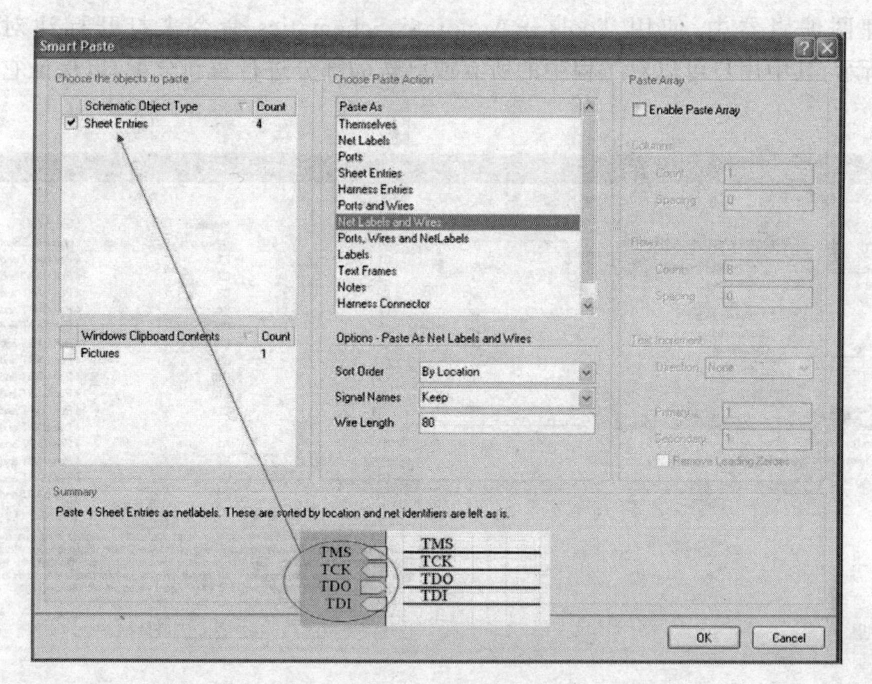

图 4－16　使用智能粘贴

用户具有对被选中执行能粘贴的对象有完全的控制权。当进行智能粘贴的时候，取消复选框即可忽略对应的内容。

另一个便利的功能是以图形的形式粘贴被选的电路。采用这个功能用户就可以很轻易地将另一个图纸的电路包含入图纸中，并调整图形的大小。通过单击 Edit→Smart Paste 命令来将剪贴板中的对象粘贴出来。

4.5.5 编辑图纸中的文本

文本字符串能够直接在原理图纸上进行编辑。单击选中文本字符串、文本框或者注释,然后再次单击(或者按 F2 键)即可在原理图纸中直接编辑字符。这个功能可以在 Preferences 对话框下的 Schematic-General 页面中的 Enable In-place Editing 复选框内关闭。

4.5.6 标注和重标注

在 Altium Designer 中,有 3 种方法可以对设计进行标注:原理图级标注、板级标注和 PCB 标注。

原理图级标注功能允许用户针对参数来设置元件,全部重置或者重置类似对象的标识符,通过 PCB 文档反向标注原理图,以及标注索引控制和原理图纸下标选项。

在原理图编辑器中,使用 Tools→Annotate Schematics 命令来打开标注对话框,如图 4-17 所示,其中用户可以对工程中的所有或已选的部分进行重新分配,以保证它们是连续和唯一的。

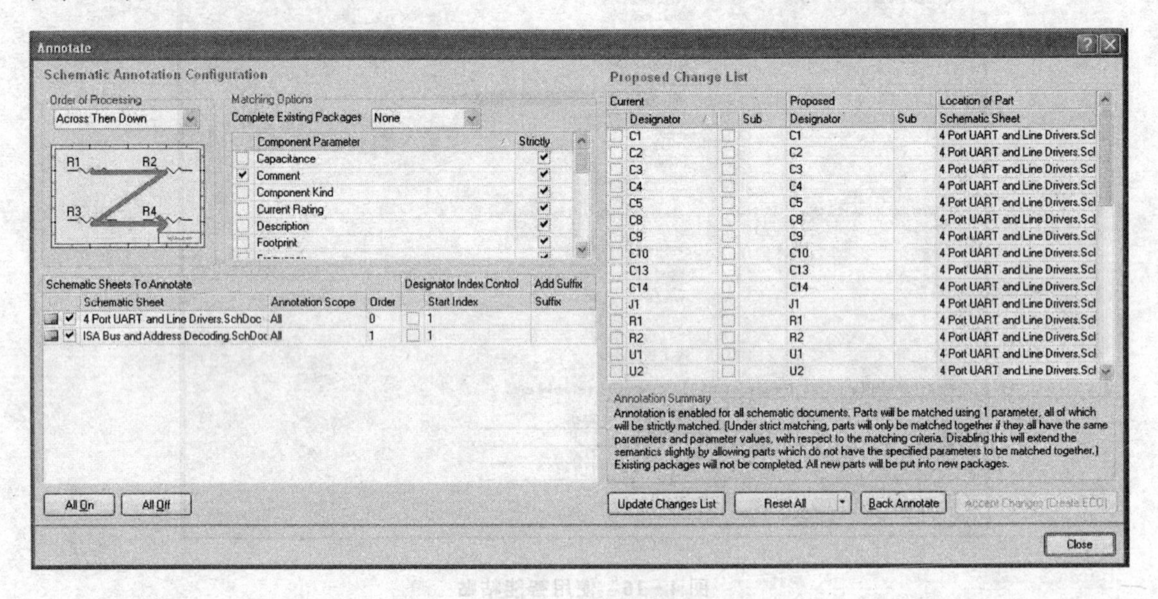

图 4-17 标注对话框

在标注对话框中按下 F1 获取关于此过程的更多信息。

也可以使用 Tools→Annotate Schematics Quietly 命令来为当前未标注的元件指派唯一的标注,而不用打开标注对话框。这个命令遵从用户先前设置好的 Annotate 对话框中的原理图标注设置。Annotate Schematics Quietly 不会为复制指派唯一的标识符。

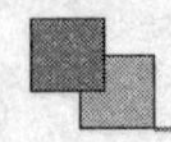

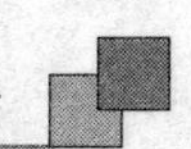

使用 Tools→Reset Schematic Designators 命令可以重置当前工程中所有元件的标识符，或者可以通过 Tools→Reset Duplicate Schematic Designators 命令来只重置所有重复的标识符。

依照 Annotate 对话框中的 Schematic Annotation Configuration，使用 Tools→Force Annotate All Schematics 命令可以重标注所有元件的标识符。

反向标注（Tools→Back Annotate Schematics）会根据工程中 PCB 文档的重新标注来更新工程中的源原理图中的元件标识符。

板级标注是对已编译元件标注的过程。使用 Tools→Board Level Annotate 命令来打开板级标注对话框，如图 4－18 所示，其中可以计算根据命名方案的已编译元件的命名约定、从 PCB 文档到已编译文档的反向标注、指定自定义名字来重置所有标识符。

Board Level Annotate

Filter Options

Schematic Sheet	Channel Name	Enabled	Annotation Scope
Auxiliary.SchDoc	AUX	✓	All
Effects.SchDoc	EFFECTS	✓	All
Headphone.SchDoc	HP	✓	All
Input channel.SchDoc	CIN1	✓	All
Input channel.SchDoc	CIN2	✓	All
Input channel.SchDoc	CIN3	✓	All
Input channel.SchDoc	CIN4	✓	All
Input channel.SchDoc	CIN5	✓	All
Input channel.SchDoc	CIN6	✓	All
Input channel.SchDoc	CIN7	✓	All
Input channel.SchDoc	CIN8	✓	All
Mixer.SchDoc	Mixer	✓	All
Monitor.SchDoc	MONITOR	✓	All
Output channel.SchDoc	COUT1	✓	All
Output channel.SchDoc	COUT2	✓	All
Power.SchDoc	POWER	✓	All

Proposed Change List

Schematic Source Component			Calculated Design Data	Naming Scheme	PCB Component Instance
Hierarchy Path	Prefix	Local Index	Room name	Apply	Designator
Mixer\AUX	C	1		✓	C1
Mixer\AUX	C	2		✓	C2
Mixer\AUX	C	5		✓	C5
Mixer\AUX	C	6		✓	C6
Mixer\AUX	C	15		✓	C15
Mixer\AUX	C	24		✓	C24
Mixer\AUX	J	1		✓	J1
Mixer\AUX	R	1		✓	R1
Mixer\AUX	R	2		✓	R2
Mixer\AUX	R	9		✓	R9
Mixer\AUX	R	10		✓	R10
Mixer\AUX	R	16		✓	R16
Mixer\AUX	R	17		✓	R17
Mixer\AUX	R	18		✓	R18
Mixer\AUX	R	19		✓	R19
Mixer\AUX	R	24		✓	R24
Mixer\AUX	R	39		✓	R39
Mixer\AUX	U	1		✓	U1
Mixer\AUX	VR	1		✓	VR1
Mixer\AUX	VR	8		✓	VR8
Mixer\EFFECTS	C	4		✓	C4
Mixer\EFFECTS	C	12		✓	C12
Mixer\EFFECTS	C	20		✓	C20
Mixer\EFFECTS	C	35		✓	C35
Mixer\EFFECTS	C	38		✓	C38
Mixer\EFFECTS	C	42		✓	C42

All On　All Off　Annotate Options　Annotate　Reset All　Back Annotate　Accept Changes (Create ECO)　Close

图 4－18　板级标注对话框

板级标注对话框允许用户通过注释选项自定义命名方案，重置所有标识符或者对元件自定义名字。

在 PCB 编辑器中，使用 Tools→Re-Annotate 命令来打开基于位置的重标注对话框，如图 4－19 所示，通过它可以根据位置关系重新指派标识符。所有重标注过程都会产生一个包含日期和时间的.WAS 文件，这个文件将在原理图级反向标注或板级反向标注时使用。

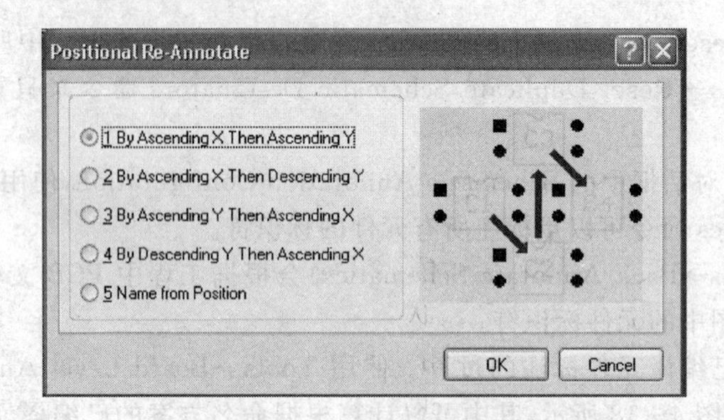

图 4-19 基于位置的重标注对话框

4.6 编辑一个对象的属性

通过以下方式打开对应的属性对话框来查看或者编辑对象的属性。

(1) 当处在放置过程,并且对象浮动在光标上时,按 Tab 键可以打开属性框。

(2) 直接双击已放置对象可以打开对象的属性框。

(3) 单击主菜单中的 Edit→Change 命令可以进入对象修改模式。单击对象编辑它,也可以右击或者按 Esc 键退出对象的修改模式。

(4) 单击以选中对象,然后在 SCH Inspector 或者 SCH List 面板中可以编辑对象的属性。

4.6.1 通过属性对话框编辑顶点

用户可以通过属性对话框中的 Vertices 表格编辑总线、导线、折线和多边形对象的坐标顶点。例如,导线的属性对话框包含了顶点表格,其中用户可以根据需要编辑已选导线的起点。如图 4-20 所示。

Wire

Graphical | Vertices

Index	X	Y
1	420	370
2	450	370
3	450	230
4	510	230
5	510	270

Add... Remove... Menu... OK Cancel

图 4-20 导线属性对话框

在图纸的主要区域里,导线的所有顶点都已经被定义了。用户可以为导线增加新的顶点,编辑已有顶点的坐标,或者移除已有的顶点。

单击 Menu 按钮或者右击主图纸区域以弹出菜单,其中用户可以编辑、增加或者移除顶点,又可以复制、粘贴、选中或移动图元。Move Wire By XY 命令可以用来移动整条导线对象,从打开的 Move Wire By 对话框中,可以输入增量值来应用于所有顶点的 X 和 Y 坐标中。

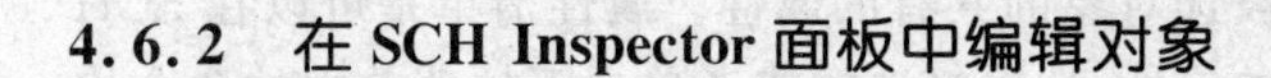

4.6.2　在 SCH Inspector 面板中编辑对象

SCH Inspector 面板让用户可以查询和编辑当前或已打开文档的一个或几个设计对象的属性。使用 SCH Filter 面板(F12)或者 Find Similar Objects 命令(Shift+F 快捷键,或右击并单击 Find Similar Objects 命令),用户可以对多个同类对象进行修改。

选中一个或多个对象,并按 F11 键或者直接单击 SCH Inspector 标签可以显示 SCH Inspector 面板。如果面板不可见,可以单击状态栏上的 SCH 按钮,或者单击 View→Workspace Panels→SCH→SCH Inspector 命令。用户也可以在 Preferences 对话框下的 Schematic-Graphical Editing 页面中设置 Double Click Runs Inspector 复选框,从而在设计对象中双击而弹出 SCH Inspector 面板,而不是弹出对象属性对话框,如图 4-21 所示。

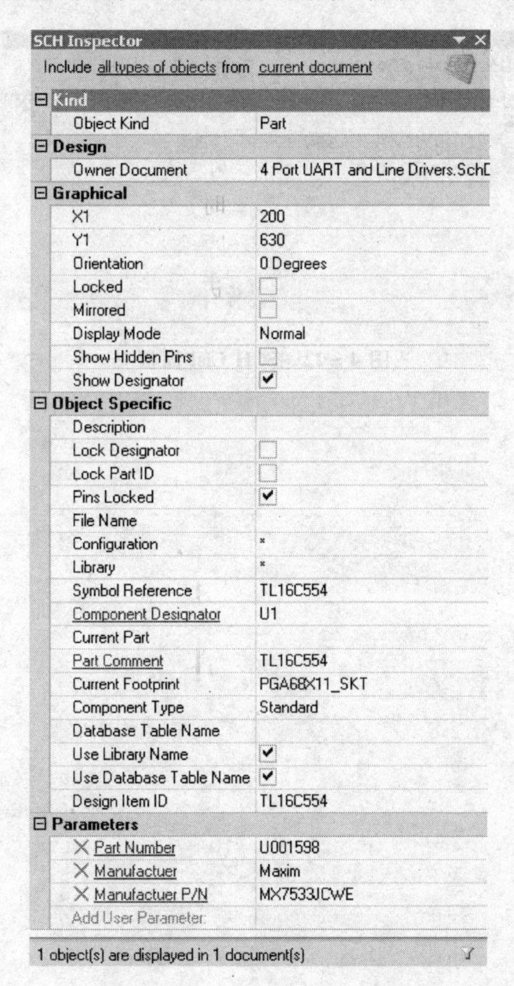

图 4-21　SCH Inspector 面板

提示:SCH Inspector 面板只显示所有被选对象的共有的属性。属性清单是可以在 SCH Inspector 面板中直接修改的。输入一个新的属性,选中复选框或者单击下拉菜单中的命令均可。按 Enter 键或者单击面板的其他位置以执行这些改动。

4.6.3 在 SCH List 面板中编辑对象

选中一个对象或多个对象并按 Shift＋F12 快捷键来显示 SCH List 面板。在使用 SCH Filter 面板(F12)或者 Find Similar Objects 命令时,用户可以配置和编辑多个设计对象。在 SCH List 面板中,用户可以通过单击顶部面板的 View/Edit 下拉菜单中的 Edit 命令来改变对象的属性,如图 4－22 所示。

在 SCH List 面板中的 Object Kind 图纸内双击对象以显示它的属性对话框。

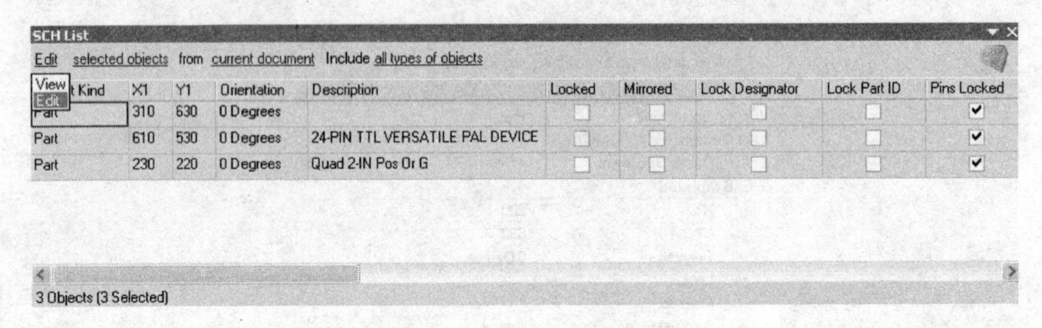

图 4－22 SCH List 面板

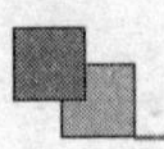

第5章
PCB设计入门

概　要：

本章旨在说明如何生成电路原理图、把设计信息更新到PCB文件中以及在PCB中布线和生成器件输出文件；并且介绍了工程和集成库的概念以及提供了3D PCB开发环境的简要说明。本章将以"非稳态多谐振荡器"为例，介绍如何创建一个PCB工程。

5.1 Altium Designer

Altium Designer是EDA业界首款统一了电子产品设计全流程的开发平台，打破了传统电子设计流程中，各个设计环节之间设计数据相互割裂、难以实现信息共享的障碍。Altium Designer在板级电路设计方面在原Protel功能基础之上，新增了原理图与PCB版图间数据双向同步、CAM制造数据输出及校验和3D视图功能，从而完善了电子产品板级设计流程管理，如图5-1所示。

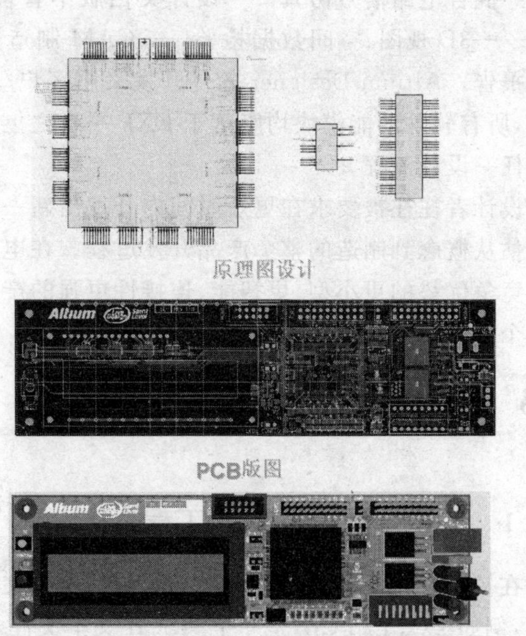

图5-1　各阶段板级设计示例

5.2 PCB 设计流程

在电子技术高速发展的今天,低功耗、高密度、高速信号传输和复杂结构工艺等设计指标已经广泛存在于电子产品设计中。由于越来越大量的设计信息需要在各个设计流程环节之间相互传递,因此传统的分立式单点电子设计工具将越来越不能满足现代电子产品设计的需求。如何解决上述问题,统一的电子产品设计平台解决方案——获得了 EDA 业界的一致认可。只有打破数据交换的瓶颈,才能最大限度地发挥电子设计自动化工具的性能,才能体现工具在研发、生产上的优势,从而提升产品的可靠性及生产效率。

传统 PCB 设计流程涵盖了下述诸多环节:

- 元器件库设计、管理流程;
- 原理图设计流程及局部电路模块功能仿真;
- PCB 设计流程及版图后期信号完整性(SI)和可靠性分析;
- ECAD-MCAD 设计数据协同验证流程;
- CAM 制造数据输出、校验。

Altium Designer 从设计方案制定阶段开始,一直贯穿了元器件库管理——原理图设计——混合电路信号仿真——设计文档版本管理——PCB 版图设计——版图后信号完整性分析——3D 视图、空间数据检验——CAM 制造数据校验、输出——材料清单管理——设计装配报告。Altium Designer 软件开发采用客户/服务器架构,构架了一个设计数据交换平台 DXP,所有软件功能模块均座落于 DXP 平台之上,设计者可以按需调用相关的软件功能模块开始任一设计流程。

设计者往往被要求在更短时间内开发出新一代电子产品,这将令设计人员不得不重新审慎评估从概念到制造的整个产品开发过程。在电子技术不断发展的推动下,生产能在市场中带来竞争优势的更小型、更智能、连接性更强的产品意味着现在需要整体权衡产品设计过程的每一个部分。

5.3 PCB 设计指南

5.3.1 创建一个新的 PCB 工程

在 Altium Designer 里,一个工程包括所有文件之间的关联和设计的相关设置。一个工程文件,例如 xxx.PrjPCB,是一个 ASCII 文本文件,它包括工程里的文件和输出的相关设置,例如,打印设置和 CAM 设置。与原理图和目标输出相关联的文件都被加入到工程中,例如 PCB、FPGA、嵌入式(VHDL)和库。当工程被编译的时候,设计校验、仿真同步和比对都将一

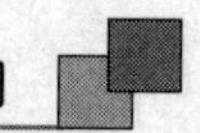

起进行；与工程无关的文件被称为“Free Files”。当原理图或者PCB设计文件将在编译的时候被自动更新。

开始创建一个PCB工程：

(1) 选择菜单 File→New→Project→PCB Project，或在Files面板的内New选项中单击Blank Project (PCB)。还可以在Altium Designer软件Home主页内Pick a Task区域中，选择Printed Circuit Board Design链接，并单击New Blank PCB Project按钮。

(2) 如图5-2所示，在Projects面板的文件列表栏内，将显示一个不带任何文件的新创建工程文件PCB_Project1. PrjPCB。

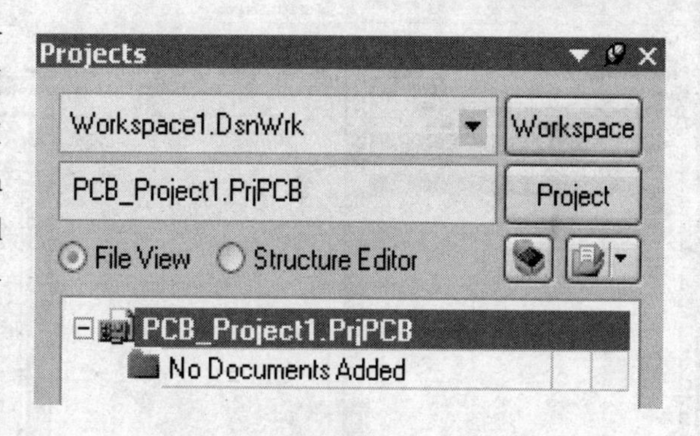

图5-2　创建新的PCB工程文件

(3) 重新命名工程文件(用扩展名. PrjPCB)，选择File→Save Project As。保存于用户想存储的地方，在Open对话窗口内File Name编辑栏中输入新建工程名Multivibrator. PrjPCB并单击Save保存。

5.3.2　创建一个新的电气原理图

(1) 选择菜单File→New→Schematic，或者在Files面板内New选项中选择Schematic Sheet命令。如图5-3所示，设计窗口中将出现了一个命名为Sheet1. SchDoc的新建空白原理图并且该原理图将被自动添加到工程当中，同时，位于工程文件名的Source Documents目录下。

(2) 通过选择File→Save As可以对新建的原理图进行重命名，可以将通过文件保存导航保存到用户所需要的硬盘位置，如输入文件名字Multivibrator. SchDoc并且单击保存。

(3) 添加已有的子电路原理图。需要向当前PCB工程中添加已有的子电路原理图，可以通过在工程文件名上单击右键并且在工程面板中选择Add Existing to Project选项，选择电路原理图文档并单击Open。更简单的方法，还可以在Projects面板中简单地按着Shift键并用鼠标拖拽Projects面板内原理图文档到工程文档列表中的面板中。该电路原理图在Source Documents工程目录下，并且已经连接到该工程。

5.3.3　设置原理图选项

(1) 从系统编辑菜单中选择Design→Document Options，文档选项设置对话框就会出现。通过向导设置，现在只需要将图表的尺寸设置唯一改变的设置只有将图层的大小设置为A4。在Sheet Options选项中，找到Standard Styles选项。单击到下一步将会列出许多图表层格式，如图5-4所示。

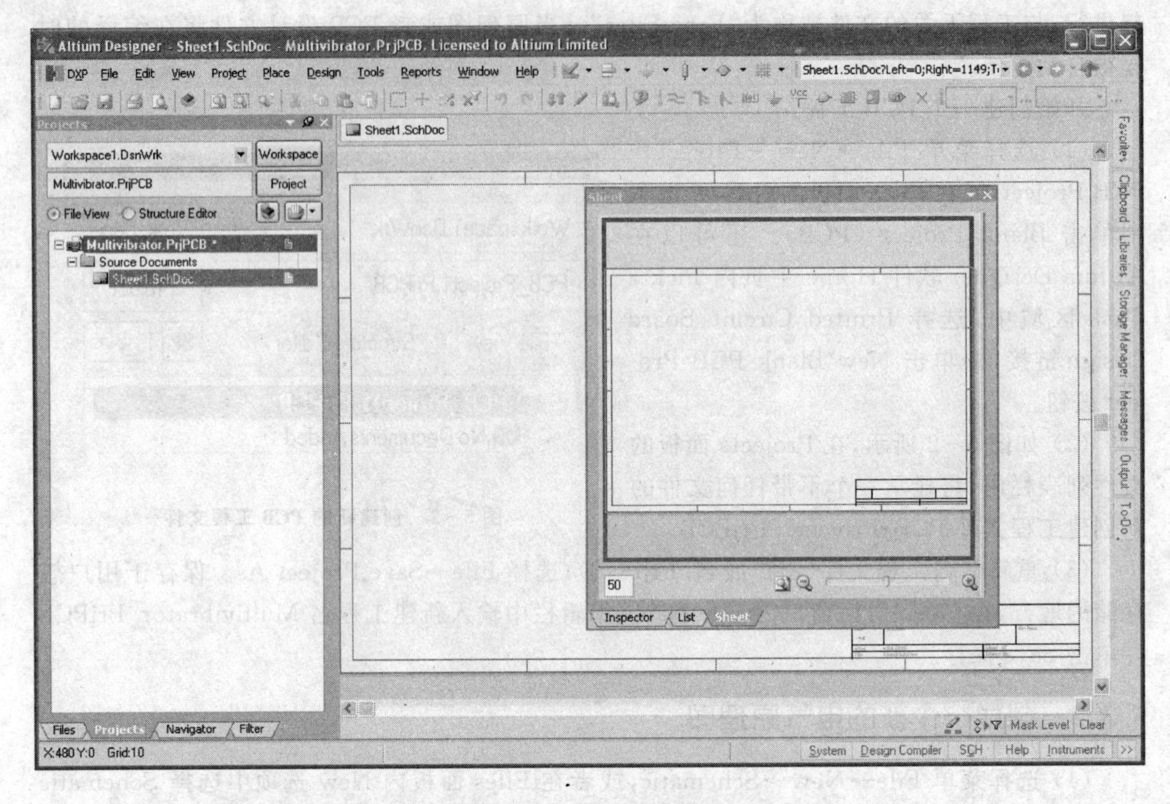

图 5-3　新建电路原理图

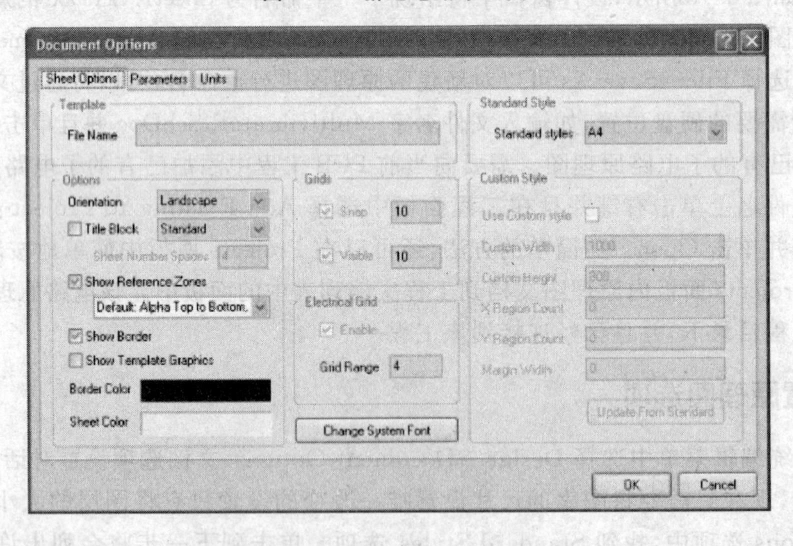

图 5-4　原理图文档属性配置对话框

(2) 选择 A4 格式,并且单击 OK,关闭对话框并且更新图表层大小尺寸。

(3) 重新让文档适合显示的大小,可以通过在中选择 View→Fit Document。也可以快捷功能组合按键 V+ F,调整原理图到适当视图尺寸。

5.3.4 环境参数全局设置

(1) 选择 Tools→Schematic Preferences 命令,来打开电路原理图优先参数设置对话窗口,并在当前窗口内配置原理图编辑环境的全局参数。

(2) 选择优先参数设置对话窗口,环境配置列表栏的 Schematic - Default Primitives 选项,激活 Permanent。

5.3.5 绘制电路原理图

以如图 5-5 所示的电路图为例,本电路是由两个 2N3904 三极管组成的非稳态多谐振荡器。

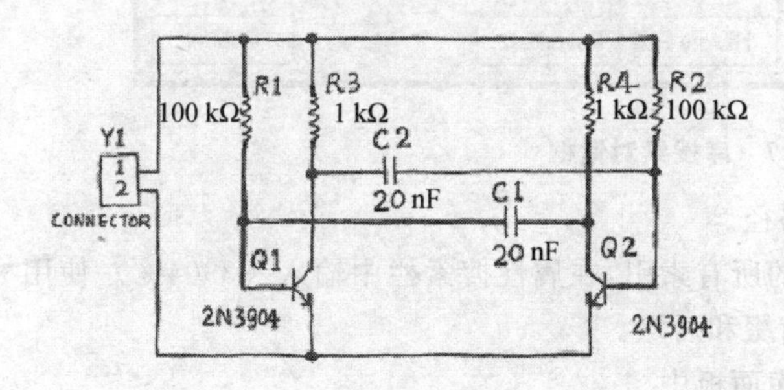

图 5-5 非稳态多谐振荡器示例电路

1. 加载元件和库

(1) 单击 Libraries 标签显示库面板,如图 5-6 所示。

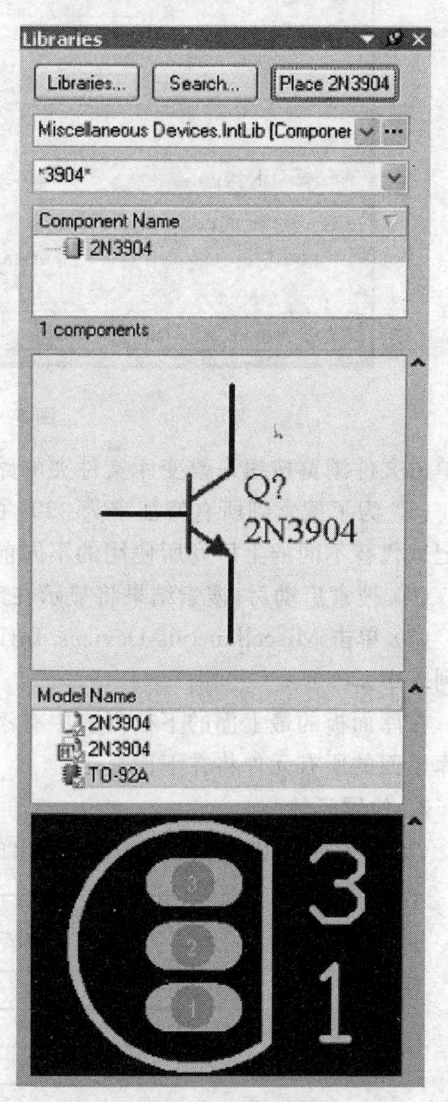

图 5-6 库面板

(2) 在 Library 面板上单击 Search 按钮,或者通过选择菜单 Tools→Find Component 命令,来打开 Libraries Search 对话框,如图 5-7 所示。

(3) 并设置 Options 区域的 Search in 编辑栏选项为 Components。

(4) 同时,确保 Scope 设置为 Libraries on Path 并且 Path 包含了正确的搜索库路径。如果在安装软件的时候使用了默认的路径,也可以通

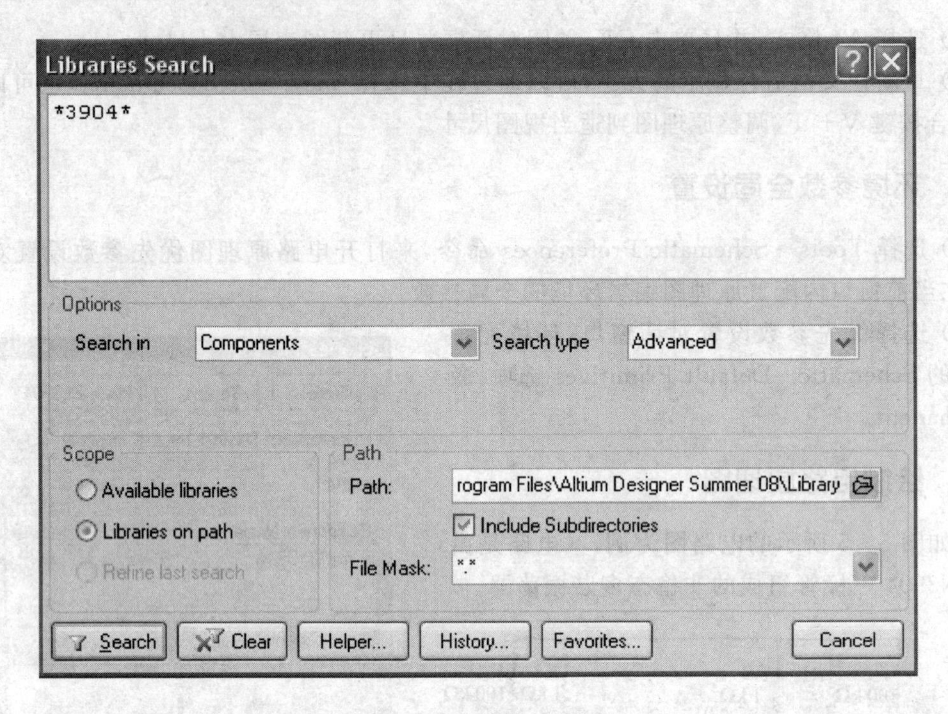

图 5-7 库搜索对话框

过单击文件浏览按钮来改变库文件夹的路径。

(5) 为了搜索到所有特征字为 3904 的所有索引,在属性搜索栏中输入 * 3904 * 。使用 * 标记来代替不同的生厂商所使用的不同前缀和后缀。

(6) 搜索启动后,搜索结果将显示在库面板中。

(7) 单击 Miscellaneous Devices. IntLib 库中的名为 2N3904 的元件并来添加该库到安装库列表中。

在库面板的最上面的下拉列表中有添加库这个选项。当单击在列表中一个库的名字时,在库里面的所有元件将在下面显示。

2. 放置元件

(1) 从库面板内,查找下表中所列出的元器件:

元件标号	描 述	封 装
C1、C2	Cap	RAD-0.3
Q1、Q2	2N3904	TO-92A
R1~R4	Res1	AXIAL-0.3
Y1	Header2	HDR1X2

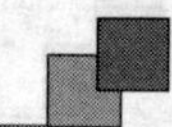

C1 和 C2 为瓷介质电容器，Q1 和 Q2 为 BJT 三极管，R1～R4 为通用电阻器，Y1 为双针连接器。

(2) 设置 filter 为 * 3904 *，将会列出所有包含 3904 字符串的元件，同理再分别找出电容器、电阻器及双针连接器。

(3) 选取元器件 2N3904，单击 Place 命令按钮，或直接拖拽该元器件到原理图编辑区。光标会变成十字准线叉丝状态并且一个三极管紧贴着光标。现在正处于放置状态。如果移动光标，三极管将跟着移动。

放置器件在原理图之前，应该先设置其属性。当三极管贴着光标，单击 TAB 键，将打开 Component Properties 属性框。把该属性对话框设置成如图 5-8 所示。

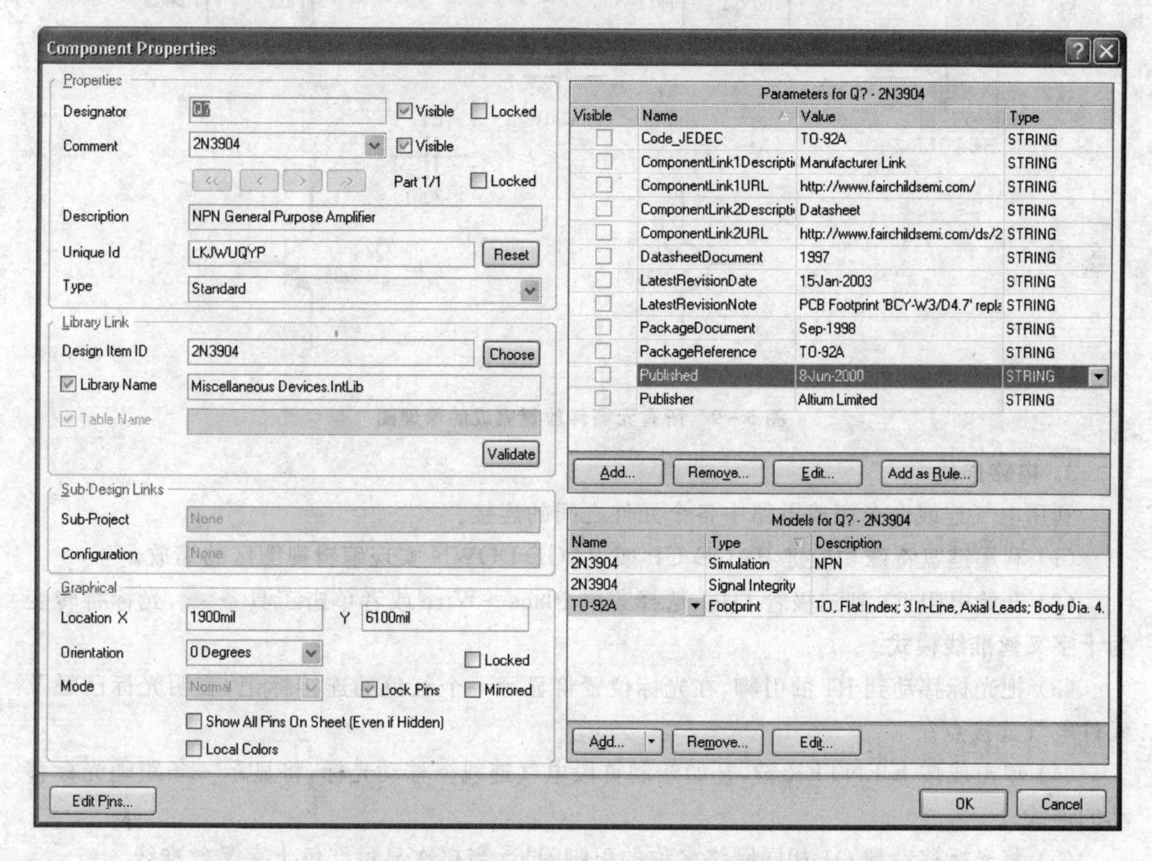

图 5-8　Component Properties 属性框

(4) 在 Properties 对话框中，在 Designator 栏输入 Q1，并在模型参数编辑区，设置 Footprint 模型名称为 TO-92A。

(5) 当元器件随鼠标移动时，可以通过空格键(Space)顺时针选装元器件图形符号，"X"键水平方向翻转,“Y”键垂直方向翻转。

(6) 移动光标,顺次放置选取的三极管、电容器、电阻器和连接器。

(7) 单击鼠标或者按下 ENTER 键来完成放置。

(8) 通过右键或 ESC 退出器件放置。

(9) 选择菜单 File→Save 命令保存原理图。

至此,已经完成了对所有元件的放置,如图 5-9 所示。

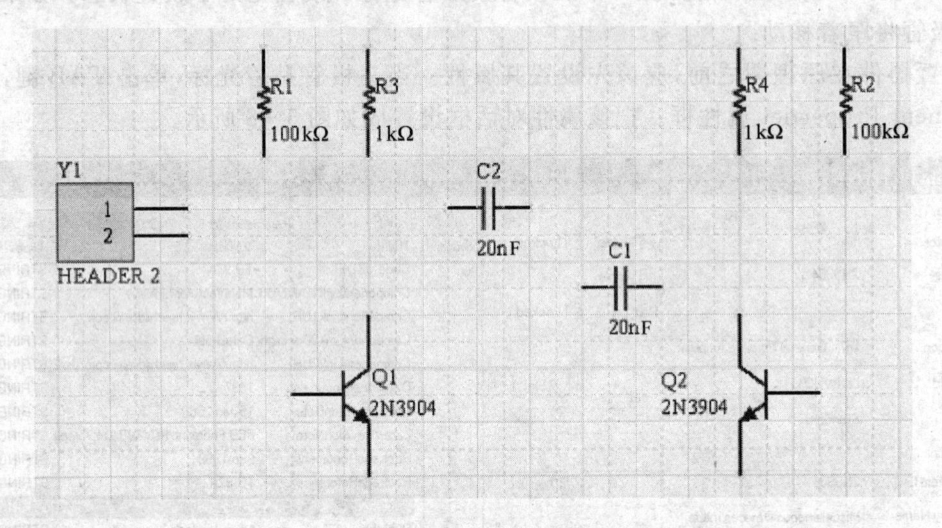

图 5-9　所有元器件放置完成的原理图

3. 电路连线

利用电气连线命令完成电路中各个元件之间的连接。

(1) 利用键盘特殊功能键 PAGE UP 或 PAGE DOWN 实现编辑视图区的缩放。

(2) 开始电阻 R1 到三极管 Q1。选择菜单 Place→Wire 或者单击工具条 ,光标将转变为十字叉丝准线模式。

(3) 把光标移动到 R1 的引脚,在光标位置将显示一个红色的连接标记,表明光标已触及元件电气连接点。

(4) 单击或按下 ENTER 键,开始绘制首段电气连线。移动光标,将显示一条跟随光标移动的连线。

(5) 将光标移动到 Q1 相同网络名称的引脚附近,当再次显示红色十字叉丝准线。

(6) 单击或按下 ENTER 键,完成首段电气连线的绘制。

同理,逐一完成剩下电路连接线段的绘制,如图 5-10 所示。

(7) 当完成所有连线的绘制时,单击右键或使用 ESC 按键退出原理图绘制模式。

(8) 如果需要整体移动元件并保持电气连线,可以在用鼠标移动元件并同时按下 CTRL

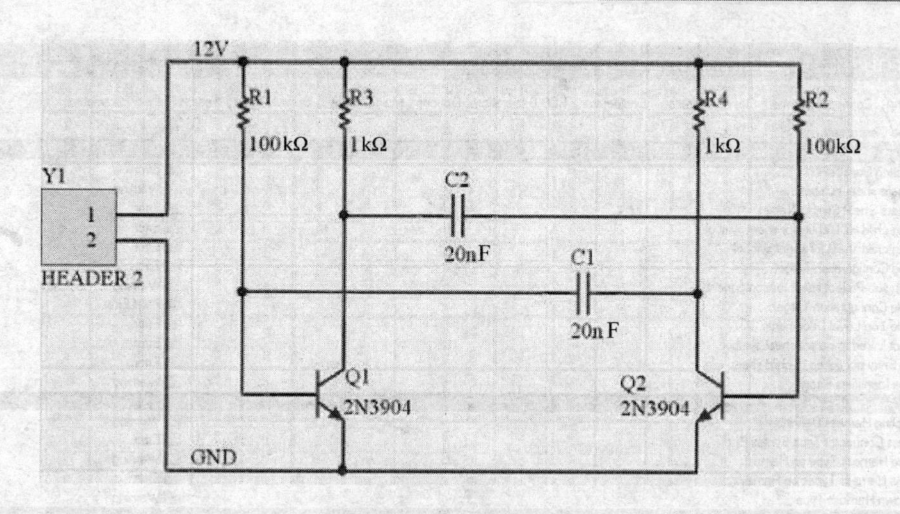

图 5-10 完成布线的原理图

按键，也可以选择菜单 Move→Drag 命令，拖拽元件。

(9) 任意两个元件引脚间的电气连线均会自动生成一个电气网络标号；为了便于区分设计中重要的连线网络，可以通过防止网络标签的方式，手工设置电气连线的网络名称。

① 选择菜单 Place→Net Label 命令，或单击工具条 。

② 通过键盘特殊功能键 TAB 按键，打开 Net Label 对话窗口。

③ 在 Net 名称编辑栏内输入 12 V。

④ 然后，返回原理图编辑页面，把网络标签放置在连线的上面，当网络标记跟连线接触时，光标会变成红色十字叉丝准线；如果是显示为灰白十字叉丝准线，则说明网络标签被放置在元件的引脚上。

⑤ 同理，完成剩余网络标签的名称编辑及位置放置。

⑥ 单击右键或按下 ESC 退出绘制网络标签模式。

⑦ 选择菜单 File→Save All 命令，保存当前工程内的所有文件。

恭喜您运用 Altium Designer 完成了首份电路原理图的绘制。

5.3.6 设置工程选项

1. 工程设置选项

如图 5-11 所示，工程设置选项包括：Error Reporting、ConnectionMatrix、Class Generation、Comparator、ECO Generation、Options、Multi-Channel、Default Print、Search Paths、Parameters。

Altium Designer 允许在源文件和目标文件之间查找电气或物理设计差异，并可以实现两个文件内设计差异数据的互相更新。工程参数配置相关的所有操作，均可选择菜单 Project→

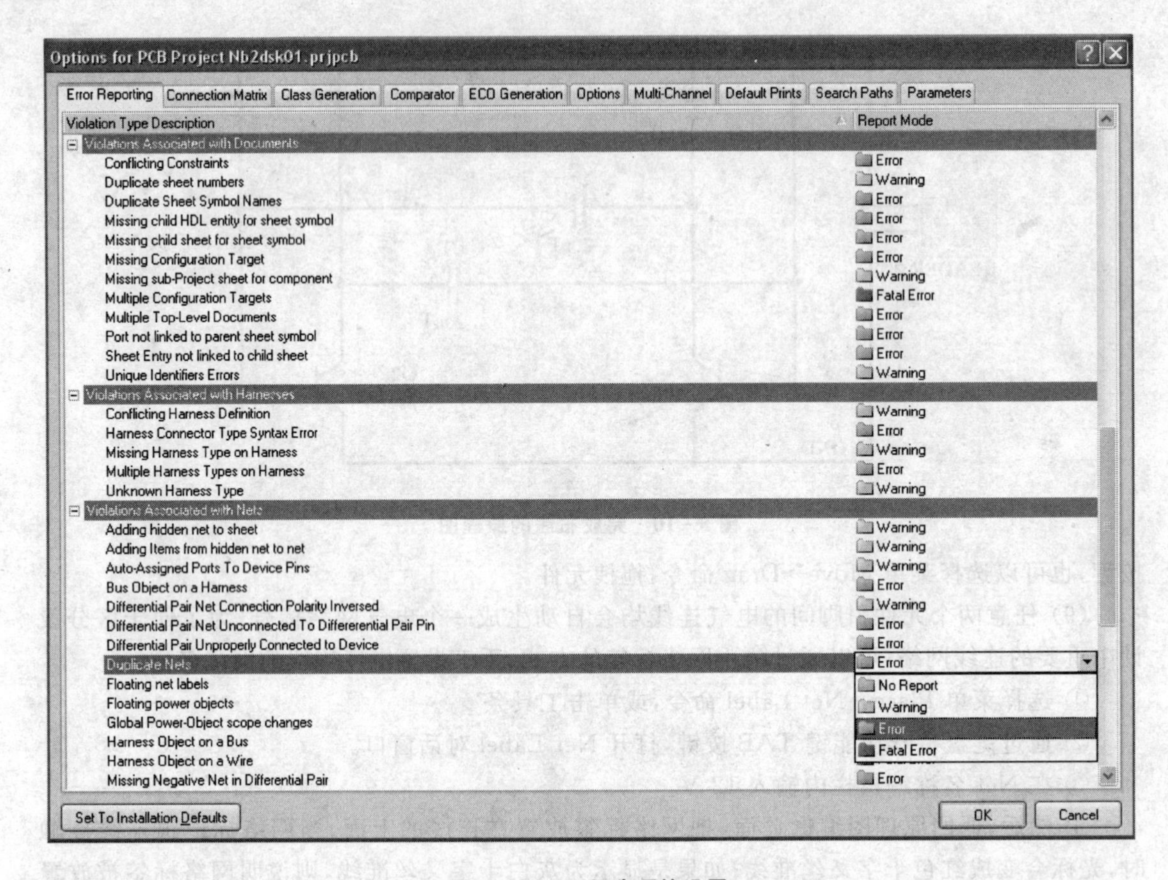

图 5-11　工程选项的设置

Project Options 命令在 Project Options 对话窗口里设置,如错误检查、文件对比、ECO generation。

工程中设计数据的输出管理,可以通过选择菜单 File→New→Output Job File 命令,创建输出文件管理队列,例如装配输出和报告。

2. 电气规则检查

原理图不仅仅是一幅简单的图画,其还包括了电路的电气连接信息。用户可以运用这些连接信息来校正自己的设计。当执行工程编译时,Altium Designer 将根据设置电气检查规则查询电路设计中可能存在的错误。

(1) Error Reporting

用于设置设计原理图电气性能检查。Report Mode 设置当前选项提示的错误级别。级别分为 No Report、Warning、Error、Fatal Error,单击下拉框选择即可,如图 5-12 所示。

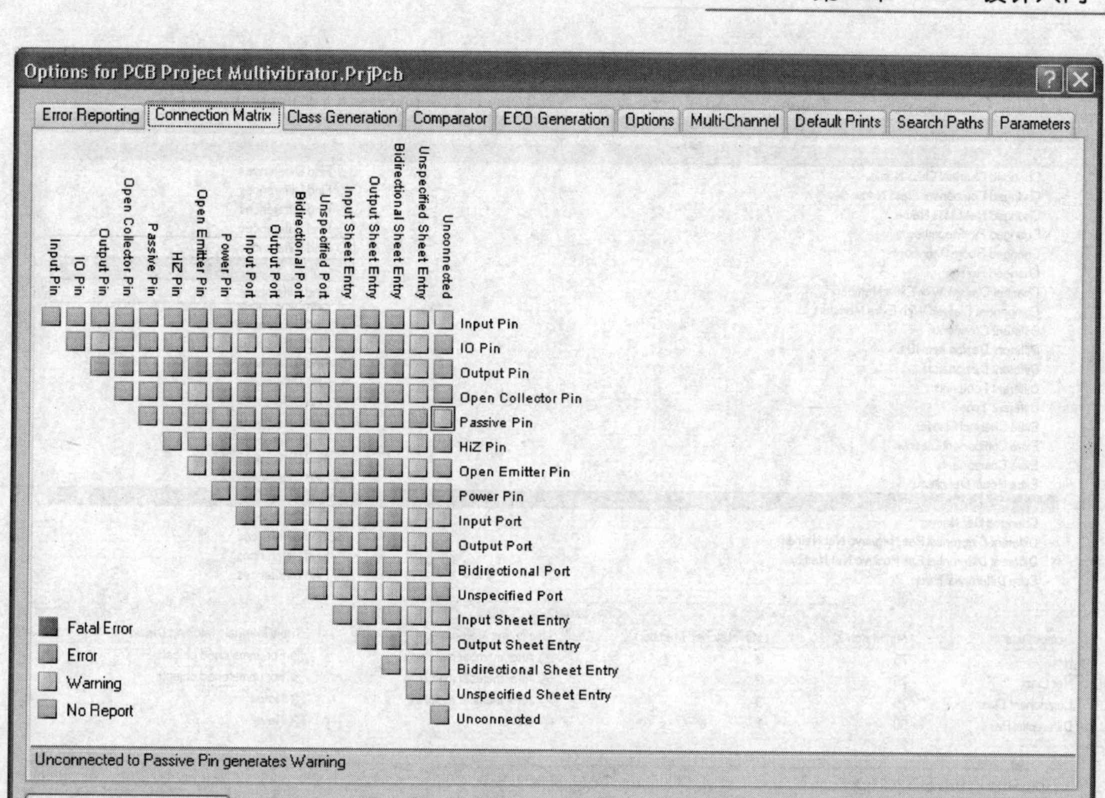

图 5-12 Connection Matrix 配置窗口

(2) Connection Matrix

在运行错误报告时显示出用户对于端口电气连接特性的要求，如各个引脚之间的连接，可以设置为四种允许类型。如图 5-12 所示，连接关系矩阵给出了一个原理图中不同类型连接端口之间的图形化描述，并显示了它们之间的连接是否设置为允许。例如在 Output Pin 那行中找到 Open Collector Pin 列，行列相交的小方块呈橘黄色，这说明在编译工程时，Output Pin 与 Open Collector Pin 相连接将会出现连接性错误。

用户可以根据自己的要求设置任意一个类型的错误等级，从 no report 到 fatal error 均可。右键可以通过菜单选项控制整个矩阵。

(3) Comparator

用于执行工程编译时，设置是否需要显示或忽略在两个文件之间存在的设计数据差异。注意，不要选择了相邻的选项，例如不要将 Extra Component Classes 选择成了 Extra Component。图 5-13 为 Comparator 配置窗口。

单击 Comparator 界面，在 Asscoiated with Component 部分找到 Changed Room Defini-

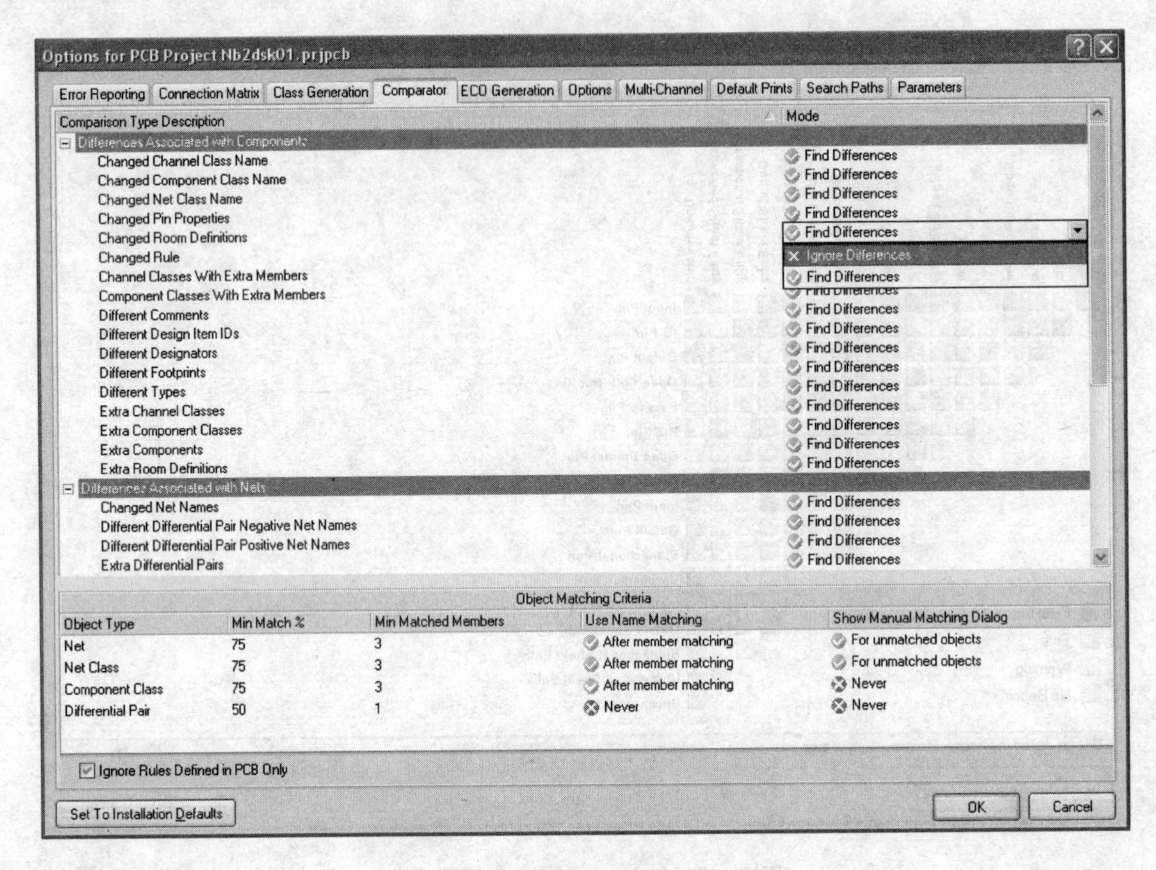

图 5-13 Comparator 配置窗口

tions,Extra Room Definitions 和 Extra Component Classes 选项。通过下拉菜单将上述选项设置为 Ignore Differences,现在用户便可以开始编译工程并检查所有错误了。

5.3.7 编译工程

工程编译可以检查设计草图的连接和电气规则的错误并提供一个排除错误的环境。选择菜单 Project→Compile PCB Project 命令,执行当前工程的编译。当工程被编译后,所有违例信息都将显示在 Messages 消息窗口中(如图 5-14 所示),单击违例条目来查看错误。当工程被编译完后,在 Navigator 面板中将显示文件的层次关系并且将元器件,网络和模型关联在一起。

如果电路设计的符合工程选项内的连接性和电气规则的约束,Messages 消息窗口中不会显示任何错误。如果报告中显示有错误,则需要检查电路并纠正以确保原理图设计的正确性。

现在已经完成了设计并且检查过了原理图,可以开始创建 PCB 文件。

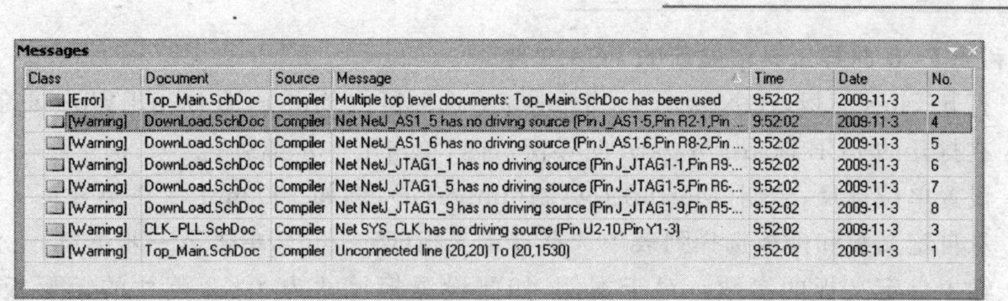

Messages

Class	Document	Source	Message	Time	Date	No.
[Error]	Top_Main.SchDoc	Compiler	Multiple top level documents: Top_Main.SchDoc has been used	9:52:02	2009-11-3	2
[Warning]	DownLoad.SchDoc	Compiler	Net NetJ_AS1_5 has no driving source (Pin J_AS1-5,Pin R2-1,Pin ...	9:52:02	2009-11-3	4
[Warning]	DownLoad.SchDoc	Compiler	Net NetJ_AS1_6 has no driving source (Pin J_AS1-6,Pin R8-2,Pin ...	9:52:02	2009-11-3	5
[Warning]	DownLoad.SchDoc	Compiler	Net NetJ_JTAG1_1 has no driving source (Pin J_JTAG1-1,Pin R9-...	9:52:02	2009-11-3	6
[Warning]	DownLoad.SchDoc	Compiler	Net NetJ_JTAG1_5 has no driving source (Pin J_JTAG1-5,Pin R6-...	9:52:02	2009-11-3	7
[Warning]	DownLoad.SchDoc	Compiler	Net NetJ_JTAG1_9 has no driving source (Pin J_JTAG1-9,Pin R5-...	9:52:02	2009-11-3	8
[Warning]	CLK_PLL.SchDoc	Compiler	Net SYS_CLK has no driving source (Pin U2-10,Pin Y1-3)	9:52:02	2009-11-3	3
[Warning]	Top_Main.SchDoc	Compiler	Unconnected line (20,20) To (20,1530)	9:52:02	2009-11-3	1

图 5-14 Messages 消息窗口示意图

5.3.8 创建一个新的 PCB 文件

在将原理图设计数据传递到 PCB 设计之前，需要创建一个新的 PCB 文件，其中至少包含一个定义板形的机械层（board outline）。创建一个新的 PCB 文件，最简单的方法就是利用 PCB 向导工具（如图 5-15 所示），它可让您根据设计指标要求自定义板的大小，并且可以使用后退按钮检查或修改该向导的之前页面。

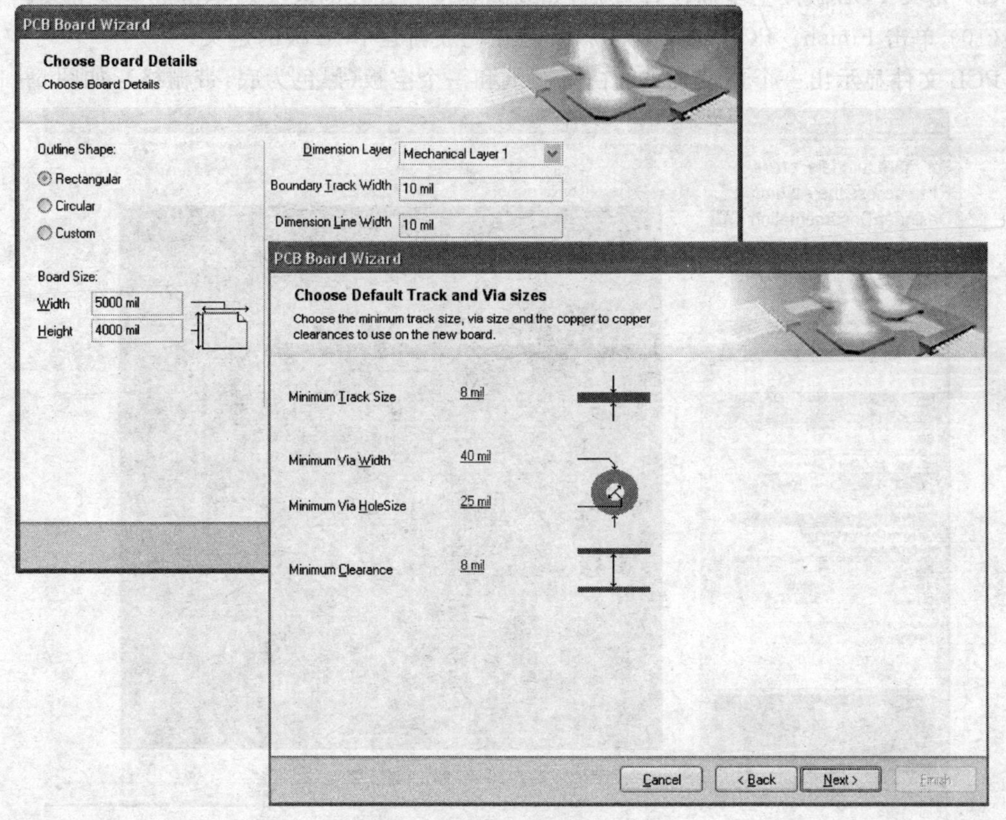

图 5-15 PCB 向导工具

1. 利用 PCB 向导工具创建新的 PCB 文件

(1) 打开 Files 面板,在 New from Template 选项区内单击 PCB Board Wizard 命令;

(2) 在打开的 PCB Board Wizard 向导窗口内,单击下一步继续;

(3) 设置单位标尺,公制(Metric)或英制(Imperial),例如 1000mil = 1 英寸;

(4) 从自定义板和模板选择列表中选择自定义板(Custom),单击下一步继续;

(5) 输入自定义板的参数。对于本例,如要设置板尺寸为 2×2 英寸的矩形板,可以在 Width 和 Height 编辑栏中均输入数值 2 000,并取消选择 Title Block&Scale、Legend String 和 Dimension Lines 参数复选选项,单击下一步继续;

(6) 定义 PCB 版图上可布线的信号层数和内电源层数。本例只需要两个信号层,单击下一步继续;

(7) 定义 PCB 版图上过孔的主要类型,本例选择 thruhole vias only,单击下一步继续;

(8) 定义 PCB 版图上元件类型/布线模式,本例选择 Through－hole components 和 One Track 选项,单击下一步继续;

(9) 定义 PCB 版图上全局设计规则,如线的宽度和孔径的尺寸。单击下一步继续;

(10) 单击 Finish。PCB Board Wizard 已经完成新建 PCB 板的定义。

PCB 文件显示出一个预设大小的白色图纸和一个空板(黑色为底,带栅格),如图 5-16 所

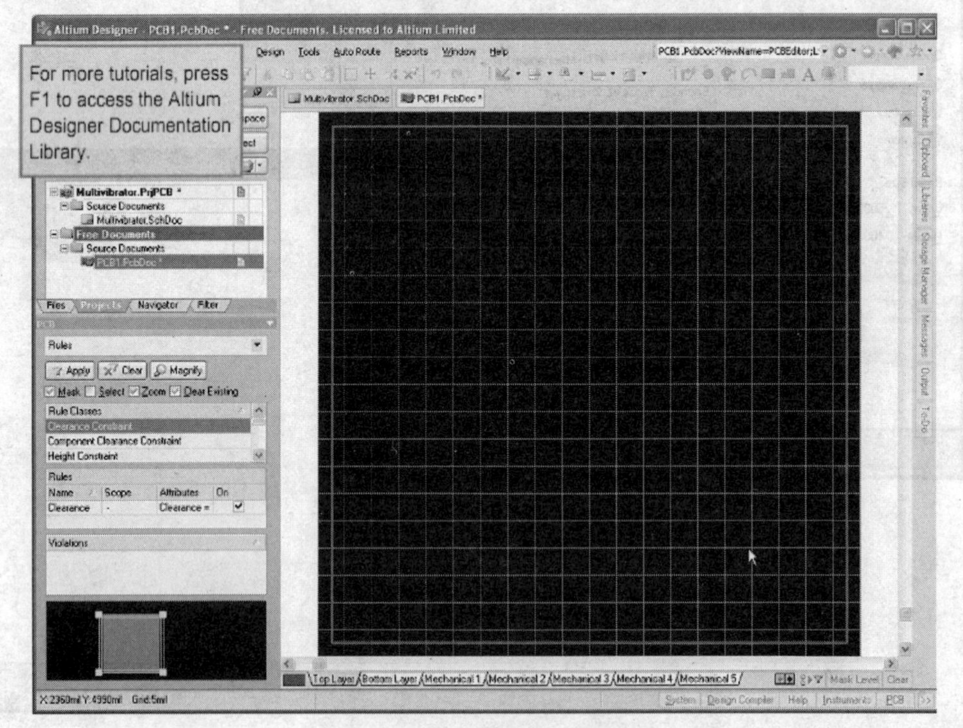

图 5-16 空白 PCB 文件

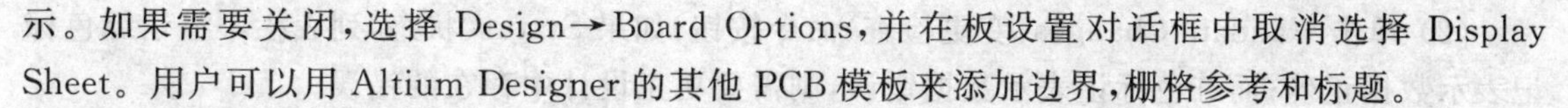

示。如果需要关闭，选择 Design→Board Options，并在板设置对话框中取消选择 Display Sheet。用户可以用 Altium Designer 的其他 PCB 模板来添加边界，栅格参考和标题。

(11) 选择菜单 File→Save As 命令，定义新建 PCB 文件的名称为 multivibrator. pcbdoc，单击 Save。

2. 添加已有的 PCB 版图文件

如果为当前工程添加已有的 PCB 版图设计文件，可以在 Projects 面板内的右击工程文件名，在弹出的浮动菜单条上选择 Add Existing to Project；也可直接将自由的 PCB 版图文件拖拽到当前工程文件后，保存工程文件。

5.3.9 导入设计

在将原理图的信息导入到新的 PCB 之前，请确保所有设计中被调用的元器件库均被安装到元器件库列表内。如果工程已经编译并且原理图没有任何错误，则可以使用 Update PCB 命令来产生 ECO(Engineering Change Orders，工程变更订单命令)，它将把原理图的电气设计信息导入到目标 PCB 文件内。

更新 PCB 设计数据

(1) 打开原理图文件 multivibrator. schdoc。选择菜单 Design→Update PCB Document multivibrator. pcbdoc 命令，系统将弹出工程变更订单对话窗口，如图 5－17 所示。

Engineering Change Order

Modifications					Status		
Enable	Action	Affected Object		Affected Document	Check	Done	Message
	Add Components(9)						
✔	Add	C1	To				
✔	Add	C2	To				
✔	Add	Q1	To				
✔	Add	Q2	To				
✔	Add	R1	To				
✔	Add	R2	To				
✔	Add	R3	To				
✔	Add	R4	To				
✔	Add	Y1	To				
	Add Nets(6)						
✔	Add	12V	To				
✔	Add	GND	To				
✔	Add	NetC1_1	To				
✔	Add	NetC1_2	To				
✔	Add	NetC2_1	To				
✔	Add	NetC2_2	To				

Validate Changes | Execute Changes | Report Changes... | Only Show Errors | Close

图 5－17 工程变更订单对话窗口

(2) 单击 Validate Changes(变更检查)命令按钮,如果 Status(状态)列表栏中显示绿色标记表示数据正确;而红色标记表示数据错误,则需要更正设计中存在的错误。

(3) 单击 Execute Changes(执行变更)命令按钮,将原理图的电气设计信息导入到目标 PCB 文件内。

单击 Close(关闭)命令按钮,目标 PCB 文件将被打开,并且显示导入到 PCB 文件内的元器件封装图形,如图 5-18 所示。如果需要浏览 PCB 文件全貌,请使用组合快捷键 V+D (View→Document)。

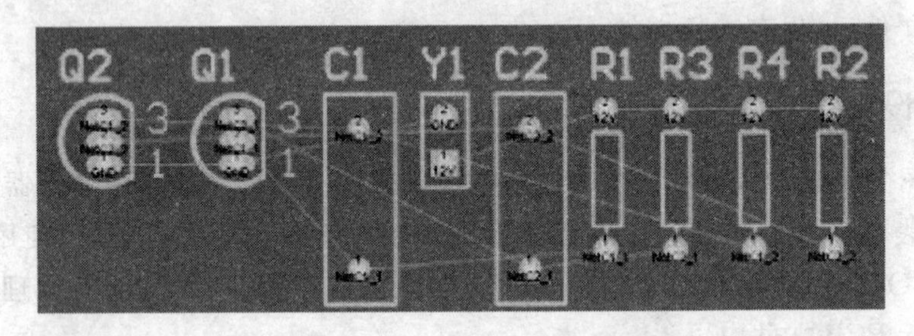

图 5-18 导入的元器件封装信息

5.3.10 印刷电路板(PCB)的设计

1. 设置 PCB 工作环境

在开始元器件布局之前,还需要设置 PCB 工作环境,如栅格参数、层栈定义以及设计规则约束等。Altium Designer 的 PCB 编辑器支持二维及三维 PCB 版图视图模式,二维视图模式是一个多层的、理想的普通 PCB 电路设计的环境,如放置元器件和网络连线;三维模式对检验设计的工艺及结构特性非常有效。可以简单地选择菜单 File→Switch To 3D 或者 File→Switch To 2D 命令以及快捷命令键,数字 2 字符按键(二维模式)或者数字 3 字符按键(三维模式),完成 PCB 版图视图模式切换。

2. 设置图形栅格

在 PCB 环境参数设置需要设定图形栅格参数,也称为 snap grid 捕获栅格,用于设置布局时元器件摆放的参考图形化网格密度。通常设定 snap grid 尺寸为最小间距的公分子,由于本例电路将使用最小的针脚间距为 100 mil 的国际标准元器件,所以可以设置 Snap grid 的值可以是 50 mil 或 25 mil,以便使所有元器件的针脚可以处在栅格点上。此外,定义 PCB 板的布线线宽和电气安全间距分别是 12 mil 和 13 mil(以上数据均已在 PCB Board Wizard 中设置),由于最小平行线中心距离为 25 mil,因此,最合适地 snap grid 数值应设置为 25 mil。

设置 snap grid 栅格参数:

(1) 选择菜单 Design→Board Options 命令,或组合快捷命令按键:D+O,打开 PCB 文件 Options 对话窗口;

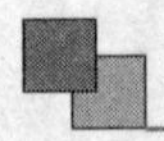

(2) 利用文本编辑栏的下拉列表或输入数值方式，分别设置 Snap Grid 捕获栅格和 Component Grid 元器件栅格参数的值为 25mil。请注意，此对话框还可以配置 Electrical Grid 电气栅格，电气栅格通常与元器件栅格配合一起使用；

(3) 选择菜单 Tools→Preferences 命令，打开 PCB 编辑环境优先参数配置对话窗口。选择 PCB Editor－General 属性页面，在 Options 配置区域，选中 Snap to Center 复选框。该参数可确保在“拖拉”一个元器件时，光标位于元器件的中心点上；

(4) 然后再选择 PCB Editor－Display 属性页面，在 DirectX Options 配置区域，选中 Use DirectX if possible 复选框，如图 5－19 所示。这将激活 Altium Designer 的 3D 图形处理性能；

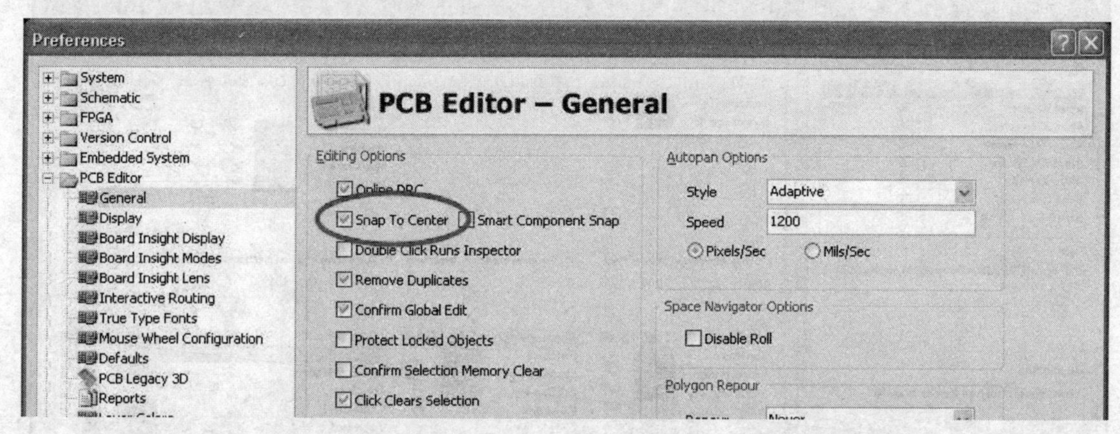

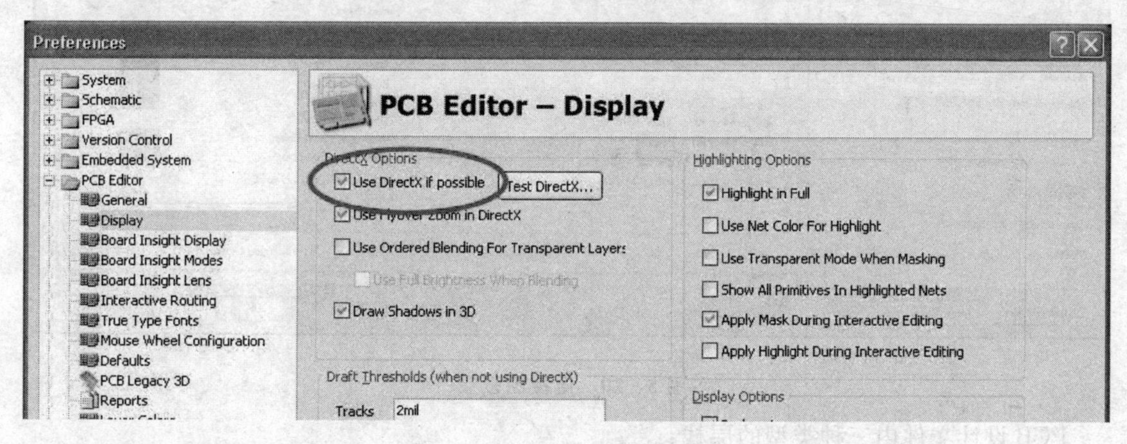

图 5－19　设置栅格参数

注： Altium Designer 的 3D 图形处理性能，需要设计者的电脑配备有可以支持 DirectX 9.0c 和 Shader Model 3 模式或更高版本的图形处理卡。如果不能运行 DirectX，用户将被限制使用三维图形处理功能。

3. 设置层栈非电气参数

View Configurations 对话窗口内可以定义 PCB 版图设计的二维及三维视图显示参数，执行 PCB 文件保存命令时，最近一次设定的 View Configurations 对话窗口内的参数定义将被同时保存。

选择菜单 Design→Board Layers & Colors 命令，或快捷命令键：L，打开 View Configurations 对话窗口。此对话框可定义、编辑、加载及保存当前 PCB 的视图参数。其内包含了可以控制层显示，如覆铜、焊盘、线、字符串等、显示网络名和参考标记、透明层模式和单层模式显示、三维表面透明度和颜色及三维 PCB 整体显示，如图 5-20 所示。

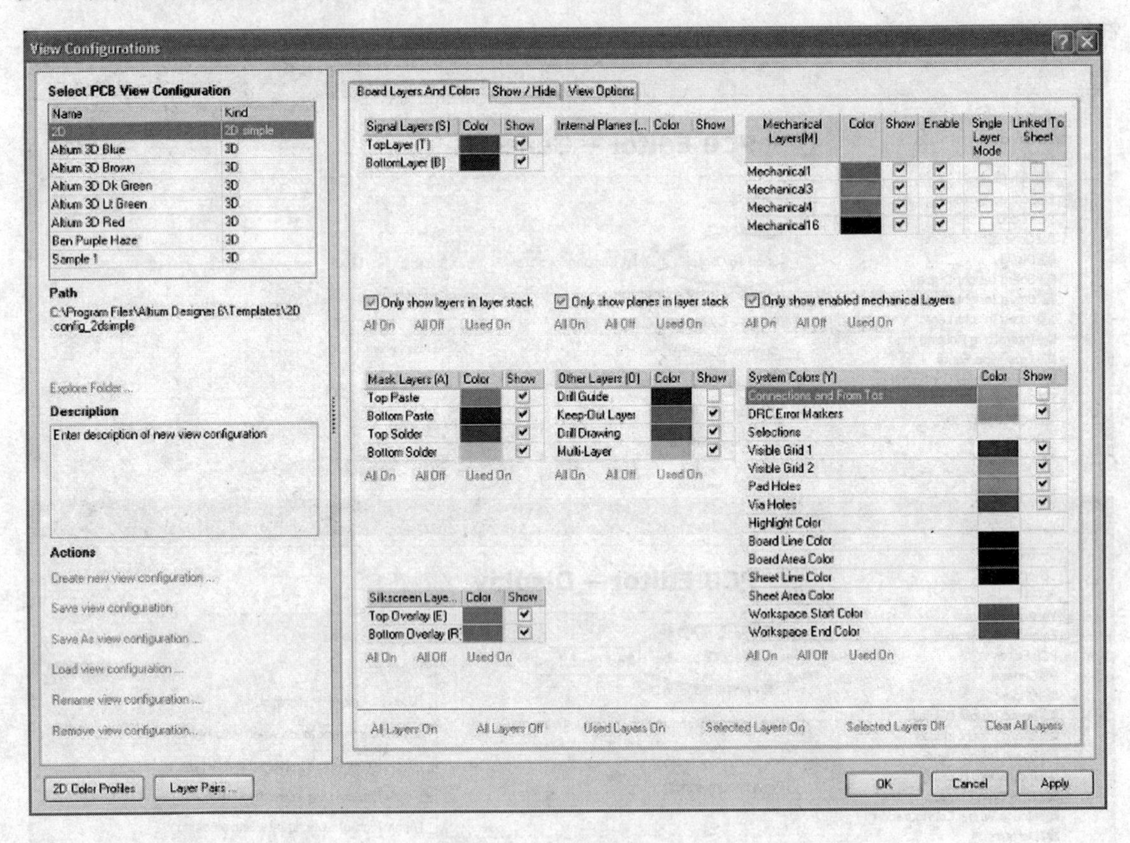

图 5-20 层视图设置

PCB 设计文件内三种类型的层栈：

(1) Electrical layers (电气信号层)——最大支持 32 个信号布线层和 16 个内电源层定义，选择菜单 Design→Layer Stack Manager 命令，在 Layer Stack Manager(层栈管理器)对话窗口内可以编辑 PCB 文件的层栈定义，如添加或移除层定义；

(2) Mechanical layers(机械数据层)——最大支持 32 个机械数据层定义，包括结构工艺

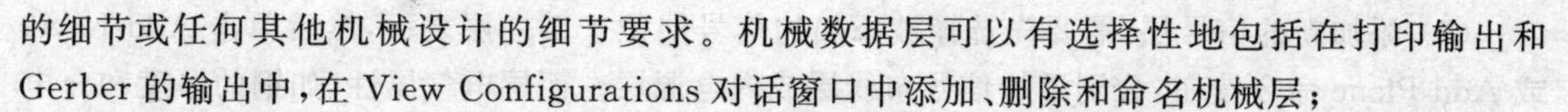

的细节或任何其他机械设计的细节要求。机械数据层可以有选择性地包括在打印输出和 Gerber 的输出中，在 View Configurations 对话窗口中添加、删除和命名机械层；

(3) Special layers(特殊数据层)——包括顶部和底部的丝网印刷层、阻焊接层和粘贴层的蒙版层锡膏层、钻孔层、Keep－Out 层(用来界定电气界限的)、多综合层(用于多层焊盘和过孔)、连接层、DRC 错误层、栅格层和过孔洞层。

本例中的 View Configurations 对话窗口设置：

(1) 选择菜单 Design→Board Layers & Colors 命令，或快捷命令键：L，打开 View Configurations 对话窗口，在 Select PCB View Configuration 的模式列表区域，配置 PCB 视图为二维或三维模式；

(2) 选中 Only show layers in layer stack 和 Only show enabled mechanical layers 复选框；

(3) 单击 Used Layers On 命令按钮，令其只显示当前使用的层；

(4) 确定 4 个 Mask 层和 4 个 Drill Drawing 层均被设定为 Show 模式；

(5) 在 Actions 选项设置区域，单击 Save As view configuration 命令，保存配置文件，如 tutorial. config_2dsimple。

注意：二维视图模式下，层栈颜色设定将被应用于所有 PCB 文件，并不作为当前 PCB 文件的一部分。用户可以在 2D System Color 对话窗口中，创建、编辑和保存二维颜色设置文件。

4. Layer Stack Manager(层栈管理器)

本例将演示一个简单的 PCB 版图设计过程，只用到了单面或双面信号布线层。如果设计较为复杂，用户可以通过 Layer Stack Manager 对话窗口来添加更多的层定义。

(1) 选择菜单 Design→Layer Stack Manager 命令，或组合快捷命令键：D+K，打开层栈管理器对话窗口，如图 5－21 所示。

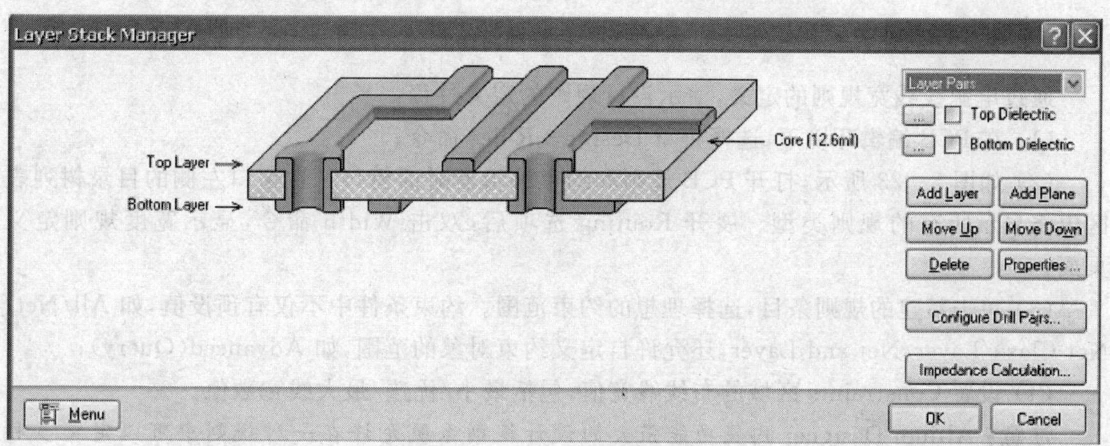

图 5－21 层堆栈管理

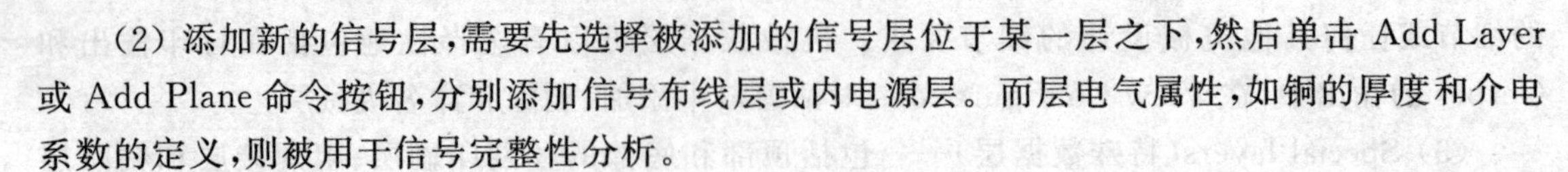

(2) 添加新的信号层,需要先选择被添加的信号层位于某一层之下,然后单击 Add Layer 或 Add Plane 命令按钮,分别添加信号布线层或内电源层。而层电气属性,如铜的厚度和介电系数的定义,则被用于信号完整性分析。

5. 规则定义

Altium Designer 的 PCB 辑器是一个基于规则约束的电子设计环境,在设计的过程中,如网络布线、元器件布局,抑或执行自动布线器,系统将会监视每一步操作,并检查设计数据是否完全符合设计规则的约束条件。如果不符合,则会立即出现警告提示。所以,PCB 版图设计之前,一个好的、有效的规则约束将为设计的可靠性提供保障。

规则约束共分为 10 类,其中主要包括电气特性、布线模式、工艺要求、元器件布局和信号完整性等规则,如图 5-22 所示。

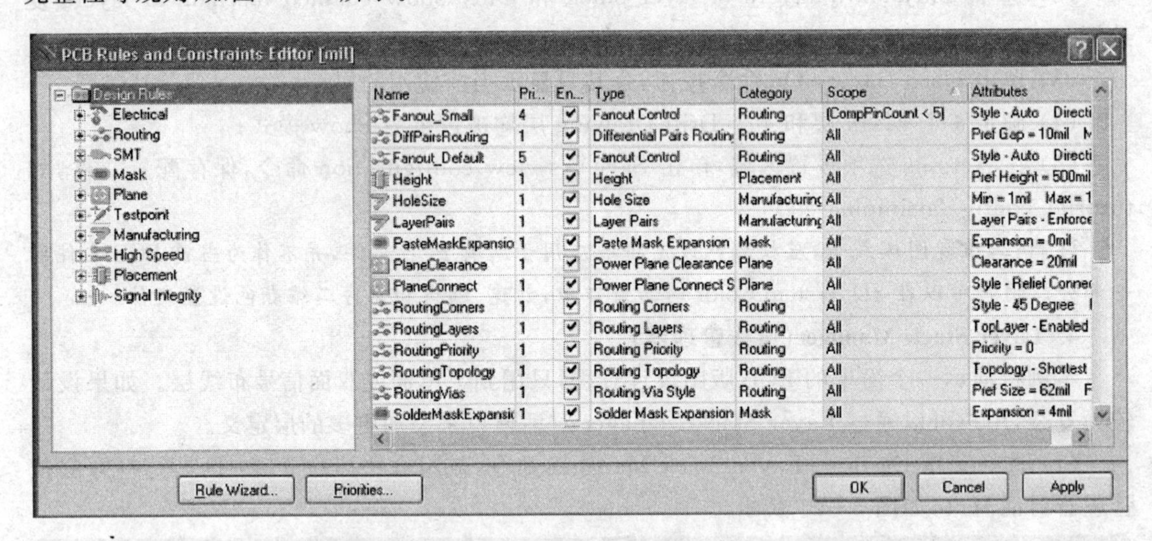

图 5-22 设计规则定义

通过电源线线宽规则的定义,演示设计规则的定义过程:

(1) 在 PCB 编辑环境下,选择菜单 Design→Rules 命令;

(2) 如图 5-23 所示,打开 PCB 规则和约束编辑器对话窗口。在窗口左侧的目录树列表区内将显示所有的规则类型。展开 Routing 选项后,双击 Width 命令,显示宽度规则定义页面;

(3) 单击新建的规则条目,选择理想的约束范围。约束条件中不仅有预设值,如 All/Net/Net Class/Layer/Net and Layer,还允许自定义约束对象的范围,如 Advanced(Query);

(4) 设置 Constraints 区域的布线线宽值,包括最小/优选/最大线宽数值。

注意: Altium Designer 内置功能强大的设计规则系统允许在一种规则中可以定义多种不同对象约束范围的条件。每个规则均指定一个明确的目标约束对象范围,并通过约束条件

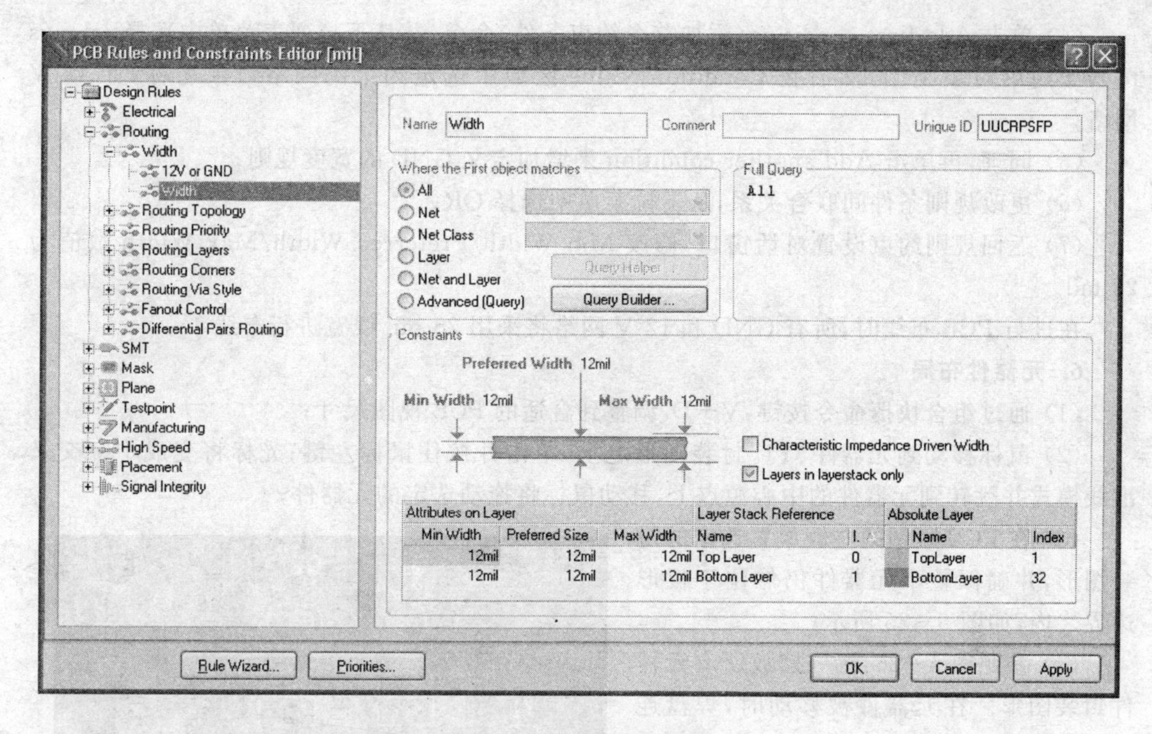

Min Width	Preferred Size	Max Width	Name	I...	Name	Index
12mil	12mil	12mil	Top Layer	0	TopLayer	1
12mil	12mil	12mil	Bottom Layer	1	BottomLayer	32

图 5－23 设置线宽规则

优先级别来控制规则约束的次序。

添加新的 12 V 和 GND 网络线宽规则(宽度＝25mil)：

(1) 单击 Width 选项，鼠标右键选择 New Rule 来添加一个新的宽度约束规则，并定义规则名称为 12 V or GND；

(2) 选择 Advanced(Query)项，并单击 Query Builder 命令按钮；

(3) 打开 Building Query from Board 对话窗口，如图 5－24 所示；

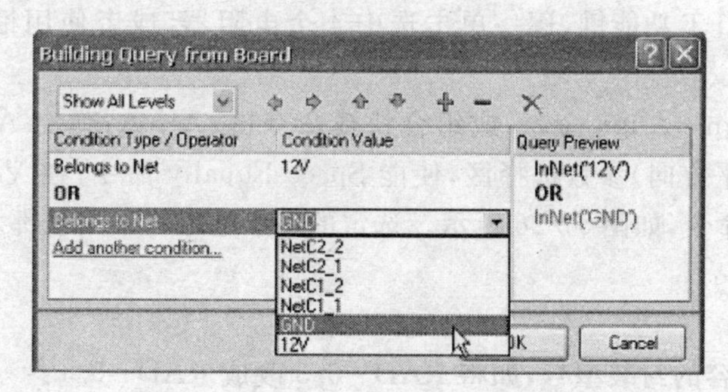

图 5－24 自定义约束条件

(4) 单击 Add first condition(添加首个约束条件)命令,并从下拉列表菜单中选择Belongs to Net 约束对象类型,然后在 Condition Value 区域中选定约束的网络对象名称,如 12 V 网络;

(5) 同理,再单击 Add another condition 来增加定义 GND 的宽度规则;

(6) 更改规则条件间联合关系,从下拉菜单中选择 OR;

(7) 返回规则约束设置对话窗口,修改 Min Width/Preferred Width/Max Width 数值为 25 mil。

在进行 PCB 布线时,所有 GND 和 12 V 网络将采用 25 mil 线宽进行布线。

6. 元器件布局

(1) 通过组合快捷命令按键:V+D,调整到合适的 PCB 视图尺寸;

(2) 鼠标移动到元器件"Y1"封装图形之上,单击并按住鼠标左键;光标将变成十字交叉准线模式并跳转到元器件的中心源点上,移动鼠标将拖动选定的元器件;

(3) 在 PCB 版图的左侧放置选定的封装图形,并确保整个元器件仍然位于板形边界之内,如图 5-25 所示;

(4) 参照图 5-25,逐一摆放所有元器件封装图形。在元器件被移动时,焊盘连接的飞线随着元件一起移动;

(5) 在移动元器件的时候,还可用使用空格按键改变元器件的放置方向(每次向逆时针方向转 90°);

(6) 元器件的文字丝印标号也可以通过类似的方式重新摆放。

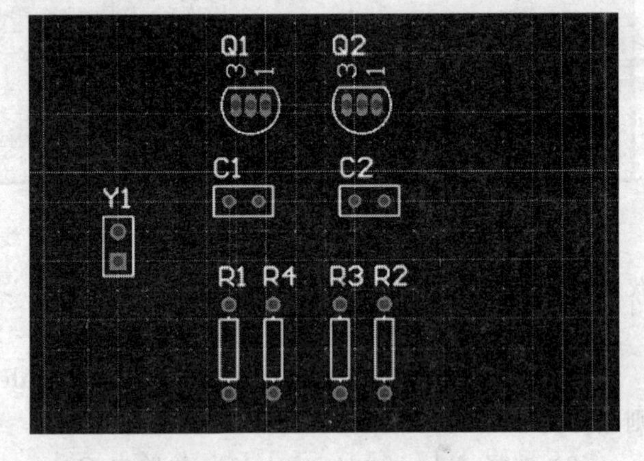

图 5-25　元器件布局

(7) 设置元器件按要求对齐排列:

① 按住键盘 SHIFT 功能键,逐一单击选中 4 个电阻器,或者使用框选模式选中 4 个电阻器;

② 选择菜单 Align→Align 命令,或组合快捷命令键:A+A,弹出 Align Objects 对话窗口,在 Horizontal(水平方向)参数选择区,使能 Space Equally 命令;在 Vertical(垂直方向)参数选择区,使能 Top 命令,如图 5-26 所示。选定的 4 个电阻将采用顶部水平等间隔方式对齐排列。

7. 变更封装型号

如果需要变更电容的封装型号,如将 RAD-0.3 改成 RAD-0.1:

(1) 首先,从已安装的库列表中查找需要变更的封装型号:RAD-0.1。在元器件搜索对话窗口中,输入字符串"rad",执行字符串匹配查找,一旦检索到合适的封装名称,Libraries 面

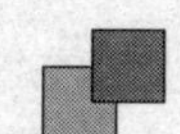

板内显示查找到的元器件封装图形；

(2) 双击元器件打开 Component 属性对话窗口，在 Footprint 属性编辑区的 Name 编辑栏上，单击编辑栏右侧的... 命令按钮，从弹出的 Browse Libraries 对话窗口中选择封装名称 RAD－0.1。

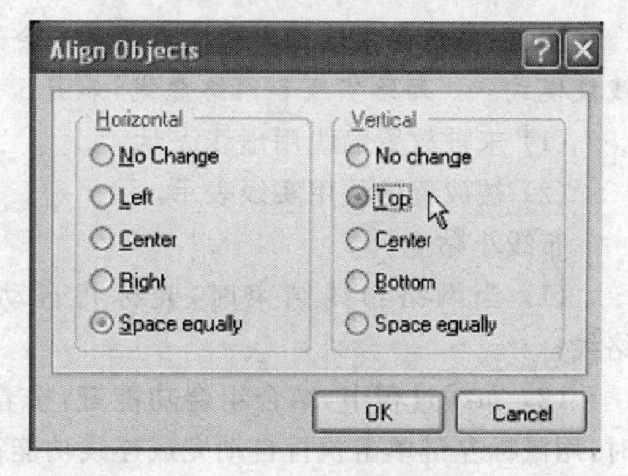

图 5－26　排列元器件

8. 交互式布线模式

布线即在 PCB 版图中通过连接网络线和放置过孔等操作完成零件的连接过程。按照布线实现的模式，还可以划分为交互式布线和自动布线两种模式。交互式布线工具就允许设计者通过手工控制的方式，在设计规则的约束条件之下完成电路连接设计，以一种更直观的方式，提供最大限度的布线效率和灵活性。

Altium Designer 内建的交互式布线工具包括交互式单路信号布线工具、交互式差分信号布线工具和交互式多路(总线)布线工具。结合电路设计中网络信号特性，遵循方便布线路由的原则，设计者可以选择适当的交互式布线工具完成线路连接，最常使用的工具为交互式单路布线工具。本例中将演示利用交互式单路布线功能在 PCB 文件的底部信号布线层上完成电路布线：

(1) 单击键盘字符键“L”，通过快捷命令键打开 View Configurations 对话窗口，在 Signal Layers 区域内，设置 Bottom Layer 的 Show 属性为选中，设置 Top Layer 的 Show 属性为无效；

(2) 返回 PCB 编辑界面，选择菜单 Place→Interactive Routing 命令，或使用组合快捷命令键：P＋T，还可以在工具栏上单击图标，启动交互式单路布线功能，随之光标将变为十字准线模式；

(3) 将光标移动到封装 Y1 的焊盘上，单击或按下 ENTER，开始首段网络布线；

(4) 移动光标到封装 R1 上相同网络名的焊盘。

布线过程中遇到障碍物时，通过组合快捷键：SHIFT＋R，轮循切换交互视组合布线模式：

(1) Push(推挤障碍模式)——推挤交互式布线过程中阻碍当前布线路由的已布线和已布过孔位置；

(2) Walkaround(避让障碍模式)——绕过交互式布线过程中遇到阻碍布线路由的已布线和已布过孔；

(3) Hug&Push(推挤、避让平衡模式)——在交互式布线过程中遇到阻碍布线路由时，选择最优的布线路由策略绕过障碍或推挤开障碍物；

(4) Ignore(忽略障碍模式)——在交互式布线过程中完全忽视遇到的阻碍布线路由对象。

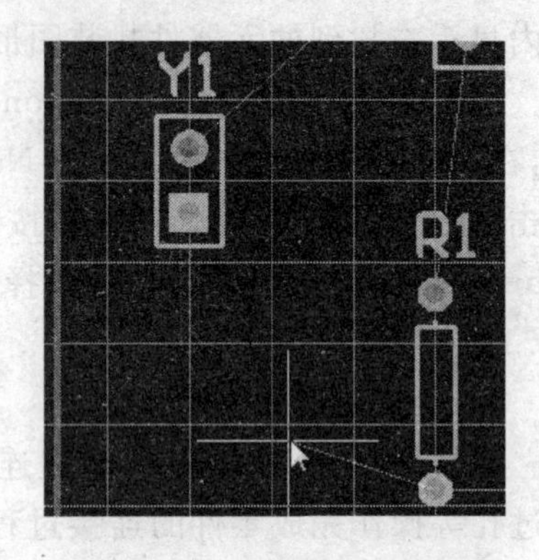

图5-27 底部信号层布线

注意:网络布线过程中未完成的连线会显示两种网络线段模式——网络实线和网络虚线,如图5-27所示。

(1) 未被放置的线用虚线表示。

(2) 被放置的线用实线表示。

布线小贴士:

(1) 当网络布线结束时,光标将自动脱离已布网络线;

(2) 布线过程中,结合组合功能键,按着CTRL键同时,用鼠标左键单击执行自动完成连线功能;

(3) 使用键盘功能键:F1,或操作时按下特殊字符键"~"(注:数字键"1"的左侧),调取执行功能的帮助菜单;

(4) 使用特殊功能键:END,执行屏幕刷新;

(5) 使用组合快捷键:V+F,调整PCB版图的全景显示;

(6) 使用特殊功能键:BACKSPACE,取消前一次布线路由设置;

(7) 使用特殊功能键:ESC或单击鼠标右键,将退出当前交互式布线功能。

9. 自动布线模式

(1) 选择菜单Tools→Route→All命令,在弹出的Situs Routing Strategies对话窗口中,单击Route All命令按键;

(2) 在Messages消息窗口中,将显示自动布线执行的阶段和布线完成状态;

(3) 完成布线后,选择菜单File→Save命令,保存PCB设计文件,如图5-28所示。

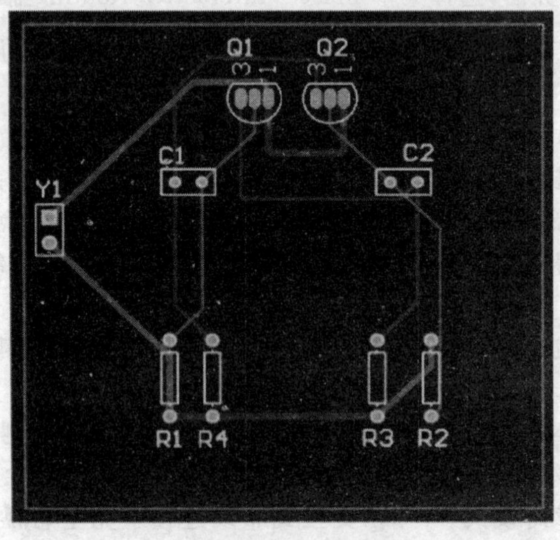

图5-28 自动布线

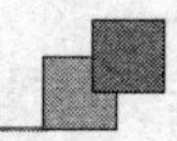

注意：由自动布线器完成的布线将显示两种颜色：红色表示顶部信号层布线和蓝色表示底层信号层布线。可用于自动布线的信号层定义是符合 PCB Board Wizard 中的布线层设计规则约束。还要注意两个电源网络布线更宽的间隔符合两种线宽规则约束。如果你的布线设计不完全如图 5-28 所示的一样，也不用担心，器件摆放的位置将不会完全一样，也可能是不同的布线样式。

5.3.11 板设计数据校验

1. 设计规则检查——二维视图模式

(1) 选择菜单 Design→Board Layers & Colors 命令，或快捷按键：L，并确认复选项 Show 及 System Colors 区的 DRC 错误标记选项已被选取，这样 DRC 错误标记将被显示；

(2) 选择菜单 Tools→Design Rule Check 命令，或组合快捷按键：T+D，打开 Design Rule Checker 对话窗口，使能 online 和 batch DRC 选项，如图 5-29 所示；

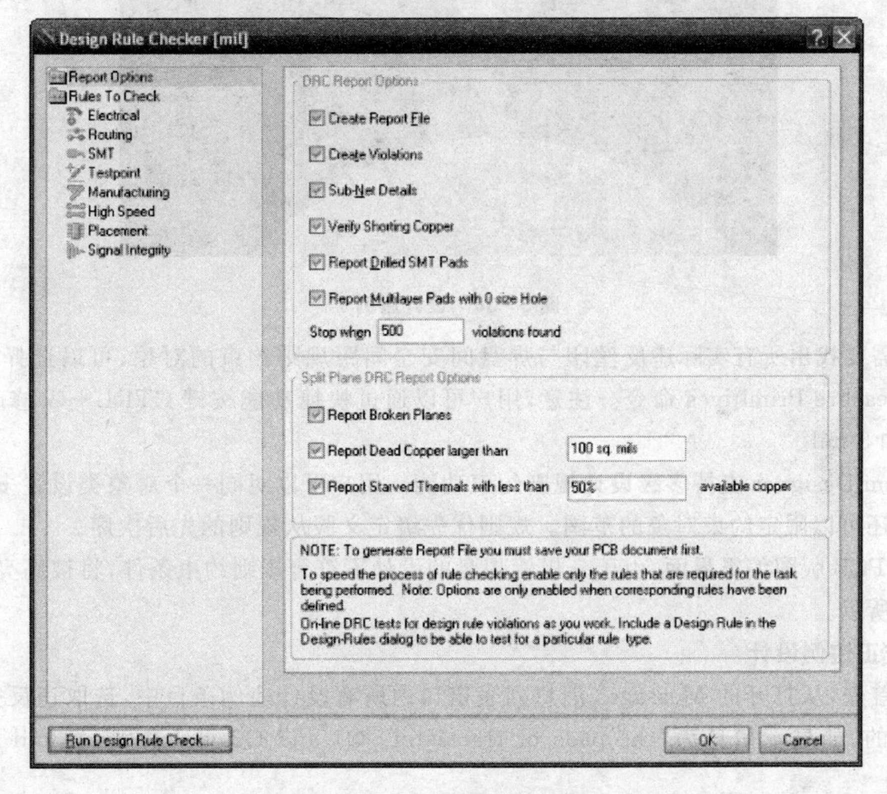

图 5-29 设计规则检查对话窗口

(3) 鼠标单击窗口左边的 Report Options 图标，保留缺省状态下 Report Options 区域的所有选项，并执行 Run Design Rule Check 命令按钮，随之将出现设计规则检测报告，并将同时弹出一个消息窗口；

(4) 单击违例条款 Silkscreen over Component Pads，用户将跳转到相应违例报告区域；

(5) 单击违例条款 Silkscreen over Component Pads 的任一条记录，用户将跳转到 PCB，并放大显示出现违例的设计区域。注意，放大的倍数取决于在 System - Navigation 环境配置内的设置；

(6) 显示每项违例的细节，如图 5-30 所示。注意用户可以通过 View Configurations 窗口内的 DRC Detail Markers 配置违例的图形显示颜色；

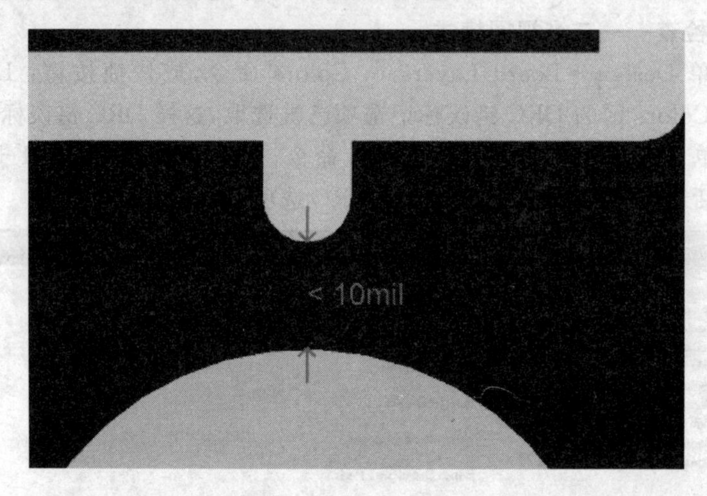

图 5-30　设计违例 1

(7) 需要找出所有实际违反丝印与焊盘间安全间距规则约束的对象，可以选择菜单 Reports→Measure Primitives 命令。注意，用户可以通过快捷功能按键 CTRL＋G 修改电气栅格的值，如 5 mil。

Altium Designer 支持多级设计规则约束功能。用户可以对同一个对象类设置多个规则，每条规则还可以限定约束对象的范围。规则优先级定义服从规则的先后次序。

返回 PCB 版图编辑界面，由于三极管焊盘的设计不符合规则约束条件，将被高亮显示，如图 5-31 所示。

2. 校正违例设计

(1) 首先，从打开的 Messages 消息列表窗口内所有设计违例条目中，选取违反安全间距约束规则的，如显示信息为"the pads of transistors Q1 and Q2 violate the 13mil clearance rule"；

(2) 鼠标双击本违例条目，视图将自动调转到 PCB 编辑界面上设计违例区域；

(3) 通常，设定安全间距约束规则应该在 PCB 版图 Layout 之前，定义规则的原则需要兼顾运用的布线技术和器件的电气特性。因此，需要分析设计违例的现象并试图找出解决方法；

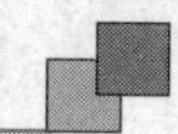

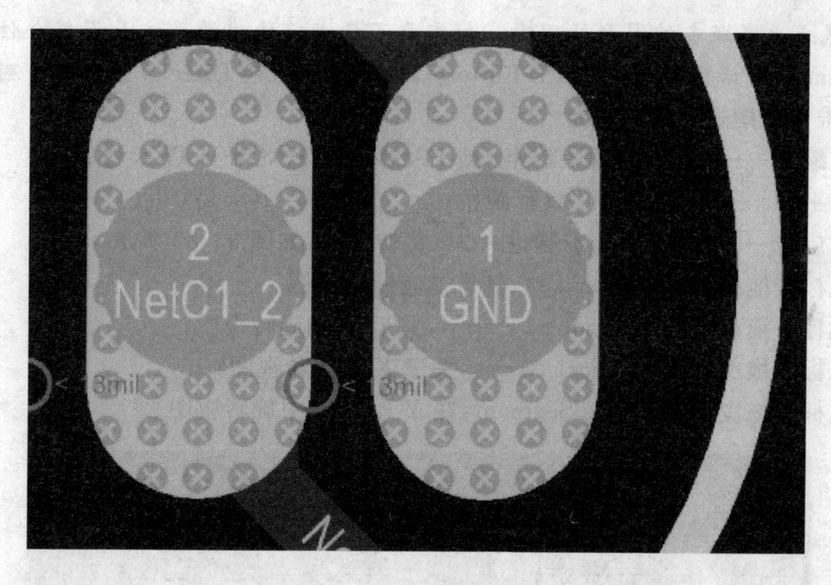

图 5-31 设计违例 2

(4) 选择菜单 Design→Rule 命令,在弹出的 PCB Rules and Constraints Editor 对话窗口内,展开 Electrical 选项,然后选择 Clearance 规则类型;

(5) 最小安全间距的设置数值为 13 mil,由于三极管的焊盘间距为 10 mil,所以就需要为三极管设置一个单独的安全间距规则,如最小安全间距为 10 mill;

(6) 选择 Clearance 规则类型,然后鼠标右键弹出 New Rule 命令,添加一个新的安全间距规则约束条件;

(7) 单击新建的安全间距规则,更改 Name 属性编辑栏内规则命名为 Clearance_Transistors,并在 Constraints 参数区设置 Minimum Clearance 属性为 10mil;

(8) 最后需要设置约束对象的范围,选择 Advanced (Query)选项,然后单击 Query Builder 命令按钮,打开 Building Query from Board 对话窗口;

(9) 在 Condition/Type Operator 属性区域,单击 Add first condition 命令,从下拉参数列表中选择 Associated with Footprint 属性,然后修改 Condition Value 属性为 BCY-W3/E4;

(10) 返回 PCB 编辑界面,系统将按照新定义的设计规则自动完成设计规则检查;

(11) 如需要确认三极管焊盘的安全间距违例的问题是否已经被排除,可选择菜单 Tools→Design Rule Check 命令,重新执行设计规则检查。

3. 设计规则检查——三维视图模式

在三维视图模式下,可以帮助设计者从空间中任何角度观察电路板的设计。将视图切换到三维模式,只需选择菜单 View→Switch To 3D 命令,或按数字键 3。

注意: Altium Designer 的 3D 图形处理功能需要电脑安装有支持 DirectX 9.0c 和 Shader

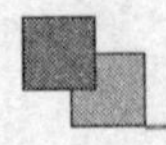

Model 3 模式或更高版本的图形处理卡。如需要了解当前使用的系统是否符合性能要求,可以在 Preferences 对话窗口,利用 PCB Editor - Display 页面的 DirectX 兼容性检测功能。

(1) 三维视图模式下操作功能

① 视图缩放——按 Ctrl+鼠标滚轮,或 PAGE UP/PAGE DOWN 键;

② 视图平移——按 SHIFT+鼠标滚轮;

③ 视图旋转——按住 SHIFT 键进入 3D 旋转模式,如图 5-32 所示:

- 用鼠标右拖曳圆盘 Center Dot,任意方向旋转视图;
- 用鼠标右拖曳圆盘 Horizontal Arrow,关于 Y 轴旋转视图;
- 用鼠标右拖曳圆盘 Vertical Arrow,关于 X 轴旋转视图;
- 用鼠标右拖曳圆盘 Circle Segment,在 Y-plane 中旋转视图。

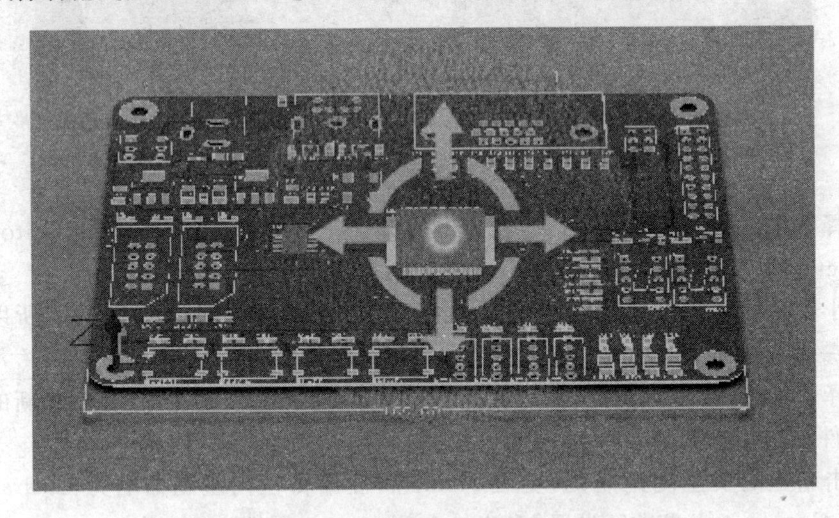

图 5-32 视图 3D 旋转模式

注意: 任何时候在 3D 模式下,可以各种分辨率创建实时"快照(snapshots)",将图像存储在 Windows 剪贴板中。

(2) 创建或导入元器件的 3D 模型

器件 3D 模型可以被存储在封装库中,在三维视图模式下,系统将自动调用器件对应的 3D 模型用于在 3D 环境下渲染该元件。此外,精确的元器件间隙检查、甚至是装配整个 PCB 和外部的自由浮动的 3D 机械物体外壳都是可能的。Altium Designer 将一体化电子产品设计技术发展到一个新的高度,通过支持 STEP 模型标准,与 MCAD 工具真正实现了在 3D 模型数据上的共享。

现在,PCB 版图设计已经完成,接下来还需要输出制造数据文档。

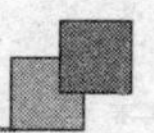

5.3.12 输出制造文件

Altium Designer 一体化设计平台提供了丰富的制造数据输出功能，由于在 PCB 制造过程中存在数据格式转换输出、元器件采购、电路板测试、元器件装配等多个环节，因此，需要电子设计自动化(EDA)工具必须具备产生多种不同用途文件格式的能力。

1. 输出装配数据

- 元器件装配图——打印电路板两面装配的元器件位置和原点信息；
- Pick&Place File——用于控制机械手攫取元器件并摆放到电路板的数据文本。

2. 输出设计文档

- 层复合格式绘图——控制打印视图中显示的层组合模式；
- 三维视图打印——打印输出电路板三维视图；
- 原理图打印输出——输出原理图设计图纸；
- PCB 版图打印输出——输出 PCB 版图设计图纸。

3. 输出制造数据

- 绘制复合钻孔数据设计——在一张图纸中绘制出机械板形和钻孔位置、尺寸信息；
- 绘制钻孔图/生成钻孔数据文件向导——在多张图纸上，分别绘制出不同钻孔信息的位置和尺寸；
- Gerber Files——产生 Gerber 格式的 CAM 数据文件；
- NC Drill Files——创建能被数控钻孔机读取的数据文本；
- ODB++ Files——产生 ODB++数据库格式的 CAM 数据文件；
- Power-Plane Prints——创建内电源层和分割内电源层数据图纸；.
- Solder/Paste Mask Prints——创建阻焊层和锡膏层数据图纸；
- Test Point Report——创建多种格式的测试点数据报告。

4. 输出网表数据

- EDIF 格式网表；
- PCAD 格式网表；
- Protel 格式网表；
- SIMetrix 格式网表；
- SIMPLIS 格式网表；
- Verilog 文件网表；
- VHDL 文件网表；
- 符合 XSpice 标准网表。

5. 输出设计报告

- 材料清单——列印出设计中调用的零件清单；

- 元器件交叉参考报告——在现有原理图的基础上,创建一个组件的列表;
- 项目源文件层次报告——创建一个源文件的清单;
- 单个引脚网络报告——创建一个只有一个引脚网络连接的报告;
- 简单 BOM——创建一个简化版 BOM 文件。

注意: Altium Designer 内建 Output Job Files 的输出数据队列管理功能,可以统一管理各种类型的输出文件。

6. 生成 Gerber 格式的制造数据文件

- 选择菜单 File→Fabrication Outputs→Gerber Files 命令,打开 Gerber Setup 对话窗口;
- 设置全局参数(见图 5-33):

图 5-33 左边列表栏中可以选择设定需要绘制及镜像的层;右边列表中可以选择与绘制设定层的机构加工层;包含未连接中间信号上的焊盘选项功能表示不与中间信号层上孤立的焊盘连接在一起。该项功能仅限于包含了中间信号层的 PCB 文件输出 Gerber 时使能。

在层设置中,选择要输出产生 Gerber 文件的层定义;还可以指定任何需要产生镜像的层定义。同时,还可以指定那些机械层需要被添加到所有的 Gerber 图片。

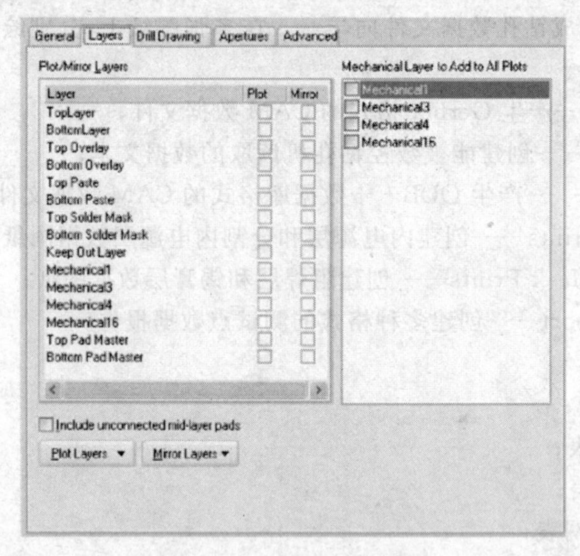

图 5-33 设置全局参数

- 设置绘制钻孔信息(见图 5-34):

用户可以选择自动或指定绘制钻空对图,在生成的钻空表格的左下角会出现字符 Legend,通常钻空表格是不可见的。利用钻空对图可以知道钻空的尺寸大小。绘制钻空向导将可以在标出 PCB 上每个钻空的位置。

Graphic Symbols: 图形符号。

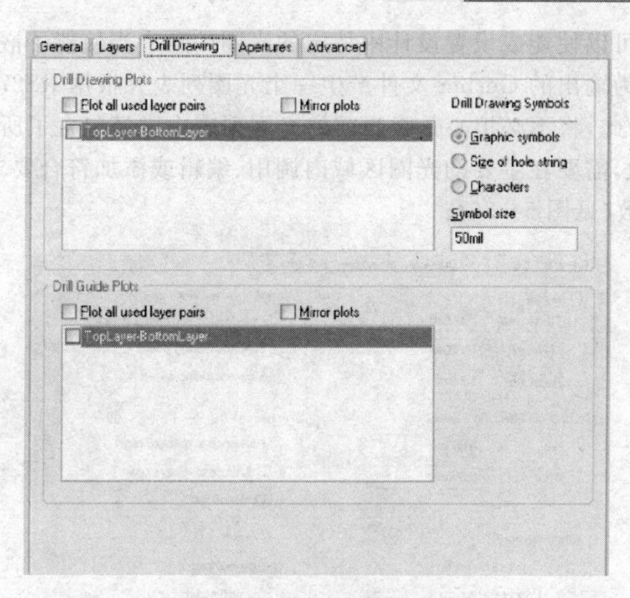

图 5－34　设置绘制钻孔信息

Size of hole string：用字符串表示过孔大小。

Characters：用字符表示过孔。

在绘制钻孔设置中，可以指定那些层对需要一个钻孔绘制；还可以指定用于表示各种尺寸钻孔绘制符号的类型和大小。同时，还可以指定那些层对需要一个钻孔向导文件，钻孔向导是一幅可以标定 PCB 上每个钻孔点的图。

● 设置光圈参数信息（见图 5－35）：

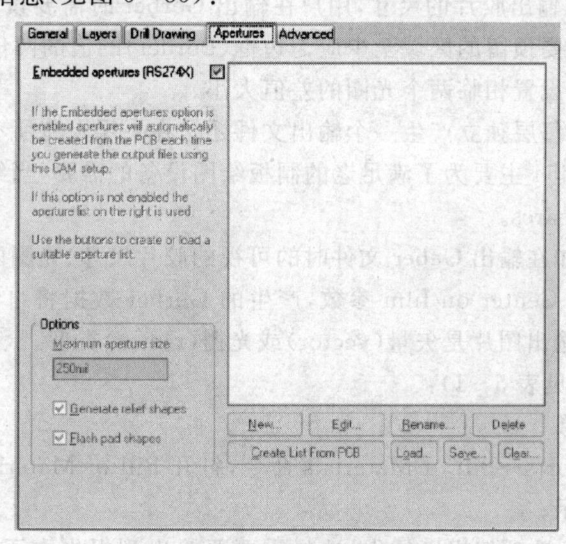

图 5－35　设置光圈参数信息

在光圈设置中,可以使能或设置设计中特定的光圈信息。当使能了嵌入式光圈(RS274X)参数,系统将会自动为输出的 Gerber 文件产生一个光圈列表并根据 RS274X 标准将光圈嵌入在 Gerber 文件中,为此,将不必担心是否当前的光圈列表中已经包含了所有必要的光圈信息。如果没有使能该参数,需要在主要的光圈区域内调用、编辑或添加符合要求的光圈表。

● 设置高级参数(见图 5-36):

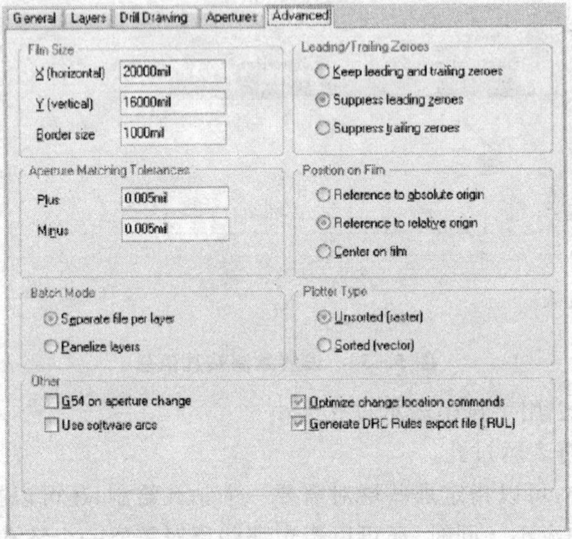

图 5-36 设置高级参数

在 File Size 中定义输出胶片的尺寸,用户在输出 Gerber 时需要设置一个合适的数值;通常在对拼板板面化时需要预留的区域至少应为边框(Border)的值的两倍。

光圈匹配公差用来设置相临两个光圈的差值大小。

批处理模式中选择每层独立产生一个输出文件还是在一层上将所有层同时绘制。

在其他属性栏中,G54 主要为了满足老的制板绘图设备的需要,当绘图机不能绘制圆弧时需要选择 Use software arcs。

在高级设置中,诸如在输出 Geber 文件时的可视的胶片尺寸、光圈匹配公差及零抑止等参数将可以被指定。使能 Center on film 参数,产生的 Gerber 数据将自动定位在胶片的中央。在该栏中,还可以设置输出图片是矢量(vector)或光栅(raster)类型。

● 文件命名规范(见表 5-1):

7. 生成元器件清单

(1) 选择菜单 Reports→Bill of Materials 命令,打开 Bill of Materials for PCB Document 对话窗,如图 5-37 所示;

(2) 在 All Column 选项编辑区域内,选择需要要输出到报告中元器件属性列的名称,选

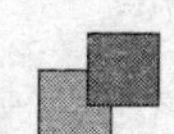

中 Show 复选框；

表 5-1　文件命名规范

扩展名类型	定　义
G1,G2 等	中间信号层 1,2 等
GBL	底信号层
GBO	底丝印层
GBP	底层锡膏层
GBS	底层阻焊层
GD1,GD2 等	基于在钻孔对管理对话框中钻孔对定义的顺序排列钻孔绘制信息
GG1,GG2 等	基于在钻孔对管理对话框中钻孔对定义的顺序排列钻孔向导信息
GKO	禁止布线层
GM1,GM2 等	机械加工层 1,2 等
GP1,GP2 等	内部平面层 1,2 等
GPB	底层主要的焊盘
GPL	顶层主要的焊盘
GTL	顶信号层
GTO	顶丝印层
GTP	顶层锡膏层(锡膏层代表所有不被阻焊油覆盖的无孔的地方,如表贴焊盘,喷锡带)
GTS	顶层阻焊层(防焊层代表板面所有不被阻焊油覆盖的地方)
P01,P02 等	Gerber 面板 1,2 等
APR	当设置为嵌入式光圈(RS274X)时的光圈定义文件
APT	当未设置为嵌入式光圈(RS274X)时的光圈定义文件

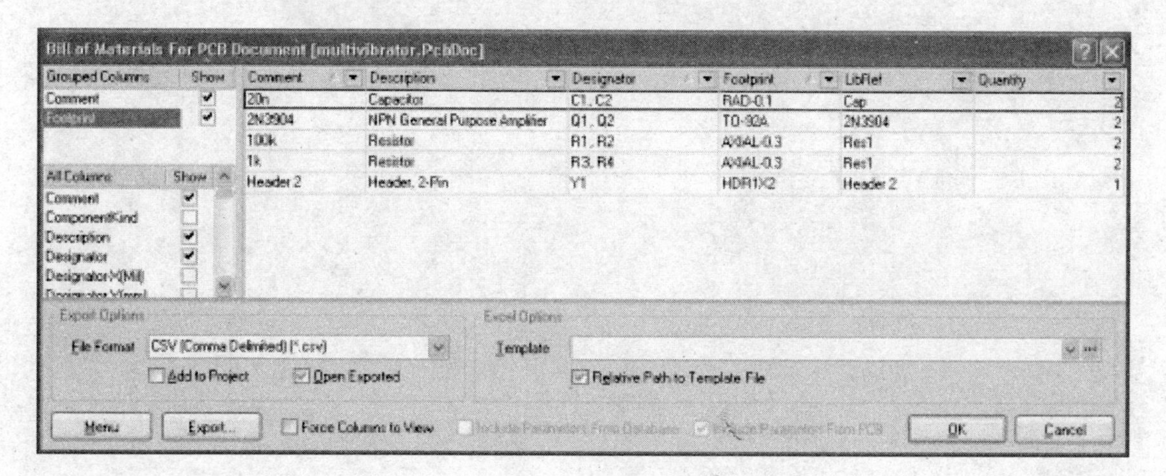

图 5-37　材料清单

(3) 将设定为分组类型的属性列拖入 Grouped Columns 选项编辑区,用于在材料清单中按设置的类型划分元件组。例如,若要以封装名称分组,在 All Columns 中选择 Footprint,并拖曳到 Grouped Columns;

(4) 在 Export Option 属性区,设置 BOM 文件的输出格式,如"CSV"代表输出文件的格式为 CSV 浏览器编辑格式。

至此,我们已经完成了一个简单的电路设计全过程。

5.4 本篇小结

本教程只为用户介绍了一些 Altium Designer 的基础功能,从中可以掌握绘制电路原理图、设计 PCB 和布线等设计技巧。当用户深入探索 Altium Designer 的时候,用户会发现它丰富的功能,使您的设计生活变得更轻松。

随着逻辑转换和设计时钟速度的提高,高质量的数字信号变得越来越重要。Altium Designer 也提供了信号完整性分析工具,能基于所提供的 IBIS 模型准确地分析 PCB 版图中信号的完整性特性,如阻抗、过冲、下冲以及飞升斜率等。

第 6 章

多图纸设计

概　要:

本章先讨论多图纸设计中棘手的结构和连通性问题,然后描述各种用于校验源文件之间电气连通性工具的差异。

因为多方面的原因,工程师需要致力于多图纸设计。主要原因是工程的规模;有些工程因为太大或太复杂而不适合使用单个原理图。就算有时候设计不是特别复杂,通过多图纸也有利于工程的组织。例如,设计中可能包含多种模块化的元件。把这些单独的文档当作模块来进行管理,可以让多个工程师同时进行工程开发。另一个原因是这种设计方法允许用户可以用小规格的打印机来打印文件,如激光打印机。

对于每个多图纸的工程,用户必须做出两方面的决策:各个页面之间的结构关系和用于各页面中的电路之间的电气连接的方法。用户的选择将会根据工程的大小、类型以及个人喜好而异。

6.1　定义页面结构

当工程文件把多个源文件链接起来时,文件之间和网络连通关系就由各文件本身的信息所确定。一个多图纸设计的工程是由逻辑块组成的多级结构,其中每个块可以是一个原理图图纸或一个 HDL 文件(VHDL 或 Verilog HDL)。在这个结构的最顶端是一个主原理图图纸,常称为工程顶层图纸。

多图纸结构本身是通过使用一种叫图表符[1]的特殊符号形成的。组成设计的每个源文件代表顶层图纸中的一个图表符。各图表符的文件名属性与其代表的原理图子图纸(或 HDL 文件)有关。同样,一个原理图子图纸也可以进一步地包含代表更低层的原理图图纸或 HDL 文件的图表符。这样,设计者就可以按照自己的需求,确定源文件多层结构的复杂性。

当多图纸工程编译好后,设计中各个模块之间的逻辑关系将会被识别并建立一个结构框架。这是一种树型结构,其根部是原理图的顶层图纸,而其各级分枝包含了全部的其他原理图子图纸和 HDL 文件。

图 6-1 给出了两个编译好的设计的层次结构的例子,左边是编译好的 PCB 工程(*.PrjPcb)的层次结构,右边是编译好的 FPGA 工程(*.PrjFpg)的层次结构。

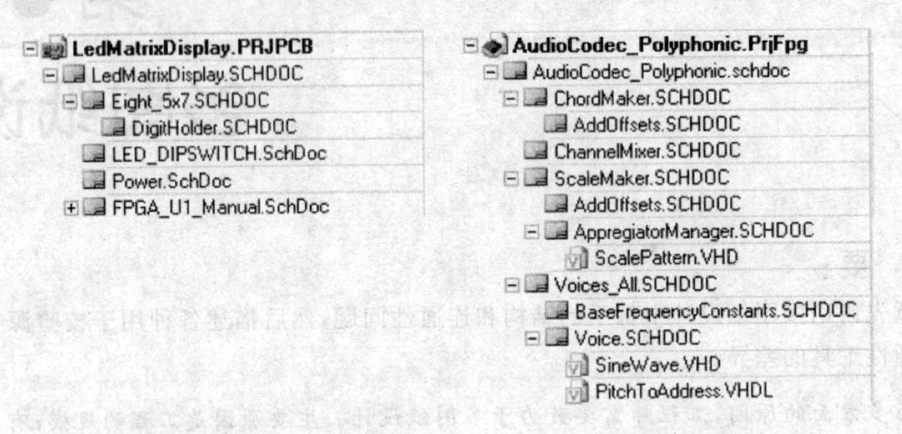

图 6-1 编译过的多图纸设计工程中的源文件的等级关系

6.1.1 建立一个层次结构

设计输入环境提供了一系列的功能来让设计者快速有效地建立多文件、多层的结构。具体选择使用的功能,取决于用户个人的设计方法——自上而下或自下而上。

> **注意:** 一个层次设计的项目可以只包含一个顶层图纸,而全部其他的源文件必须由图表符来表示。图表符不能代表它所在的图纸或该图纸的上层图纸,因为这样会在结构中产生一个不能解决的无限循环。

1. 自上而下的设计

在自上而下的设计方式中,设计者可以用以下命令建立一个层次结构。

Create sheet from symbol——使用这个原理图编辑器命令建立一个表示指定图表符的图纸。与图表符相匹配的端口自动加入子图中,随时可以连接导线。

Creat VHDL file from symbol——使用这个原理图编辑器命令建立一个 VHDL 文件,该文件中有一个实体声明(entity),其中包含匹配于该图表符的端口定义。

Create Verilog file from symbol——使用这个原理图编辑器命令建立一个 Verilog HDL 文件,该文件有一个模块(module)声明,其中包含匹配于该图表符的端口定义。

Push part to sheet——使用这个原理图编辑器命令把一个放置好的原理图器件“压入”新建的原理图子图纸中。并在父系图纸中生成一个指向新的原理图子图纸的图表符以代替原器件。相应的端口将会自动地加入并连接到子图纸中。在模块上右击可以看到该命令。

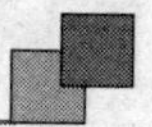

2. 自下而上的设计

在自下而上的设计方式中，设计者可以用以下命令建立一个层次结构。

Creat symbol from sheet or HDL——使用这个原理图编辑器命令来根据指定的原理图图纸、VHDL 或 Vreilog 文件建立一个图表符。在使用这个命令之前，创建一个原理图并激活它，以便可以包含这个图表符。

Convert part to sheet symbol——使用这个原理图编辑器命令来把选中的器件转换为一个图表符。该图表符的 Designator 域将会被初始化为该器件的标识符，Filename 域被设置为该器件的注释文本。改变文件名以指向所需的子图纸；改变图纸入口使其与子图纸的端口一致。右击一个元件可以获取这个命令。

3. 混合原理图/HDL 文件层次

当创建一个设计层次时，设计者可以很方便地在父系原理图中使用一个图表符来表示一个下层原理图子图纸。这可以推广到原理图和 HDL 代码的混合设计输入中。VHDL 或 Verilog 子文件都采用跟原理图子图纸相同的方式来表示，都是通过在图表符中指定子文件名来代表它。

当调用一个 VHDL 子文件时，连接就从图表符指向 VHDL 文件中的实体声明。要调用一个名字与 VHDL 文件名不一致的实体，图表符必须包含 VHDLEntity 参数，其值为 VHDL 文件中实体声明的名字(name)。

调用一个 Vreilog 子文件的方法与上面的相似，连接就从图表符指向 Verilog 文件中的模块声明。调用一个名字与 Verilog 文件名不一致的模块，图表符必须包含 VerilogModule 参数，其值为 Verilog 文件中模块声明的名字(name)。

图 6-2 举例说明了这样的混合层次结构，其中，同样的图纸在第一种情况下被用于调用原理图子图纸，而在另一种情况下被用来调用 VHDL 子文件。在这两种情况中，子文件用于实现相同的电路(一个 BCD 码计数器)。

6.1.2 维护层次结构

一旦设计者在多图纸设计中建立了层次结构，就必须能够维护这个结构。Altium Designer 提供了一些功能来协助设计者完成这项工作。

1. 端口和图纸入口的同步

当子图纸中所有的对应端口均与图纸入口匹配(不管名字还是 IO 类型)时，图表符就跟子图纸“同步”。使用 Synchronize Ports to Sheet Entries 对话框(Design→Synchronize Sheet Entries and Ports)可以维持图表符与子图纸的匹配，如图 6-3 所示。

2. 重命名一个图表符的子图纸

在设计过程中，设计者可能要改变一个原理图子图纸的名字，例如设计者可能已经在图纸中改变了电路，并要求使用其他名字来更好地表示图纸的功能。相比于重命名图纸然后再手

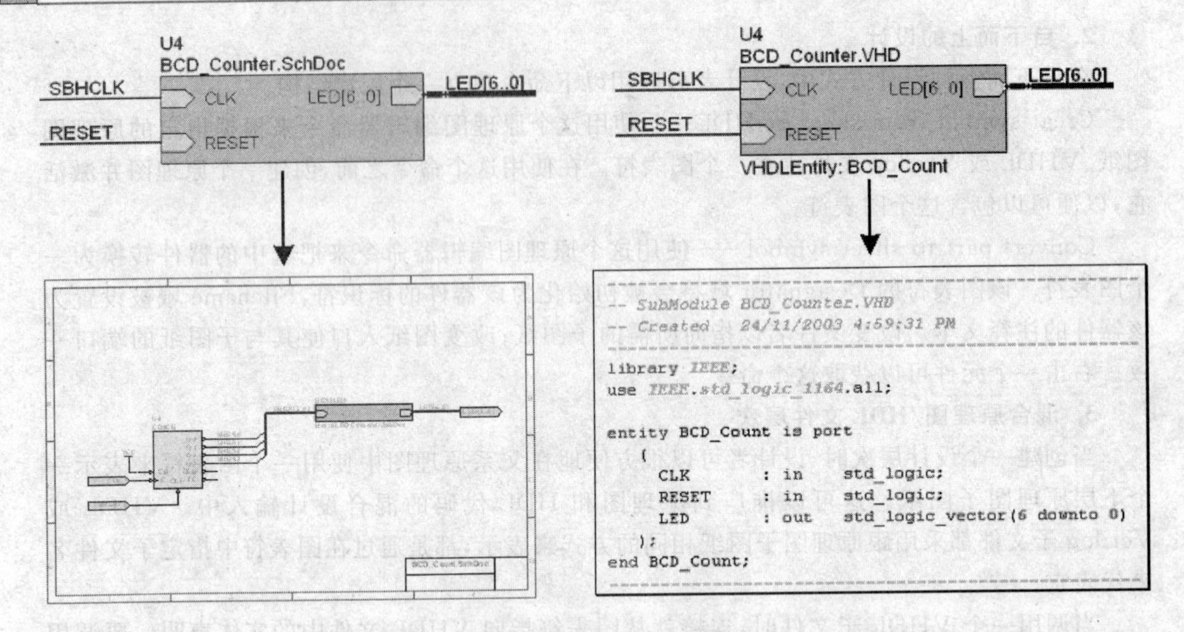

图 6-2　混合层次结构图

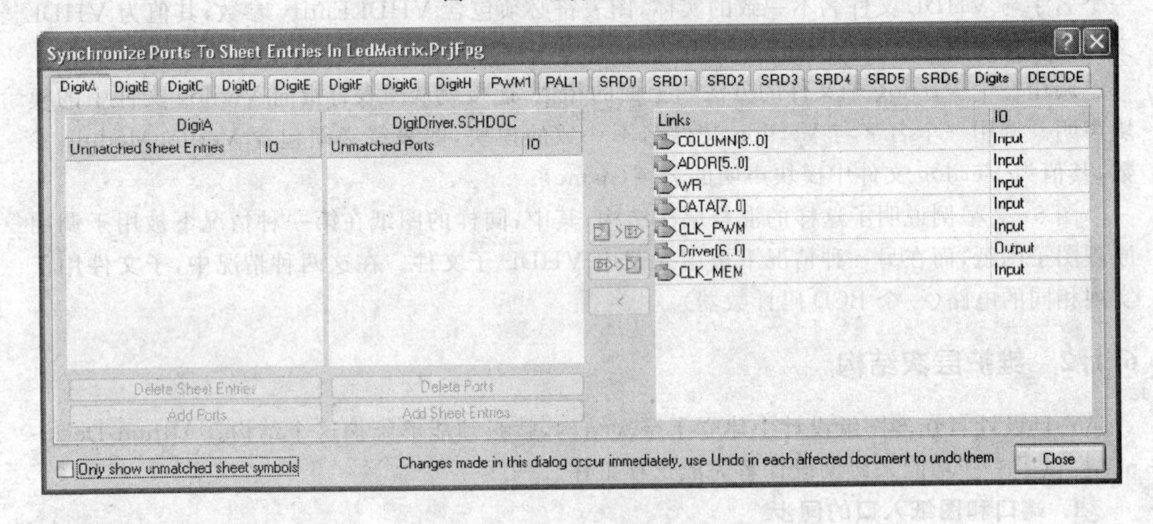

图 6-3　端口和图纸入口的同步

动地改变调用该图纸的图表符，Altium Designer 提供了 Rename Child Sheet 命令(处于 Design 菜单中)。用这个命令，设计者可以：

① 重命名子图纸并更新当前设计工程中全部的相关图表符。

② 重命名子图纸并更新当前工作区中全部的相关图表符。

③ 创建一个具有新名字的子图纸副本，并更新当前图符号使其指向该子图纸副本。

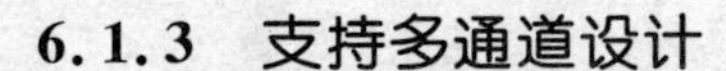

6.1.3　支持多通道设计

开发环境包含了支持工程重复调用电路的功能，也支持一个图表符对应一个子图纸的模式。用户也可以建立一个结构，其中的同一子图纸被多次调用，这就是所谓的多通道设计。

Altium Designer 有两种多通道设计的方法：通过多图表符调用同一个子图纸；或使用一个具有 Repeat 关键字的图表符。当设计编译好后，任何被重复使用的模块（或通道）都会被自动地载入所需的次数。多通道设计的优点是即使设计被移到一个 FPGA 或 PCB 中执行，设计者也只需要维护单通道的源文件。

用到的句法包括了图表符内 Designator 区域里的 Repeat 关键字的用法，其格式如下：
Repeat(SheetSymbolDesignator, FirstInstance, LastInstance)

其中，SheetSymbolDesignator 是图表符的本名，FirstInstance 和 LastInstance 一起定义了通道数。记住 FirstInstance 参数必须等于或大于 1。如图 6-4 所示，采用 Repeat 关键字来为音频混频器产生 8 个输入通道。

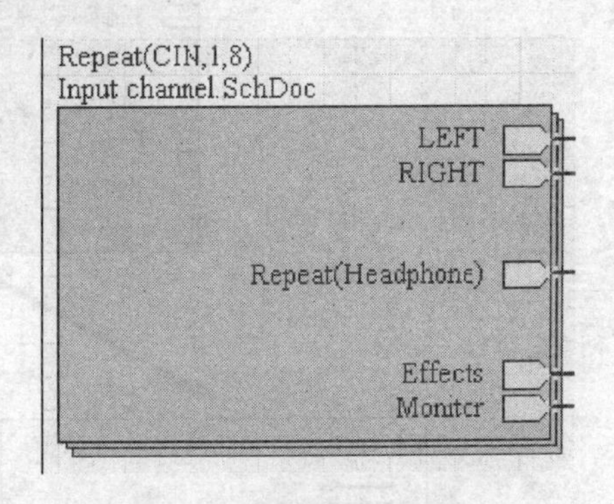

图 6-4　使用 Repeat 关键字来实例化多个通道

在编译连接（build）工程的过程中，编译器建立内部编译模块时，编译器生成所需数量的通道，并按已选的注释配置为每个通道的每个元件分配唯一的标识符。通道子图纸本身是不会被复制的。而是在编译的时候，主设计窗口中的子图纸文档底部显示多个独立的标签，每个通道对应于一个标签，如图 6-5 所示。

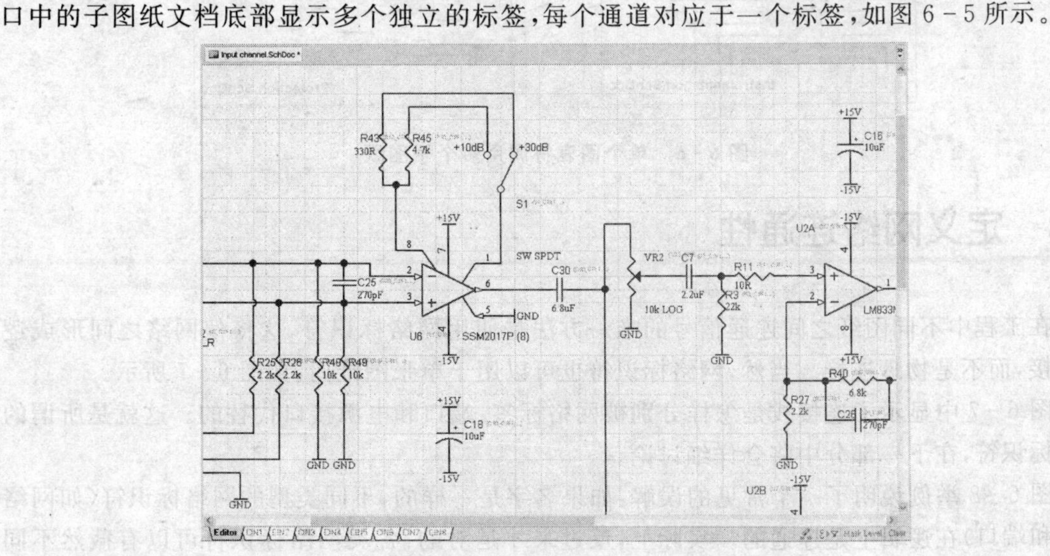

图 6-5　在单个子原理图图纸中通道实例化的例子

6.1.4 增加下层图纸的空间

单个图表符可以调用多个子图纸,如图 6-6 所示。每个子图纸的文件名填写到 Filename 文本框中,用分号隔开。通过有效地使用子图纸上的跨图纸接口(off-sheet connectors),设计者可以在多图纸上有效地扩展工程的某个部分,效果就如它们处在同一个巨大的图纸上一样。然而,要注意的是,跨图纸接口只能在被同一个图表符调用的图纸内使用。要了解更多信息,请参考本章后面的例 5——跨图纸接口。

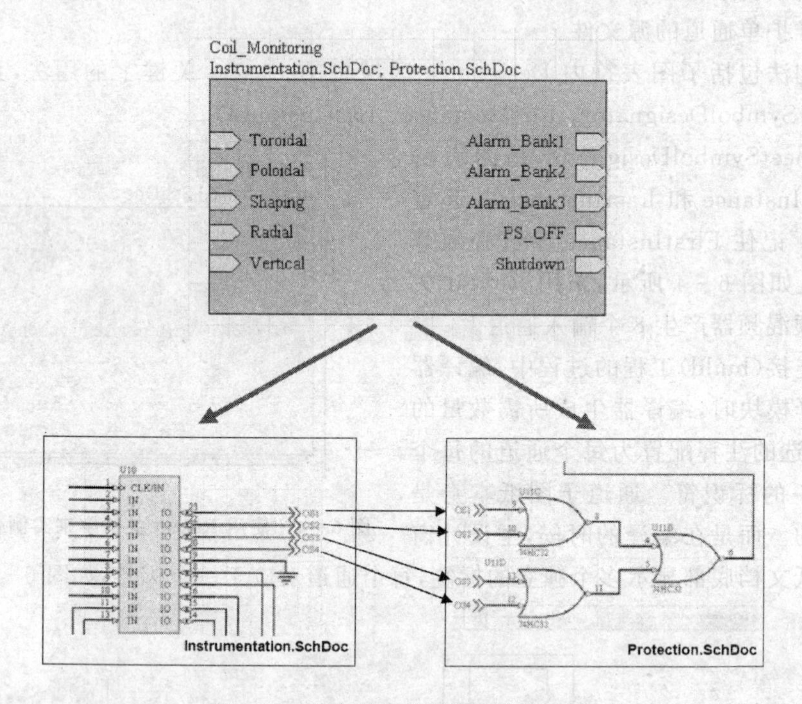

图 6-6 单个图表符调用多个子图纸

6.2 定义网络连通性

在工程中不同图纸之间连通信号的唯一方法是使用网络标识符,这将使网络之间形成逻辑连接,而不是物理连接。当然,网络标识符也可以用于单张图纸内,如图 6-7 所示。

图 6-7 中显示了连接线是怎样分别被网络标签、端口和电源接口代替的。这就是所谓的网络标识符,在下一部分中将会详细讨论。

图 6-8 举例说明了一个常见的误解:如果名字是一样的,不同类型的网络标识符(如网络标号和端口)在逻辑上是连通的。实际上,反过来才是对的:各类网络标识符可以有截然不同

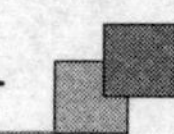

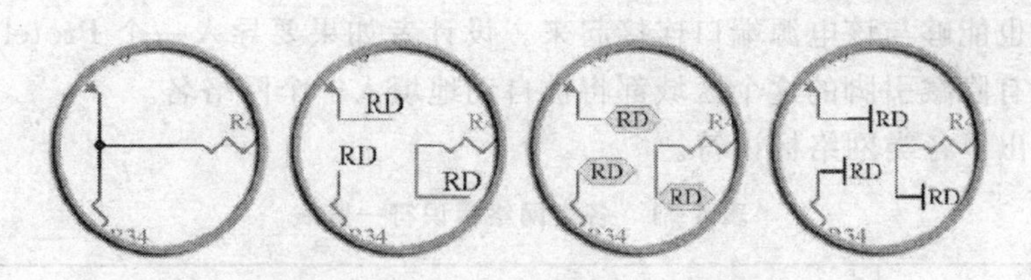

图 6-7 单张图纸内使用网络标识符

的名字,但当它们之间通过导线连在一起时,就会形成单个网络。

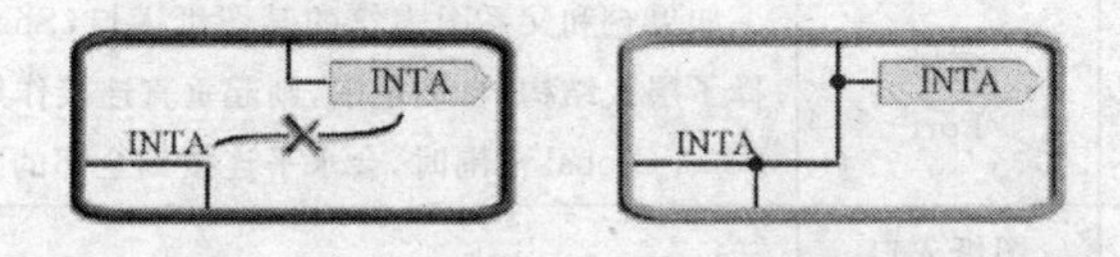

图 6-8 连接在一起的网络标识符形成单个网络

以上内容只说明了在同一图纸内使用网络标识符来取代物理连接。而它所没有展示的是:在多图纸的工程中,网络标识符可以让设计者在不同的图纸之间自由地连通网络。至于具体属于何种情况,取决于设计者怎么使用网络标识符和区域设置。

6.2.1 网络标识符

最基本的网络标识符是网络标签(net labels)。它们的主要功能是减少图纸中的连线量。当遇到在图纸之间使用网络标签来协调连接的情况时,用户应该把它们看成是本地(图纸内)的连接。

端口(Port)和网络标签一样总可在同文档内连接匹配的接口。不同于网络标签的是,端口是为图纸之间连接而特别设计的,它可以用于横向或纵向的连接。横向连接可以忽略多图纸结构,而把工程中所有的具有相同名字的端口接连成同一个网络。纵向连接则是有约束的,它只能连接子图纸和父系图纸之间的信号。不同于端口对端口的匹配,纵向连接是在子图纸的端口和父系图纸的图纸入口之间形成的,而图纸入口必须放置到调用了相应子图纸的图表符内。

跨图纸接口(Off-sheet connectors)提供了介于端口和网络标号的作用。允许设计者在工程中的一组选定的图纸内建立横向连接。组织图纸的方法是在图表符的 Filename 文本框内输入以分号隔开的多图纸名,然后就可以放置跨图纸接口把需要在组内连接的信号连接起来。名字匹配的跨图纸接口会连接在一起,但只限于那些以父系图表符组织在一起的图纸之内。如果只有一个子图纸指定给一个图表符,那么该图纸上的跨图纸接口不会连接到工程别处的匹配接口上。

电源端口(也叫电源对象)完全忽视工程的结构,并与所有的参与链接的图纸上匹配的电源端口连接起来。通过在 Connect To 文本框(在 Pin Properties 对话框里)中输入电源端口的名字,隐藏引脚也能够与该电源端口连接起来。设计者如果要导入一个 Protel 99 SE 或更早版本的设计,所有隐藏引脚的这个区域都将被自动地填入一个网络名。

表 6-1 给出了各类网络标识符。

表 6-1　各类网络标识符一览表

NetLabel	网络标号 Net label	如果和端口、图表符联合使用,或选择了层次结构、自动范围,则起垂直连接作用。当选择 Flat 范围时,会水平连接到全部的匹配网络标号
Port	端口 Port	如果它和父系图表符的某图纸入口(Sheet Entry)匹配,或选择了层次结构、自动范围,则起垂直连接作用。当选择了 Flat 或 Ports Global 范围时,会水平连接到全部的匹配端口
Entry	图纸入口 Sheet Entry	总是垂直连接到图表符所调用的下层图纸的端口
OffSheet	跨图纸接口 Off-sheet Connector	水平连接到匹配的跨图纸接口,但只限于被单个的、子图纸分割的(sub-divided)图表符调用的图纸组之间
	电源端口 Power Port	全局连接到工程中所有的匹配电源端口
	隐藏引脚 Hidden Pin	全局连接到工程中所有的具有匹配的 Connect To 值的隐藏引脚

6.2.2　反相的网络标识符

如果要反相(名称带上划线)网络标号、图纸入口或端口,有两种方法可以选择:

① 在网络名称的每个字符后面加一个反斜杠(如:E\N\A\B\L\E\)。

② 在 Preferences 对话框的 Schematic-Graphical Editing 页面内,选中 Single '\' Negation 复选框。然后在网络名称之前加入一个反斜杠即可(如:\ENABLE)。

6.2.3　设置网络标识符的模式

默认情况下,新的 PCB 工程缺省设置成自动检测网络标识符的模式:不再区分层次设计,还是平行(flat)设计。

如果原理图工程中有任何的图纸入口,自动探测器就会选择分层次的模式以进行垂直连接。网络标号和端口将会继续在各图纸内局部连接。但是,如果父系图纸上的图表符里存在匹配的图纸入口,则端口只进行图纸间的交互连接。当分层次的模式有效时,不管是端口还是网络标签都不会与其他的图纸上匹配的网络标识符产生逻辑连接。

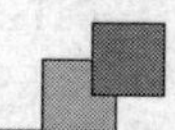

注意: Altium Designer 给设计者提供了完整的用于网络标识符作用域设置的控制器。其中一个控制器是在 Options for Project 对话框(Project→Project Options)的 Options 选项卡提供的,用户可以覆盖自动设置并强制指定一个作用于整个工程的网络标识符作用域,而不管它的内容是什么。控制器提供了一个作用范围,使得不管是网络标号还是端口都能在工程内全局连接。

如果原理图工程中有端口存在,但没有图纸入口,那么自动探测器就会选择全局端口的作用域。这就是说,端口将会在整个工程内水平连接,而忽视多层次结构,把所有的匹配端口看作同一个网络。网络标号继续只在本地连接。

最后,如果原理图工程内没有图纸入口和端口,那么自动探测器就会把网络标号提升为全局的。

不管网络标识符的作用域如何,跨图纸接口、电源端口和特殊的隐藏引脚的连接方式总是不变的。

6.2.4 平行和分层次连接的比较

在文档结构方面,所有的多图纸设计工程是分层次组织的,即使只有两个层次(例如:一个顶层图纸包含了全部的图表符,而图表符分别调用了各个子图纸)。在连通性方面,设计可以遵循平行或分层次结构。它们最基本的不同点是:分层次设计依照设计者建立的图纸结构来连接图纸间的信号;而平行设计不考虑图纸的结构。

6.2.5 平行设计

如果一个设计中没有分层次,例如全部的子图纸都在同一层次上,不存在图表符调用下层图纸的情况,那么这个设计就是一个平行设计。在这种情况下,设计不要求具有顶层图纸,不用包含图表符去调用子图纸。要检测一个没有顶层图纸的工程,只需在 Projects 面板上右击对应文件名并单击 Remove from Project 命令即可。

已经包含顶层图纸的平行设计是可以正常通过编译,但 Altium Designer 让设计者也可以选择不使用顶层图纸。

6.2.6 连通性例子

下面 4 个例子展示了在相同的图纸结构关系下,检测出的或已选择的作用域是怎样影响到网络标号和端口的连通性的。第五个例子展示了跨图纸接口是怎么样工作的。

1. 例 1——分层次设计

图 6-9 这个原理图工程将会被自动识别为分层次作用域,因为在父系图纸里的图表符带有图纸入口。各个子图纸的网络标号 C1 和 C2 不会连接到其他子图纸的匹配网络标号上,但仍然会与本地的匹配标号连接。在这个例子中,端口 HP-R 和 HP-L 具有不同的名字,不过在分层次作用域生效的情况下,就算它们的名字相同也不会发生水平连接,端口只会进行垂直连

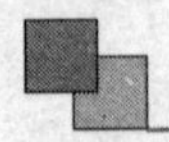

接,向上接连到父系图纸。在这种情况下,子图纸上的端口必须在相应的图表符上有匹配的图纸入口,然后,在父系图纸上用导连连接到别的引脚或其他网络标识符上。

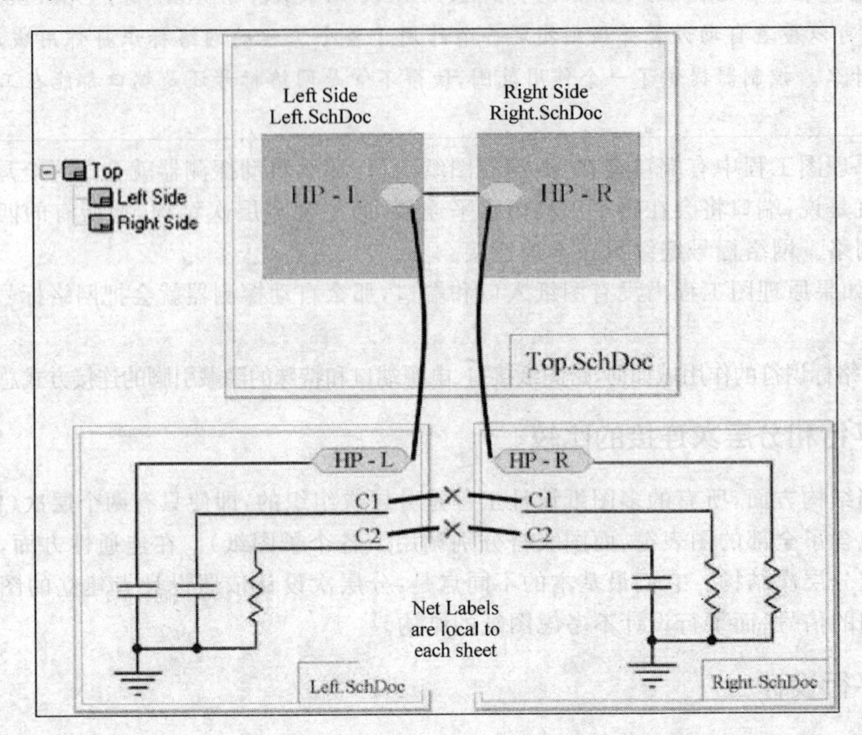

图 6-9　分层次设计

在这个例子中,父系图纸上的图纸入口连接在一起了(注意它们的名字是不匹配的;这是一个物理连接,不是逻辑的)。在一个结构更高级的设计中,这些信号会被连到端口上,并匹配于父系图纸中图表符的入口。

2. 例 2——全局端口

如图 6-10 所示,在这个设计里只有端口,而不存在图纸入口,因此作用域被自动地设置成全局端口。这使得工程平行化,工程上任何位置的匹配端口之间形成逻辑连接,但网络标签没有这种能力,它们仍然只在独立的图纸内进行局部连接。

因为这个工程是平行的,即使顶层图纸从工程中移除,工程仍然可以正常进行编译。Altium Designer 使用工程文件来决定哪些图纸是属于工程的。

3. 例 3——全局网络标号

如图 6-11 所示,这个工程中完全没有端口和图纸入口。这是唯一的情况,使得网络标签自动在多图纸设计中进行全局连接。这些网络标签将与工程内其他的匹配标签连接起来,而忽视工程结构。

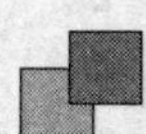

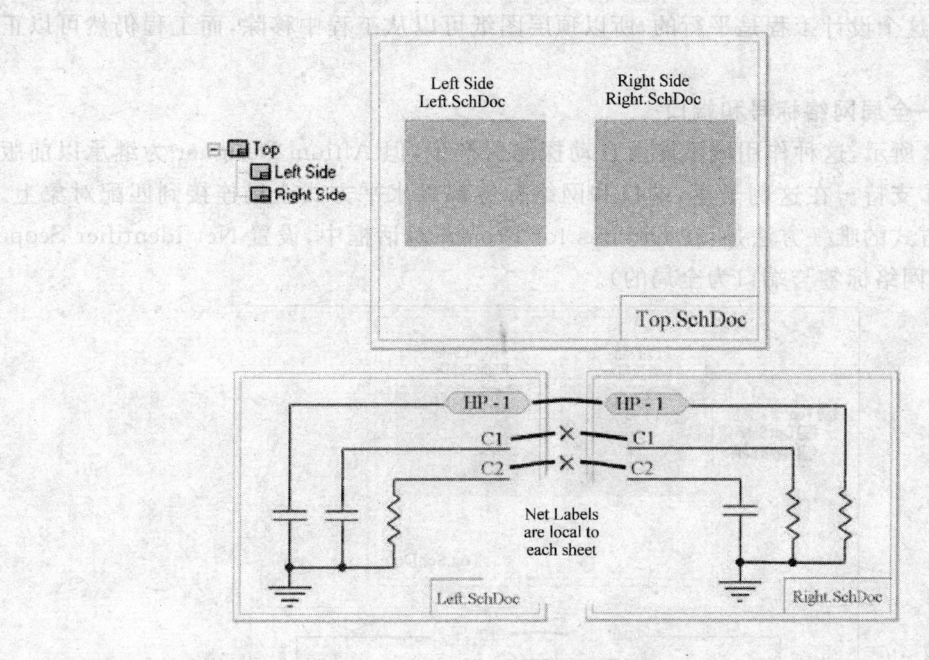

图 6－10　全局端口设计

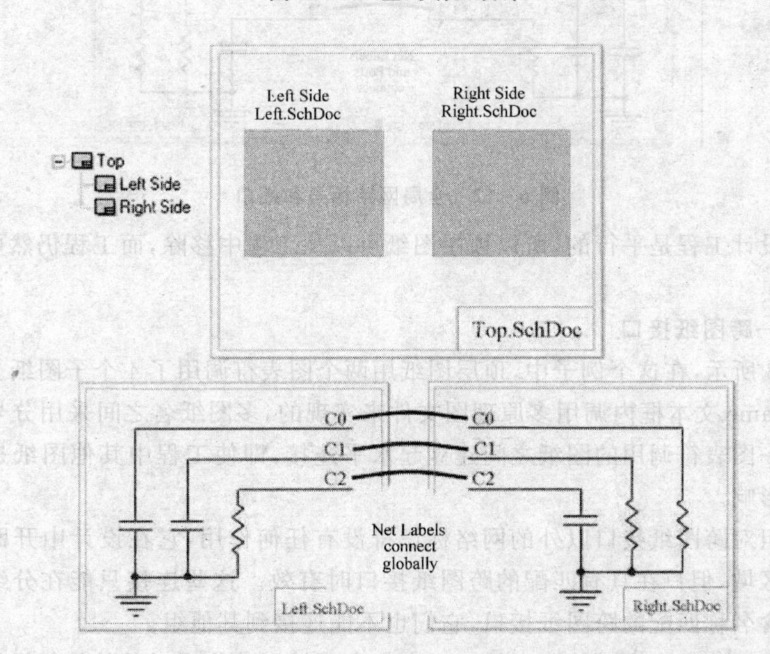

图 6－11　全局网络标号

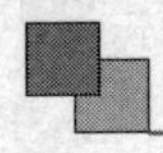

同样,因为这个设计工程是平行的,所以顶层图纸可以从工程中移除,而工程仍然可以正常进行编译。

4. 例 4——全局网络标号和端口

如图 6-12 所示,这种作用域不能由自动探测器产生,但 Altium Designer 为继承以前版本的设计提供了支持。在这例子里,端口和网络标签都以水平方式全局连接到匹配对象上。使用这种连通方式的唯一方法是:在 Options for Project 对话框中,设置 Net Identifier Scope 的值为 Global(网络标签与端口为全局的)。

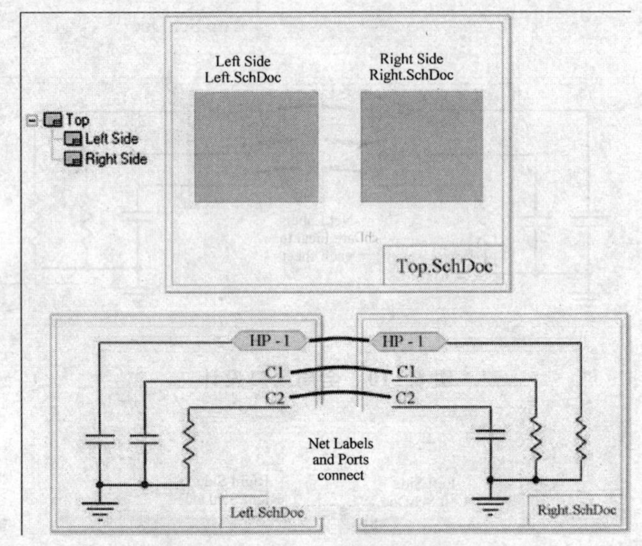

图 6-12　全局网络标号和端口

因为这个设计工程是平行的,所以顶层图纸可以从工程中移除,而工程仍然可以正常进行编译。

5. 例 5——跨图纸接口

如图 6-13 所示,在这个例子中,顶层图纸用两个图表符调用了 4 个子图纸。这是通过在图表符的 Filename 文本框内调用多原理图文件来实现的,多图纸名之间采用分号隔开。跨图纸接口在被同一图表符调用的图纸之间建立起水平连接,即使工程中其他图纸是垂直连通也不会对此产生影响。

图纸的分组对跨图纸接口以外的网络标识符没有任何作用,它在设计中开辟出一个可容纳水平连通的区域,但只在具有匹配的跨图纸接口时有效。这些连接只能在分组内维持。即使其他组也包含名称匹配的跨图纸接口,它们也不能连接到其他组。

很多设计者可能没有用过跨图纸接口。它们主要被引入作为对其他软件设计包无缝导入的手段,设计者可能会遇到它们派上用场的情况。例如:假设有一个高度标准化的设计,每个

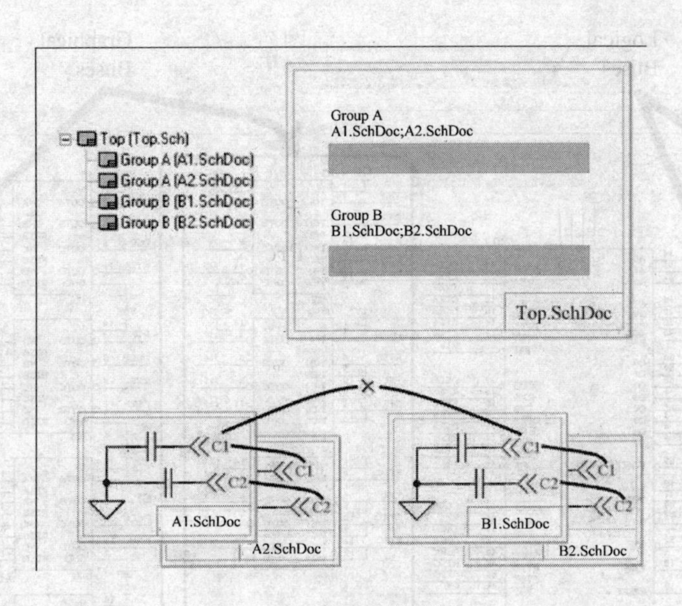

图 6－13 跨图纸接口设计

图纸代表工程中的一个逻辑块。图表符不仅仅会建立用户所需要的连通性，还可以让其他工程师快速理解总体设计。设想现在出现了单张图纸不足以容纳其中一个功能块电路的情况。为了用层次表示，用户需要将所有网络标签用端口来代替以实现图纸间的连接，这些端口再向上连接到图纸入口中，然后图纸入口再用线连起来。不要说这里出现了两个没有逻辑差别的网络标号搅乱了设计，即便在很小的设计图中，这已经是一件相当费力的事。更好的方法是：用跨图纸接口代替那些网络标号。把多图纸组合起来可以使设计结构框图和工程的总体逻辑保持一致。

6.3 总线的使用

很多原理图都包含总线，它们可以用来表示一组信号。它们通常用比导线更粗的线来表示，以易于区分。这个总线的图形外观本身是很有用的，但是，依照前面描述的一般性规则，总线信号也可以在不同图纸之间传输。

图 6－14 中的电路包含了 4 条总线：两条图形总线和两条逻辑总线。逻辑总线依附于网络标识符（网络标号和/或端口），这些网络标识符要遵循于总线语法。要了解总线语法，可以参考图 6－15 中的逻辑总线。

如图 6－15 所示，这 8 个节点适合于包含在同一条总线上，这是因为它们的网络标号有相同的前缀，而且后面是一个数字后缀。这个逻辑总线的建立基于一个具有 D[0..7]句法的网络标签，其中 D 是共同的前缀，0 和 7 是后缀的最小值和最大值。所有的非负整数都可以用作

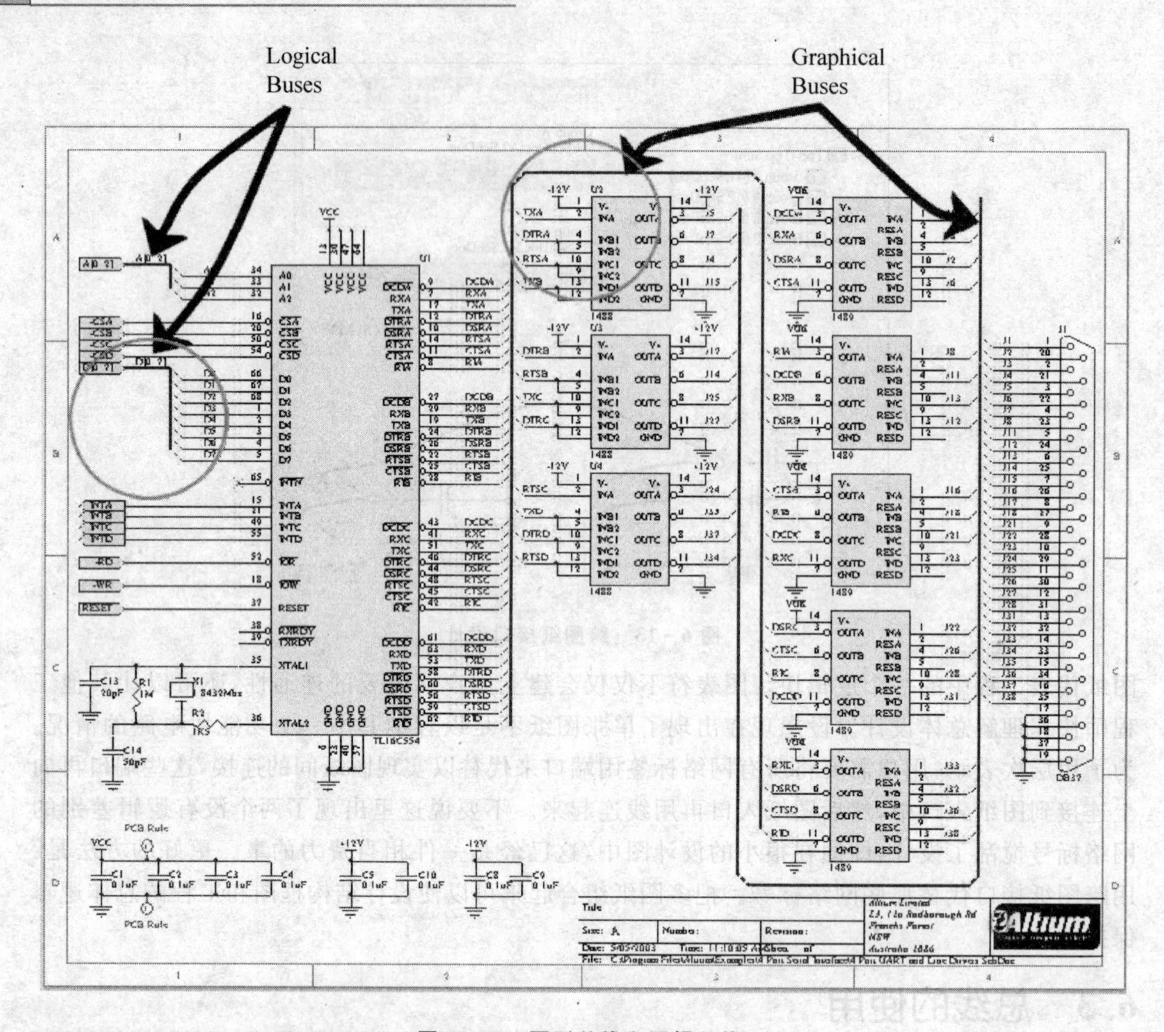

图 6－14　图形总线和逻辑总线

后缀，而顺序只要和其他表示同一总线的网格标识符一致就行。例如：用户可以把网络标号 D[0..7]改为 D[7..0]，只要把该总线依附的端口和顶层图纸上的匹配图纸入口也改成 D[7..0]就可以。

网络标签的命名不能以数字结束。例如：Headphone[1..8] 网络标签中，Headphone 前缀只有字母；而 Headphone1[1..8]网络标号中，Headphone1 的结束字符是数字 1，把它展开后就是 Headphone11～Headphone18，这就可能造成网络的命名冲突了。

要注意的是，逻辑总线是通过网络标签建立的，而不是总线本身，总线的电气功能是连接这些网络标识符。注意，即使它们有相同的名字，不同类型的网络标识符也不会自动地相互连接。具有总线语法的网络标识符同样适用：网络标号 D[0..7]不会自动连接到一个相同名字

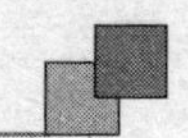

的端口，这就要用总线把它们连在一起。

总线的其余部分（总线延伸到某单独网络的部分）只有图形上的意义。总线入口没有连通性，但是为总线与导线之间提供了安全间距（两条导线在总线上的同一点相碰也会造成短路）。

图 6－16 的电路中，两条总线完全没有接触到网络标号。在这种情况下，实际连接由匹配的网络标签来建立。删除这样的总线对电路图的连通性完全没有影响（尽管这样做会使原理图难以理解）。

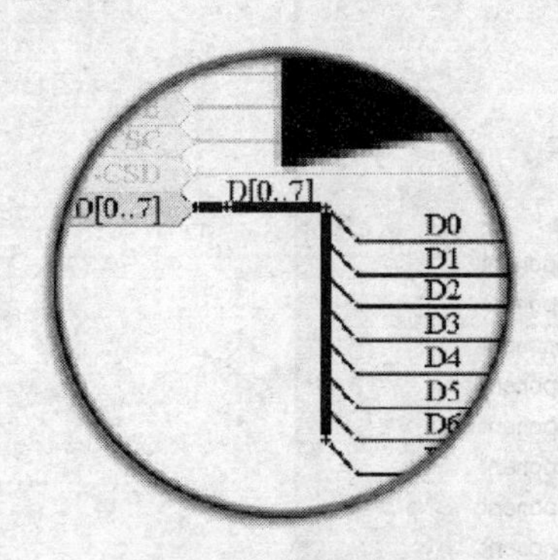

图 6－15　逻辑总线

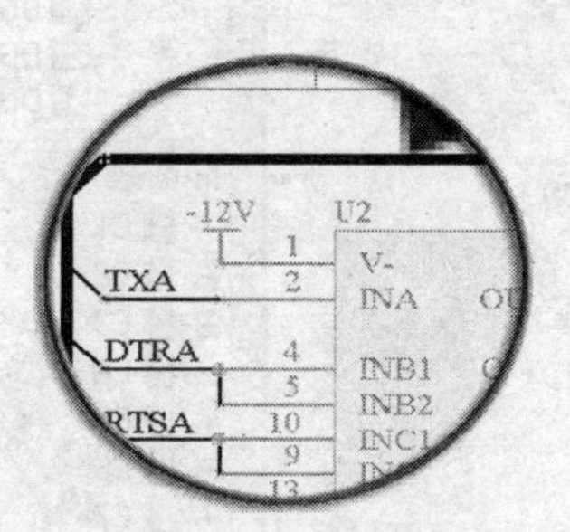

图 6－16　图形总线

事实上，在这个例子中，逻辑总线的网络连通性是不合格的，因为它们的名字不符合总线语法的要求。记住，信号总线上所有的网络的个体标号必须具有相同的命名，并能从彼此的数字后缀区分出来。

6.4　设计导航

6.4.1　Navigator 面板（导航面板）

完成原理图工程后，设计者不用生成网络表和对每个网络进行繁琐的手动校对。全部的连通性信息都在导航面板上汇集显示，这增加了设计的交互性。

导航面板是关于工程的网络连通性的核心模块。如图 6－17 所示，最上面一栏用 3 种方法排列工程：已编译的图纸列表、平行层次结构和结构树。编译一个多层次工程后，设计者应该马上检查结构树，看看是否通过图表符形成了预期的结构。

紧接着的两栏列出了工程中的元件和网络/总线。它们也是以树形结构显示的，因为一个图表符可能包含多个图纸入口，一个元件可能包含多个参数、模块和引脚。同样，一个逻辑总线将会分枝出多个打包在一起的网络。

面板的最后一栏的内容决定于两个方面：所选择的对象和设置显示的对象。要显示对象的主清单，可以通过面板上的 Interactive Navigation 的相关选项来设置，用户也可以通过在面

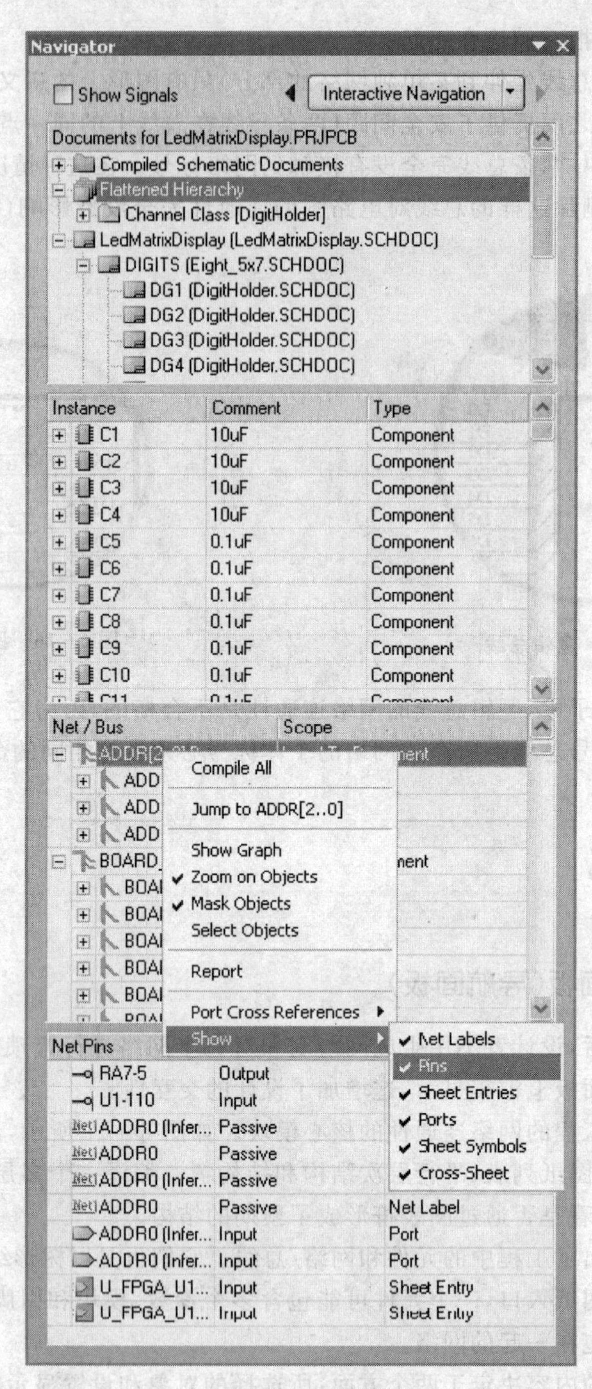
Navigator
Show Signals
Interactive Navigation
Documents for LedMatrixDisplay.PRJPCB
Compiled Schematic Documents
Flattened Hierarchy
Channel Class [DigitHolder]
LedMatrixDisplay (LedMatrixDisplay.SCHDOC)
DIGITS (Eight_5x7.SCHDOC)
DG1 (DigitHolder.SCHDOC)
DG2 (DigitHolder.SCHDOC)
DG3 (DigitHolder.SCHDOC)
DG4 (DigitHolder.SCHDOC)
Instance
Comment
Type
C1
10uF
Component
C2
10uF
Component
C3
10uF
Component
C4
10uF
Component
C5
0.1uF
Component
C6
0.1uF
Component
C7
0.1uF
Component
C8
0.1uF
Component
C9
0.1uF
Component
C10
0.1uF
Component
Net / Bus
Scope
Compile All
Jump to ADDR[2..0]
Show Graph
Zoom on Objects
Mask Objects
Select Objects
Report
Port Cross References
Show
Net Labels
Pins
Sheet Entries
Ports
Sheet Symbols
Cross-Sheet
Net Pins
RA7-5
Output
U1-110
Input
ADDR0 (Infer...
Passive
ADDR0
Passive
ADDR0 (Infer...
Passive
ADDR0
Passive
Net Label
ADDR0 (Infer...
Input
Port
ADDR0 (Infer...
Input
Port
U_FPGA_U1...
Input
Sheet Entry
U_FPGA_U1...
Input
Sheet Entry

图 6－17 导航面板

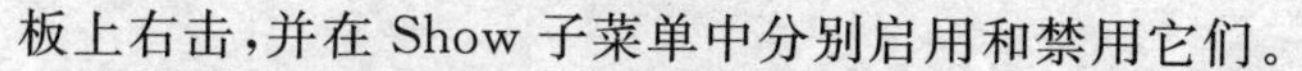

板上右击，并在 Show 子菜单中分别启用和禁用它们。

在导航面板最上一栏单击一张图纸，最后一栏就会列出它的端口。在第二栏上单击一个元件，最后一栏会列出它的引脚。展开某元件，再单击其中一个引脚，最后一栏就会显示该引脚所在网络上的所有引脚和网络标识符。这和用户在第三栏上单击任何总线和网络的结果是一样的。

注意，当用户单击一个对象时，不仅仅是最后一栏会更新显示。当导航对象与它有关时，面板中的每一栏都会转到相应项。

另一个会更新的是工作区域。在导航面板上单击一个对象，过滤器就会起作用，该对象的显示效果由多个突显选项控制。这些选项可以在 Interactive Navigation 的弹出菜单上存取和设置，也可以 Preferences 对话框的 System→Navigation 页面中看到。

① Zooming 复选框——当设置为 Enable 时，筛选出来的对象就会自动放大并置于主设计窗口的中心(居中)。当从面板上导航，或交互式地在设计文档上导航时，缩放程度可以用 Zoom Precision 滚动条来控制。滑块向右移动，放大倍数增加(当目标对象是一个端口或在 HDL 文件里时，缩放工具没有效果)。

② Selecting 复选框——当设置为 Enable 时，筛选出来的对象会自动被选择上。

③ Masking 复选框——当设置为 Enable 时，筛选出来的对象在主设计窗口上正常显示，而其他对象变得暗淡。工作区域右下方的 Mask Level 按钮可以控制筛选的和屏蔽的对象之前的对比度。

④ Connective Graph 复选框——允许这个选项以显示对象之间的连接关系(在主设计窗口的激活文档上)。当导航对象是元件时，连接线路是绿色的；当导航对象是网络时，连接线路是红色的。如果希望电源对象的连接关系也显示出来，请选中 Include Power Parts 复选框。

这些选项可以任意组合。例如：设计者可能要全部的筛选对象放大、居中并在主设计窗口中选中，同时还可以使用过滤器以免与其他对象混淆。

图 6-18 给出了当导航到一个网络对象时(如：总线、网络、引脚、总线线路、导线或网络标识符)连接的显示方式。这些线是红色的，表示所有的设计者设置为要显示的网络对象。线是实线，表示这引脚是物理连接的，而不是逻辑的；逻辑的连接用点型虚线显示。

图 6-19 展示了当导航到一个元件时，连接的显示方式。元件的图形是用绿线显示的，表示与导航的元件直接相连的其他元件。

导航工具可以一次性操作多图纸。导航到一条总线或网络会在全部图纸上突显相应对象。当然如果整个显示屏被单个文档占满了，这点很难被注意到。当工程的文档平铺在一个或多个显示屏上时，跨图纸突显会变得很有用。

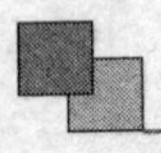

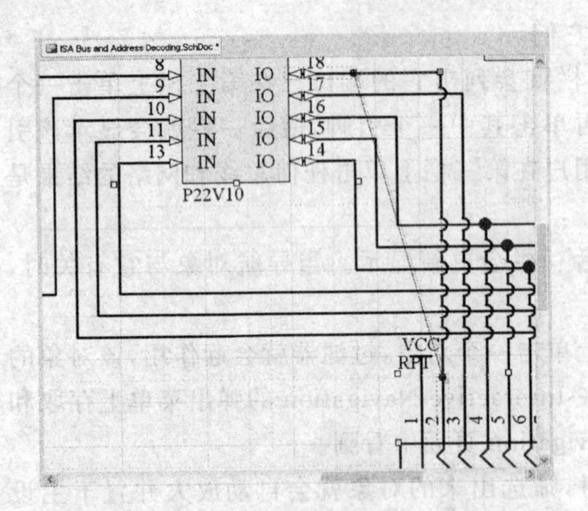

图 6-18 导航对象是网络时连接的显示

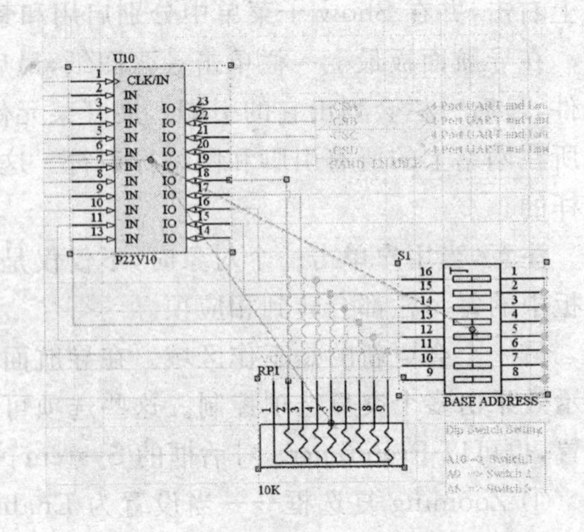

图 6-19 导航对象是元件时连接的显示

6.4.2 其他的导航方法

逻辑导航——单击导航面板的树形结构是多种浏览设计的连接模型的方法中的一种。

1. 空间导航

在导航面板的右上方有一个 Interactive Navigation 按钮。单击这个按钮,当前活动原理图文档上的光标变成十字形。这将为用户提供一种在面板内完成空间切换的功能。单击一个网络,就会突出显示该网络上的全部对象;单击一个端口,就会跳转到该端口连接到的图纸入口等等。导航面板上的内容随着选择的对象自动更新。光标会一直保持导航模式,直到右击或按下 Esc 键。

2. 层次导航(Navigating Hierarchy)

通过单击按钮,使用 Up/Down Hierarchy 功能,向上或向下导航设计的层次。单击一个图纸入口,就会显示子图纸中匹配的端口。单击一个图表符,就会显示整个子图纸。要向上导航到高层次,单击一个端口就会在父图纸中显示匹配的图纸入口。

层次也可以通过以下方法来导航:按着 Ctrl 键并双击一个端口、图纸入口或图表符。

3. 原理图与 PCB 的交叉探测

根据原理图工程来设计 PCB 是一个频繁反复的过程,导航面板允许原理图与 PCB 的交叉探测。打开 PCB 文档,按住 Alt 键不放,导航到原理图的某对象,原理图上的对象和 PCB 上相应的对象就会被同时突显出来。

在导航面板上的交叉探测与 Tools 菜单的交叉探测命令略有不同。后者在原理图和 PCB 环境下都可用,而导航面板的工具是为原理图工程设计的。交叉探测工具不会突显当前文档上被探测的对象,只会突显目标文档上的相应对象。最后,交叉探测工具提供了跳转探测,使用方法是:在探测一个对象同时按住 Ctrl 键不放。这不同于导航面板上的工具,面板上的工具只能突显出 PCB 上的对象,但不会激活 PCB 文档。

4. 连接洞察器

连接洞察器是设计洞察器的一部分,它将连接性的显示提高到工程的高度,提供更高的可视性。如图 6-20 所示:鼠标停留在图表符上面,就可以预览对应的子图纸。这个文档预览在工程编译前就是可用的。

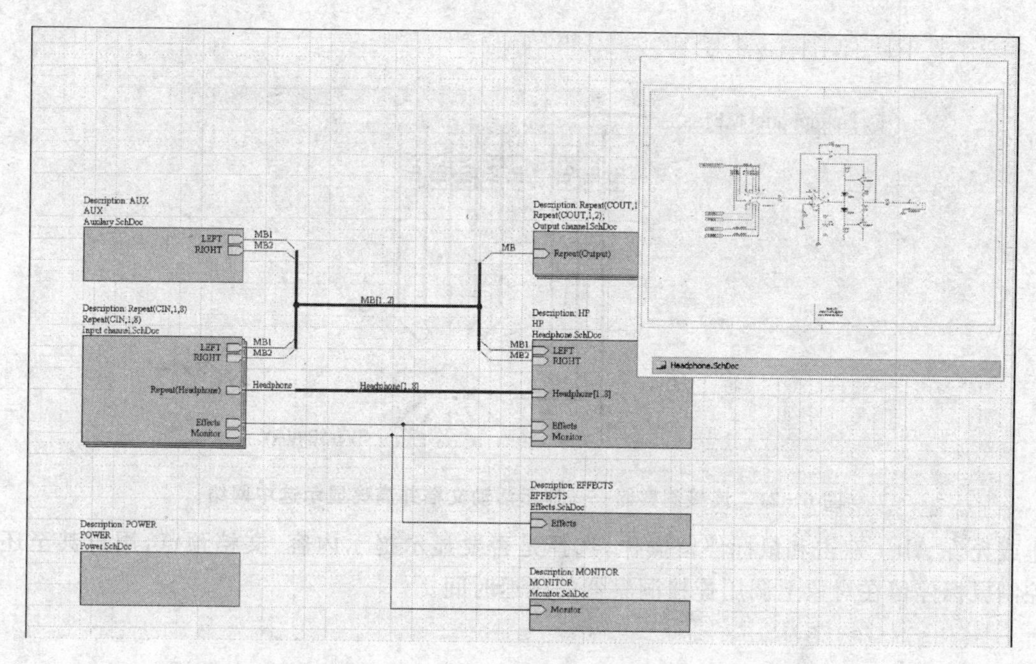

图 6-20 鼠标停留在图表符上时,将显示相应的子设计图纸

编译工程,建立和观察网络对象的连通关系。编译之后,鼠标停留在一个网络对象上,可以洞察网络对象在整个工程中的连通性。另一种方法是:在任意网络对象上使用按键 Alt+双击,也可以调出连接洞察器。

连接洞察器用预览模式显示活动文档,并显示网络信息作为提示。被选中网络会高亮显示,而其他对象会被屏蔽。如果网络对象连接到了其他文档中的网络,这些文档将会按工程层次显示在预览窗口中,选中的网络高亮显示以方便查看,如图 6-21 所示。

连接洞察器可用于任何网络对象,诸如:端口、图纸入口、总线、电源端口、元件或导线对象。对于图表符,它会显示子图纸;对于元件,它会显示全部连接到该元件的引脚。如果这个元件是多部件元件,该元件的全部部件都会显示出来。

单击列表上的文档名可以导航到该文档,屏蔽将会一直维持,直到用户在文档中单击。在 Design Insight Preferences(DXP→Preferences→System-Design Insight)中,设计者可以分别

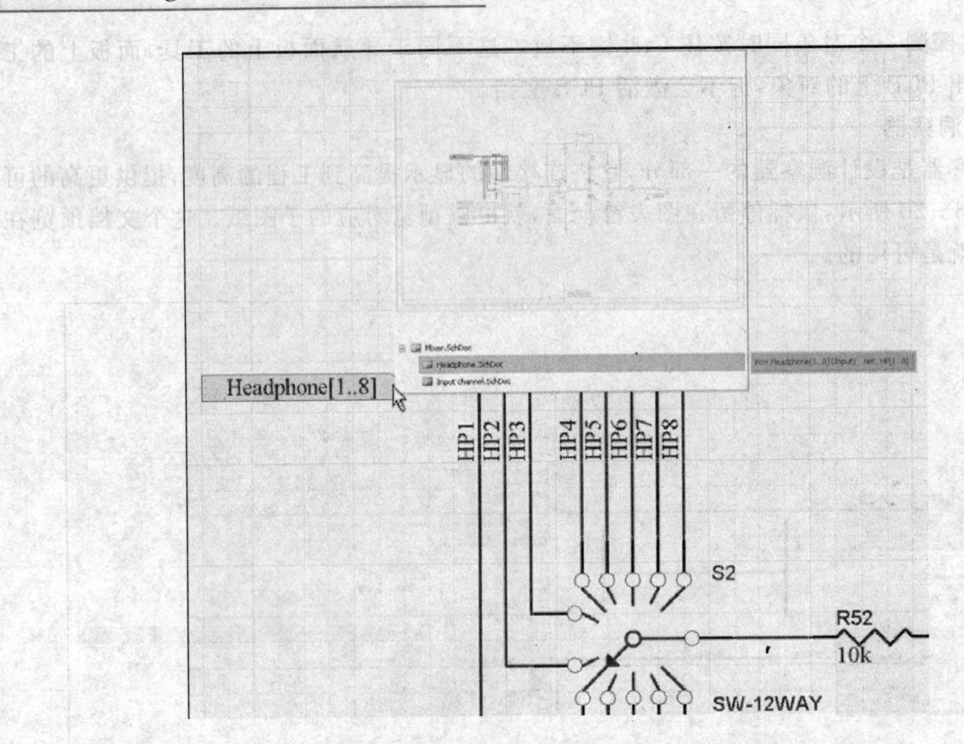

图 6-21　连接洞察器——显示活动文档并高亮显示选中网络

禁止或允许 Alt+双击和鼠标停留操作，选择是否要显示提示内容、文档预览，用户甚至还可以控制鼠标停留在对象上调用连接洞察器的延迟时间。

第7章

多通道设计入门

概　要：

本章演示了如何在原理图编辑器中创建多通道设计，包括子图纸、图纸符号和复用关键字。另外也包括设定 ROOM、标识符格式和通道标识符分配。

多通道设计是指多次引用同一个通道，该通道只需作为原理图的子图纸来画一次并且包含到工程中。用户可以通过多次放置由同一个子图纸表示的图纸符号或者通过重复使用一个图纸符号内部注释的关键字来定义通道使用的次数。

Designator Manager 建立和维护通道连接表，该连接表是作为工程文件的一部分来储存的。整个设计过程都支持多通道工程，当然也包括对工程文件的标识符的反向注释。

本章中，用户主要以多通道设计 Peak Detector-Multi channel. PrjPcb 为研究对象，该工程可以在 Altium Designer 安装目录下的\Examples\Reference Designs 文件夹中找到。

如图 7-1 所示，该设计包含了栅格层次——父系图纸(parent sheet)、Bank 图纸(bank

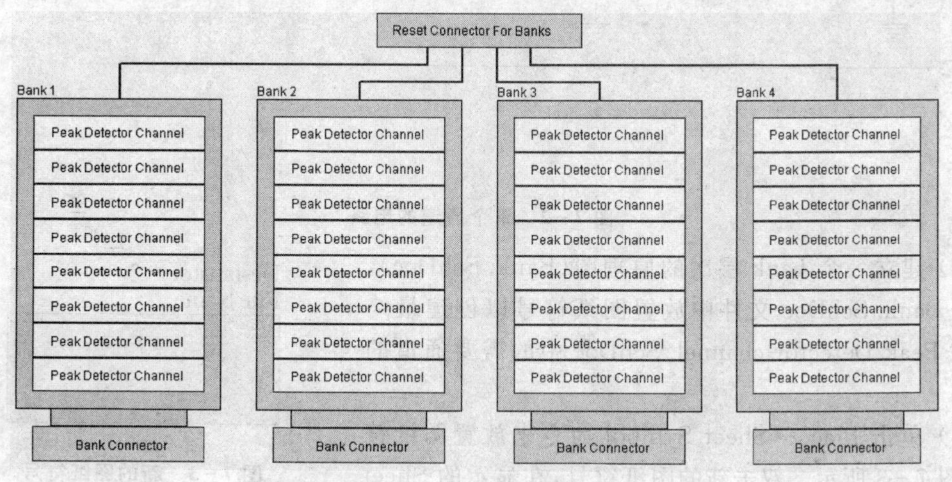

图 7-1　多通道设计实例

sheet)和通道图纸(channel sheet)。父系图纸(Peak Detector. SchDoc)包含了一个图纸符号引用同一个 Bank. SchDoc 4 次。每个 Bank 原理图中都带有 8 个通道的图纸符号,共计有 32 个通道。无须为那么多个通道建立独立的图纸,用户只需使用 Repeat 命令和一个原理图 Peak Detector-Channel. SchDoc 的图纸符号,即可满足多个通道的需要。通过格式化 ROOM 名和元件标识符,用户就可以表达这个层次化的设计。

7.1 建立一个多通道设计

建立本设计的时候,需要新建一个 PCB 工程文件和添加 3 个代表多通道设计的原理图:Peak Detector. SchDoc(顶层或父系图纸),Bank. SchDoc(bank 层次)以及 Peak Detector-channel. SchDoc(通道层次)。

(1) 在一个独立的原理图中创建用户需要作为一个通道的电路(Peak Detector-Channel. SchDoc),如图 7-2 所示,并将此原理图添加到 PCB 工程文件中。

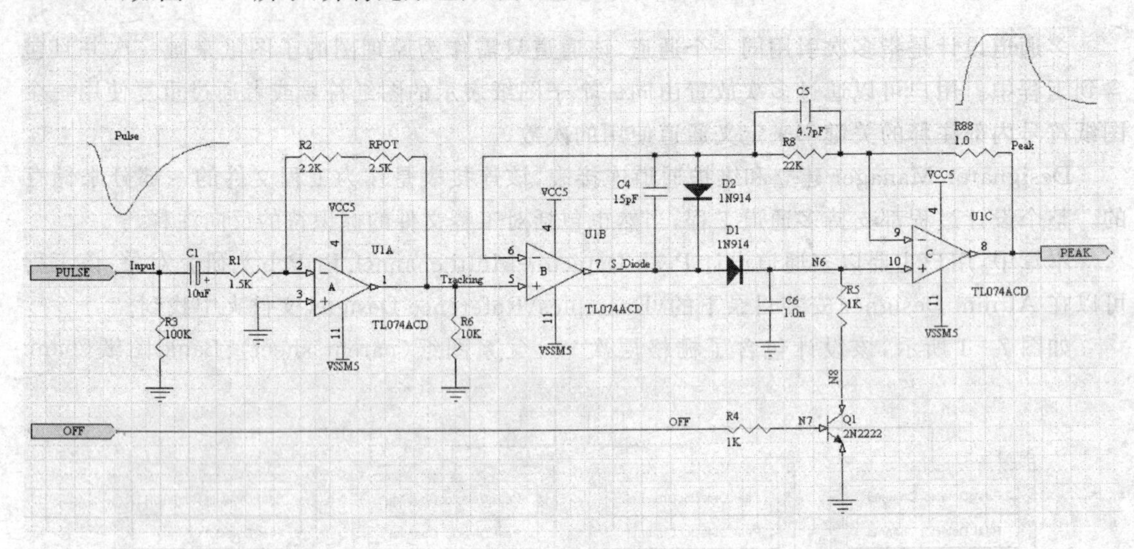

图 7-2 单个通道的电路

(2) 建立一个 bank 层次的原理图(Bank. SchDoc)。需要在 Bank. SchDoc 文件中放置图纸符号以创建最终反映在 Peak Detector-channel. SchDoc 中的需要通道的数量。

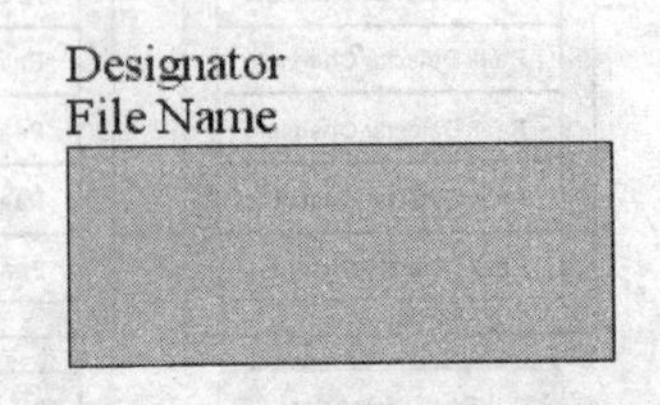

图 7-3 新的图纸符号

(3) 单击 Place→Sheet Symbol 命令来放置图纸符号,如图 7-3 所示。双击新的图纸符号,在显示的 Sheet

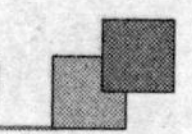

Symbol 对话框中单击 Properties 标签，如图 7－4 所示。图纸符号的标识符名用于表示每个通道中每个元件的唯一性。上例中，图纸符号的标识符名称为 PD。用户可以使用其他任何名字，但是推荐使用短名以保持标识符的简洁。这是因为编译时，图纸符号名和通道名都将被添加到标识符名中，如：R1 会变成 R1_PD1。

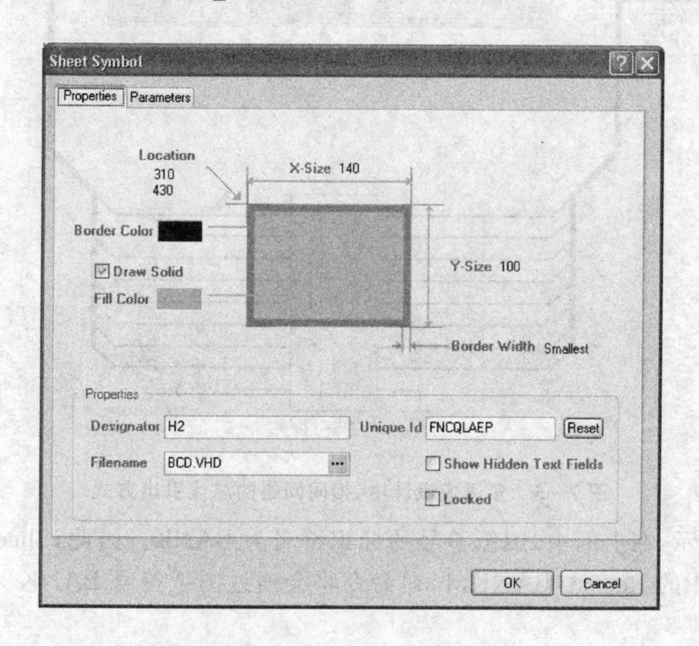

图 7－4　Sheet Symbol 对话框

（4）在文件名区域中输入用户想要用的通道名，如：Peak Detector-channel. SchDoc。

（5）在标识符区域输入 Repeat 命令以定义用户想引用通道原理图的次数。格式如下：Repeat(sheet_symbol_name，first_channel，last_channel)。在例子中，标识符区域中的 Repeat(PD，1，8)命令将会通过名为 PD 的图纸符号，引用 Peak Detector 通道原理图 8 次。

（6）单击 OK 按钮以关闭 Sheet Symbol 对话框，同时该符号将会变成表示多通道的符号。在 Repeat 命令中，first_channel 参数需要设置为 1 或更大的数。例如：Repeat(PD，1，8)。

（7）所有子图纸公共的网络是按照正常的方式连接的。子图纸都有的但是又各自独立的网络是以总线的方式引出的，总线中每一条线连接一个子图纸。如图 7－5 所示，在上例中，这是以在导线上放置总线名的方式(而不是以总线范围的方式表示，例如：PD 和包含 Repeat 关键字的图纸入口。当设计被编译的时候，总线就会被分解为每个通道带有一个标识的独立的网络(从 P1 到 P8)。P1 连接到 PD_1 子图纸，P2 连接到 PD_2 子图纸，以此类推。

（8）创建父系图纸 Peak Detector. SchDoc 并使用 Place→Sheet Symbol 命令来创建一个图纸符号以表示下一层次的原理图 Bank. SchDoc。

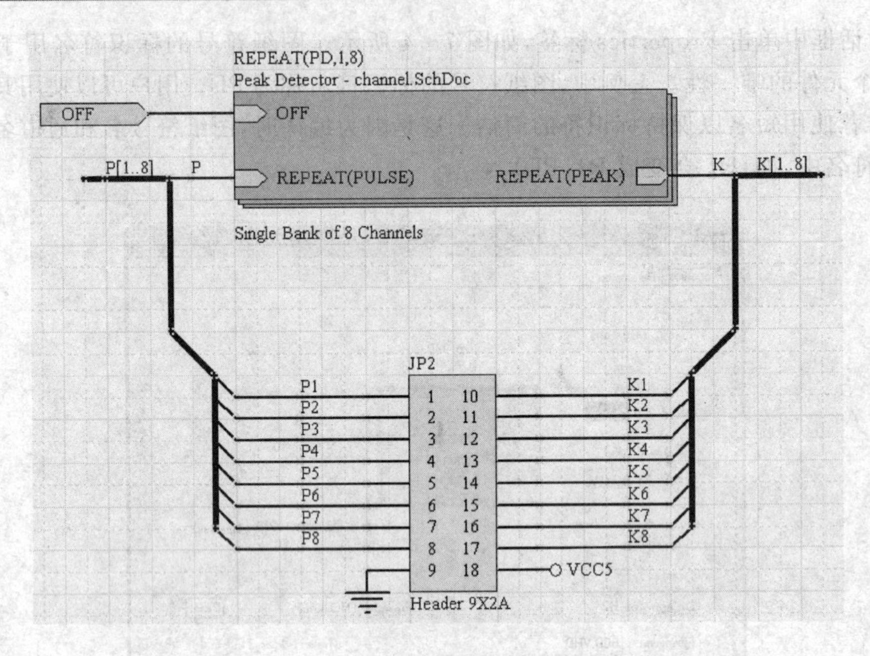

图 7-5　多通道设计中,相同网络的总线引出方式

如图 7-6 所示,在上例中,图纸符号的标识符名为 BANK。因此,Sheet Symbol 对话框内的标识符区域中的 Repeat(BANK,1,4)命令将会通过图纸符号 BANK 来引用 Bank 原理图 4 次(1,4)。

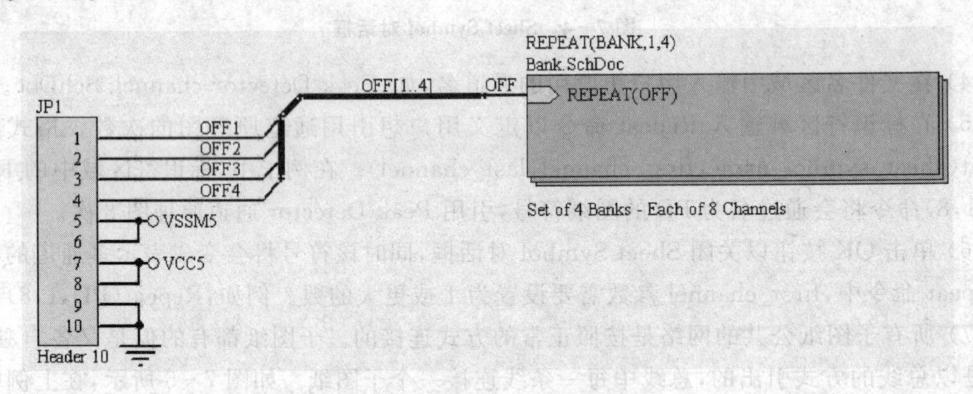

图 7-6　创建下一层次的原理图

注意上例中,导线上的网络标签不包含总线元素的个数和 Repeat 关键词的图纸符号。当设计被编译的时候,此总线将会被分解为每个通道带有一个标识的独立的网络(OFF1～OFF4)。

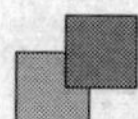

7.2 设置 ROOM 和标识符格式

当用户创建原理图以后，用户可以设置标识符和 ROOM 名，这将产生从原理图上单个逻辑元件到 PCB 上多个物理对象的映射。

逻辑标识符是被指派给原理图的元件的。而物理标识符是在元件被放置到 PCB 设计上时被指派的。建立多通道设计的时候，虽然被复用通道内元件的逻辑标识符相同，但是在 PCB 设计中每个元件的物理标识符是唯一的。

单击 Project→Project Options 命令，单击 Options for Project 对话框中的 Multi-Channel 图纸以指定 Room 和元件标识符名的格式，如图 7-7 所示。

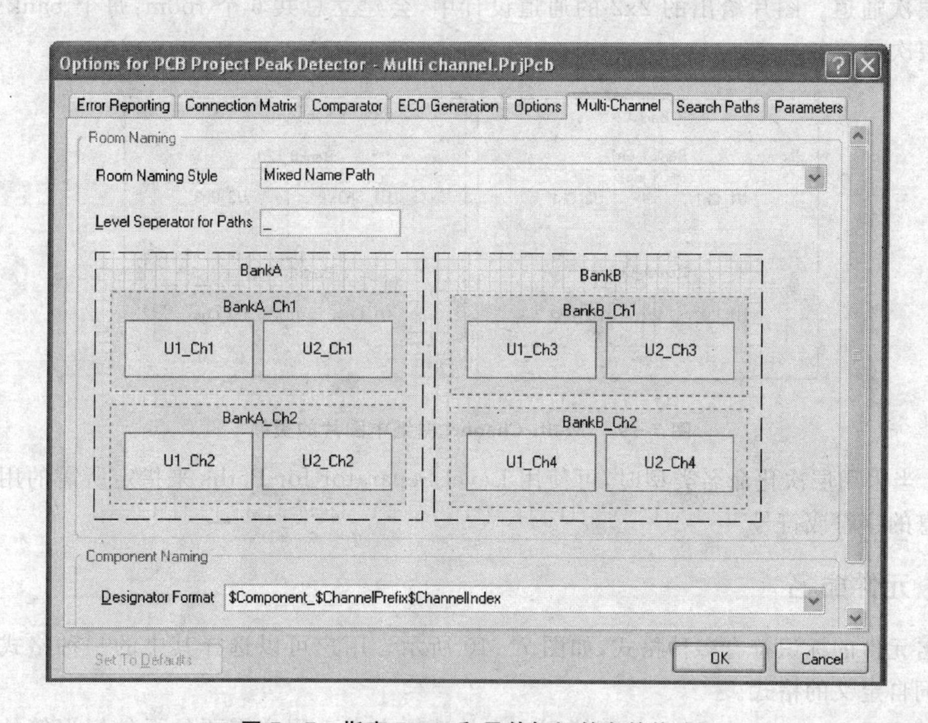

图 7-7 指定 Room 和元件标识符名的格式

7.2.1 Room 命名

(1) 选择 Room Naming Style 下拉列表中的选项以选择用户的设计中 room 所需的命名格式。这些 room 是在用户通过工程原理图来更新 PCB 的过程中默认产生的。有 5 种可用的类型：2 种平行化和 3 种层次化类型，如图 7-8 所示。

分级 room 命名是通过在关联通道层次中连接所有通道图纸符号标识符（通道前缀＋通

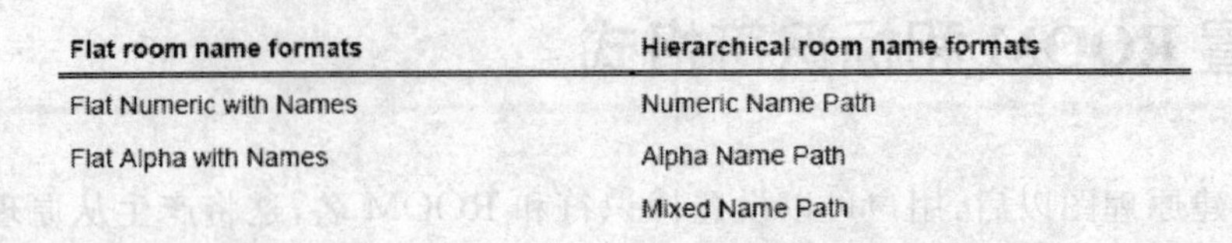

Flat room name formats	Hierarchical room name formats
Flat Numeric with Names	Numeric Name Path
Flat Alpha with Names	Alpha Name Path
	Mixed Name Path

图 7-8　可用的 Room 命名类型

道索引)来形成的。

(2) 在用户从下拉列表中选择一种类型以后,Multi-Channel 图纸中的图片即会更新以反映设计中的命名习惯。如图 7-9 所示,该图片给出了一个 2x2 的通道设计的例子。较大的交叉线区域表示两个较高层次的通道,而阴影区域表示较低层次的通道,包含每一个 bank 和每一个低层次通道。图片给出的 2x2 的通道设计中,会建立总共 6 个 room:每个 bank 一个,4 个较低层次通道各一个。

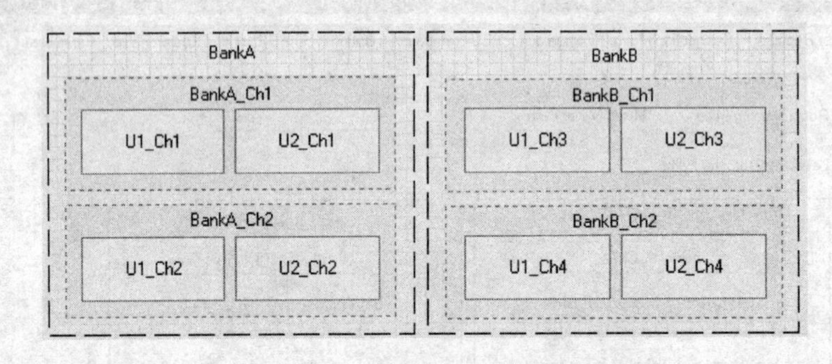

图 7-9　Multi-Channel 图纸中图片的更新

(3) 当采用层次化命名类型时,可使用 Level Separator for Paths 来指定所需的用于分割路径信息的字符或符号。

7.2.2　元件命名

命名元件的标识符有多种格式,如图 7-10 所示。用户可以选择其中的一种格式或者采用关键词自定义的格式。

通过选择 Designator Format 下拉列表中的选项来定义用户需要的元件标识符的命名格式。有 8 种预定义格式:5 种平行格式和 3 种分层模式。

平行标识符格式按照线性级数的方式命名元件标识符,从第一个通道开始。层次化格式将 Room 名称包含到元件标识符中。如果选择的 Room Naming 类型为两种可能的单调类型中的一种,元件标识符的类型也将会是平行的。然而,如果选择的是层次化类型,则元件标识符将会由于格式中包含了路径信息而层次化。

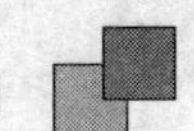

Flat designator formats
$Component$ChannelAlpha
$Component_$ChannelPrefix$ChannelAlpha
$Component_$ChannelIndex
$Component_$ChannelPrefix$ChannelIndex
$ComponentPrefix_$ChannelIndex_$ComponentIndex

Hierarchical designator formats
$Component_$RoomName
$RoomName_$Component
$ComponentPrefix_$RoomName_$ComponentIndex

图 7-10 元件命名格式

7.2.3 定义用户自己的标识符格式

用户也可以通过在 Designator Format 中直接输入的方式定义自己的元件标识符格式。构件格式字符串的时候可以用到如下关键词，如图 7-11 所示。

Keyword	Definition
$RoomName	name of the associated room, as determined by the style chosen in the Room Naming Style field
$Component	component logical designator
$ComponentPrefix	component logical designator prefix (e.g. U for U1)
$ComponentIndex	component logical designator index (e.g. 1 for U1)
$ChannelPrefix	logical sheet symbol designator
$ChannelIndex	channel index
$ChannelAlpha	channel index expressed as an alpha character. This format is only useful if your design contains less than 26 channels in total, or if you are using a hierarchical designator format.

图 7-11 自定义标识符格式

7.3 编译工程

修改 room 或者元件标识符格式之后，用户必须对工程进行编译才能生效。

(1) 通过单击 Project→Compile PCB Project 命令来编译工程。编译多通道设计的时候，原理图编辑器中只会显示一个页面，但是编译后，设计窗口内原理图纸的底部会显示一排选单，每个通道或 bank 有一个选单。选单名是图纸名加上通道数，例如：BANKA。

(2) 设计被编译后，就可以通过常规方法转换到 PCB 编辑器(Design→Update PCB)。转换过程会自动为设计中的每一个原理图纸建立一组元件，每组元件有一个 room 并将元件都置于 room 之中，为布局做准备。

(3) 对一个通道进行布局和走线之后，在 PCB 编辑器中单击 Design→Rooms→Copy Room Formats 命令来复制该通道的布局和走线模式到另一个通道。

7.4 查看通道标识符的指派

要检查用户的多通道标识符，可以采用检视逻辑和物理标识符的方法来查看工程中所有原理图文档中的全部元件。

要在多通道设计中检查元件关联的标识符，可以进行如下操作。

(1) 单击 Project→View Channels 命令以显示 Project Components 对话框，其中显示了原理图中每一个元件的逻辑和物理标识符的指派情况。

表格中给出了工程中原理图名关联的通道数，如图 7-12 所示。在上例中，使用了以下的 room 和元件命名约定：Mixed Name Path 和 $Component_$ChannelPrefix$Channel Index。

Project Components

Logical Designator	Comment	Channel 1	Channel 2	Channel 3	Channel 4	Channel 5	Channel 6	Channel 7
Peak Detector - channel.SchDoc								
C1	10uF	C1_PD1	C1_PD2	C1_PD3	C1_PD4	C1_PD5	C1_PD6	C1_PD7
C4	15pF	C4_PD1	C4_PD2	C4_PD3	C4_PD4	C4_PD5	C4_PD6	C4_PD7
C5	4.7pF	C5_PD1	C5_PD2	C5_PD3	C5_PD4	C5_PD5	C5_PD6	C5_PD7
C6	1.0n	C6_PD1	C6_PD2	C6_PD3	C6_PD4	C6_PD5	C6_PD6	C6_PD7
D1	1N914	D1_PD1	D1_PD2	D1_PD3	D1_PD4	D1_PD5	D1_PD6	D1_PD7
D2	1N914	D2_PD1	D2_PD2	D2_PD3	D2_PD4	D2_PD5	D2_PD6	D2_PD7
Q1	2N2222	Q1_PD1	Q1_PD2	Q1_PD3	Q1_PD4	Q1_PD5	Q1_PD6	Q1_PD7
R1	1.5K	R1_PD1	R1_PD2	R1_PD3	R1_PD4	R1_PD5	R1_PD6	R1_PD7
R2	2.2K	R2_PD1	R2_PD2	R2_PD3	R2_PD4	R2_PD5	R2_PD6	R2_PD7
R3	100K	R3_PD1	R3_PD2	R3_PD3	R3_PD4	R3_PD5	R3_PD6	R3_PD7
R4	10K	R4_PD1	R4_PD2	R4_PD3	R4_PD4	R4_PD5	R4_PD6	R4_PD7
R5	1K	R5_PD1	R5_PD2	R5_PD3	R5_PD4	R5_PD5	R5_PD6	R5_PD7
R6	10K	R6_PD1	R6_PD2	R6_PD3	R6_PD4	R6_PD5	R6_PD6	R6_PD7
R8	22K	R8_PD1	R8_PD2	R8_PD3	R8_PD4	R8_PD5	R8_PD6	R8_PD7
R88	1.0	R88_PD1	R88_PD2	R88_PD3	R88_PD4	R88_PD5	R88_PD6	R88_PD7
RPOT	2.5K	RPOT_PD1	RPOT_PD2	RPOT_PD3	RPOT_PD4	RPOT_PD5	RPOT_PD6	RPOT_PD7
U1	TL074ACD	U1_PD1	U1_PD2	U1_PD3	U1_PD4	U1_PD5	U1_PD6	U1_PD7
Peak Detector.SchDoc								
JP1	Header 10	JP1						
Bank.SchDoc								
JP2	Header 9X2A	JP2_BANK1	JP2_BANK2	JP2_BANK3	JP2_BANK4			

Component Report... OK Cancel

图 7-12　在多通道设计中检查元件关联的标识符

每个通道均具有以通道数来扩展的标识符名，例如：Peak Detector-channel. SchDoc 中的标识符 C1 会在更新到 PCB 的时候，通道 1 变成 C1_PD1，通道 32 会变成 C1_PD32。

(2) 单击逻辑标识符以跳转到原理图中的对应元件上，元件将会缩放显示并居中在主设计窗口中。该对话框仍然会保持打开，允许用户跳转到其他元件上。

(3) 单击 Component Report 按钮以显示 Report Preview 对话框来预览工程的元件报告。单击 Print 按钮来打印报告。打开 Print 对话框后，单击 OK 按钮来将报告发送到打印机中。

(4) 选择 Report Preview 对话框中的 Export 来保存工程元件的报告为文件。例如电子表格(. xls)或者. pdf。保存文件，此后用户就可以通过单击 Open Report 在相应软件(例如：Microsoft Excel 或 Adobe Reader)中打开该文件。

(5) 单击 Close 按钮以退出打印预览模式，并单击 OK 按钮以关闭 Project Components 对话框。

7.5　在 PCB 中显示标识符

由于标识符可能很长，所以在多通道设计中定位标识符字符串可能很难。在选择使用短命名选项来降低长度的同时，另一种方法是只显示最原始的逻辑元件标识符，例如，C30_CIN1 将会显示为 C30，这对于被添加到板上用于分割指示通道是同样有必要的。

在 Board Options 对话框(Design→Board Options)中用户可以在显示逻辑标识符和物理标识符两者之间做出选择。如果用户选择显示多通道设计中元件的逻辑标识符，则它们就会在 PCB 和其他任何形式的输出文件(诸如打印形式和 Gerber 文件)中显示出来。然而，唯一的物理标识符将会在生成材料清单的时候被用到。

第 8 章
全局编辑功能描述

概　要：

本文描述了在设计中编辑多个对象的多种方法。其中包括配合使用 Find Similar Objects 对话框和检查器面板，以及使用 Parameter Manager 和 Model Manager 的方法。最后，还介绍了查询和 List 面板，一种用于查找和编辑设计对象的强大功能。

电子设计是一个先在原理图中完成逻辑关系设计，然后在 PCB 设计中实现的过程。即使对于一个小电路，原理图都可以包含有大量的元件，每个元件都含有许多的模型和参数，而致使 PCB 工作区内包含大量的组成电路板的设计对象。在设计进程中，这些对象的属性需要按照各种设计需求来进行修改。

为了支持多对象的编辑工作，Altium 先前设计的工具版本都具有一个被称作“全局编辑”的功能。其基本思路是对一个对象进行编辑，并且将这些修改推广至其他对象。

引入 DXP 平台之后，编辑技术发生了彻底的改变。而今基本方法是选中多个需要编辑的对象，查看它们的属性，然后编辑它们。

初步记住“选中—查看—编辑”的编辑顺序，下面来详细看看每个步骤。

8.1　选中多个对象

选中多个对象的方法有很多，例如可以用 Windows 标准的鼠标单击操作。这个方法在被选对象数量不多，或者需要同时编辑多个不同种类的对象的时候比较好用。

要在原理图中选择多个对象，可以使用 Find Similar Objects 对话框，如图 8-1 所示。要打开该对话框，右击其中一个要编辑的对象，并从弹出菜单中单击 Find Similar Objects 命令，如图 8-2 所示。

下面通过一个例子来描述一次全过程。

假设想要将原理图上一个名为 VCC 的电源网络修改名为 3V3，就需要对所有图纸上面被称作 VCC 的电源接口的网络属性都进行修改。第一步是在原理图上找到一个称作 VCC 的电源接口，右击并从弹出菜单中单击 Find Similar Objects 命令。

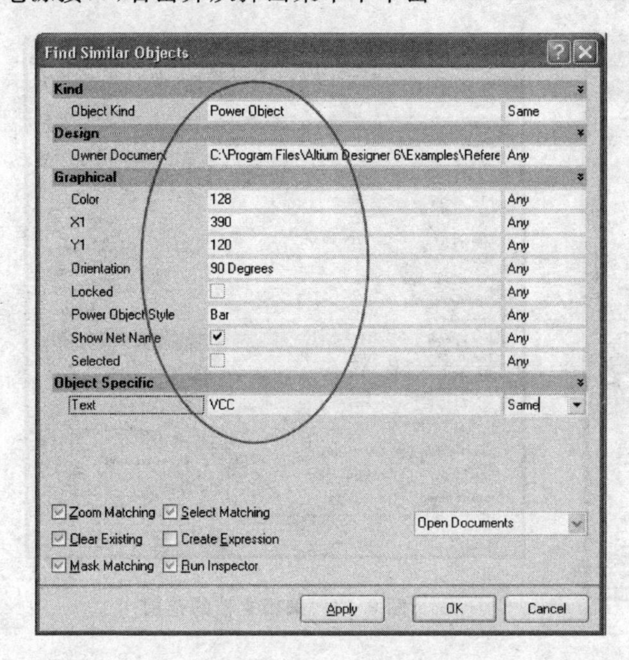

图 8－1　**Find Similar Objects 对话框**

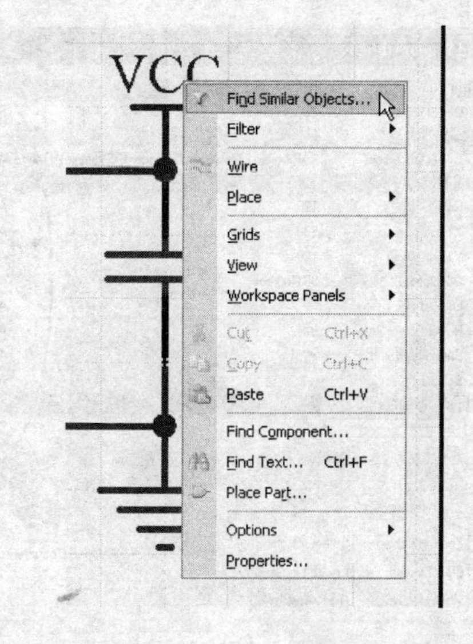

图 8－2　**Find Similar Objects 右键菜单**

图 8－1 给出了在原理图电源接口上右击操作的 Find Similar Objects 对话框。该对话框列出了所选中对象的属性，突出显示的是所选中对象的当前属性，注意看最底下一行就是当前的网络名 VCC。

在 Find Similar Objects 对话框的第二栏中可以指定相似条件。对于对象的每一项属性，都可以指定它跟目标对象的匹配条件为 Same，或 Different，或者当不关心这个参数时设为 Any。

提示，在图 8－3 中，Object Kind 为 Same 并且网络名 Text 也为 Same 时就满足匹配。换言之，当对象是一种电源对象并且具有 VCC 的网络名的时候就匹配。

随后还应设置搜索的范围是限于本文档还是所有打开的文档。如图 8－4 所示，就是设置了所有打开的文档。在这个动作启动之前，工程中的所有页面都必须先打开。

最后一步就是定义当找到所有文档中网络名为 VCC 的电源对象后所进行的操作。

图 8－5 给出了此操作的重要设置。

突出显示的 Select Matching(选中所有名为 VCC 的电源接口)和 Run Inspector 复选框，可以打开一个已经载入了所有已选对象属性的 Inspector 面板。此时单击 OK 按钮即可选中匹配的电源接口。尽管使用 Apply 按钮也可以选中匹配的电源接口并且打开 Inspector 面板，但是它会使 Find Similar Objects 对话框保持打开——所以这个功能可以在不确定选择匹配的参数是否准确的时候使用。

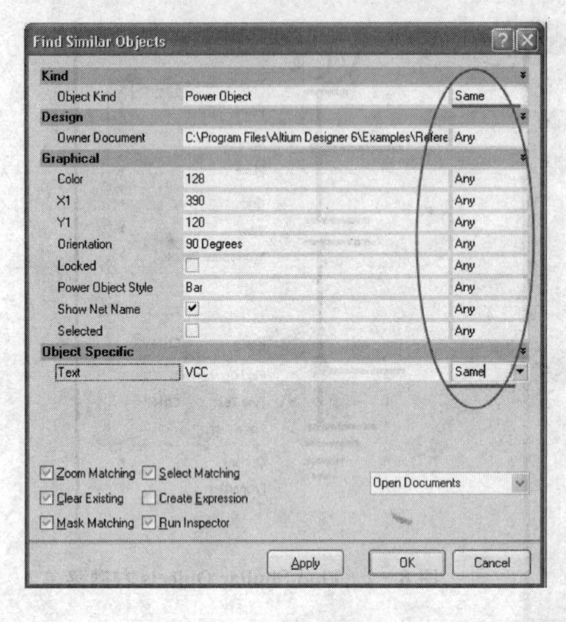

图 8-3 匹配所用的参数

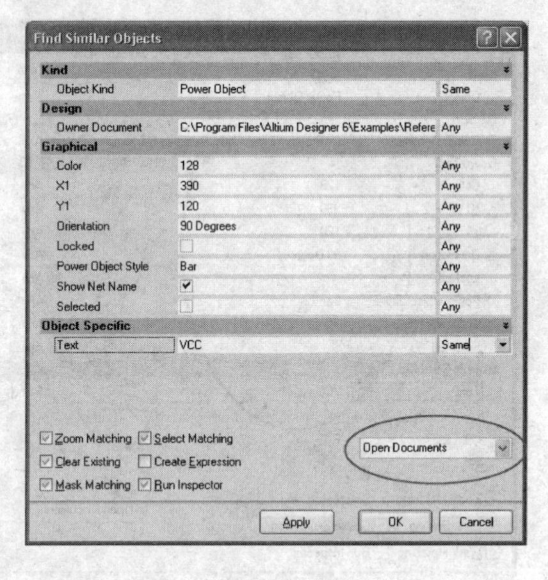

图 8-4 编辑文档的范围

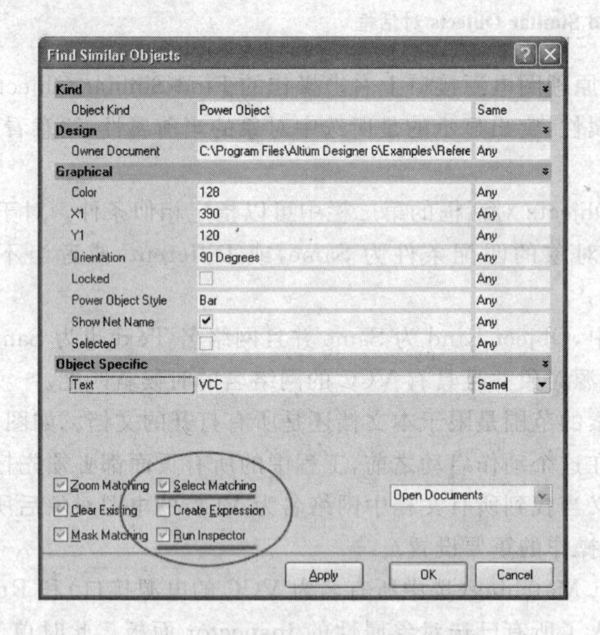

图 8-5 找到对象后所进行的操作

可以分别使用箭头键来重定位一组已选的原理图或PCB对象。这些已选的对象会作为一个整体并根据原理图/PCB编辑器的捕获网格来移动。

可以使用Reposition Selected Components命令(Tools→Component Placement→Reposition Selected Components或者快捷键T,O,C)来单独地移动已选中的多个原理图或PCB对象。

当捕获栅格的值为10个单位时,已选的对象可以通过按Ctrl+Shift+方向键以大幅度移动。

对于原理图对象,当前的捕获栅格设置可以在Document Options对话框(Design→Document Options或者快捷键D,O)中找到。

对于PCB对象,当前的捕获栅格定义可以在Board Options dialog对话框(Design→Board Options或者快捷键D,O)中找到。

对于原理图和PCB对象,使用快捷键G可以循环切换不同的捕获栅格值。也可以使用View→Grids子菜单或者Girds右键菜单来选择一个新的栅格值。

8.2 检视对象

原理图编辑器和PCB编辑器都包含一个称作Inspector的面板。检查器的基本功能是列出当前所选对象的属性。所选的对象可以是同类的对象,例如,图8-6就给出了10个电源接口的属性。

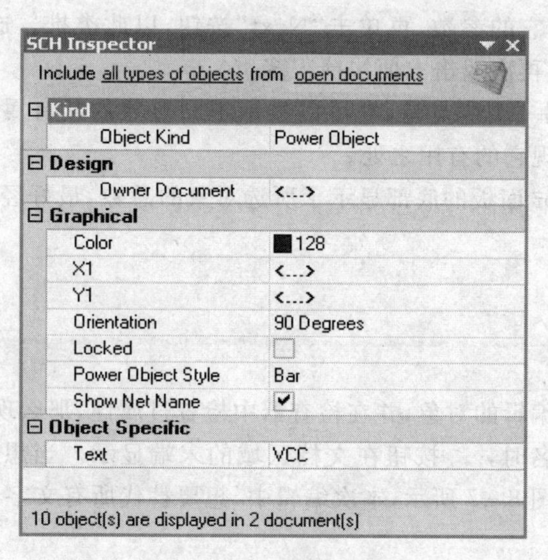

图8-6 所选对象的属性

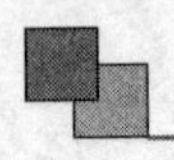

所选对象的所有相同的属性都会被显示出来,例如:这 10 个电源接口都具有 90°的放置方向。

对于每个电源接口的属性都具有不同值的情况,会看到的是<...>(例如它们的坐标参数 X1 就是这种情况)。这表明这 10 个对象具有不全相同的 X1 的值,这显然是因为它们在图纸中的位置都各不相同。

提示,在图 8-6 中,SCH Inspector 的顶部包含有两个选项。其中可以设置显示的查找对象是来自当前文档(current document),打开的文档(open documents)还是同一工程内打开的文档(open documents of the same project)。要载入所有选中的电源接口到检查器中,需要设置它为 open documents 或者 open documents of the same project。

SCH Inspector 是什么?

SCH Inspector 是一个显示当前选中对象属性的面板。所显示的对象可以是一个对象或者很多个对象。如果多于一个对象被选中,只有那些对所有选中的对象都是共有属性的才会被列出。共有属性具有相同值的就会显示那个值,否则对应栏会显示<...>。当你在 SCH Inspector 中输入一个值并按下 Enter 键时,所有已选对象的属性值都会被立即修改。

SCH Inspector 具有使用非常方便的特点。

首先,因为它是一个面板,可以随时显示而无须双击来启动。这样一来,只需在工作区内单击某个对象,它的属性面板就会随之显示。当在检查一个设计的时候,这个功能就变得相当有用。

例如,可能想要在 PCB 中检测一堆元件的标识符的高度。如果 SCH Inspector 是打开,只需单击一个标识符,看它的参数,再单击"Next"按钮,以此类推。这比一个个双击标识符,看了以后又关闭对话框,再次双击方便快捷很多。

SCH Inspector 的另一个优点是,它可以显示不同对象的共有属性,并且可以编辑它们。在此后的指导中就会发现它的有用之处。

提示,SCH Inspector 面板的底部显示了所选对象的总数,最好经常检查这一项以确保满足要求。

8.3 编辑对象

现在已经选中了要编辑的对象,并在检查器中检查过属性,那么现在就可以编辑它们了。

当单击以编辑网络名时,... 按钮在文档区域的末端显示。当想要执行部分字符串替代时,可以单击此按钮,如图 8-7 所示,本次编辑中,想要替代所有文字,所以将所有内容以文本 3V3 替代。

当按 Enter 键或在 SCH Inspector 面板的其他地方单击的时候,对文本值的修改就会在所有已选的对象中执行。

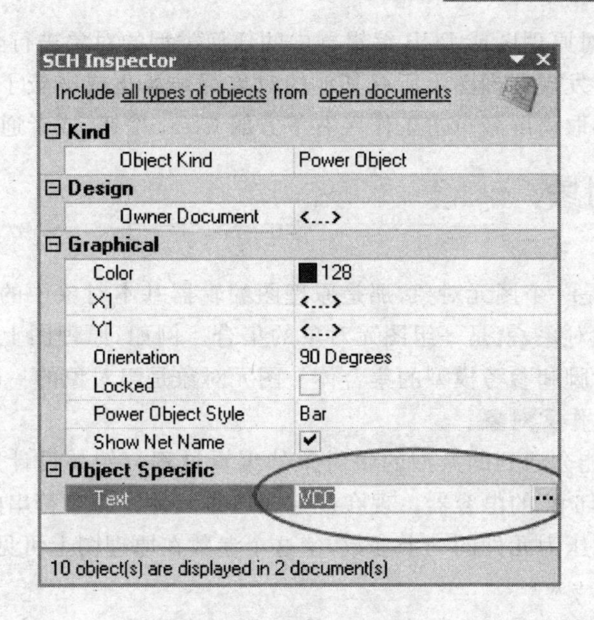

图 8－7　编辑网络名称

如果在编辑的时候改变了主意，按 Esc 键即可忽略这次的改动。如果编辑已经执行，可以通过在菜单中单击 Edit→Undo 命令来撤销操作。如果该次操作已经对多个图纸进行了修改，就需要对每个图纸都进行一次撤销操作。

图 8－8 给出了在 SCH Inspector 面板中完成修改并按 Enter 键的情况。

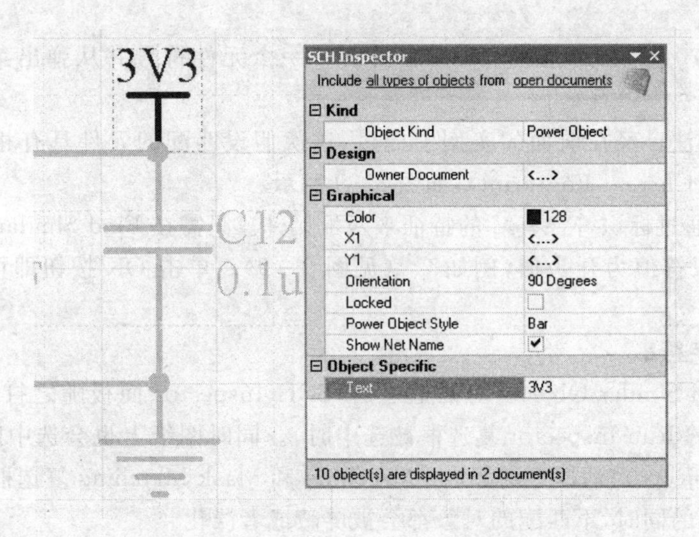

图 8－8　10 个已更新的电源接口中的一个

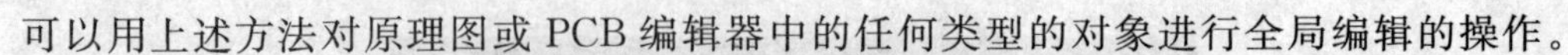

可以用上述方法对原理图或 PCB 编辑器中的任何类型的对象进行全局编辑的操作。

编辑执行以后,会发现原理图上所有其他的对象都被淡化或屏蔽了。当对象被屏蔽了以后就不能被编辑了,要取消屏蔽单击工作区右下方的 Clear 按钮,或者通过 Shift+C 快捷键。

8.4 编辑组对象

先前编辑的对象是一个图元对象,那是原理图编辑器基本对象中的一种。对于元件等更加复杂的对象,称作组对象,就是一组图元对象的集合。例如,原理图上的一个元件就是画图对象、字符串、参数、引脚和参考模型的集合体。图元对象是组对象的一部分,有时也称作子对象,而对应的组对象称作父对象。

下面看看一个可能会遇到的典型的组对象的编辑过程。例如设计用到了很多采用 MCCT-B 封装的 470 μF 16 V 的电容器。现在规定电压是元件注释字符串的一部分,需要改变这个属性,并重新指定电压为元件的一个参数,使这个参数在原理图上可见。

需要做以下步骤。

(1) 选中封装为 MCCT-B,参数为 470 μF 16 V 的电容器。

(2) 修改注释为 470 μF(即移除 16 V 这部分文本)。

(3) 为元件增加一个名为 Voltage 的参数,其值为 16 V。

(4) 修改该参数的可见性,使它可以在原理图上显示。

这似乎是一套复杂的操作,但事实上相当简洁。

1. 选中电容

要选中所有 470 μF 16 V 的电容器,右击其中一个元件符号并从弹出菜单中单击 Find Similar Objects 命令。

将要使用的方法已经在前面的实例中提过,这次假设匹配的元件具有相同的注释(Part Comment)和封装(Current Footprint),如图 8-9 所示。

提示,也可以通过标识符含有 C 的特征来匹配元件。只需在 Find Similar Objects 对话框中修改元件的标识符值为开头值,例如 C*(见图 8-9)。单击 OK 按钮即可选中匹配的电容器。

2. 修改注释字符串

当运行了 Find Similar Objects 对话框之后,SCH Inspector 面板随之打开(Find Similar Objects 对话框中的 Run Inspector 复选框被选中时)。同时图纸上也会选中匹配的对象。如果 Find Similar Objects 对话框中的 Zoom Matching 和 Mask Matching 复选框被选中,视图就会缩放到选中对象的同时,不匹配的对象都会被屏蔽或者淡化。

图 8-10 给出了执行结果。在本原理图中找到了 4 个匹配电容。

可以在 SCH Inspector 面板底部的状态行看到相同的电容器是否在其他页面中存在。

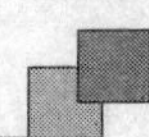

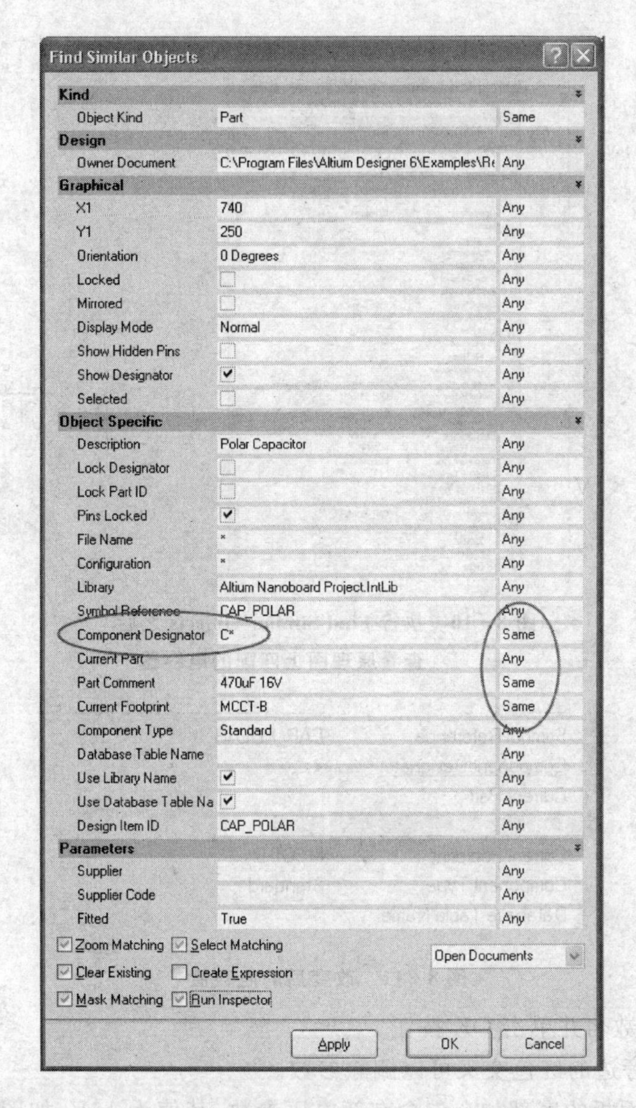

图 8-9　查找 470 μF 16 V 的电容器

要改变注释字符串，只需删除 16 V，如图 8-11 所示，并按 Enter 键即可。

3. 向元件添加新的参数

下一个需要进行的修改是为这 4 个元件都增加一个新参数，称作 Voltage，并赋值为 16 V。要完成这个步骤，需要用到 SCH Inspector 面板的底部的 Add User Parameter 功能（图 8-12）。注意先输入值再输入参数名。

(1) 首先往检查器的 Add User Parameter 中输入新参数的值 16 V。

(2) 按 Enter 键来执行修改。此时将显示 Add new parameter to XX objects 对话框。

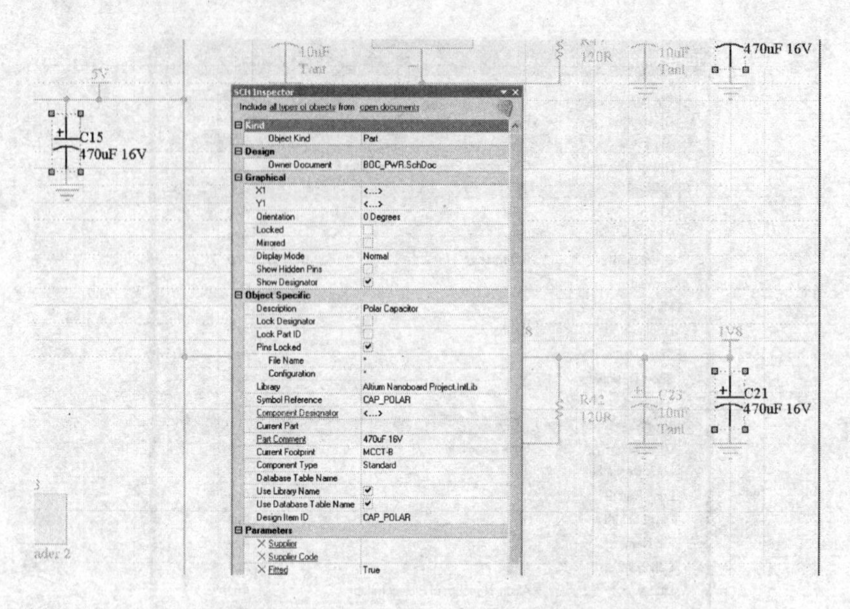

图 8-10　执行 Find Similar Objects 之后

查看原理图上匹配的电容器

Symbol Reference	CAP_POLAR
Component Designator	<...>
Current Part	
Part Comment	470uF
Current Footprint	MCCT-B
Component Type	Standard
Database Table Name	

图 8-11　改变后的电容值

(3) 输入新的参数名并单击 OK 按钮。

提示:单击参数旁边的红色交叉可以删除参数。

SCH Inspector 面板的底部如今包含有新电压参数,其值为 16V,如图 8-13 所示。可以使用这种方法任意增加多个参数。

4. 设置显示电压参数值

最后一步是设置显示这 4 个电容电压参数值。参数的可见性是参数本身的特征,不是元件的特征,所以在 SCH Inspector 面板中设置该参数。

要访问子系参数的属性,单击 SCH Inspector 面板底部电压参数的参数名的超链接。这样电压参数的属性就会载入到 SCH Inspector 面板中并可以编辑。可以通过检查 SCH Inspector 面板顶部的 Object Kind 来确保操作的正确,该栏现在应该显示 Parameter。

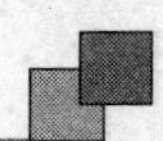

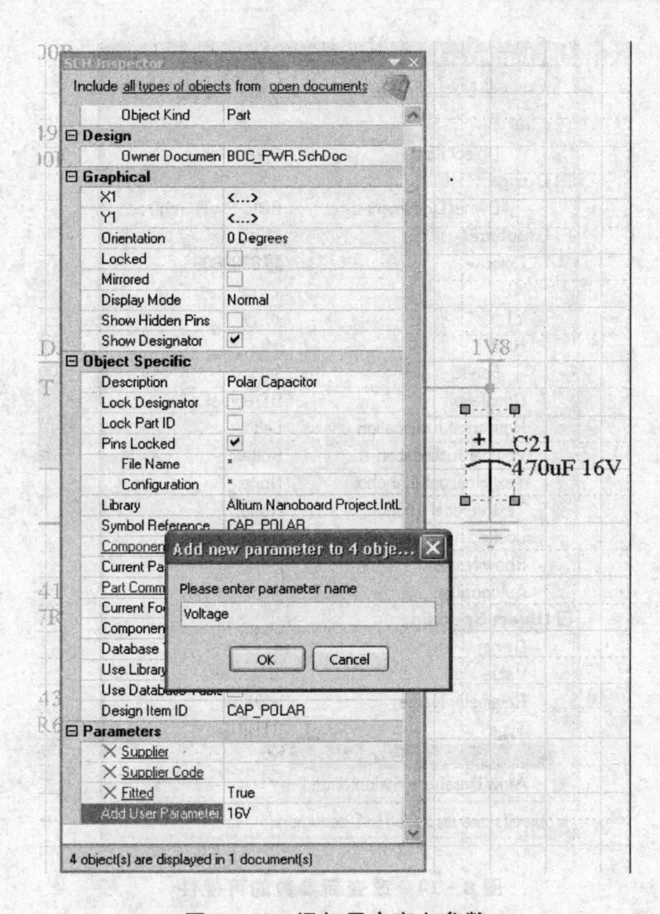

图 8-12　添加用户定义参数

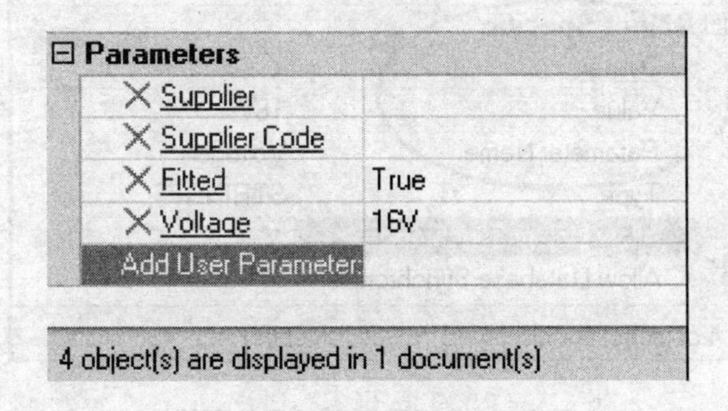

图 8-13　用户定义参数

现在就可以使元件的电压参数可见了。只需取消 Hide 复选框，如图 8-14 所示。

如果想要返回到父系元件中，例如现在要编辑一些其他的属性，可以单击超链接 Owner，如图 8-15 所示。

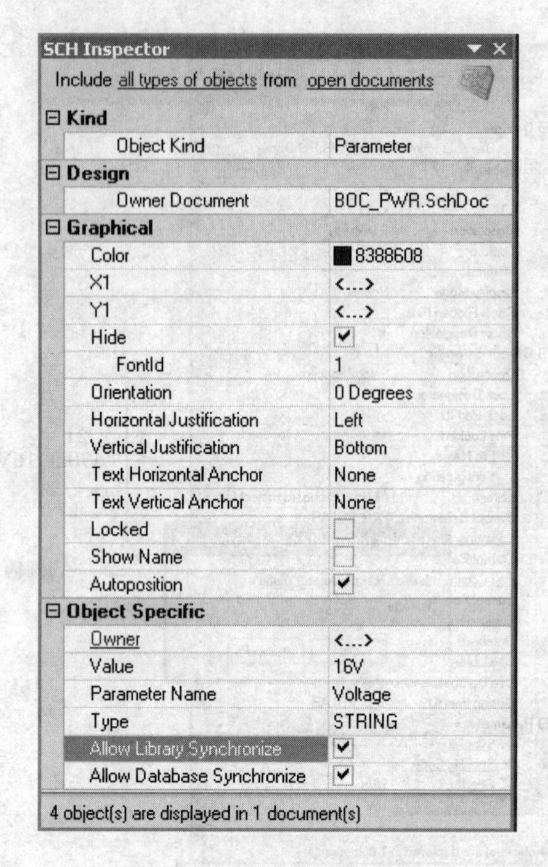

图 8-14　改变新参数的可视性

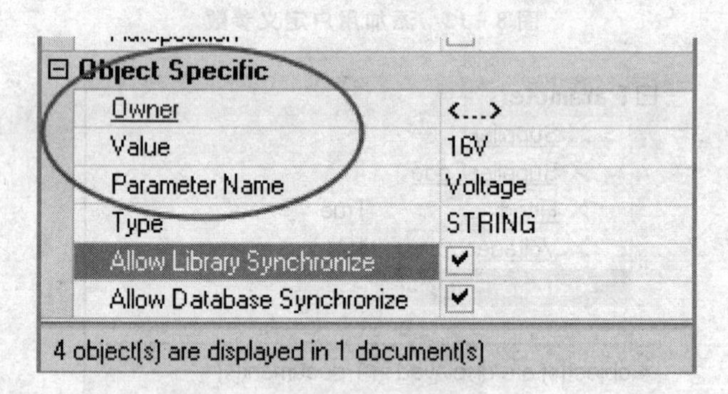

图 8-15　返回到父系元件属性

现在已经更新了所有 470 μF 电容器的注释，并使用了 MCCT-B 封装格式。还可以添加一个新的称作 Voltage 的参数，设置其值为 16 V 并使其可见。

8.5 全局执行不同类型对象的修改

PCB Inspector 面板可以用来编辑相同对象的多个实例,并且可用于编辑不同对象的共同属性。

8.5.1 修改现存走线的网络名

作为首个例子,假设已经在原理图上将一个引脚从一个网络名修改为另一个网络名。如果原网络已经在 PCB 上走线了,那么更新 PCB 的时候,将会得到包含错误网络名的走线结果。该走线会包含导线、过孔和其他类型的对象。

有很多方式可以解决这个问题。其中最简单的方式是使用 PCB Inspector 面板,如图 8-16 所示。现在介绍一下过程。

(1) 在 PCB 中,选择所有已经走线并需要改变名称的图元,可使用 Edit→Select→Connected Copper 命令(快捷键 Ctrl+H)。

(2) 如果 PCB Inspector 面板未弹出,使用 F11 键来启动它。

(3) PCB Inspector 面板只会显示所有已选对象的共同属性。如果选择无误,其中的一项就是网络名(Net)。要改变它,只需从下拉列表中选择新网络名并按 Enter 键来执行。走线网络中其他对象的网络属性也会随之修改。

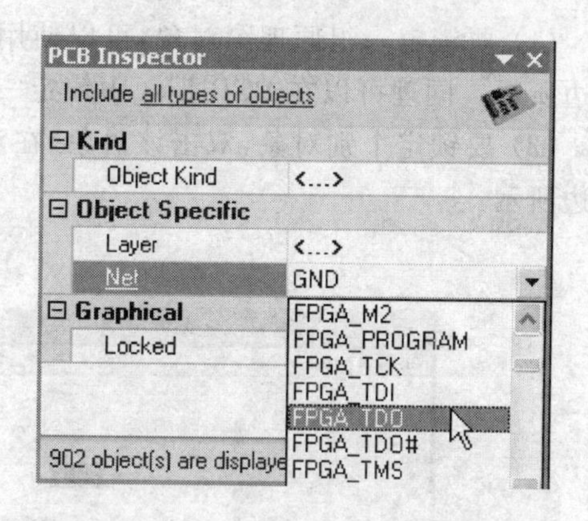

图 8-16 修改已选导线和过孔的网络名

8.5.2 修改不同对象的层属性

另一个例子是,有时需要将所有对象从一个机械层移动到另一个机械层。要达到这个目的,需要完成以下步骤。

(1) 在 PCB 编辑器底部单击 Layer 栏来激活当前的机械层。

(2) 使用 Select→All on Layer 命令来选中该层的所有对象(快捷键 S,Y)。

(3) 如果 PCB Inspector 面板不可见,通过 F11 键启用。

(4) 在 Layer 下拉列表中选择新的层名,并按 Enter 键来执行修改,如图 8-17 所示。

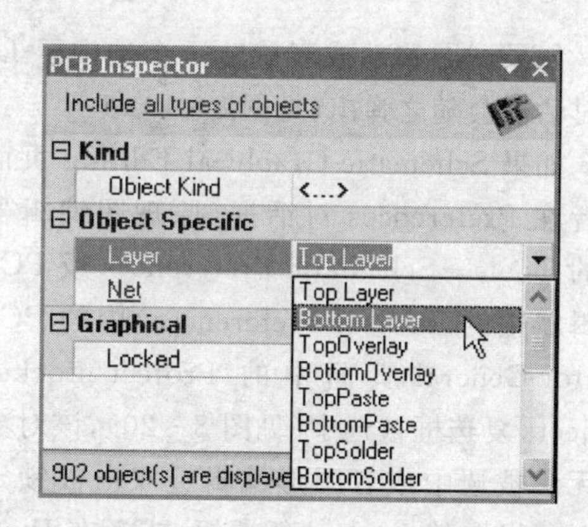

图 8-17 改变已选对象的层次

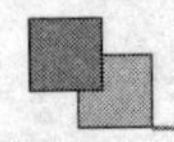

8.6 锁定设计对象

在原理图或 PCB 编辑器中,通过选中 Locked 复选框可以锁定设计对象以防被移动或者被编辑。例如,如果特定对象的位置或尺寸是至关重要的,可以锁定它们。Locked 复选框可以在 design objects' properties 对话框中找到。另外 Locked 复选框可以在 SCH List 或者 PCB List 中进行全局编辑。

8.6.1 在原理图和 PCB 文档中锁定设计对象

(1) 要锁定一组原理图对象,可以使用 SCH List 面板来选中 Locked 复选框,如图 8-18 右边所示。同理可以在 PCB List 中锁定一组 PCB 对象。

(2) 要锁定个别对象,双击该对象,在对象属性对话框中选中 Locked 复选框,如图 8-18 左边所示。

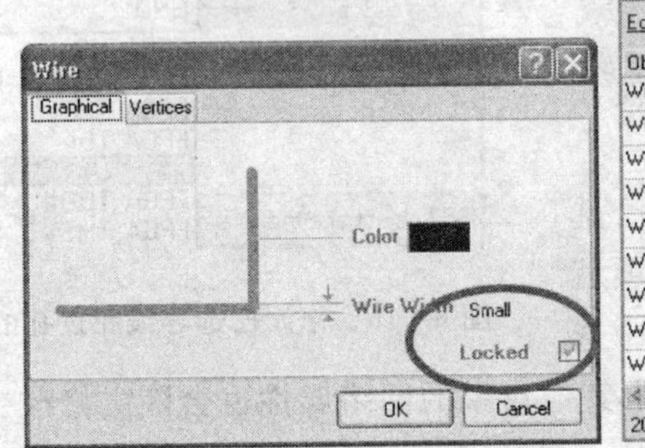

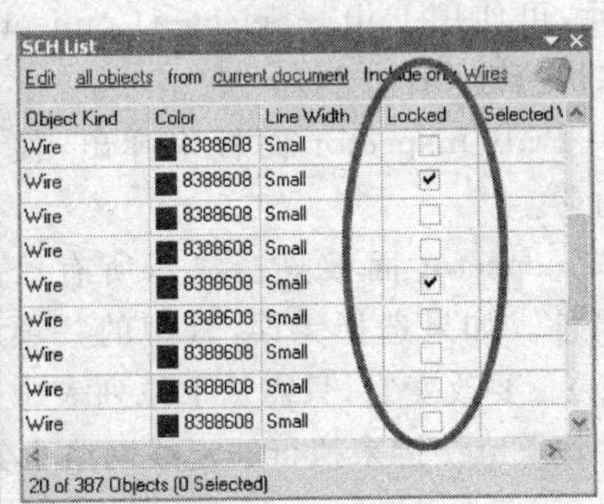

图 8-18 选中 Locked 复选框

如果试图移动或者旋转一个选中了 Locked 复选框的设计对象,一个询问是否执行编辑的对话框会随之弹出(见图 8-19)。

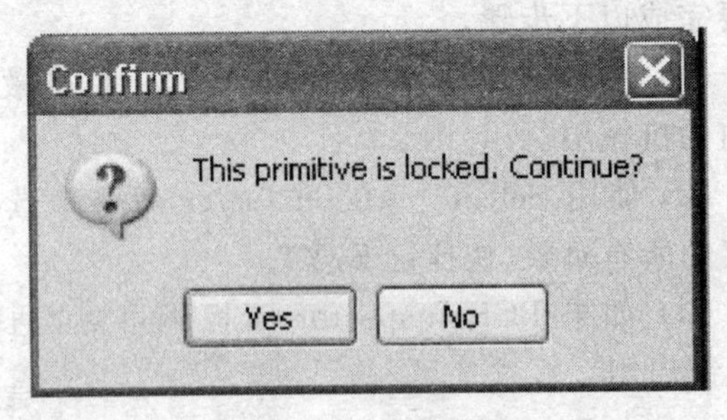

图 8-19 编辑锁定对象确认对话框

如果 Schematic-Graphical Editing 页面或者在 Preferences 对话框(原理图编辑器中的 Tools→Schematic Preferences 或 PCB 编辑器中的 Tools→Preferences)中的 PCB Editor-General 页面中的 Protect Locked Objects 复选框被选中(见图 8-20),该对象就无法被选中或者图形编辑。双击被锁定的对象以取消 Locked 复选框,或者在 Preferences 对话框中的 Schematic 目录下的 Graphical Editing 页面里取消 Protect Locked Objects 复选框。

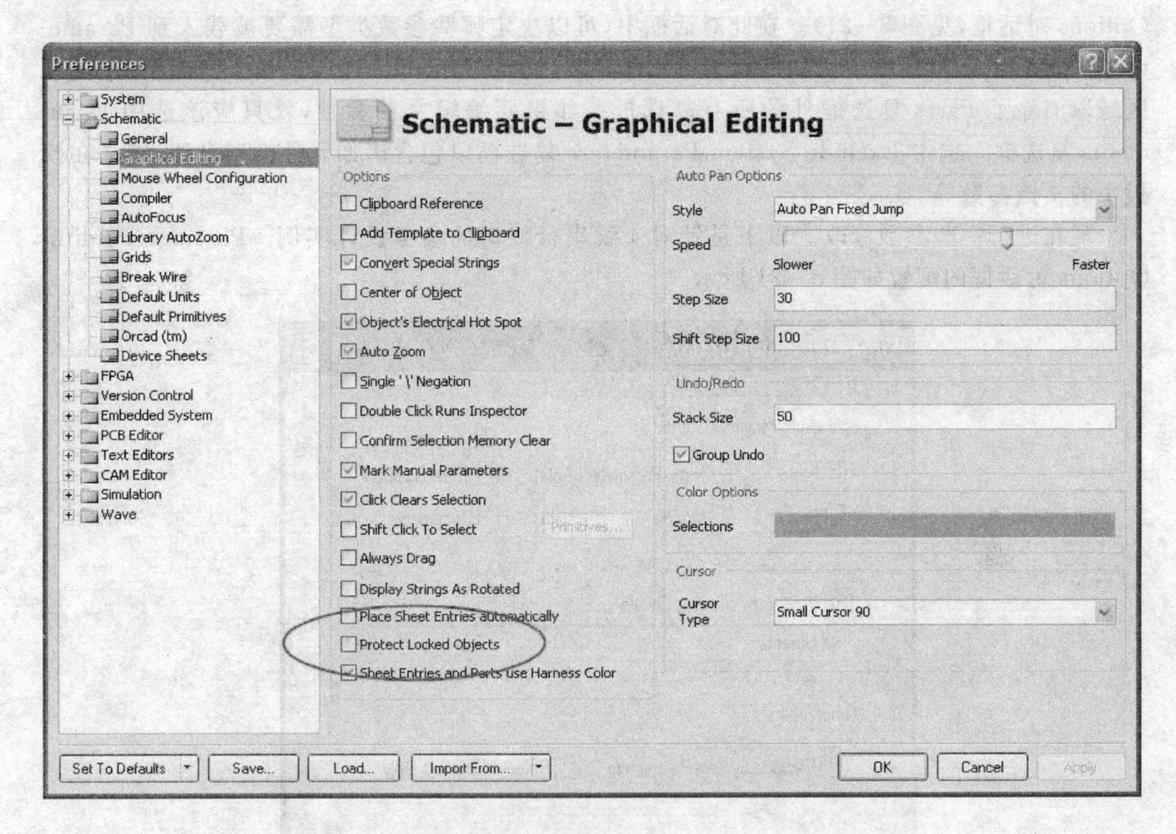

图 8-20　在 Preferences 对话框

当 Protect Locked Objects 复选框被选中后，如果试图一并选择已经被锁定的对象和其他对象，则只有那些未被锁定的对象能够被选中并移动。

8.6.2　使用参数管理器来编辑多个参数

用户自定义的设计属性通过参数的方式添加到设计中。元件参数可以用于定义元件级别、储存信息以及 PCB 元件类成员。甚至可以把元件数据手册的连接作为一个参数。包含有 PCB layout，NetClass 以及差分对指向的参数集可以添加到网络中以指定 PCB 设计需求，或者将网络包含到 PCB 网络类中。文档参数可以用于定义诸如页面标题、设计者姓名等参数。

参数可以单独添加或编辑，另外也可以通过 Parameter Table Editor 对话框来对整个设计或者整个库执行添加和编辑。打开对话框的时候，它将搜集整个设计里面的所有参数，并在一个类表格的栅格中显示出来。通过单击 Tools→Parameter Manager 命令来执行 Parameter Table Editor 操作。从菜单中单击 Parameter Manager 命令之后,将先打开 Parameter Editor Options 对话框(见图 8-21)。在此对话框中,可以决定哪些参数类型需要被载入到 Parameter Table Editor 对话框中。如果要编辑元件参数,就要在 Include Parameters Owned By 选项区域取消除了 Parts 复选框外的所有复选框。如果要编辑文档参数,就只应该选中 Documents 复选框。选中 Exclude System Parameters 复选框以包含诸如元件模型设置、定义在模板中的文档参数等。

现在进行一些参数修改。以下是针对 4 线串行接口的参考设计实例。Parameter Editor Options 对话框的配置如图 8-21 所示。

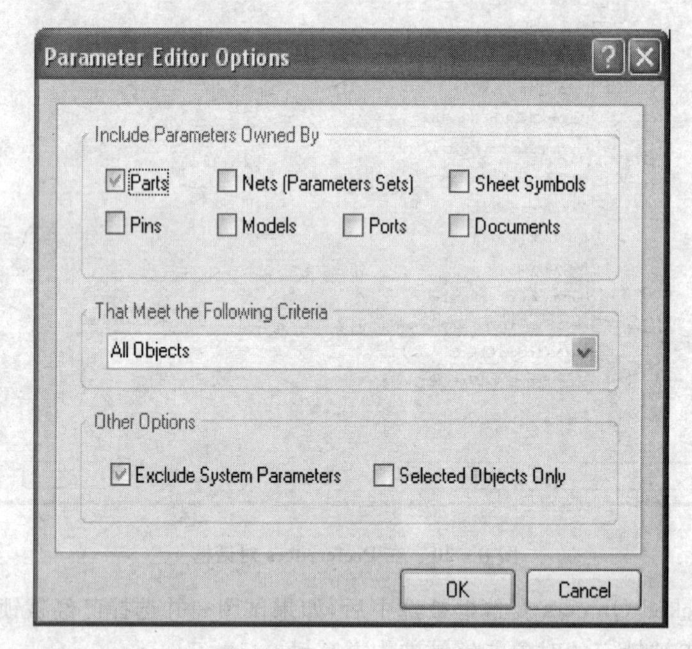

图 8-21 选择想要编辑的参数

8.6.3 重命名参数

在图 8-22 中,会发现有一个已存在的参数名称为 Text Field1,这就是需要重命名的参数。将它改为 Component Type 会更合适。

要重命名一个参数,右击该栏的任何一个单元并在弹出菜单中单击 Rename 命令。在弹出 Rename 对话框中输入新名字并单击 OK 按钮。注意,该栏的标题将会改变并在名字旁边显示一个蓝色的小三角形(见图 8-23)。该标志表明对应单元已经被修改过了。欲了解本编辑器所有标志的详细信息,可以在光标处在对话框上的时候按 F1 键。

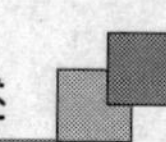

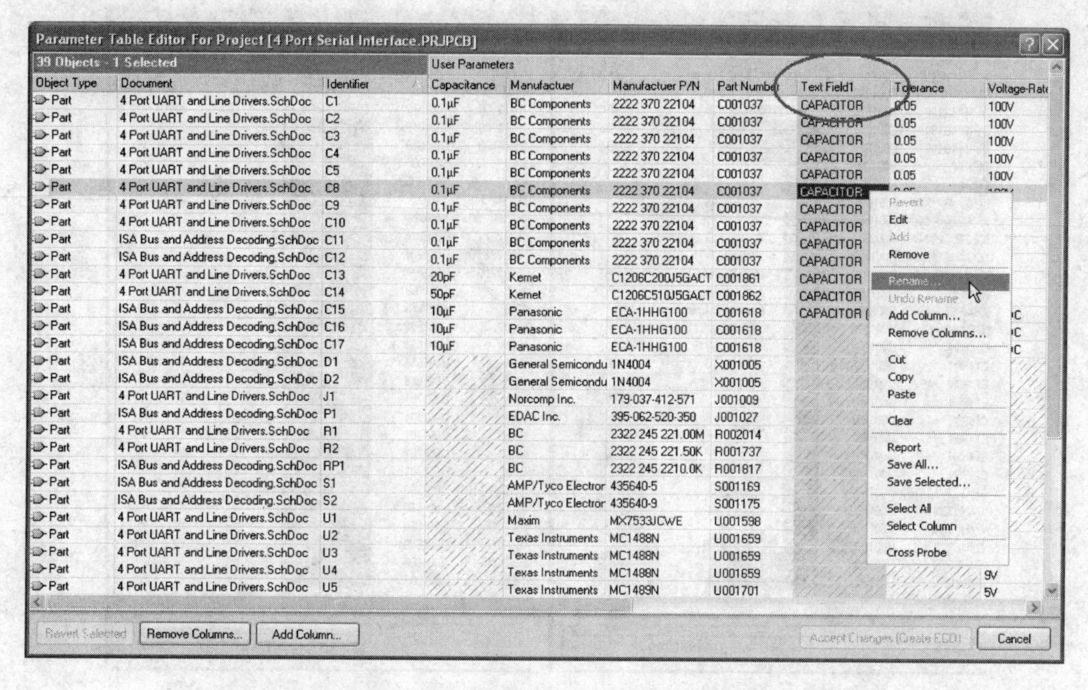

图 8-22　使用 Parameter Table Editor 来重命名已存在的参数

在图 8-22 中还可以发现，有些元件根本不包含的元件类型参数，以斜阴影线表示。下一步是为所有的其他元件添加元件类型参数。

图 8-23　参数重命名

8.6.4　添加一个参数

要为元件添加一个当前没有的参数，先通过 Shift＋单击或者 Ctrl＋单击选中这些单元格。然后右击并在弹出菜单中单击 Add 命令。

每个单元格上都会显示一个绿色的小加号。这表明新的参数已经被添加进去了。参数添加了以后，就可以为每个元件定义元件类型，如图 8-24 所示。

Parameter Table Editor 对话框支持标准的表格编辑方式。通过光标选择栅格，按下 F2 键来编辑表格，然后按 Enter 键来执行。一次操作可以编辑多个单元格，先选中那些单元格，右击并在弹出菜单中单击 Edit 命令，输入新值后按 Enter 键执行即可，如图 8-25 所示。

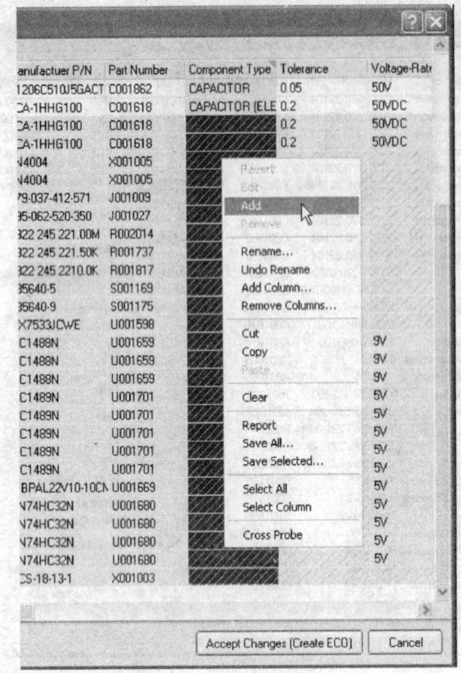

(a) 添加前

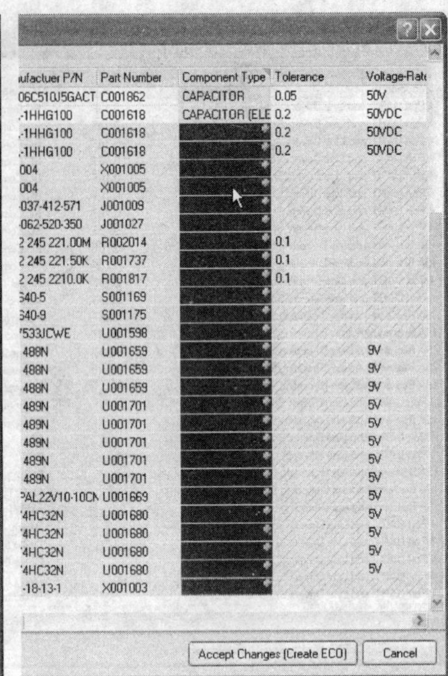

(b) 添加后

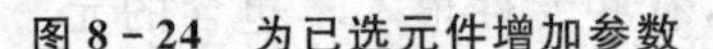

图 8-24　为已选元件增加参数

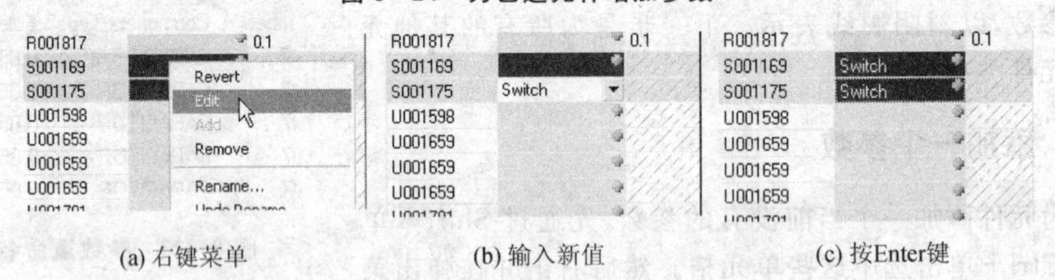

(a) 右键菜单　　(b) 输入新值　　(c) 按Enter键

图 8-25　编辑多个单元格

8.6.5　执行参数的修改

前面进行的参数修改只是保留在 Parameter Table Editor 中,它们还没有在原理图纸中得到执行。要对元件执行这些修改,就要先生成一个 ECO(Engineering Change Order)然后对工程执行它。

当完成参数编辑以后,单击 Accept Changes 按钮来生成 ECO。Parameter Editor Table 对话框将会关闭,同时 Engineering Change Order 对话框会马上打开,如图 8-26 所示。

单击 Validate Changes 按钮来检查将要执行的修改,然后单击 Execute Changes 按钮正式对元件执行变化。执行了修改之后即可关闭 Engineering Change Order 对话框。

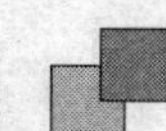

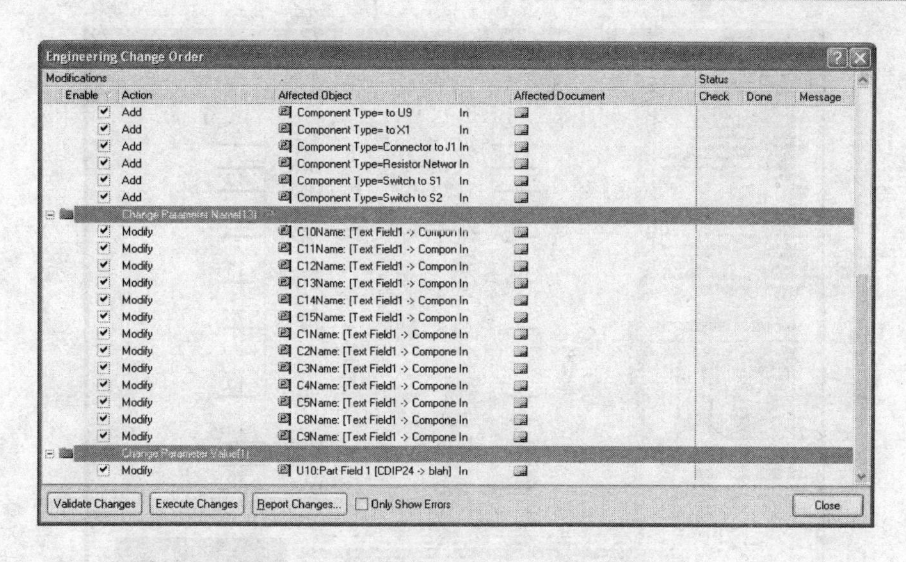

图 8-26　Engineering Change Order 对话框

8.7　管理多元件模型

原理图符号在原理图中代表了对应的元件。连接到元件引脚的连线产生了连通性。这些信息表示了一个设计的内部连接体系，其他信息就用于转换这种连接体系为物理的 PCB。

这种将原理图符号转换成另一种形式（例如 PCB 或者是电路仿真描述）的能力是由每个元件自带的模型提供的。

Altium Designer 支持多种不同的模型，包括 PCB 封装、spice 仿真模型、信号完整性分析模型和三维模型。这些模型除了可以在原理图中定义外，最典型的是通过元件库来定义。对于一个元件，最直接的方法是为它添加一个模型。可以在原理图库主窗口下方的模型编辑（model editing）区中添加，如图 8-27 所示。

要添加或者编辑多元件的模型设置，库编辑器提供了 Model Manager 工具。可以通过在菜单中单击 Tools→Model Manager 命令来打开当前库的 Model Manager 对话框。Model Manager 对话框的左下方显示了当前库的元件清单，单击选中一个元件后将会显示该元件的模型列表。

在 Model Manager 中可以完成的工作有：

① 为元件增加模型。

② 赋值一个元件的模型并粘贴到另一个元件中。

③ 移除元件的模型。

④ 编辑元件的模型。

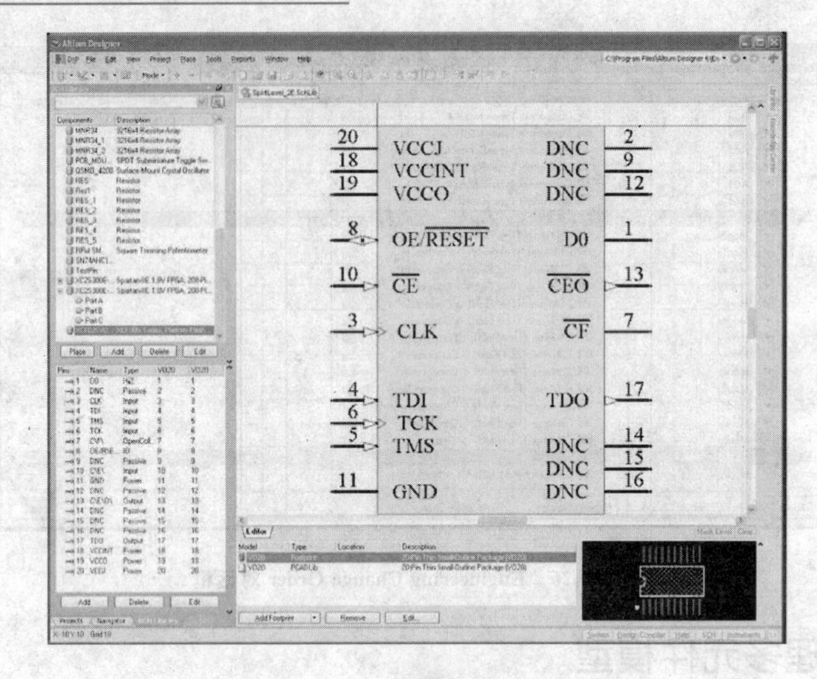

图 8-27　原理图库编辑器

所有这些命令都可以通过在模型列表区域内的右键菜单中执行，有些还可以用模型列表区中的按钮执行。

图 8-28 给出了在 Model Manager 中选中一个 PCB 封装并准备复制的情形。复制以后，它就可以被粘贴到多个元件中。使用 Shift+单击或者 Ctrl+单击来选中列表中的多个元件。

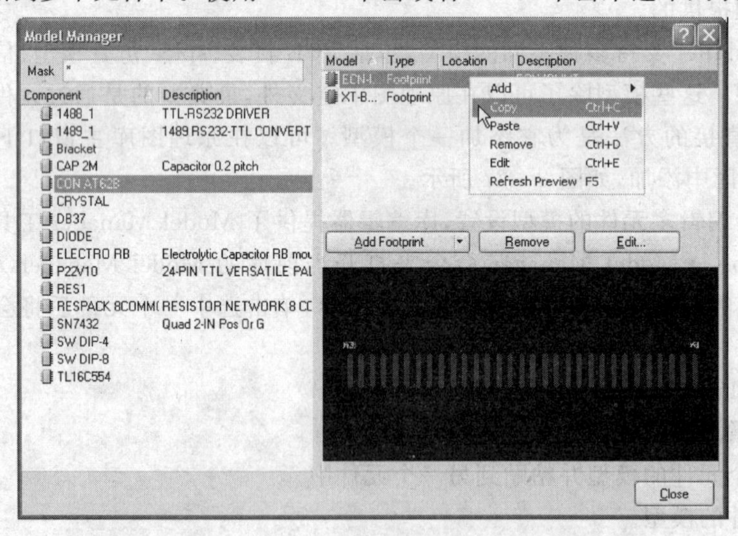

图 8-28　通过 Model Manager 来对多元件模型进行管理

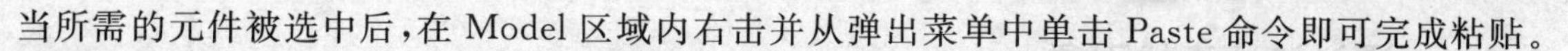

当所需的元件被选中后，在 Model 区域内右击并从弹出菜单中单击 Paste 命令即可完成粘贴。

注意：当选中多个元件的时候，只有所有已选元件都共有的模型才会被显示出来。所以要往多个元件中粘贴封装的时候，无须为模型图纸中一片空白而感到惊讶。当改为只选中其中一个元件的时候，当前元件的模型就会在图纸中显示了。

8.8　在整个设计中管理封装

Altium Designer 的原理图编辑器带有一个非常强大的封装管理器(Footprint Manager)。可以通过原理图编辑器的菜单命令来运行(Tools→Footprint Manager)，封装管理器可以检查整个工程中每一个元件所用的封装。支持多选功能从而方便了多元件封装的指派、封装连接形式以及修改具有多封装形式的元件的当前封装。通过 Altium Designer 的标准 ECO 系统来执行设计的修改，并且可以按需要更新原理图或者 PCB，如图 8－29 所示。

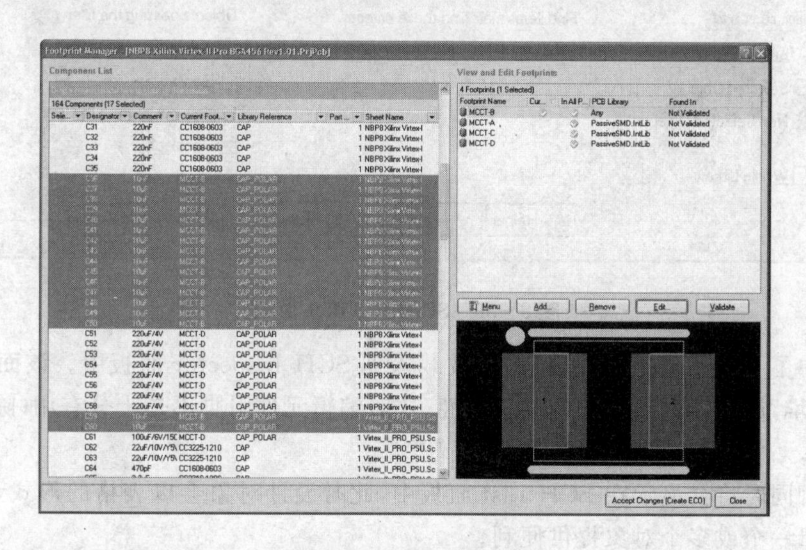

图 8－29　通过封装管理器来查看和管理整个设计的封装

8.9　采用查询来查找和编辑多个对象

Altium Designer 内置了功能强大的查询引擎，用于准确定位设计中的对象。查询事实上是对需要在设计数据中查找的对象的一种描述。

8.9.1 通过过滤查找对象

可以有大量的方法来查找设计数据，其中一种查询的方式是使用过滤(Filter)面板。执行查询的时候，其实是在过滤数据库。每一个对象都跟查找对象进行对照，如果一致就会被添加到结果当中。

图 8-30 给出了原理图库中的 SCHLIB Filter 面板，其中的查询项为 IsPin。执行查询的时候，库中的所有对象都会被检查过(如果选中 Whole Library 复选框)，任何含有一个引脚的对象都会被添加到结果中。其他无关的对象会被过滤。

SCHLIB Filter 面板右边的复选框是如何影响结果的显示的呢。在图 8-30 中，可以见到通过过滤的对象(符合引脚要求)会被选中和缩放拉近。其他所有的不合要求的对象都会不被选中并屏蔽(淡化和不能编辑)。

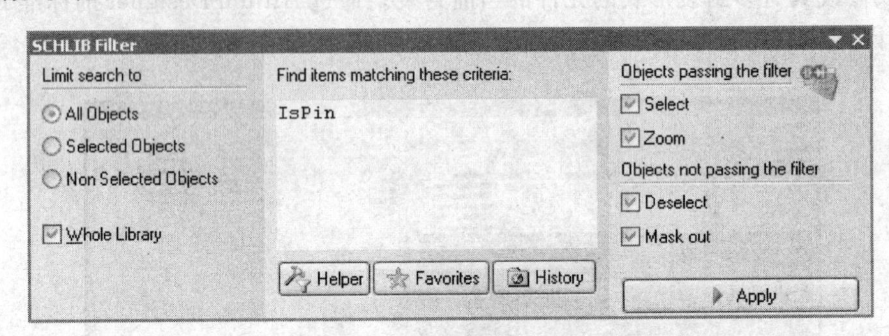

图 8-30 SCHLIB Filter 面板

因为选中了 Select 复选框，引脚将会被载入到 SCH Inspector 面板中。该面板实际上是将所选对象“堆”起以显示出它们的共用属性，这对编辑元件引脚不是十分有用(除非想要改变它们的长度)。

这些引脚同时将会显示在 SCH List 面板中，此时设计对象会以表格的形式显示，这为同时比较和编辑一个或多个对象提供便利。

注意： 在选中 Mask out 复选框的情况下执行过滤的时候，被滤除的对象会淡化并不能编辑。要取消过滤，单击工作区右下方的 Clear 按钮，或者使用快捷键 Shift+C。

8.9.2 在 Library List 面板中编辑设计对象

图 8-31 给出了原理图库 SCHLIB List 面板中载入引脚的情形。要注意的是，即使过滤器被设置成在整个库中选中，但是该面板顶部的 from 当前被设置为 current component。在 SCHLIB Filter 面板和 SCHLIB List 面板中都有作用域选择功能，这样过滤控制和结果显示就是分开过滤的了。可以采用这种方式来在当前库中查找所有的引脚，然后在查看所有引脚

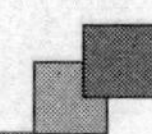

和查看当前元件引脚间切换。

SCHLIB List

Edit　selected objects　from　current component　Include　all types of objects

Object Kind	X1	Y1	Orientation	Name	Show Name	Pin Designator	Show Designator	Electrical Type	Hide	Hidden Net Name
Pin	70	-10	0 Degrees	OUTA	✔	3	✔	Output		
Pin	70	-30	0 Degrees	OUTB	✔	6	✔	Output		
Pin	70	-50	0 Degrees	OUTC	✔	8	✔	Output		
Pin	70	-70	0 Degrees	OUTD	✔	11	✔	Output		
Pin	0	-70	180 Degrees	IND1	✔	13	✔	Input		
Pin	0	-80	180 Degrees	IND2	✔	12	✔	Passive		
Pin	70	-80	0 Degrees	GND	✔	7	✔	Power		
Pin	70	0	0 Degrees	V+	✔	14	✔	Power		

8 Objects (8 Selected)

图 8－31　原理图编辑器中的 SCHLIB List 面板显示出当前元件引脚

SCHLIB List 面板的图纸栅格非常合适于查看和编辑对象。当将 SCHLIB List 面板设置为 Edit 模式(该选项在面板的左上方)后,可以用键盘上的键来遍历和编辑设置。例如,使用方向键来遍历表格,用 F2 键或者 Space 键来编辑已选的单元格,按 Enter 键来执行修改,按下 Space 键来切换选项等。

SCHLIB List 面板是完全可配置的。要增加或移除栏目或修改栏目的次序,右击栏目的标题并从弹出菜单中单击 Choose Columns 命令即可。

8.9.3　使用电子数据表程序来编辑设计数据

不仅可以直接在 SCHLIB List 面板中编辑数据,还可以将多块选中的单元格在 SCHLIB List 面板和要用的电子数据表程序(如 Excel)之间双向复制。例如,可以新建一个新元件并将官方数据表中的所有引脚数据复制到电子数据表中。而不必在原理图库编辑器中一个个地输入这些数据。步骤如下。

(1) 在新建的原理图库中放置一个引脚并复制它,然后使用粘贴阵列(Paste Array)命令来产生所需的引脚数。

(2) 在 Filter 面板中使用 IsPin 查询以载入这些引脚到 List 面板中。

(3) 设置关联引脚的数据栏,使它们与电子数据表程序中的栏排列相符。

(4) 切换到电子数据表程序中,选中所需的引脚数据块并复制好。

(5) 切换回 SCHLIB List 面板中,选中表格中相同的位置,右击并在弹出菜单中单击粘贴命令。

需要先从 SCHLIB List 面板往电子数据表(spreadsheet)复制一些数据,看看数据在电子数据表中是如何表示的。用同样的方法,就可以快速地在新建元件中配置大量的元件引脚。图 8－32～图 8－34 表明这个顺序。

需要设置 SCHLIB List 面板为编辑模式而不是查看模式,这样才能往面板中编辑和粘贴数据。

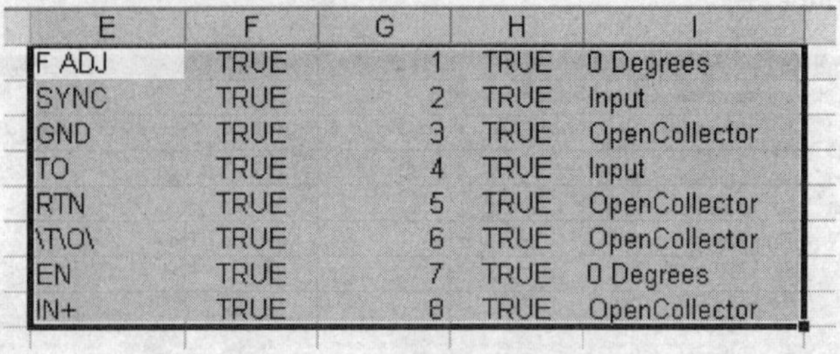

E	F	G	H	I
F ADJ	TRUE	1	TRUE	0 Degrees
SYNC	TRUE	2	TRUE	Input
GND	TRUE	3	TRUE	OpenCollector
TO	TRUE	4	TRUE	Input
RTN	TRUE	5	TRUE	OpenCollector
\T\O\	TRUE	6	TRUE	OpenCollector
EN	TRUE	7	TRUE	0 Degrees
IN+	TRUE	8	TRUE	OpenCollector

图 8-32　电子数据表编辑器中的引脚数据被复制到剪贴板中

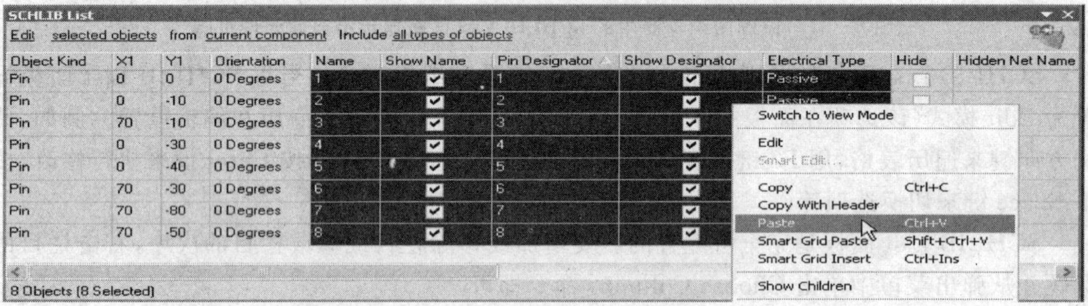

SCHLIB List

Edit selected objects from current component Include all types of objects

Object Kind	X1	Y1	Orientation	Name	Show Name	Pin Designator	Show Designator	Electrical Type	Hide	Hidden Net Name
Pin	0	0	0 Degrees	1	✔	1	✔	Passive		
Pin	0	-10	0 Degrees	2	✔	2	✔	Passive		
Pin	70	-10	0 Degrees	3	✔	3	✔			
Pin	0	-30	0 Degrees	4	✔	4	✔			
Pin	0	-40	0 Degrees	5	✔	5	✔			
Pin	70	-30	0 Degrees	6	✔	6	✔			
Pin	70	-80	0 Degrees	7	✔	7	✔			
Pin	70	-50	0 Degrees	8	✔	8	✔			

Switch to View Mode
Edit
Smart Edit...
Copy Ctrl+C
Copy With Header
Paste Ctrl+V
Smart Grid Paste Shift+Ctrl+V
Smart Grid Insert Ctrl+Ins
Show Children

8 Objects (8 Selected)

图 8-33　在 SCHLIB List 面板中选中一块目标单元格,右键选择粘贴

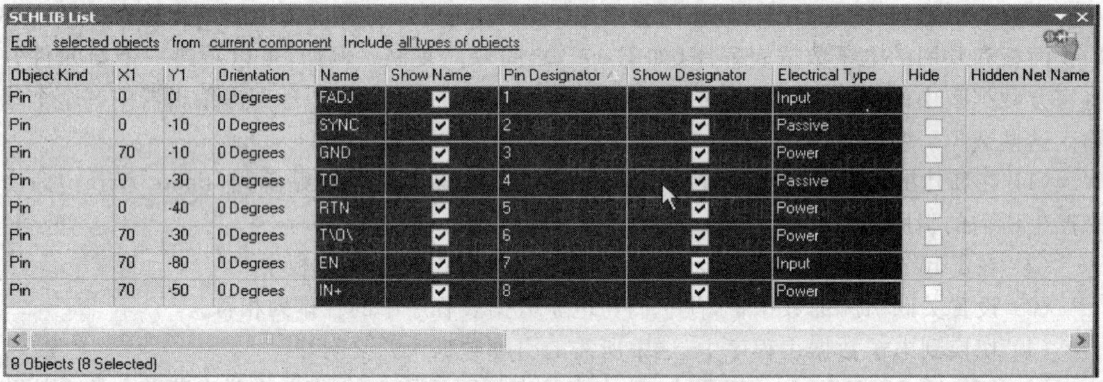

SCHLIB List

Edit selected objects from current component Include all types of objects

Object Kind	X1	Y1	Orientation	Name	Show Name	Pin Designator	Show Designator	Electrical Type	Hide	Hidden Net Name
Pin	0	0	0 Degrees	FADJ	✔	1	✔	Input		
Pin	0	-10	0 Degrees	SYNC	✔	2	✔	Passive		
Pin	70	-10	0 Degrees	GND	✔	3	✔	Power		
Pin	0	-30	0 Degrees	TO	✔	4	✔	Passive		
Pin	0	-40	0 Degrees	RTN	✔	5	✔	Power		
Pin	70	-30	0 Degrees	T\O\	✔	6	✔	Power		
Pin	70	-80	0 Degrees	EN	✔	7	✔	Input		
Pin	70	-50	0 Degrees	IN+	✔	8	✔	Power		

8 Objects (8 Selected)

图 8-34　引脚数据粘贴后的 SCHLIB List 面板

也可以使用 Smart Grid Paste 工具来快速更新设计对象的属性或者快捷简单地新建一组图元,这些工具都可以在原理图或者 PCB 编辑器的 List 面板中通过右键菜单找到。

8.9.4　在设计工作区中过滤对象——工作原理

图 8-35 给出了设计数据过滤和高亮显示过程。它说明了如何实现通过在 Filter 面板中

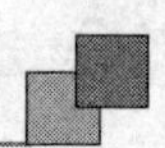

进行查询来控制过滤过程，如何设置 Find Similar Objects (FSO)对话框中的选项(事实上是在后台采用了一个查询过程)，以及如何在 Navigator 面板中选中对象的。然而 PCB 面板没有给出，但是正如 Navigator 一样，它也是可以在 PCB 工作区中过滤数据的。

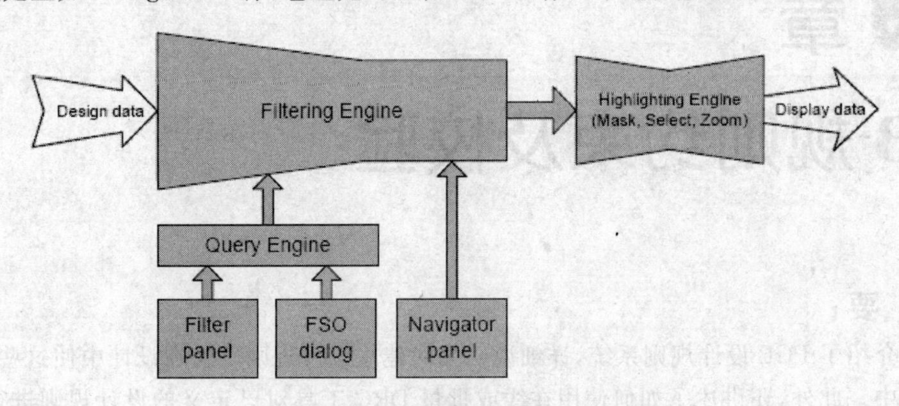

图 8-35　过滤和高亮显示过程框图

高亮引擎可决定被滤出的数据以何种形式显示出来。

作为一个用户，可以在主图形编辑窗口、检查器(你可以指定高亮引擎选中对象)或者 List 面板中访问已筛选的数据。

编写查询的一些技巧：采用 Query Helper 来协助用户熟悉查询器可用的关键词。在 Filter 面板中单击 Helper 按钮即可显示帮助信息。

在关键词上按下 F1 键即可显示在线帮助。

① 使用 Query Helper 面板下方的屏蔽区域(Mask field)来查找可能用到的关键词。如果在想要找的字符串前插入*通配符，就能得到所有关于该字符串的关键字和描述。

② 在关闭 Query Helper 对话框之前单击 Check Syntax 按钮。

③ 在变量旁加上单引号，例如‘DIP14’。

④ 进行查询时会有优先级次序问题，所以应该用括号来保证次序的正确性。

第 9 章

PCB 规则约束及校验

概　要：

本章介绍了 PCB 设计规则系统，详细说明如何建立设计规则以及在设计中使这些规则应用于对象中。此外，还讲述了如何使用在线或批量 DRC 工具对已定义的设计规则进行检查，最后讨论冲突的驾驭及解决方法。

PCB 设计不再是一项简单的放置走线和创建连接的工作。事实上，许多复杂的设计就是一个冲突需求的雷区。高速逻辑具有更小、更复杂的封装工艺，这使得对 PCB 设计者的要求更高。仅仅去考虑线路、焊盘、过孔的安全间隙已不能满足所有的设计要求。现今的设计对板卡上独立的网络、元器件或区域有特别的需求，例如需要考虑网络阻抗、串扰、信号反射以及线路长度等。Altium Designer 的规则驱动型 PCB 编辑器允许用户定义设计规则，这些规则用于监测和测试设计需求。

设计规则为 PCB 编辑器定义了一系列指令集。每一条设计规则都代表一个设计的需求，而很多规则可通过在线设计规则检查(DRC)进行实时监测。在使用软件的附加功能时，相应的规则监测便会自动开启，例如，使用交互式或自动布线时，基本的布线规则就自动生效；当进行详细的信号完整性分析时，相应的信号完整性分析规则就会生效。

在对设计规则进行检查和冲突解决时，若能熟练掌握规则的定义以及 PCB 编辑器的各种功能，即使在更苛刻的设计需求下也能成功地完成设计。

9.1　基础篇——PCB 规则系统

Altium Designer PCB 编辑器内建的规则系统具有一些基本的功能，这与其他 PCB 编辑环境下的设计规则系统有所区别。

① 规则独立于对象——定义的设计规则与规则所应用的对象是独立分开的。设计规则并不属于某个设计对象，它是在设计规则集合中定义然后作用于对象。这种方式使得规则能

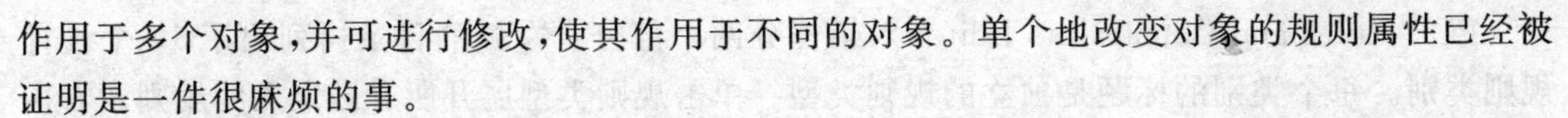

作用于多个对象，并可进行修改，使其作用于不同的对象。单个地改变对象的规则属性已经被证明是一件很麻烦的事。

② 通过编辑检索条件指定规则辖域——灵活的检索条件系统可用于指定规则所作用的对象，这取代了使用预定义的规则辖域进行指定的方法。这种方法可以精确地控制规则与目标对象的匹配。

③ 复杂情况下的规则定义——相同类型的多个规则可以定义到不同的对象中，这使得用户可完全地控制板卡设计规则的定义。例如，对一个网络布线宽度规则设定，对顶层指定一个布线宽度，而底层则指定另一个布线宽度，或者指定底层的焊盘阻焊蒙板比顶层的大。

④ 规则优先级——多个设计规则可作用于同一个设计对象，其中包括通用的或特殊的规则。为解决规则的竞争，软件对规则指定了优先级别。系统在应用规则时从高至低检查，从中选择与对象匹配的的第一条规则。

⑤ 两种规则类型——一元规则，该规则定义了一个对象的行为特性；二元规则，定义的是两个对象的交互作用。

1. 定义和管理设计规则

设计规则在 PCB Rules and Constraints Editor 对话框中定义和管理，如图 9－1 所示。注意规则约束也可以在原理图中定义，然后通过同步过程更新到 PCB 编辑器中。

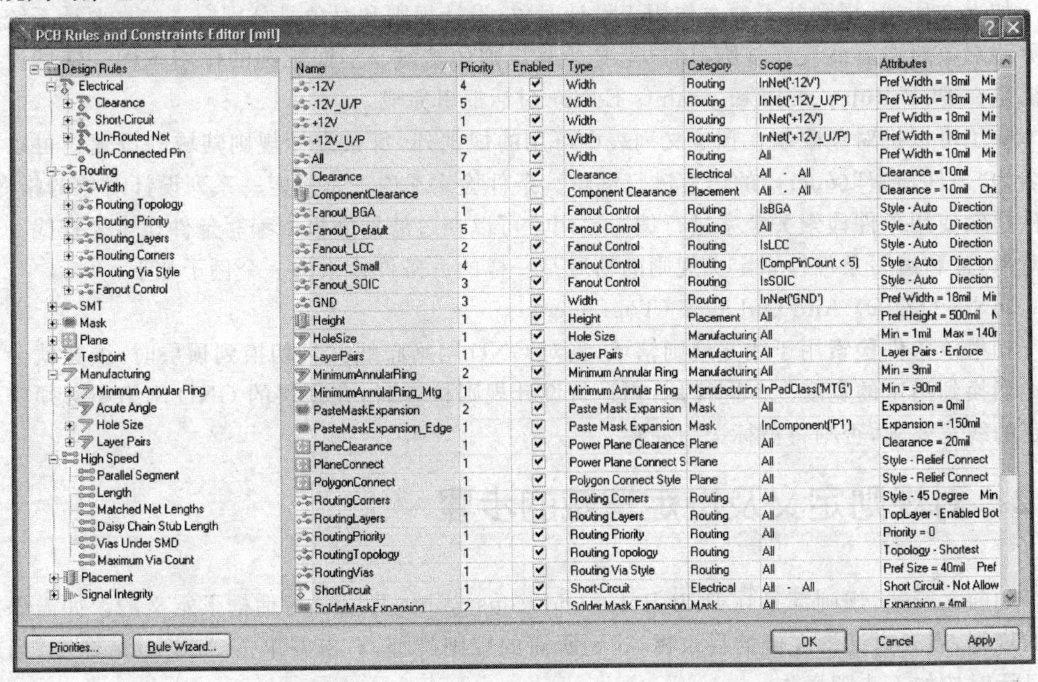

图 9－1　PCB Rules and Constraints Editor 对话框

PCB Rules and Constraints Editor 对话框分两个部分。左侧的目录树列出了 10 个设计规则类别。每个类别的标题是独立的规则类型。单击规则类型展开所有已定义的规则。右击一项规则类型添加新的规则。

对话框的右侧列出了当前类型、类别或整个系统已定义的规则,或显示了左侧目录树中已选中的实际规则。要对目录树中的规则进行配置,单击规则或在列表中右击。

2. 规则优先级设置

为了简化定义和管理设计规则的过程,可先定义覆盖整个板卡需求的规则,然后对特殊的情况单独定义。在这种情况下必须指定规则的优先级别,优先级别用于指定当多个规则共同作用于一个设计对象时哪一个具有较高的优先级别。

另一个例子是阻焊蒙板的约束,用户可以首先指定一个蒙板规则作用于板上所有的焊盘和过孔,在特别的封装类型中,该规则能被高优先级别的规则覆盖。而在必要时,这个针对特别封装类型的规则也能被更高优先级别的规则覆盖。

管理规则重要的是保证所有规则的优先级别能被正确地指定。当要添加一个新的规则时,默认情况下它是最高优先级别的。单击 PCB Rules and Constraints Editor 对话框里的 Priorities 按钮,对规则的优先级别进行配置。

3. 设计规则的辖域或绑定

如上文所述,规则并不独立作用于设计对象,设计规则和对象是分别定义的。要让系统知道哪些对象对应哪些设计规则,用户需要了解规则的辖域——即规则的作用范围。辖域设定或绑定在 PCB Rules and Constraints Editor 对话框里完成。

除了可以把对象限制在预定义列表中可用的规则外,每条设计规则辖域的设置还可以使用名为“条件检索”(query)的语言进行编辑。条件检索本质上是绑定一系列设计对象的指令,条件检索使用条件检索关键字进行编写。用户可以在过滤器面板中编写条件检索来查找一系列对象,这和编写条件检索定义规则的辖域是一样的。条件检索的一个例子如下:

InNet (GND) And OnLayer (TopLayer)

如果该条件检索用于线宽规则辖域,当对 GND 网络布线并且切换到顶层时,线宽就会自动地切换到指定的宽度上。同样地,当运行设计规则检查时,在顶层的 GND 网络中必须符合指定的线宽要求,否则将被标记为冲突。

9.2 对规则定义及设定辖域的步骤

如前文所述,规则都是在 PCB Rules and Constraints Editor 对话框下定义的。如需添加新的规则,展开对话框左侧的目录树,找到所需的规则类型,右击并单击 Add Rule 命令,当规则显示时按如下步骤操作。

① 给规则定义一个有意义且易于识别的名字;

② 设置规则约束，如安全间隙或布线宽度；

③ 通过输入条件检索（或二元规则的条件检索）定义规则的辖域；

④ 设置规则优先级。

除了手工输入条件检索外，还有其他技巧用于创建或设定规则辖域。

注意： 如果条件检索有句法错误，对话框左侧目录树下的规则以红色高亮显示，当要关闭对话框时将弹出警告信息。如果规则辖域中有句法错误会大大降低在线和批量DRC分析进程的速度。因此，在关闭对话框前必须去除所有句法的错误。

1. 通过规则向导创建新的规则

可使用New Rule Wizard向导来创建新的规则，如图9-2所示。该向导可通过PCB Rules and Constraints Editor对话框进行访问，或直接从Design菜单中选择。根据向导，可快速创建任何类型的设计规则。

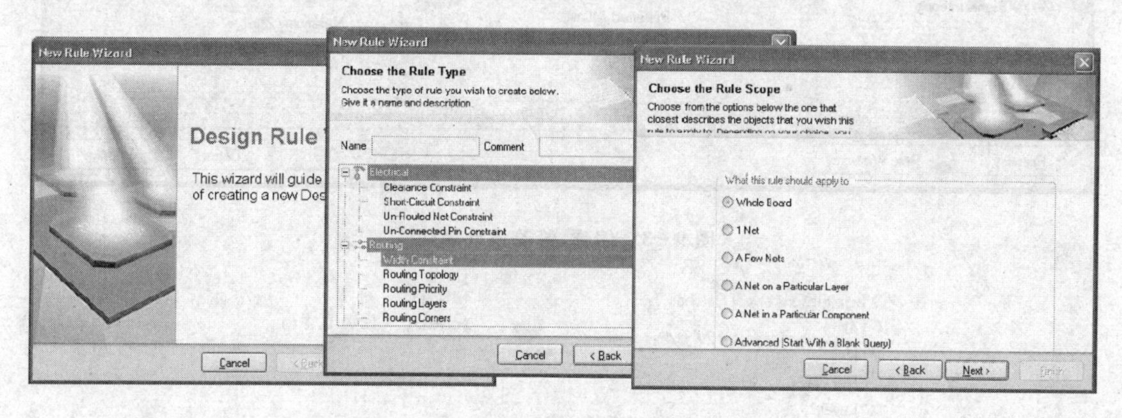

图9-2 使用New Rule Wizard创建新规则

2. 编辑规则

要编辑规则的辖域或约束属性，单击目录树窗格中的项或双击概览表。对话框主编辑窗口将允许访问规则辖域和约束属性的控件，如图9-3所示。

3. 使用内建的选项设置规则辖域

当编辑设计规则时会发现有一组名为Where the first object matches的选项，如图9-4所示。这些选项提供快捷的方法创建条件检索，用户只需选择其中一个单选按钮或通过下拉列表选择适当的目标，如网络或板层。操作这些选项时相应的检索条件字符串就会在Full Query文本框内自动生成。这些检索条件仅是ASCII字符串，用户可按需进行编辑。

Advanced(Query)选项允许用户编写自己的、更复杂的或特殊的条件检索。用户可以直接在Full Query文本框中输入规则辖域特殊的条件检索。在建立条件检索时，在条件检索建立器（Query Builder）和条件检索助手（Query Helper）中可获得帮助。如果不确定条件检索的一些句法或关键词，它们能提供有效的帮助。

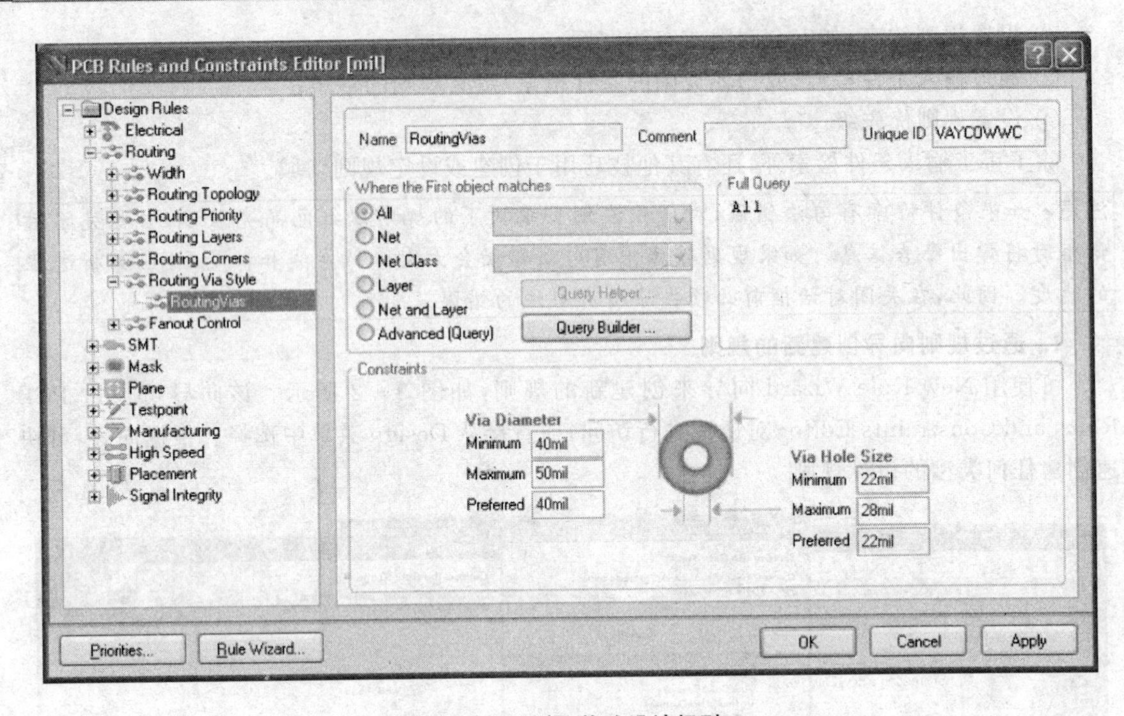

图 9-3 编辑、修改设计规则

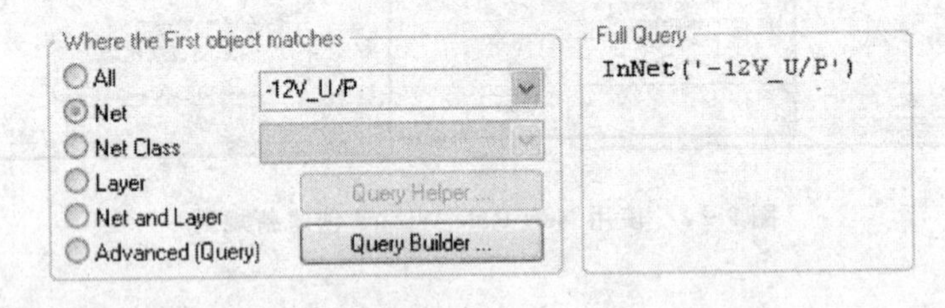

图 9-4 Where the first object matches 选项

注意：条件检索建立器(Query Builder)是建立条件检索的简单方法。如果希望通过关键字和一些复杂的句法建立条件检索，可使用条件检索助手(Query Helper)。

4. 通过条件检索建立器来建立规则辖域

单击 Query Builder 按钮打开 Building Query from Board 对话框，如图 9-5 所示，用户可以通过该对话框使用简单的 AND 或 OR 等字符串为设计文件中要绑定特殊的对象建立条件检索。

如图 9-5 所示对话框左侧就是用于为所需对象指定相应条件的。当定义一个条件后，当前的条件检索预览就会显示在窗口的右侧。

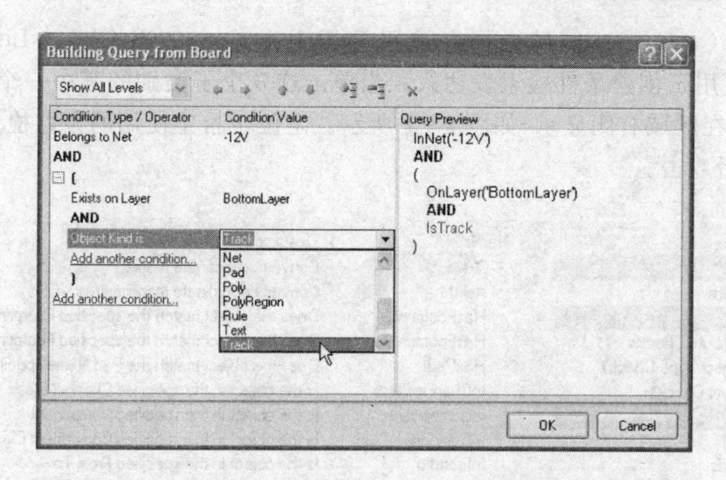

图 9－5　Building Query from Board 对话框

5. 从条件检索助手中获取帮助

如需使用条件检索助手，首先确保选中 Advanced(Query)单选框，然后单击 Query Helper 按钮打开 Query Helper 对话框，如图 9－6 所示。条件检索引擎将分析 PCB 设计并列出所有可用的对象以及生成相应的条件检索关键字。

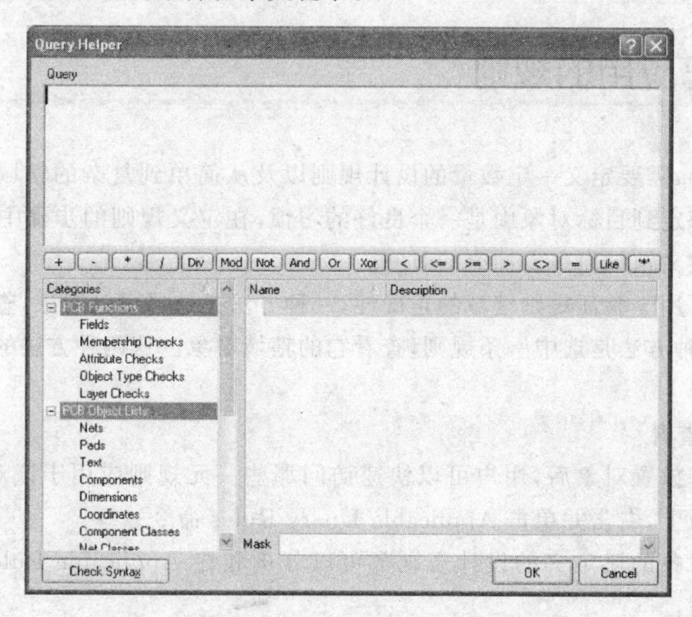

图 9－6　Query Helper 对话框

在对话框的 Query 区域编写条件检索表达式。用户可以直接在区域内输入内容。在输入字符时，内容敏感的提示将列出可能的关键词或对象名以提供帮助。

在对话框的 Categories 区域内可以访问 PCB Function, PCB Object Lists 以及 System Function,它们可用于创建条件检索表达式。当单击这 3 个子类别的其中一个时,相关的关键字或对象列表将在区域右侧显示,如图 9-7 所示。定位于希望使用的条件检索字符串的关键词或对象上,然后双击。

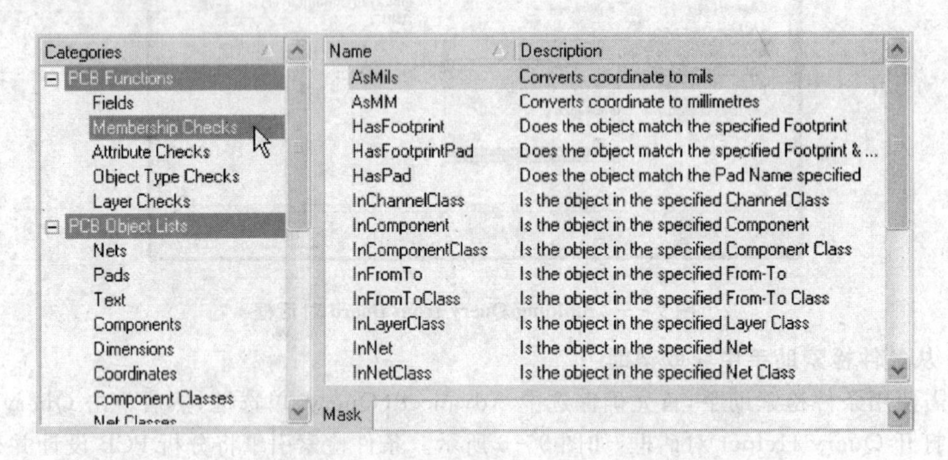

图 9-7 在 Query Helper 对话框中单击子类别以显示对象列表

9.3 检查已应用的规则

在板卡设计中,需要定义一定数量的设计规则以及从简单到复杂的辖域。检查已定义的规则是否正确地绑定到目标对象中是一个良好的习惯,在定义规则的步骤中小心谨慎有助于节省排除因错误定义辖域而引发冲突的时间。

有两种方法可用于验证规则辖域的正确性,一种方法是选择设计对象,查询当前作用于它本身的规则;另一种方法是选中一条规则,查看它的辖域对象。这两种方法的选择取决于用户的习惯和喜好。

1. 从对象中查看

在当前设计中放置对象后,用户可以快速访问那些一元规则应用于该对象的相关信息。把光标定位于对象上,右击并单击 Applicable Unary Rules 命令。

所有应用于对象的已定义的设计规则都可以分析和在 Applicable Rules 对话框中列出来,如图 9-8 所示。

在对话框中列出来的规则后面都有一个勾(✔)或交叉(✖)。打勾的标记表示该规则是同一类型中优先级别最高的且该规则当前已被应用。同一类型中低优先级别的规则有交叉作标记,表示该规则虽被应用,但因不是最高优先级别的规则,当前并不起作用。

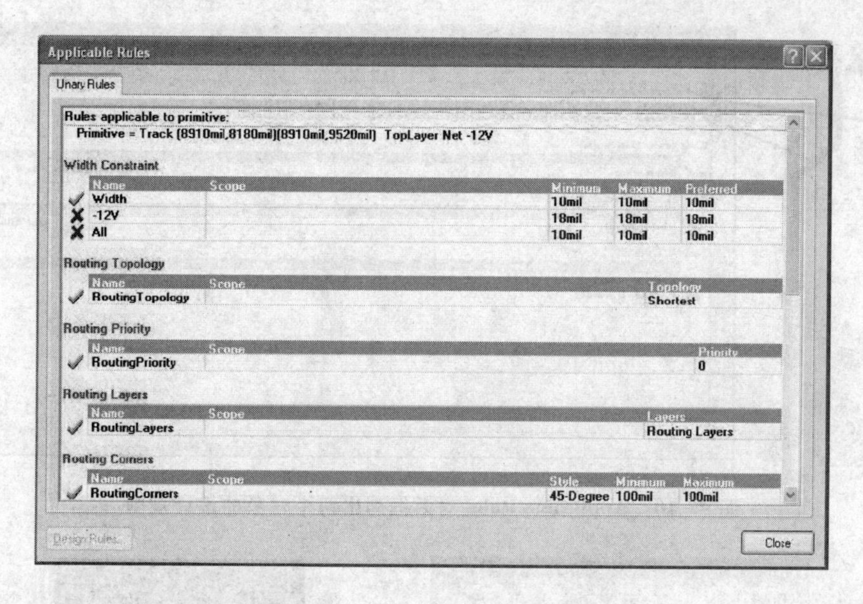

图 9-8 Applicable Rules 对话框

应用于对象但当前被禁能的规则同样以交叉作标记，并以删除线高亮显示，如图 9-9 所示。

Width Constraint

	Name	Scope	Minimum	Maximum	Preferred
✔	Width		10mil	10mil	10mil
✘	~~-12V~~		~~18mil~~	~~18mil~~	~~18mil~~
✘	All		10mil	10mil	10mil

图 9-9 以删除线高亮显示被禁能规则

用户可以以相同的方式访问作用于两个对象的二元设计规则。把光标定位于其中一个对象，右击单击 Applicable Binary Rules 命令。这时将提示用户同时选择两个对象，Applicable Rules 对话框显示了所有应用于这些对象的规则，如图 9-10 所示。

2. 从规则中查看

除了可以查看哪些设计规则作用于对象(或两个对象之间)外，用户还可以选取一条规则，查看它所管辖的对象范围，把 PCB 面板配置为 Rules 便可实现该功能。当在面板 Rules 区域中单击指定的规则，过滤器就会起作用，过滤出规则辖域的对象。根据蒙板高亮显示的功能，就可以快速查看规则所绑定的对象，如图 9-11 所示。

这个方法在使用条件检索设置规则辖域时特别有用，因为可以在面板中直接编辑规则，调整条件检索直至期望的对象被捕捉到辖域中。

使能面板的 Rules 模式后，当前已定义的设计规则就可以在 PCB 面板中显示出来。

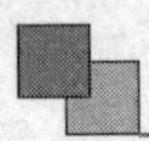

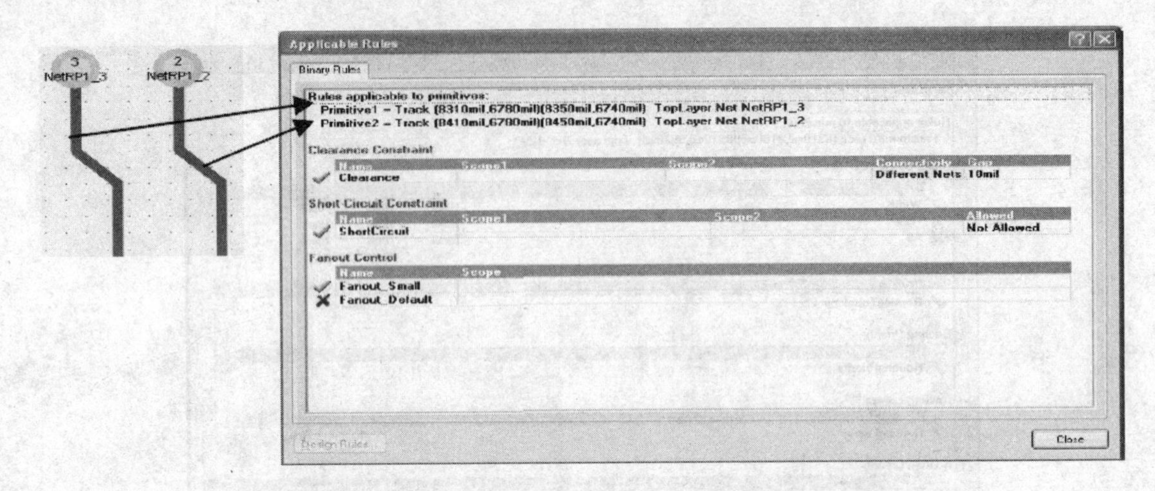

图 9-10 Applicable Rules 对话框列出两个对象的设计规则

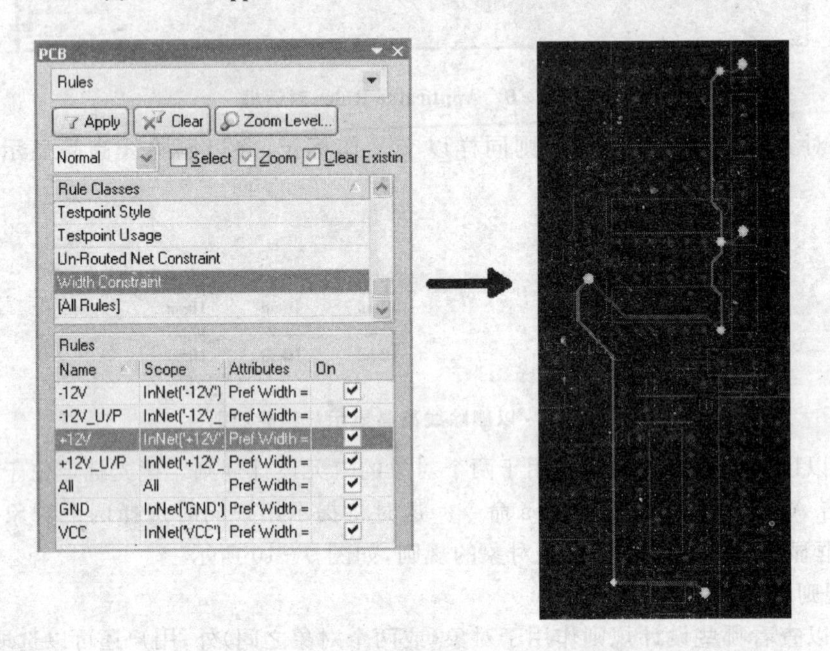

图 9-11 利用 PCB 面板 Rules 模式查看规则

面板中可以对全部或相关部分的设计规则进行查看。如果当前激活的设计已定义了某类型指定的规则,Rule Classes 区域就只包含这样一个设计规则类型。

双击规则条目可打开相关的 Edit PCB Rule 对话框,在这里可以编辑规则辖域或指定规则约束,如图 9-12 所示。

要获得更多关于面板的信息,当光标移到面板时按 F1 键。

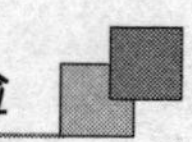

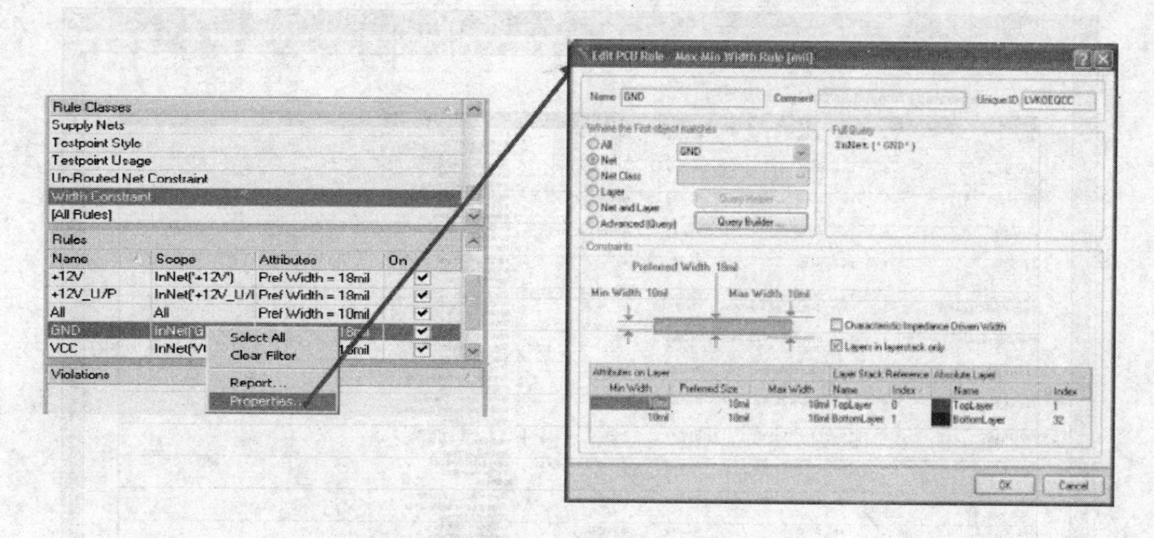

图 9-12　在 Edit PCB Rule 对话框中修改规则

9.4　导入和导出设计规则

在 PCB Rules and Constraints Editor 对话框中可以导入或导出设计规则。这允许用户在不同的设计中保存或加载喜好的规则定义。导出规则，在对话框左侧目录树任意位置右击，单击 Export Rules 命令，导出的规则保存于 PCB 规则文件中(*.Rul)。

9.5　设计规则报告

在 PCB Rules and Constraints Editor 对话框中可以生成当前定义的设计规则报告。报告可涵盖所有规则种类、指定的规则种类或指定的规则类型。右击各规则的概要列表，或在目录树中右击并单击 Report 命令。相应的报告就在弹出的 Report Preview 对话框中生成，如图 9-13 所示。

在最终导出到文件或打印前，使用该对话框的页面进行预览。

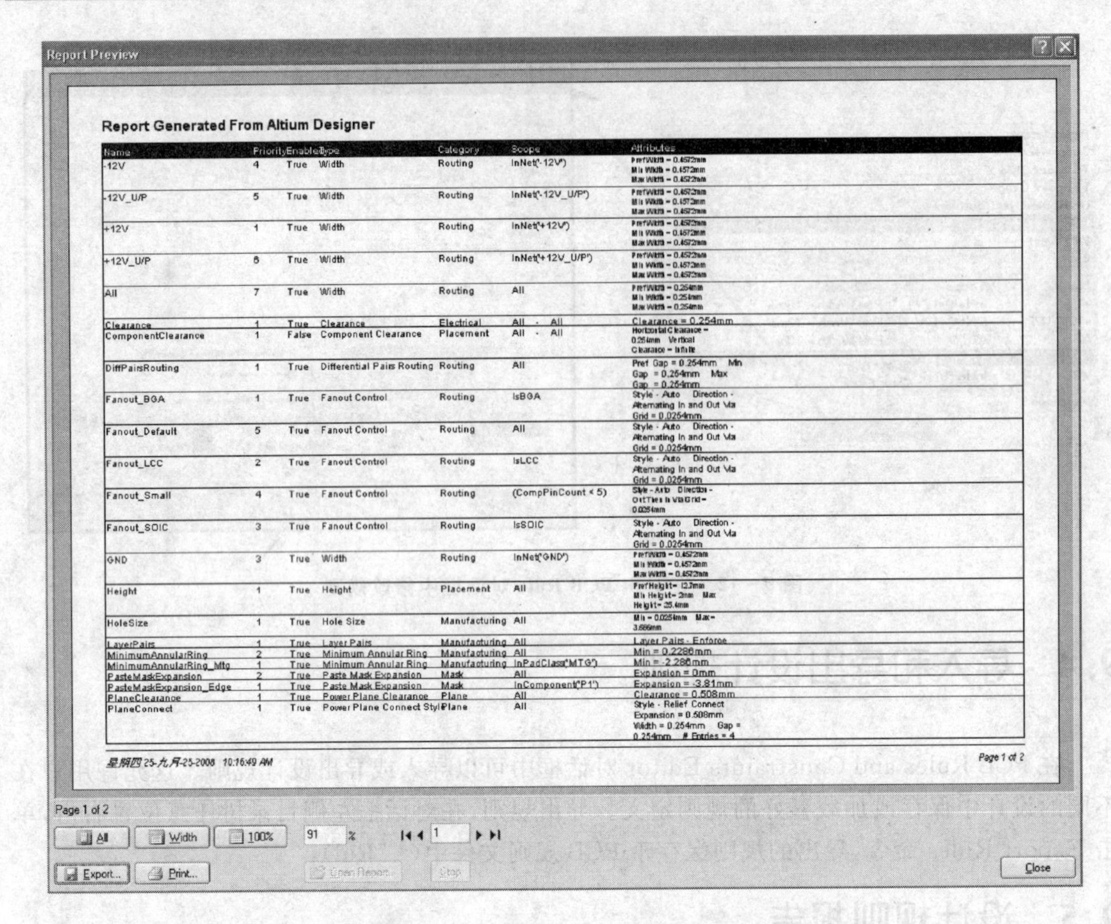

Report Generated From Altium Designer

Name	Priority	Enabled	Type	Category	Scope	Attributes
-12V	4	True	Width	Routing	InNet('-12V')	PrefWidth = 0.4572mm Min Width = 0.4572mm Max Width = 0.4572mm
-12V_U/P	5	True	Width	Routing	InNet('-12V_U/P')	PrefWidth = 0.4572mm Min Width = 0.4572mm Max Width = 0.4572mm
+12V	1	True	Width	Routing	InNet('+12V')	PrefWidth = 0.4572mm Min Width = 0.4572mm Max Width = 0.4572mm
+12V_U/P	6	True	Width	Routing	InNet('+12V_U/P')	PrefWidth = 0.4572mm Min Width = 0.4572mm Max Width = 0.4572mm
All	7	True	Width	Routing	All	PrefWidth = 0.254mm Min Width = 0.254mm Max Width = 0.254mm
Clearance	1	True	Clearance	Electrical	All - All	Clearance = 0.254mm
ComponentClearance	1	False	Component Clearance	Placement	All - All	Horizontal Clearance = 0.254mm Vertical Clearance = Infinite
DiffPairsRouting	1	True	Differential Pairs Routing	Routing	All	Pref Gap = 0.254mm Min Gap = 0.254mm Max Gap = 0.254mm
Fanout_BGA	1	True	Fanout Control	Routing	IsBGA	Style - Auto Direction - Alternating In and Out Via Grid = 0.0254mm
Fanout_Default	5	True	Fanout Control	Routing	All	Style - Auto Direction - Alternating In and Out Via Grid = 0.0254mm
Fanout_LCC	2	True	Fanout Control	Routing	IsLCC	Style - Auto Direction - Alternating In and Out Via Grid = 0.0254mm
Fanout_Small	4	True	Fanout Control	Routing	(CompPinCount < 5)	Style - Auto Direction - OutThen In Via Grid = 0.0254mm
Fanout_SOIC	3	True	Fanout Control	Routing	IsSOIC	Style - Auto Direction - Alternating In and Out Via Grid = 0.0254mm
GND	3	True	Width	Routing	InNet('GND')	PrefWidth = 0.4572mm Min Width = 0.4572mm Max Width = 0.4572mm
Height	1	True	Height	Placement	All	PrefHeight = 12.7mm Min Height = 2mm Max Height = 25.4mm
HoleSize	1	True	Hole Size	Manufacturing	All	Min = 0.0254mm Max = 3.556mm
LayerPairs	1	True	Layer Pairs	Manufacturing	All	Layer Pairs - Enforce
MinimumAnnularRing	2	True	Minimum Annular Ring	Manufacturing	All	Min = 0.2286mm
MinimumAnnularRing_Mtg	1	True	Minimum Annular Ring	Manufacturing	InPadClass('MTG')	Min = -2.286mm
PasteMaskExpansion	2	True	Paste Mask Expansion	Mask	All	Expansion = 0mm
PasteMaskExpansion_Edge	1	True	Paste Mask Expansion	Mask	InComponent('P1')	Expansion = -3.81mm
PlaneClearance	1	True	Power Plane Clearance	Plane	All	Clearance = 0.508mm
PlaneConnect	1	True	Power Plane Connect Styl	Plane	All	Style - Relief Connect Expansion = 0.508mm Width = 0.254mm Gap = 0.254mm # Entries = 4

星期四 25-九月-25-2008 10:16:49 AM　　Page 1 of 2

图 9-13　在 Report Preview 对话框中预览报告

9.6　在原理图中定义规则

通过在原理图文件中添加设计规则参数的方法，可使得约束(规则)的定义优先于 PCB 布线。相关的 PCB 设计规则辖域将在设计更新到 PCB 时传递过去，设计规则辖域是由设计对象的种类所决定的。表 9-1 是软件所支持的原理图参数到 PCB 规则辖域转换的选项。

在每种情况下，添加基于规则的参数的方法是一样的。在各自的标签或对话框内，仅需完成以下步骤。

- 添加一个作为规则的参数；
- 选择使用的规则类型；
- 为每个选中的规则类型配置约束。

在原理图中向对象添加一个设计规则参数后，软件会为每个参数分配唯一 ID。相同的 ID 将分配到 PCB 相关的设计规则中。通过唯一 ID，一个规则的约束可以在原理图或 PCB 其中一方被用户编辑，然后经过同步在另一方更新。

表 9－1　原理图参数到 PCB 规则辖域转换的选项

参数(规则)所添加的对象	添加参数的地方	对应的 PCB 规则辖域
引脚	Pin Properties 对话框的 Parameters 标签	焊盘
端口	Port Properties 对话框的 Parameters 标签	网络
导线	运用 Place→Directives→PCB Layout 命令放置一条 PCB 布线指令(参数集合)后的 Parameters 对话框	网络
总线	运用 Place→Directives→PCB Layout 命令放置一条 PCB 布线指令(参数集合)后的 Parameters 对话框	网络类
元器件	Component Properties 对话框的 Parameters 区域	元器件
图表符	Sheet Symbol 对话框的 Parameters 标签	元器件类
图纸	Document Options 对话框(Design→Document Options)的 Parameters 标签	所有对象

图 9－14 为在原理图中给导线添加 PCB 布线指令的例子。例子中为导线定义了宽度规则，它将作为一个附加的布线宽度规则同步转换到 PCB 设计中。

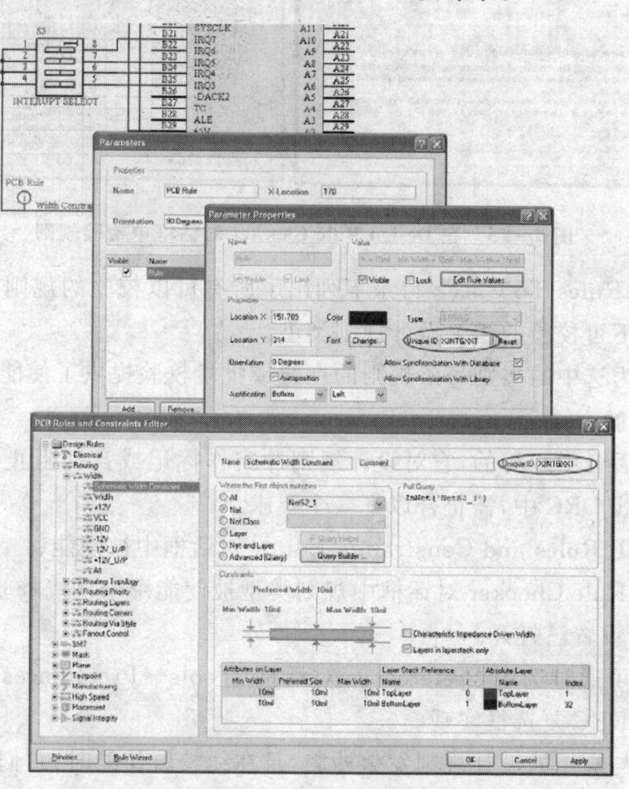

图 9－14　使用唯一 ID 进行原图到 PCB 同步

9.7 设计规则校验(DRC)

设计规则校验(DRC)是自动校验设计的逻辑和物理完整性的强大而有用的功能。校验是根据部分或全部使能的设计规则进行的,同时它可以在用户工作时在线校验,或一次批量校验,校验结果在 Message 面板中列出或生成到报告中。

注意: 在每个布线的板卡上应启用设计规则校验,以保证最小安全间隙以及避免其他冲突发生。另外,在最后生成设计时更应运行设计规则校验。

1. 配置 DRC

校验的配置在 Design Rule Checker 对话框中完成,该对话框从 PCB 编辑器的 Tools 菜单中单击 Design Rule Check 命令调出,如图 9-15 所示。

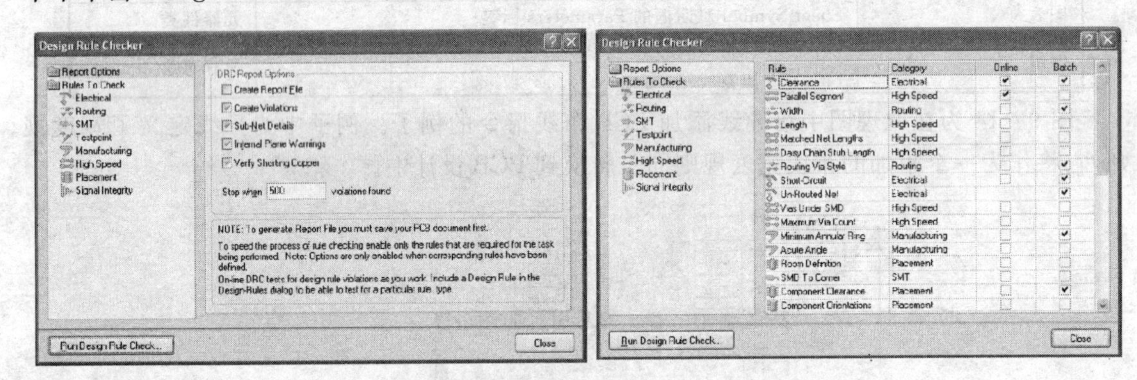

图 9-15 在 Design Rule Checker 对话框中检验规则

在对话框左侧,Rules To Check 目录下列出了所有可以校验的规则类别。单击一个类别可列出所有该类别下可校验的相关设计规则类型。

对话框的右侧为选中的类别每条规则的在线或批量校验提供了使能和禁止的选项。

2. 使用在线校验

在线校验是在后台中运行的,它对设计规则冲突作标记或自动阻止冲突的发生。要使一个规则能被列入在线 DRC 中,需符合以下 3 个要求。

(1) 规则在 PCB Rules and Constraints Editor 对话框中被使能;

(2) 在 Design Rule Checker 对话框中规则类型被使能用于在线校验;

(3) 在线 DRC 设置已打开。

最后一项要求可通过选中 Preferences 对话框(Tools→Preferences)下 PCB Editor-General 页面的 Online DRC 复选框实现。

当对象被发现与应用的设计规则发生冲突,且在线校验使能时,它们将会在工作区高亮显示。默认情况下冲突是以高亮轮廓线显示的，如图 9－16 所示。

3. 使用批量 DRC

在线 DRC 仅能检测新的错误，即在开启在线 DRC 后新增的错误。批量 DRC 允许用户在板卡设计过程中手动运行。因此，一个优秀的设计者不仅要知道在线 DRC 的价值，更要懂得在板卡设计开始及结束时运行批量 DRC。

当建立批量 DRC 时，可在 Design Rule Checker 对话框左侧的 DRC Report Options 项上单击，定义不同的附加选项，如图 9－17 所示。报告的生成也包括在这些选项里。

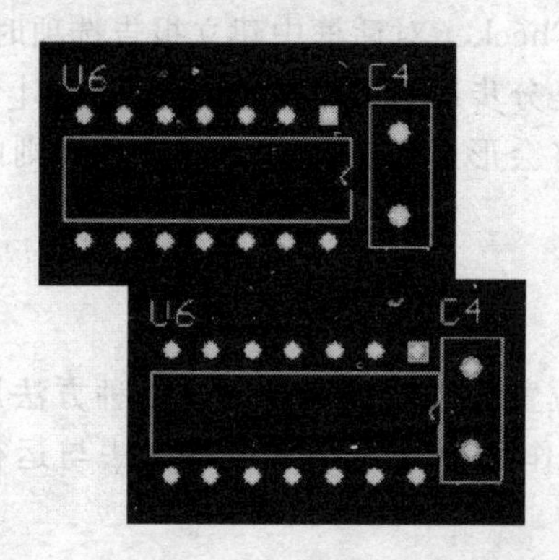

图 9－16　与设计规则冲突的对象被高亮显示

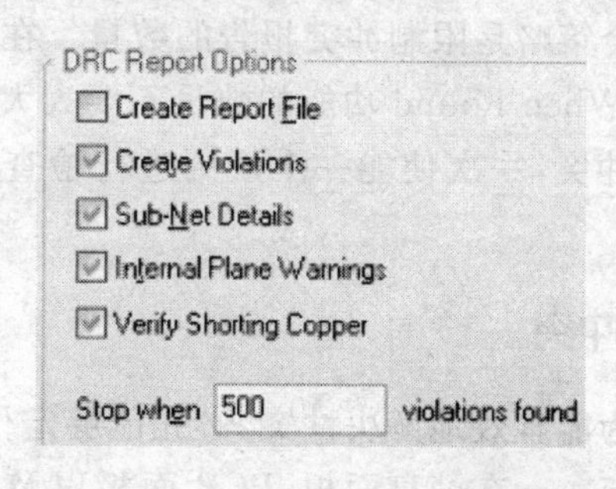

图 9－17　DRC Report Option 设置

单击对话框底部的 Run Design Rule Check 按钮初始化批量 DRC。当校验完成后，所有的冲突将在 Messages 面板中以消息形式列出来。

如果选择的是生成报告，在完成校验后，软件将在主设计窗口以活动文档的形式打开报告。报告中列出了所有被测试的规则以及每个冲突，冲突包含详细的参考信息，包括板层、网络、元器件标号、焊盘号以及对象所在的位置，如图 9－18 所示。

如果 Create Violations 复选框被选中，安全间距、长度以及线宽错误将在 PCB 文件中高亮显示。

Messages

Class	Document	Source	Message	Time	Date	No.
[Component Clearance Constraint Violation]	4 Port Serial Int...	Adva...	Between Small Component C17(9010mil,7820mil) on TopLayer and DIP Component U4(97...	12:03...	17/0...	167
[Component Clearance Constraint Violation]	4 Port Serial Int...	Adva...	Between Small Component C8(9930mil,7780mil) on TopLayer and DIP Component U4(979...	12:03...	17/0...	168
[Component Clearance Constraint Violation]	4 Port Serial Int...	Adva...	Between Small Component R2(10090mil,7220mil) on TopLayer and Small Component C14(...	12:03...	17/0...	169
[Component Clearance Constraint Violation]	4 Port Serial Int...	Adva...	Between Small Component C13(10630mil,7240mil) on TopLayer and Small Component R1(...	12:03...	17/0...	170
[Component Clearance Constraint Violation]	4 Port Serial Int...	Adva...	Between DIP Component U6(3800mil,8820mil) on TopLayer and Small Component C4(993...	12:03...	17/0...	171
[Component Clearance Constraint Violation]	4 Port Serial Int...	Adva...	Between DIP Component U9(10890mil,7820mil) on TopLayer and Small Component C3(11...	12:03...	17/0...	172
[Component Clearance Constraint Violation]	4 Port Serial Int...	Adva...	Between DIP Component U7(10890mil,8820mil) on TopLayer and Small Component C2(11...	12:03...	17/0...	173
[Component Clearance Constraint Violation]	4 Port Serial Int...	Adva...	Between Small Component X1(10230mil,7220mil) on TopLayer and PGA Component U1(1...	12:03...	17/0...	174
[Component Clearance Constraint Violation]	4 Port Serial Int...	Adva...	Between Small Component R2(10090mil,7220mil) on TopLayer and Small Component X1(1...	12:03...	17/0...	175
[Un-Routed Net Constraint Violation]	4 Port Serial Int...	Adva...	Net GND is broken into 42 sub-nets. Routed To 0.00%	12:03...	17/0...	176

图 9－18　报告显示所有冲突项

9.8 解决设计冲突

板卡经过布线,最后少量的修改已从原理图中引入,接下来就是把设计文件从逻辑影像转化成物理实体。通过批量DRC后,可能仅存在几个设计冲突。然而,有时会有大批量的冲突被标记出来,这时就需要解决设计冲突。

批量DRC报告有时会让PCB设计者畏惧。让该过程可控的方法是使用一定的策略,其中一个策略是限制冲突报告的数量。在Design Rule Checker对话框中建立报告选项时,设置Stop When Found功能的数量不要太大;另一个策略是分步运行DRC。如果发现设计包含较多的冲突,一次使能一个规则进行检查。根据经验,将会形成一套测试不同设计规则的首选方法。

探查冲突

为能有效地解决冲突,必先能够定位冲突发生的位置。PCB编辑器提供3种方法用于探查冲突——在消息面板、PCB面板以及直接在设计工作区中查找。第一种方法与运行批量DRC独立关联。

1. 在消息面板中探查

运行批量DRC后,在消息面板中双击其中一个冲突消息,将交互探查主设计窗口引起冲突的对象。

> 注意:要开启交互探查功能,须在Design Rule Checker对话框的DRC Report Options选项区域选中Create Violations复选框。

2. 在PCB面板中探查

当执行在线或批量DRC时,如果PCB面板配置为Rules模式,与规则类或独立规则关联的规则冲突将在PCB面板的Violations区域列出。

单击冲突的条目将以该冲突对象为过滤器的范围实行过滤,过滤的结果根据面板高亮属性的设置(蒙板、选择、缩放)在主窗口中显示。

双击冲突的条目打开Violation Details对话框,如图9-19所示,该对话框提供了被冲突规则以及冲突来源的详细信息。通过该对话框,用户可以让冲突对象高亮显示(在工作区中闪现)以及进行缩放并跳转到冲突对象的中心处。

3. 直接在工作区中探查

用户可以在PCB工作区中单独探查与冲突相关的设计对象。把光标定位于所要探查的冲突对象上,右击并单击Violations命令,如图9-20所示,右上角的冲突线路(以黄色标志标记的位置)就是要探查的冲突对象。

用户可以探查与对象相关联的独立的冲突或所有的冲突。选择前者可使对象缩放并在主

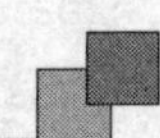

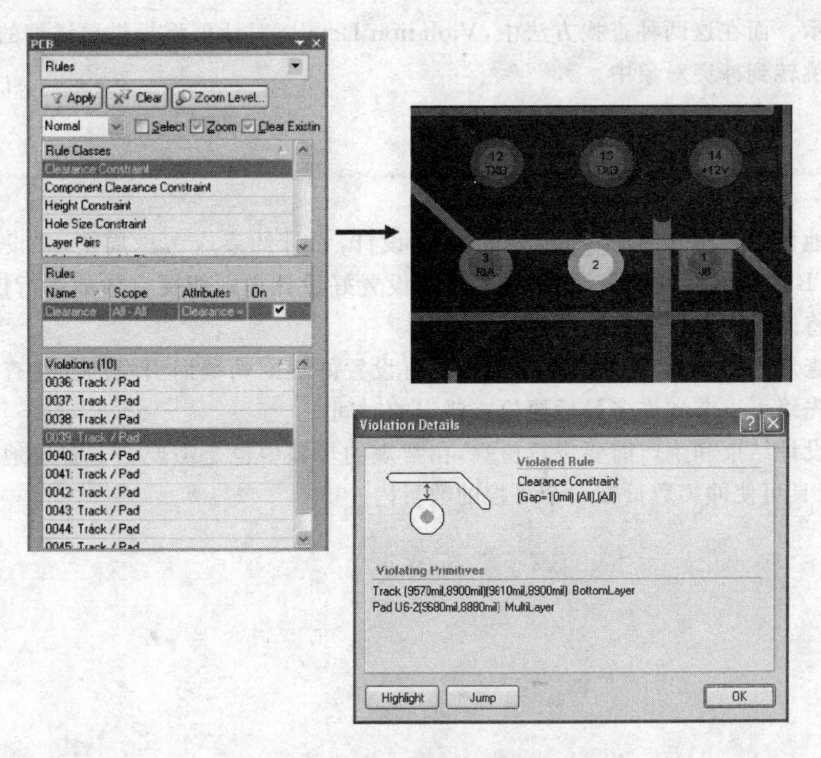

图 9－19　Violation Details 对话框

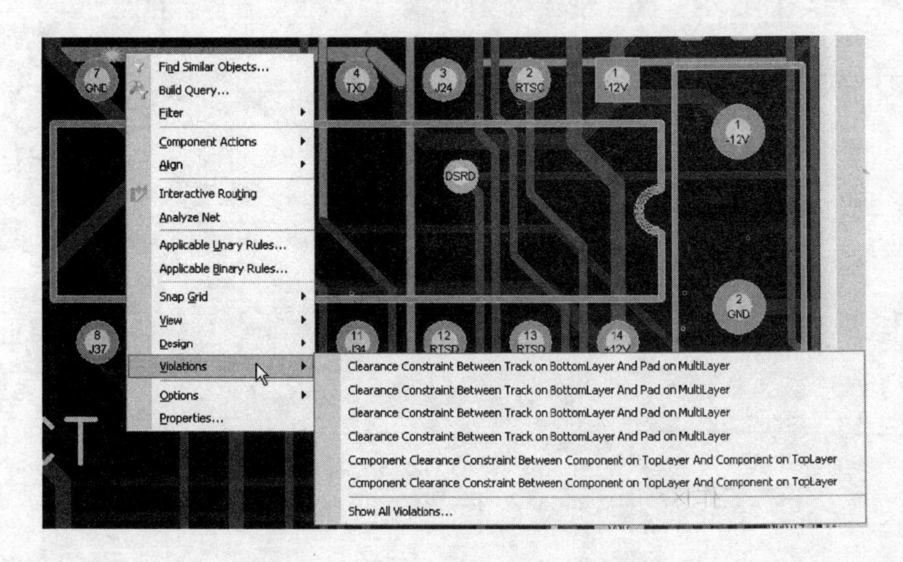

图 9－20　利用 Violations 探查冲突对象

窗口居中显示。而在这两种查找方法中,Violation Details 对话框将提供更详细的冲突信息以控制高亮并跳转到冲突对象中。

9.9 建　议

要成功地使用 Altium Designer 完成 PCB 设计,设计约束应考虑周全,并设置好设计规则。切记 PCB 编辑器是规则驱动的,花些时间设置好设计规则能更有效地进行设计工作,设计规则系统将能保证设计的成功。

注意检查规则辖域,许多冲突都是因为没有设置好规则辖域而引发的。检查独立的规则辖域以及优先级可以节省许多最后要检查错误的时间。

不仅在设计结束和生产前要进行检查,在常规的步骤中也是需要的。有效地使用在线和批量 DRC 工具可使冲突数量在一个可控的数目内。

第 10 章

交互式布线和差分布线功能

概　要：

在完成元器件布局后，PCB 设计最重要的环节就是布线。Altium Designer 直观的交互式布线功能帮助设计者精确地完成布线工作。

印刷电路板设计被认为是一种“艺术工作”，这是因为设计的电路板是通过在空白的胶片上涂上一些导电物质来实现的，这些胶片是用来生产电路板的，类似于印刷工业中一个装印杂志的“艺术工作”的过程。

“艺术工作”是一个很好的名字，这不单是由设计制作过程而得名，更重要的是一个出色的 PCB 设计具有艺术元素。布线良好的电路板上具备元器件引脚间整洁流畅的走线、有序活泼地绕过障碍器件和跨越板层。一个优秀的布线要求设计者具有良好的三维空间处理技巧、连贯和系统的走线处理以及对布线和质量的感知能力。

10.1　布线前的准备

当元器件放置到板上以后，便开始布线。在使用 Altium Designer 布线前，先了解它的一些特点，这将对掌握布线的技巧有所帮助。

10.1.1　做好布线前的准备

有人说 PCB 设计 90％是元器件布局，10％是布线。也许读者对两者的百分比持不同意见，但良好的布局无疑是 PCB 设计的关键要素。设计者应该在布线前调整好元器件布局，在元器件稠密的地方，可以在不断调整布局的时候运行软件中的自动布线工具，用来比较不同布局下的布线效果，从而得到最佳的元器件布局。

布线优先安排：自动布线器一般是对每个电气连接按顺序进行布线，而人却能同时考虑布线过程中多个连接的冲突。为了让自动布线器发挥良好的作用，应对各个连接安排布线顺序。

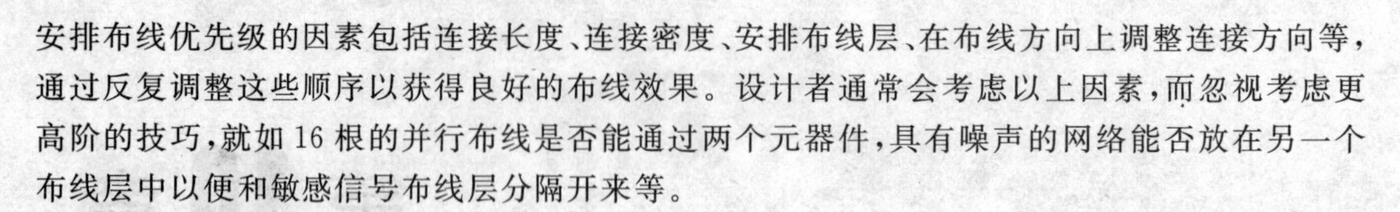

安排布线优先级的因素包括连接长度、连接密度、安排布线层、在布线方向上调整连接方向等,通过反复调整这些顺序以获得良好的布线效果。设计者通常会考虑以上因素,而忽视考虑更高阶的技巧,就如16根的并行布线是否能通过两个元器件,具有噪声的网络能否放在另一个布线层中以便和敏感信号布线层分隔开来等。

10.1.2 查找网络

在未进行布线的板上,连接线将布满整个电路板,让人看得眼花瞭乱。对连接线的显示、隐藏属性以及颜色进行设置,这对于设计者的布线工作有很大的帮助。

1. 使用PCB控制面板

PCB编辑器的最大作用是可以对工作区中的对象进行屏蔽、过滤。该功能能把设计者不感兴趣的对象进行蒙板褪色显示;把PCB面板设置成Nets(在下拉列表中选取),显示板上的所有网络。当单击面板中的网络名称时,工作区便会进行适当的缩放,高亮显示所选中网络的节点,而其他网络及其节点将褪色显示。此时,在工作区单击,蒙板依然存在,以便于进行布线和检查。单击工作区右下角Clear按钮去除蒙板使整个工作区恢复正常亮度显示。

设计者同样可以对一个网络的类(如果已定义了类)、多个网络(按着Ctrl键单击选择PCB面板中的多个网络名称)进行蒙板显示。

2. 更改连接飞线的颜色

当一个设计从原理图导入到PCB工作区后,控制工作区环境及对象显示、隐藏的显示配置将会起作用。在2D和3D工作区,显示配置均可由用户定义(Design→Board Layers & Colors,快捷键为L),并且可以保存下来被重复使用。要突出一些重要的网络的最好方法是更改其颜色,在PCB面板中,双击网络名称打开网络编辑对话框进行网络的显示颜色设置。

3. 隐藏/显示连接飞线

和依次对各个网络添加蒙板一样,可以隐藏一个或多个乃至所有的网络连接飞线。在View→Connections子菜单中有控制网络隐藏和显示的一些命令,也可以通过快捷键N来进行设置。

10.1.3 定义设计规则

在进行布线之前必须先设置好合适的布线设计规则。在菜单中单击Design→Rules命令,打开PCB Rules and Constraints Editor对话框。对话框左侧的树展示了10个类别的设计规则(从Electrical到Signal Integrity)。在每个类别中均有一些规则类型,例如布线规则中就有8个不同的类型。

选择其中一个规则类型,显示所有当前类型下的规则。如图10-1所示为板上定义的4种不同的布线宽度。注意规则的优先级别,排在第一的规则具有最高优先级别。

在对话框左侧的树中单击一个独立的规则名称,使其显示该规则的设置内容。每个设计

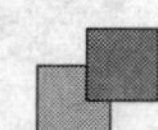

Name	Priority	En...	Type	Category	Scope	Attributes	
DiffPair_Width	2	✔	Width	Routing	InAnyDifferentialPair	Pref Width = 0.2mm	Min Width = 0.15mm
Net_GND	1	✔	Width	Routing	InNet('GND')	Pref Width = 0.3mm	Min Width = 0.2mm
Rocket IO Width	3	✔	Width	Routing	InNetClass('ROCKET_IO_LINES')	Pref Width = 0.2mm	Min Width = 0.15mm
Width	4	✔	Width	Routing	All	Pref Width = 0.2mm	Min Width = 0.127mm

图 10-1 为电路板设置布线宽度规则

规则均包含两个区域——约束和辖域，约束是用户对规则要求的定义，而辖域是指该规则的作用域。以布线宽度设计规则为例作详细介绍。

注意：*右击规则类型，如 Width，添加新的规则。*

1. 约束规则

约束规则指定了该规则作用的对象相关参数的设置和限制。如图 10-12 所示，该规则指定了布线宽度必须在 0.2 mm 和 0.6 mm 之间。

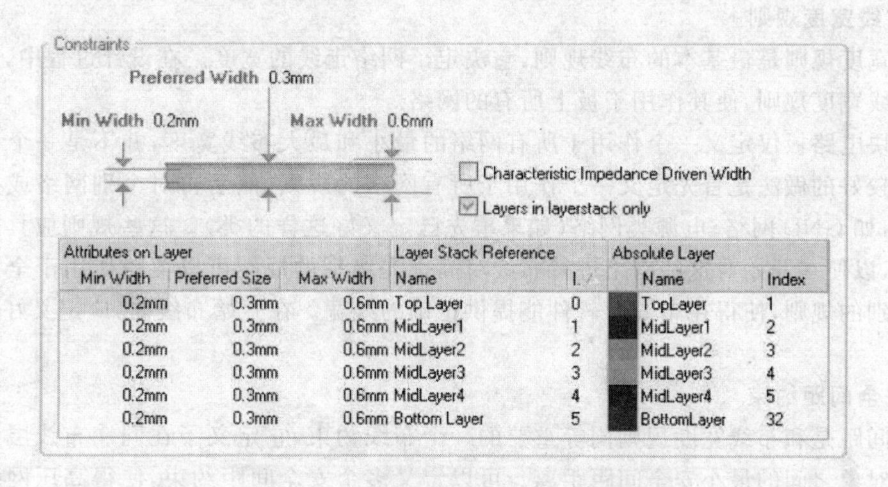

Attributes on Layer			Layer Stack Reference		Absolute Layer	
Min Width	Preferred Size	Max Width	Name	I...	Name	Index
0.2mm	0.3mm	0.6mm	Top Layer	0	TopLayer	1
0.2mm	0.3mm	0.6mm	MidLayer1	1	MidLayer1	2
0.2mm	0.3mm	0.6mm	MidLayer2	2	MidLayer2	3
0.2mm	0.3mm	0.6mm	MidLayer3	3	MidLayer3	4
0.2mm	0.3mm	0.6mm	MidLayer4	4	MidLayer4	5
0.2mm	0.3mm	0.6mm	Bottom Layer	5	BottomLayer	32

图 10-2 约束规则定义了相应规则的要求

布线宽度规则约束由最小宽度、最大宽度、首选宽度组成。注意最小宽度、最大宽度、首选宽度可以对不同的板层分别进行定义，以便对每个板层的布线进行全面的控制。在布线过程中线路宽度可以在最小宽度和最大宽度之间自由切换。

2. 辖域规则

Altium Designer 具有强大而灵活的设计规则定义功能，尽管用户需求复杂，也能够根据所需精确指定规则。设计规则并不是对所有对象属性进行统一定义，而是在各个设计规则定义后再对各自的管辖范围进行指定。

正是这个独特的功能使得设计者可以对每条设计规则指定管辖范围，同时可以对规则指定优先级别，从而实现 PCB 设计过程中的完全的控制和把握。

如图 10－3 所示,布线宽度规则的辖域是 GND 网络。如果该规则的所有检索条件(Full Query)设置为 All,它将作用于板上所有的网络。设计规则的辖域可以通过编辑检索条件(Query)进行指定,或直接设置网络检索条件(Query)便会自动生成,如 All,Net,Net Class 等。如果用户首次编写查询(Query)的内容,则可以通过检索条件编辑器 Query Builder 来获得帮助和指引。

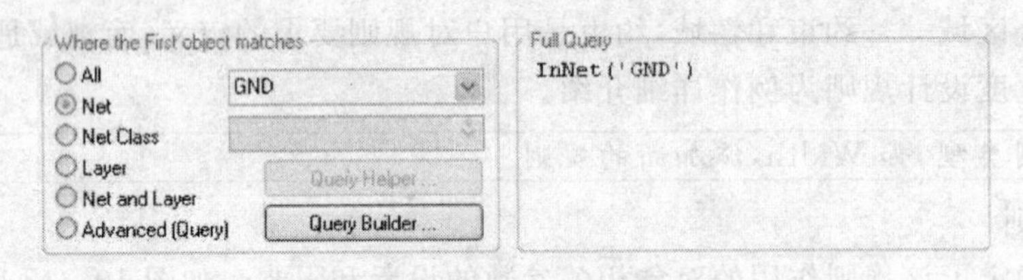

图 10－3　通过设置检索条件指定辖域规则

3. 布线宽度规则

布线宽度规则是最基本的布线规则,它决定了网络走线的宽度。在设计过程中,至少要定义一个布线宽度规则,使其作用于板上所有的网络。

对一块电路板仅定义一个作用于所有网络的最小和最大布线宽度,并不是一个良好的设计习惯。较好的做法是首先定义一个作用于所有网络的规则,然后再对个别网络或类添加独立的规则,如 GND 网络、电源类网络(如果事先已定义好这样的类)。这些规则应具有更高的优先级别,以便在开始对这些网络进行布线时高优先级别的规则可以覆盖作用于全部网络的低优先级别的规则,使得在布线时软件能提供正确的线宽。在开始布线前,应定义好所有布线宽度规则。

4. 安全间距约束

安全间距是和布线宽度规则同等重要的一个布线约束,它定义了在同一布线层中网络布线与其他对象之间的最小安全间距距离。可以定义多个安全间距约束,使得高压网络或差分对网络可以远离其他网络,让覆铜与布线保持指定的安全间距等。在布线前,应对安全间距约束作好定义。

10.1.4　建立布线层

在 Layer Stack Manager 对话框(Design → Layer Stack Manager)中对布线层(也称作信号层)进行设置,如图 10－4 所示。通过该对话框在板层堆栈中进行布线层的添加以及位置的设定。

在 View Configurations 对话框(快捷键为 L)中对板层的显示进行设置或在此添加机械层,如图 10－5 所示。

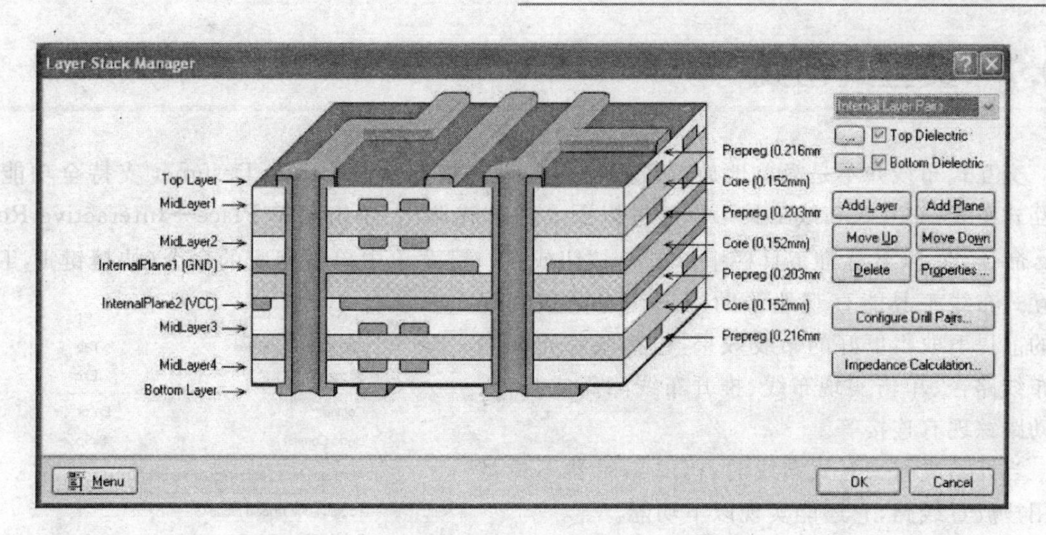

图 10－4　Layer Stack Manager 对话框

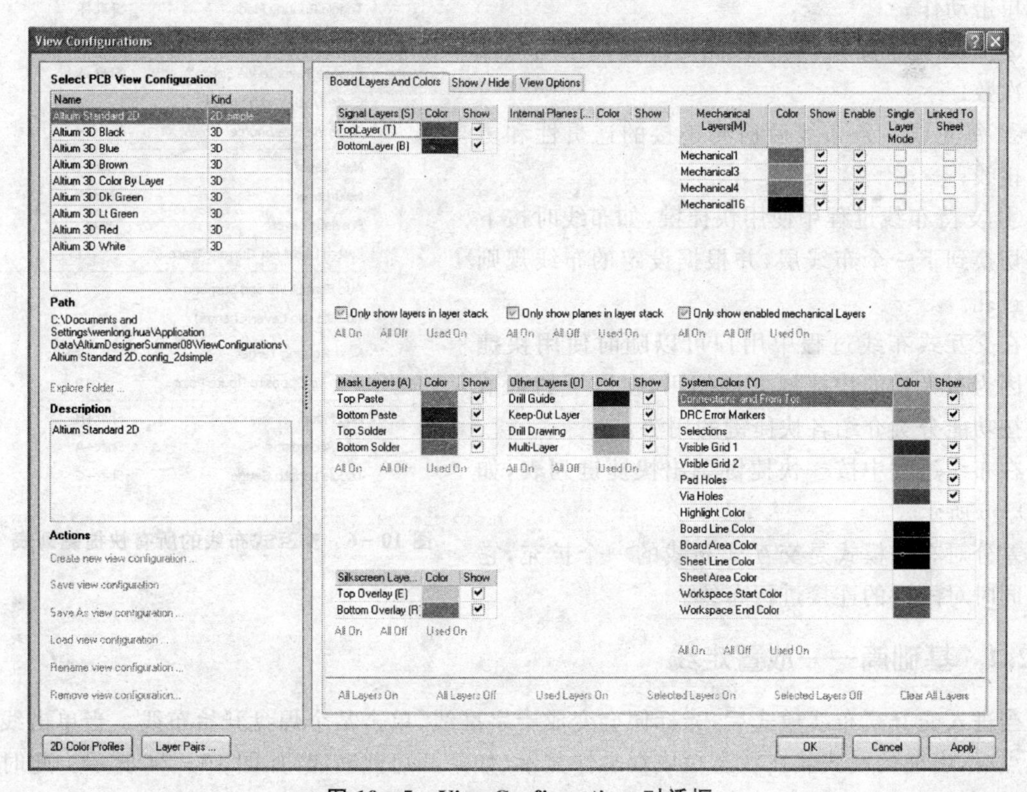

图 10－5　View Configurations 对话框

10.2 交互式布线

交互式布线并不是简单地放置线路使得焊盘连接起来。Altium Designer 支持全功能的交互式布线，交互式布线工具可以通过以下 3 种方式调出：单击菜单 Place→Interactive Routing 命令、在 PCB 标准工具栏中单击按钮或在右键菜单中单击相应的命令(快捷键 P,T)。交互式布线工具能直观地帮助用户在遵循布线规则的前提下取得更好的布线效果，包括跟踪光标确定布线路径、单击实现布线、推开布线障碍或绕行、自动跟踪现有连接等。

当开始进行交互式布线时，PCB 编辑器不单是给用户放置线路，它还能实现以下功能。

① 应用所有适当的设计规则检测光标位置和鼠标单击动作；

② 跟踪光标路径，放置线路时尽量减小用户操作的次数；

③ 每完成一条布线后检测连接的连贯性和更新连接线；

④ 支持布线过程中使用快捷键，如布线时按下 * 键切换到下一个布线层，并根据设定的布线规则插入过孔。

在交互式布线过程中用户可以随时使用快捷键。因为有大量的快捷键可供使用，在以下的章节中会按功能分类介绍各快捷键的用法。

在布线过程中按～快捷键调出快捷键列表，如图 10－6 所示。

差分对布线模式是交互式布线的一个扩充，它可以同时对配对的连接进行布线。

Help	F1
Edit Trace Properties	Tab
Suspend	Esc
Commit	Enter
Undo Commit	BkSp
Autocomplete Segments To Target (Ctrl+Click)	
Toggle Look Ahead Mode	1
Toggle Elbow Side	Space
Cycle Corner Style	Shift+Space
Toggle Routing Mode	Shift+R
Choose Favorite Width	Shift+W
Choose Favorite Via Size	Shift+V
Cycle Track-Width Source	3
Cycle Via-Size Source	4
Next Layer	Num +
Next Layer	Num *
Previous Layer	Num -
Switch Layer For Current Trace	L
Add Fanout Via and Suspend	/
Add Via (No Layer Change)	2
Next Routing Target	7
Swap To Opposite Route Point	9
Hug Mode	Shift+H
Add Accordions	Shift+A
Toggle Length Gauge	Shift+G

图 10－6 交互式布线的所有快捷键列表

10.2.1 基础篇——放置走线

当进入交互式布线模式后，光标便会变成十字准线，单击某个焊盘开始布线。当单击线路的起点时，当前的模式就在状态栏或在悬浮显示(如果开启此功能)如图 10－24 所示。此时向所需放置线路的位置单击或按 Enter 键放置线路。把光标的移动轨迹作为线路的引导，布线器能在最少的操作动作下完成所需的线路。

光标引导线路使得需要手工绕开阻隔的操作更加快捷、容易和直观。也就是说只要用户用鼠标创建一条线路路径，布线器就会试图根据该路径完成布线，这个过程是在遵循设定的设计规则和不同的约束以及走线拐角类型下完成的。

在布线的过程中，在需要放置线路的地方单击然后继续布线，这使得软件能精确根据用户所选择的路径放置线路。如果在离起始点较远的地方单击放置线路，部分线路路径将和用户期望的有所差别。

注意：在没有障碍的位置布线，布线器一般会使用最短长度的布线方式，如果在这些位置用户要求精确控制线路，只得在需要放置线路的位置单击。

如图10－7所示，左边的图为最短长度的布线，中间的图指示了光标路径，五角星所示的位置为需要单击的位置，右边的图是布线后的图。该例说明了很少的操作便可完成大部分较复杂的布线。

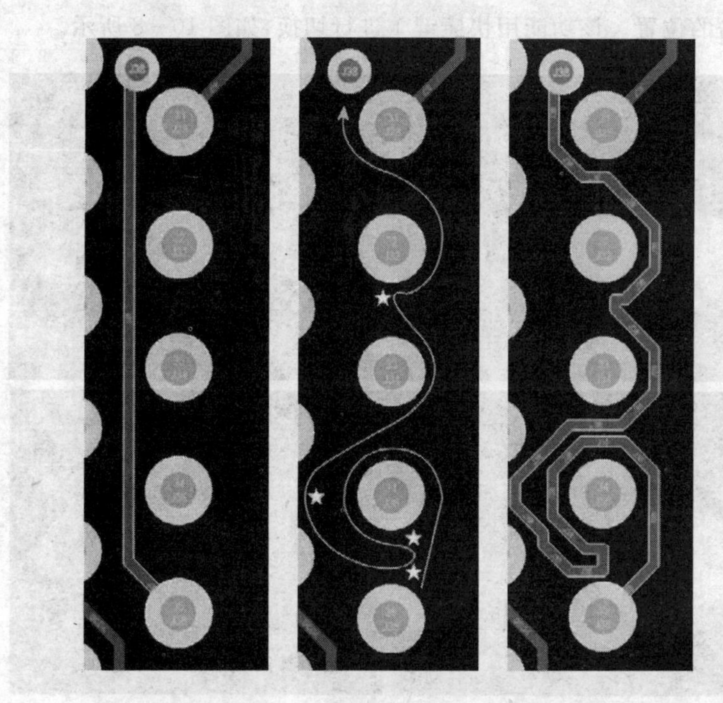

图10－7　使用光标引导布线路径的图例

若需要对已放置的线路进行撤销操作，可以依照原线路的路径逆序再放置线路，这样原已放置的线路就会撤销。必须确保逆序放置的线路与原线路的路径重合，使得软件可以识别出要进行线路撤销操作而不是放置新的线路。撤销刚放置的线路同样可以使用退格键 BackSpace（退格）完成。当已放置线路并右击退出本条线路的布线操作后将不能再进行撤销操作。

以下的快捷键可以在布线时使用。

① Enter(回车)及单击——在光标当前位置放置线路。

② Esc 键——退出当前布线,在此之前放置的线路仍然保留。

③ BackSpace(退格)——撤销上一步放置的线路。若在上一步布线操作中其他对象被推开到别的位置以避让新的线路,它们将会恢复原来的位置。本功能在使用 Auto-Complete 时则无效。

④ 7——若当前连接线有多个连接,循环切换连接关系的指示。

⑤ 9——在当前选择的焊盘和线路的目标焊盘间切换。如果目标对象不在当前窗口内,软件将自动跳转到其所在的位置并让目标对象在窗口中心显示。

1. 放置线路和 Looking Ahead(前向观察)

根据光标的位置有两种不同的放置线路模式,它决定了线路放置点的位置。这个功能被使能时,单击放置一条线路,但放置的线路不包括最后一段;这个功能禁能时,线路放置的结束位置就是鼠标单击的位置。该功能用快捷键 1 进行切换,如图 10-8 所示。

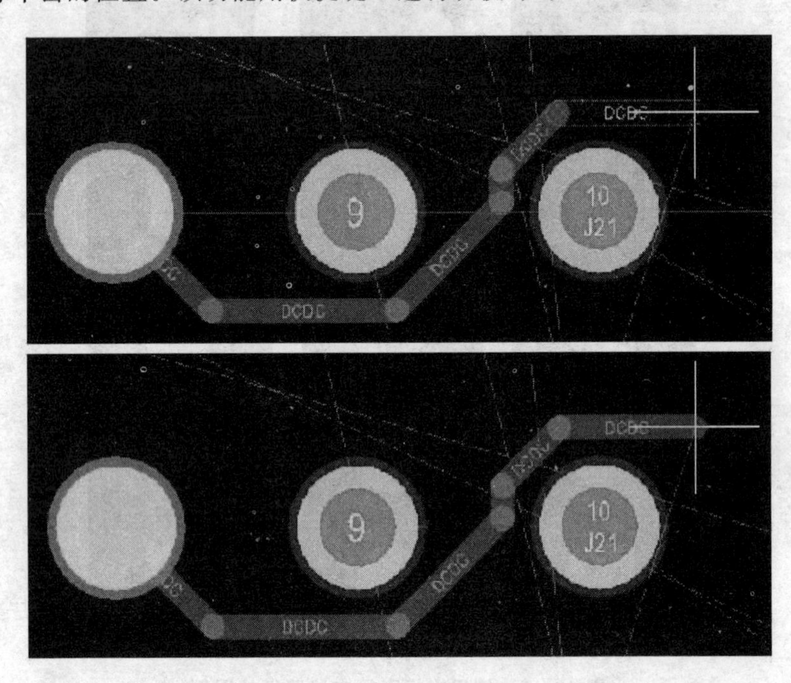

图 10-8　Look Ahead 功能

上图所示为 Look Ahead 功能 使得线路中最后一段线段被处理为未确定状态。当该功能被禁止时,放置的线路就在光标单击的地方被确定。

2. 控制拐角的类型

如图 10-9 所示,软件中有多种线路的拐角类型可供选择使用,不同拐角类型可以通过快

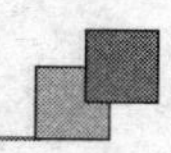

捷键 Shift＋Space 切换。注意，当在 Preferences 对话框里的 PCB Editor 中，Interactive Routing 下的 Restrict to 90/45 模式被使能后，圆形拐角和任意角度拐角将不可用。

可使用的拐角模式有：

① 任意角度(A)；

② 45°(B)；

③ 45°圆角(C)；

④ 90°(D)；

⑤ 90°圆角(E)。

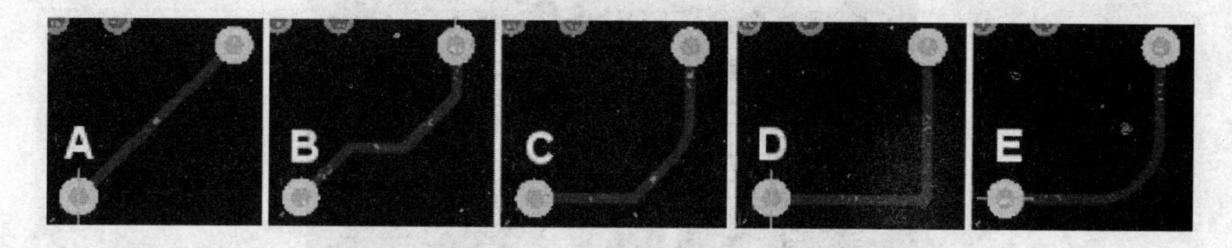

图 10－9　不同的拐角类形

弧形的拐角的弧度可以通过快捷键，(逗号)或.(句号)进行增加或减小。使用 Shift＋. 快捷键或 Shift＋，快捷键则以 10 倍速度增加或减小控制。

使用 Space 键可以对拐角的方向进行控制切换。

在交互式布线中有很多功能可以实现对路线的控制以及在板上绕开布线障碍，以下的章节将进行介绍。

10.2.2　连接飞线自动完成布线

在交互式布线中可以通过 Ctrl＋单击操作对指定连接飞线自动完成布线。这比单独手工放置每条线路效率要高得多，但本功能有以下几方面的限制。

① 超始点和结束点必须在同一个板层内；

② 布线以遵循设计规则为基础。

Ctrl＋单击操作可直接单击要布线的焊盘，无须预先对对象在选中的情况下完成自动布线。对部分已布线的网络，只要用 Ctrl＋单击操作单击焊盘或已放置的线路，便可以自动完成剩下的布线。

如果使用自动完成功能无法完成布线，软件将保留原有的线路。

10.2.3　处理布线冲突

布线工作是一个复杂的过程——在已有的元器件焊盘、走线、过孔之间放置新的统一线路。在交互式布线过程中，Altium Designer 具有处理布线冲突问题的多种方法。从而使得布线更加快捷，同时使线路疏密均匀、美观得体。

这些处理布线冲突的方法可以在布线过程中随时调用，通过快捷键 Shift＋R 对所需的模式进行切换。

在交互式布线过程中，如果使用推挤或紧贴、推开障碍模式试图在一个无法布线的位置布线，线路端将会给出提示，告知用户该线路无法布通，如图 10－10 所示。

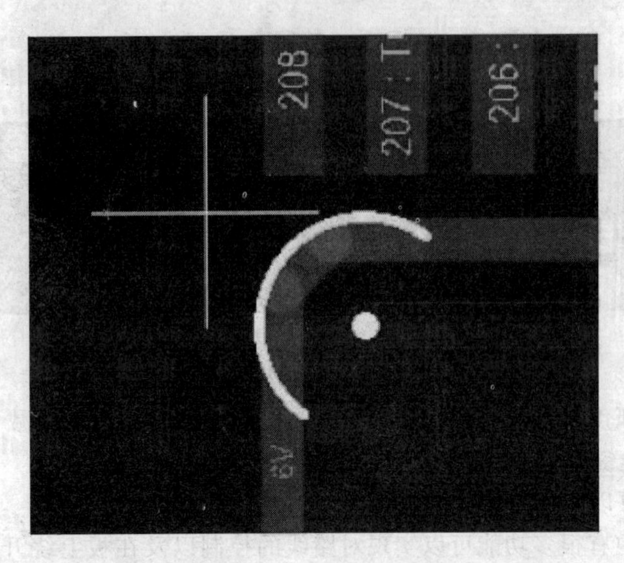

图 10－10　无法布通线路的提示

1. 围绕障碍物走线

该模式下软件试图跟踪光标寻找路径绕过存在的障碍，它根据存在的障碍来寻找一条绕过障碍的布线的方法，如图 10－11 所示。

围绕障碍物的走线模式依据障碍实施绕开的方式进行布线，该方法有以下两种紧贴障碍模式。

① 最短长度——试图以最短的线路绕过障碍；

② 最大紧贴——绕过障碍布线时保持线路紧贴现存的对象。

这两种紧贴模式在线路拐弯处遵循之前设置拐角类型的原则。

紧贴模式可通过快捷键 Shift＋H 切换。

如果放置新的线路时冲突对象不能被绕行，布线器将在最近障碍处停止布线。

2. 推挤障碍物

该模式下软件将根据光标的走向推挤其他对象(走线和过孔)，使得这些障碍与新放置的线路不发生冲突，如图 10－12 所示。如果冲突对象不能移动或经移动后仍无法适应新放置的

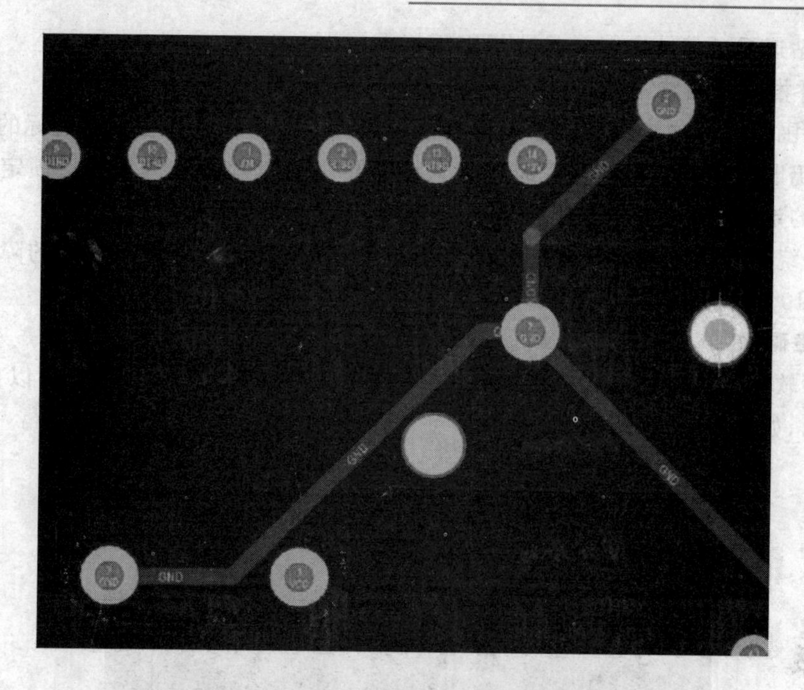

图 10-11 通过绕过障碍的方法为新的线路创建路径

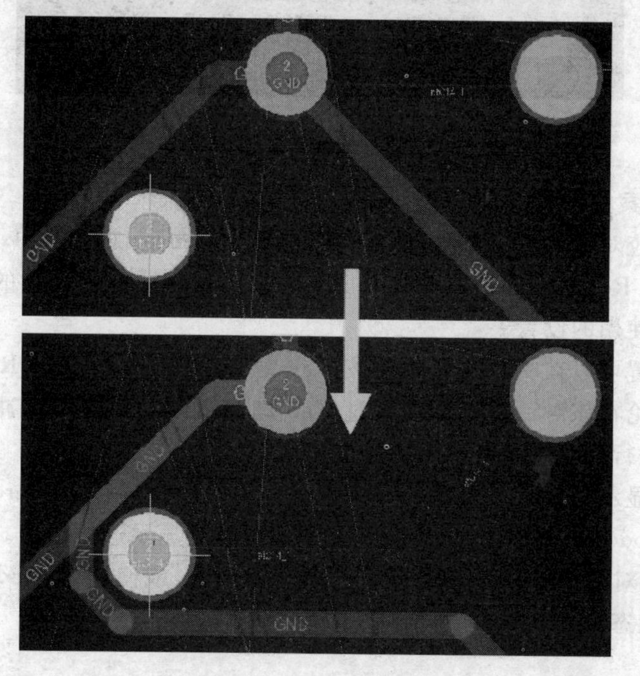

图 10-12 为新的线路让出布线空间

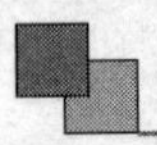

线路,线路将贴近最近的冲突对象且显示阻碍标志。

3. 紧贴并推挤障碍物

该模式是围绕障碍物走线和推挤障碍物两种模式的结合。软件会根据光标的走向绕开障碍物,并且在仍旧发生冲突时推开障碍物。它将推开一些焊盘甚至是一些已锁定的走线和过孔,以适应新的走线。

如果无法绕行和推开障碍来解决新的走线冲突,布线器将自动紧贴最近的障碍并显示阻塞标志,如图 10-10 所示。

4. 忽略障碍物

该模式下软件将直接根据光标走向布线,不对任何冲突阻止布线。用户可以自由布线,冲突以高亮显示,如图 10-13 所示。

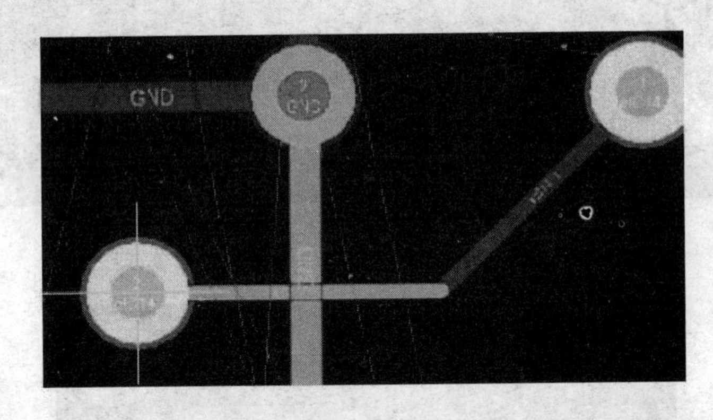

图 10-13 忽略所有冲突,自由布线

5. 冲突解决方案的设置

在首次布线时应对冲突解决方案进行设置,在 Preferences 对话框中,单击 PCB Editor 中的 Routing Conflict Resolution 项,如图 10-14 所示。本对话框中设置的内容将取决于最后一次交互式布线时使用的设置。

与之相同的设置可以在交互式布线时按 Tab 键弹出的 Interactive Routing for Net 对话框中进行访问。无论在该对话框还是在通过 Tab 键调出的对话框中对冲突解决方案进行设置,都会变成下次进行交互式布线时的初始设置值。

状态栏和悬浮显示上显示了当前的布线模式。用户可以通过 Preferences 下 PCB Editor →Board Insight Modes 页面中的 Summary 复选框对悬浮显示进行设置。

在 Preferences 对话框中对交互式布线选项进行设置,或使用 SHIFT＋R 快捷键对当前模式进行切换(见状态栏)。

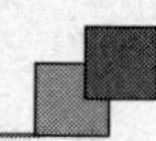

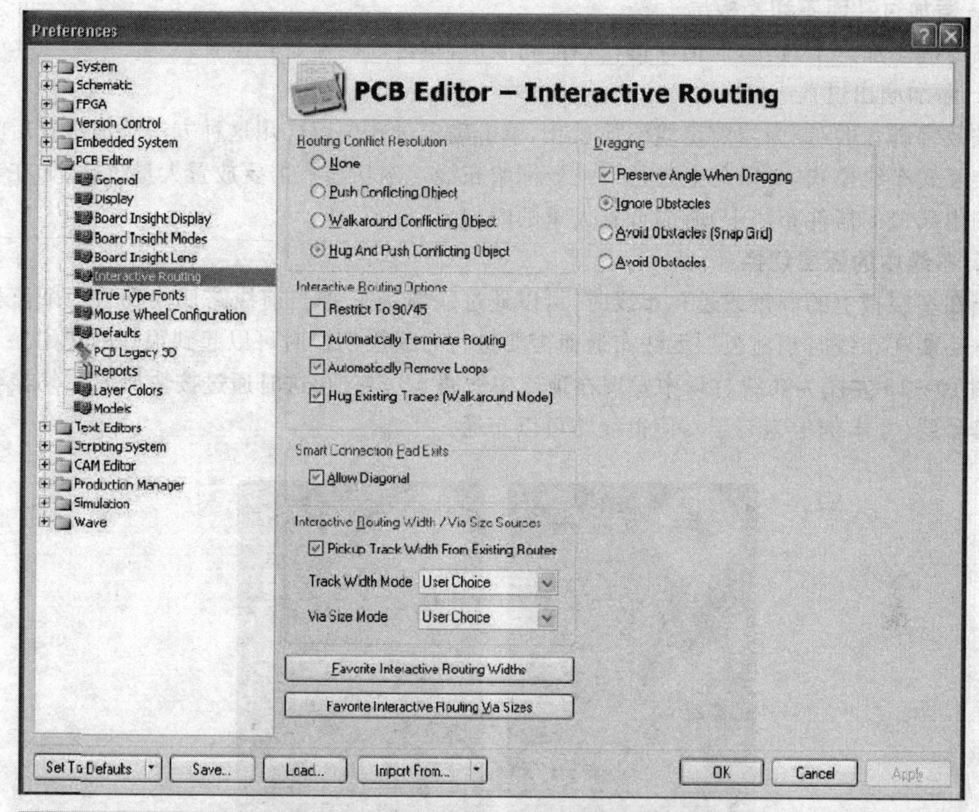

图 10－14　交互式布线设置

10.2.4　布线中添加过孔和切换板层

在 Altium Designer 交互布线过程中可以添加过孔。过孔只能在允许的位置添加，软件会阻止在产生冲突的位置添加过孔（冲突解决模式选为忽略冲突的除外）。

过孔的属性的设计规则位于 PCB Rules and Constraints Editor 对话框里的 Routing Via Style(Design→Rules)。

1. 添加过孔并切换板层

在布线过程中按数字键盘的“＊”或“＋”键添加一个过孔并切换到下“一”个信号层。按-键添加一个过孔并切换到上一个信号层。该命令遵循布线层的设计规则，也就是只能在允许布线层中切换。单击以确定过孔位置后可继续布线。

2. 添加过孔而不切换板层

按 2 键添加一个过孔，但仍保持在当前布线层，单击以确定过孔位置。

3. 添加扇出过孔

按数字键盘的/键为当前走线添加过孔，单击确定过孔位置。用这种方法添加过孔后将返回原交互式布线模式，可以马上进行下一处网络布线。本功能在需要放置大量过孔(如在一些需要扇出端口的器件布线中)时能节省大量的时间。

4. 布线中的板层切换

当在多层板上的焊盘或过孔布线时，可以通过快捷键 L 把当前线路切换到另一个信号层中。本功能在布线时当前板层无法布通而需要进行布线层切换时可以起到很好的作用。

图 10－15 左图为布线过程中发现在顶层中线路无法布通，这时通过按快捷键 L 切换到下一个信号层(在本例中为底层)，使得线路可以布通。

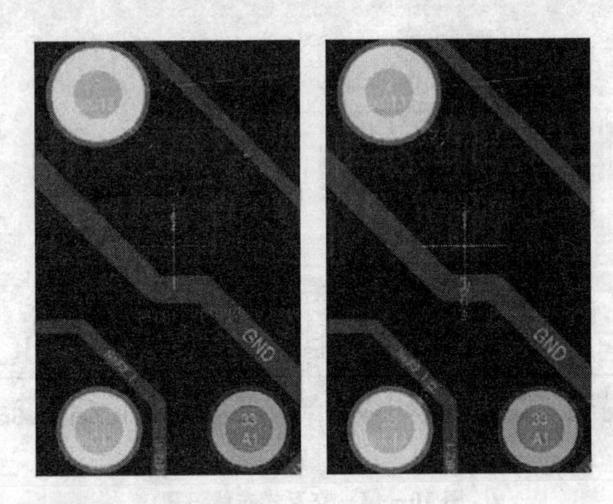

图 10－15　按 Shift＋C 键对当前走线进行层切换

10.2.5　交互式布线中的线路长度调整

在布线过程中，如果出于一些特殊因素的考虑(如信号的时序)需要精确控制线路的长度，Altium Designer 能提供对线路长度更直观的控制，使用户能更快地达到所需的长度。目标线路的长度可以从长度设计规则或现有的网络长度中手工设置(见图 10－16)。Altium Designer 以此增加额外的线段使其达到预期的长度。

在交互式布线时通过快捷键 Shift＋A 进入线路长度调整模式。一旦进入该模式，线路便会随光标的路径呈折叠形以达到设计规则设定的长度。在 Interactive Length Tuning 对话框中(见图 10－17)用户可以对线路长度、折叠的形状等进行设置。在线路长度调整中按 Tab 打开该对话框，按 Shift＋G 快捷键显示长度调整的标尺(见图 10－18)。本功能更直观地显示出

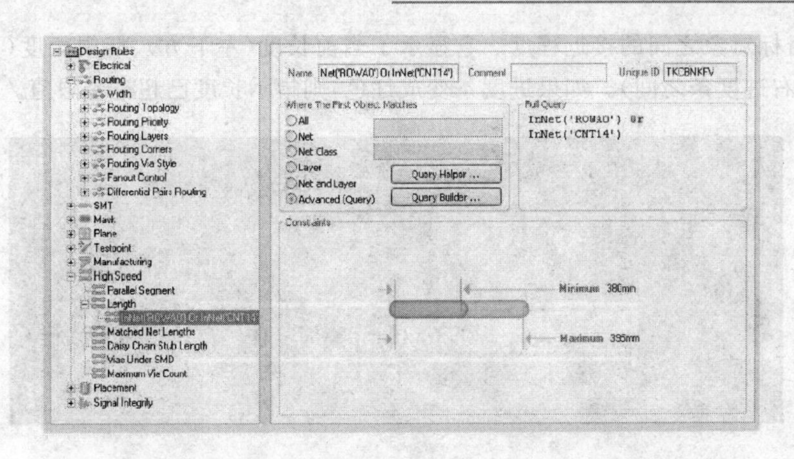

图 10－16　走线长度设计规则定义了网络走线长度的容限值

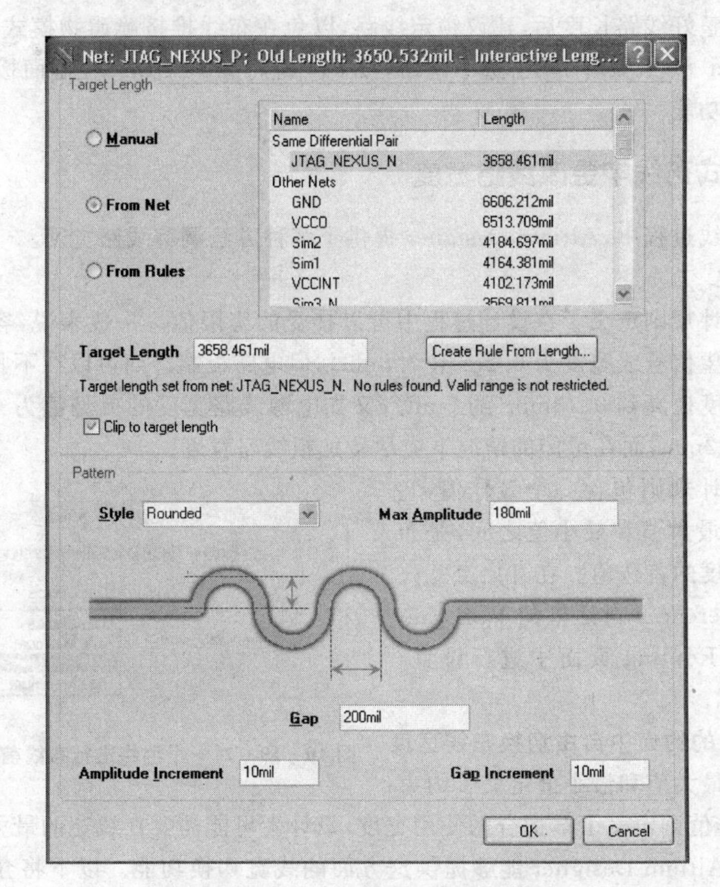

图 10－17　交互式长度调整设置对话框

线路长度与目标对象之间的接近程度。它显示了当前长度(左下方)、期望长度(右上方)和容限值(中心与右进度条之间)。如果进度条变成红色,则指示长度已超过容限值。

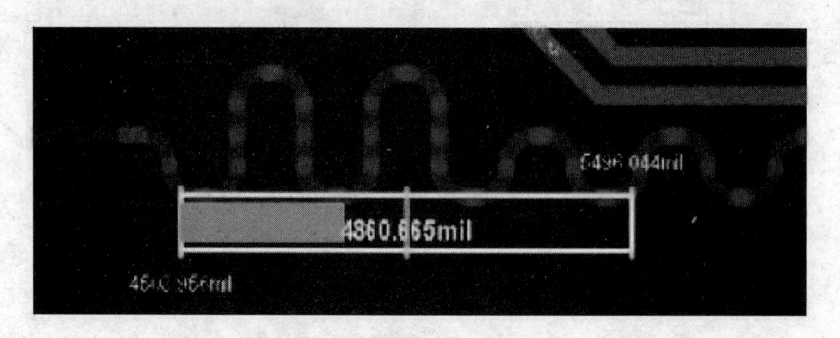

图 10-18 长度调整标尺

当按需要调整好线路长度后,建议锁定线路,以免在布线推挤障碍物模式下改变其长度。单击 Edit→Select→Net 命令,单击选中网络,按 F11 键打开 PCBList 控制面板并选中 Locked 复选框完成锁定功能。

10.2.6 交互式布线中更改线路宽度

在交互式布线过程中,Altium Designer 提供了多种方法调节线路宽度。

1. 设置约束

线路宽度设计规则定义了在设计过程中可以接受的容限值。一般来说,容限值是一个范围,例如,用户希望信号线宽度为 0.2mm(约 8mil),但电路板制造商可以在不收取额外费用的情况下把制造精度提高到 0.13mm(约 5mil);又如电源线路宽度的典型值为 0.4mm,但最小宽度可以接受 0.2mm,而在可能的情况下应尽量加粗线路宽度。

线路宽度设计规则包含一个最佳值,它介于线路宽度的最大值和最小值之间,是布线过程中线路宽度的首选值。在开始交互式布线前应在 Preferences 对话框的 PCB Editor→Interactive Routing 页面中进行设置,如图 10-19 所示。

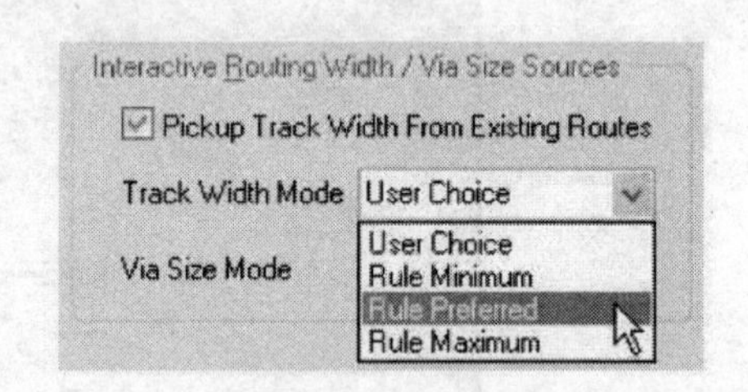

图 10-19 对一个网络进行布线前指定布线宽度

2. 在预定义的约束中自由切换布线宽度

线路宽度的最大值和最小值定义了约束的边界值,而最佳值则定义了最适合的使用宽度,设计者可能需要在线宽的最大值与最小值中选取不同的值。Altium Designer 能够提供这方面的线宽切换功能。以下将介绍布线过程中线路宽度的切换方法。

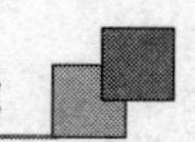

从预定义的喜好值中选取：在布线过程中按 Shift＋W 快捷键调出预定义线宽面板，单击选取所需的公制或英制的线宽。

在选择线宽中依然受设定的线宽设计规则保护。如果选择的线宽超出约束的最大、最小值的限制，软件将自动把当前线宽调整为符合线宽约束的最大值或最小值。

图 10－20 为布线中按 Shift＋W 快捷键弹出的线宽选择面板，通过右击对各列进行显示和隐藏设置。

Imperial		Metric	
Width	Units	Width	Units
5	mil	0.127	mm
6	mil	0.152	mm
8	mil	0.203	mm
10	mil	0.254	mm
12	mil	0.305	mm
20	mil	0.508	mm
25	mil	0.635	mm
50	mil	1.27	mm
100	mil	2.54	mm
3.937	mil	0.1	mm
7.874	mil	0.2	mm
11.811	mil	0.3	mm
19.685	mil	0.5	mm
29.528	mil	0.75	mm
39.37	mil	1	mm
452.756	mil	11.5	mm

☑ Apply To All Layers

图 10－20　布线中通过 Shift＋W 快捷键选择预定义的线宽

选中 Apply To All Layers 复选框使当前线宽在所有板层上可用。喜好的线宽值可以在 Preferences→PCB Editor→Interactive Routing 页面中单击 Favorite Interactive Routing Widths 按钮弹出的 Favorite Interactive Routing Widths 对话框进行设置，如图 10－21 所示，或在 Options→Favorite Routing Widths 菜单中设置（快捷键：O）。

> **注意：** 用户可以通过快捷键 3 对线宽循环切换，同样可通过快捷键 4 对过孔宽度模式进行切换。

注意对话框里的阴影单元格。没有阴影的为线宽值的最佳单位，在选取这些最佳单位的线宽后，电路板的计量单位将自动切换到该计量单位上。

如果想添加一种走线宽度，单击 Add 按钮进行添加，用户可以选择喜好的计量单位（mm 或 mil）。

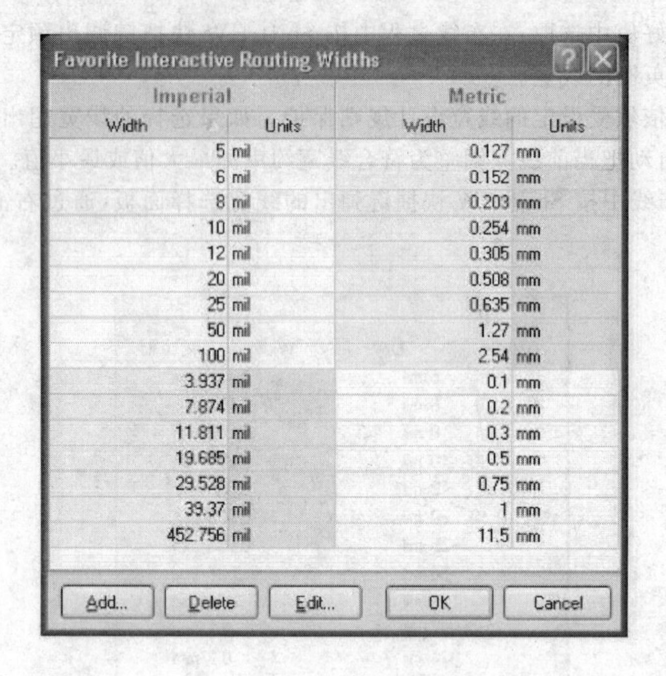

Imperial		Metric	
Width	Units	Width	Units
5	mil	0.127	mm
6	mil	0.152	mm
8	mil	0.203	mm
10	mil	0.254	mm
12	mil	0.305	mm
20	mil	0.508	mm
25	mil	0.635	mm
50	mil	1.27	mm
100	mil	2.54	mm
3.937	mil	0.1	mm
7.874	mil	0.2	mm
11.811	mil	0.3	mm
19.685	mil	0.5	mm
29.528	mil	0.75	mm
39.37	mil	1	mm
452.756	mil	11.5	mm

图 10-21　Favorite Interactive Routing Widths 对话框

3. 在布线中使用预定义线宽

图 10-19 为线宽模式选择,用户可以选择使用最大值、最小值、首选值以及 User Choice 各种模式。

当用户通过 Shift＋W 快捷键更改线宽时,Altium Designer 将更改线宽模式为 User Choice 模式,并为该网络保存当前设置。该线宽值将在 Edit Net 对话框的 Current Interactive Routing Settings 选项区域中保存,如图 10-22 所示。

右击网络对象,从 Net Actions 子菜单中单击 Properties 命令,打开 Edit Net 对话框,或在 PCB 面板中双击网络名称打开该对话框。在此可以定义高级选项或更改原布线中保存的参数。

该参数同样受设计规则保护,如果用户在 Net Action 中设置的参数超出了约束的最大值、最小值,软件将自动调整为相应的最大值或最小值。

4. 使用未定义的线宽

为了对线宽实现更详细的设置,Altium Designer 允许用户在原理图或 PCB 设计过程中对各个对象的属性进行设置。按 Tab 键可以打开 Interactive Routing for Net 对话框,如图 10-23 所示。

在该对话框内可以对走线宽度或过孔进行设置,或对当前的交互式布线的其他参数进行设置而无须退出交互式布线模式再打开 Preferences 对话框。

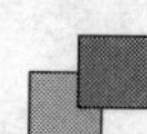

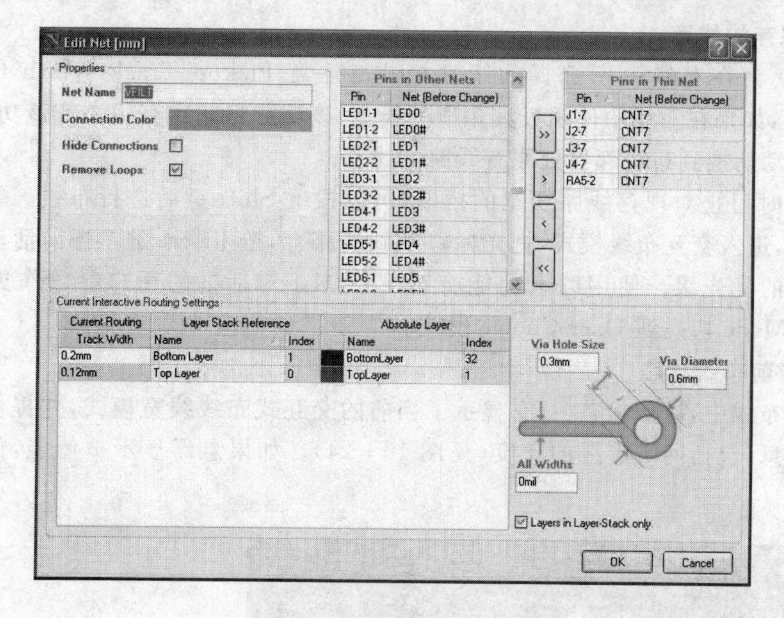

图 10-22　Edit Net 对话框

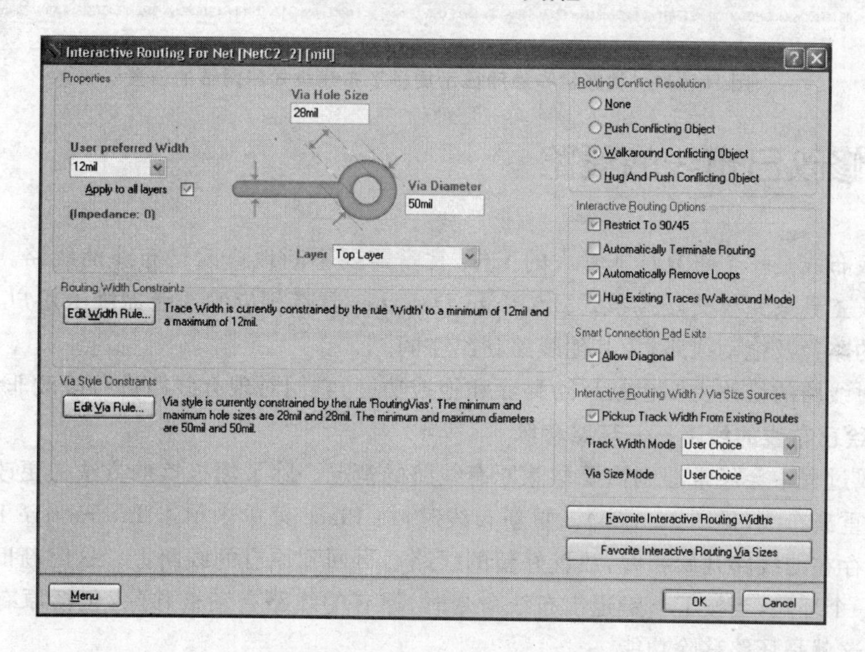

图 10-23　交互式布线对话框

用户所设置的参数将在 Interactive Routing for Net 对话框中保存，可通过打开 Edit Net 对话框得到确认。

5. 拾取现存的线宽

图 10－19 为在布线中所选择的线宽模式。注意 Pickup Track Width from Existing Routes 复选框,如果在布线中使用极其多样的线宽,该功能将非常有用。若该功能被选中,软件将把线宽自动切换到布线起点处原有线路的线宽。

如果要临时阻止对现存线路线宽的拾取,可以按下 Shift 键后进行布线。要在现存的线路中拾取线宽,进入交互布线模式,把光标移动到线路上,按 Insert 键。当前活动布线层上的对象具有较高的优先级。使用以上功能将对 Edit Net 对话框的用户参数作更改并自动把 Track Width Mode 切换到 User Choice 模式。

6. 留意当前布线状态

在交互式布线中,注意状态栏,它显示了当前的交互式布线线宽模式,并提供网络的一些细节的反馈信息,包括网络走线的长度(见图 10－24)。如果悬浮显示被使能,信息也同样在上面显示出来。

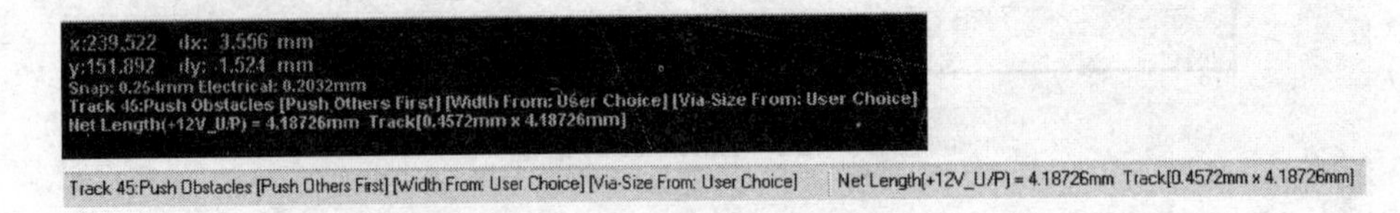

图 10－24 状态栏和悬浮显示提供了布线模式和网络的信息

10.3 修改已布线的线路

电路板布线是一个重复性非常大的工作,常常需要不断地修改已布线的线路。这就要求有布线修改工具来完善交互式布线。Altium Designer 具有相应的功能提供给用户,包括重新定义线路的路径及拖动线路,为其他线路让出空间。

软件对线路的修改主要包括环路移除和拖拽功能,它们对现有线路进行修改非常有用。

1. 重绘已布线的线路——环路移除

在布线过程中会经常遇到需要移除原有线路的情况。除了用拖拽的方法去更改原有的线路外,只能重新布线(见图 10－25)。重新布线时,在 Place 菜单中单击 Interactive Routing 命令,单击已存在的线路开始布线,放置好新的线路后再回到原有的线路上。这时新旧两条线路便会构成一个环路,当按 Esc 键退出布线命令时,原有的线路自动被移除,包括原有线路上多余的过孔,这就是环路移除功能。

2. 保护已有的线路

有时环路移除功能会把希望保留的线路移除了,如在放置电源网络线路时。这时可以双击 PCB 面板中的网络名称,在 Edit Net 对话框中取消 Remove Loops 复选框。

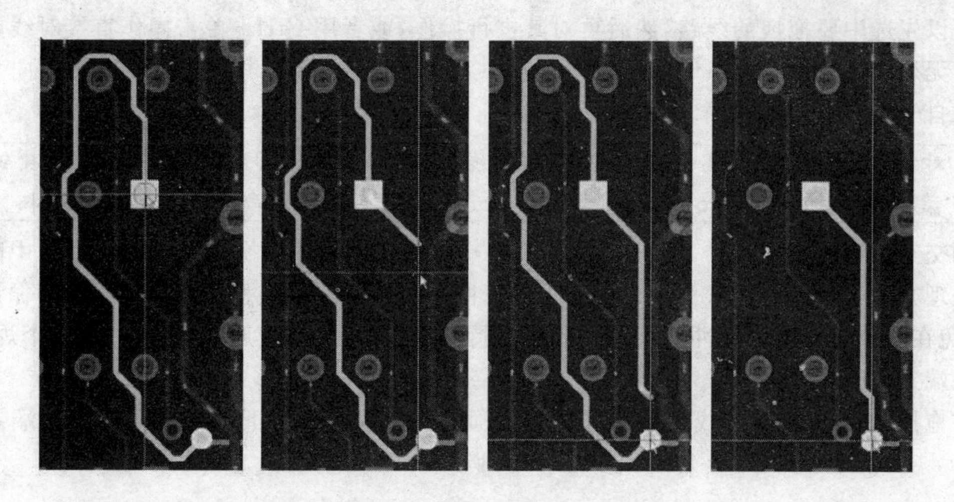

图 10-25　用推开障碍的方式重新布线

3. 保持角度的多线路拖拽

重新放置线路并非在所有情况下都是最好的修改线路的方法，例如，当要保持原线路 45°或 90°拐角的情况下进行修改。Altium Designer 支持多条线路在保持角度的同时拖拽。Preferences→PCB Editor→Interactive Routing 页面的 Preserve Angle When Dragging 复选框对该功能进行配置。

单击选中线路的一段，光标变成十字准线的箭头形状，拖拽线路到新的地方，这时会发现被拖拽的线路和与之相接的邻近线路的角度保持不变，保持着原来的布线风格，如图 10-26 所示。

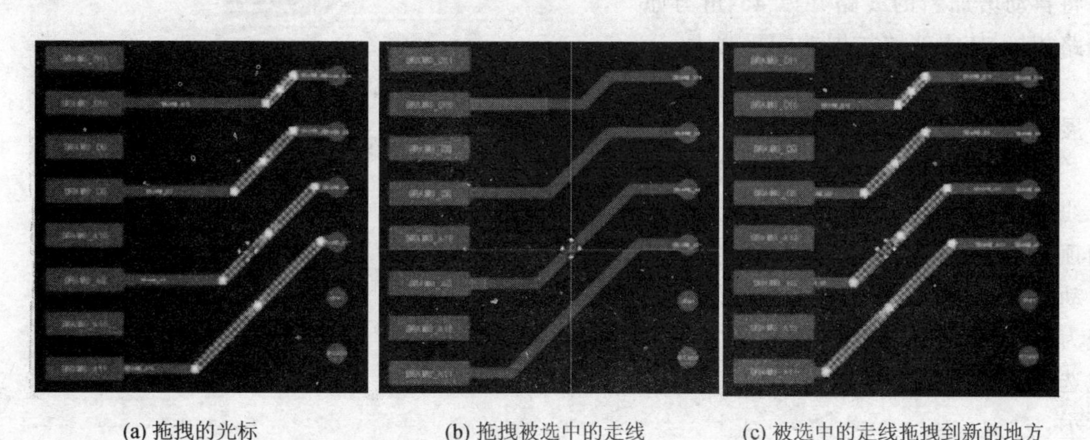

(a) 拖拽的光标　　(b) 拖拽被选中的走线　　(c) 被选中的走线拖拽到新的地方

图 10-26　拖拽线路

可以先选中要拖拽的线路,然后再对其进行操作,或者用 Ctrl+单击操作直接对线路进行拖拽而无须事先选中。多条线路可以同时选中后进行拖拽,但要求所选中的线路方向相同且不能来自于相同的连接覆铜。

注意: 对线路进行保持角度的拖拽前,先选中线路,有不同选择对象的方法,按 S 快捷键弹出选择子菜单,可从中单击 Touching Line 或 Touching Rectangle 命令对线路进行选取。

和交互式布线模式一样,用户可通过 Shift+R 快捷键循环切换在线路拖拽过程中障碍冲突的处理方法(忽略障碍、避让障碍等)。当某种模式被使能后,拖拽线路过程中将遵循设计规则,避免在修改过程中引发冲突。该功能还支持焊盘/过孔的布线层跳跃,允许从一个焊盘/过孔的一端到另一端拖拽一段走线。

在拖拽中会增加一些线段以保持原线路质量,在拖拽前按下 Alt 键可对线的端点进行移动。

10.4 在多线轨布线中使用智能拖拽工具

多线轨的拖拽不仅用于对原有线路的修改,它还可以生成新的线路。

它利用简便且优雅的方式对还没进行连接的线路端点进行扩展。单击并拖拽悬空的线路顶点,对该线路进行延伸。

除了对现有的线路进行延伸外,软件将自动增加新的线路并以 45°角与原线路相接,使得线路扩展功能更强大。

本功能同样支持多条线路的选择和扩展,和单条线路操作相似。

对一组线路进行整体操作,首先选择线路,然后单击并拖拽其中一条线路的顶点。新的线路便会随鼠标的拖动而自动创建,当释放鼠标后新增加的线路变为选中状态。用户可以继续单击和拖拽选中的线路以进行扩展,如图 10-27 所示。

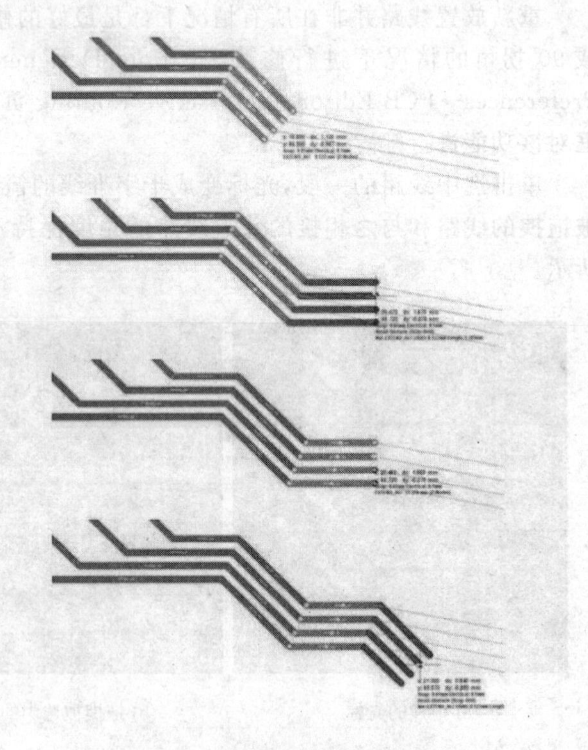

图 10-27 多线轨智能拖拽

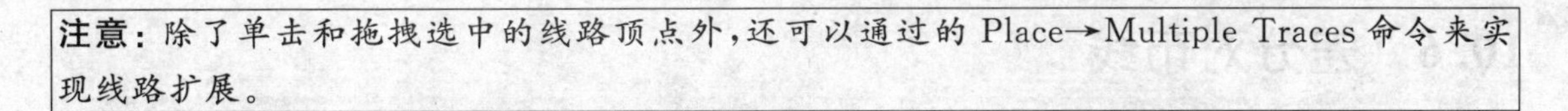

注意：除了单击和拖拽选中的线路顶点外，还可以通过的 Place→Multiple Traces 命令来实现线路扩展。

10.5　放置和会聚多线轨线路

从菜单 Place→Multiple Traces 中调出多线轨线路布线命令。使用该命令可以从没进行布线的元器件中引出多线轨线路，多线轨线路会自动会聚，如图 10－28 所示。

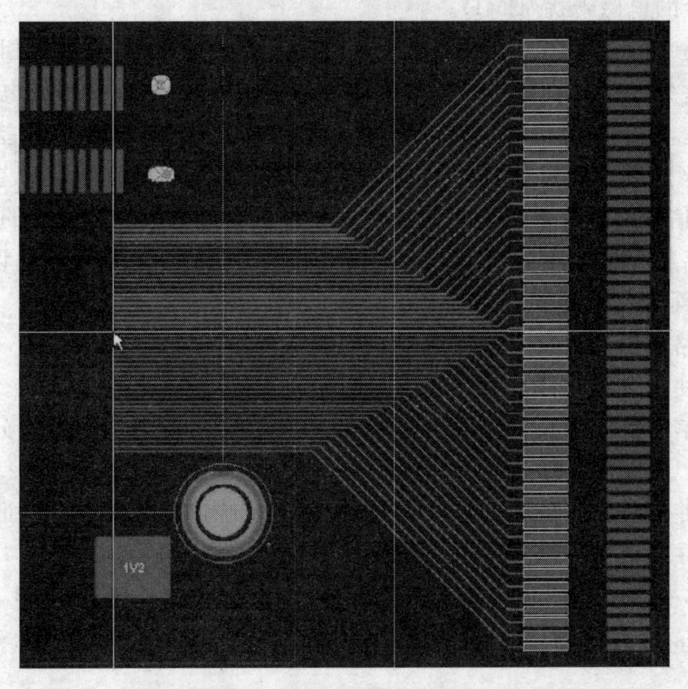

图 10－28　使用会聚和放置线路命令从未布线的元器件中开始布线

除了通过 Place 菜单调出命令外，还可以按 P 快捷键弹出快捷菜单进行选取。

在使用该命令进行多线轨线路布线时，有以下几点技巧。

① 按 Ctrl 键不放，用鼠标拖动矩形框，以此选中要进行多线轨线路布线的焊盘，而无须对每个焊盘一个接一个地单独选取，用法和 Touching Line 及 Touching Rectangle 命令类似。

② 多线轨线路布线时，按 Tab 键打开 Bus Routing 对话框，对总线间距（相邻线路中心到中心的距离）进行设置。

③ 使用，和．快捷键对多线间距交互式增加或减小，调整的步进为当前捕捉网格的值。

④ 按 Space（空格）按键，可以改变末端排列（一旦第一组线段已经被放置）。

⑤ 按～键弹出快捷键列表。

10.6 差分对布线

1. 背　景

差分信号系统是采用线对进行信号传输的,线对中的一条信号线传送原信号,另一条信号线传送与原信号反相的信号。差分信号是为了解决信号源和负载之间没有良好的参考地连接而采用的方法,它对电子产品的干扰起到固有的抑制作用。差分信号的另一个优点是它能减小信号线对外产生的电磁干扰(EMI)。

差分对布线是一项要求在印刷电路板上创建利于差分信号(对等和反相的信号)平衡的传输系统的技术。差分线路一般与外部的差分信号系统相连接,如连接器或电缆。

需要注意的是,在一对差分线上耦合系数最好能大于 90%,但在实际差分线路上一般耦合系数均小于 50%。现在专家的意见是 PCB 布线的任务并不是使指定的差分阻抗达到指标要求,而是使差分信号经过外部的电缆传送后到达目标器件仍能保持良好的信号质量。

著名的工业高速 PCB 设计专家 Lee Ritchey 指出成功的差分信号线路设计并不要求达到指定的差分阻抗,而是要满足以下几点要求。

① 让每条线路的信号阻抗是输入的差分电缆阻抗的一半;

② 在接收端使两条线路都分别达到各自的特征阻抗;

③ 两条差分信号线要等长,使其能在逻辑器件的容限范围内。一般差分信号线长度之差在 500mil 内是可以接受的;

④ 布线时让差分线路保持相同走线模式,使得即使绕过障碍时也能保证长度相互匹配;

⑤ 差分线路在保证信号阻抗下可以切换板层进行布线。

如需获得更多相关信息,可参阅 Lee W. Ritchey 的论文 Differential Signaling Doesn't Require Differential Impedance,该论文可从 http://www. speedingedge. com/RelatedArticles. htm. 上查阅。

2. 在原理图中定义差分对

Place→Directive 命令为差分网络放置差分对指令,如图 10-29 所示。差分对网络名称必须以_N 或_P 作为后辍。对差分网络放置指令后要对其参数进行配置,包括 DifferentialPair 名称以及 True 参数。

在设计同步的时候,差分对将从原理图转换到 PCB 中。

3. 在 PCB 中定义差分对

用户不但可以在原理图中定义差分对,同样可以在 PCB 编辑器中定义差分对。

在 PCB 面板中选择 Differential Pairs Editor 模式并单击 Add 按钮。在弹出的 Differential Pair 对话框中,在现有的网络中选择正极和负极网络,并对差分对进行命名后单击 OK 按钮,如图 10-30 所示。

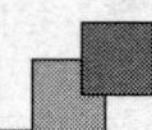

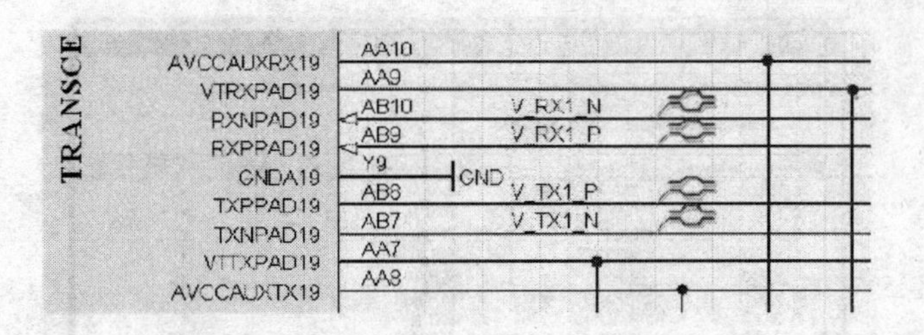

图 10－29　在原理图中放置差分对

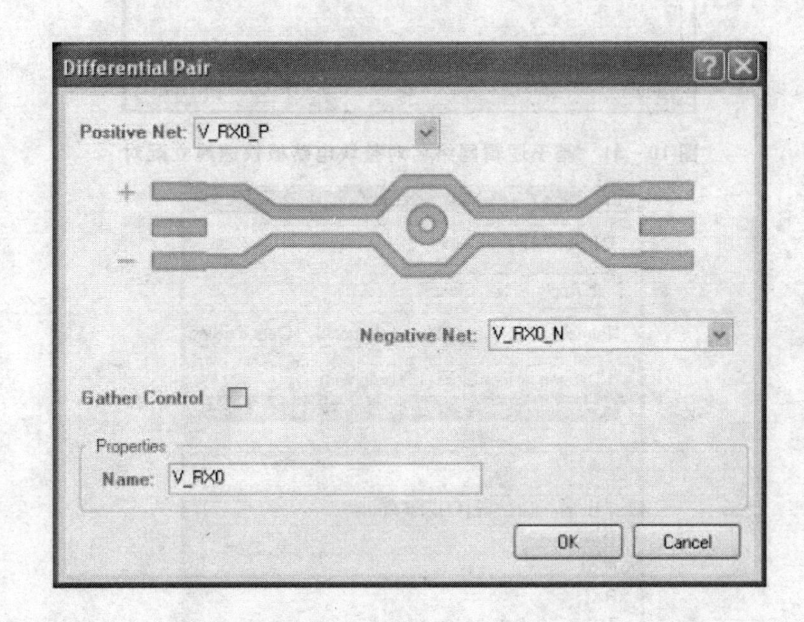

图 10－30　Differential Pair 对话框

同样可以通过网络名称进行差分对的定义，对于一个差分对，其名称有相同的前缀，并以不同的后缀作区分，如 TX0_P 或 TX0_N。在 PCB 面板中单击 Create From Nets 按钮打开 Create Differential Pairs From Nets 对话框。在对话框顶部使用过滤器从现存的网络中筛选出差分对。图 10－31 为对电路板上以_P 或_N 结尾的网络名称进行筛选。

4. 查看和管理差分对

在 PCB 面板的下拉列表中选择 Differential Pairs Editor 选项后可以查看和管理已定义的差分对。图 10－32 的差分对属于全局的差分对类，当前 V_RX0 高亮显示，V_RX0_N 和 V_RX0_P 组成差分对，一和＋是系统的标志，指示了差分对的正负极性。

5. 适用的设计规则

对差分对进行布线，必先在 PCB Rules 和 Constraints Editor 对话框（Design→Rules）中的 3 项设计规则进行配置，分别是：

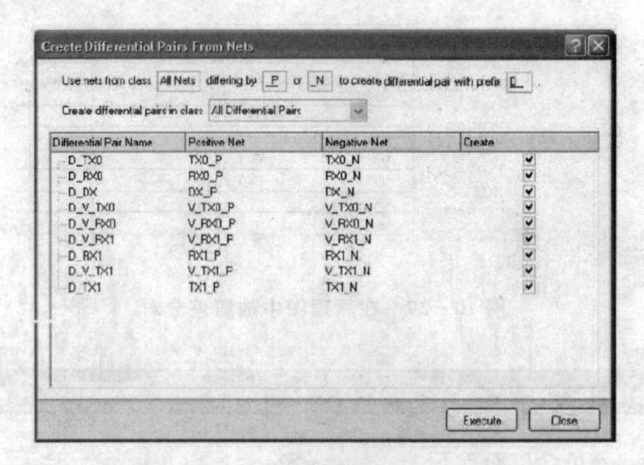

图 10－31　基于逻辑网络名对整块电路板快速建立配对

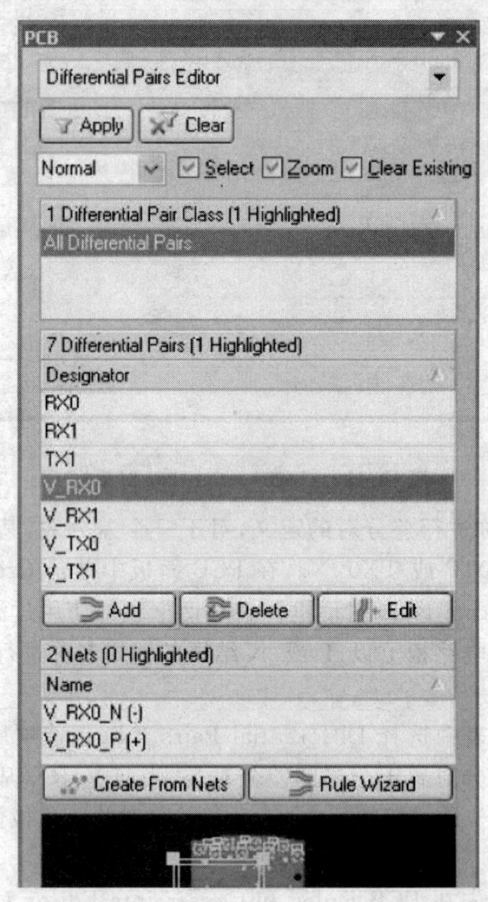

图 10－32　在 Differential Pair Editor 中观察和管理差分对

① Routing Width——定义了差分对线路的宽度，线路宽度可以是实际的物理宽度或根据用户定义的特征阻抗自动计算而得。把规则的范围设置到差分对的目标网络，如 InDifferentialPair。

② Differential Pairs Routing——定义了差分网络线路的间距和解耦合长度（当间隔宽度大于 Max Gap 的设置值时成对的走线将失去耦合）。把规则的范围设置到差分对的目标网络，如 IsDifferentialPair。

③ Electrical Clearance——定义了各个器件包括相同的网络和不同的网络（焊盘与焊盘间，焊盘与线路间）的间距。把规则的范围设置到差分对的目标网络，如 InDifferentialPair。

差分对线路的长度可以通过 Interactive Diff Pair Length Tuning（在 Tools 菜单中）功能进行调整。该功能可以对差分对线路的期望长度和容限值进行实时调整，并具有不同的选项，通过增加各种蛇行线路调节网络线路长度。

（1）设置设计规则的辖域

设计规则的辖域定义了规则所作用的范围。差分对可以通过如下的检索条件例子对设计规则的辖域进行定义。

① InDifferentialPairClass('All Differential Pairs')——所有的成对网络都属于差分对类 All Differential Pairs。

② InDifferentialPair('D_V_TX1')——定义网络名称为 D_V_TX1 的差分对。

③ (IsDifferentialPair And (Name = 'D_V_TX1'))——定义网络名称为 D_V_TX1 的差分对。

④ (IsDifferentialPair And (Name Like 'D * '))——定义所有网络名以字母 D 开头的差分对。

（2）使用差分对向导定义差分对

在 PCB 面板差分对编辑器中单击 Rule Wizard 按钮，可通过向导的形式对设计规则进行设置。注意，在此创建的规则的辖域是在单击 Rule Wizard 按钮前所选中的对象，如果一差分对被选中，则设计规则的辖域是一差分对；如果是一个差分对的类被选中，设计规则的辖域就是该差分对的类。

6. 差分对布线

差分对布线是以对进行的，也就是对两个网络同时进行布线。对差分对进行布线，可从菜单中单击 Place→Differential Pair Routing 命令，还可以在快捷工具栏中单击按钮或通过鼠标右键菜单调出差分对布线工具。此时将提示用户选取布线对象，单击差分对的任意一个网络开始布线。图 10-33 为差分对布线。为了使配对的连接线更易于查看，在 PCB 面板的 Differential Pairs Editor 中单击差分对网络，这样使得其他网络被掩蔽，高亮显示所选中的差分对网络。

差分对布线中使用的是遇到第一个障碍停止或忽略障碍的交互式布线模式，使用 Shift+

R 快捷键进行循环切换。差分对布线和交互式布线有部分相同的快捷键,如按数字键盘的 * 键进行板切换。交互式差分对布线快捷键见表 10-2。

在布线中按下～键显示可用的快捷键列表。

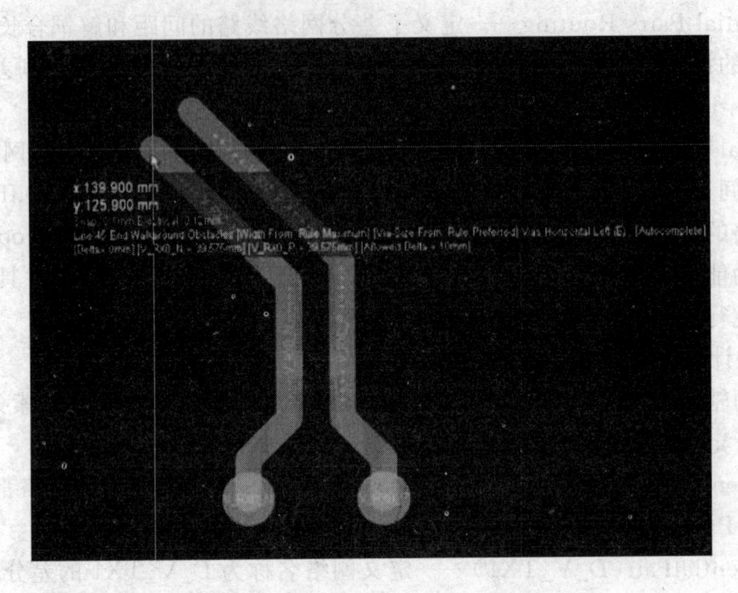

图 10-33　差分对的两个网络同时布线

7. 包括引脚交换的 FPGA 设计的差分对支持

现在的 FPGA,即使在一些廉价的产品中也提供大量的引脚供用户配置成差分对。为了便于设计工作的开展,Altium Designer 在 FPGA 和 PCB 设计中都对基于 FPGA 的差分对整合作全面的支持。

在 FPGA 设计中,可以把单一的网络定义到差分 I/O 上,如 LVDS 标准,这样软件就会把一对物理网络映射到 PCB 设计中。这个过程用户可以通过 FPGA Signal Manager 进行控制。

设计编译器同样可以确定引脚是否在 PCB 设计中用作差分对并正确映射到 FPGA 器件中。

8. 差分对中对信号完整性的支持

Altium Designer 的信号完整性分析提供对差分对仿真的全面支持。在 FPGA 引脚中使用 LVDS 标准能确保运用正确的信号完整性模型。

10.7 网络和差分对长度的最优化和控制

调整和匹配线路长度是高速数字系统中保证数据完整性的标准技术,也是差分对布线的基本要素。Interactive Length Tuning 和 Interactive Diff Pair Length Tuning 工具(从 Tools

菜单中执行)可通过动态的方式根据设计中可用的空间、规则、障碍来添加一些波浪形状的线路,从而实现对网络和差分对线路长度进行最优化和控制。线路长度的调整是基于设计规则和网络属性以及设计者的一些设定而进行的。设计者可以访问 Interactive Length Tuning 对话框对波浪形状以及折叠线路进行控制(在交互式长度调整中按 Tab 键打开该对话框),如图 10-34 所示。

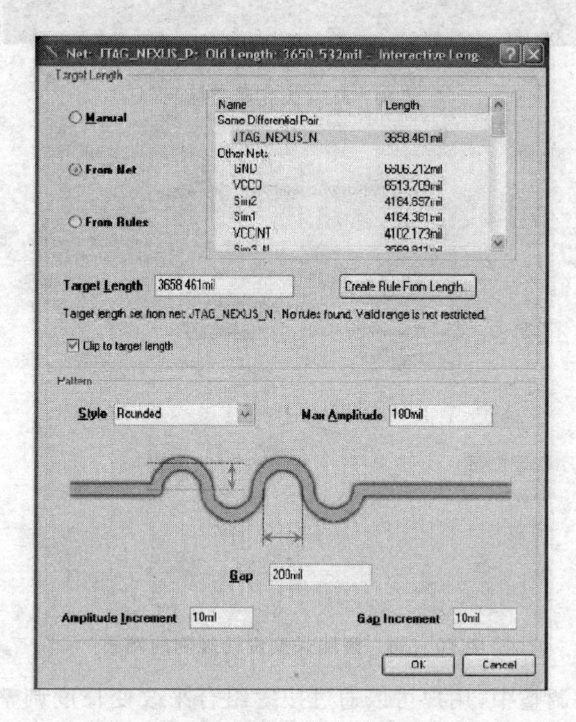

图 10-34　Interactive Length Tuning 对话框

当执行了上面所述的命令后,单击已布线的网络或差分对线路,移动鼠标添加折叠线路。在进行线路长度调整时,长度调整标尺(见图 10-35)将以图形方式提供相关信息,包括调整前的线路长度、线路的当前长度以及与目标长度的差距。黄色线指示允许的最大和最小长度,绿色线指示目标长度,该目标长度由适用匹配长度和长度设计规则决定(见图 10-36)。进度条指示了当前线路长度与目标长度之间的差距。如果进度条变成红色,则表示长度超过了期望值的容限。

交互式长度调节工具可以进行如下配置。

① Target Length——可根据设计规则、另一个网络或手动方式对目标长度进行指定。选中 Clip to target length 复选框后软件将精确修剪波浪形线路使其达到目标长度。

② Patten——以直线、圆弧或圆形的蛇行线模式。用户可以控制波浪形线路的振幅、跨度以及动态振幅增量。在同一个网络中可以存在多种模式。

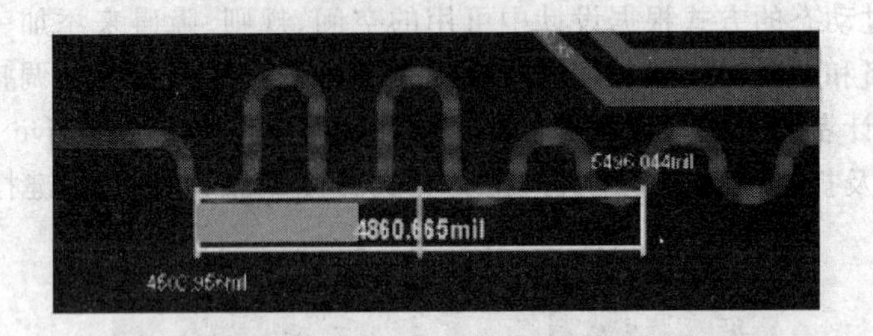

图 10-35　长度调整标尺

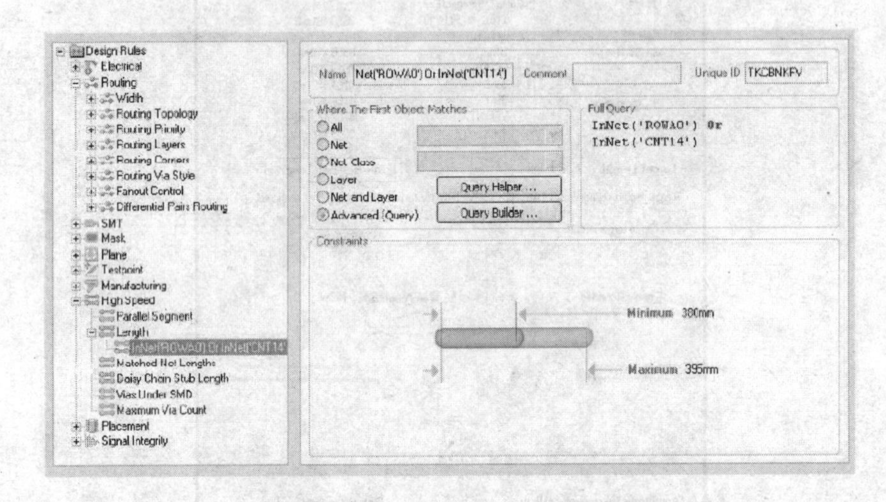

图 10-36　线路长度设计规则的例子

在交互式长度线路调整中，用户可以通过按键组合来改变长度调整的参数。在长度调整中按下～键显示可用的快捷键，或参阅本文档的表 10-3。

在对所需网络完成长度调整后，建议设计者对线路进行锁定，从而避免在布线中运用推开障碍物模式时改变了该线路的长度。锁定一个网络，从菜单栏中单击 Edit→Select→Net 命令，然后单击需要锁定的网络，按 F11 键打开 PCB Inspector 面板并选中 Locked 复选框。

10.8　自动扇出和逃逸式布线

Altium Designer 拥有高性能的表面贴装元器件扇出工具，该工具同样支持 BGA 的逃逸式布线。逃逸式布线引擎可自动尝试从焊盘中引出线路至器件边缘，使得布线工作更加容易。

图 10-37 为从一个焊盘螺距为 1mm 的 BGA 器件中进行逃逸式布线。内部焊盘通过一小段线路连接到过孔让该线路实现对其他板层的访问，通过过孔完成逃逸式布线，线路到达器件边缘。这将使用所有板层直至完成所有内部焊盘的扇出。

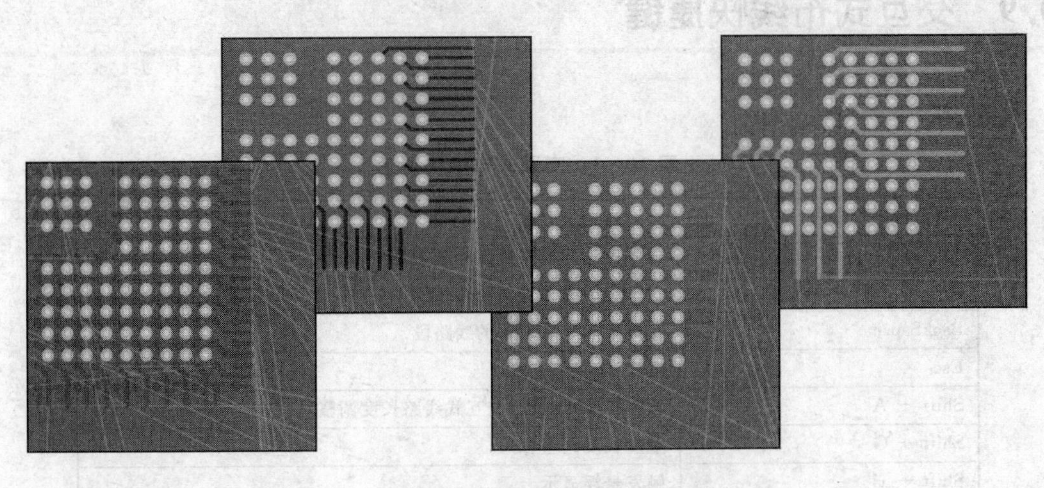

图 10－37　逃逸式布线

右击 BGA 器件，在右键菜单中单击 Component Actions→Fanout Component 命令，扇出布线就会根据设计规则自动完成。不能完成扇出布线的焊盘将在自动生成和打开的报告中显示出来，单击报告的入口对 PCB 和器件进行交互探查。

通过 Fanout Options 对话框（见图 10－38）可以对扇出和逃逸式布线的参数进行设置，包括盲孔使用的设置（盲孔位于钻孔层之间，钻孔层在 Layer Stack Manager 对话框中建立，快捷键是 D，K）。其他选项包括仅扇出带网络的外层两排焊盘到内层（注意：本功能只有在设置好了钻孔对后才可以使用）。

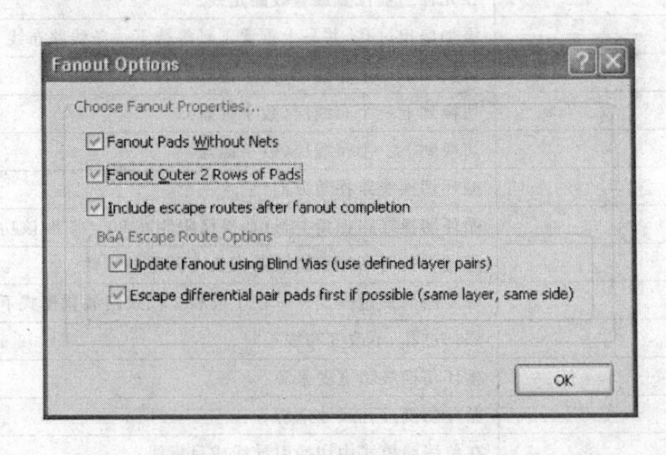

图 10－38　Fanout Option 对话框

10.9 交互式布线快捷键

见表 10 - 1。

表 10 - 1 交互式布线快捷键

~(波浪字符)	显示快捷键列表
F1	显示图形化的快捷键列表帮助窗口
Ctrl + Click	自动完成到目标的线路布线
BackSapce	移除最后一次放置的线路段
Esc	退出当前线路布线
Shift + A	添加折叠式线段(交互式线路长度调整)
Shift + G	触发长度调整标尺
Shift + H	触发悬浮显示
L	把当前布线切换到下一个信号层
Shift + R	触发交互式布线模式
Shift + V	通过 Choose Via Size 对话框选择喜好的过孔尺寸
Shift + W	通过 Choose Favorite Width 对话框选择喜好的线路宽度
,(逗号)	减小弧线的弧度(半径)
Shift + ,(comma)	以 10x 比率减小弧线的弧度(半径)
.(full stop / period)	增加弧线的弧度(半径)
Shift + .(full stop / period)	以 10x 比率增加弧线的弧度(半径)
ENTER	在光标当前位置放置线路走线
/	添加扇出过孔,并马上重置工具等待下一条线路布线
+(加号)	切换到下一个布线层(数字键盘)
-(减号)	切换到上一个布线层(数字键盘)
*(乘号)	切换到下一个布线层(数字键盘)
Space	循环切换线路拐角方向
Shift + Sace	循环切换线路拐角类形(如果已限制在 90°/45°时该功能无效)
Tab	通过相关对话框编辑线路或长度调整的属性
1	触发前向锁定模式——在 1 段和 2 段线路放置模式下切换
2	添加过孔,不改变布线层
3	循环切换线路宽度来源
4	循环切换过孔尺寸来源
7	在单线路模式中切换引导线或目标线
9	切换到相反的布线点

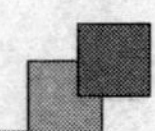

10.10　交互式差分对布线快捷键

见表 10－2。

表 10－2　交互式差分对布线快捷键

～(波浪字符)	显示快捷键列表
Ctrl ＋ Click	自动完成到目标的线路布线(在适用的情况下)
BackSpace	移除最后一次放置的线路段
Shift ＋ BackSpace	移除最近放置的线路对
Esc	退出当前线路布线
Shift ＋ R	触发布线模式
Shift ＋ W	打开 Choose Favorite Width 对话框
Enter	放置线路段
＋ (plus)	切换到下一个布线层
－ (minus)	切换到上一个布线层
＊ (multiply)	切换到下一个布线层
Space	触发线路拐角方向
Shift ＋ Space	循环切换线路拐角类形(如果已限制在 90°/45°时该功能无效)
Tab	编辑线路属性
3	循环切换线路宽度来源
4	循环切换过孔尺寸来源
5	触发自动完成功能
6	更改过孔模式
7	切换引导线(差分对)或目标线

10.11 交互式长度调整快捷键

见表 10－3。

表 10－3 交互式长度调整快捷键

～(tilde)	显示快捷键列表
Tab	通过 Interactive Length Tuning 对话框编辑调整模式设置 via dialog
BackSpace	移除最后一次放置的线段
Space	切换到下一种调整模式
Shift ＋ Space	返回上一种调整模式
，(comma)	减小一个步进单位的振幅
.（full stop / period）	增加一个步进单位的振幅
1	减小斜角或弧度
2	增加斜角或弧度
3	减小一个步进单位的波浪线路跨度
4	增加一个步进单位的波浪线路跨度
Y	触发振幅方向

第 11 章 FPGA 设计入门

概　要：

本章主要介绍如何使用 Altium 创新电子设计平台进行基本的 FPGA 设计，包括在 Altium Designer 中建立 FPGA 工程；针对 Desktop NanoBoard 子板上的 FPGA 器件编译设计；对设计进行分析和处理；完成对 FPGA 的下载。本章最后对层级设计和虚拟仪器的使用进行了简要的介绍。

Altium 创新电子设计平台结合了 Altium Designer 软件平台和 Desktop NanoBoard 可重构硬件平台，可提供 FPGA 实时设计所需的所有工具和技术，包括输入、执行、检查和调试等。

Altium 公司的创新电子设计平台完成了底层的细节操作，使设计者能够更关注于器件的智能化和功能的开发，这些开发是支撑产品差异的来源。在进入嵌入式软件智能模块和处理器的世界之前，需要牢固掌握在这个创新环境中进行设计的基本原则——实现最基本的设计并使其在 Desktop NanoBoard 子板上的 FPGA 器件中运行。

本章将完成一个简单的计数器设计。当该设计下载到目标子板上的 FPGA 芯片后，板上的 LED 持续地从左到右点亮或者从右到左点亮。通过这个课程，用户将学会 FPGA 设计的基本知识：

(1) 在 Altium Designer 中建立 FPGA 工程，并完成原理图设计，包括查找、放置和连接元件。

(2) 使用自动配置功能对子板 FPGA 进行配置。

(3) 对设计进行处理，包括编译、综合和组建，以获得相应目标器件的可编程文件。

(4) 在 FPGA 工程中使用层级设计，包括简单定制逻辑(HDL)。

(5) 掌握虚拟仪器的用法。

本章所给出的例子是一个简单的扭环计数器(见图 11－1)，这是一个同步计数器，移位寄存器的输出信号通过反相器接到输入端。其原理图和相关文件在 Altium Designer 安装路径下的\Examples\Tutorials\Getting Started with FPGA Design 文件夹中。用户可以在任何时候查阅这个例子以便获得更深层次的理解和迈向新的台阶。

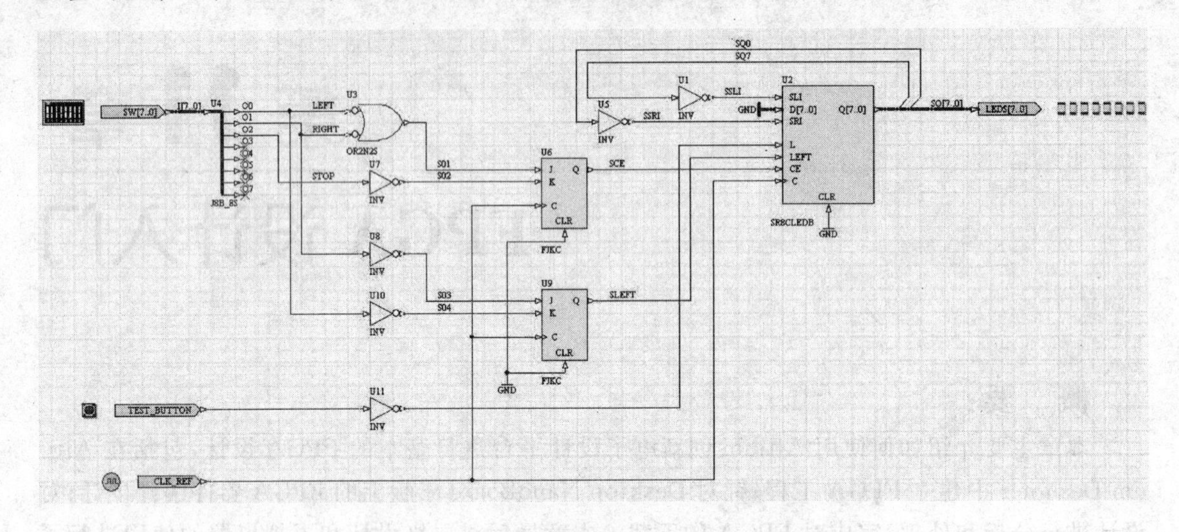

图 11-1 一个简单的例子——扭环计数器

本电路中,发送给逻辑器件的同步时钟信号由 Desktop NanoBoard 上的参考时钟信号提供。计数器的输出通过 NanoBoard 上的用户 LED 进行显示。考虑到 NanoBoard 板上其他的可用资源,可以在设计中添加额外的逻辑控制如下。

(1) 方向控制——计数可以从左到右,也可以从右到左,取决于 NanoBoard 板上的相关按键的设置(DIP 开关部分)。

(2) 停止控制——计数可以停止也可以重启,取决于 NanoBoard 板上的相关按键的设置(DIP 开关部分)。

(3) 清除控制——通过 NanoBoard 板上的 DAUGHTER BD TEST/RESET 按钮对计数器清零,使所有的 LED 熄灭。

关于可用于 Desktop NanoBoard 板的子板型号的详细信息,以及各个器件的使用手册,请查阅网址 www.altium.com/nanoboard/resources。

11.1 关于 FPGA 供应商软件的注意事项

在将设计下载到 Desktop NanoBoard 子板的 FPGA 器件之前,用户需要在计算机上安装相应的 FPGA 供应商软件,用于对 FPGA 布局布线。FPGA 供应商软件并不由 Altium Designer 提供,需要独立安装。大部分子板都可用于 Desktop NanoBoard。为了使用所选择的子板,用户需要安装相应的软件。

更多的关于供应商软件的信息可在相应的 FPGA 供应商网站上查找。

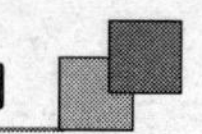

(1) Actel Designer 或者 r Libero IDE：www. actel. com。该软件可以下载，但是需要序列号，可到该网站上申请一个序列号。

(2) Altera Quartus Ⅱ：www. altera. com。Altera Quartus Ⅱ软件的网络版本可免费下载且不需要序列号。

(3) Lattice IspLever：www. latticesemi. com。IspLever Starter 软件可以从网上下载，但是需要序列号，可到该网站上申请一个序列号。

(4) Xilinx ISE：www. xilinx. com。Xilinx ISE WebPACK 可免费下载且不需要序列号。

在 Altium 的网站上的 Vendor Resources 中可以查阅到各个供应商下载软件的链接。(www. altium. com/Community/VendorResources)。这个界面可以在 Altium Designer 中直接进行访问：Devices view(View→Devices View)，单击 Tools 菜单中的 Vendor Tool Support 命令。

11.2　设计输入

11.2.1　新建 FPGA 工程

每一个设计都是以工程的形式存在于 Altium Designer 中。对于 FPGA 设计，称为 FPGA 工程(*. PrjFpg)。工程的本质是 ASCII 文件，该文件用于存储工程的信息，包括工程属性、输出设置、编译设置、出错检测设置等。

创建一个 FPGA 工程的步骤如下。

(1) 新建一个 FPGA 工程：File→New→Project→FPGA Project。

(2) 保存工程：右击 Projects 面板中新建的工程名(FPGA_Project1. PrjFpg)，单击 Save Project 命令。将工程重命名为 Simple_Counter. PrjFpg，保存到名为 Basic FPGA Design Tutorial 的新建文件夹中。

注意： 空格和横线(-)不能用于工程名中或者文件夹名，否则会导致综合错误。可以用下划线(_)代替，以增强可读性。

11.2.2　添加原理图文件

FPGA 工程具有分层结构。工程中包括原理图、HDL (VHDL 或者 Verilog)文件、OpenBus 文件等，这些子文件可用图纸符号表示。所有的工程都有一个共同点，那就是它们必须有一个单独的顶层示意图。顶层示意图不仅仅包括设计的接口(这些接口直接对应于目标器件的引脚)，同时也推动 FPGA 设计综合为 PCB 电路板。

将在后面章节讲解分层设计，现在先介绍如何添加一个原理图(这里指顶层原理图)到新建的 FPGA 工程中。

(1) 右击 Projects 界面中的 FPGA 工程，单击 Add New to Project→Schematic 命令，在工程中添加一个新的原理图文件并在设计窗口中打开，如图 11－2 所示。

(2) 将文档命名为 Simple _ Counter. SchDoc，与工程保存在同一个目录。

(3) 右击工程名，单击 Save Project 命令保存文件。

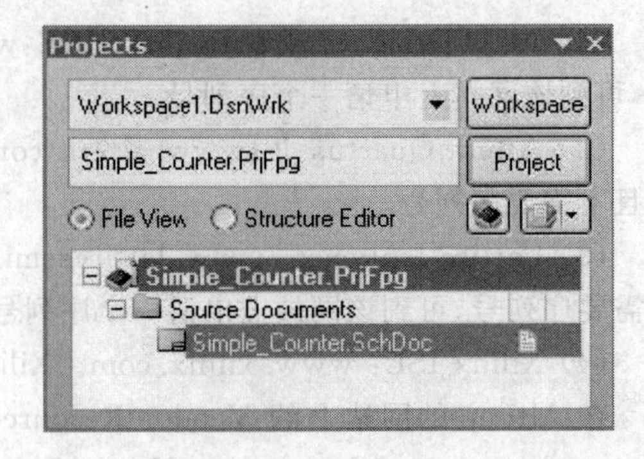

图 11－2　在新建 FPGA 工程中添加原理图

11.2.3　放置元件

接下来在空白图纸中添加元器件，包括实现设计功能所需的元件，以及 Desktop NanoBoard NB2DSK01 上所提供的接口资源。

表 11－1 给出了实现扭环电路所需要的元件。这些元件可在 FPGA 通用集成库中找到(FPGA Generic. IntLib)，该库在安装文件夹下的\Library\Fpga 文件夹中。

表 11－1　实现扭环电路所需要的元器件

符　号	器件名称	描　述	所需数量
J K Q C CLR	FJKC	异步 J-K 触发器	2
	INV	反相器	6
I[7..0] O0 O1 O2 O3 O4 O5 O6 O7	J8B_8S	总线接口-8 线输入，单线输出	1
	OR2N2S	2 输入或门。低电平 A 或低电平 B 输入有效	1

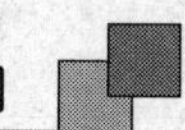

续表 11-1

符 号	器件名称	描 述	所需数量
SLI D[7..0] Q[7..0] SRI L LEFT CE C CLR	SR8CLED	8位串并转换双向移位寄存器。时钟上升沿有效，异步清零	1

表 11-2 给出了设计所需的端口。这些端口已经自动连接了Desktop NanoBoard板上的相关资源和子板FPGA的物理IO接口。这些端口元件可在FPGA NB2DSK01 Port-Plugin集成库中找到(FPGA NB2DSK01 Port-Plugin. IntLib)，也可以在安装目录下的\Library\Fpga文件夹中找到。

表 11-2 扭环计数器原理图中所需的端口器件

符 号	器件名称	说 明
CLK_REF	CLOCK_REFERENCE	连接Desktop NanoBoard板上20 MHz系统时钟信号。可以使用这个信号为触发器和移位寄存器提供同步时钟信号
SW[7..0]	DIPSWITCH	连接Desktop NanoBoard板上的DIP开关。可以使用其中的3个开关来控制计数方向和停止计数
LEDS[7..0]	LED	连接Desktop NanoBoard板上的用户LED。可以使用LED直观地观察计数器的输出
TEST_BUTTON	TEST_BUTTON	连接Desktop NanoBoard板上的DAUGHTER BD TEST/RESET按键(SW7)。可以使用这个反相信号作为移位寄存器的使能信号。当把寄存器的输入引脚D连到地时，按下该键可以使寄存器的数据输出端为0

以上所用到的两个集成库是默认安装的,在 Libraries 面板上可见。对于本指南而言,不需要安装任何库,仅仅需要在 Libraries 面板中激活(打开)相应的库,就可以在列表中选择所需要的器件。单击面板右上方的 Place 按钮,或者直接拖动该元件到原理图中。

继续在原理图中放置如图 11-3 所示的所有器件。放置好后,给各个器件添加标号(Tools→Annotate Schematics Quietly)。

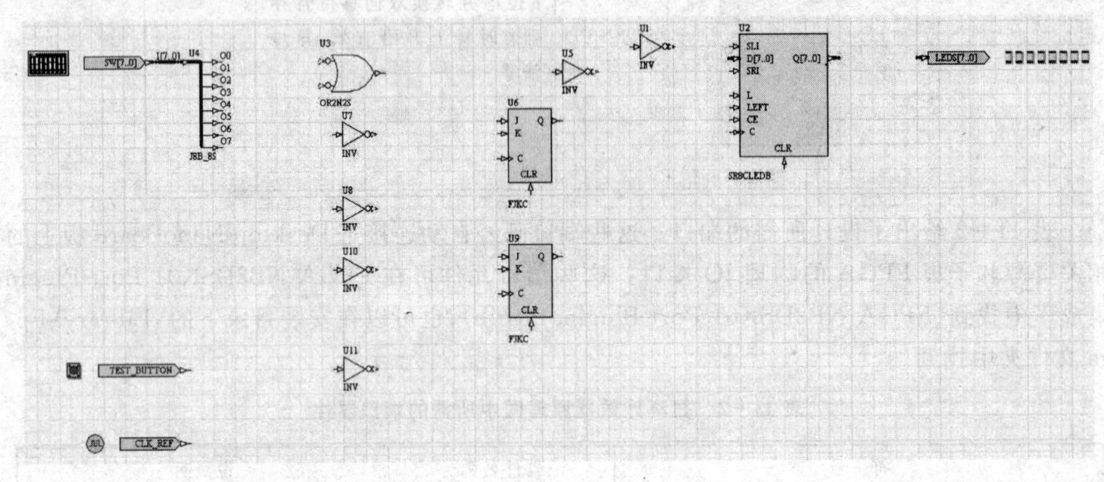

图 11-3　原理图中元器件的放置

11.2.4　放置导线

(1) 使用 Place→Wire 和 Place→Bus 命令(或分别使用和按钮)将器件连接在一起,如图 11-4 所示。

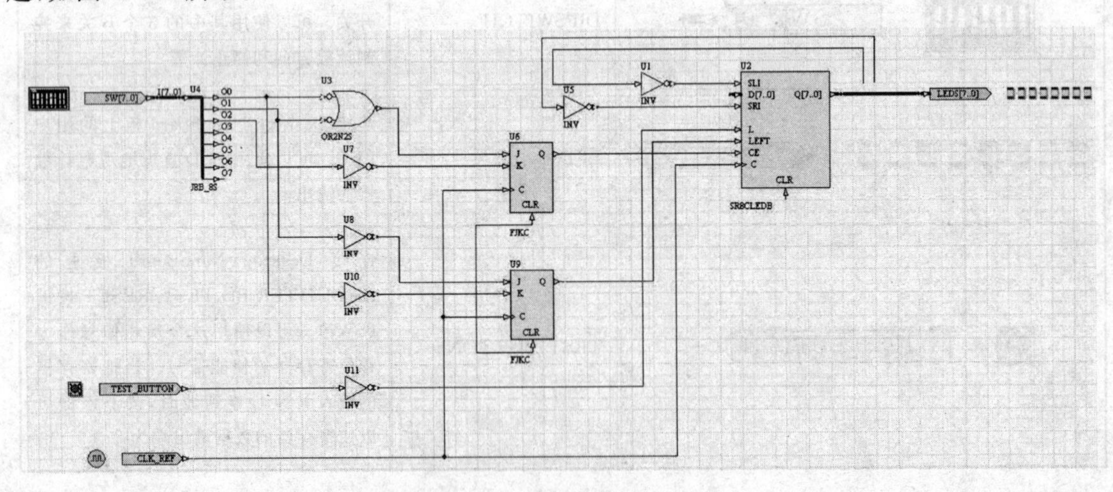

图 11-4　初步放置导线和总线

(2) 在 Wiring 工具栏中单击 GND 端口图标。当端口图标悬浮于光标上时，按 Tab 键，弹出 Power Port 对话框，将 Style 属性改成 Bar。放置 GND 端口，使其与两个触发器的 CLR 引脚相连，如图 11-5 所示。

(3) 放置另一个 GND 按钮与移位寄存器的 CLR 引脚相连。

(4) 在 Wiring 工具栏中单击 GND 总线端口图标。当总线端口悬浮于光标上时，按 Tab 键，弹出 Power Port 对话框，将 Style 属性改成 Bar。放置 GND 总线端口，使其与移位寄存器的 CLR 引脚相连。按 Space 键可旋转端口，如图 11-6 所示。

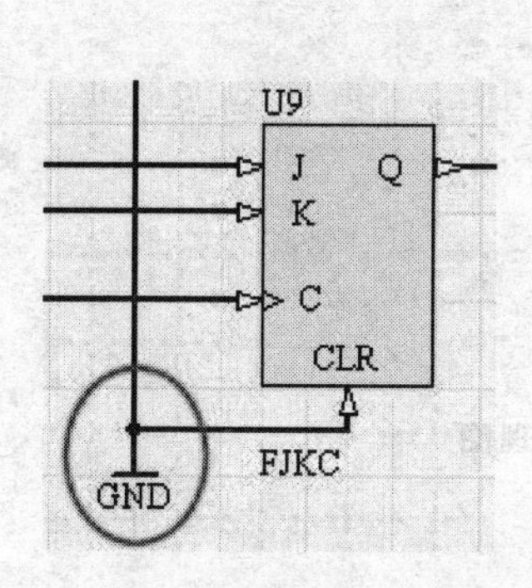

图 11-5 触发器 CLR 引脚接地

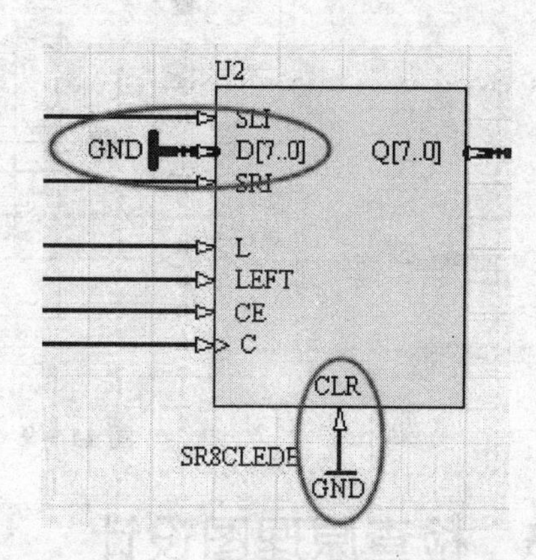

图 11-6 移位寄存器 CLR 引脚接地

(5) 单击 Wiring 工具栏中的按钮，添加两条总线入口，将单个的信号从移位寄存器的输出总线中引出到移位寄存器的 SLI 和 SRI 端口对应的反相器输入端，如图 11-7 所示。

(6) 为使电路图简洁且将警告减少到最少，需要在总线接口元件(U4)中不使用的输出引脚处添加 No ERC 标记。单击 Wiring 工具栏中的图标，将 NO ERC 标记分别添加到不使用的引脚 O3～O7，如图 11-8 所示。

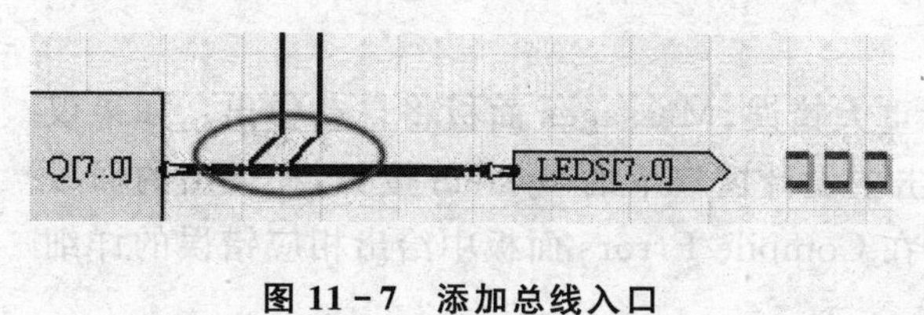

图 11-7 添加总线入口

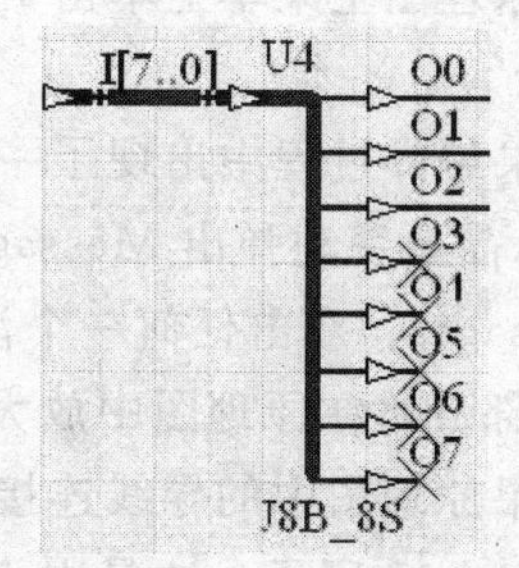

图 11-8 为不使用的引脚添加 No ERC 标记

(7) 使用 Place→Net Label 命令或者单击 Wiring 工具栏上的 按钮为电路图添加网络标号,如图 11-9 所示。网络标号必须是唯一的。

(8) 保存原理图及整个工程(File→Save All)。

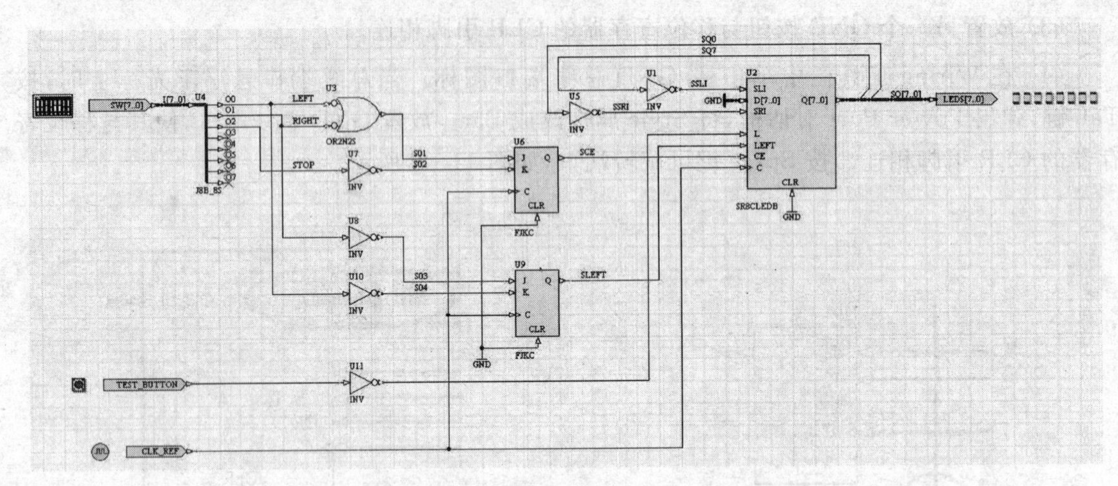

图 11-9 加入网络标号的原理图

11.3 检查原理图设计

编译的过程为工程生成一个完整的网络表。在编译和下载设计前,需要检查原理图一致性。编译器根据 Error Reporting 和 Connection Matrix 表格中定义的规则进行电气检查和绘图检查,如图 11-10 所示。相应错误勘测表格见 Options for FPGA Project 对话框(Project→Project Options)。(注意:本指南并没有对任意错误勘测表的属性进行修改,保持默认设置即可)。

编译步骤如下。

(1) 在原理图主菜单上单击 Project→Compile FPGA Project Simple_Counter. PrjFpg 命令,编译开始。

(2) 如果编译过程中出现了一般错误或者重大错误,Messages 面板将自动弹出。如果仅仅存在警告,需要手动弹出 Messages 面板:单击主设计窗口下的 System 按钮,在弹出的面板中选择 Messages。双击任何一个消息条目,会在 Compile Errors 面板中给出相应错误的详细信息。错误部分将在原理图中放大并高亮显示。

(3) 如果原理图中的导线连接正确,在 Messages 面板中可能会显示一些关于加载信号的警告,如图 11-11 所示。这是因为从总线 SQ[7..0]中引出的引脚只是 SQ0 和 SQ7,而不包括 SQ1～SQ6。这些警告是可以忽略的。如果存在其他错误消息,用户需要解决它们并重新编译整个工程。

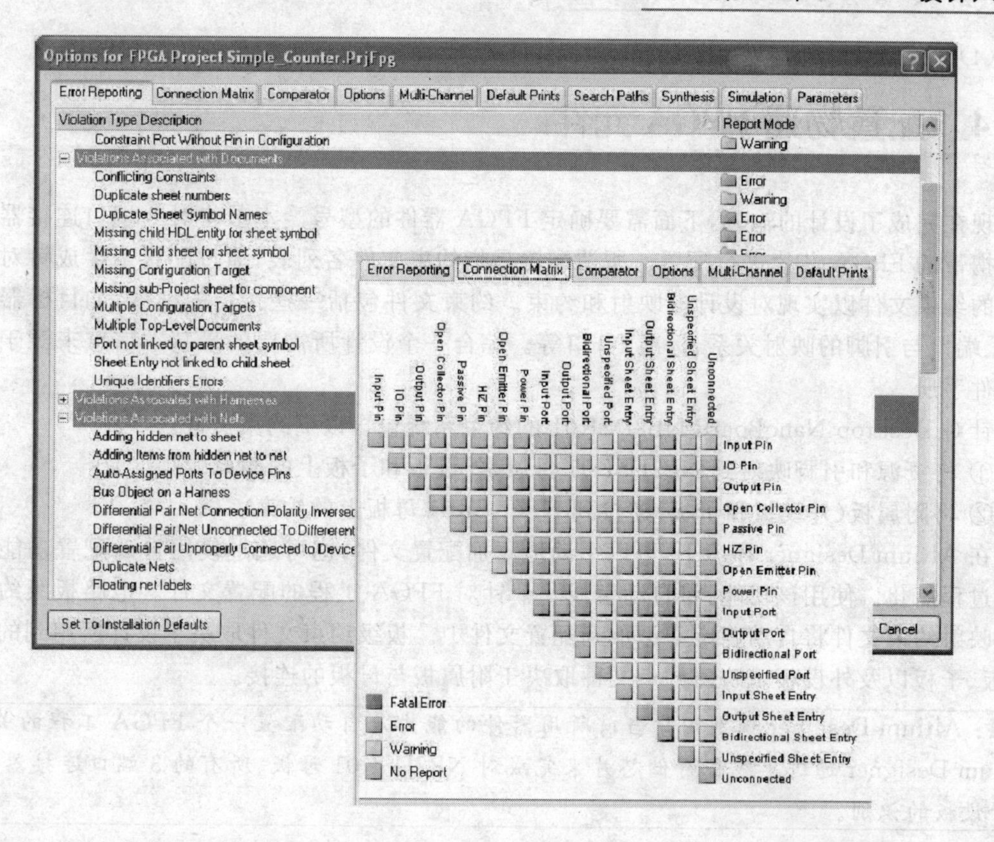

图 11－10　在 Options for FPGA Project 对话框中 Error Reporting 和 Connection Matrix tabs 选项卡中对编译器进行设置

Messages

Class	Document	Source	Message	Time	Date	No.
[Warning]	Simple_Counter.SchDoc	Compiler	Signal NamedSignal_SQ[1] has no load	2:56:33 PM	18/04/2008	1
[Warning]	Simple_Counter.SchDoc	Compiler	Signal NamedSignal_SQ[2] has no load	2:56:33 PM	18/04/2008	2
[Warning]	Simple_Counter.SchDoc	Compiler	Signal NamedSignal_SQ[3] has no load	2:56:33 PM	18/04/2008	3
[Warning]	Simple_Counter.SchDoc	Compiler	Signal NamedSignal_SQ[4] has no load	2:56:33 PM	18/04/2008	4
[Warning]	Simple_Counter.SchDoc	Compiler	Signal NamedSignal_SQ[5] has no load	2:56:33 PM	18/04/2008	5
[Warning]	Simple_Counter.SchDoc	Compiler	Signal NamedSignal_SQ[6] has no load	2:56:33 PM	18/04/2008	6
[Warning]	Simple_Counter.SchDoc	Compiler	Signal NamedSignal_SQ[1] has no load	2:56:33 PM	18/04/2008	7
[Warning]	Simple_Counter.SchDoc	Compiler	Signal NamedSignal_SQ[2] has no load	2:56:33 PM	18/04/2008	8
[Warning]	Simple_Counter.SchDoc	Compiler	Signal NamedSignal_SQ[3] has no load	2:56:33 PM	18/04/2008	9
[Warning]	Simple_Counter.SchDoc	Compiler	Signal NamedSignal_SQ[4] has no load	2:56:33 PM	18/04/2008	10
[Warning]	Simple_Counter.SchDoc	Compiler	Signal NamedSignal_SQ[5] has no load	2:56:33 PM	18/04/2008	11
[Warning]	Simple_Counter.SchDoc	Compiler	Signal NamedSignal_SQ[6] has no load	2:56:33 PM	18/04/2008	12

图 11－11　如果设计正确，在编译后仅仅显示警告

(4) 保存原理图和整个工程。

11.4 配置物理 FPGA 元件

现在完成了设计的输入,下面需要确定 FPGA 器件的型号。本节将对 3 端口连接器子板上所携带的 FPGA 芯片进行配置。所谓配置是指约束文件名列表,通过配置来生成针对目标器件的约束文件以实现对设计的映射和约束。约束文件包括一些指定的细节,如目标器件的型号、端口与引脚的映射关系、标准 IO 口等。综合一个设计所需要的最基本信息来源于芯片的器件手册。

针对 Desktop NanoBoard NB2DSK01 的约束系统包含以下约束文件。

① 将资源和引脚映射到 NB2DSK01 母版、外设板和子板上的约束。

② 将附属板(外设板和子板)连接到 NB2DSK01 母板上的约束。

在 Altium Designer 环境下,可以手动地添加配置文件,也可通过使用自动配置功能而使设计过程简化。使用该功能,将自动生成一个针对 FPGA 工程的配置文件。电路板级约束文件和映射约束文件将自动确定并添加到配置文件中。板级约束文件取决于设计所用到的硬件(母板、子板以及外设板);映射约束文件取决于附属板与母板的连接。

注意: Altium Designer 识别用户当前所用器件的能力是自动配置一个 FPGA 工程的关键。Altium Designer 通过单线程存储芯片来完成对 NB2DSK01 母板、所有的 3 端口连接器子板和外设板的识别。

以前的 2 端口连接器 Altium 子板可以用于 Desktop NanoBoard NB2DSK01,但是它不可以采用自动配置的方法来支配相应的存储芯片。

下面开始 FPGA 工程的配置。

(1) 在使用自动配置功能之前,请确定以下事项。

① NB2DSK01 母板插有携带目标 FPGA 芯片的 3 端口连接器子板。

② 本实例不需要用到外设板,故这些外设板可留在母板上,也可以去掉。

③ NB2DSK01 通过 USB 接口(或者并口)与 PC 相连。

(2) 打开 Devices View(View→Devices View),选中 Live 复选框,并确定 Connected 指示灯亮。

(3) 自动配置功能可以通过两种方法启动。

方法一:在 NanoBoard chain of the view 中右击 Desktop NanoBoard 图标,从弹出的菜单中单击 Configure Fpga Project→Simple_Counter. PrjFpg 命令,如图 11 - 12 所示。

方法二:双击 Desktop NanoBoard 图标,弹出 Instrument Rack-NanoBoard Controllers 面板。单击 Board View 按钮,进入 NanoBoard Configuration 对话框。单击 Auto Configure FPGA Project 下三角按钮,选择 Simple_Counter. PrjFpg 选项,如图 11 - 13 所示。通过该对

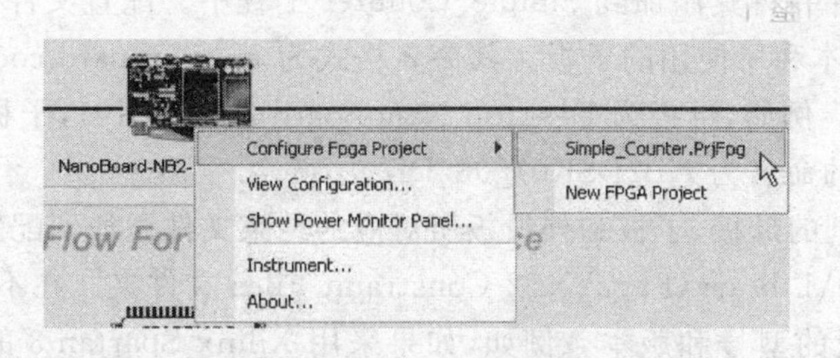

图 11－12　从 Devices view 直接进行自动配置

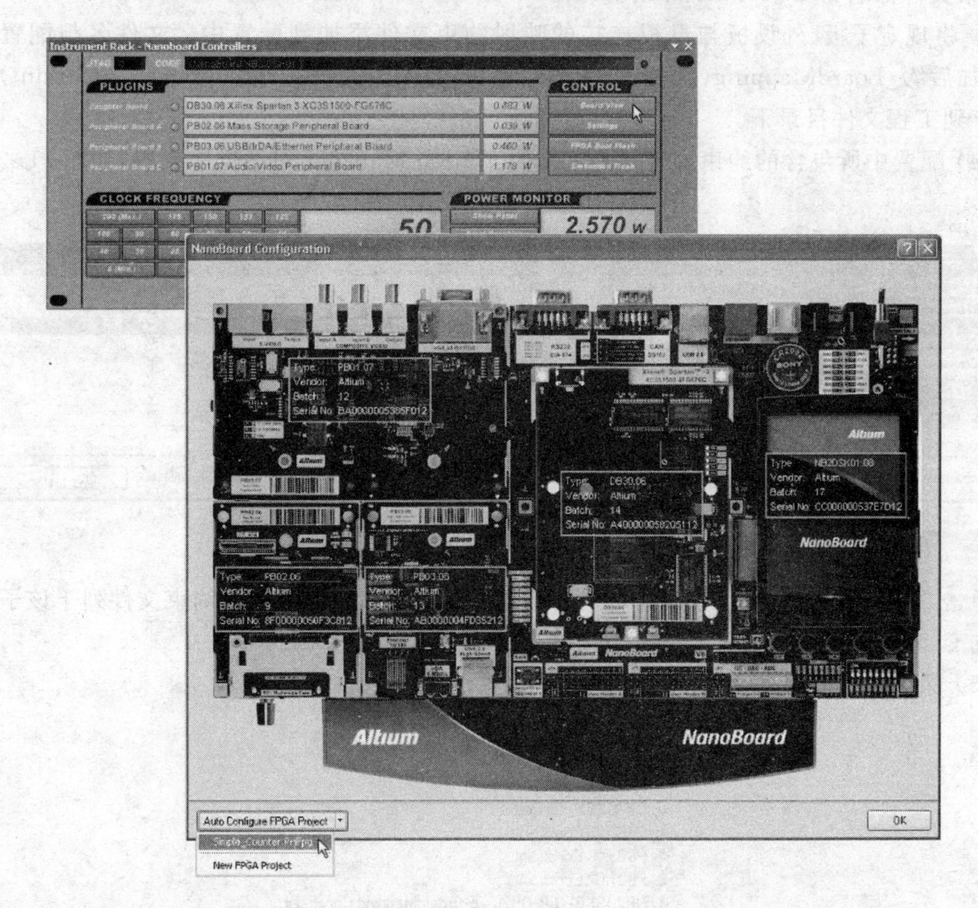

图 11－13　通过 visually-based NanoBoard Configuration 对话框进行自动配置

话框，用户可以看到关于 Desktop NanoBoard NB2DSK01 系统的一个可视化的动态介绍，包括相应的外设板和子板。

在自动配置过程包括以下几个部分。

① 创建配置文件并将其添加到 Simple_Counter 工程中。配置文件的命名取决于 Desktop NanoBoard 的版本和所使用的子板。其命名格式为 motherboard code_revision_daughter board code_revision。例如,母板为 Desktop NanoBoard NB2DSK01,子板为 Xilinx Spartan-3 的 DB30,配置文件的命名为 NB2DSK01_08_DB30_06。

② 将系统所用到的母板、子板和外设板所对应的约束文件添加到配置中。这类约束文件来源于安装路径下的\Library\Fpga\NB2 Constraint Files 文件夹。在不同的情况下,约束文件取决于所用电路板的型号和版本。例如,如果采用 Xilinx Spartan-3 的子板 DB30(修正版 6),约束文件命名为 DB30.06.Constraint。

③ 将规定子板、外设板与母板连接的映射约束文件添加到配置中。文件名与配置名相同,添加后缀_BoardMapping(例如 NB2DSK01_08_DB30_06_BoardMapping.Constraint)。将其保存到工程文件目录下。

(4) 配置中所包含的约束文件可在 Configuration Manager 对话框中查看,如图 11-14 所示。

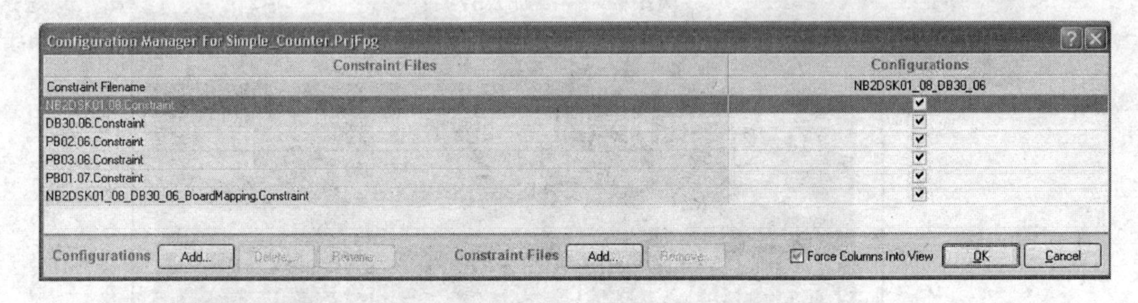

图 11-14 工程的配置和约束文件列表

单击 OK 按钮。一个名为 Settings 的子文件夹将添加到工程中。约束文件列于该子文件夹中的 Constraint Files 文件夹内,如图 11-15 所示。

(5) 保存工程文件。

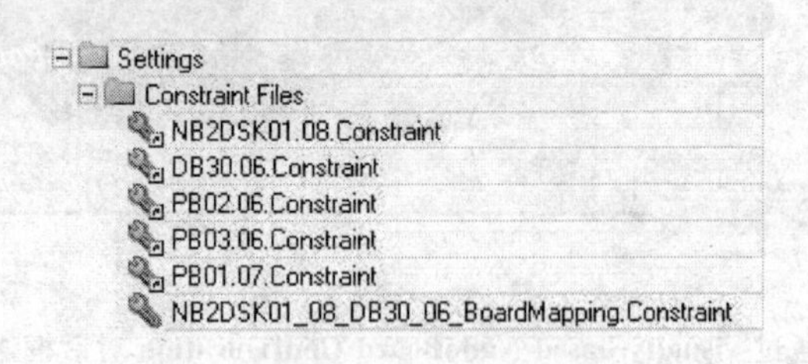

图 11-15 在配置中添加约束文件

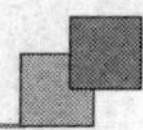

11.5 编译和综合

当完成了基于 FPGA 的设计输入后，需要对源文件进行编译、综合等处理，以便获得用于指导布局布线的网络表。布局布线软件可确保本设计所需资源与所选器件资源的大小相符，并创建一个 FPGA 下载文件。

编译、综合工艺流程在 Devices View 视图中运行。

(1) 在 Altium Designer 中激活 Devices View 选项(View→Devices View)。

(2) 选中 Live 复选框，并且电路板上的 Connected 指示灯是亮着的。

现在来看如何在 Device 视图中使用硬件设备链对所用 FPGA 器件进行联合控制。如图 11-16 所示。

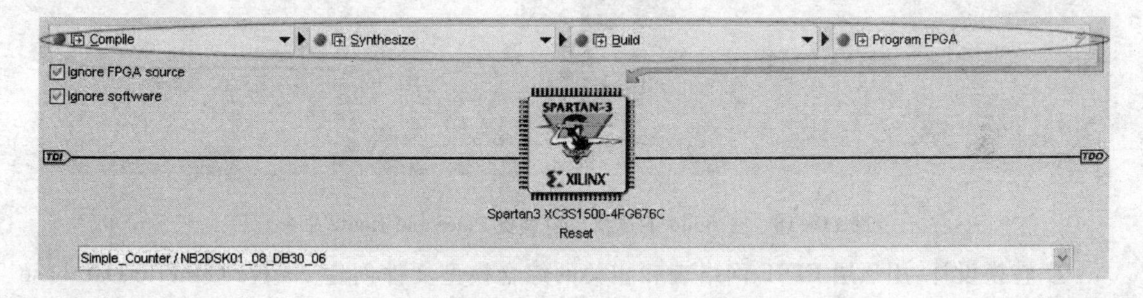

图 11-16 针对物理 FPGA 器件的处理过程的相关操作

只有满足下面的条件，编译综合流程才可以继续进行。

必须安装与子板 FPGA 芯片相对应的供应商软件，且工程已经创建了目标芯片的配置，并在芯片图标下的下拉菜单中显示对应的 Project / Configuration 的名称。例如：Simple_Counter / NB2DSK01_08_DB30_06，如图 11-16 所示。

> **注意：** 设计的处理流程本身包括 4 个步骤：编译、综合、组建、下载。一个步骤的结果是下一个步骤开始的基础。尽管可以通过单击 Program FPGA 按钮来一次运行完流程的所有步骤，但是分步进行是很有意义的。

(3) 单击 Compile 按钮，编译 FPGA 工程源文件。如果工程中包括处理器内核，则需要采用相关软件对植入的内核进行编译。对于本例设计，仅仅需要用编译工具来完成电气检查和绘图错误检查。因为之前已经对设计进行了编译，所以这一步可以省略。

返回到 Messages 面板。可以看到每当一个步骤成功完成后，相应的指示灯将变亮。

(4) 单击 Synthesize 按钮，综合 FPGA 工程。在综合过程中，源文件将转换成相应的 VHDL 文件，然后综合成为顶层 EDIF 网络表，与布局布线相对应。综合成功完成后，会生成一个名为 Generated [ConfigurationName]的文件夹。该文件夹包括 EDIF 文件(Simple_

Counter. edf)、VHDL 文件(Simple_Counter. vhd)以及综合记录文件(Simple_Counter_Synth. logGenerated [ConfigurationName] Simple_Counter. edfSimple_Counter. vhdSimple_Counter_Synth. log),如图 11-17 所示。

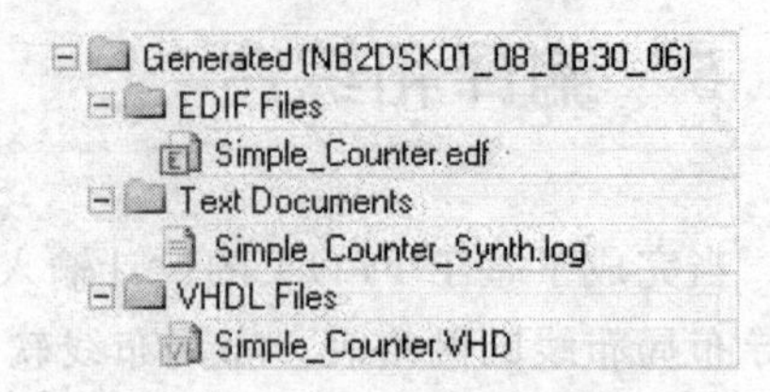

图 11-17 综合阶段创建的文件

返回到 Messages 面板。

(5) 单击 Build 按钮。Altium Designer 根据综合的结果顺序执行以下 5 个步骤,如图 11-18 所示。

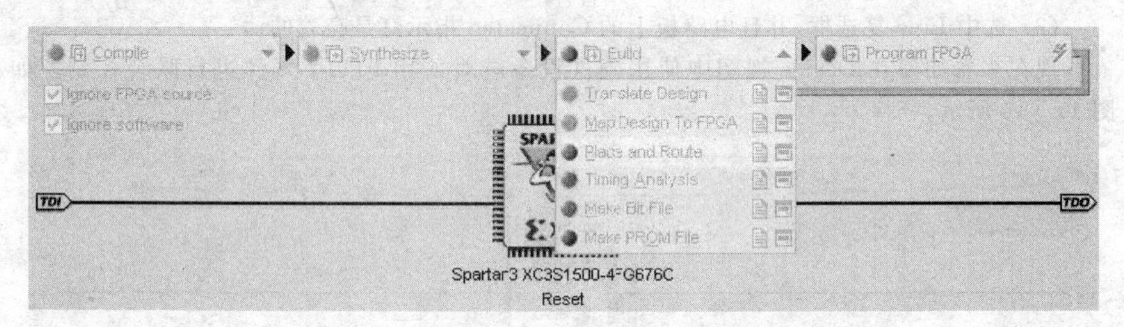

图 11-18 在 Build 下拉菜单中查找 Place and Route 命令

① 转换设计:用顶层 EDIF 网络表和相关的综合模型文件创建 Native Generic Database (NGD)文件。

② 映射:将设计映射到 FPGA 器件中。

③ 布局布线:根据映射后得到的底层描述文件分配 FPGA 内部的物理位置并进行布线。

④ 时序分析:根据时序约束文件对设计进行时序分析。如果约束采用默认的设置,则设计没有任何时序约束。

⑤ 创建 Bit 文件:创建向芯片下载所需的 Bit 文件。

返回到 Messages 控制面板。更多供应商详细资料可以从 Output 面板中获得(在主设计窗口下单击 System 按钮即可看到 Output 面板)。

一旦这个步骤成功完成,会弹出一个 Results Summary 对话框,如图 11-19 所示。这个对话框给出了目标器件中资源的使用情况、时序分析等信息。关闭这个对话框。

(6) 单击 Program FPGA 按钮。将可编程文件通过 PC 的 JTAG 口下载到 Desktop NanoBoard 相应的 FPGA 器件中。Altium Designer 的 Status Bar 会显示下载进度。下载完毕后,Devices view 面板中器件图标下的文字将从 Reset 转换成 Programmed。在硬件电路上,子板上的 Program 指示灯将点亮,表明设计已经下载到 FPGA 芯片中,如图 11-20 所示。

(7) NanoBoard's 板上 DIP 开关使用情况如下。

① Switch 8: 按下该键开始计数,LED 从左边开始移动。

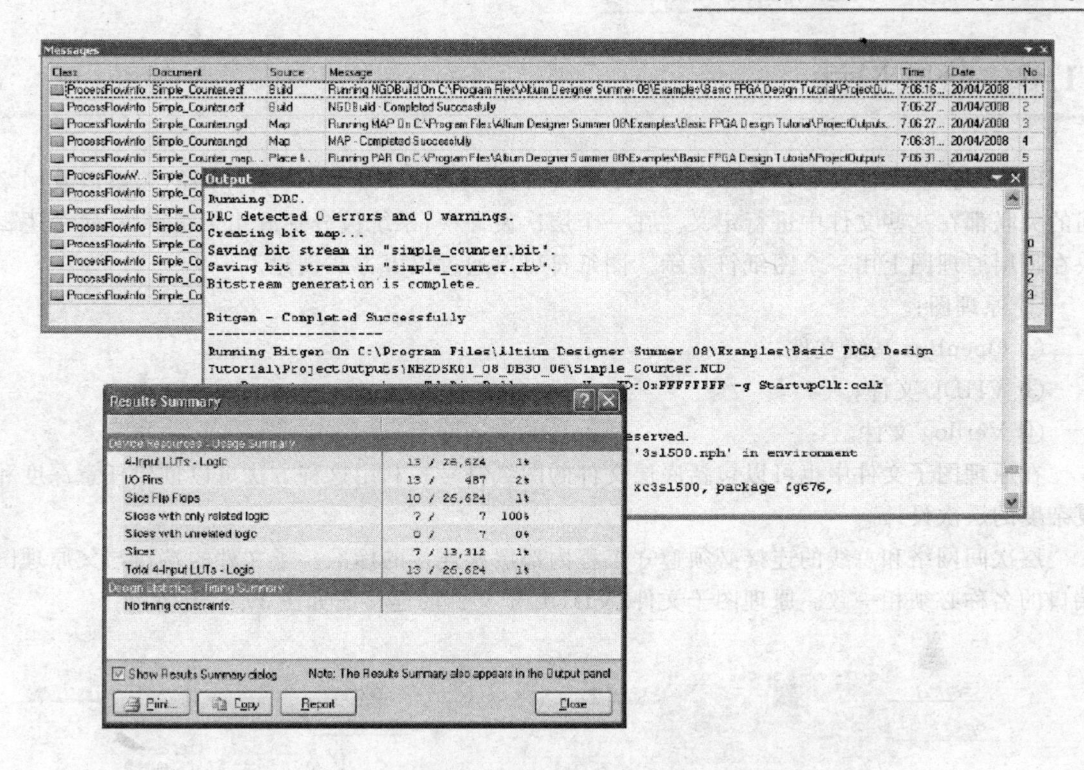

图 11－19 访问构建过程的信息，获得构建的最终报告文件

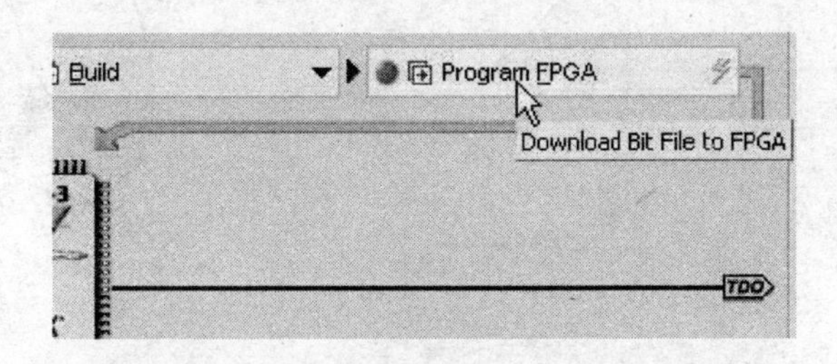

图 11－20 开始对器件下载程序

② Switch 7：按下该键开始计数，LED 从右边开始移动。

③ Switch 6：按下该键停止计数，如果开关 7 和开关 8 关闭，则停止计数。

(8) 按下 NanoBoard 板上 DAUGHTER BD TEST/RESET 按键，清零 LED。

(9) 保存工程。

注意：在这个过程中，Desktop NanoBoard 上的 LED 是一直亮着的，体现不出计数功能。这是因为 Desktop NanoBoard 的参考时钟频率为 20 MHz，LED 闪烁太快。7.6 节将介绍如何在原理图中添加一个分频器使频率降低，以及在 FPGA 设计中进行层次设计。

11.6 分层设计

FPGA 工程文件夹(＊PrjFpg)将多个源文件链接到一个工程中,文件间的关系以及网络间的关联都在这些文件中进行定义。在一个层次设计中,系统被分割成几个逻辑块,每个逻辑块在顶层原理图上用一个图纸符表示。图纸符可以通过以下方式创建。

① 原理图;

② OpenBus 系统文件;

③ VHDL 文件;

④ Verilog 文件。

在原理图子文件中也可以包括底层文件的图纸符号。利用这种方法可以创建任意深度和复杂度的层次设计。

层次间网络和总线的连接必须遵守工程内部层次连接的标准。子文件的端口与父原理图端口的名称必须相一致。原理图子文件、VHDL 子文件的连接图如图 11－21 所示。

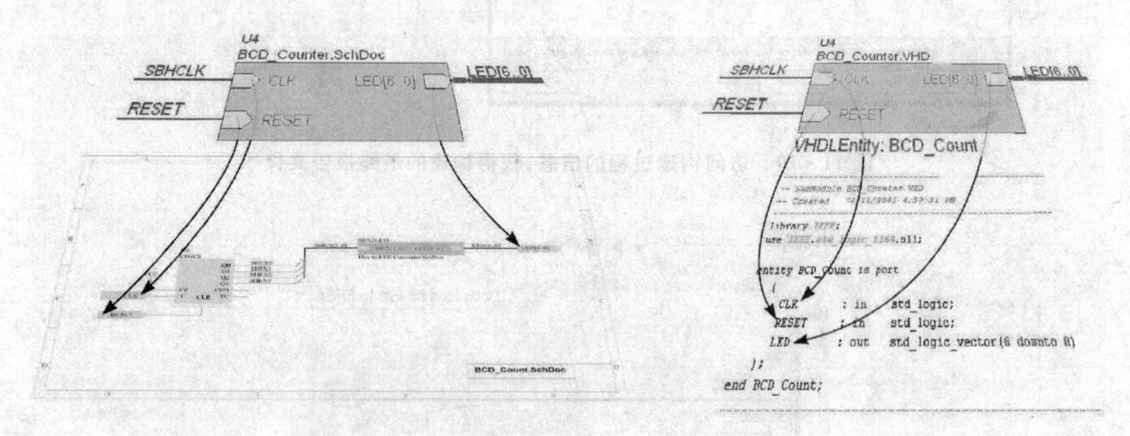

图 11－21　原理图子文件、VHDL 子文件的连接图

在 11.5 节计数器实例中,由于 Desktop NanoBoard 板上的参考时钟频率过快,需要添加分频电路。采用添加子文件的方法来说明如何进行层次设计。首先介绍创建原理图子图的方法,然后介绍创建 VHDL 文件的方法。

11.6.1 用原理图子图实现时钟分频器

(1) 打开原理图文件 Simple_Counter. SchDoc。

(2) 在图纸空白处放置图表符(Place→Sheet Symbol)。该图表符号将代表时钟分频器,如图 11－22 所示。

(3) 双击图表符,在打开的 Sheet Symbol 对话框中进行如下设置。

① Designator:U_Clock_Divider。

② Filename:Clock_Divider. SchDoc。

(4) 在图表符的左右两边添加输入/输出端口(Place→Add Sheet Entry)。进行如下设置。

① 左边端口:Name:CLK_REF,I/O Type:Input。

② 右边端口:Name:CLK_OUT,I/O Type:Output。

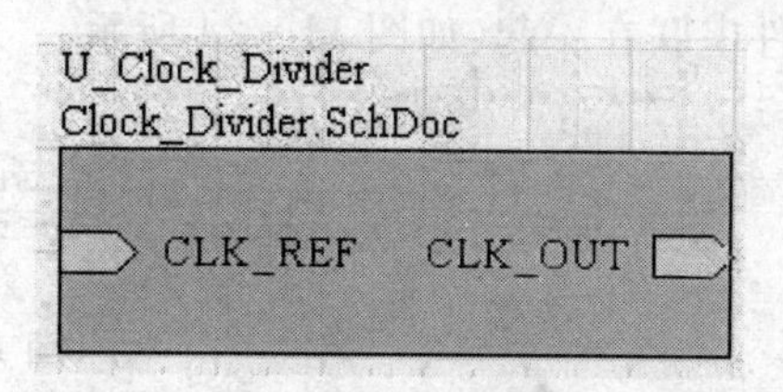

图 11-22　时钟分频器的图纸符号

(5) 用导线将图表符的端口与主电路图中的 CLK_REF 端口相连,如图 11-23 所示。

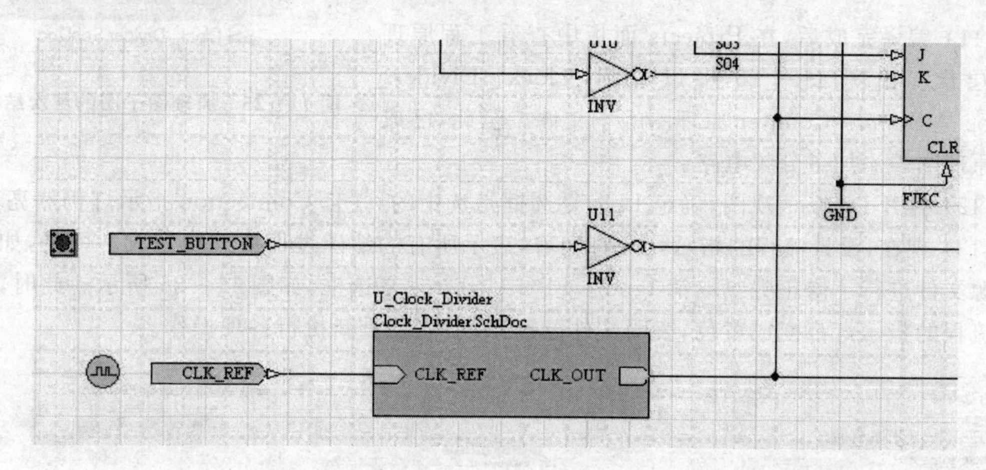

图 11-23　导线将图表符号的端口与主电路图中的 CLK_REF 端口相连

现在已经添加了原理图符号,需要生成实际的子文件。

注意:步骤(6)~(9)将从零开始指导用户设计图表符子文件。以下操作可以跳过这4个步骤:在 Projects 面板中右击 Simple_Counter. PrjFpg 选项,单击 Add Existing to Project→Choose Documents to Add to Project 命令,在弹出的对话框中将鼠标定位于 Clock_Divider. SchDoc,添加安装路径下的\Examples\Tutorials\Getting Started with FPGA Design 文件,保存工程和顶层原理图。添加完子文件后,可直接跳到步骤(10)。

(6) 右击图表符,单击 Sheet Symbol Actions→Create Sheet From Symbol 命令,自动创建一个名为 Clock_Divider. SchDoc 的原理图文件。一开始,这个文档中就包括两个端口:CLK_REF 和 CLK_OUT,分别对应于父图表符中的输入输出端口。

(7) 进入 Libraries 面板,从 FPGA 集成库(FPGA Generic. IntLib)中查找分频器 CDIV10DC50。在两个端口间放置6个分频器(设置为10分频,占空比为50%),并将所有的元件串联在一起,如图 11-24 所示。

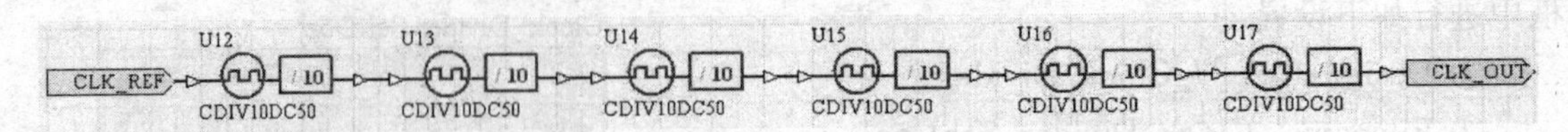

图 11-24 时钟分频电路

(8) 自动为元件标号:单击 Tools→Annotate Schematics Quietly 命令。

(9) 保存原理图和工程:单击 File→Save All 命令。保存 Clock_Divider. SchDoc 时选择默认路径,即保存在与顶层原理图相同的文件夹中。

(10) 编译工程。如果报错,则改正错误并重新编译。

(11) 编译完成后,在 Projects 面板中查看工程原理图的层次。由图 11-25 可以看到,Clock_Divider. SchDoc 是 Simple_Counter 原理图的子文件。至此,已成功在原理图中添加了分频电路。

图 11-25 原理图子图的层次结构

(12) 打开 Devices 视图,确定 Live 复选框是选中的,并且 Connection 指示灯仍然亮着。

(13) 现在,设计流程的指示灯一直亮着,表示所有的编译过程都成功完成。可是,如何确定对源文件进行了修正呢?取消 Ignore FPGA source 复选框,如图 11-26 所示。此时,所有设计流程的指示灯都变成黄色,表明文件已经修改,需要重新执行各项操作。

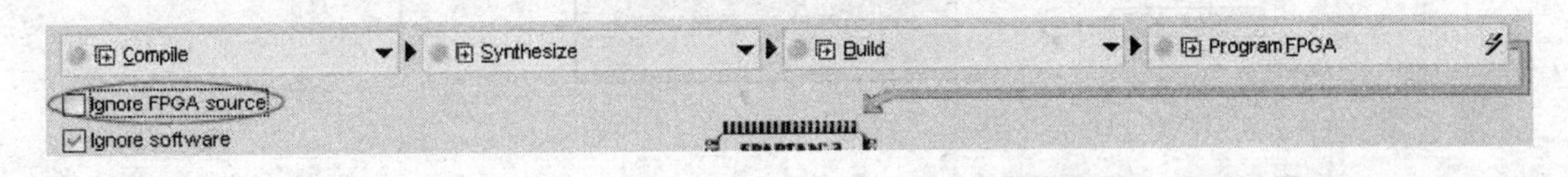

图 11-26 取消 Ignore FPGA source 复选框

(14) 重新对子板 FPGA 器件进行编程。最简单的方法是直接单击 Program FPGA 按钮。各个步骤将自动有序地运行。综合完成后,将为图表符所代表的原理图子图创建一个 VHDL 文件,如图 11-27 所示。

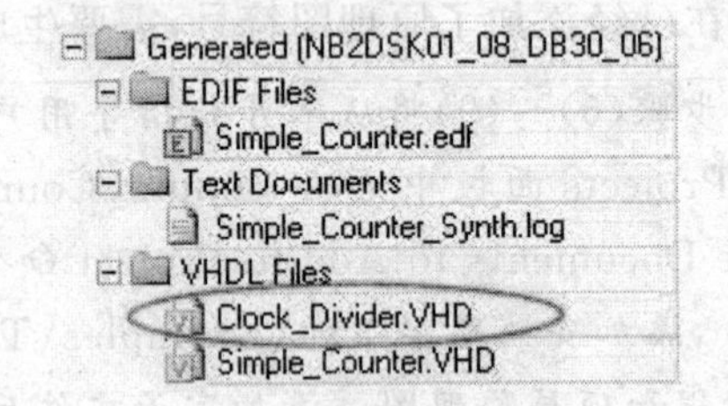

图 11-27 在综合阶段创建子图的 VHDL 文件

编程完成后,运行计数器(将 switch 7 或者 switch 8 拨到 ON),可以清楚地看到 NanoBoard 板上 LED 的输出变慢了。使用 DIP 开关可以控制 LED 亮灭的方向。

11.6.2 用 HDL 子文件实现时钟分频器

在层次设计中,可以采用原理图和 HDL 代码相结合的方式实现设计的扩展。引用

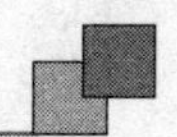

VHDL 或者 Verilog 子文件的方式和引用原理图子图的方式相似，即子文件的文件名和相应的图表符的名字一致即可。

当引用一个 VHDL 子文件时，需要保证 VHDL 文件的实体声明和图表符具有一致性。如果引用的实体名与 VHDL 文件名不同，则需要更改图表符的 HDLEntity 参数，使其值与 VHDL 文件的声明相一致。

当引用一个 Verilog 子文件时，需要保证图表符和 Verilog 文件的实体声明具有一致性。如果引用的实体名与 Verilog 文件名不同，则需要更改图表符的 VerilogModule 参数，使其值与 Verilog 文件的声明相一致。

下面将采用 VHDL 子文件的方式创建一个 1/100 000 时钟分频器。

首先，创建一个 VHDL 源文件。

注意：步骤(1)～(3)告诉用户如何从零开始定义一个 VHDL 子文件。以下操作可以跳过这 3 个步骤：右击 Projects 面板上的 Simple_Counter. PrjFpg，单击 Add Existing to Project 命令。在弹出的 Choose Documents to Add to Project 对话框中单击 Clock_Divider. vhd 文件。该文件存在于安装目录下的\Examples\Tutorials\Getting Started with FPGA Design 文件夹中。保存整个工程后，直接跳到步骤(4)。

(1) 右击 Projects 面板中的 Simple_Counter. PrjFpg，单击 Add New to Project→VHDL Document 命令。创建一个新的 VHDL 文件并在主设计窗口中打开。将文件命名为 Clock_Divider. vhd，保存到与工程文件相同的路径下。

(2) 在文档中输入以下 VHDL 代码：

```
library ieee;
use ieee.std_logic_1164.all;
use ieee.std_logic_unsigned.all;

entity Clock_Divider is
    port (
   CLK_REF : in std_logic;
   CLK_OUT : out std_logic
    );
  end entity;

  architecture RTL of Clock_Divider is
  begin
     process(CLK_REF)
   variable i : integer range 0 to 999999;
     begin
```

```
    if rising_edge(CLK_REF) then
        if i = 0 then
            CLK_OUT <= '1';
            i := 999999;
        else
            CLK_OUT <= '0';
            i := i - 1;
        end if;
    end if;
  end process;
end architecture;
```

(3) 保存文档。

(4) 现在已经创建了 VHDL 源文件,可以通过该文件直接生成一个相应的图表符。在此之前,先删掉顶层原理图中已经存在的图表符及其相应的原理图子图。在 Projects 面板右击 Clock_Divider. SchDoc,单击 Remove from Project 命令,即可将该原理图子图从 FPGA 工程中删除。

(5) 打开 Simple_Counter. SchDoc 文件,单击已经存在的图表符,按 Delete 键。

(6) 在主菜单中单击 Design→Create Sheet Symbol From Sheet Or HDL 命令,弹出 Choose Document to Place 对话框,选择 Clock_Divider. vhd 选项并单击 OK 按钮。

(7) 在电路中放置新的图表符并连接,如图 11-28 所示。注意到 Designator 和 Filename 分别自动设置为 U_clock_divider 和 Clock_Divider。在 VHDLENTITY 中的参数也添加了相应的设置:value = clock_divider(VHDL 子文件的实体名)。

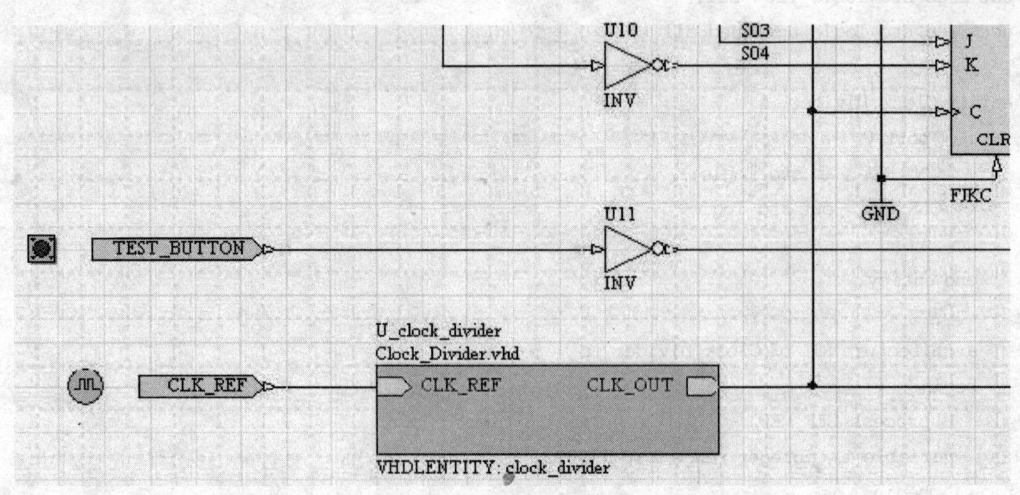

图 11-28 用 HDL 子文件实现时钟分频器

(8) 保存原理图和工程。

(9) 编译工程。如果报错,改正错误并重新编译。

(10) 编译完成后,在 Projects 面板中查看工程原理图的层次。可以看到 Clock_Divider. vhd 是 Simple_Counter 原理图的子文件,如图 11-29 所示。

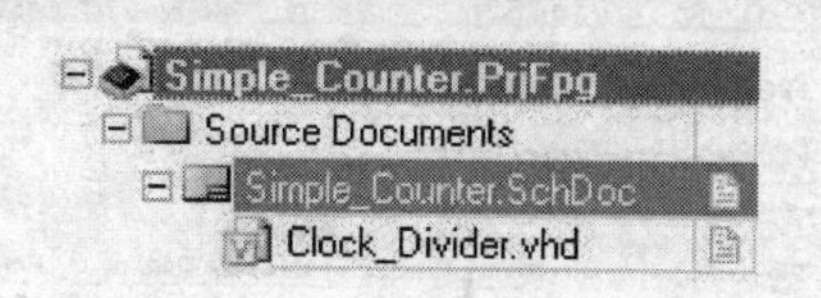

图 11-29 VHDL 子文件的层次

(11) 打开 Devices 视图,确定 Live 复选框是选中的,并且 Connection 指示灯仍然亮着。

(12) 编程完毕后,把 switch 7 和 switch 8 开关拨到 ON,启动计数器。可以清楚地看到 NanoBoard 上的计数器指示灯缓慢的亮灭变化。

11.7 现场交互监视器件引脚状态

高密度的器件封装使器件引脚检测变得很困难,使用 Altium Designer 中的 JTAG Viewer 功能可以促进物理设计的调试。从虚拟仪器面板中访问所用 FPGA 芯片相应的 JTAG Viewer 视图,令其工作在实时更新模式,采用目标 FPGA 器件相应的 JTAG 通信标准查询引脚的状态。由于设计中采用了时钟分频器,使计数器慢下来,可以更清楚地观察到器件引脚状态的变化。

(1) 当程序在 FPGA 中运行时,打开 Devices 视图,双击硬件设备链中相应的 FPGA 器件的图标,弹出 Instrument Rack-Hard Devices 面板,如图 11-30 所示。

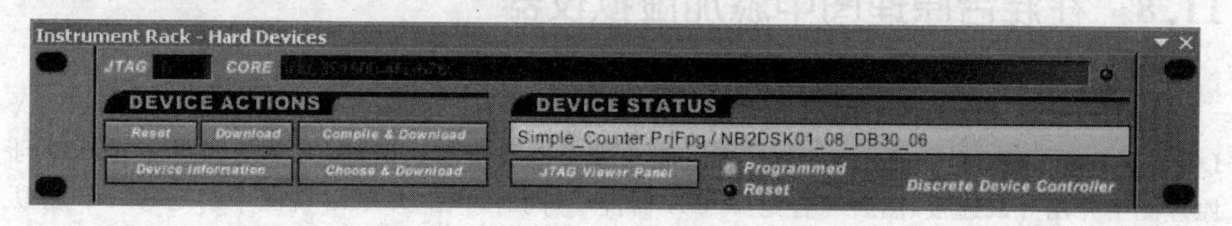

图 11-30 对应于物理 FPGA 器件的虚拟仪器面板

(2) 单击 JTAG Viewer Panel 按钮进入 JTAG Device Viewer 面板。选中 Live Update 复选框和 Hide Unassigned I/O Pin 复选框,如图 11-31 所示。

(3) 当电路工作时,可以从 JTAG Device Viewer 面板中看到 FPGA 器件的引脚状态。注意观察 LEDS()旁的 LED 图标是如何随着扭环计数器的工作而亮灭的。当引脚工作的时候,相应引脚分别在元件符号和封装上高亮显示。

(4) 当 NanoBoard 板上的 DIP 开关改变计数器的计数方向时,JTAG Device Viewer 面板中的元件符号和封装上的引脚状态会发生相应的变化。

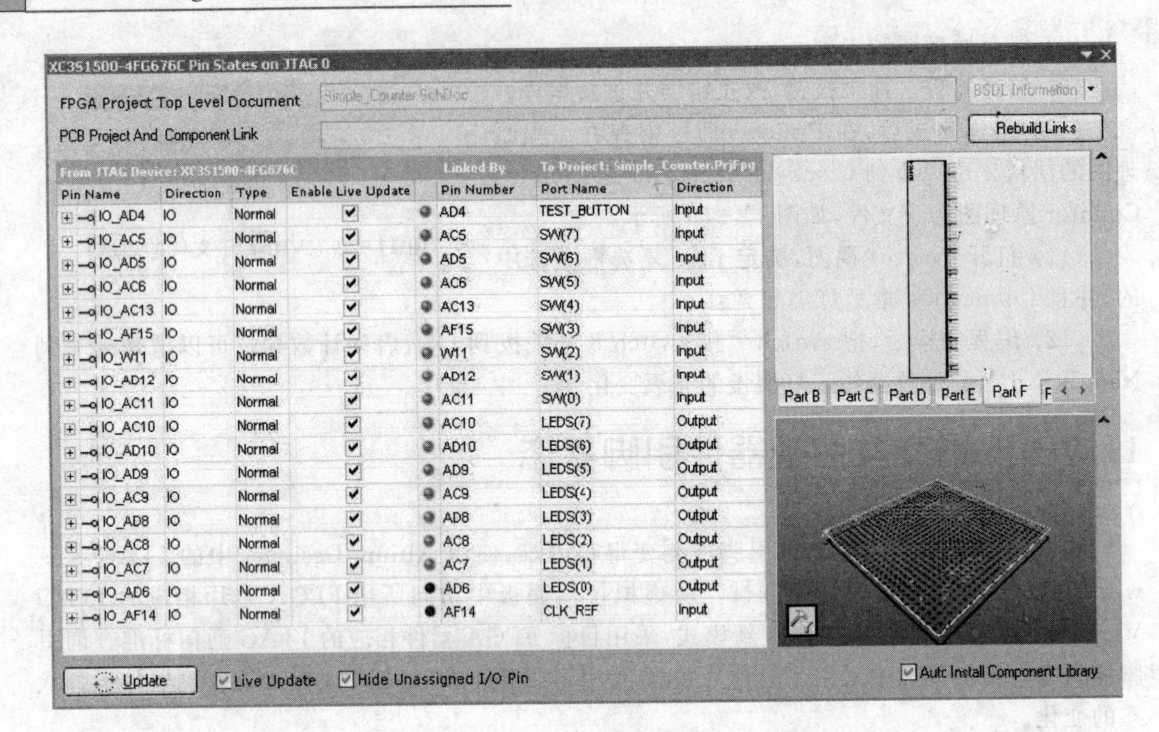

图 11-31 实时交互监视器件的引脚

11.8 在混合原理图中添加虚拟仪器

为了测试设计内部各个网络节点的工作状态,可以在电路中连接虚拟仪器。设计者从\Library\Fpga\FPGA Instruments.IntLib 集成库中查找所需的器件,像其他器件一样放置到原理图中并用导线连接,然后综合到 FPGA 器件中,同时可在 Devices 视图中访问每一个虚拟仪器。

将在设计中添加以下虚拟仪器。

① 一个频率计数器(FRQCNT2)——用于显示时钟分频器的频率输出值。

② 一个数字 IO 模型——用于显示计数器的输出和对应于 NanoBoard 板上的 3 个 DIP 开关的状态。

现在的当前工程是由底层 VHDL 子文件形式创建的时钟分频器。本节直接在这个子文件中添加虚拟仪器,而不需要返回到时钟分频器的原理图中。当然,读者也可以选择在原理图中进行设计。

11.8.1　添加频率计

(1) 打开原理图 Simple_Counter.SchDoc。

(2) 进入 Libraries 面板并从 FPGA 集成库(FPGA Instruments.IntLib)中查找 FRQCNT2,将其放置到 VHDL 子文件所对应的图纸符号的右下角。

(3) 自动标号:Tools→Annotate Schematics Quietly。

(4) 为虚拟仪器放置导线。要监视的信号是时钟分频器(CLK_OUT)的输出,需要将其输出连接到 FREQA 的输入端。TIMEBASE 信号与 NanoBoard 板上的原始时钟信号(CLK_REF)相连接,如图 11-32 所示。因为没有使用 FREQB 引脚,所以在上面连接 GND 电源端口。

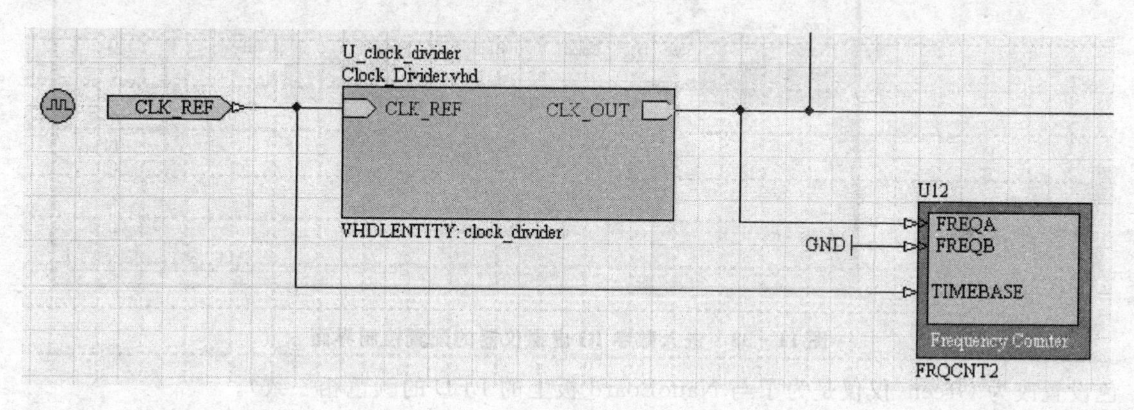

图 11-32　在原理图中添加频率计数器

11.8.2　添加数字 IO 模型

(1) 放置元件:进入 Libraries 面板,选择 DIGITAL_IO 元件,将其放置在主电路的正上方。

(2) 自动标号:Tools→Annotate Schematics Quietly。

(3) 配置器件:在放置导线之前,需要对所需监视的信号进行配置。右击虚拟仪器图标,从菜单中单击 Configure U13 (DIGITAL_IO)命令进入 Digital I/O Configuration 对话框,如图 11-33 所示。注意,虚拟仪器默认配置为 8 位总线输入(AIN[7..0])和 8 位总线输出(AOUT[7..0])。

(4) 因为设计没有任何输出,所以可以删除默认的输出条目:单击 AOUT[7..0]信号,单击相对应的 Remove 按钮。

(5) 其默认输入的宽度恰好与本设计的输入数据宽度相符,所以只需要将其修改为比较直观的名字即可:Count_Output[7..0]。保持 Style 的设置为默认值 LEDs,但是将 LED 的颜

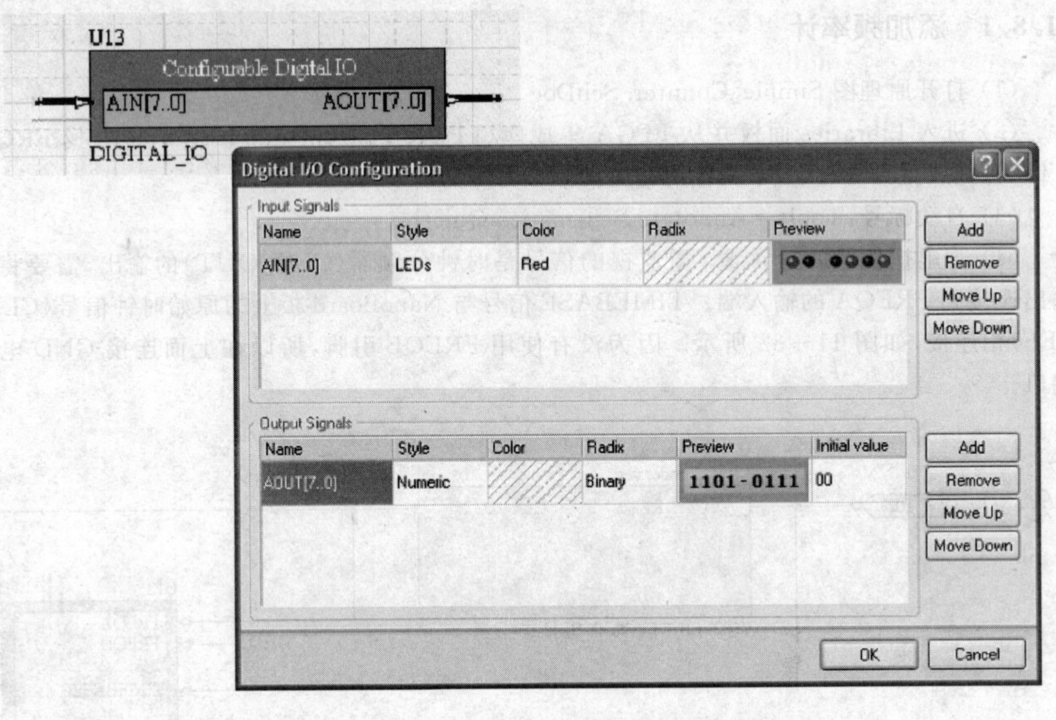

图 11-33　进入数字 IO 虚拟仪器的配置控制界面

色设置改为 Green(仅仅是为了与 NanoBoard 板上的 LED 的颜色相一致)。

(6) 为了监视相应 DIP 开关的输出,需要添加 3 个输入信号到配置中。定义如下。

① Signal 1 – Name: Shift_Left, Style: LEDs, Color: Green。

② Signal 2 – Name: Shift_Right, Style: LEDs, Color: Green。

③ Signal 3 – Name: STOP, Style: LEDs, Color: Red。

在弹出的 Digital I/O Configuration 对话框中,输入信号部分的设置如图 11-34 所示。

Input Signals

Name	Style	Color	Radix	Preview
Count_Output[7..0]	LEDs	Green		
Shift_Left	LEDs	Green		
Shift_Right	LEDs	Green		
STOP	LEDs	Red		

图 11-34　配置完成后的 Digital IO 虚拟仪器

(7) 为虚拟仪器放置导线,如图 11-35 所示。注意,为了避免凌乱的连线,本设计采用了网络标号从总线中引出 SO4, SO3, SO2 等 3 个信号,便于整体的复制和粘贴。由于相应的 DIP 开关是低电平有效的,为了使开关置于 ON 时灯亮而不是当开关置于 OFF 时灯亮,设计将需监视的信号都经过相应的反相器输出。

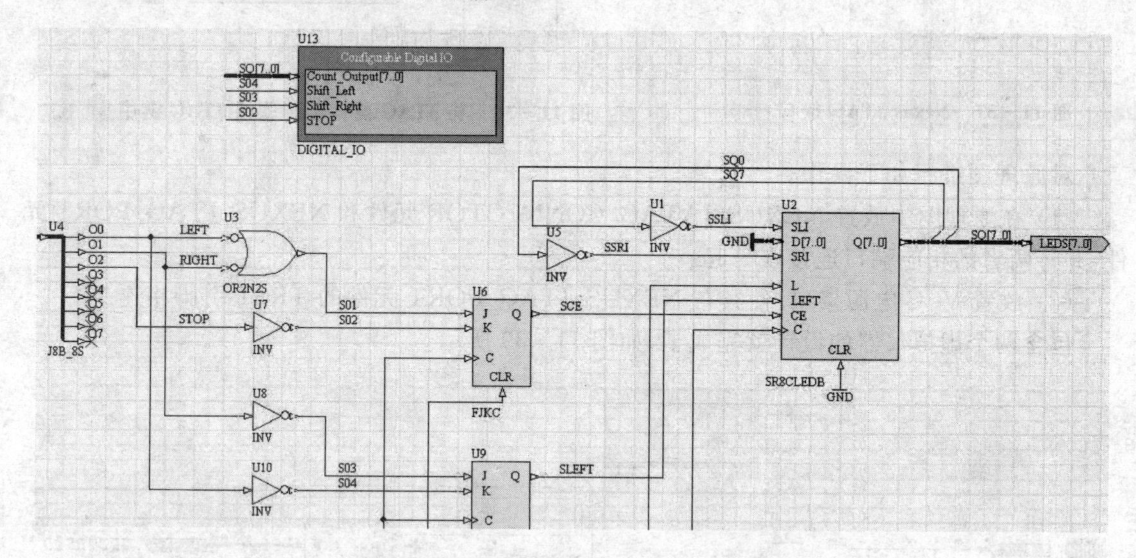

图 11-35　在原理图中添加数字 IO 虚拟仪器

11.8.3　使能 JTAG 软链(Soft Devices JTAG Chain)

Altium Designer 嵌入式处理器软核、FPGA 设计中的虚拟仪器间的通信,是通过 JTAG 通信协议进行连接的。这涉及到 Desktop NanoBoard 上的 JTAG 软链(或节点链)。

JTAG 软链信号(NEXUS_TMS, NEXUS_TCK, NEXUS_TDI 和 NEXUS_TDO)从 Desktop NanoBoard's NanoTalk Controller (Xilinx Spartan-3)中引出。作为通信链的一部分,这些信号与 FPGA 子板上的 4 个引脚相连。为了配置这些引脚,需要在设计中添加 NEXUS_JTAG_CONNECTOR 连接器,如图 11-36 所示。该连接器可以从 FPGA NB2DSK01 Port-Plugin 集成库中找到。

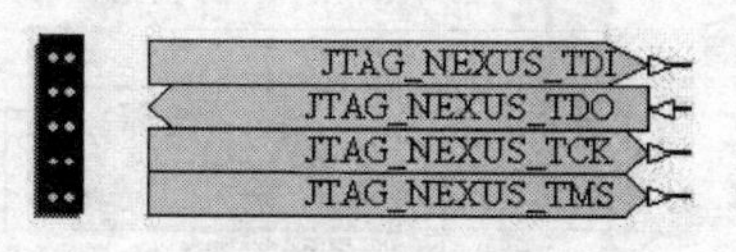

图 11-36　Nexus JTAG 连接器

这个连接器将 JTAG 软链引入到设计中。为了将所有相关的 Nexus-enabled 元件(指本设计中的两个虚拟仪器)连接到 JTAG 链中,设计者需要放置 NEXUS_JTAG_PORT 元件,如图 11-37 所示,然后将其直接连接到 NEXUS_JTAG_CONNECTOR 上。该接口器件可以从 FPGA 通用集成库中找到(\Library\Fpga\FPGA Generic. IntLib)。

参数 NEXUS_JTAG_DEVICE 设置为 True 的所有器件通过 NEXUS_JTAG_PORT 端

口连接到 JTAG 件链中,如图 11-38 所示。

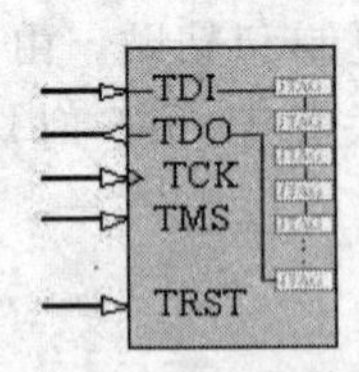

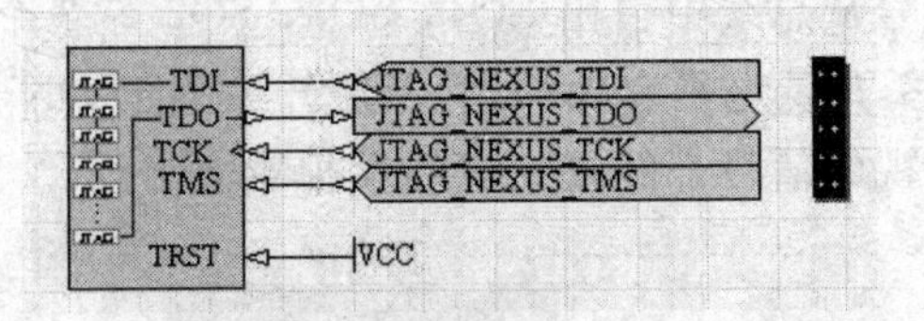

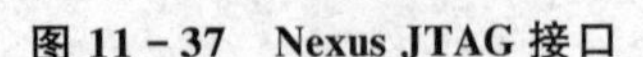

图 11-37　Nexus JTAG 接口

图 11-38　将 JTAG 器件连到软核 JTAG 链中

对原理图进行如下操作。

(1) 在原理图中放置 NEXUS_JATAG_CONNECTOR 元件和 NEXUS_JTAG_PORT 元件,并将两者的相应端口连接在一起。

(2) 放置 VCC 电源接口,使其与 NEXUS_JTAG_PORT 元件的 TRST 引脚相连。

包含两个虚拟仪器的设计就完成了,如图 11-39 所示。

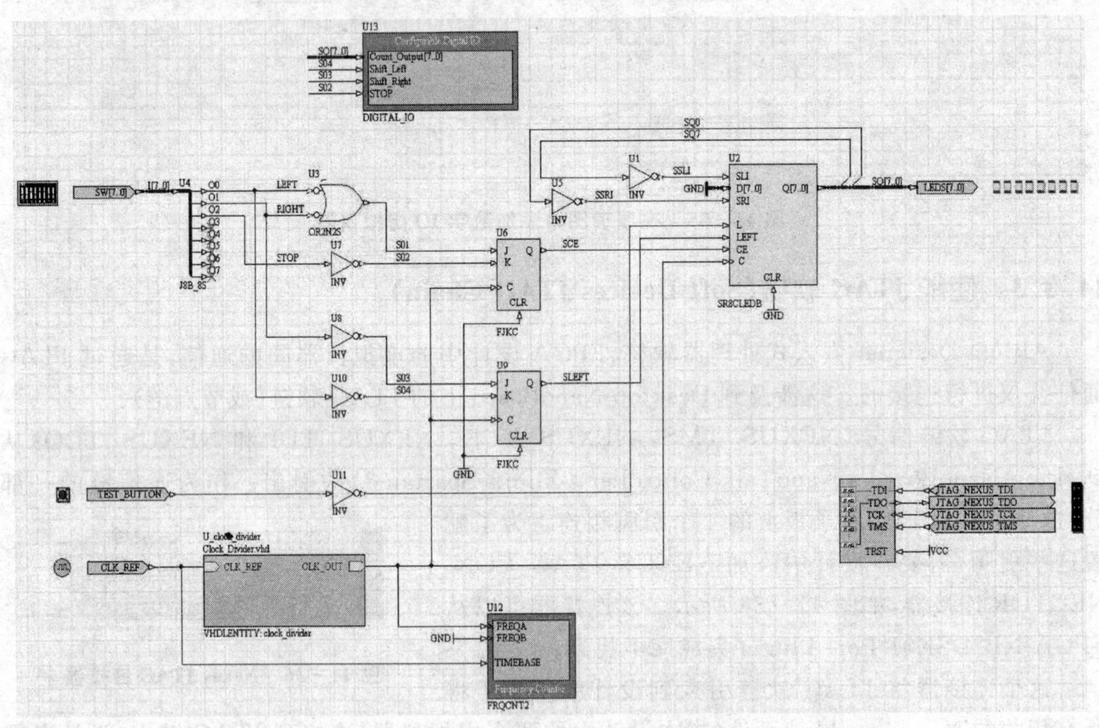

图 11-39　包括两个虚拟仪器的最终设计

(3) 保存原理图和父工程。

(4) 重新编译工程。此时用户将发现在 Messages 面板中没有任何警告消息。这是由于所有的 SQ 输出都用于数字 IO 虚拟仪器,即所有的引脚都加载到了物理器件中。

11.8.4 访问虚拟仪器控制器

上一小节介绍了向JTAG软链中添加虚拟仪器的过程。本节将介绍如何在Altium Designer中访问这些虚拟仪器。

IEEE 1149.1 (JTAG)标准是主机和嵌有内部虚拟仪器的FPGA芯片间的接口协议。Nexus 5001标准是所有基于该协议进行调试的器件与主机间的通信协议。这些器件包括数字IO、频率计以及其他适用于Nexus协议的器件，如支持调试的处理器、信号发生器、逻辑分析仪、交叉开关等，所有这些器件都通过JTAG软链相连。JTAG软链不是一个物理链，不存在外部连接。当设计在目标FPGA芯片中执行时，支持Nexus协议的器件将自动在FPGA内部连接从而确定软链。在Devices视图中可查看该软件链的构成。

(1) 打开Devices视图，对FPGA子板进行编程。

(2) 编程完毕后，在视图中自动弹出软链，该软链中包括了所添加的两种虚拟仪器的图标：频率计数器和数字IO模型，如图11-40所示。

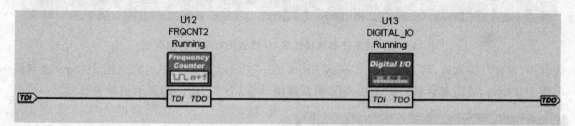

图11-40 FPGA编程完毕后在软器件链中显示虚拟仪器

(3) 拨动NanoBoard板上DIP开关switch 7或者switch 8，启动计数器。

(4) 双击两个虚拟仪器的图标，打开相应虚拟仪器的控制面板Instrument Rack-Soft Devices panel，如图11-41所示。这些面板提供了与实际仪器相同的必要控制功能和显示界面。

仪器面板上出现了两个奇怪的现象。首先，频率计数器上显示的频率是50 Hz，而从NanoBoard板上获得的参考时钟频率是20 MHz，时钟分频器的分频参数是1/100 000，正确的结果应该是20 Hz！其次，在数字IO面板上对应于计数器输出状态的LED的显示相当闪烁，与NanoBoard板上的平稳输出不相符。

为了修正这两个错误，需要在虚拟仪器面板中对每个仪器进行相应的配置。

(5) 在频率计数器面板中，单击Counter Options按钮，在弹出的Counter Module-Options对话框中，将Counter Time Base选项区域中默认的50.000 MHz改成20.000 MHz(使之与连到TIMEBASE输入端口的信号频率相一致)，如图11-42所示。关闭对话框，可以看到仪表面板中显示的频率是20 Hz。

(6) 单击数字IO模型面板上的Options按钮，在弹出来的Digital I/O Module-Options对

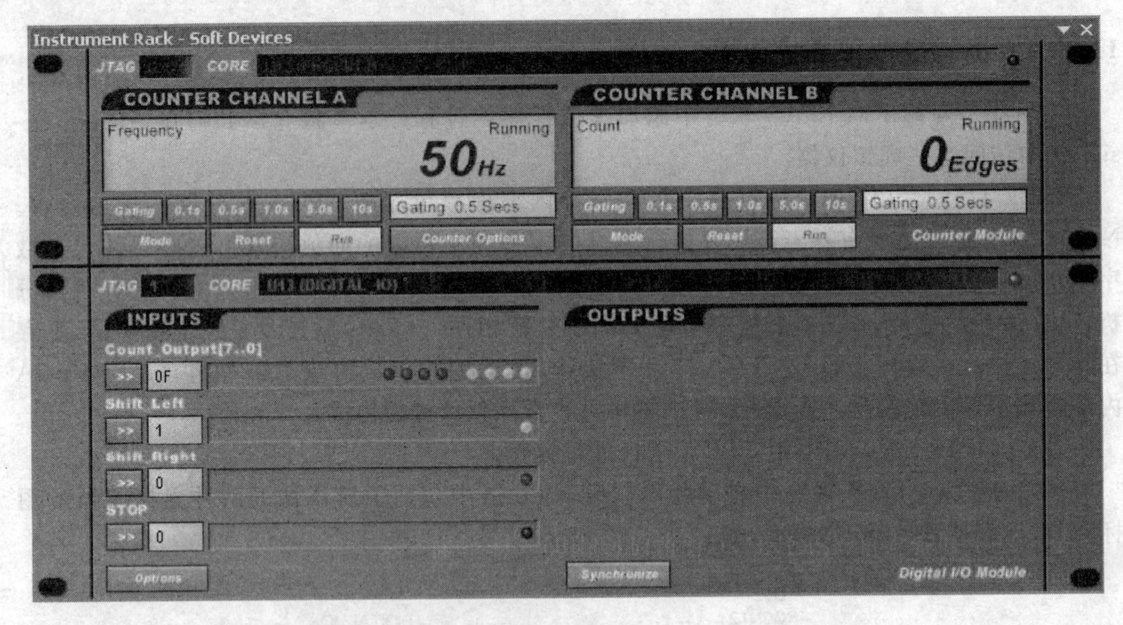

图 11-41　频率计数器和数字 IO 模型相对应的控制面板

话框中(见图 11-43),将 Update Display From Core Every 微调框中的默认的 250 ms 改到最小值 100 ms。关闭对话框。由于提高了刷新速度,可以看到 LED 的显示更加平稳。

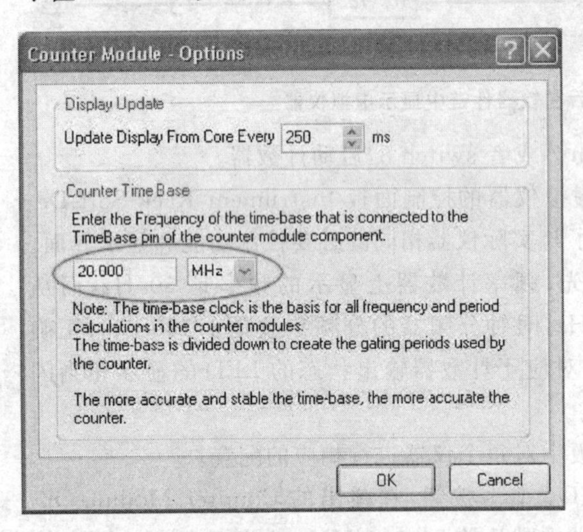

图 11-42　改变频率计数器的参考时钟频率

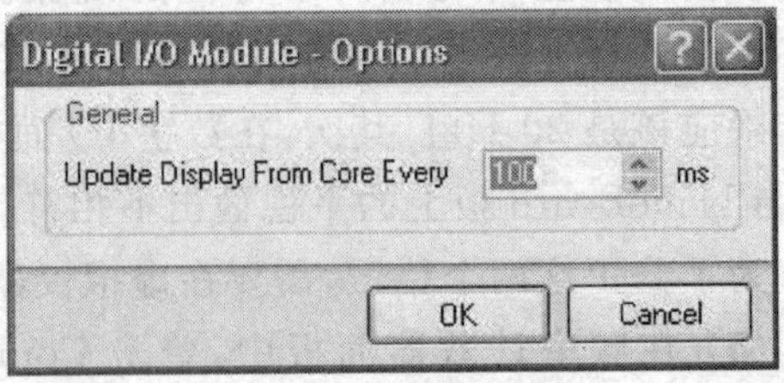

Digital I/O Module - Options
General
Update Display From Core Every 100 ms
OK Cancel

图 11-43　提高数字 IO 模型刷新速度

(7) 运行程序,执行切换计数方向及停止运行等操作,可以观察到数字 IO 模型面板上将实时显示电路板上相应的改变。

第 12 章 嵌入式软件设计入门

概　要：

本章讲述如何在 Altium Designer 里面创建一个嵌入式软件项目。

本章需要读者已经具备 C 语言、汇编语言编程以及具备嵌入式编程基础。它概述了 Altium Designer 中集成的 TASKING 工具，描述了如何在一个嵌入式项目里添加、创建和编辑源文件以及如何组建一个嵌入式应用。一个嵌入式项目通常作为 FPGA 项目的子项目来使用，一旦被建立，将会被下载到 FPGA 器件中运行。

本章中的例程是用 C 语言编写的 Hello World 程序，其他例程可以在安装目录下的\Examples\NanoBoard Common\Processors Examples 文件夹中找到。

12.1 嵌入式软件工具

在 Altium Designer 中使用 TASKING 嵌入式软件工具能够为几种目标编写、编译、汇编和连接应用程序，例如 TSK51x/TSK52x，TSK80x，TSK165x，PowerPC，TSK3000，MicroBlaze，Nios Ⅱ 和 ARM。图 12-1 展示了 TASKING 工具集所有的组件及输出输入文件。

C 编译器、汇编器、连接器和调试器是由目标决定的，但是库文件不是由目标决定的。图 12-1中加粗部分字体是工具的可执行名字。Altium Designer 中用一个支持目标的名字代替目标，例如，cppc 是 PowerPC C 编译器，c3000 是 TSK3000 C 编译器，as165x 是 TSK165x 汇编器等。

表 12-1 列举了 TASKING 工具集所使用的文件类型。

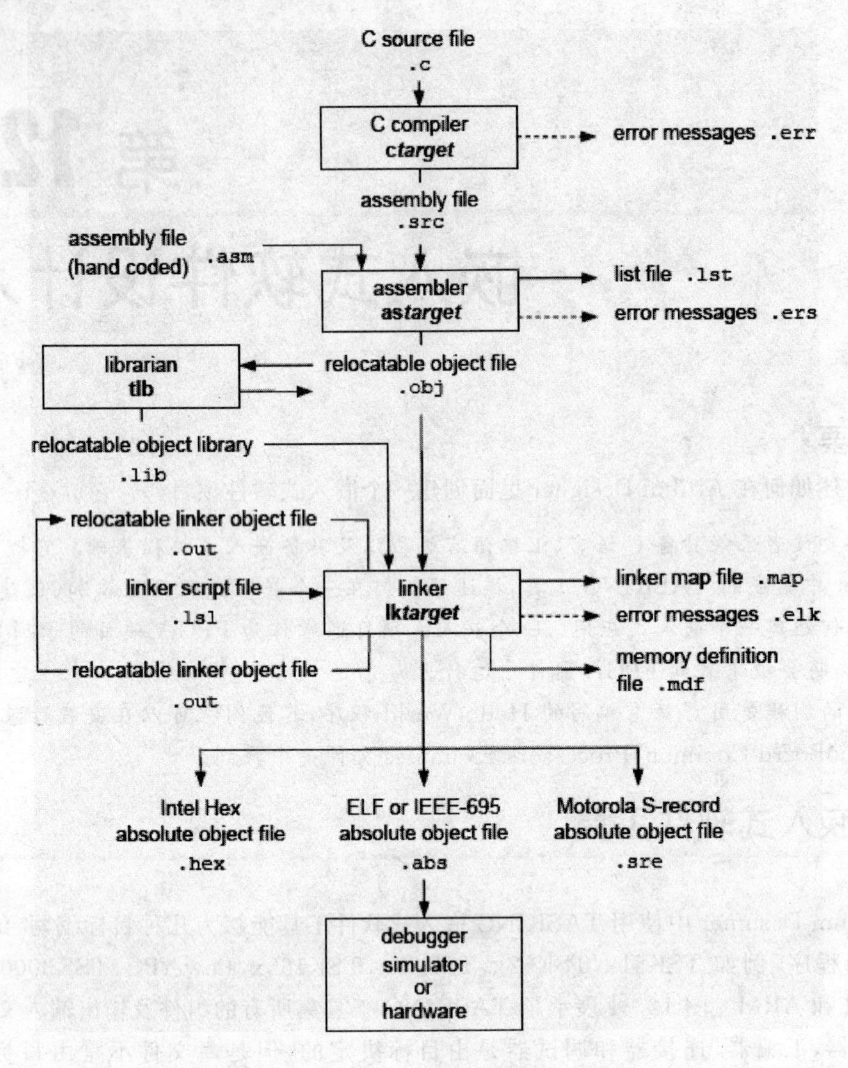

图 12-1 工具集框图

表 12-1 TASKING 工具集所使用的文件类型

扩展名	描 述
源文件	
. c . asm . lsl	C 源文件,用于 C 编译器 汇编器源文件,汇编源码 连接器脚本文件
生成源文件	

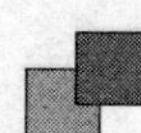

续表 12-1

扩展名	描　述
. src	汇编器原文件，由 C 编译器产生，不包含宏指令
项目文件	
. obj . lib . out . abs . hex . sre	可再定位的对象文件，由汇编器产生 项目文件的存档文件 可再定位的连接器输出文件 IEEE 695 或者 ELF/DWARF 2 完全项目文件，由连接器的定位部分产生 完全 Intel Hex 项目文件 完全 Motorala S-record 项目文件
表文件	
. lst . map . mcr . mdf	汇编器表文件 连接器映射文件 MISRA－C 报告文件 存储器定义文件
错误表文件	
. err . ers . eld	编译器错误信息文件 汇编器错误信息文件 连接器错误信息文件

12.2　创建一个嵌入式项目

开始使用 Altium Designer，首先必须创建一个项目，以更加方便地管理其他源文件和产生的输出文件。对于嵌入式软件，则必须有一个嵌入式软件项目。

创建一个新的嵌入式软件项目的步骤如下。

(1) 从菜单栏中单击 File→New→Project→Embedded Project 命令，或者在 Files 面板的 New 选项中单击 Blank Project (Embedded) 命令。如果没有显示 Files 面板，单击设计管理面板底部的 Files 标签。

(2) Projects 面板显示一个新的项目文件 Embedded_Project1. PrjEmb，如图 12-2 所示。

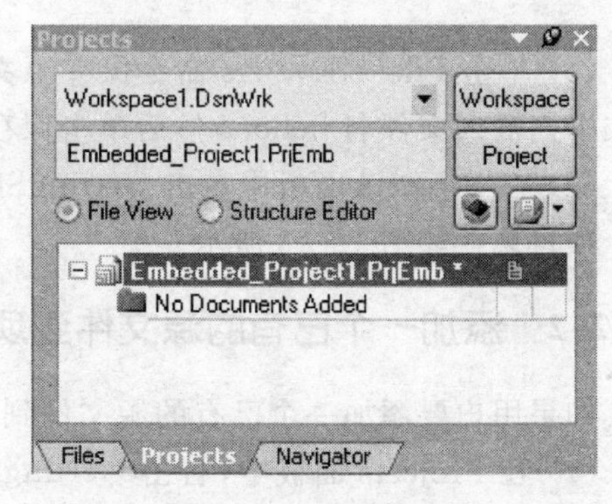

图 12-2　创建新项目

(3) 单击 File→Save Project As 命令为新的项目文件重命名(使用. prjEmb 后缀)。在硬盘中选择想要保存项目的位置,在文件名文本框中输入文件名 GettingStarted. PrjEmb 然后单击保存按钮。

12.2.1 添加一个新的源文件到项目中

如果用户想添加一个新的源文件(C、汇编或者文本文件)到用户的项目中,步骤如下。

(1) 在 Projects 面板中,右击 GettingStarted. PrjEmb 然后单击 Add New to Project→C File 命令,一个新的 C 源文件 Source1. C 就添加到 Projects 面板的嵌入式软件项目中一个叫 Source Documents 的文件夹下面,这时文本编辑器已经打开。

注意: *若要添加汇编文件,则选择 Assembly File;若要添加文本文件,则选择 Text Document。*

(2) 输入源代码,本篇中输入如下代码:

```
#include <stdio.h>
void printloop(void)
{
    int loop;
    for (loop = 0; loop<10; loop + + )
    {
        printf(" % i\n",loop);
    }
}
void main(void)
{
    printf("Hello World! \n");
    printloop();
}
```

(3) 单击 File→Save As 命令保存源文件。在硬盘中选择想要保存源文件的位置,在文件名文本框输入文件名 hello. c 然后单击保存按钮。

(4) 在 Projects 面板中右击 GettingStarted. PrjEmb 然后单击 Save Project 命令。

项目现在如图 12-3 所示。

12.2.2 添加一个已有的源文件到项目中

如果用户要添加一个已有的源文件到当前项目中,步骤如下。

(1) 在 Projects 面板中,右击 GettingStarted. PrjEmb 然后单击 Add Existing to Project 命令,接着会弹出一个选择文件添加到项目中的对话框。

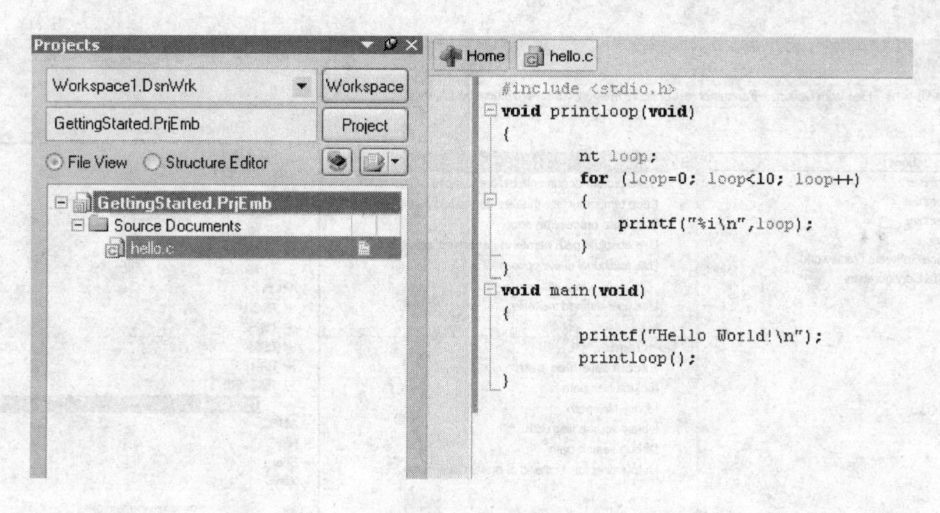

图 12-3　保存项目

(2) 选择需要添加到项目的文件然后单击 Open 按钮。

(3) 源文件被添加到项目中并在 Projects 面板中列出，双击文件名能在文本编辑器中查看或者编辑该源文件。

(4) 保存项目(在 Projects 面板中右击 GettingStarted. PrjEmb 然后单击 Save Project 命令)。

12.3　设置嵌入式项目选项

在 Altium Designer 中每个嵌入式项目都有一组相关的嵌入式环境参数选项。在添加完文件到项目中和编写好应用程序(本例中是 hello. c)之后，接下来的步骤是：

(1) 选择设备(产生相关工具集)；

(2) 设置工具集中工具的选项，例如 C 编译器、汇编器、和连接器选项(不同的工具集可能会有不同选项)。

12.3.1　选择设备

对于一个嵌入式项目，用户必须首先指定用户想要组建嵌入式项目的设备：

(1) 在 Projects 面板中，右击 GettingStarted. PrjEmb 然后单击 Project Options 命令。也可以在菜单中单击 Project→Project Options 命令。

接着弹出嵌入式环境参数选项对话框，如图 12-4 所示。

(2) 在 Compiler Options 选项卡中选择 Device。用户可以选择基于厂商的设备，也可以选择一个通用设备，如果用户选择一个来自厂商的设备，正确的处理器类型会自己选定，如果用户选择一个通用设备，用户必须手动指定目标处理器。

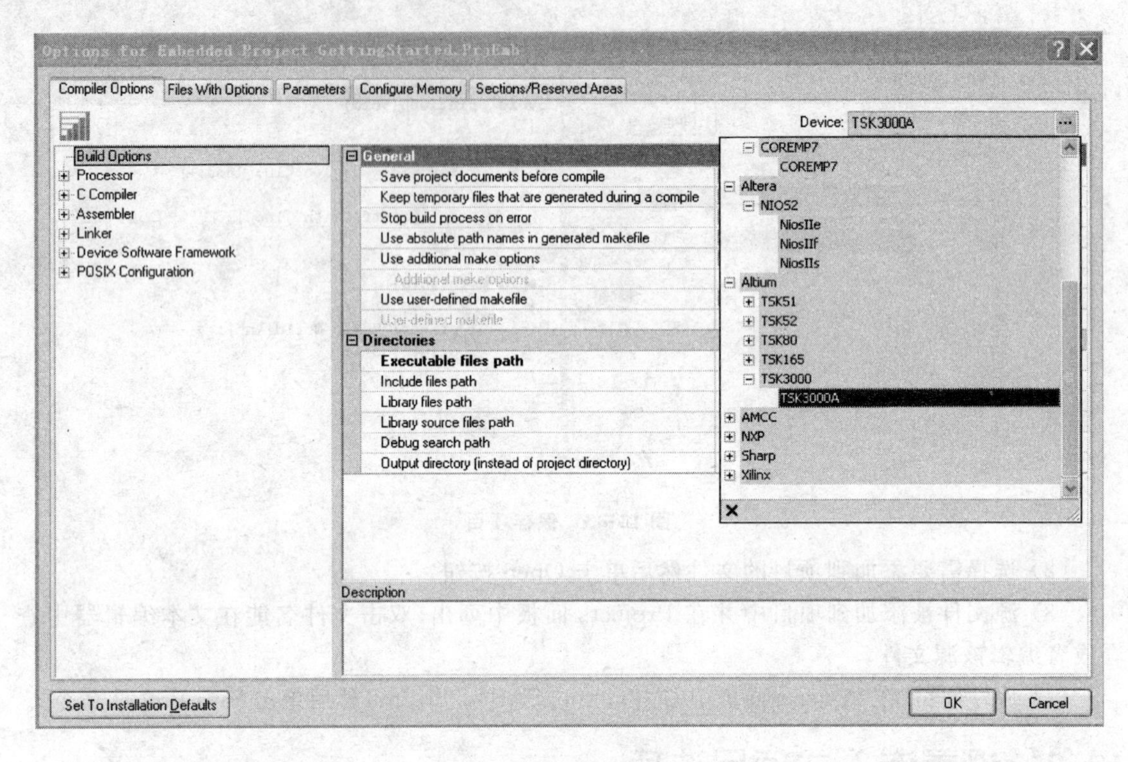

图 12-4　选择设备

(3) 在左边窗格,展开 Processor 目录,然后单击 Processor Definition 项。

(4) 在右边空格,展开 General 目录,然后设置 Select Processor 到正确的目标处理器。

(5) 单击 OK 按钮同意新的设备。

12.3.2　设置工具选项

用户可以为项目中所有文件设置通用的嵌入式选项和设置特殊的文件选项。

1. 设置项目全面的选项

(1) 在 Projects 面板中,右击 GettingStarted.PrjEmb 然后单击 Project Options 命令。也可以在菜单中单击 Project→Project Options 命令。

接着会打开嵌入式选项对话框,如图 12-5 所示。

> **注意:** 在每个工具的 Miscellaneous 页面,Command line options 里显示了用户的设置是如何转换成命令行选项的。

(2) 在左边窗格,展开 C Compiler 目录。这个目录包含了几个能指定 C 编译器设置的页。

(3) 在右边窗格,把每一页的选项设置为所需要的值。

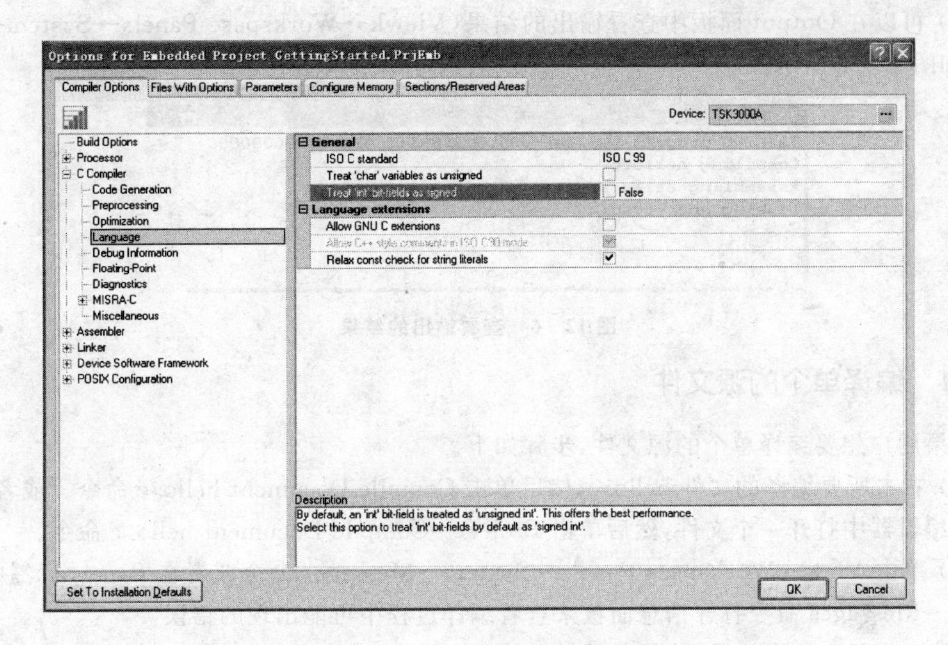

图 12-5　设置工具选项

(4) 重复步骤(2)和步骤(3)，为其他工具设置例如汇编器和连接器。

(5) 单击 OK 按钮确定新的设置。

依据嵌入式项目选项，Altium Designer 创建了一种称为 makefile(用于建立用户嵌入式应用)的文件。

2. 为单个的文件设置选项

(1) 在 Projects 面板中，右击 hello. c 然后单击 Document Options 命令。也可以在菜单栏中单击 Project→Document Options 命令。接着打开文件选项对话框。

步骤(2)～(5)同设置项目全面的选项是一样的，在嵌入式项目选项对话框中的 Files With Options 选项卡中显示有错误设置的文件。如果用户右击该选项卡中的一个文件，软件会提供一个具有快速从单个文件复制、粘贴选项功能的菜单。

12.4　组建嵌入式应用

现在可以组建嵌入式应用。

(1) 单击 Project→Compile Embedded Project GettingStarted. PrjEmb 命令或者单击按钮。TASKING 程序组建器编译、汇编、连接和定位嵌入式项目中过期或者组建后被修改过的文件，输出文件是完全项目文件 GettingStarted. abs。

(2) 可以在 Output 面板中查看输出的结果(Viewk→Workspace Panels→System→Output),如图 12-6 所示。

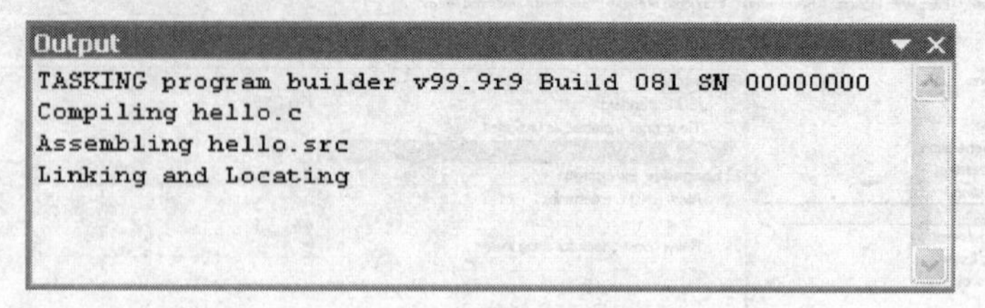

图 12-6 查看输出的结果

12.4.1 编译单个的源文件

如果用户想要编译单个的源文件,步骤如下。

(1) 右击所要编译的文件 hello.c,然后单击 Compile Document hello.c 命令。或者,可以在文本编辑器中打开一个文件,然后单击 Project→Compile Document hello.c 命令。

(2) 单击 View→Workspace Panels→System→Messages 命令或者在 Panels 标签中单击 System→Messages 命令打开信息面板来查看编译过程中可能出现的错误。

(3) 更正源文件中的错误,保存项目文件。

12.4.2 重建整个应用系统

如果用户想直接组建用户的嵌入式应用,而不在意项目创建的日期或时间,用户可以执行再编译命令。

(1) 单击 Projectk→Recompile Embedded Project GettingStarted.PrjEmb 命令。

(2) TASKING 程序组建器无条件地编译、汇编、连接和定位嵌入式项目中的所有文件,用户现在可以调试产生的完全项目文件 GettingStarted.abs。

12.5 调试嵌入式应用

当组建好嵌入式程序后,用户就能够使用仿真器来调试产生的完全项目文件。

开始调试之前,必须执行一行或者更多行源代码:

单击一个源码级或指令级步骤命令(Debug→Step Into, Step Over)来单步执行用户的源程序,或者单击 Debug→Run 命令运行仿真器。一条蓝线指示当前执行到的位置。

想要查看更多例如寄存器、局部变量、存储器或者断点的信息,可以打开不同的工作面板:单击 View→Workspace Panels→Embedded→(任意一个命令)。

想要结束调试:单击 Debug→Stop Debugging 命令。

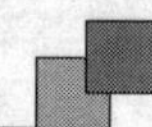

12.5.1 设置断点

当嵌入式源文件打开后，可在有小蓝点指示的地方设置断点：单击源程序页面左边的空白处可以设置断点。一个红色的交叉和红线标记一个断点。

改变断点的属性：如果想要改变断点，右击断点然后单击 Breakpoint Properties 命令，如图 12－7 所示。

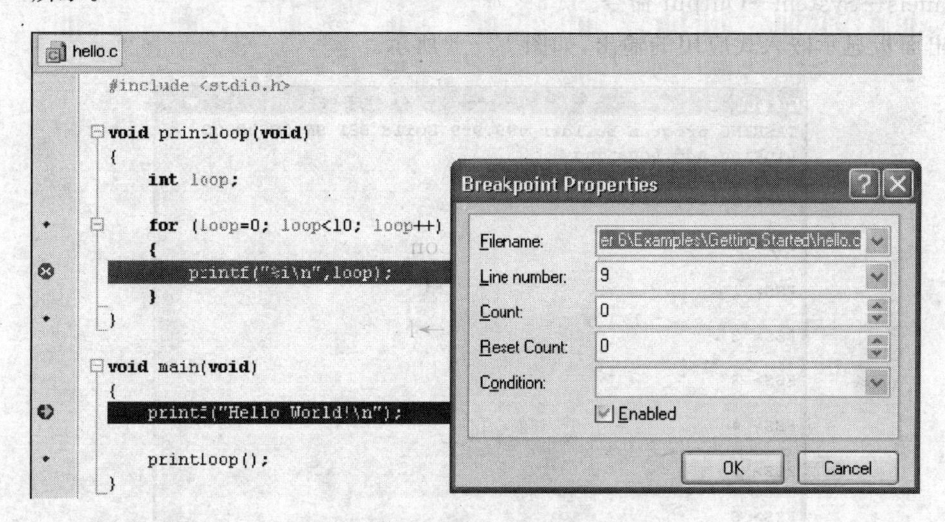

图 12－7 改变断点

禁示或者允许断点：右击断点然后单击 Disable Breakpoint 命令（或者 Enable Breakpoint 命令当断点被禁止的时候）。一个被禁止的断点是用绿色标记的。

断点面板集合了所有断点（包括被禁止的）及它们的属性：单击 View→Workspace Panels→Embedded→Breakpoints 命令。

12.5.2 评估和监视表达式

用户可以在 Evaluate 面板中检查表达式的值。

（1）打开 Evaluate 面板然后单击 View→Workspace Panels→Embedded→Evaluate 命令。

（2）在编辑区域输入用户想要评估的表达式然后单击 Evaluate 按钮。

表达式及其值会显示在 Evaluate 面板的下方，每次单击 Evaluate 按钮，代码中的变量都会改变。

如果想连续地监视表达式，可以设置一个监视器。

（3）选择 Add Watch。新的表达式跟它的值会显示在 Watches 面板，Watches 面板中的值在代码被执行的时候会被持续地更新。

也可以这样添加监视器:单击 Debug→Add Watch 命令,输入表达式然后单击 OK 按钮。

注意: 对表达式的评估很大程度上依靠目标文件的信息,同时最优化水平也影响调试的难易。

12.5.3 查看输出

在调试模式下,打开 Output 面板可以查看嵌入式应用产生的输出:单击 View→Workspace Panels→System→Output 命令。

输出面板显示嵌入式应用的输出,如图 12-8 所示。

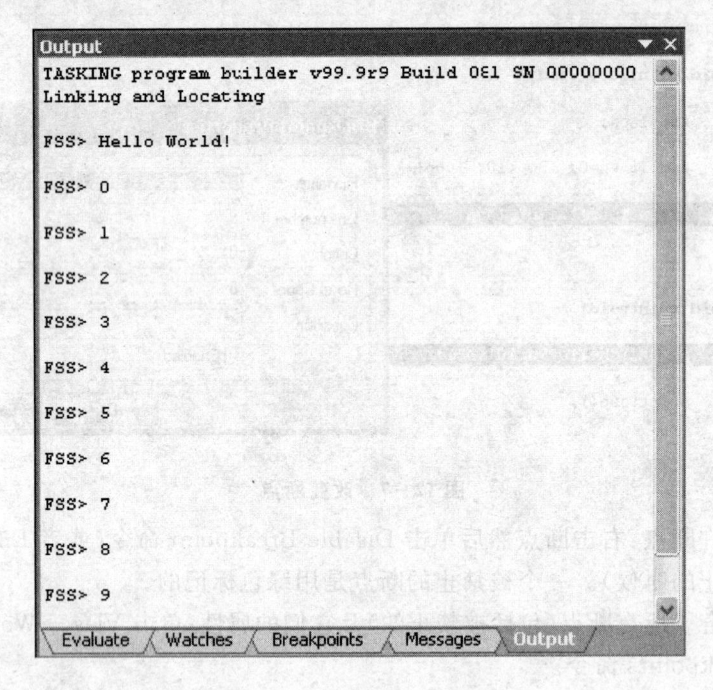

图 12-8 嵌入式应用的输出

12.5.4 查看存储器

在调试模式下,可以打开几个存储器窗口查看存储器的内容。能打开存储器窗口的类型由选择的目标处理器决定。

打开主存储器窗口:

(1) 单击 View→Workspace Panels→Embedded→Main 命令。

主存储器打开,显示存储器中的内容,如图 12-9 所示。

(2) 在编辑区域,可以修改开始查看的地址。

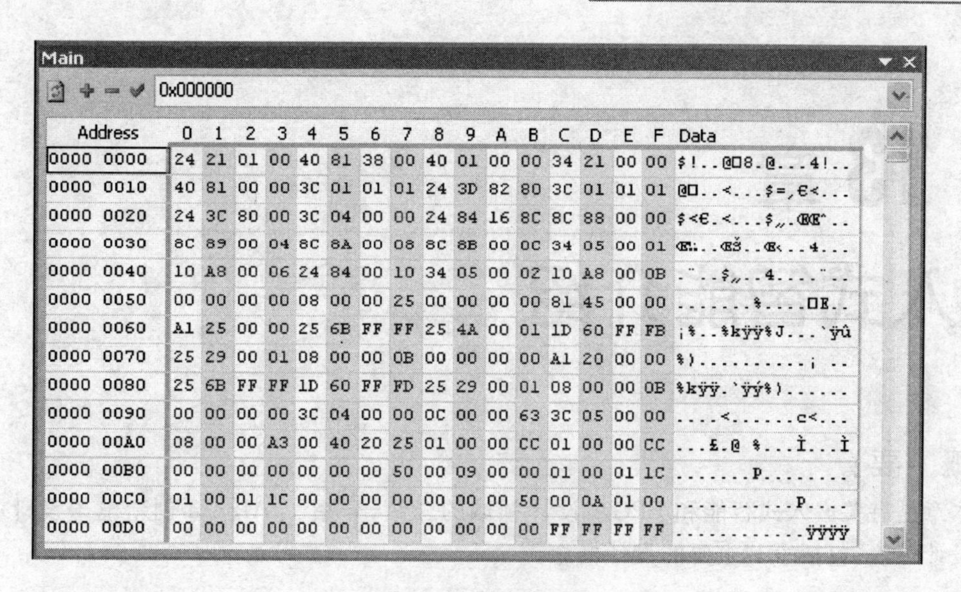
Main
0x000000
Address 0 1 2 3 4 5 6 7 8 9 A B C D E F Data
0000 0000 24 21 01 00 40 81 38 00 40 01 00 00 34 21 00 00
0000 0010 40 81 00 00 3C 01 01 01 24 3D 82 80 3C 01 01 01
0000 0020 24 3C 80 00 3C 04 00 00 24 84 16 8C 8C 88 00 00
0000 0030 8C 89 00 04 8C 8A 00 08 8C 8B 00 0C 34 05 00 01
0000 0040 10 A8 00 06 24 84 00 10 34 05 00 02 10 A8 00 0B
0000 0050 00 00 00 00 08 00 00 25 00 00 00 00 81 45 00 00
0000 0060 A1 25 00 00 25 6B FF FF 25 4A 00 01 1D 60 FF FB
0000 0070 25 29 00 01 08 00 00 0B 00 00 00 00 A1 20 00 00
0000 0080 25 6B FF FF 1D 60 FF FD 25 29 00 01 08 00 00 0B
0000 0090 00 00 00 00 3C 04 00 00 0C 00 00 63 3C 05 00 00
0000 00A0 08 00 00 A3 00 40 20 25 01 00 00 CC 01 00 00 CC
0000 00B0 00 00 00 00 00 00 00 50 00 09 00 00 01 00 01 1C
0000 00C0 01 00 01 1C 00 00 00 00 00 00 00 50 00 0A 01 00
0000 00D0 00 00 00 00 00 00 00 00 00 00 00 00 FF FF FF FF

图 12－9　查看存储器

第 13 章

嵌入式智能介绍

概　要:

本章是有关嵌入式智能和 FPGA 设计领域的介绍,介绍了 Altium 创新电子设计平台提供的设计环境,包括了其主要的设计概念。

能在高频状态下运行的 FPGA 为执行大型高速数字逻辑提供了完美的解决方案,同时也能让设计者缩小产品的尺寸、降低产品的成本。

现在 FPGA 在一个产品中的作用远远不只是一个硬件,它们被编程后能运行包括处理器、外围组件和接口逻辑在内的整个数字系统。

因此工程师们需要一个能综合解决系统问题的设计环境,在这个环境之下他们能布局硬件设计,为处理器编写嵌入式软件,同时在目标 FPGA 上运行、测试和调试所有的硬件和软件。

Altium Designer 结合 Desktop NanoBoard 可重构硬件开发平台——NB2DSK01,组成了完整的 FPGA 设计环境。

本章会介绍关键的设计概念和这个创新设计环境所提供的技术和工具,在这个环境中设计者可以高速有效地进行设计,将设想变为现实。

13.1　Altium 创新电子设计平台

把一个 FPGA 设计从概念变为现实,设计者需要创新的开发环境。Altium Designer 组合 Desktop NanoBoard,提供了设计者需要的创新开发环境,如图 13-1 所示。

Altium 创新电子设计平台,这对一体化电子设计软件和可重构硬件平台,提供了一个将嵌入式智能作为设计核心的设计环境。Altium Designer 和 Desktop NanoBoard 一起提供了:

① 一个整体的软硬件设计解决方案;

② 一个设计数据模型;

图 13－1　Altium Designer 和 Desktop NanoBoard 协同工作成为终极创新平台

③ 一个开发平台；

④ 完全独立于硬件器件的解决方案；

⑤ 多种硬件重构可能性。

Altium 创新电子设计平台为用户解决底层细节的设计实现，让用户能够集中精力在嵌入式智能和产品的功能特性上，因为产品的功能差异特性才是产品的决定性因素，所以用户创新性设计方案将取决于用户想象力。

13.2　使用 Altium Designer 创建嵌入式智能

Altium Designer 同时具备了硬件、软件和在一体化环境下的可编程硬件设计，这个综合的环境提供了所有必要的工具来为用户的产品创建嵌入式智能，包括硬件设计和基于"软"处理器的嵌入式软件设计。

1. 嵌入式智能概念

从表面上看，FPGA 器件就是一组数字逻辑门阵列。只有在编程后，才可能因为有了各种逻辑组合功能而具备了"生命"，并成为它们所在的电子产品的心脏。这种功能或者说是嵌入式智能就是用户创建一个 FPGA 设计的核心。

实际上，一个 FPGA 设计的内容将决定于设计的本身所要求的功能及所执行的最终任务。为了更有效地开发嵌入式智能，用户必须先理解下面几个基本概念。

2. 嵌入式智能

嵌入式智能是一个概括性术语,是下载到产品中使产品符合功能要求的所有元素的总称,它包括 FPGA 设计本身,以及设计中处理器所要求的嵌入式程序代码。

这个术语完美地反映了设计中"软"的本质,它的智能被"嵌入"到一个高容量可编程器件里面。通过把功能从物理领域转移到软件领域,用户能够创造出在市场上足以区别于其他产品的设备智能。

下面是"软"设计的一些关键定义。

① 用户用于编程的 IP 比物理 IP 更有保护作用,这是因为源代码不会随产品一起发布。

② 在硬件平台设计之前和之后都能够进行软件设计。

③ 软件设计能够延续到产品生产及交付消费者之后,其中包括软件设计中更友好的人机交互界面的实现。

④ 软件设计将为产品和用户间提供良性的交互基础。

3. FPGA 设计

这是在物理器件上的可编程硬件设计,它包括一个处理器系统里所有的逻辑性、连通性和独特性。

当进行 FPGA 设计时,有 3 个重要的阶段要考虑。

① 输入和验证阶段——为设计选取和连接逻辑器件,确保没有电气误差和绘图误差。

② 配置阶段——将设计绑定到要编程的物理器件中(参考下一节:映射)。

③ 处理阶段——本阶段的工作是将设计从输入源文件转换为可以下载到目标器件的编程文件。

在 Altium Designer 中,设计是由 FPGA 项目创建和管理的。在设计输入阶段,支持使用系统内 FPGA(或者由第三方供应商提供的)组件,如图 13-2 所示。

当设计到了处理阶段时,Altium Designer 提供完整的将设计进行编译、综合、组建(自动调用目标器件供应商工具)和目标代码下载的流程,如图 13-3 所示。

4. 映　射

映射是一种能够让用户的设计连接被编程的 FPGA 器件中的物理引脚的方式,换一种说法,这表示通过映射用户的设计能与外界交互。通过将内部的数字信号映射到器件的引脚,用户设计的逻辑部分能与产品的其他部分通信。作为映射的一部分,用户还可以为引脚定义模拟特性,例如 IO 标准、驱动能力和转换速率。

在 Altium Designer 里,映射是通过使用端口(或者说端口组件)、配置和约束文件来完成的。在一个 FPGA 设计中能够有多个定义好的配置,每个配置包含绑定到不同物理器件所必需的约束文件(引脚映射、块约束、放置和布线约束),如图 13-4 所示。

5. OpenBus 系统

"OpenBus 系统"是一个描述一种使用普通总线实现整个系统内逻辑功能性"模块"的连

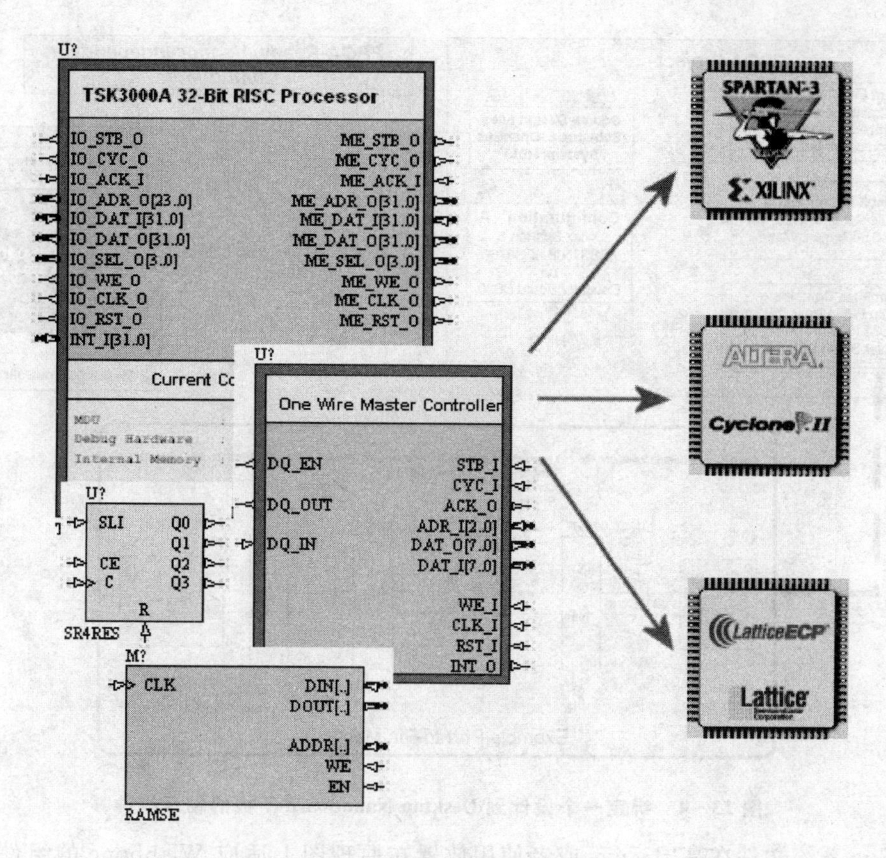

图 13－2　系统内 FPGA 组件

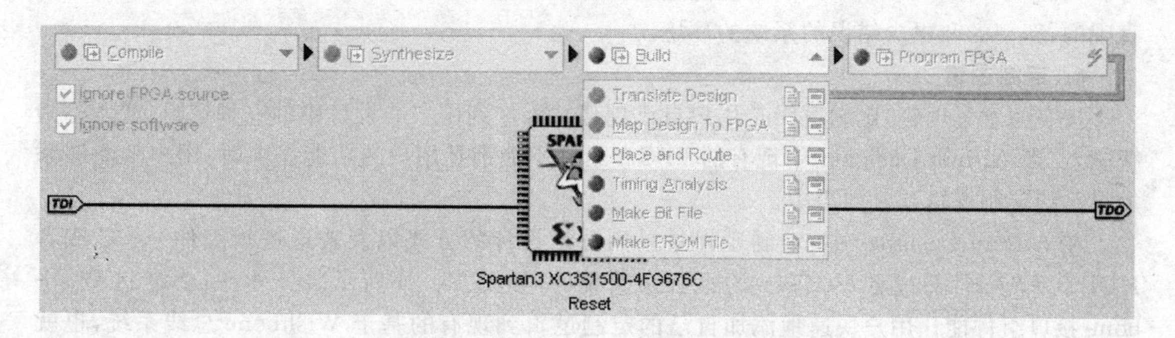

图 13－3　在 Altium Designer 里面处理 FPGA 设计

接的术语。通过这种方法，用户能够快速地装配一个包含满足应用需求的各种功能在内的系统。

在 Altium Designer 里，OpenBus 系统是通过使用 Wishbone 总线连接来组建的，能够通

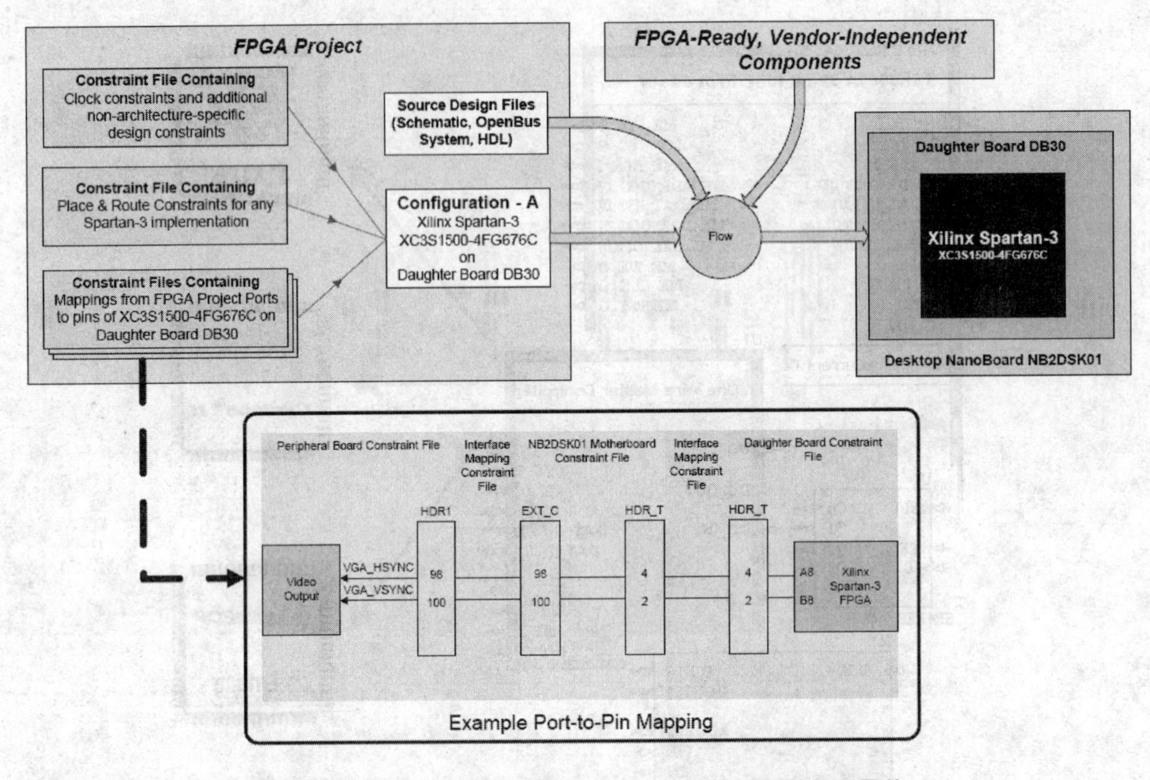

图 13-4　绑定一个设计到 Desktop NanoBoard 子板的物理器件

过 OpenBus 系统文件在高层运行，或者使用放置在原理图上适应 Wishbone 的组件在底层运行。如图 13-5 所示，OpenBus 系统是电子设计的一种有效方法，因为它为用户提供了能组建直观的、新型的和更少错误的系统的环境。

6. 定制逻辑

按字面意思理解，定制逻辑是用户自己创建并添加到用户的设计中的一种逻辑（或者称为智能）。当 Altium Designer 中现有的 FPGA 组件不能满足用户的功能需求时，用户就能够添加自己的定制逻辑到设计当中。

在 Altium Designer 中，定制逻辑是采用分级设计的方式以及普通逻辑组件——C 或者 HDL 代码（VHDL 或者 Verilog）的组合来实现的，如图 13-6 所示。另外，一个定制 Wishbone 接口组件能让用户快速地添加自己的定制逻辑到现有的基于 Wishbone 总线系统，也就是说不需要知道总线系统的工作方式，用户就能创建自己的定制 Wishbone 外围器件。

供应商指定的 FPGA 最初也能够用来提供所需的功能，但使用这样的器件会限制了设计的可移植性。设计会被锁定在特定的器件组或者有些时候是特定的物理 FPGA 器件。

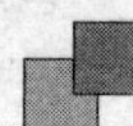

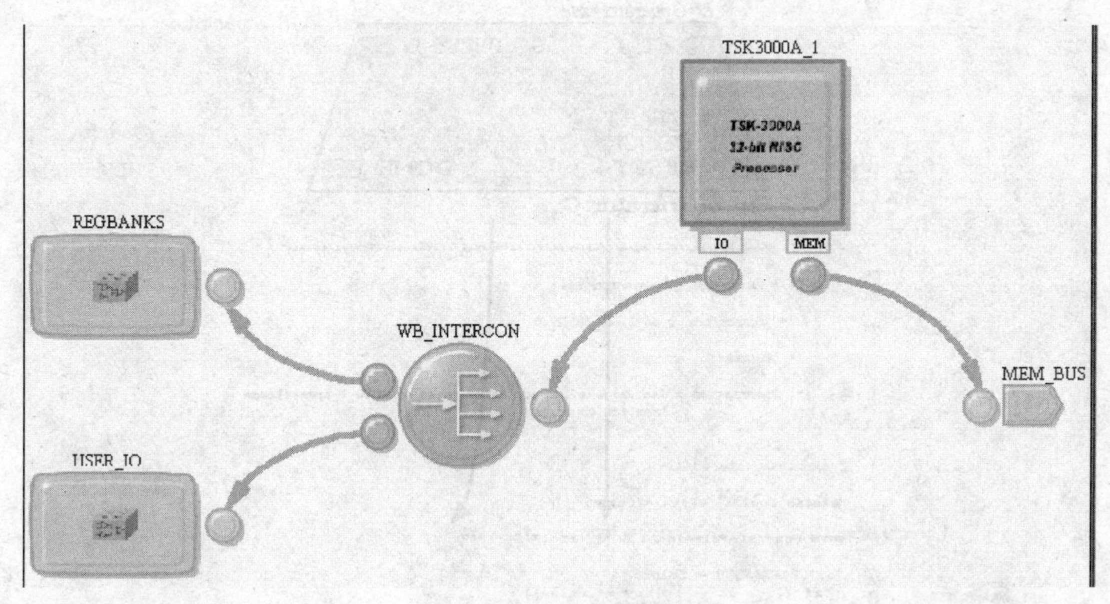

(a) 基于 Open Bus系统

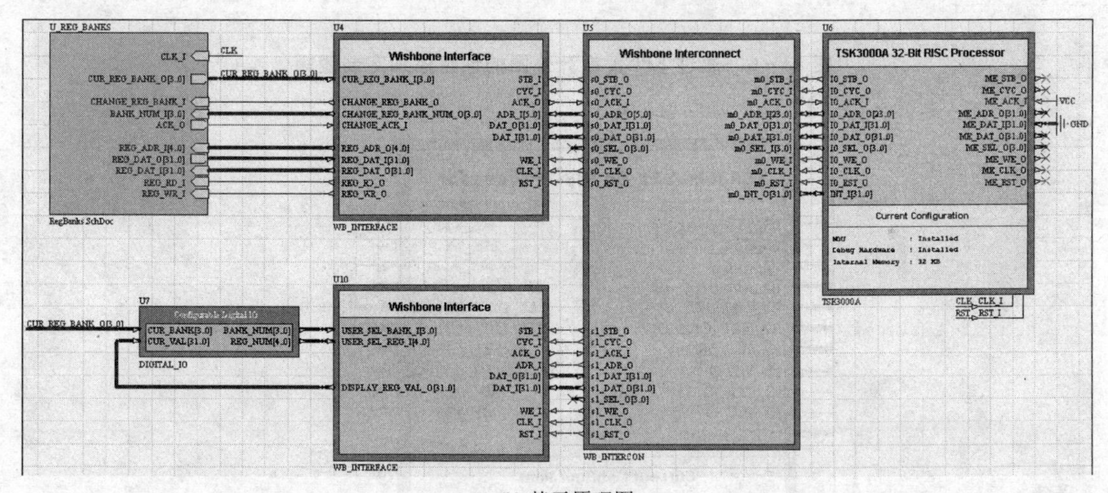

(b) 基于原理图

图 13－5　Altium Designer 中基于 Wishbone 总线系统和例子

7. “软”处理器(以及它们的嵌入式软件)

“软”处理器定义为编程到物理 FPGA 器件中的 FPGA 设计的一部分，而不是连接到 FPGA 的物理的、分立式器件。这种处理器是典型的 32 位处理器，具有精简的 RISC 结构，如图 13－7 所示。

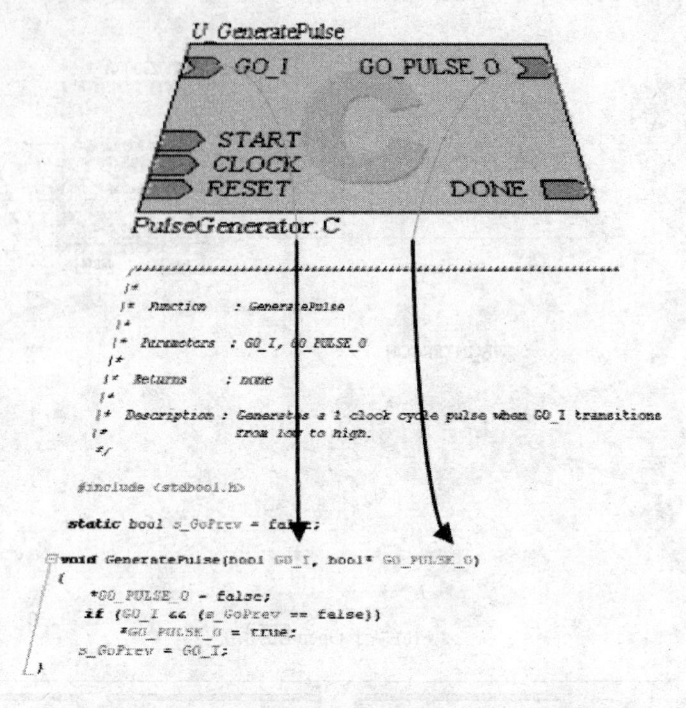

图 13-6 通过 FPGA 设计外围的创建添加定制逻辑

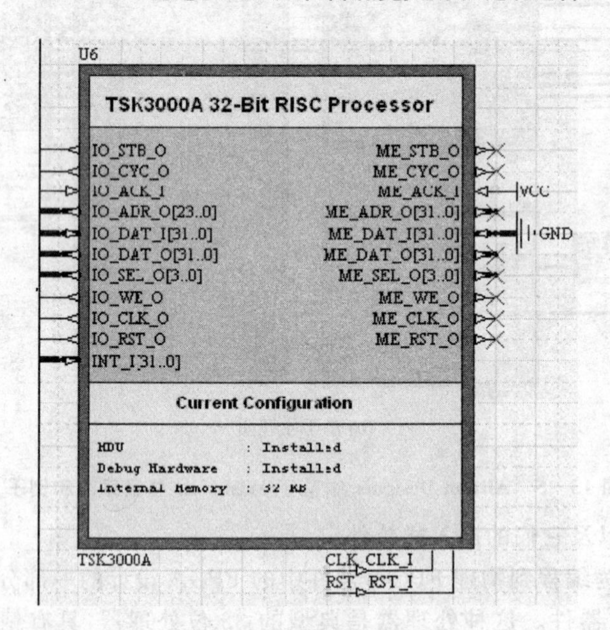

(a) 典型的32位处理器

图 13-7 32 位“软”处理器及相关嵌入式代码功能的中心

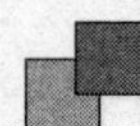

main.C

```
int main(void)
{
    uint32_t regBank, regNum, regVal;
    uint32_t i, j;

    // initialize registers
    for (i = 0; i < NUM_BANKS; ++i)
    {
        wb_interface_set_change_reg_bank(Base_REGBANKS, i);
        for (j = 0; j < BANK_SIZE; ++j)
        {
            wb_interface_set_reg(Base_REGBANKS, j, i*BANK_SIZE + j);
        }
    }

    // read user input
    while (1)
    {
        // activate the selected register bank
        regBank = wb_interface_get_user_sel_bank(Base_USER_IO);
        wb_interface_set_change_reg_bank(Base_REGBANKS, regBank);

        // retrieve the selected register's value
        regNum = wb_interface_get_user_sel_reg(Base_USER_IO);
        regVal = wb_interface_get_reg(Base_REGBANKS, regNum);

        // display the register value
        wb_interface_set_display_reg_val(Base_USER_IO, regVal);

        // add small delay
        for (i = 0; i < 20; ++i)
        {
            __nop();
        }
    }

    return 0;
}
```

(b) 嵌入式软件项目管理相关的代码

图 13-7　32 位“软”处理器及相关嵌入式代码功能的中心(续)

嵌入式软件指的是这样一种代码,这种代码被下载在物理 FPGA 器件中并在 FPGA 设计中定义的“软”处理器上运行。

使用“软”处理器的奇妙之处在于用户不会被限制在某一个物理器件上,用户能够更改处理器,能够通过在修改后的硬件设计上重新编程物理 FPGA 器件来修改代码,或者升级嵌入式代码,达到真正的“现场可升级硬件和软件”。

在 Altium Designer 里,FPGA 设计支持多种 32 位“软”处理器,嵌入式软件项目管理相关的软件代码。

8. 硬件加速

硬件加速是这样一种概念,通过转换软件处理为硬件处理来提高系统的速度。很多能简单编写和调试的算法本身是并行的,例如加密算法、图像处理和信号处理。作为软件实体,处理器很需要并行功能。FPGA 本身是并行的,有同时执行多个操作的功能。把算法复杂功能从软件转移到硬件,减轻了处理器的负担,被认为是设计上的一次飞跃。

在 Altium Designer 里,硬件加速是通过 C2H 编译器(CHC)来实现的,CHC 采用标准的 ISO－C 源代码产生合成硬件文件(RTL)。合成之后,RTL 描述转换成一个执行功能需求的电路。FPGA 设计中的“软”处理器通过专用处理器(ASP)来使用这些硬件功能,如图 13－8 所示。

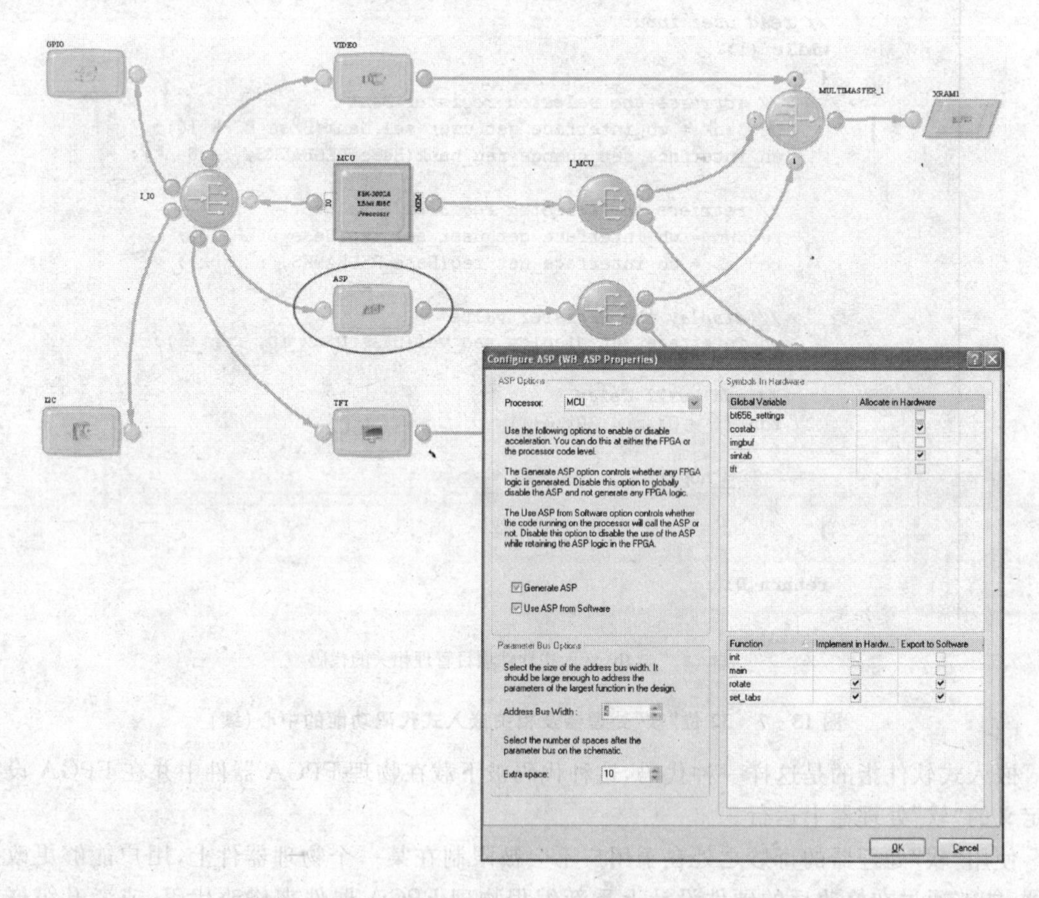

图 13－8　处理器中运行的代码与 FPGA 结构中执行的功能之间的 ASP 组件接口

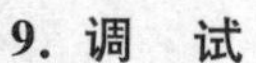

9. 调　试

调试是指通过测试用户的硬件设计和嵌入式软件(在“软”处理器里运行),来获得想要(正确的)的性能和功能。调试是整个设计的重要组成部分,当用户发布最终设计时,有效的调试能够为用户节省很多的时间跟金钱。

在 Altium Designer 里,硬件调试是由虚拟仪器提供的,虚拟仪器是连接到实际 FPGA 设计的组件,而不是可编程的物理器件,为调试提供了基于软件的控制和控制设计中的节点,如图 13－9 所示。就像将示波器、万用表和逻辑分析仪连到物理 FPGA 器件内部,用户就能知道这些仪器能为“现场”调试环境提供什么。

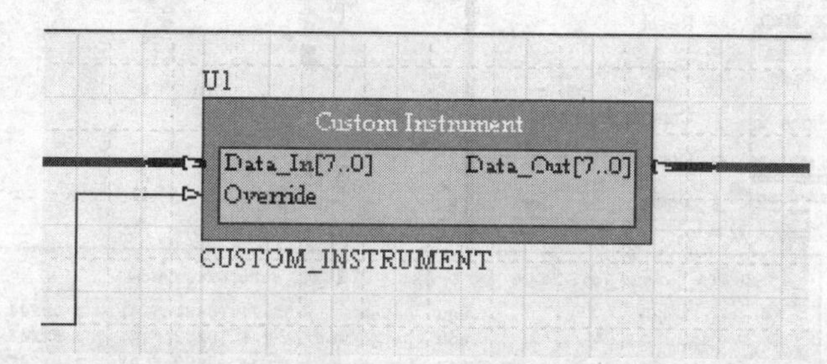

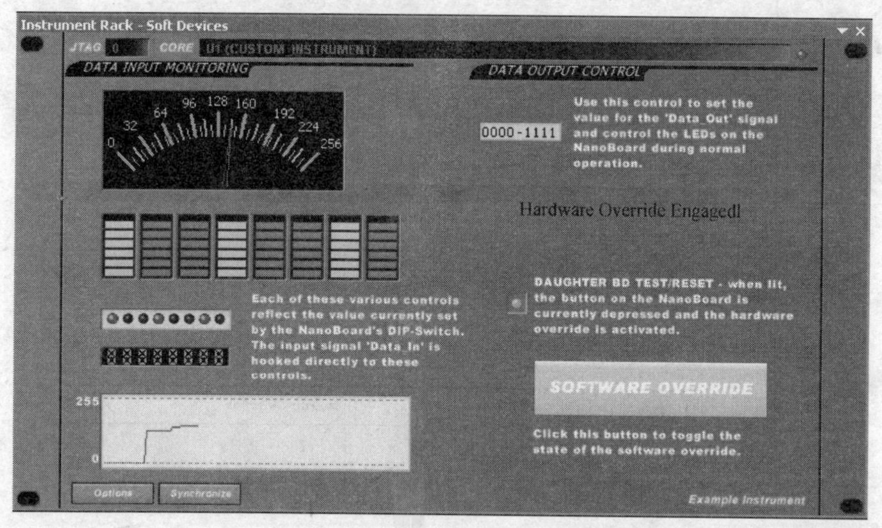

图 13－9　使用常用的仪器监视和控制 I/O—FPGA 设计中一种虚拟仪器

当 FPGA 设计和相关程序代码被编程到物理 FPGA 器件中时,嵌入式软件就能被实时调试。

如图 13－10 所示,这个调试环境提供了一整套能让用户更有效地调试嵌入式代码的工具,它们包括:

① 设置断点;

② 添加监视器;

③ 在整个源程序上单步调试(*.c)和指令(*.asm)级;

④ 复位、运行和暂停代码执行;

⑤ 运行指针。

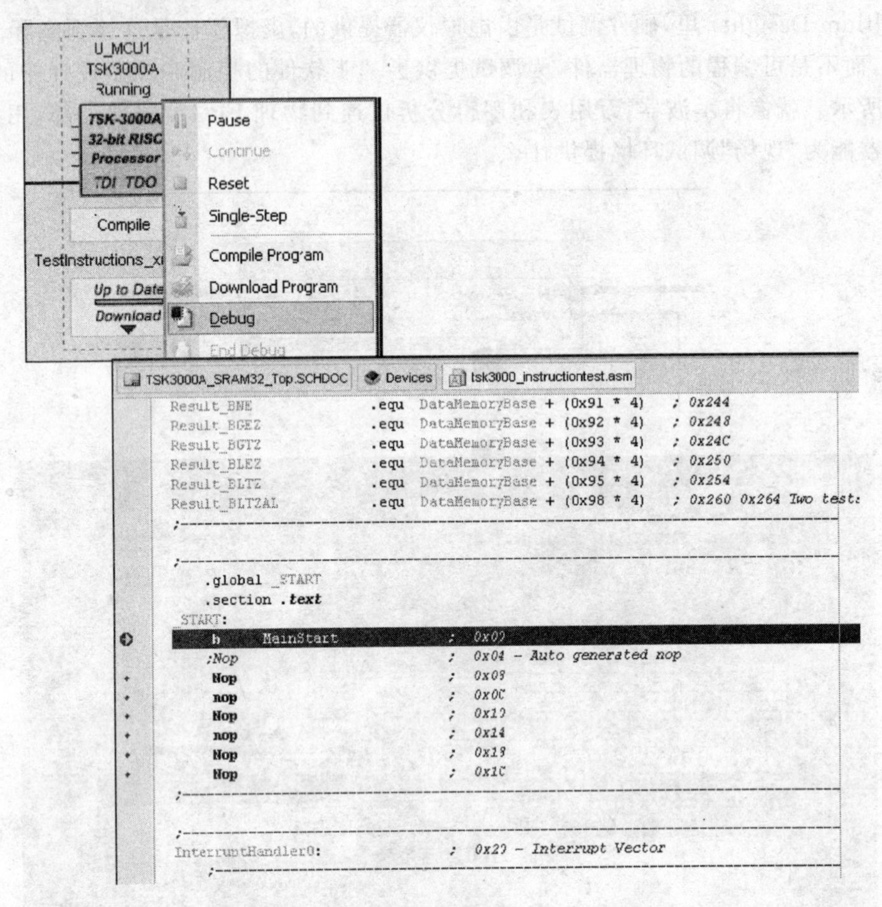

图 13-10 插入一个嵌入式代码调试场景

13.3 交互式测试 & 使用 Desktop NanoBoard 调试

Altium 的 NanoBoard 是最为通用的可重构的开发平台,利用当今大容量、低成本的可编程器件,以实现当今电子产品的智能快速开发和实现,如图 13-11 所示。

设想一下这样的场景,没有固定硬件的束缚,无需构建定制硬件即可进行智能系统设计,通过单一、统一的系统迅速、高效地把用户的想法变成现实。Altium Designer 是世界上第一个真正统一的电子设计系统，通过把 NanoBoard 与运行 Altium Designer 的 PC 相连接，用户可以充分发挥想象，以前所未有的速度开发、实现和测试更加智能的数字产品并将其推向市场。NanoBoard 可提供灵活的平台，带来目标可编程器件，如插件子板上的 FPGA 和处理器以及可交换的外设功能。通过 NanoBoard 可快速轻松地创建适合的硬件平台，在该平台上开发或交付器件智能，使用户的产品有别于市场上的其他产品。NanoBoard 与 Altium Designer 设计系统直接通信，用户可以下载并交互地开发和调试器件功能。这样无需仿真环境，加快了开发流程，因为用户无需为定制的原型环境生产而等待。系统也可以方便地在硬件平台间移植可编程器件智能，提供真正独立于器件和供应商的设计实现环境。Altium 的 NanoBoard 可配置硬件平台可作为系统原型和开发平台，作为教学工具，或运行客户系统设计的单独产品。其功能、灵活性和与 Altium Designer 的紧密集成为用户带来当今软系统设计的新机遇。

图 13－11　Altium 桌面级 NanoBoard NB2DSK01

13.3.1　Desktop NanoBoard NB2DSK01 的主要功能

- 支持广泛的可交换目标 FPGA 和处理器子板，支持所有主要芯片厂商的器件；
- 三个可交换的外设板卡连接器(安装三个标准的多功能外设板卡)；
- 自动检测外围设备和子板设置，创建即插即用平台；
- NanoTalk，提供与 Altium Designer 的实时通信；
- 高速 USB 2.0 NanoBoard 到 PC 接口，进行快速的器件编程和 LiveDesign 开发；
- 双用户板卡 JTAG 接头，在产品板上进行直接的 LiveDesign 开发；
- 主/从连接器将多个 Altium NanoBoard 连接起来，以进行多 FPGA 的系统开发；
- 智能 NanoBoard 控制器，通过 LCD 触摸屏操作；
- 可编程时钟，6～200 MHz，向目标 FPGA 提供；

- SPI 实时时钟,具有 3 V 备份电源;
- 高级的 I2S 立体声系统,具有板载放大器和混音器以及立体声扬声器(安装在 Desktop NanoBoard 上);
- 全面的视频输出,包括 S-video 和混合视频的输入/输出以及 VGA 输出;
- 标准的存储器接口,包括 IDE、Compact flash 和 SD 内存卡;
- 各种标准通信接口,包括 USB、Ethernet、RS－232 串口、CAN 和 PS/2 mini－DIN;
- 四通道 8 位 ADC 和 10 位 DAC,兼容 I2C;
- 各种通用开关和 LED。

13.3.2 Desktop NanoBoard 的结构特点

- 在统一的设计/实现/测试/制造环境中,减少开发成本和上市时间;
- 在整个开发流程中与设计"实时"交互;
- 并发并行地设计硬件和软件;
- 使用 FPGA 虚拟仪器进行物理原型设计的检测、分析和调试;
- 最终的硬件设计决定可以直到设计周期晚期做出并减少对定制 PCB 开发的依赖;
- 无需浪费时间和成本,随时更新用户设计的硬件;
- 在 FPGA 中实现复杂的数字电路,包括基于处理器的设计,无需 HDL 编码或 RTL 级的仿真经验;
- 开发和验证复杂的 FPGA 上的嵌入式系统应用,并将其在目标 PCB 硬件上实现,所有都在单一的统一应用中实现。

LiveDesign 是基于可编程物理硬件设计中"现场"工程的一体化电子系统设计方法。Altium Designer、NanoBoard 和 LiveDesign 在开发进程中为用户与用户的设计之间提供了实时通信和"人机"交互。

Desktop NanoBoard 能让用户在产品生产之前设计、实现和调试整个设计。NanoBoard 可重构性的核心是:

① 可更换的子板——能让用户绑定一系列不同的可编程器件,能让用户比较不同实现方法的优点,以及能够在不改变实际设计的前提下更换不同的 FPGA。

② 外围接口板——能够添加硬件资源到 FPGA 子板,并为快速建立硬件概念模型提供一种简单的、低成本的方法。

用户的设计在 Desktop NanoBoard 上实现后,便能使用一套虚拟仪器和基于 JTAG 的监视功能交互地检查、分析和调试。因为这些工具在可编程硬件领域上实现,所以在很多时候用户能够快速升级用户的设计,而不会多花费时间与成本。

有关 Desktop NanoBoard 支持的可用子板和外围板的信息及如何为它们添加文件,访问网站 www.altium.com/nanoboard/resources。

第 14 章

实现基于 32 位处理器的 FPGA 设计

概　要：

本章介绍如何创建一个简单的并包含 32 位处理器的 FPGA 设计并用软件对其进行编程。该软件将进入到设计的硬件系统，控制 LED 阵列以计数的方式进行闪烁。

14.1　简　介

本章介绍如何创建一个基于 32 位处理器的 FPGA 设计。FPGA 芯片内部包括一个处理器软核，外围的引脚与 NanoBoard 板上的一组 LED 相连。FPGA 中的处理器软核将通过软件进行编程，控制 NanoBoard 板上的 8 个用户 LED 从 0～255 进行二进制计数。

为了实现本章的目标，读者需要做以下准备：

① 安装 Altium Designer 嵌入式智能设计软件；

② NanoBoard NB2DSK01 板＋DB30＋Xilinx ISE 软件；

③ NanoBoard 板必须通过 USB 接口或并口与 PC 连接。

实例概述：

本章介绍一个典型的 FPGA 设计，类似于"Hello world"的初级嵌入式硬件设计实例：控制一排 LED 进行计数。本实例的目的是说明 FPGA 设计软件和嵌入式软件是如何工作的，以及它们如何组合起来实现一个嵌入式设计。本设计在一个 FPGA 工程中完成，由处理器软核和必要的外设所组成。其中，嵌入式工程中包括了运行于软核上的软件设计。该软件用于实现基于 FPGA 的控制功能。

本章主要由下面 3 个部分组成。

① 创建一个 FPGA 硬件设计，包括一个处理器软核、一个 LED 接口、一个参考时钟、一个复位键和与 PC 进行通信的 JTAG 链等硬件结构，以及为插在 NanoBoard 板上的 FPGA 元件进行相应的配置。

② 创建一个软件工程，用于对 FPGA 设计的软核编程。这个软件工程将被综合到 FPGA

工程中。

③ 将整个工程组建好后下载到 FPGA 中,可观察到电路板上的 LED 开始计数。

14.2 创建硬件设计

14.2.1 创建和保存一个新的 FPGA 工程

(1) 创建一个新的工作区:在 File 菜单中,单击 New→Design Workspace 命令。

(2) 创建一个新的 FPGA 工程:在 File 菜单中,单击 New→Project→FPGA project 命令,将新工程命名为 FPGA_Project1. PrjFpg。

(3) 创建一个新的原理图文档:在 File 菜单中,单击 New→Schematic 命令,将原理图文档保存在 FPGA 工程中,命名为 Sheet1. SchDoc。

(4) 图纸设置:在打开的原理图中,单击鼠标右键,单击 Options→Sheet 命令,弹出 Document Options 对话框。

① 设置图纸尺寸,选择 C 选项,如图 14-1 所示。

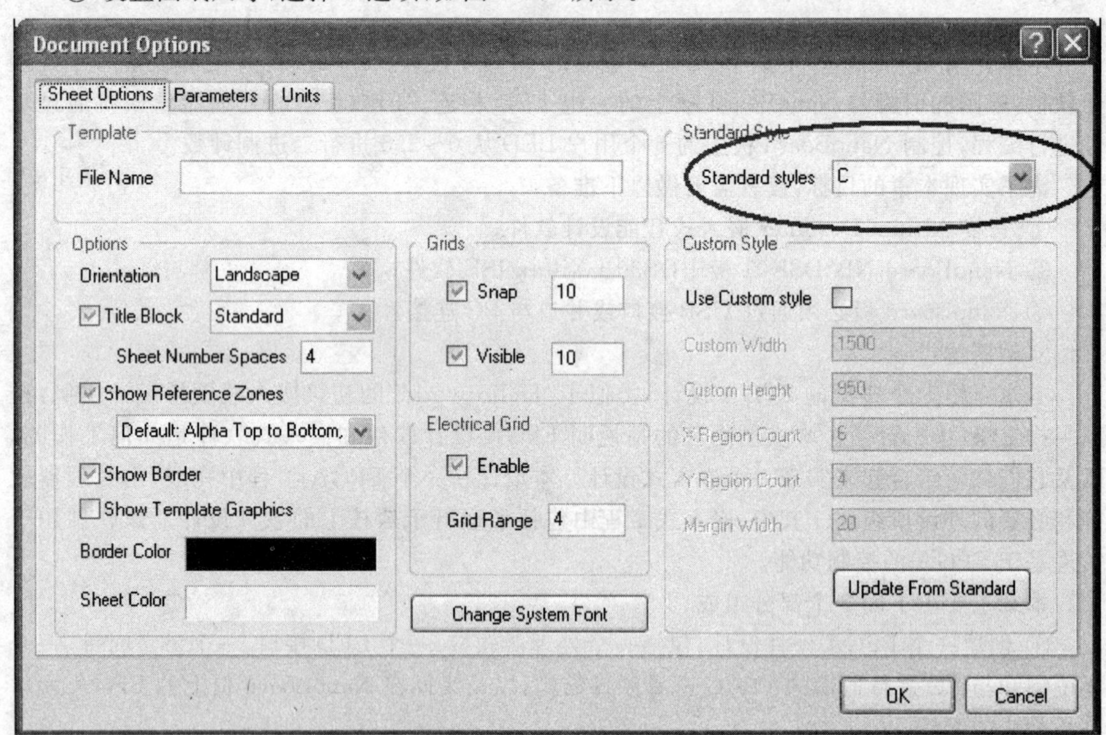

图 14-1 设置图纸尺寸

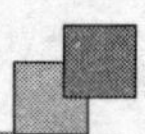

② 单击 OK 按钮，确定新的设置。

(5) 保存工程：单击 Workspace 按钮，选择 Save All 选项。

在 Altium Designer 的 Examples 目录下创建一个名为 Getting Started 的新文件夹（也可以用默认的文件名或者其他直观的名字），将原理图和工程命名为 BlinkingLED. SchDoc 和 FPGA_Processor_32bit. PrjFpg 并保存。

14.2.2 绘制硬件原理图

1. 在原理图中添加 TSK3000A 处理器软核，并对其进行配置

(1) 单击屏幕右下方的 System 按钮，保证 Libraries 可以访问。

(2) 在 Libraries 面板上，从 FPGA Processors. IntLib 集成库中选择 TSK3000A 处理器：

① 将 TSK3000A 处理器拖动到原理图中；

② 将 TSK3000A 水平放置到图纸上方的中间位置。

TSK3000A 是一个定义了外设的处理器软核，包括一个硬件乘/除法单元、一个内部时钟、一个中断控制器、一个存储器控制器和一些基于 JTAG 的调试单元。关于 TSK3000A 更多的信息请参阅文档 CR0121 TSK3000A 32-bit RISC Processor。

(3) 配置 TSK3000A 处理器软核：右击原理图上的 TSK3000A 元件，单击 Configure U? (TSK3000A)命令（U? 是该器件在原理图上默认的标号），弹出 Configure (32-bit Processors) 对话框。在对话框中进行如下设置。

① 将内部处理器的存储器空间增加为 32KB，其他选项保持默认值，如图 14-2 所示。

② 单击 OK 按钮确定新的配置。

2. 在原理图上增加 LED 和通用 I/O 端口，将其连接到 TSK3000A

在 NanoBoard 板上，用户 LED 阵列与子板的连接器相连，故该 LED 阵列可以连接到 FPGA 的引脚。此时需要做的就是确定系统使用哪一个引脚，并将其连接到通用 I/O 端口(GPIO)。

(1) 在原理图上添加 LED。

① 在 Libraries 面板上，从 FPGA NB2DSK01 Port-Plugin. IntLib 集成库中将 LED 元件拖动到图纸上。

② 沿着 X 坐标镜像 LED 元件：单击元件，按住鼠标左键不放并按 X 键。

③ 将 LED 放在图纸的左边。

(2) 将 LED 连接到通用 I/O 端口(GPIO)。

① 在 Libraries 面板上，从 FPGA Peripherals. IntLib 集成库中将 WB_PRTIO 元件拖动到图纸上。

② 镜像该元件，使 PAO[7..0]引脚在左边。

③ 在该元件和 TSK3000A 间保持一些距离。

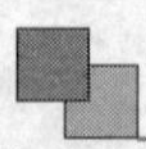

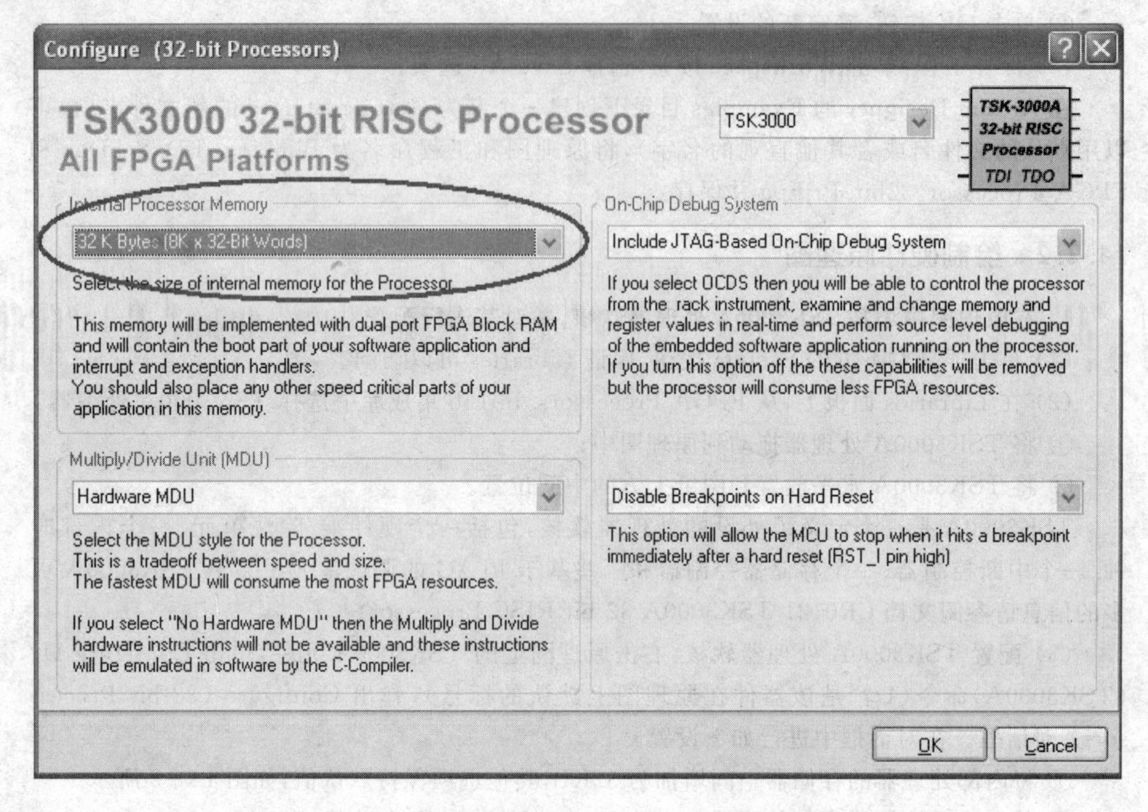

图 14-2 将内部处理器的存储器空间增加为 32KB

电路图中元件摆放位置如图 14-3 所示。

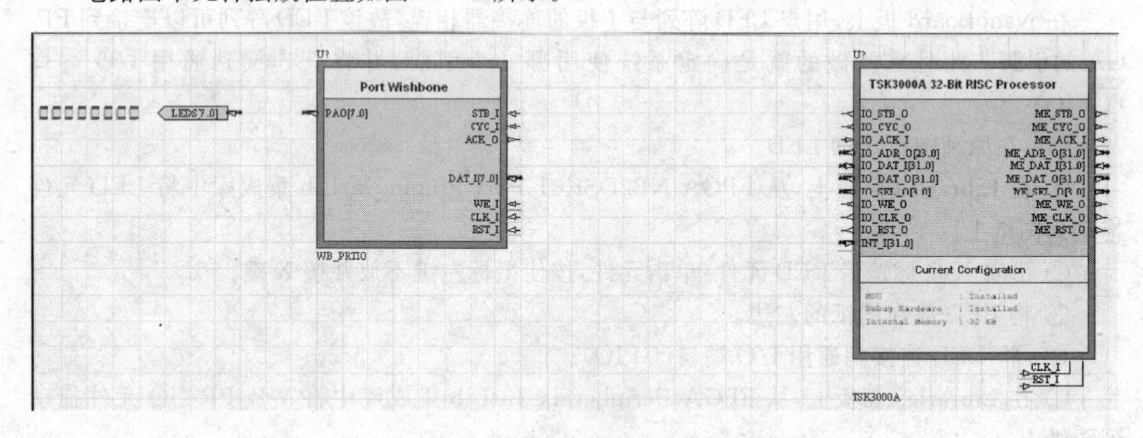

图 14-3 电路图中元件摆放位置

(3) 元件配置：WB_PRTIO 元件的 GPIO 默认配置为 8 位输出。由于它是通过读取当前

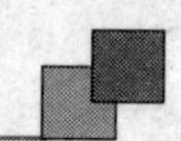

LED 的值来实现计数，故将其配置为可输入模式。下面对该元件增加输入功能并对输出端口重新赋值。

① 右击 I/O 元件，单击 Configure U?（WB_PRTIO）命令，弹出 Configure（Wishbone Port I/O）对话框。

② 在 Kind 选项中，选择 Input/Output。

③ 单击 OK 按钮确定新的设置。

一组新增加的引脚出现在 I/O 模块的左边，标号为 PAI[7..0]。

3. 通过 WB_INTERCON IP 内核连接 GPIO 端口和 TSK3000A 元件端口

注意，GPIO 端口只有 8 位，而 TSK3000A 有 32 位。此外，GPIO 端口没有地址线。为确保 GPIO 端口可用于处理器的 I/O 空间，需要使用胶合逻辑（glue logic）功能连接这两个元件。

一方面，设计者可以使用单个的门电路和缓冲器创建胶合逻辑，但这是一个很繁琐的工作。另一方面，TSK3000A 使用的总线类型是 Wishbone bus 标准总线。TSK3000A 有两条总线，一条是左边的 I/O 总线，另一条是右边的存储器总线。本设计中所用到的所有外设都使用相同的总线类型。为了使设计变得简单，可以根据总线的性质使用 Wishbone 连接器来创建胶合逻辑。

(1) 放置 WB_INTERCON 元件。

① 从 Libraries 面板上的 FPGA Peripherals.IntLib 集成库中，将 WB_INTERCON 元件拖动到图纸上。

② 镜像元件，使其便于连接。

③ 将该元件放置到 TSK3000A 和 I/O 元件之间。

注意，当 WB_INTERCON 互连元件从库中拖出来时有两个 Wishbone 总线，但是一旦放置到图纸上，其中一个总线自动命名为 Spare_INT_I[31..0]。

(2) 连接 Wishbone 总线到 TSK3000A。

① 移动 Wishbone 元件，使 Wishbone 引脚接触 TSK3000A 元件相应的的 IO 总线引脚，会出现红色十字准线，表明该连接可识别并将自动连接。

② 单击 WB_INTERCON 元件，按住鼠标左键不放，将其向 TSK3000A 元件移动直到出现红色十字准线，放开鼠标左键。

③ 按住 Ctrl 键，拖动 WB_INTERCON 元件回到原来的位置，则会自动进行连线。

(3) 配置 WB_INTERCON。

如果想使用 WB_INTERCON 元件对处理器核的 GPIO 端口进行连接，需要增加该元件的引脚。这个改变可以通过配置来完成。配置如下：右击 Wishbone 互连元件，单击 Configure U?（WB_INTERCON）命令，打开 Configure（Wishbone Intercon）对话框。

① 全局配置：

● 设置 Unused Interrupts 为 Connect to GND；

● 设置 Master Address Size 为 24-Bit (Peripheral I/O)。

② 添加 GPIO 端口配置：

● 单击 Add Device 按钮，弹出 Device Properties 对话框；

● 设置端口 Identifier 为 GPIO；

● 将 Address Bus Mode 设置为 Byte Addressing；

● 将 Data Bus Width 设置为 8 位。

配置过程如图 14-4 所示。

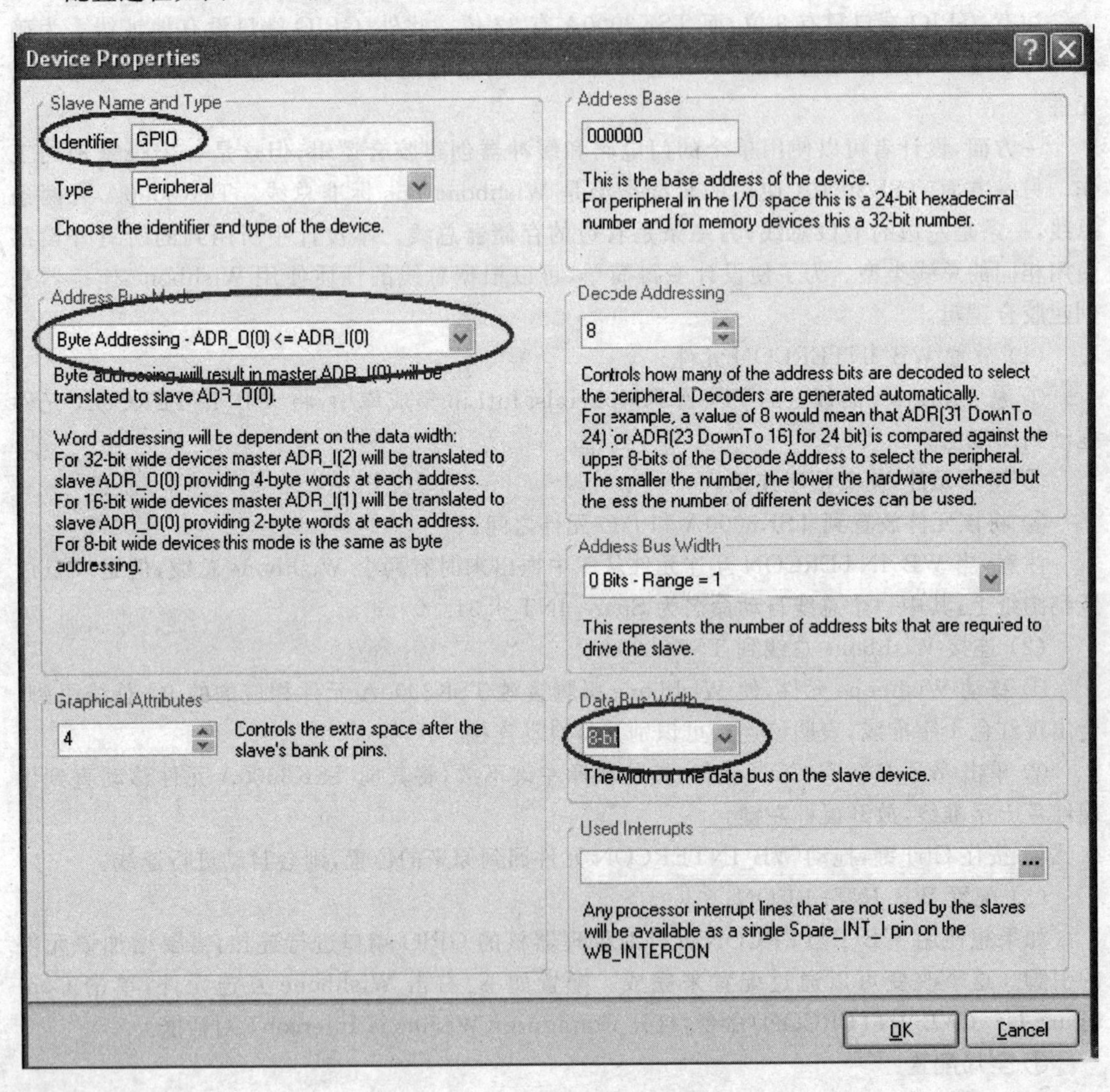

图 14-4 器件配置

① 单击 OK 按钮保存配置。在弹出的配置对话框中对刚才进行的配置进行了总结。注意其起始地址设置为 0xFF00_0000，而在对话框中设置值为 000000。这是由于互连模块已知 TSK3000A 的 I/O 空间地址从 0xFF000000 开始，所以自动将地址空间扩展为 8 位。

② 单击 OK 按钮关闭对话框并返回到原理图中。

通过对内部互连 I/O 的配置(TSK3000A 的 I/O 空间采用 24 位地址)，使没有连接的中断引脚默认连接到 0，避免了不希望出现的中断。注意，配置后的元件再次发生变化：元件左边所有的引脚标号添加了前缀 s0，意为 slave 0。

(4) GPIO 端口与 Wishbone 元件互连。

移动 I/O 模块，使得 Wishbone 元件的引脚碰触 WB_INTERCON 元件的引脚，按住 Ctrl 键，拖动该元件回到原来的位置，两个元件间相应的导线和总线将自动连接，如步骤(2)所述。

(5) 放置 No ERC 图标。

GPIO 端口未用到 Wishbone 互连内核上的一组引脚：s0_SEL_O[3..0]。当连接 32 位外设的时候，需要使用该字节选择引脚。但是，当把 GPIO 模块配置成 8 位外设时，这些引脚是不需要的。如果不连接这些引脚，在综合模块时将会出现警告。需要放置 No ERC 标号到相应引脚以避免这些警告的出现。

① 从 Place 菜单中，单击 Directives→No ERC 命令。

② 左键单击相应引脚放置 No ERC 标记。

③ 按 Esc 键退出放置模式并返回到鼠标正常模式。

4. 连接 LED 到 IO 端口

连接 LED 到通用 IO 模块的 PAO 引脚，并在 PAO 引脚和 PAI 引脚间放置总线，使 WB_INTERCON 元件能够读取输出端口的值。

布线功能在 Wiring 工具栏中可见：从 View 菜单，单击 Toolbars→Wiring 命令。

① 从 Place 菜单中单击 Bus 命令。

② 在 PAO 引脚和 LED 间放置总线。

③ 在 PAI 引脚和刚才放置的总线间连接第二条总线。

④ 按 Esc 键退出放置模式。

放置总线后的原理图如图 14-5 所示。

5. 将时钟信号和复位按钮连接到 TSK3000A

在 TSK3000A 元件的下方有两个引脚，一个用于连接时钟信号，另一个用于连接复位信号。将时钟信号接口和复位按钮添加到图纸中并与 TSK3000A 连接。

在 NanoBoard 板上有两个时钟信号，一个是固定频率的参考时钟(20 MHz)，另一个是可以设置为任意频率(默认为 50 MHz)的时钟信号。本设计使用第二个时钟信号，因为可以将其设置为更高的频率以提高系统的运行速度。

(1) 在 Libraries 面板上的 FPGA NB2DSK01 Port-Plugin. IntLib 集成库中，拖动 CLK_

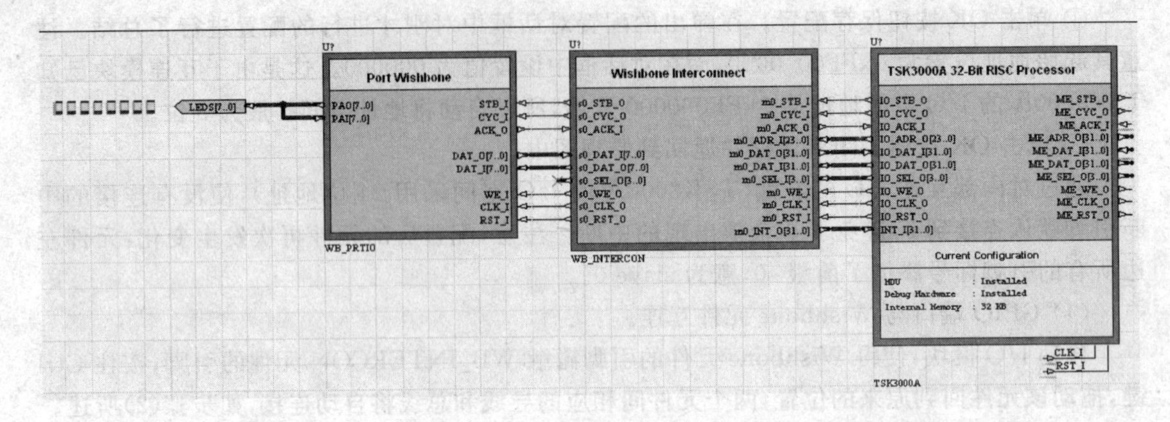

图 14-5 放置总线后的原理图

BOARD 元件到图纸上,将其放置在图纸的左边。

(2) 从 Place 菜单中单击 Wire 命令,在 TSK3000A 的 CLK_I 引脚连接一小段导线。

(3) 从 Place 菜单中单击 Net Label 命令,将网络标号放置在 CLK_I 引脚所连接的导线上。双击网络标号,将其命名为 CLK。当网络标号仍然吸引在鼠标上时,可按 Tab 键进入其属性对话框中进行相应的修改。

(4) 放置第二个网络标号与 CLK_BRD 元件相连。将其命名为 CLK,使 CLK_BRD 与 TSK3000A 元件的 CLK 网络相连。

(5) 放置重启(测试)按键到 TSK3000A:从 Libraries 面板上的 FPGA NB2DSK01 Port-Plugin. IntLib 集成库中,拖动 TEST_BUTTON 元件到图纸上,将其放置在 Clock 元件下方。注意,按下按键时输出的是低电平,而 TSK3000A 的 Reset 引脚是高电平有效,所以需要在按键后面添加反相器。

(6) 从 Libraries 面板中的 FPGA Generic. IntLib 集成库中拖动 INV 元件(通用反相器)到原理图中,将其与按键 Reset 相连。

(7) 最后,将反相器输出端与 RST_I 引脚通过网络标号相连接。

放置时钟信号和复位按钮的原理图如图 14-6 所示。

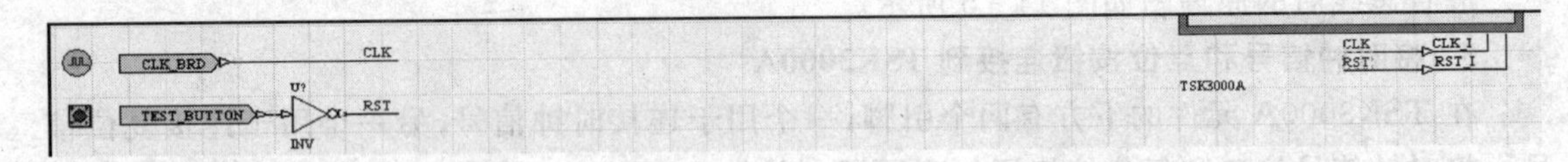

图 14-6 放置时钟信号和复位按钮的原理图

6. 连接 TSK3000A 元件右边的引脚

在 TSK3000A 元件右边的引脚中,需要将 ME_ACK_I 引脚接 VCC,ME_DAT_I 引脚接地。存储器总线引脚不需要用到,需要放置 No-ERC 图标。

(1) 从 Wiring 工具栏中，单击 Vcc Power Port 按钮。鼠标上附着 VCC 图标，按下 Space 键旋转该图标至合适的方向，将其与 ME_ACK_I 引脚相连。

(2) 从 Wring 工具栏中，单击 GND Bus Power Port 按钮。鼠标上附着 GND 图标，按下 Space 键旋转该图标至合适的方向，将其与 ME_DAT_I[31..0]总线相连。

(3) 从 Wring 工具栏中，单击 Place No ERC 按钮，将 No-ERC 图标放置到剩余的引脚上。

TSK3000A 元件右边的引脚连接情况如图 14-7 所示。

7. 添加软 JTAG 链

已经完成了硬件部分的设计，现在需要将软 JTAG 链连接到原理图中，以便在 PC 中对设计进行配置和调试——这是每一个工程都必须进行的步骤。从 libraries 查找 JTAG 连接器，利用该元件从 JTAG 链中引出了相应的引脚。

(1) 从 Libraries 面板的 FPGA NB2DSK01 Port-Plugin. IntLib 集成库中拖动 NEXUS_JTAG_CONNECTOR 元件到图纸中，镜像 JTAG 元件(选中该元件后按住鼠标左键不放，并按 X 键即可)。将该元件放置在主电路的左下方。

(2) 从 Libraries 面板的 FPGA Generic. IntLib 集成库中移出 NEXUS_JTAG_PORT 元件到原理图中，镜像该元件，将 JTAG 端口元件与 JTGA 元件的相应引脚相连。

(3) 在 TRST 输入引脚添加 VCC 电源标号。

软 JTAG 链端口连接图如图 14-8 所示。

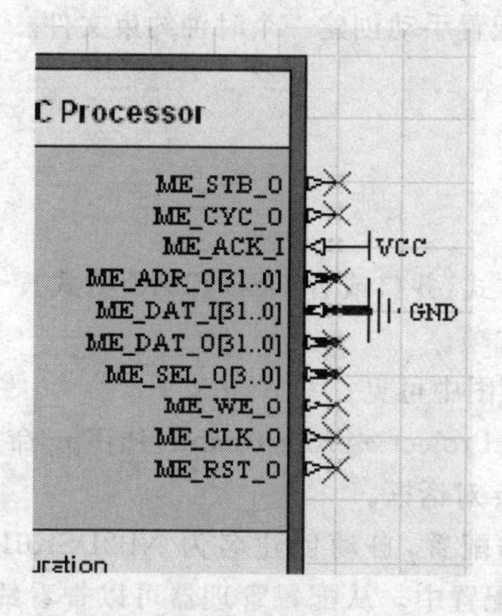

图 14-7　TSK3000A 元件右边引脚的连接情况

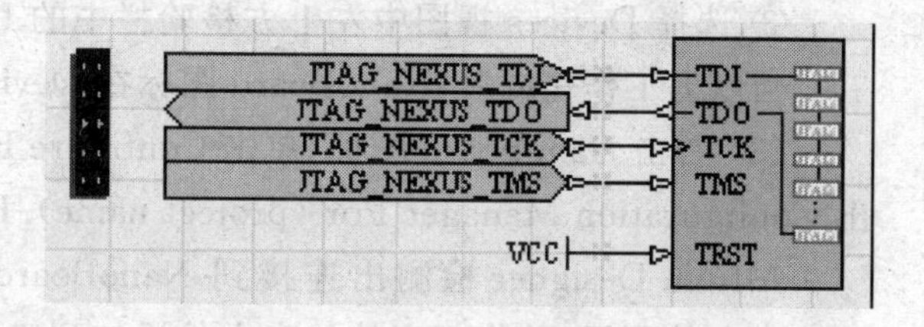

图 14-8　软 JTAG 链端口连接图

8. 给所有元件标号并保存工程

原理图中每个元件的标号仍然是 U?，一方面可以通过手动添加标号将元件确定下来，另一方面可以通过 Altium Designer 自动标号功能完成。

● 从 Tools 面板中,选择 Annotate Schematics Quietly 选项,弹出的对话框说明有4个器件标号需要更新,询问用户是否继续进行,单击 YES 按钮。
● 所有的元件都有了唯一的标识符。在 Projects 面板中,单击 Workspace 按钮,选择 Save All 选项。

14.2.3 为 Xillinx Spartan3 FPGA 进行工程配置

现在已经完成了原理图的设计,但是在运行软件前,系统需要对所用到的 FPGA 芯片和硬件进行配置。

为了映射 FPGA 工程到物理载体上(指 NanoBoard 板及其 FPGA 子板),首先需创建约束文件。约束文件指定了实施的细节,比如目标器件、端口对引脚的映射、引脚 IO 标准等。工程的配置本质上是约束文件名列表。如果想要将设计组建到不同的硬件中,需要创建多个相应的配置(即不同的约束文件集合)。

为 NB2DSK01 NanoBoard 板创建配置可以通过自动配置功能将该过程简化。只要所用的硬件(母板、子板以及外设板等)是系统指定的,Altium Designer 将自动确定必需的约束文件并将其添加到配置中。

本节实例中,母板采用 Desktop NanoBoard NB2DSK01,假设系统运行于子板 DB30 上的 Xilinx Spartan-3 FPGA 芯片中。

尽管大部分的配置都是自动完成的,但仍需要为配置手动创建一个时钟约束文件。

1. 配置 FPGA 工程(添加约束文件)

(1) 从 View 菜单中,单击 Devices View 命令。

(2) 确定 NanoBoard 可以正常工作。

① NanoBoard 上电。

② 在工具栏中选择 PC 与 NanoBoard 板通信的方式:并口或者 USB JTAG 方式。

③ 选择 Devices 视图中左上方检验栏中的 Live 选项。

当以上工作完成后,NanoBoard 图标在 Devices 视图中可见。

(3) 右击 NanoBoard 图标,单击 Configure FPGA Project→project name. PrjFpg 命令,弹出 Configuration Manager For (project name). PrjFpg 对话框。

Altium Designer 检测出连接到 NanoBoard 板的配置,自动创建名为 NB2DSK01_07_DB30_04 的配置,并将相应的约束文件添加到工程的配置中。从配置管理器可以查看约束文件名列表,如表 14-1 所列。

Altium Designer 的安装文件中已经提供了关于 NB2DSK01 母板、子板和外设板的板级约束文件。映射文件在自动配置过程中实时创建并存储在工程文件夹中。

(4) 单击 OK 按钮,关闭配置管理器。

在工程面板中,出现了一个名为 Settings 的新条目。作为.PrjFpg 工程的一部分,Set-

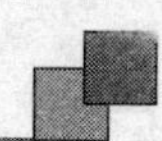

tings 链接了工程配置中的约束文件。

表 14-1　约束文件及功能

约束文件	功　能
DB30.04.Constraint	板级约束文件，描述 FPGA 子板 DB30
NB2DSK01.07.Constraint	板级约束文件，描述 NanoBoard 板
NB2DSK01_07_DB30_04_Mapping.Constraint	接口映射约束文件，描述电路板使用场合以及子板与母板间、外设板与母板间的端口映射
PByy.nn.Constraint	板级约束文件，描述 NanoBoard 板上的外设板属性

2. 创建和添加时序约束文件

现在需要手动添加一个额外的时序约束文件。这个约束文件用于定义原理图上的时钟频率。当工程组建时，综合器需要用这个信息对硬件进行布局布线。目的是保证当参考时钟频率达到所要求的频率时，电路能够正常工作。

如果不验证时钟频率，综合后的工程可能运行在一个不可预知的频率上，因为综合器不知道应该将输出优化在哪一个频率。

(1) 添加一个新的约束文件：从 File 菜单中，单击 New→Other→Constraint File 命令，添加一个新的约束文件到工程中。

(2) 添加下面代码到约束文件中。

```
Record=Constraint | TargetKind=Port | TargetId=CLK_BRD | FPGA_CLOCK=TRUE
Record=Constraint | TargetKind=Port | TargetId=CLK_BRD | FPGA_CLOCK_FREQUENCY=30 Mhz
Record=Constraint | TargetKind=Port | TargetId=JTAG_NEXUS_TCK | FPGA_CLOCK=TRUE
Record=Constraint | TargetKind=Port | TargetId=JTAG_NEXUS_TCK | FPGA_CLOCK_FREQUENCY=1 Mhz
```

前两条约束语句定义了 CLK_BRD 元件在 FPGA 芯片中的地址，并将其工作频率设置为 30MHz。通过这个约束，综合器在布局布线时可以保证 FPGA 设计能达到目标频率的要求。如果指定的时钟频率太高，综合器将无法达到目标频率而综合失败，退出综合界面。

(3) 将约束文件命名为 Clock_board.Constraint，保存在工程文件夹下。

(4) 将约束文件添加到配置中：在 Projects 面板，右击.PrjFpg 文件，选择 Configuration Manager 选项，弹出 Configuration Manager For (project name).PrjFpg 对话框。将时序约束文件添加到配置中，如图 14-9 所示。

(5) 单击 OK 按钮,确定新的配置。

Configuration Manager For FPGA_Processor_32Bit.PrjFpg

Constraint Files	Configurations
Constraint Filename	NB2DSK01_07_DB30_04
DB30.04.Constraint	✔
NB2DSK01_07_DB30_04_Mapping.Constraint	✔
NB2DSK01.07.Constraint	✔
PB01.04.Constraint	✔
PB02.05.Constraint	✔
PB03.05.Constraint	✔

Configurations Add... Delete... Rename... Constraint Files Add... Remove... Force Columns Into View OK Cancel

图 14-9 将时序约束文件添加到配置中

14.2.4 配置存储器和外设

1. 为 TSK3000A 配置存储器

下面为 TSK3000A 处理器内核配置存储器,即定义可见存储器区域。

(1) 右击 TSK3000A 元件,单击 Configure Processor Memory 命令,弹出 Configure Processor Memory 对话框。该对话框用图形直观地展示了 TSK3000A 元件的存储空间。

根据对话框的显示,可知处理器已经分配了 32 KB 的 ROM 块。

事实上,FPGA 中的所有 ROM 都是预加载的 RAM 块,因此程序执行的时候是可以对 ROM 进行擦写的。尽管按照硬件处理器的方式称之为 ROM,实际上是非挥发性 RAM。

(2) 改变可读写 RAM 的值:在对话框下方,双击 ROM-type memory 选项,弹出 Processor Memory Definition 对话框,如图 14-10 所示。

① 将 Memory's Type 的值改为 RAM-Volatile。

② Address Base 选项的值保持默认值 0x00000000。

③ 单击 OK 按钮保存设置。

(3) 返回到主对话框中,选中 hardware. h (C Header File)复选框。组建软件时,可使用该功能在工程中创建一个 hardware. h (C Header File)文件。这个文件包括存储器和外设的实际存储地址,供软件在运行时使用。对话框如图 14-11 所示。

(4) 单击 OK 按钮,保存所有设置并关闭主对话框。

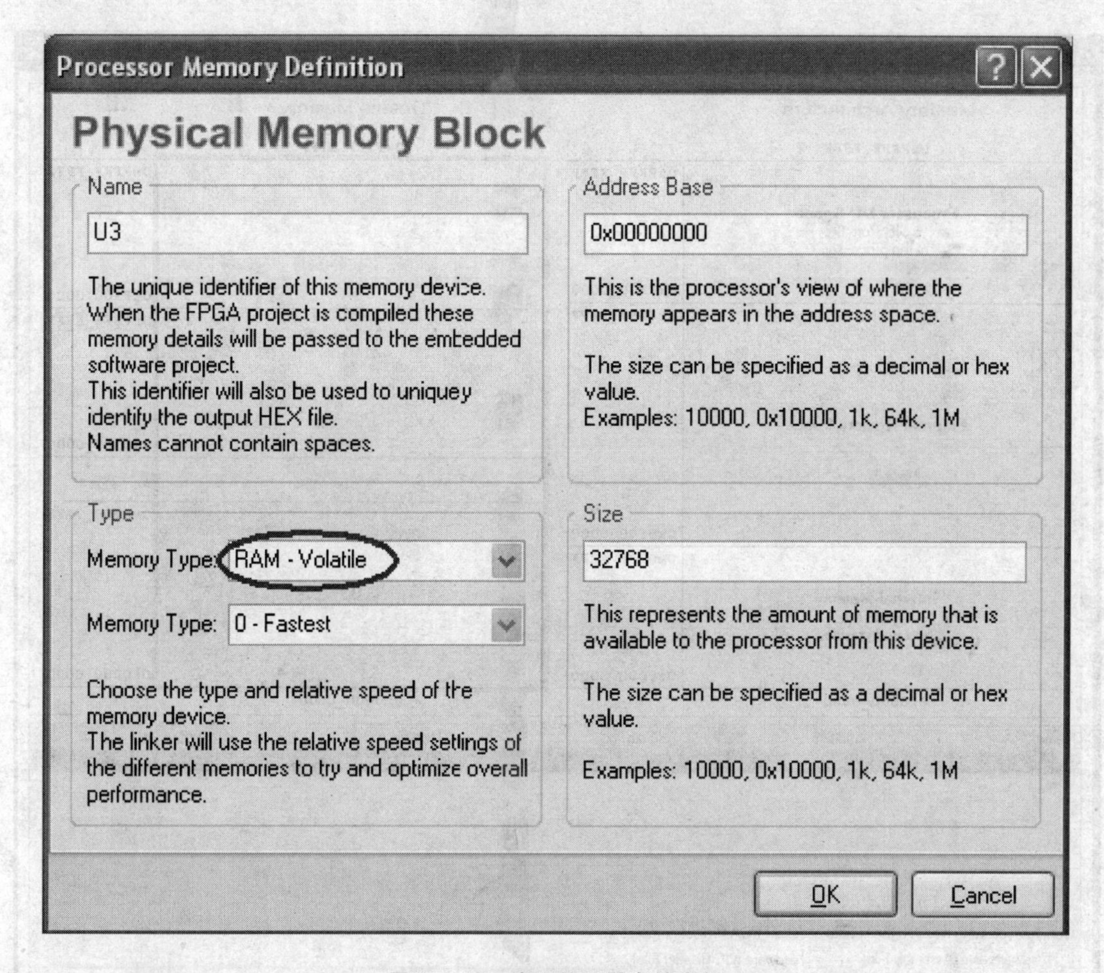

图 14-10　定义处理器存储空间

2. 配置外设

在 Wishbone 连接模块中定义了通用 IO 模块(GPIO),通过配置使该模块被 TSK3000A 处理器和嵌入式工程可知。

(1) 右击 TSK3000A 元件,单击 Configure Processor Peripheral 命令,弹出 Configure Peripherals 对话框。

(2) 单击 Import From Schematic 按钮,用户被询问是否选择已经存在的外设,单击 YES 按钮,弹出一个包括了所有外设的名字的对话框,各个外设通过 Wishbone 接口类型进行分类。在 GPIO 这一类中列出了标号为 U2 的 Wishbone 连接器。

(3) 选择连接器 U2 旁的 Do not import 选项,将其改为 import。然后将其他所有子选项都改为 import。

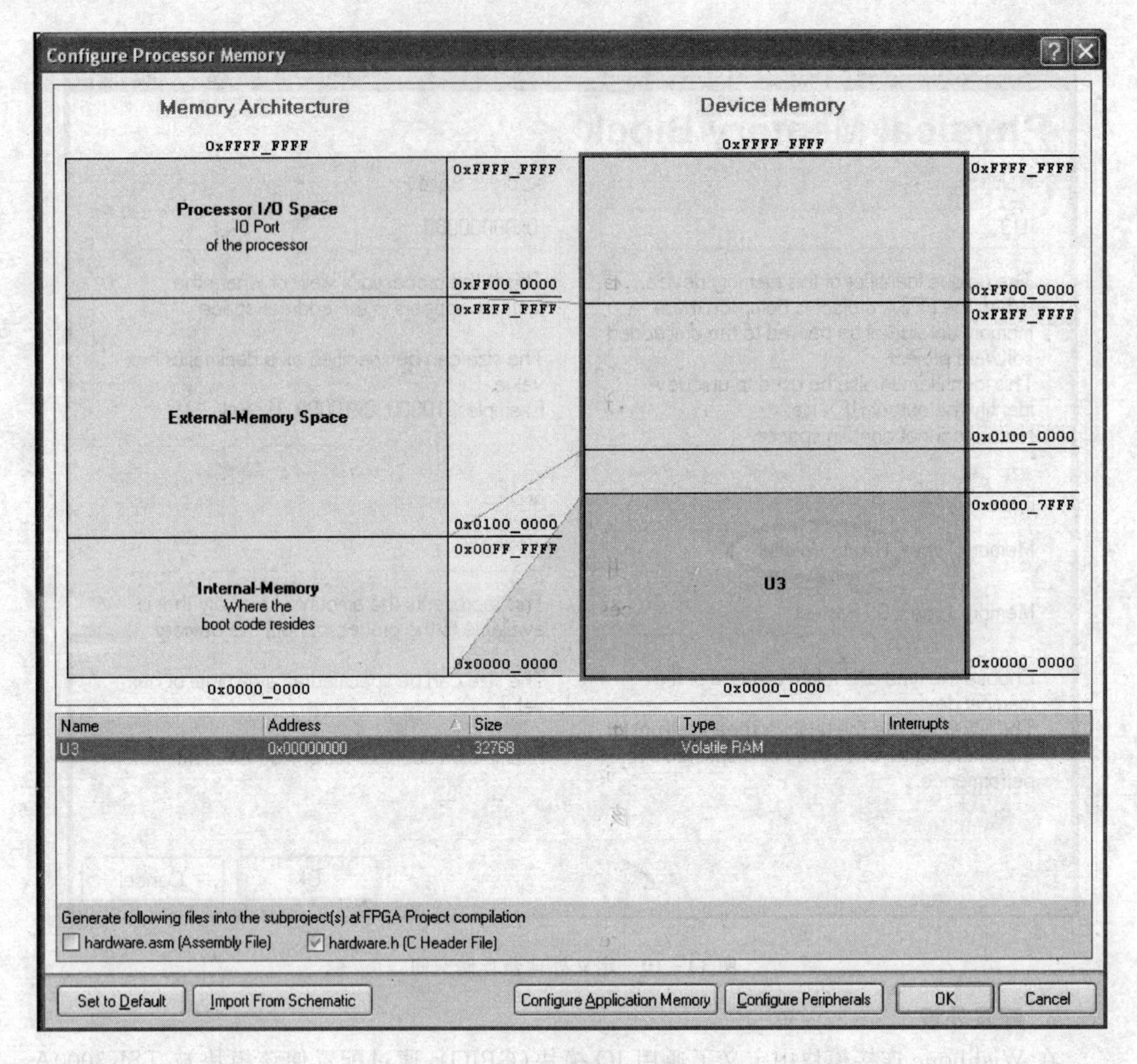

图 14-11 分配存储器和外设的地址

(4) 单击 OK 按钮保存所有设置并返回到主对话框中。GPIO 外设现在在 Defined Peripheral Devices 视图中可见。

(5) 选中 hardware. h (C Header File)复选框。

(6) 单击 OK 按钮保存设置,并返回主对话框。

现在完成了硬件部分的设计。保存工程,进入下一节介绍的软件部分的设计。

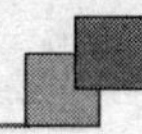

14.3 创建软件

14.3.1 新建一个嵌入式软件工程

(1) 新建嵌入式工程：从 File 菜单中，单击 New→Project→Embedded Project 命令。一个名为 Embedded_Project1. PrjEmb 的工程被添加到工程面板中。

(2) 新建 C 源文件：从 File 菜单中，单击 New→C Source document 命令，新建一个 Source1. C 的源文件，将其添加到工程面板中，作为嵌入式工程的一部分。

(3) 保存工程：单击 Workspace 按钮，选择 Save All 选项，弹出 Save [...] As 对话框。

在之前创建的 FPGA 工程的工程目录下选择 Getting Started 文件夹，可以更方便地保存嵌入式工程及其源文件。

① 选择 Getting Started，创建一个嵌入式子目录。

② 新建一个 C 文件，命名为 leds1. c 并保存。

③ 将嵌入式工程命名为 FPGA_Processor_32Bit_LEDs. PrjEmb 并保存。

14.3.2 配置嵌入式工程

1. 向 TSK3000A 处理器核中指派软件工程

在嵌入式工程中创建一个软件使之运行在 FPGA 器件中的 TSK3000A 处理器内核中。通过将软件工程指派给处理器软核，使之将硬件 FPGA 工程和嵌入式工程结合在一起。

首先组建整个工程。

(1) 在 Projects 面板中，选择 Structure Editor 选项。工程面板转换为结构编辑器视图。

(2) 在 Projects 面板中，右击后缀为. PrjFpg 的工程名，单击 Compile FPGA project project_name . PrjFpg 命令。在目录中的 TSK3000A 元件下方弹出名为 BlinkingLED. SchDoc 的原理图文件。

(3) 将嵌入式工程. PrjEmb 拖动进 TSK3000A 图标。

对比原来的目录和现在的目录，如图 14 - 12 所示。

(4) 将 Projects 面板切换到正常视图，选择 File View 选项。注意，hardware. h 文件将自动添加到嵌入式工程. PrjEmb 中。

2. 配置嵌入式工程和存储器

嵌入式软件需要针对原理图中的 TSK3000A 进行编译。首先要做的是确定该嵌入式软件是针对哪一个 FPGA 芯片进行编译，然后在默认的工程设置中进行一些修正，最后需要告诉编译器，软件应该如何访问存储器。

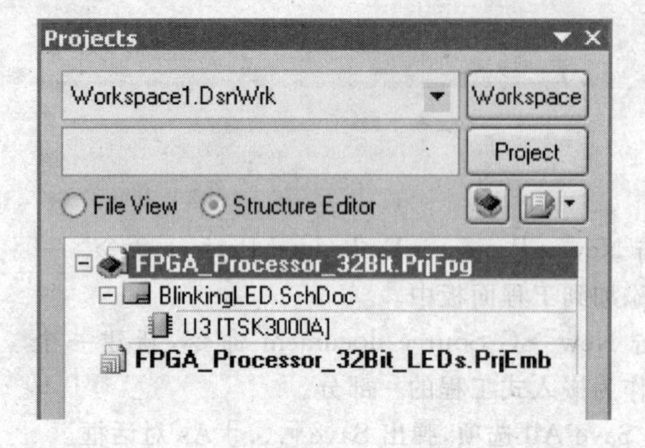

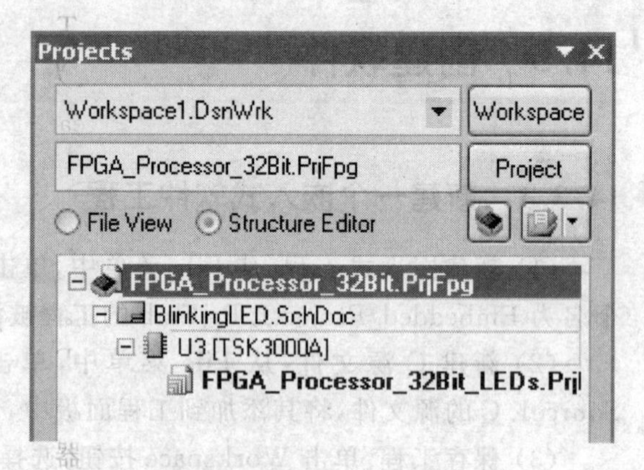

图 14 - 12　添加嵌入式工程前后的目录

(1) 右击嵌入式工程. PrjEmb,单击 Project Options 命令,弹出 Options for Embedded Project . PrjEmb 对话框,如图 14 - 13 所示。

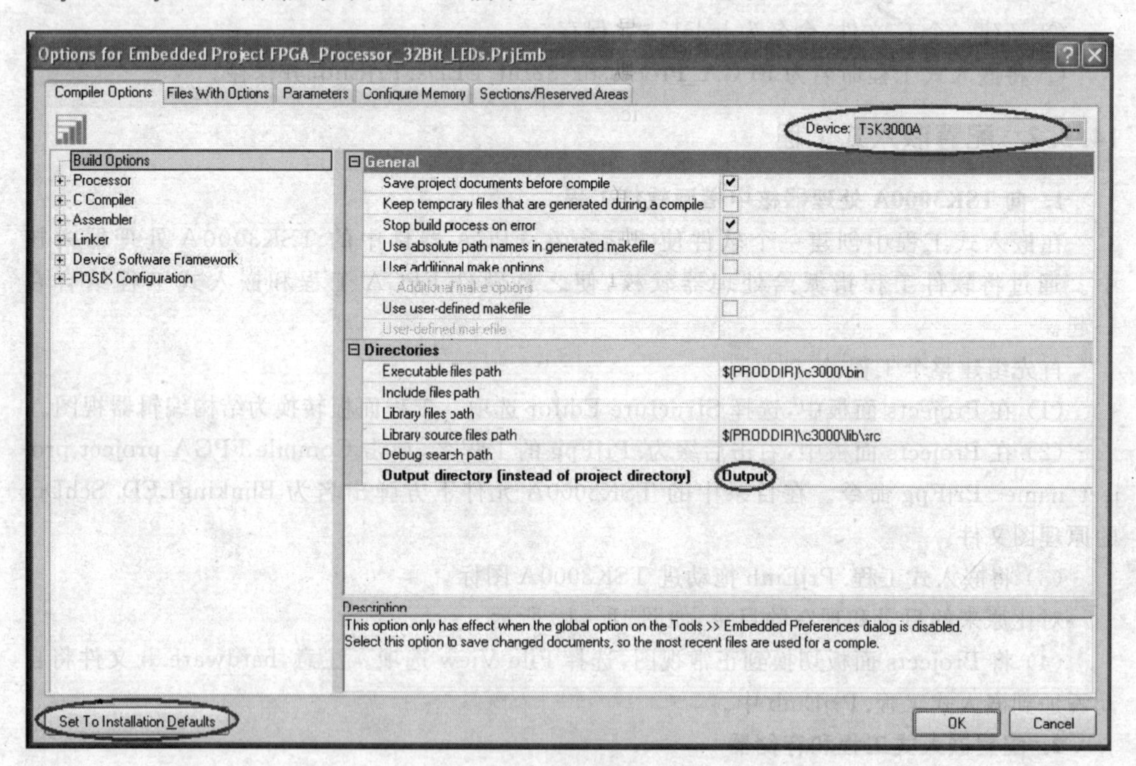

图 14 - 13　配置嵌入式工程

① 首先将所有设置恢复为默认值:单击 Set To Installation Defaults 按钮。

② 在 Device 选项中，选择 Altium→TSK3000→TSK3000A 选项。

③ 在 Output directory 选项中，定义为 Output。

(2) 在 Linker 条目中选择 Stack/Heap 选项。

① 设置 Stack size 为 4K，使之与 FPGA 中的 TSK3000A 处理器内部的存储空间完全匹配。

② 由于不使用任何 Heap，所以将 Heap size 中的值清除。

(3) 打开 Configure Memory 选项卡。

在原理图中加载了带有 32K 可读写 RAM 的 TSK3000A 处理器核，所以在嵌入式工程中对其进行配置，使编译器知道软件如何进入到存储空间中。同时，需要将 16K 的 ROM 和 16K 的 RAM 映射到 TSK3000A 的芯片存储器中。

Memory Architecture 选项展示了 TSK3000A 元件上的物理存储器；Device Memory 选项展示了原理图中为 TSK3000A 元件所定义的存储空间；Application Memory 选项展示了软件如何访问存储器。

此时，TSK3000A 元件存储器已经导入，但是配置对话框中显示的图片仍然是针对 Application Memory 中 xrom 和 xram 的默认配置。红色表明存储空间错误地映射到器件存储器中。可以通过改变默认的 Application Memory 值或者创建一个新的映射来进行修正。

(4) 右击 Application Memory 选项，单击 Delete All (on layer)命令。现在 Application Memory 选项变成了蓝色，说明有可用于映射的空间。

(5) 右击 Application Memory 选项，单击 Add Memory 命令，弹出 Processor Memory Definition 对话框，如图 14－14 所示。

① 将存储器的名字改为 irom。

② 存储器类型为 ROM。

③ 存储器大小为 16K。

④ 默认存储器的起始地址为 0。

⑤ 单击 OK 按钮保存新的设置。

返回到 Options for Embedded Project .PrjEmb 对话框。

(6) 再次右击 Application Memory 选项，单击 Add Memory 命令，弹出 Processor Memory Definition 对话框。

① 将存储器的名字改为 iram。

② 存储器类型为 Volatile RAM。

③ 存储器大小为 16K。

④ 默认存储器的起始地址为 16K(因为 0～16K 用于 ROM)。

⑤ 单击 OK 按钮保存新的设置。

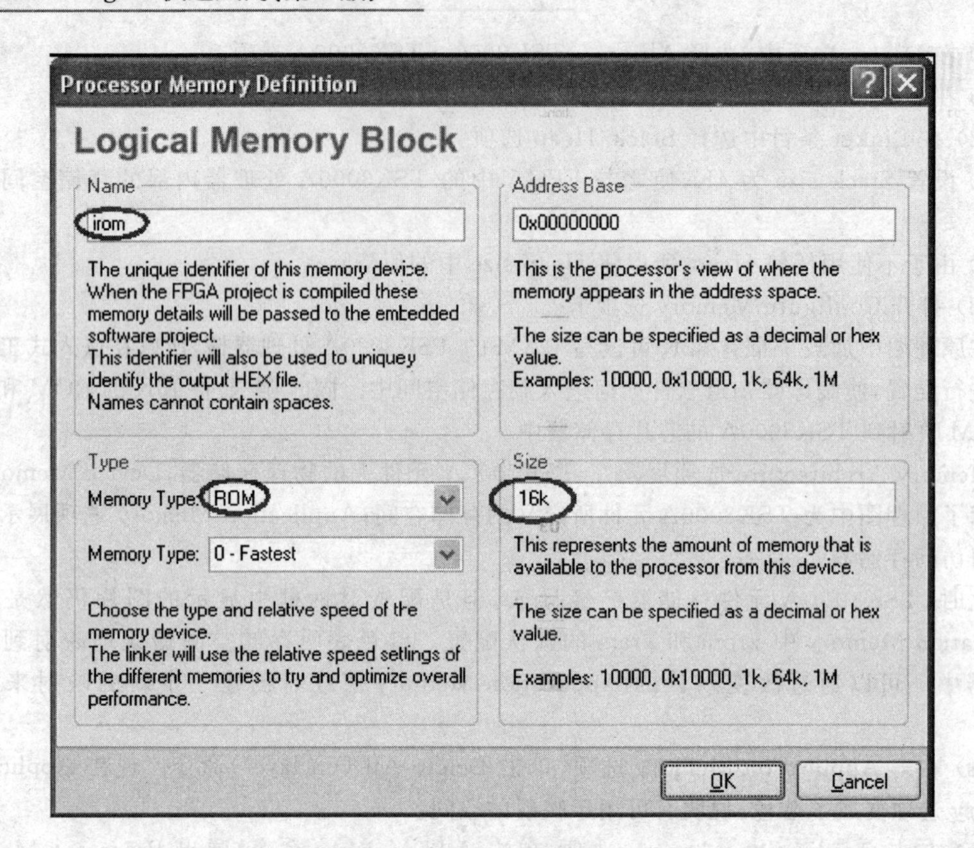

图 14-14　设置处理器存储空间

Application Memory 显示了直接映射到芯片存储器中的 iram 和 irom 空间。绿色区域表明没有发生空间冲突，如图 14-15 所示。

(7) 单击 OK 按钮保存设置并关闭主对话框。

(8) 保存整个工程。

14.3.3　写软件

硬件工程和软件工程现在都已经进行了相应的配置，TSK3000A 的外设和存储器通过软件进行访问。为实现 NanoBoard 板上的 LED 计数的目的，需要返回到 C 文件，在里面编写如下代码：

```
#include <stdint.h>
#include "hardware.h"

volatile uint8_t * const leds = (void *)Base_GPIO;
```

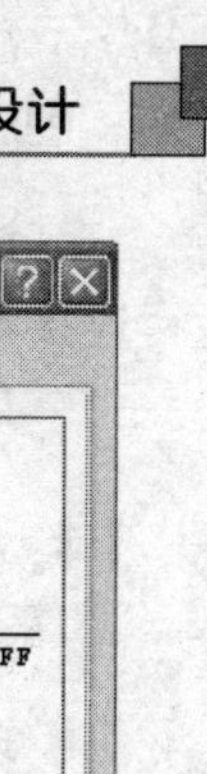

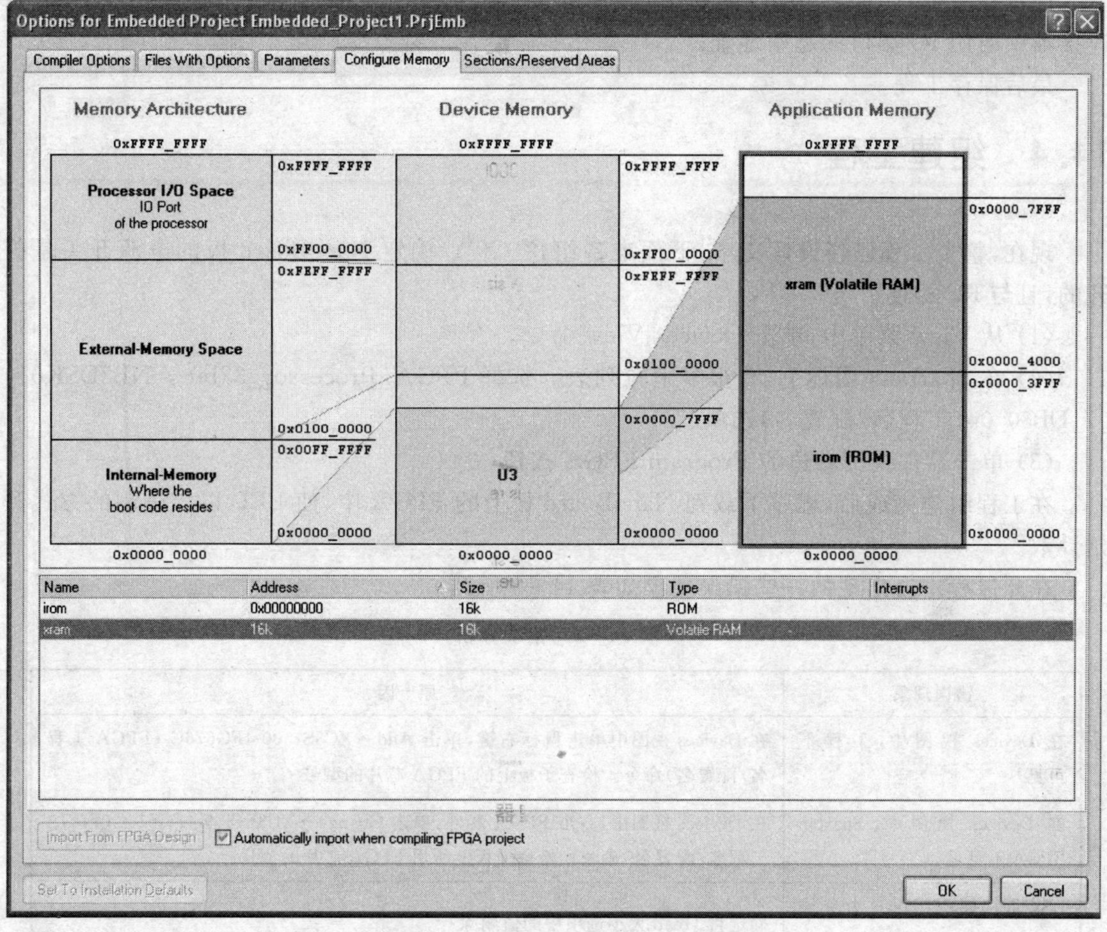

图 14－15　存储器内部资源分配示意图

```
void main( void )
{
    * leds = 0; // Initialize the LEDs to all OFF
    for ( ;; )
    {
        ( * leds) + + ;
        for ( int delay = 0; delay < 5000000; delay + + )
        {
            __nop(); // Two underscores
        }
    }
}
```

注意程序中对 Base_GPIO 的定义,这个定义来源于 hardware. h 文件,描述了 Wishbone 连接器中通用 IO 端口的起始地址。

最后保存工程。

14.4 组建工程

现在,整个工程已经设计完毕,下面准备组建工程。确定 NanoBoard 板的电源开关是打开的,且与 PC 相连。

(1) 从 View 菜单中,单击 Devices View 命令。

(2) 在 Spartan3 图标下,有很多下拉列表。选择 FPGA_Processor_32bit / NB2DSK01_07_DB30_04(工程名/配置名)选项。

(3) 单击器件视图右边的 Program FPGA 按钮。

在工程组建完成后,程序下载到 NanoBoard 板上的 FPGA 中,使 LED 以二进制的方式开始计数。

在此过程中会出现的一些错误现象如表 14-2 所列。

表 14-2 错误分析

错误现象	原 因
在 Devices 视图中,工程不可见	在 Devices 视图中单击鼠标右键,单击 Add→XC3S1500-4FG676C (FPGA 工程名/配置名)命令。检查子板上的 FPGA 芯片的型号
在 Devices 视图中,Spartan FPGA 不可见	在 Devices 视图中,右击 FPGA 器件,单击 Change→XC3S1500-4FG676C(FPGA 工程名/配置名)命令。检查子板上所用 FPGA 芯片的型号
LSL 语法错误:Heap 为 0 或者最小负值	确定将 Heap 大小选项中的值删除
不能对 NanoBoard 上的 FPGA 芯片进行实时编程	确定 NanoBoard 板电源开关是打开的 确定在 Devices 视图中已经选择 Live 选项 如果使用并口下载程序失败,可以使用 USB 接口进行下载

14.5 基于 Nano Board 的音频混响系统的设计

在本节中我们将带领读者利用 Altium Designer 设计一个数字可控的混响系统。在这个系统中我们将把 MCU 处理器、IIS 控制器、SPI 控制器、SRAM 控制嵌入到 FPGA 内部,实现如图 14-16 所示的功能结构。

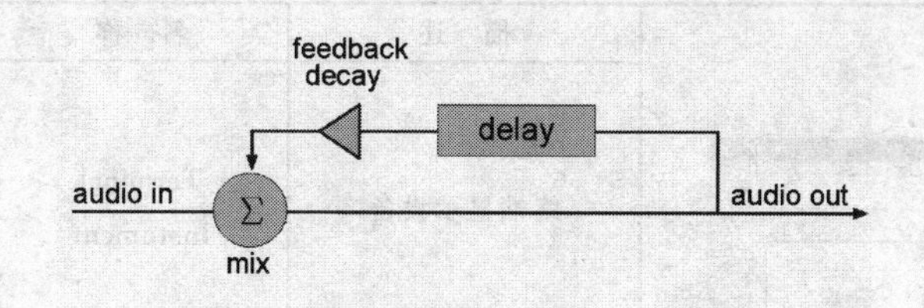

图 14－16　音频混响系统数据流结构

14.5.1　创建和保存一个新的 FPGA 工程

(1) 选择菜单 File→New→Project→FPGA Project，创建一个新的 FPGA 项目；

(2) 选择菜单 File→Save Project，将项目保存为 SpinningVideo. PrjFpg；

(3) 选择菜单 File→New→Schematic 或在 File 面板内选择 Schematic Sheet；

(4) 选择菜单 File→Save As，将文件保存为 SpinningVideo_FPGA. SchDoc；

(5) 选择菜单 File→New→Other→OpenBus System Document，将文件更名为 SpinningVideo_OB. OpenBus。

14.5.2　完成 OpenBus 原理图的设计

OpenBus 是一种全新的系统级 FPGA 设计方式。由于它不再强调如 IP 端口定义的描述等基础层次的信息要求，因此它提供了比原理图设计更加高效的系统级实现方式。现在我们找到 OpenBus 调配面板，如图 14－17 所示。

图 14－17　OpenBus 调配面板选项

在选中 OpenBus 调配面板后，可在新建的 OpenBus 文档内摆放 OpenBus 器件。在本案例中，下表列出本方案将用到的 OpenBus 器件。

将表格中的 OpenBus 器件从 OpenBus 调配面板中拖拽出并逐一放置到文件 SpinningVideo_OB. OpenBus 界面内；在放置过程中可利用 X 或 Y 按键使器件在 X 或 Y 坐标轴上翻转；如果需要更改器件名称可以直接在窗口内编辑(单击器件名称按 F2 功能键)。

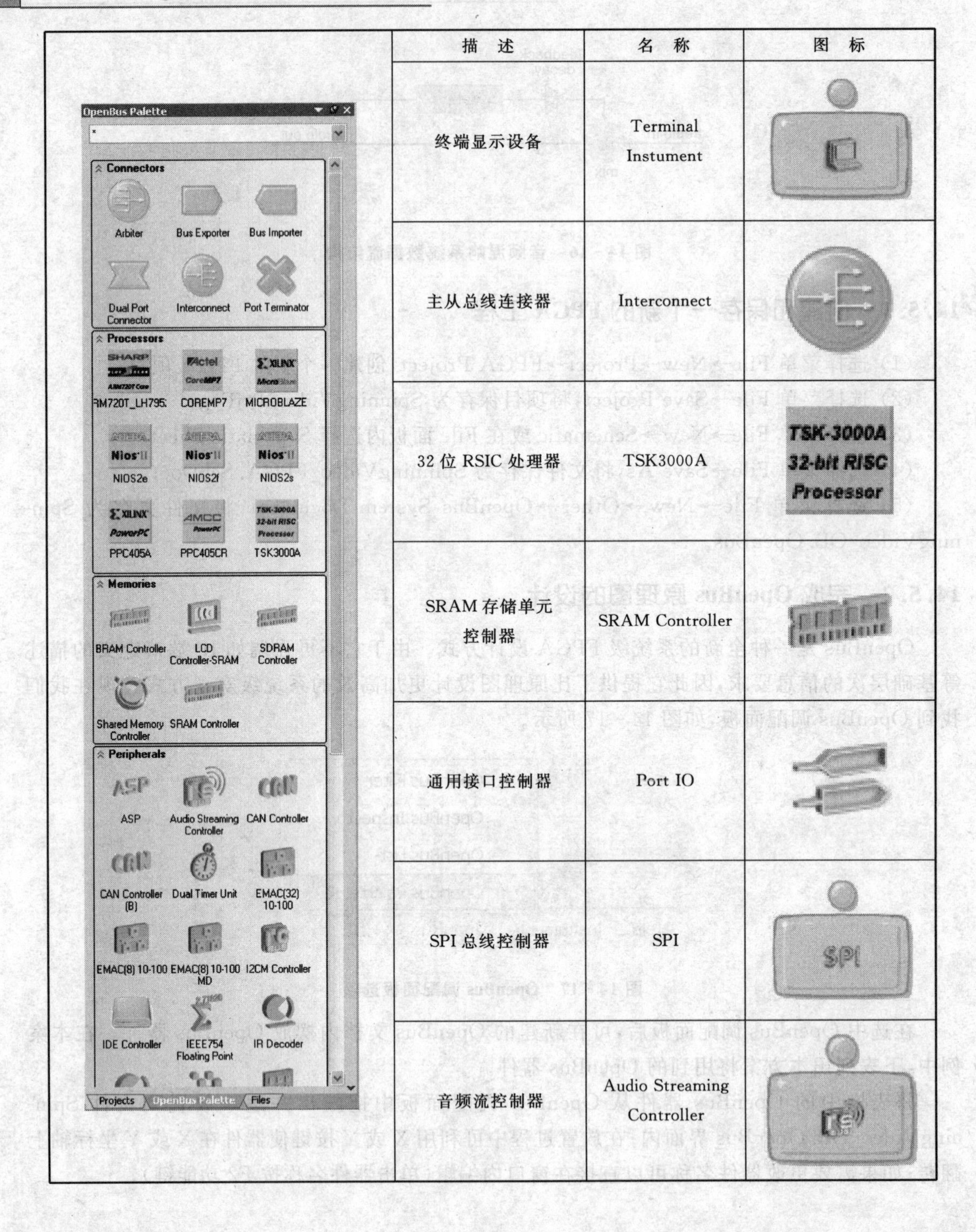

描　述	名　称	图　标
终端显示设备	Terminal Instument	
主从总线连接器	Interconnect	
32 位 RSIC 处理器	TSK3000A	TSK-3000A 32-bit RISC Processor
SRAM 存储单元控制器	SRAM Controller	
通用接口控制器	Port IO	
SPI 总线控制器	SPI	SPI
音频流控制器	Audio Streaming Controller	

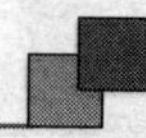

将它们改名并且摆放如图 14－18 中所示的位置后保存。

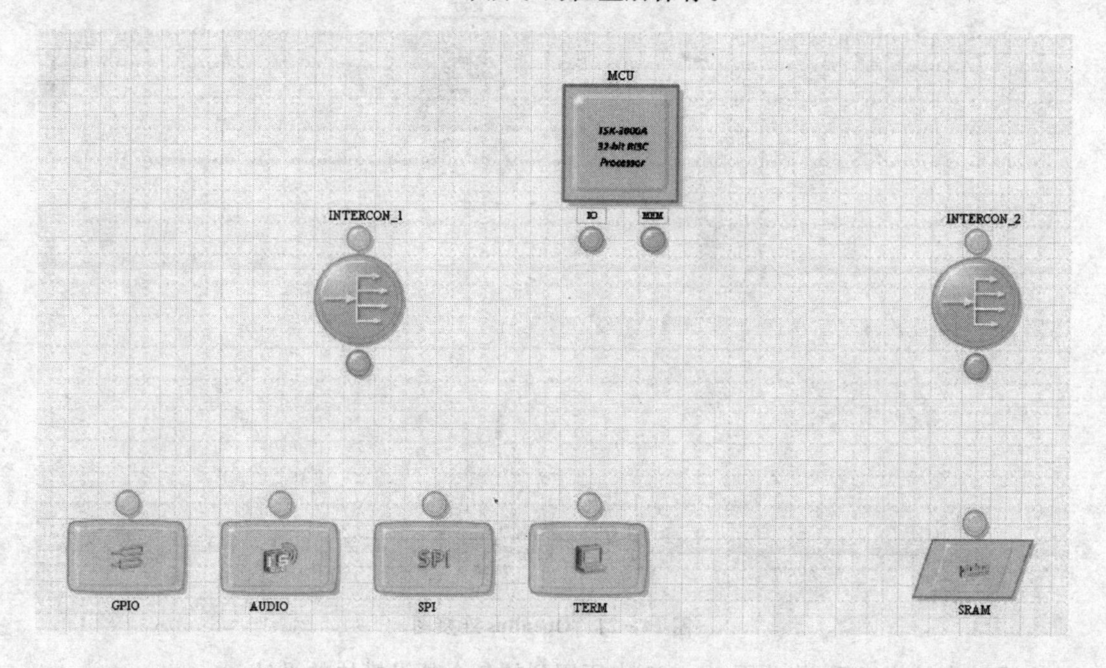

图 14－18　器件摆放图

从图 14－18 中可以发现，左边的 INTERCON_1（外设总线控制器）需要连接 4 个外设和一个 MCU，其中代表一个从端口，它可以和一个的主端口连接。这个 INTERCON_1 控制器需要连接 4 个从设备，所以我们还需要再为它扩展 3 个从端口。我们选择图 14－19 中的选项为其添加端口达到如图 14－20 所示的效果。

利用图 14－19 中的 Link OpenBus Ports 将图 14－18 中的器件连接成如图 14－21 所示的效果。

图 14－19　添加端口

图 14－20　添加端口后的效果

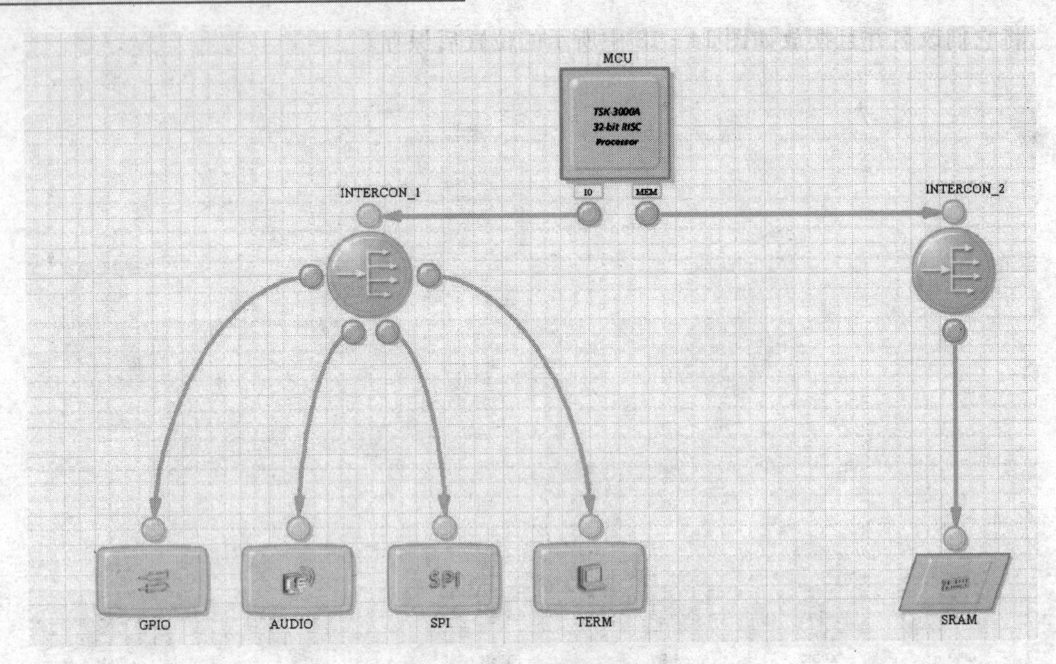

图 14 - 21　OpenBus 连接图

在设计完结构以后，修改图 14 - 21 中所用到的各个外设模块的设计。

(1) 配置 GPIO 为输入和输出，两组 I/O，每组宽度 8 位。

选择图 14 - 21 中的 GPIO 图标，右击选择 Configure GPIO(Port IO)，在弹出的对话框中修改相应的设置。

(2) 配置 SDRAM 控制器，同样的选择图 14 - 21 中的 SRAM 图标，将它的参数修改为异步，静态，容量为 1 MB (256K×32 - bit)，数据位宽度为 2×16 - bit Wide Devices。

(3) 配置 TSK3000A 32 位 RISC 处理器，将它的参数设置为：

① Internal Processor Memory to 32 K Bytes (8K×32－Bit Words)—配置 32 KB 的处理器内存单元；

② Multiply/Divide Unit (MDU) to Hardware MDU—配置硬件乘除法器；

③ On-Chip Debug System to Include JTAG-Based On-Chip Debug System—配置片上 JTAG 调试协议；

④ Disable Breakpoints on Hard Reset—禁止硬件复位功能。

在单击 OK 时，如果出现 JTAG 错误，我们可以忽略。这是由于在 OPEN_BUS 的原理图中我们并未连接 JTAG 调试接口，JTAG 调试接口实际上已经固化在了 MCU 内核中，但是需要我们在原理图中分配实际的接口，这一步的设计将在最终的原理图中完成。

由于 Altium Designer 的智能化，在连接外设和 INTERCON_1(外设总线控制器)时，就已经完成了自动分配。我们也可以在选中 INTERCON_1 图标后，右击选择 Configure Open-

Bus Interconnect 选项，从中我们可以看到外设的地址和范围，如图 14－22 所示。

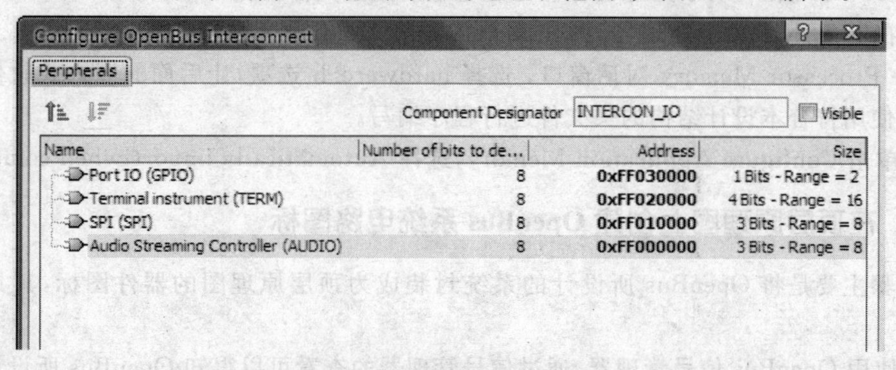

图 14－22　Configure OpenBus Interconnect 界面

当然我们在这个设计中定制的外设和器件都需要被我们的 TSK3000A 所使用，同样我们也可以选择 TSK－3000A 图标，选择 Configure Processor Memory 选项，从图 14－23 中观察到我们的外设的直观化映射表。

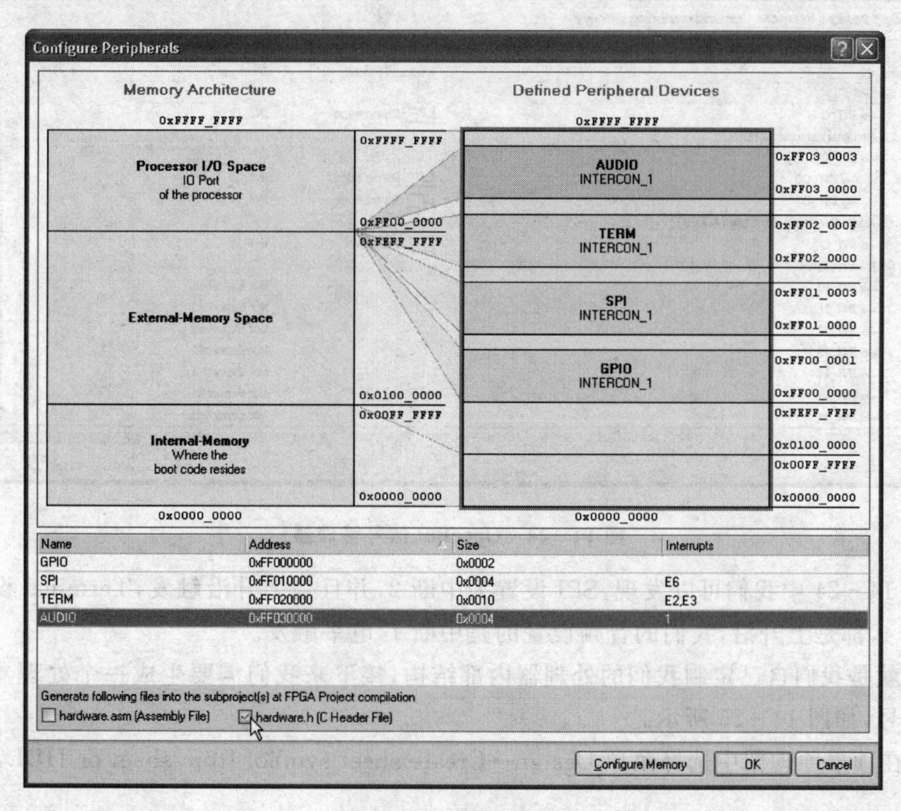

图 14－23　配置外设

如图 14－23 所示,对于处理器存储单元地址的配置具体操作如下:

(1) 右击 TSK3000A 处理器,弹出菜单内选择 Configure Processor Memory...。打开 Configure Processor Memory 对话窗口,选择 hardware.h 选项,让后面的嵌入式软件工程中可以直接使用符合本设计结构的头文件进行程序编写。

(2) 单击 Configure Application Memory,选择 Automatically import when compiling。

14.5.3 在顶层原理图上创建 OpenBus 系统电路图标

本步骤主要是将 OpenBus 所设计的系统封装成为顶层原理图的器件图标,其具体步骤如下:

(1) 使用 OpenBus 信号管理器,通过信号管理器的查看可以得知 OpenBus 所设计系统相关信号的特点,如时钟、复位、中断以及端口的信号属性。

执行 Tools→OpenBus Signal Manager 指令,弹出的对话框如图 14－24 所示。

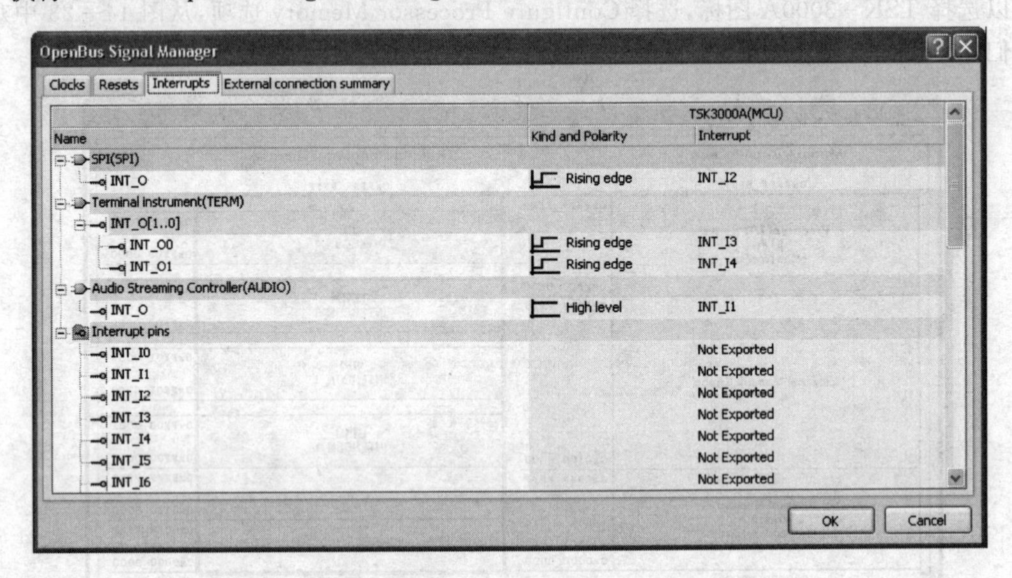

图 14－24 OpenBus 信号管理器

在图 14－24 中我们可以发现,SPI 设置为中断 2,并且是上升沿触发,Terminal 设置的是中断 3 和 4,都是上升沿,我们的音频设置的是中断 1,电平触发。

以上就是我们自己定制我们的处理器内部结构,接下来我们需要生成一个处理器的原理图及其符号,如图 14－25 所示。

(2) 在顶层原理图中选择菜单 Design→Create sheet symbol from sheet or HDL,创建器件图标;

(3) 在顶层原理图内连接虚拟仪器及外设图形化接口描述:

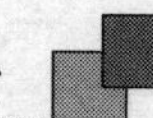

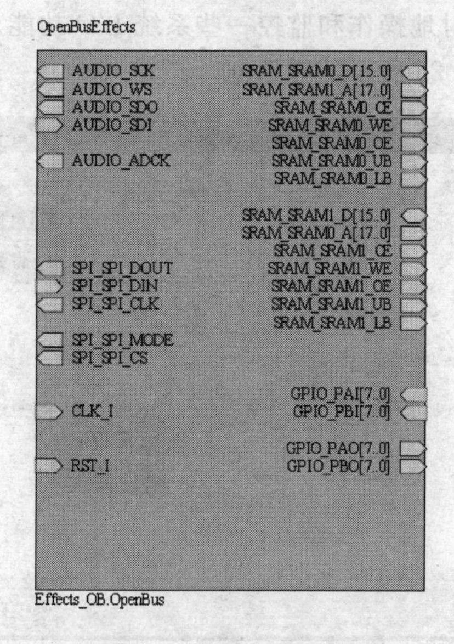

图 14-25 系统级符号图

a. FPGA NB2DSK01 Port-Plugin.IntLib library:

- CLOCK_BOARD
- TEST_BUTTON
- NEXUS_JTAG_CONNECTOR
- LED

b. FPGA PB01 Port-Plugin.IntLib library:

- AUDIO_CODEC
- AUDIO_CODEC_CTRL

c. FPGA DB Common Port-Plugin.IntLib library:

- SRAM_DAUGHTER0
- SRAM_DAUGHTER1

d. FPGA Instruments.IntLib library:

- DIGITAL_IO

e. FPGA Generic.IntLib library:

- NEXUS_JTAG_PORT
- OR2N1S

f. FPGA Peripherals.IntLib library:

- FPGA_STARTUP8

在上面的第 4 个 DIGITAL_IO 器件中,我们将设置一些参数,这个器件实际上就是利用

JTAG 调试功能,可以在线实时地操作和监控一些系统 I/O 功能。选择这个器件的图标,右击选择 Configure,弹出如图 14－26 所示的对话框。

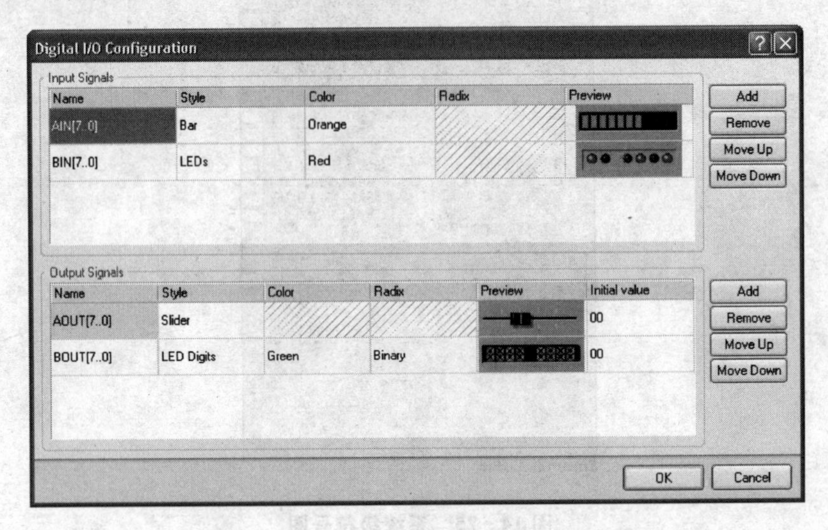

图 14－26　Digital I/O Configuration 界面

其中 ADD 按键是添加我们的 I/O 输入和输出,Style 是设置我们的显示风格,这里我们需要添加 A 和 B 两组 8 位 I/O 的输出和输入。

(4) 选择菜单 Tools→Annotate Schematics Quietly...,自动分配器件标号,将器件按照图 14－27 进行相应的连接。

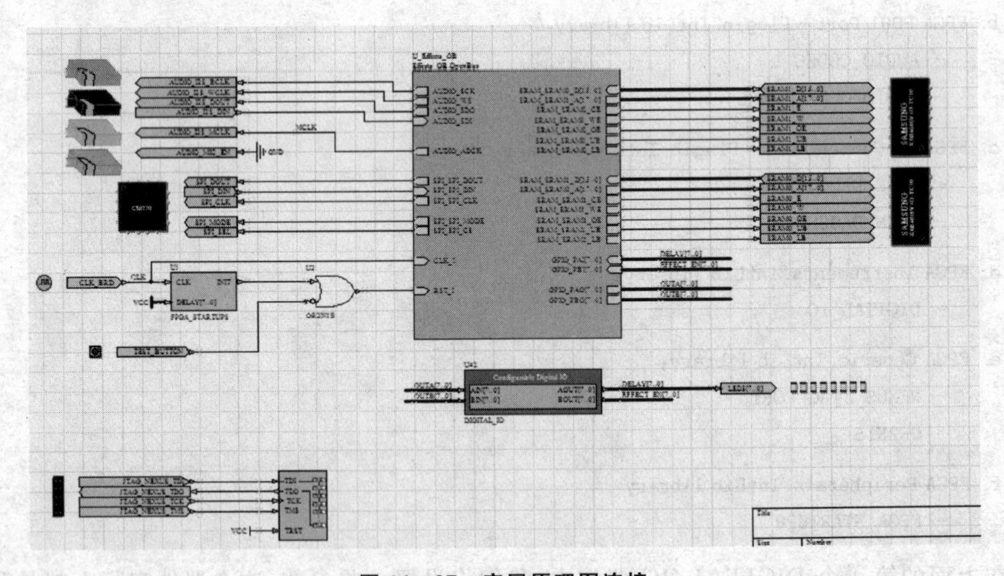

图 14－27　底层原理图连接

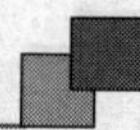

(5) 选择菜单 Project→Compile FPGA Project SpinningVideo. PrjFpg，完成设计编译。

(6) 运行 DevicesView，在 NB2 连接图标内选择自动配置项目功能，如图 14－28 所示。

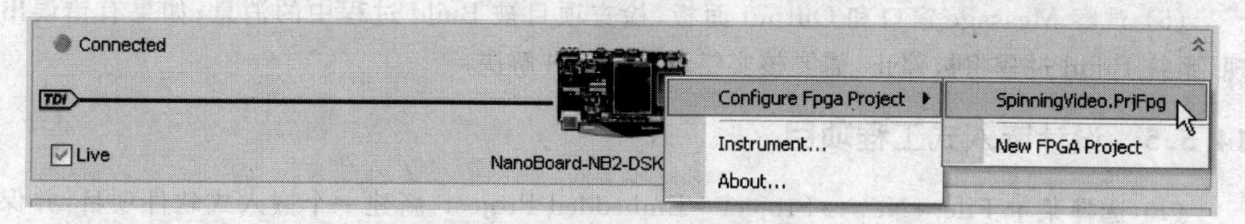

图 14－28　顶层原理图的结构连接

打开如图 14－29 所示的项目配置管理器。

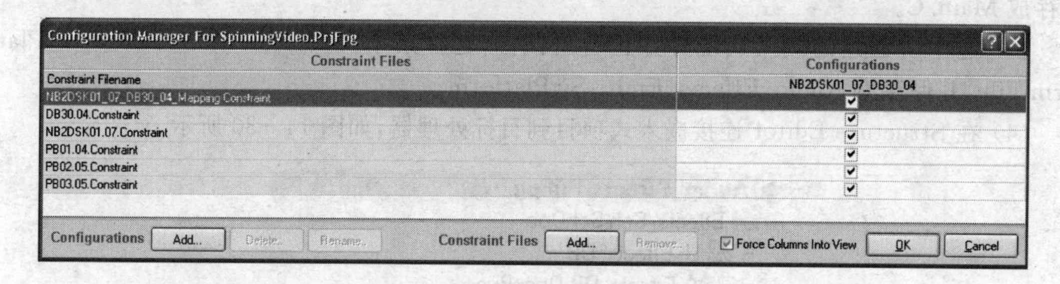

图 14－29　项目配置管理器界面

添加 CLK_BRD 信号频率约束条件：

(1) 打开 MyConstraints. Constraint。

(2) 选择菜单 Design→Add/Modify Constraint...→Port...。

① 在 Add/Modify Port Constraint 对话栏内：

- 设置参数 Target 为 CLK_BRD。
- 设置参数 Constraint Kind 为 FPGA_CLOCK_FREQUENCY。
- 设置参数 Constraint Value 为 50 MHz。

② 确认。

③ 在 MyConstraints. Constraint 文件中增加新的约束条件，如下所示：

Record＝Constraint | TargetKind＝Port | TargetId＝CLK_BRD | FPGA_CLOCK_FREQUENCY＝50 MHz

14.5.4　完成 FPGA 项目设计

(1) 用 USB 电缆连接 NB2 平台与 PC。

(2) 选择菜单 View→Devices View 或 ，在弹出的界面中选择 Live。

(3) 在 Cyclong2 图标下的下拉选项栏中，设置 Audio_Effects/ NBD2DSK01_08_DB31_06。

(4) 编译(Compile)、综合(Synthesize)、组建(Build)和下载(Program)流程，逐一操作或直接下载命令批处理实现所有功能。

(5) 观察 Message 窗口和 Output 面板，检查项目被 Build 过程中的消息；如果有错误出现，系统 Build 过程将被停止，需要核实错误的原因并解决。

14.5.5 设计嵌入式工程项目

(1) 选择菜单 File→New→Project→Embedded Project，新建一个嵌入式软件项目，并保存成 VideoSpin. PrjEmb。

(2) 选择菜单 File→New→C Source Document，为嵌入式项目添加新的 C 语言文件，并保存成 Main. C。

(3) 选中所创建的嵌入式统称并且右击鼠标，选择菜单 Add New to Project→SwPlatform File，并保存为 Audio_Effects_Emb. SwPlatform。

(4) 在 Structure Editor 连接嵌入式项目到目标处理器，如图 14-30 所示。

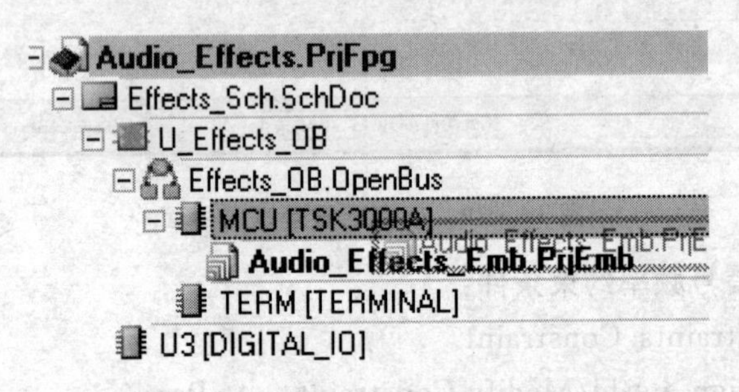

图 14-30 构建嵌入式项目与目标处理器的关系

(5) 自动生成软件平台工程下的外设 API 函数。选择 Audio_Effects_Emb. SwPlatform，在界面下选择 Import from FPGA 选项，由 Altium Designer 自动识别系统中的各个外设模块。

在图 14-31 界面下依次选中模块图标，执行 Grow Stack Up 选项，软件生成选中的 API 函数，其函数说明在图 14-31 中的红色框选项中。

1. 编写平台测试的 C 语言代码

(1) 将系统自动生成的 hardware. h 加入软件工程中，其主要内容是对各个外设地址的范围的定义；

```
#define GPIO        0xFF000000
#define GPIO        0x00000001
```

(2) 在 Main. C 内添加下列源代码：

```
#include "hardware.h"
```

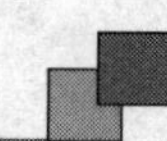

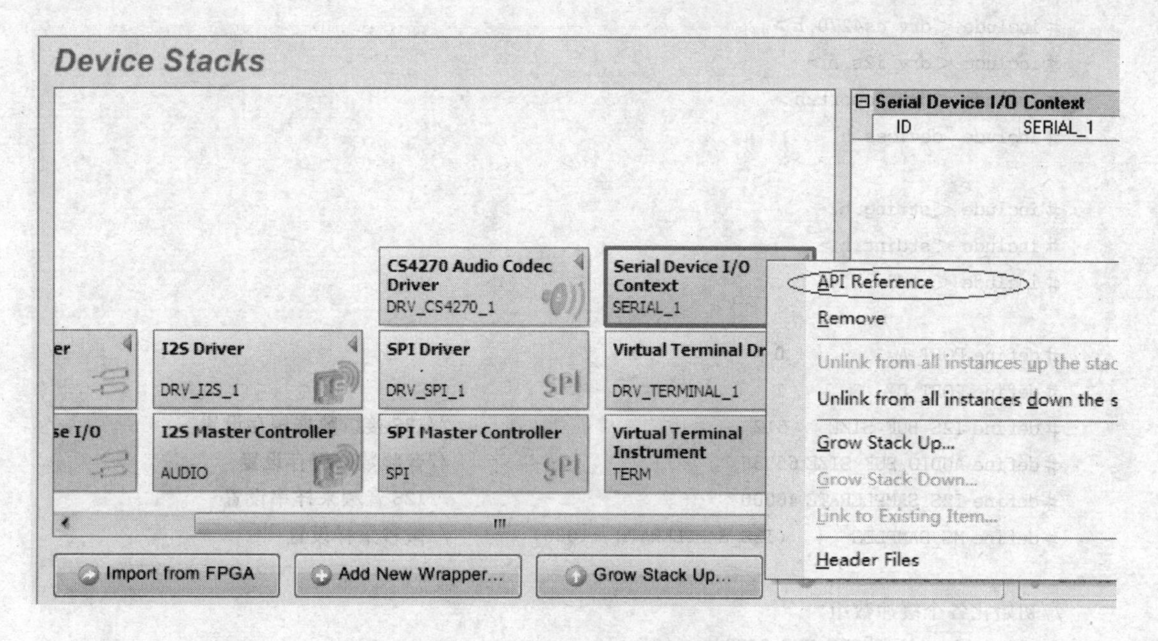

图 14 - 31　SwPlatform 操作界面

```
#define LEDS     (*(unsigned char*)GPIO)

void main(void)
{
   LEDS = 0x55;
}
```

(3) 编译并下载到 NB2 开发平台上，如果程序将在图 14 - 32 的虚拟仪器中看到 AIN 数值为 0x55。

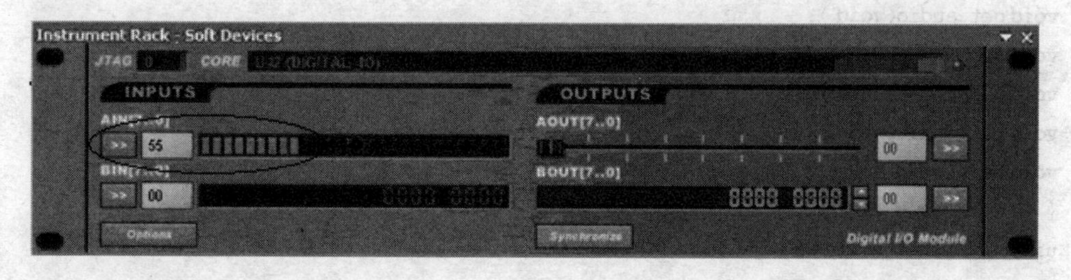

图 14 - 32　AIN 数值

2. 开发完整的应用软件

在 main. c 删除测试代码，添加以下代码：

```
#include <drv_cs4270.h>
#include <drv_i2s.h>
#include <drv_ioport.h>
#include "devices.h"

#include <string.h>
#include <stdint.h>
#include <stdio.h>

#define PORT_A          0
#define PORT_B          1
#define I2S_BUF_SIZE    512                                 //I2S 接口数据缓存设置
#define AUDIO_BUF_SIZE 65536                                //音频数据缓存设置
#define I2S_SAMPLERATE 48000                                //I2S 音频采样率设置
#define MS_SAMPLES      (I2S_SAMPLERATE / 1000)             //微秒采样设置

//初始化各个缓冲数组
int32_t i2s_inbuf[I2S_BUF_SIZE] = {0};
int32_t i2s_outbuf[I2S_BUF_SIZE] = {0};
int16_t in_temp_buf[I2S_BUF_SIZE / 2] = {0};
int16_t process_buf[AUDIO_BUF_SIZE] = {0};
int16_t loop_buf[AUDIO_BUF_SIZE * 4] = {0};

cs4270_t * cs4270_drv;
i2s_t * i2s_drv;
ioport_t* ioport_drv;

void init_audio(void);
void get_audio(void);
void process_audio_echo(uint8_t delay);
void passthrough(void);
void put_audio(void);
void main(void)
{
uint8_t effect_enable;
uint8_t delay_coefficient = 0;
//音频设备初始化
    init_audio();
```

```
    ioport_drv = ioport_open(DRV_IOPORT_1);

    //在虚拟音频控制终端仪表面板上输出一系列数字 IO 端口的操作指令
    printf("\n\nAudio Reverb Example:\n");
    printf("\n1. Set Bit 0 of BOUT[7..0] on the digital IO instrument for audio pass\n through.\n");
    printf("\n2. Set Bits 1 - 7 to initiate the audio Reverb Effect.\n");
    printf(" The Slider AOUT[7..0] will control the delay used by the reverb effect.\n");
    printf("3. Clear all bits on BOUT[7..0] to stop audio.\n");

while(1)
{
  effect_enable = ioport_get_value(ioport_drv, PORT_A); //从通用数字 IO 端口 Port A 接口读取
                                                        //数值
      ioport_set_value(ioport_drv, PORT_A, effect_enable); //通过通用数字 IO 端口 Port A 循
                                                           //环输出字符'a'

      //创建控制延时因子(通过 Port 0 或 OUTB[7..0])
      delay_coefficient = ioport_get_value(ioport_drv, PORT_B);

      //循环输出延时因子
      ioport_set_value(ioport_drv, PORT_B, delay_coefficient);

      //调用读写音频数据的函数
      get_audio();

      //测试 IO 端口 A 的状态
      if (effect_enable = = 1)
      {
          //调用音频采样功能函数
          passthrough();

          //调用音频数据到输出缓存的函数
          put_audio();
      }
      else if (effect_enable>1)
      {
          //调用产生音频和回响效果的函数
          process_audio_echo(delay_coefficient);
```

```
            //调用音频数据到输出缓存的函数
            put_audio();
        }

            }
    }
    //以上是完整的主函数代码
    /*
     *读写音频缓存函数
     */
    void get_audio(void)
    {
        uint32_t rx_size;
        while (i2s_rx_avail(i2s_drv) < I2S_BUF_SIZE/2)      //如果传入的缓冲区<256个采样值
                                                            //(1/2缓冲区大小),则允许获得更多的采样值
        {
            i2s_rx_start(i2s_drv);                          //如果数据缓存为空,需确保接收程序已执行
        }

        rx_size = i2s_rx_avail(i2s_drv) & ~1;       //平衡两个通道接收的采样数据
        rx_size = rx_size>I2S_BUF_SIZE ? I2S_BUF_SIZE : rx_size;

        i2s_read16(i2s_drv, in_temp_buf, rx_size);      //读取采样缓存内的数据
    }
    /*
     *接收输入的音频数据并且产生一个回音效果
```

其原理如下:

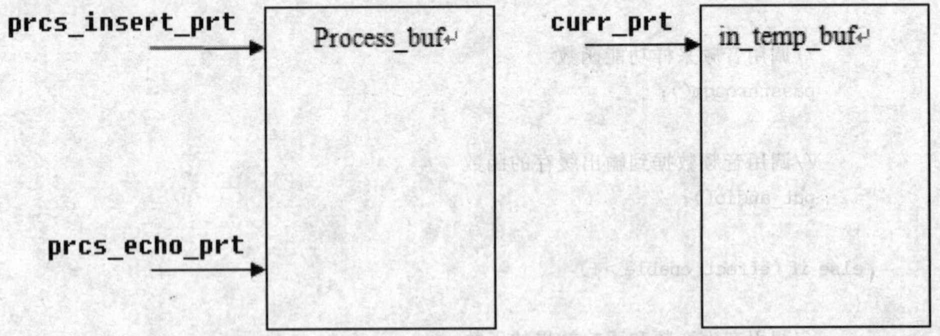

其中 in_temp_buf 存放的是目前从 ADC 采样的音频数据,Process_buff 存放目前正在回放的音频数据,回音实际上就是将以前 Process_buff 的数据和当前的 in_temp_buf 中的数据

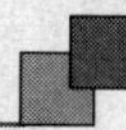

相加然后写入 prcs_insert_ptr 的位置，这个位置的音频数据是我们将要输出的音频数据。

```
*/

/*
*接收处理输入音频并创建回响音效函数
*/
void process_audio_echo(uint8_t delay)
{
    static    int16_t * prcs_insert_ptr  = process_buf;

    //创建两个指针，分别指向采样输入数据地址和采样数据读取地址.
    int16_t * prcs_echo_ptr = prcs_insert_ptr - ((MS_SAMPLES * ((delay) * 5)) + 1);
    int16_t * curr_ptr = in_temp_buf;

    if  (prcs_echo_ptr <= process_buf)
        prcs_echo_ptr += AUDIO_BUF_SIZE;

    for (int i = 0; i < I2S_BUF_SIZE / 2; i++)
    {
         * prcs_insert_ptr = ( * prcs_echo_ptr >> 1) +  * curr_ptr;
        prcs_insert_ptr++;

        if (prcs_insert_ptr == & process_buf[AUDIO_BUF_SIZE])
            prcs_insert_ptr = process_buf;

        curr_ptr++;
        prcs_echo_ptr++;

        if (prcs_echo_ptr == & process_buf[AUDIO_BUF_SIZE])
            prcs_echo_ptr = process_buf;
    }
}

/*
*不产生回音，直接将 in_temp_buf 中的数据复制到 Process_buff 中 prcs_insert_ptr 的位置
*/
/*
*从数字 IO 传输音频函数
*/
```

```
void passthrough(void)
{
    static int16_t * prcs_insert_ptr = process_buf;

    int16_t * curr_ptr = in_temp_buf;

    for (int i = 0; i < I2S_BUF_SIZE/2; i++)
    {
        * prcs_insert_ptr = * curr_ptr;

        prcs_insert_ptr++;

        if (prcs_insert_ptr == &process_buf[AUDIO_BUF_SIZE])
            prcs_insert_ptr = process_buf;

        curr_ptr++;
    }
}
/*
* 将 process_buf 的数据输出到 IIS 上,实现播放音频,
*/
/*
* 写音频数据到 I2S 输出缓存函数
*/
void put_audio(void)
{
    static int16_t * prcs_extract_ptr = process_buf;

    while (i2s_tx_avail(i2s_drv) < I2S_BUF_SIZE/2) //直到条件满足接收采样数据超过 1/2 采样
                                                   //数据缓存后
    {
        i2s_tx_start(i2s_drv);                     // 如果存储单元溢出,需确保当前发送程序已执行
    }

    i2s_write16(i2s_drv, prcs_extract_ptr, I2S_BUF_SIZE/2);
    prcs_extract_ptr += I2S_BUF_SIZE/2;

    while (prcs_extract_ptr >= &process_buf[AUDIO_BUF_SIZE])
        prcs_extract_ptr -= AUDIO_BUF_SIZE;
```

```
}

/*
 * initialize the audio peripherals
 */
void init_audio(void)
{
    while (cs4270_drv == NULL)
    {
        cs4270_drv = cs4270_open(DRV_CS4270_1);
    }
    i2s_drv = i2s_open(DRV_I2S_1);

    i2s_rx_start(i2s_drv);
    i2s_tx_start(i2s_drv);
}
```

完成以上步骤后，将工程重新编译并下载到 NB2 开发平台上。如果设计没有出现错误，我们将为 NB2 接入一个音频源，同时调节图 14－33 虚拟仪器中红色框的两个组件，实现音量和回音时间的设置，同时我们可在开发平台自带的喇叭上听到处理后音频的效果。

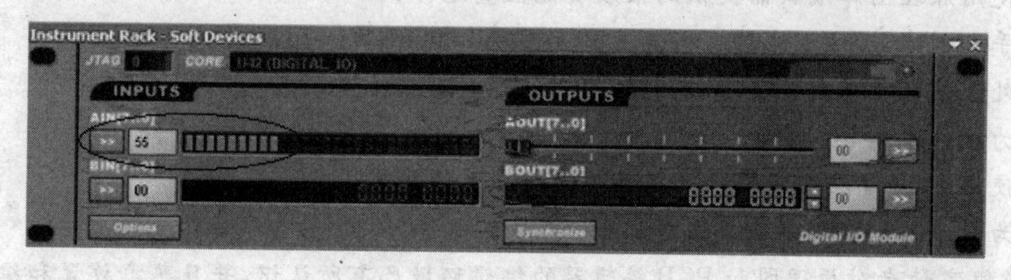

图 14－33　调节音量和回音时间

第15章

创建元件库

概　要：

这一章内容主要介绍原理图元件及其PCB封装的建立，包括添加三维模型、使用原理图库编辑器和PCB库编辑器。

本章内容将涵盖以下主题：

- 创建新的库文件；
- 创建单部件和多部件原理图元件；
- 使用原理图库编辑器提供的报表功能检查元件；
- 手工创建PCB元件封装和使用PCB Component Wizard；
- 处理其他特殊封装要求，包括不规则的焊盘形状；
- 为元件添加3D模型；
- 使用PCB库编辑器提供的报表功能检查元件封装；
- 为新元件和模型创建集成库。

本章假定读者对原理图和PCB编辑器的编辑环境已有所认识，并且熟悉放置和编辑元件的一般方法。本章所用到实例中的元件和库文件均可以在Altium Designer安装路径下的Creating Components文件夹中获得。

15.1　原理图库、模型和集成库

在Altium Designer中，原理图元件符号是在原理图库编辑环境中创建的（.SchLib文件）。之后原理图库中的元件会分别使用封装库中的封装和模型库中的模型。设计者可从各元件库放置元件，也可以将这些元件符号库、封装库和模型文件编译成集成库（.IntLib文件）。

集成库的优点在于使用方便——所有的信息均集成在一个文件中，并且设计者不能随意

编辑集成库的元件和模型。Altium Designer 的集成库文件位于软件安装路径下的 Library 文件夹中，它提供了大量的元件模型（大约 80000 个符合 ISO 规范的元件）。设计者可以打开一个集成库文件，执行 Extract Sources 命令从集成库中提取出库的源文件，在库的源文件中可以对元件进行编辑。

设计者也可以在当前项目中执行 Design→Make Schematic Library command 命令创建一个包含有当前原理图文档上所有元件的原理图库。

15.2 创建原理图元件

设计者可使用原理图库编辑器创建和修改原理图元件、管理元件库。该编辑器的功能与原理图编辑器相似，共用相同的图形化设计对象，唯一不同的是增加了引脚编辑工具。

在原理图库编辑器里元件由图形化设计对象构成。设计者可以将元件从一个原理图库复制、粘贴到另外一个原理图库，或者从原理图编辑器复制、粘贴到原理图库编辑器。

15.3 创建新的库文件包和原理图库

设计者创建元件之前，需要创建一个新的原理图库来保存设计内容。这个新创建的原理图库可以是分立的库，与之关联的模型文件也是分立的。另一种方法是创建一个可被用来结合相关的模型文件编译生成集成库的原理图库。使用该方法需要先建立一个库文件包，库文件包（.LibPkg 文件）是集成库文件的基础，它将生成集成库所需的那些分立的原理图库、封装库和模型文件有机地结合在一起。

新建一个库文件默认生成名为 Component_1 的元件，如图 15-1 所示。

新建一个集成库文件包和空白原理图库步骤如下。

(1) 执行 File→New→Project→Integrated Library 命令，Projects 面板将显示新建的库文件包，默认名为 Integrated_Library1. LibPkg。

(2) 在 Projects 面板上右击库文件包名，在弹出菜单上单击 Save Project As 命令，在弹出的对话框中使用浏览功能选定适当的路径，然后输入名称 New Library. LibPkg，单击 Save 按钮。注意如果不输入后缀名的话，系统会自动添加默认名。

(3) 添加空白原理图库文件。执行 File→New→Library→Schematic Library 命令，保存名为 Schlib1. SchLib。

(4) 单击 File→Save As 命令，将库文件保存为 Schematic Components. SchLib。

(5) 单击 SCH Library tab 按钮打开 SCH Library 面板。

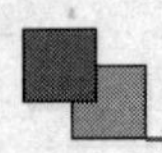

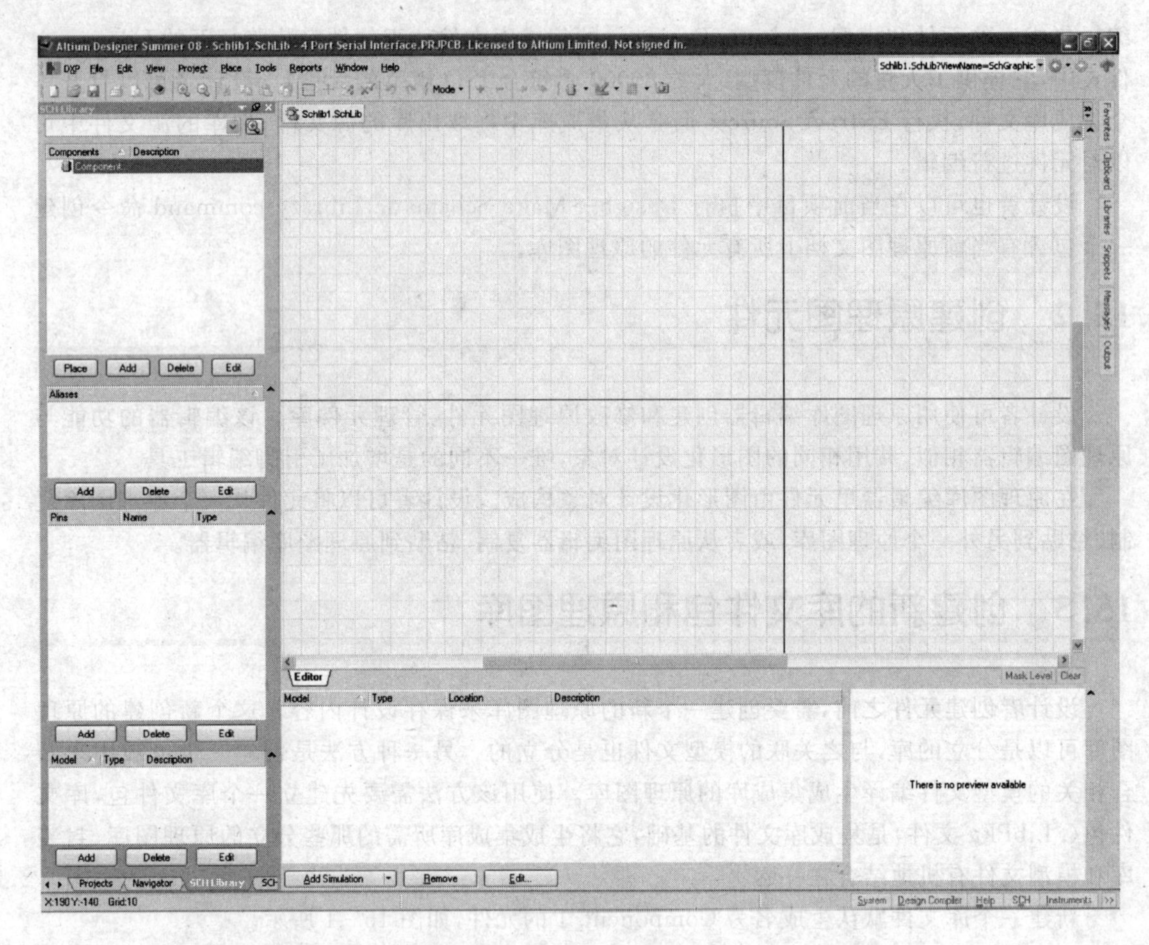

图 15-1　新的库文件,默认生成名为 Component_1 的元件

15.4　创建新的原理图元件

设计者可在一个已打开的库中执行 Tools→New Component 命令新建一个原理图元件。由于新建的库文件中通常已包含一个空的元件图纸,因此一般只需要将 Component_1 重命名就可开始对第一个元件进行设计,这里以 NPN 三极管(如图 15-2 所示)为例介绍新元件的创建步骤。

(1) 在 SCH Library 面板上的 Components 列表中选中 Component_1 选项,执行 Tools→Rename Component 命令,在重命名元件对话框里输入一个新的、可唯一标识该元件的名称,如 NPN,并单击"确定"按钮。

(2) 如有必要,执行 Edit→Jump→Origin 命令 (快捷键 J, O),将设计图纸的原点定位到设计窗口的中心位置。检查窗口左下角的状态栏，确认光标已移动到原点位置。新的元件将在原点周围上生成，此时可看到在图纸中心有一个十字准线。设计者应该在原点附近创建新的元件，因为在以后放置该元件时，系统会根据原点附近的电气热点定位该元件。

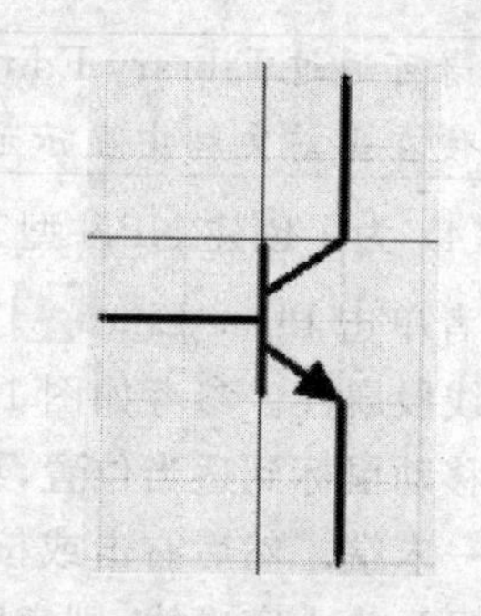

图 15-2　NPN 晶体管符号

(3) 可在 Library Editor Workspace 对话框执行 Tools→Document Options 命令(快捷键 T，D)设置单位、捕获网格和可视网格参数。针对当前使用的例子，此处需要如图 15-3 所示设置对话框中各项参数。单击 Units 标签，选中 Imperial Units复选框，使用 DXP Defaults。单击 OK 按钮关闭对话框。如果关闭对话框后看不到原理图库编辑器的网格，可按 Page Up 键进行放大，直到栅格可见。注意缩小和放大均围绕光标所在位置进行，所以在缩放时需保持光标在原点位置。

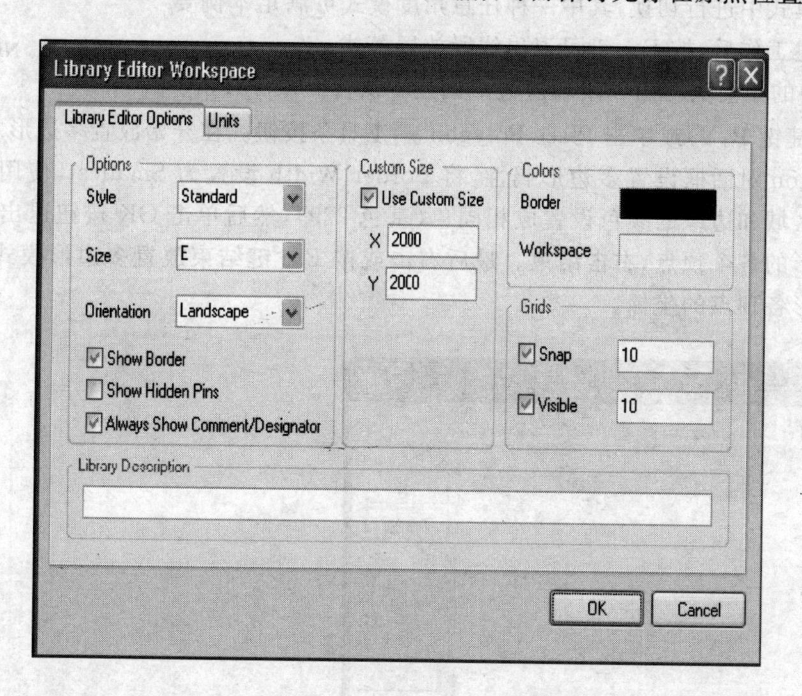

图 15-3　在 Library Editor Workspace 对话框里设置单位和其他图纸属性

> 并不是在每次需要调整栅格时都要打开 Library Editor Workspace 对话框，也可按 G 键使 Snap Grid 在 1、5 或 10 单位 3 种设置中快速轮流切换。这 3 种设置可在 Preferences 对话框 Schematic Grids 页面指定。

设计者可通过 Library Editor Workspace 对话框使用 Always Show Comment/Designator 功能以便在当前文档中显示元器件的注释和标识符。

(4) 为了创建 NPN 型三极管,首先需定义元件主体。执行 Place→Line 命令(快捷键 P,L)或者单击 Place Line 工具栏按钮。如果需要,设计者可按 Tab 键打开 Poly Line 对话框设置线段属性。参考如图 15-4 所示示例,先放置垂直线段(可利用网格线帮助定位)。

移动鼠标到适当位置,再次单击选定该线段的终点,移动鼠标至另一末端。然后右击或按 Esc 键退出放置线段模式。注意如果光标显示为十字准线,则表明处于放置(线段)模式。

(5) 接下来完成另外两条线段。对于本例所示三极管,另外两条线需以不规则角度放置,但系统默认只能放置水平线、垂直线和 45°斜线,此时设计者可在放置线段时按 Shift+Space 快捷键在三种不同放置模式中进行切换,其中一种任意角度模式可满足本例要求。完成上述工作后,按 Esc 键可退出线段放置模式。

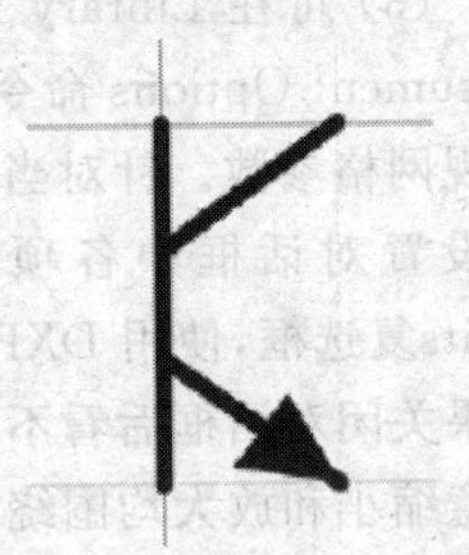

图 15-4 NPN 元件体

(6) 图中的小箭头可由一闭环多边形创建。执行 Place→Polygon 命令(快捷键 P,Y)或单击 Place Polygon 工具条按钮。在开始放置多边形之前,按 Tab 键打开 Polygon 对话框设置多边形属性,将 Border Width 设置为 Smallest,使用 Draw Solid 并且将填充区域和边缘的颜色设置成相同色(基色 229),然后单击 OK 按钮退出对话框。单击选定多边形的各个顶点,右击结束。最后右击或按 Esc 键结束放置多边形模式。图 15-5 显示了多边形各顶点的坐标。

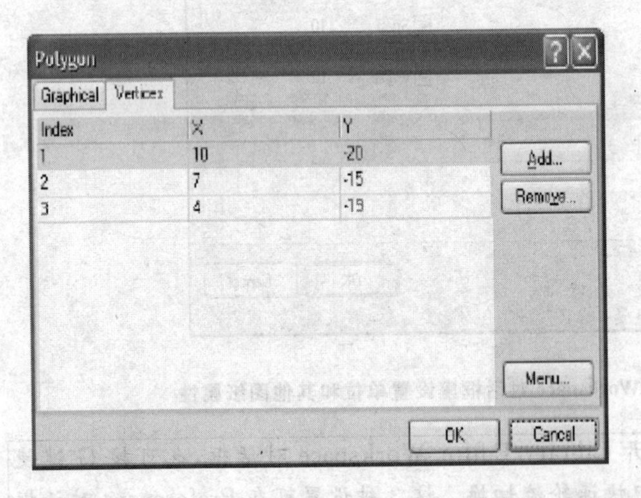

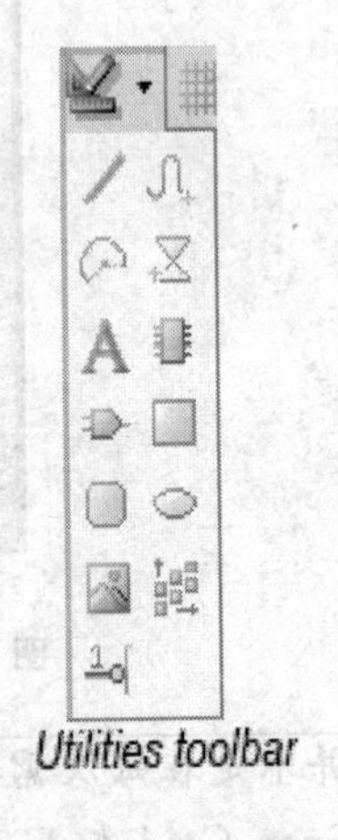

图 15-5 使用坐标信息检查箭头位置正确与否

所绘画的线的精确位置并不是元器件设计的关键，关键的是引脚的位置，特别是引脚的电气节点。这些点用于电气连接，因此引脚位置的放置要针对布线进行优化。

(7) 保存该元件(快捷键 Ctrl+S)。

元件引脚代表了元件的电气属性，定义了电气连接点，同样也有图形属性。为元件添加引脚的步骤如下。

(1) 单击 Place→Pin 命令(快捷键 P,P)或单击工具栏按钮，光标处浮现引脚，带电气属性，其放置位置必须远离元件主体，可视为电气节点。

(2) 放置之前，按 Tab 键打开 Pin Properties 对话框，如图 15-8 所示。如果设计者在放置引脚之前先设置好各项参数，则放置引脚时，这些参数成为默认参数，连续放置引脚时，引脚的编号和引脚名称中的数字会自动增加。

(3) 在 Pin Properties 对话框中 Display Name 文本框输入引脚的名字(1 为第一个 NPN 引脚)，在 Designator 文本框中输入唯一(不重复)的引脚编号(也是 1)。此外，如果设计者想在放置元件时，引脚名和标识符可见，则需选中 Visible 复选框。

(4) 从下拉列表中设置引脚 Electrical Type。该参数可用于在原理图设计图纸中编译项目或分析原理图文档时检查电气连接是否错误。在本例 NPN 三极管中，所有引脚的 Electrical Type 设置成 Passive。

(5) 设置引脚长度(所有引脚长度设置为 20)，并单击 OK 按钮。

(6) 当引脚浮现在光标上时，设计者可按 Space 以 90°间隔逐级增加来旋转引脚。记住，引脚只有其末端具有电气属性(也称 Hot End)，只能使用末端来放置引脚。不具有电气属性的另一末端毗邻该引脚的名字字符。

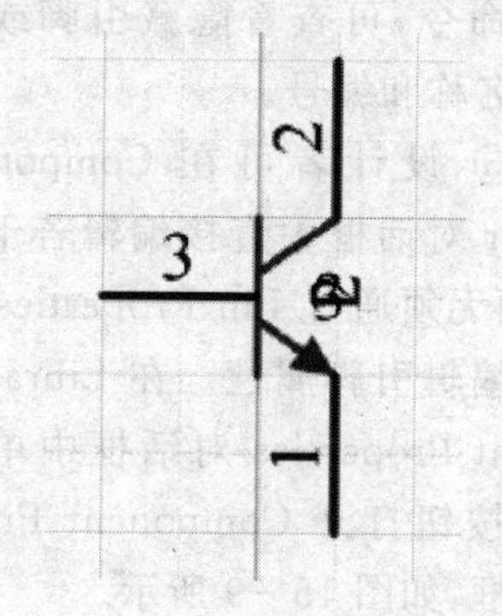

图 15-6 引脚名称和编号可见的 NPN 符号

(7) 继续添加元件剩余引脚，确保引脚名、编号、符号和电气属性是正确的，如图 15-6 中的 NPN 符号所示。

(8) 若设计者设置了引脚的名称和编号可见，则可一次编辑方便地改变显示状态：按住 Shift 键，依次选定每个引脚，再按 F11 键显示 Inspector 面板，取消 Show Name 和 Show Designator 复选框，如图 15-7 所示。

(9) 完成原理图绘制后，单击 File→Save 命令保存。

添加引脚注意事项如下所示：

① 放置元件引脚后，若想改变或设置其属性，可双击该引脚或在 SCH Library 面板 Pins 列表中双击引脚，打开 Pin Properties 对话框。可用同样的方法在 Inspector 面板中编辑多个引脚。

若想改变引脚名称或编号与元件体之间的距离(百分之一英寸),可执行 Tools→Schematic Preferences 命令,在 Schematic General 页面编辑 Pin Margin 选项。

② 在字母后使用 \ (反斜线符号)表示引脚名中该字母带有上划线,如 M \ C \ L \ R \/VPP 将显示为 $\overline{\text{MCLR}}$/VPP。

③ 若希望隐藏电源和接地引脚,可选中 Hide 复选框。当这些引脚被隐藏时,系统将按 Connect To 区的设置将它们连接到电源和接地网络,比如 VCC 引脚被放置时将连接到 VCC 网络。

④ 执行 View→Show Hidden Pins 命令,可查看隐藏引脚或隐藏引脚的名称和编号。

⑤ 设计者可在 Component Pin Editor 对话框中直接编辑若干引脚属性,而无须通过 Pin Properties 对话框逐个编辑引脚属性。在 Library Component Properties 对话框中单击 Edit Pins 按钮打开 Component Pin Editor 对话框,如图 15-9 所示。

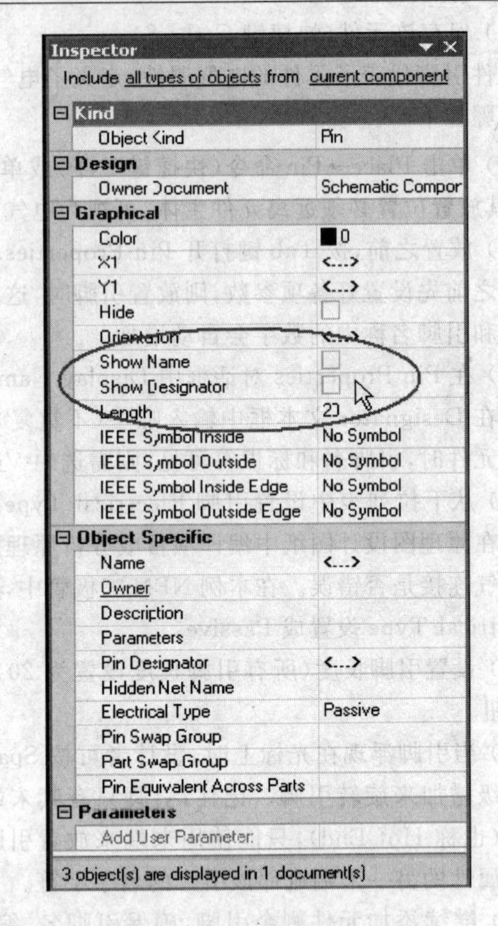

图 15-7 对三个引脚的名称和编号可视化属性进行设置

⑥ 对于多部件的元件,被选中部件的引脚在 Component Pin Editor 对话框中将以白色背景方式加以突出,而其他部件的引脚为灰色。但设计者仍可以直接选中那些当前未被选中的部件的引脚,单击 Edit 按钮打开 Pin Properties 对话框进行编辑。

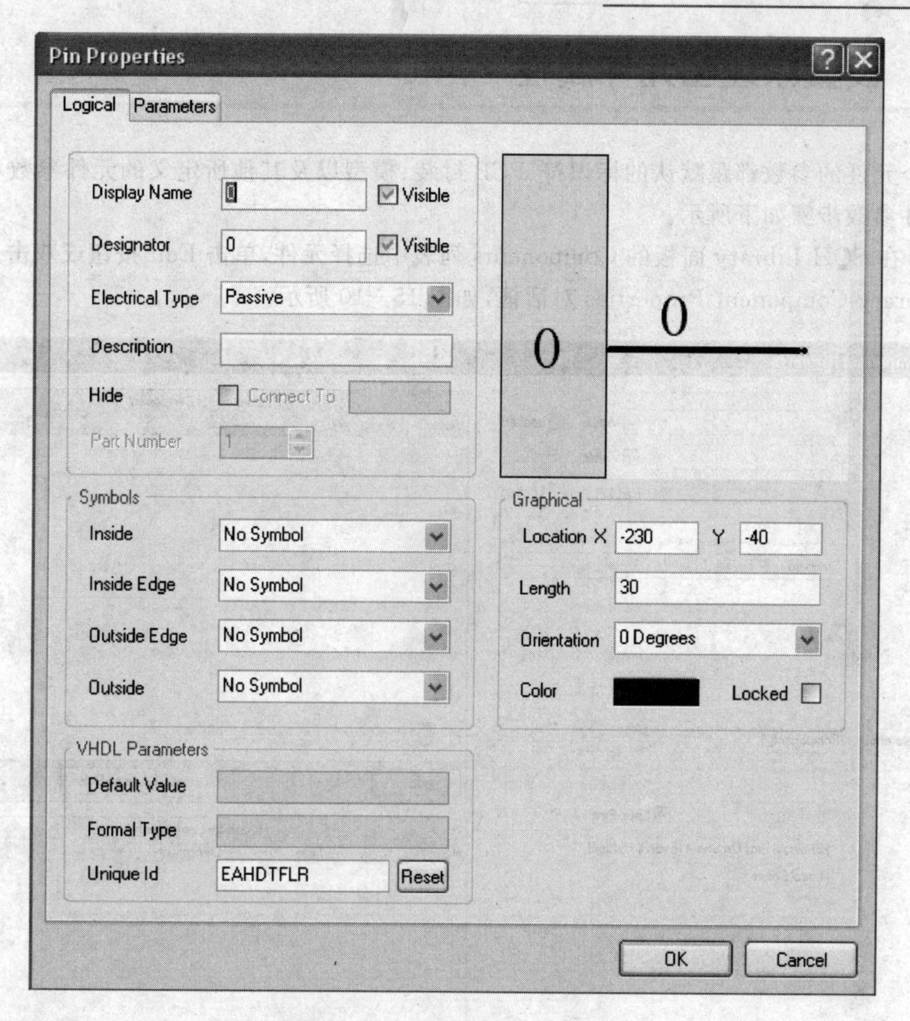

图 15－8　放置引脚前设置其属性

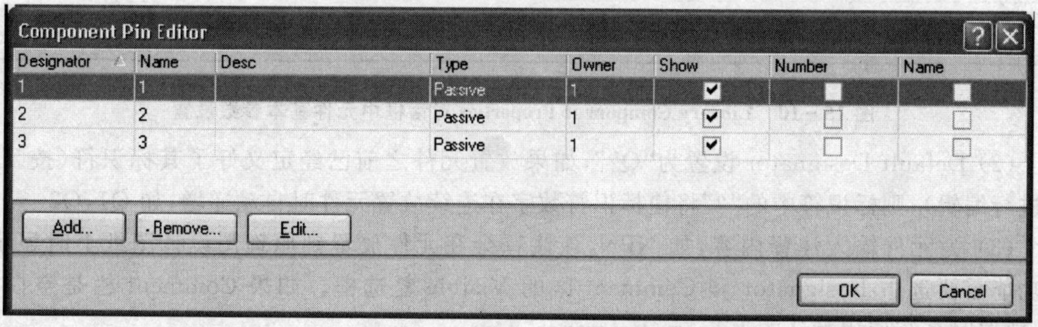

Component Pin Editor

Designator	Name	Desc	Type	Owner	Show	Number	Name
1	1		Passive	1	☑	☐	☐
2	2		Passive	1	☑	☐	☐
3	3		Passive	1	☑	☐	☐

Add... Remove... Edit...

OK Cancel

图 15－9　在 Component Pin Editor 对话框中查看和编辑所有引脚

15.5 设置原理图元件属性

每个元件的参数都跟默认的标识符、PCB 封装、模型以及其他所定义的元件参数相关联。设置元件参数步骤如下所示。

(1) 在 SCH Library 面板的 Components 列表中选择元件,单击 Edit 按钮或双击元件名,打开 Library Component Properties 对话框,如图 15-10 所示。

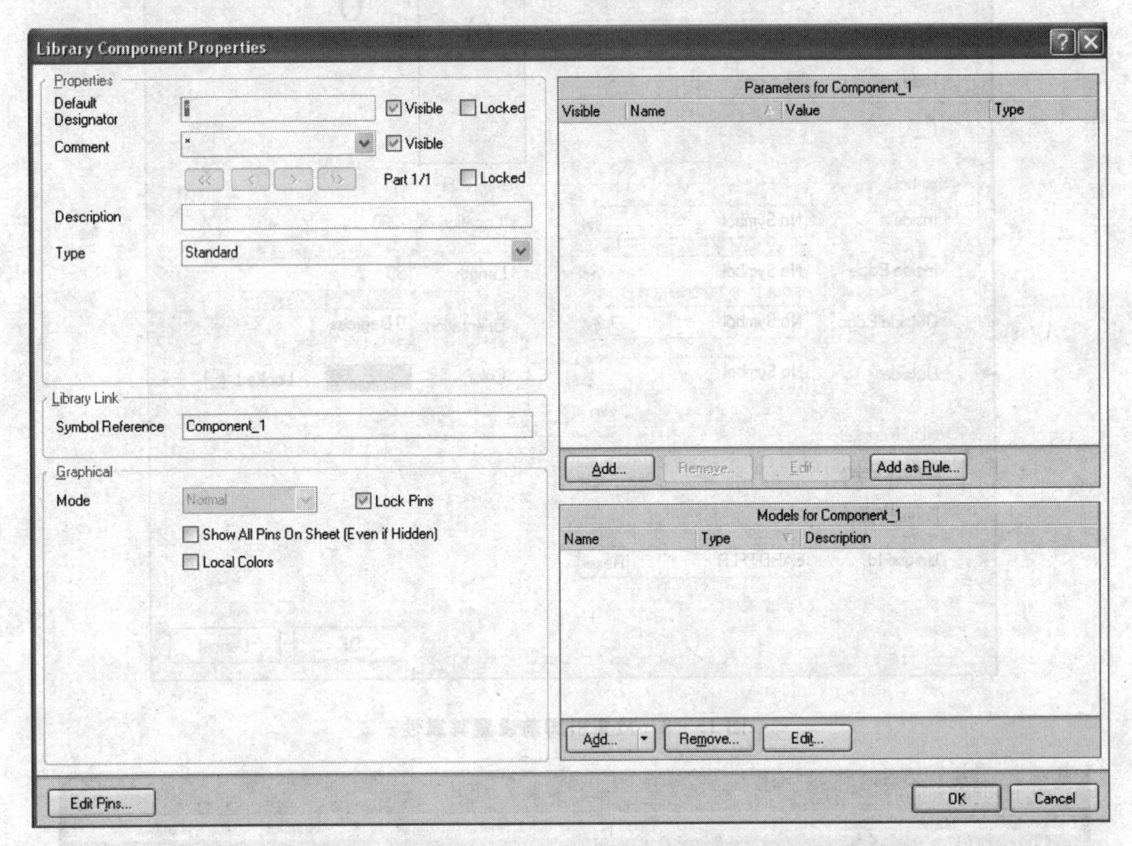

图 15-10　Library Component Properties 对话框中元件基本参数设置

(2) Default Designator 设置为"Q?",如果放置元件之前已经定义好了其标识符(按 Tab 键进行编辑),则标识符中的"?"将使标识符数字在连续放置元件时自动递增,如 Q1,Q2…

(3) 为元件输入注释内容,如 NPN,该注释会在元件放置到原理图设计图纸上时显示。该功能需要选中 Designator 和 Comment 区的 Visible 复选框。如果 Comment 栏是空白的话,放置时系统使用默认的 Library Reference。

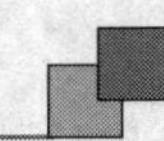

(4) 在 Description 区输入描述字符串，如对于三极管可输入 Transistor，NPN Generic，该字符串在库搜索时会显示在 Libraries 面板上。

(5) 根据需要设置其他参数。

15.6 为原理图元件添加模型

可以为一个原理图元件添加任意数目的 PCB 封装模型、仿真模型和信号完整性分析模型。如果一个元件包含多个模型，如多个 PCB 封装，设计者可在放置元件到原理图时通过元件属性对话框选择适合的模型。

模型的来源可以是设计者自己建立的模型，也可以是使用 Altium 库中现有的模型，或从芯片提供商网站下载相应的模型文件。

Altium 所提供的 PCB 封装模型包含在 C:\Program Files\Altium Designer\Library\Pcb\目录下的各类 PCB 库中(.PcbLib 文件)。一个 PCB 库可以包括任意数目的 PCB 封装。

一般用于电路仿真的 SPICE 模型(.ckt 和.mdl 文件)包含在 Altium 安装目录 Library 文件夹下的各类集成库中。如果设计者自己建立新元件的话，一般需要通过该器件供应商获得 SPICE 模型，设计者也可以执行 Tools→XSpice Model Wizard 命令，使用 XSpice Model Wizard 功能为元件添加某些 SPICE 模型。

原理图库编辑器提供的模型管理对话框允许设计者预览和组织元件模型，如可以为多个被选中的元件添加同一模型，单击 Tools→Model Manager 命令可以打开模型管理对话框。

设计者可以通过单击 SCH Library 面板中模型列表下方的 Add 按钮为当前元件添加模型，如图 15-11 所示；也可以在原理图库编辑器工作区的模型显示区域，通过单击右下方的下三角按钮来显示模型，如图 15-12 所示。

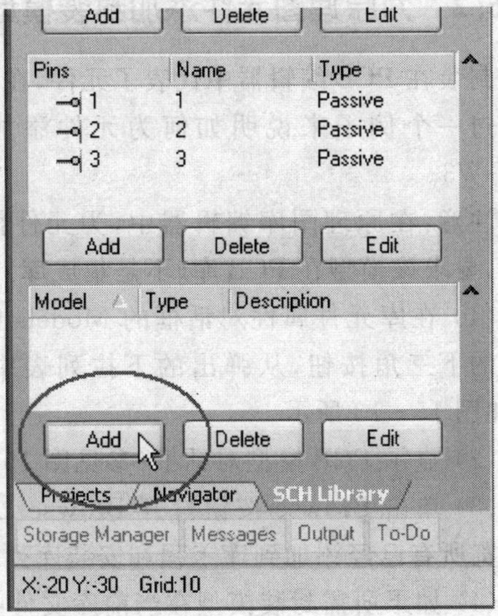

图 15-11 通过元件库面板添加模型

15.6.1 模型文件搜索路径设置

在原理图库编辑器中为元件和模型建立连接时，模型数据并没有复制或存储在元件中，因此当设计者在原理图上放置元件和建立库的时候，要保证所连接的模型是可获取的。使用库编辑器时，元件到模型的连接方法由以下搜索路径给出。

(1) 软件首先会搜索工程当前所用到的库元件包中的库文件。

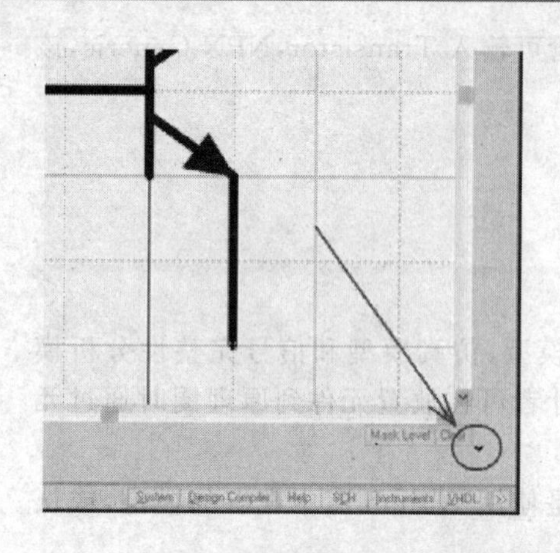

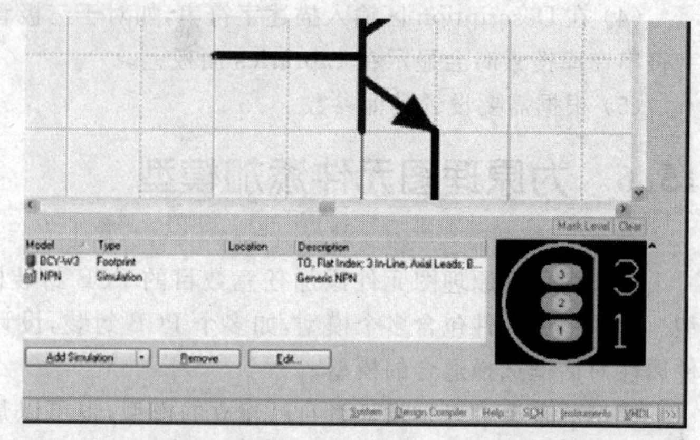

图 15-12 在原理图工作区底部单击下三角按钮显示模型,再单击 Add 按钮添加模型

(2) 接下来搜索当前库安装列表(可以被定制)中可用的 PCB 库文件(非集成库)。

(3) 最后搜索位于工程指定搜索路径下所有的模型文件,搜索路径由 Options for Project 对话框指定,单击 Project→Project Options 命令可以打开该对话框。

15.6.2 为原理图元件添加封装模型

封装在 PCB 编辑器中代表了元件,在其他设计软件中可能称之为 pattern 或 decal。下面将通过一个例子来说明如何为元件添加封装模型,在例子中需要选取的封装模型名为 BCY-W3。

注意:在原理图库编辑器中,为元件指定一个 PCB 封装连接,要求该模型在 PCB 库(不是集成库)中已经存在。

(1) 在库元件属性对话框的 Models 区域单击 Add 按钮右边的下三角按钮,从弹出的下拉列表中选择 Footprint 选项,如图 15-13 所示。

图 15-13 Add 下拉菜单

(2) 显示 PCB 模型对话框(参见图 15-16)。

(3) 单击 Browse 按钮打开 Browse Libraries 对话框,可以浏览所有已经添加到库工程和安装库列表的模型。

(4) 如果所需封装模型在当前库文件中不存在,需要对其进行搜索。在 Browse Libraries 对话框单击 Find 按钮,显示 Libraries Search 对话框,如图 15-14 所示。

(5) 选择 Scope 选项区域为 Libraries on Path,并设置 Path 为 Altium Designer 安装目录下的 Library\Pcb 文件夹,同时确认选中了 Include Subdirectories 复选框。

(6) 在对话框顶部的查询输入区输入模型名称 BCY-W3,单击 Search 按钮。

(7) 在 Browse Libraries 对话框中将列出搜索结果,可以看到这些结果来源于库文件

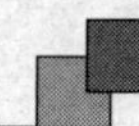

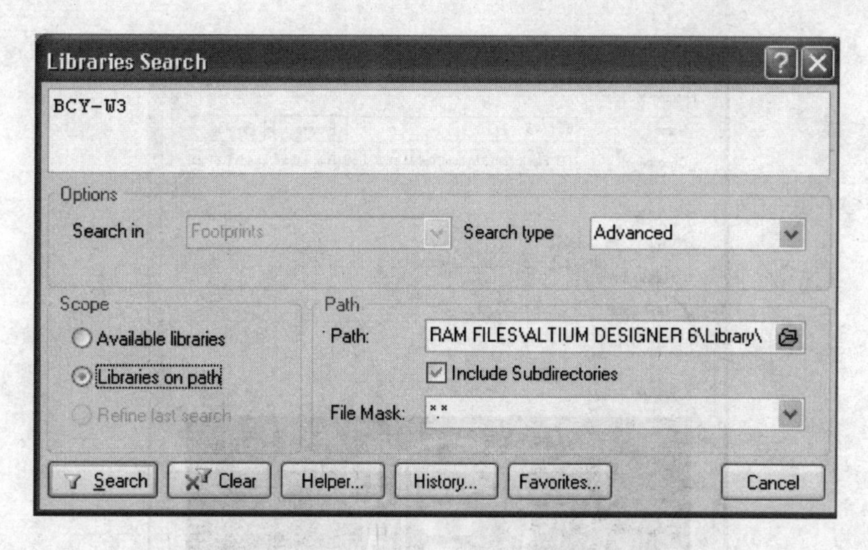

图 15-14 在 Altium Designer 提供的封装库中搜索封装

Cylinder with Flat Index. PcbLib，如图 15-15 所示。从中选择 BCY-W3 项再单击 OK 按钮，返回 PCB Model 对话框。

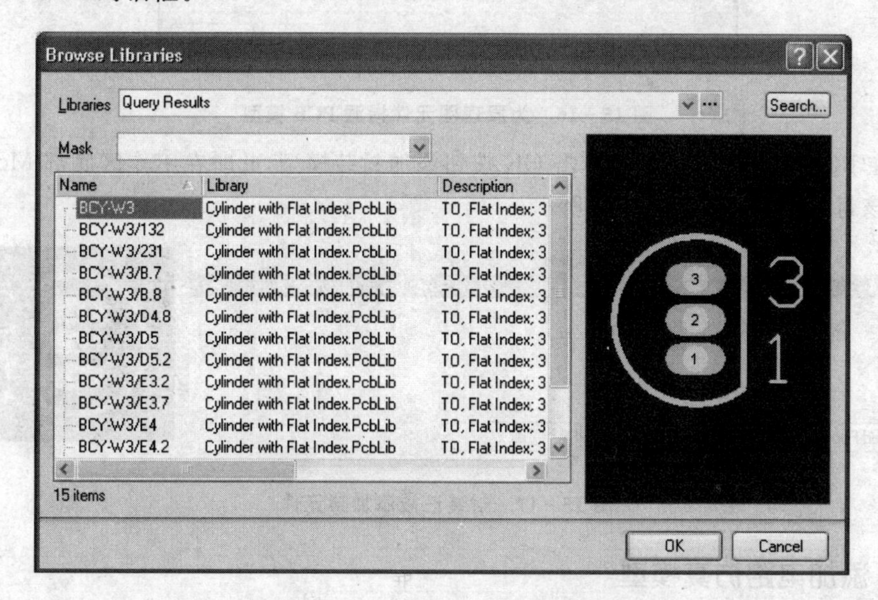

图 15-15 BCY-W3 封装搜索结果

(8) 如果是第一次使用该库，系统会要求设计者确认库的安装，以便该库可以使用。在 Confirm 对话框中单击 Yes 按钮，PCB Model 对话框将利用所选择的封装模型进行更新，如图 15-16 所示。

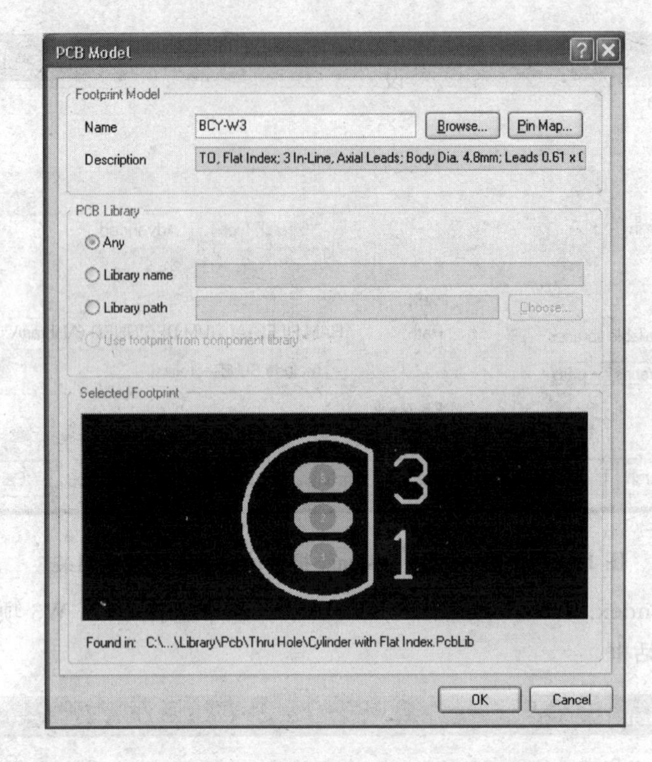

图 15-16　为原理图元件指派 PCB 模型

(9) 在 PCB Model 对话框中单击 OK 按钮添加封装模型,此时在工作区底部 Model 列表中会显示该封装模型,如图 15-17 所示。

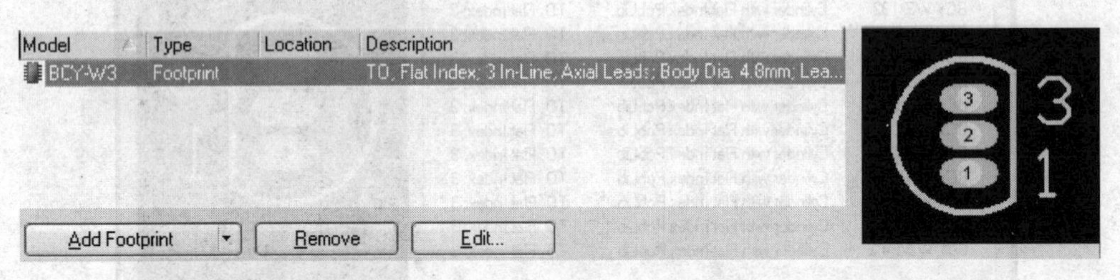

图 15-17　封装已被添加到元件

15.6.3　添加电路仿真模型

Spice 模型用于电路仿真(文件格式为.ckt 和.mdl),一般可以从器件供应商网站获得。Altium Designer 为设计者提供了常用的一些器件,这些器件已包含了 Spice 模型。接下来以三极管为例说明 Spice 模型的应用方法:从 C:\Program Files\Altium Designer\Examples\Tutorials\Creating Components 目录下找到 NPN 模型文件,将该文件复制到目标库所在的目录。

(1) 如何应用Spice模型完全取决于设计者,可以把它当作一种源文件添加到项目(在Projects面板右击项目文件名,单击Add Existing to Project命令),但这种方式不便于编辑该模型文件,设计者不能将其作为普通项目文件。在这种情况下引用该模型文件最适当的方法是在搜索路径中将该模型文件添加进去,具体操作是从菜单栏中单击Project→Project Options命令,再单击Search Paths标签。

(2) 单击Add按钮添加新的搜索路径,显示Edit Search Path对话框。

(3) 除非特别需要,否则不要选中Include sub-folders in search复选框,该功能会降低搜索速度。

(4) 默认搜索路径是当前项目文件夹,因为之前已经将模型文件复制到了目标库目录下,所以直接单击OK按钮即可。要确认模型是否找到,可以单击Options对话框中的Refresh List按钮,系统会显示搜索路径所指定的文件夹下的所有模型,如图15-18所示。

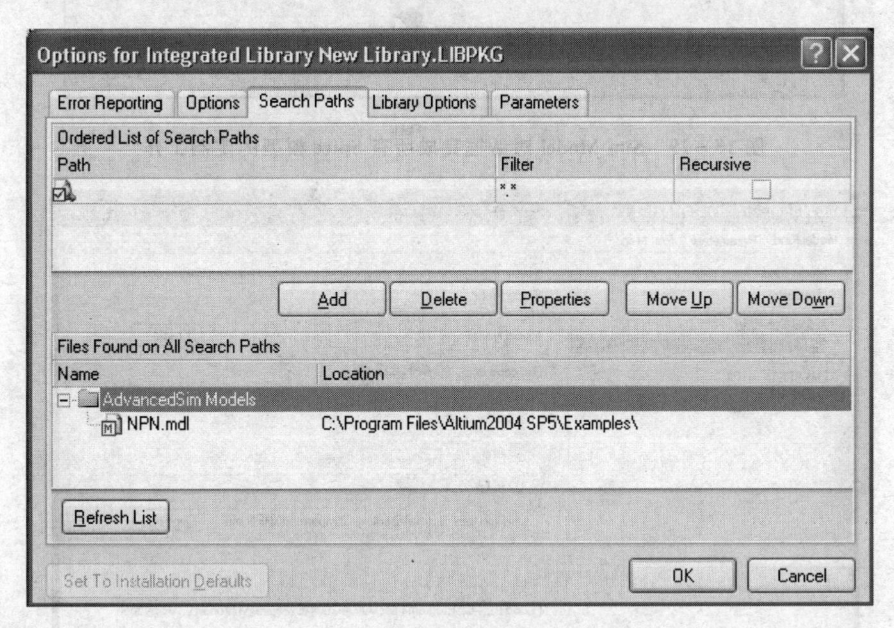

图15-18 设置路径为当前工作文件夹

(5) 现在模型对新建的项目可用了,接下来要将仿真模型添加到NPN元件中,这一步的操作跟添加封装模型到元件一样,只不过这次是选择仿真模型,显示SIM Model - General/Generic Editor对话框,如图15-19所示。

(6) NPN是一种三极管,因此从Model Kind下拉列表中选择Transistor选项,原对话框变为Sim Model-Transistor/BJT对话框,如图15-20所示。

(7) 确定已选择BJT为Model Sub-Kind。

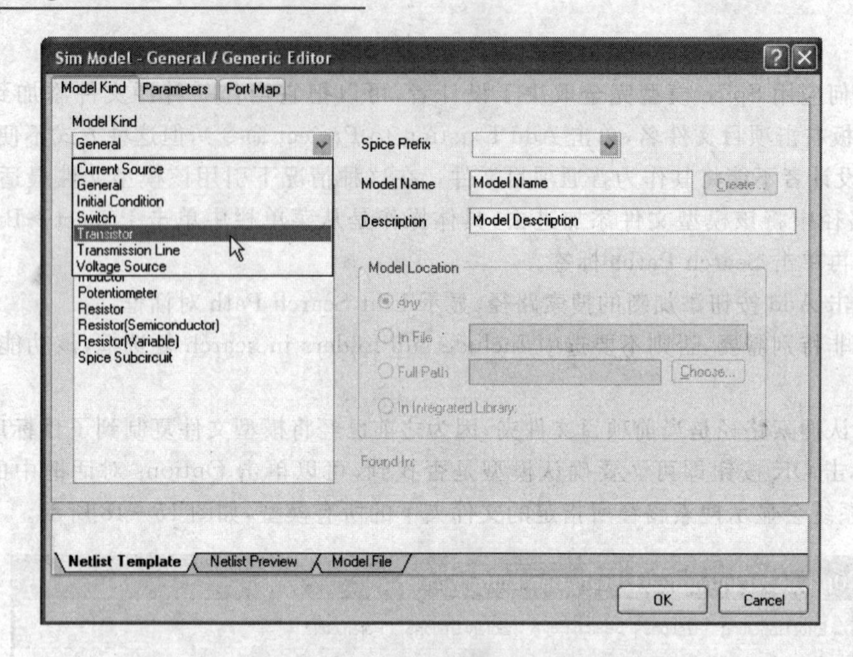

图 15-19 Sim Model 对话框完成所有 Spice 模型的定制工作

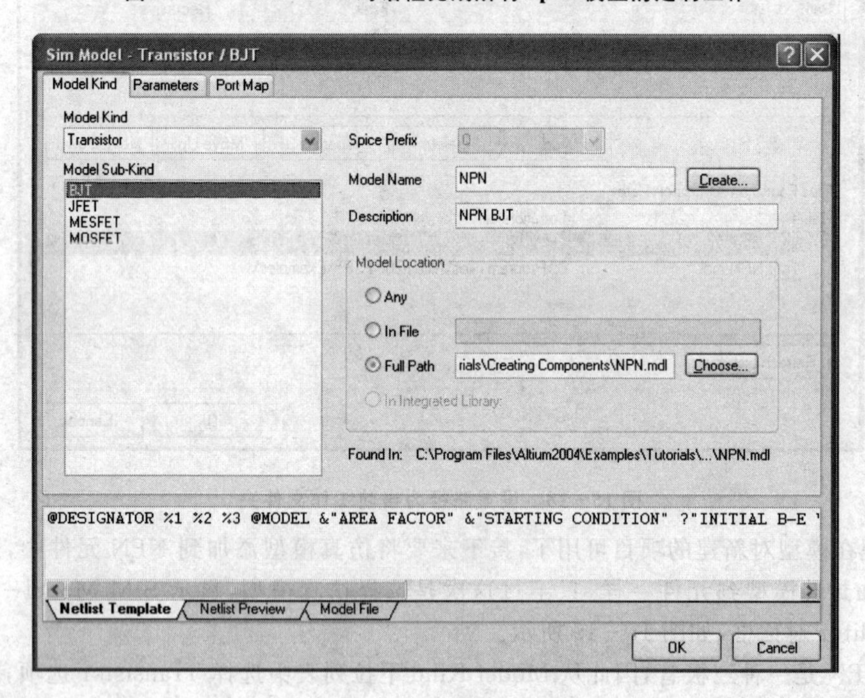

图 15-20 配置 NPN 模型

(8) 在 Model Name 文本框输入模型文件名称，此处输入 NPN(对应 NPN. mdl 文件)，系统会立即检测该模型，如果正常检测到，在 Found In 栏会显示该模型路径和文件名。注意：输入的模型名称必须是有效模型文件名。

(9) 为模型输入适当的描述内容，如 Generic NPN。如果没有现成的模型文件，可以单击 Create 按钮，启动 Spice Model Wizard 为元件创建一个仿真模型。

(10) NPN 模型成功添加到模型列表后，单击 OK 按钮返回到 Library Component Properties 对话框，如图 15-21 所示。

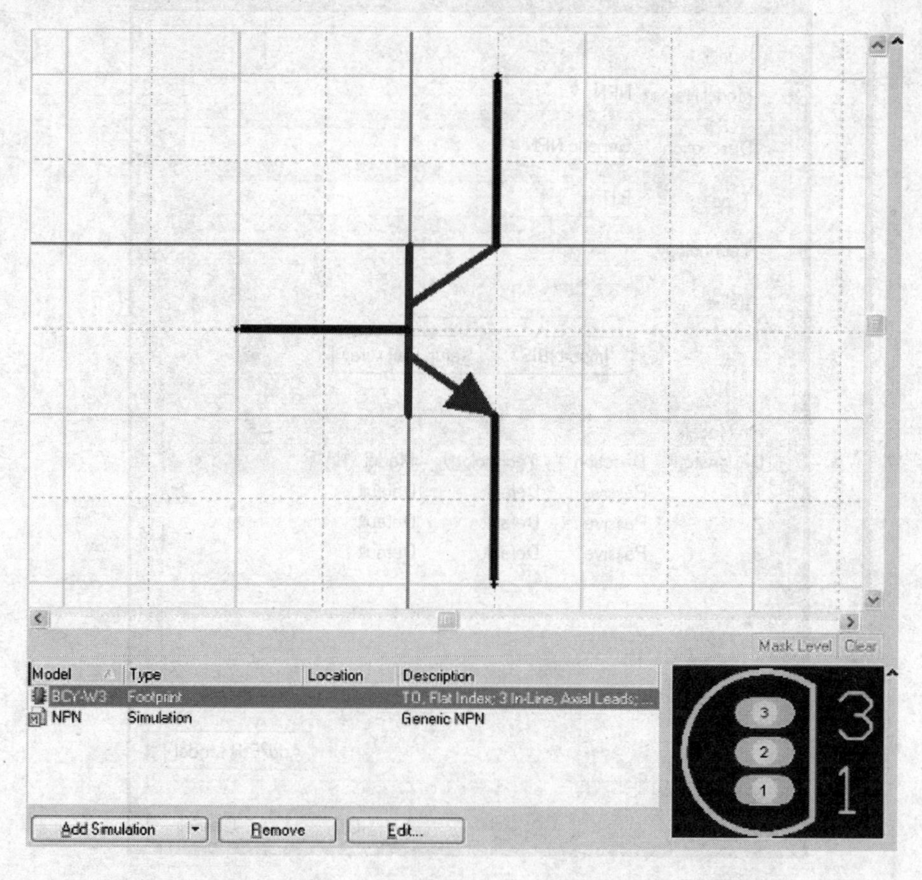

图 15-21 Models View 中显示 NPN 拥有封装模型和仿真模型

15.6.4 添加信号完整性模型

信号完整性模拟器(Signal Integrity Simulator)使用引脚模型而不是元件模型。为一个元件配置信号完整性模拟器，需要同时设置 Type 和 Technology 选项，通过元件内置引脚模型来实现。也可以通过导入 IBIS 模型，其本质也是设置引脚模型。

(1) 添加 Signal Integrity 的步骤与添加封装模型类似,不同的是选择 Signal Integrity 后,显示 Signal Integrity Model 对话框。

(2) 如果使用导入 IBIS 文件的方法,需要单击 Import IBIS 按钮和添加 ibs 文件。本书例子使用内置默认引脚模型方法,设置 Type 为 BJT,输入适当的模型名称和描述内容(如 NPN),如图 15-22 所示。

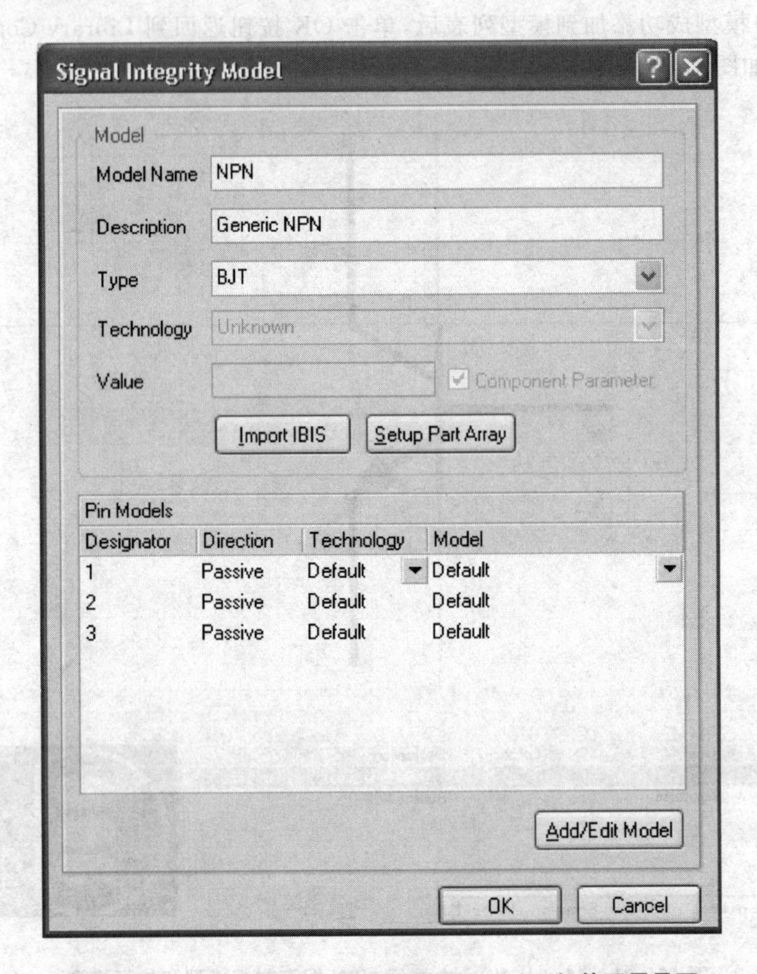

图 15-22 Signal Integrity 模型编辑器,NPN 三极管配置界面

(3) 单击 OK 按钮返回 Library Component Properties 对话框,将会在 Model 列表中看到模型已经被添加,如图 15-23 所示。

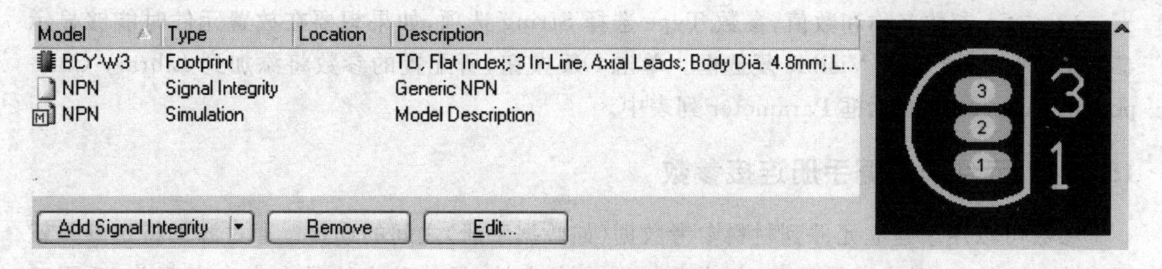

图 15－23 Simulation 和 Signal Integrity 模型已成功添加到三极管

15.7 添加元件参数

元件参数指元件的附加信息，包括 BOM 表数据、制造商数据、器件数据手册、设计规则和 PCB 分配等设计指导信息、Spice 仿真参数等，所有对元件有用的信息均可以当作参数。

为原理图元件添加参数的步骤如下所示。

(1) 双击 Sch Library 面板元件列表中的元件名，打开 Library Component Properties 对话框。注意：如果对库里面所有元件进行编辑和管理，请使用 Parameter Manager。

(2) 在 Library Component Properties 对话框中 Parameters for 区域单击 Add 按钮，弹出 Parameter Properties 对话框，如图 15－24 所示。

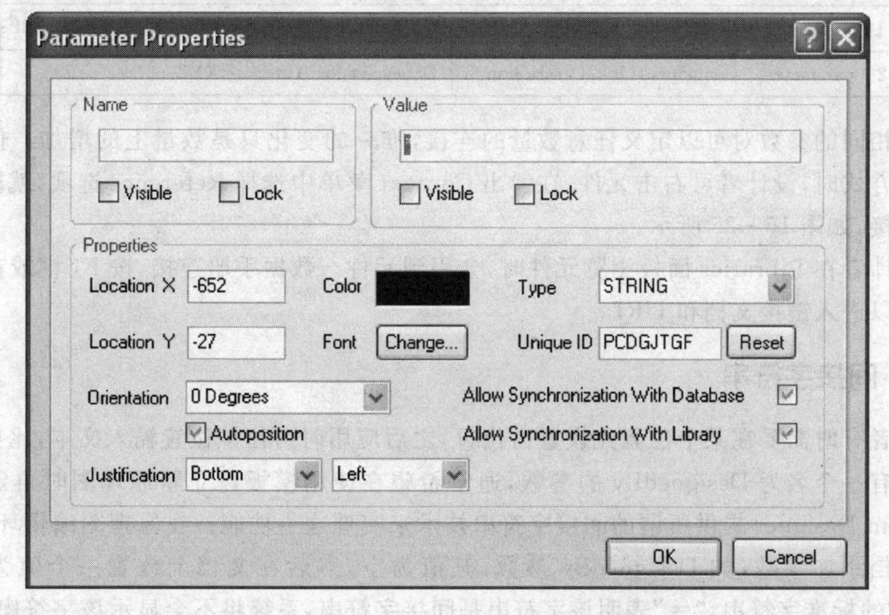

图 15－24 Parameter Properties 对话框参数设置

(3) 输入参数名称和数值,参数 Type 选择 String 选项,如果想要在放置元件时能够显示参数值,则一定要选中 Visible 复选框。单击 OK 按钮,所配置的参数将添加到 Library Component Properties 对话框 Parameter 列表中。

15.7.1 元件一数据手册连接参数

参数可以用于建立元件到材料参考数据(如数据手册)之间的连接。通过添加特定参数就可以建立连接,一种方式是按 F1 键获取一份参考文档;另一种方法是右击内容菜单,适用于多份参考文档的应用场合。

HelpURL:如果一个元件包含有带 HelpURL 保留字的参数,按 F1 键将连接 URL,同时光标在元件上成为盘旋状。URL 可以是一个网址、文本文件或 PDF 文件。

元件连接:它是一种支持多连接,并能够命名每一个连接的方法。假如添加了两个参数,一个代表需要连接的文档或 URL,另一个是关于连接的描述,则该参数对的定义如表 15-1 所列。

表 15-1 参数对的定义

	Parameter Name	Example Parameter Value
1st parameter	ComponentLink1URL	C:\MyDatasheets\XYZDatasheet.pdf
2nd parameter	ComponentLink1Description	Datasheet for XYZ
1st parameter	ComponentLink2URL	C:\MyDatasheets\AlternateXYZDatasheet.pdf
2nd parameter	ComponentLink2Description	Datasheet for Alternate XYZ

使用相同的参数对可以定义任意数量的连接,唯一的变化只是数量上的增加。使用数据手册连接方式时,设计者可右击元件,在弹出 Context 菜单中选择 Reference 选项,就能看到各个元件连接,如图 15-25 所示。

当设计者在 Libraries 面板浏览元件时,会用到元件一数据手册连接,按 F1 键或在元件名上右击可以进入链接文档和 URL。

15.7.2 间接字符串

设计者有时需要在某个位置先设置占位符,之后应用时再往该位置输入文本,比如在原理图模板内有一个名为 DesignedBy 的参数,通常希望在使用模板建立新原理图时再定义该参数。Altium Designer 提供所谓的间接字符串技术来实现这一功能。在原理图编辑环境下,就可以为文档添加参数,如 DesignedBy 参数,其值为空,然后在文档上放置一个值为"=DesignedBy"的标准字符串,"="表明该字符串是间接字符串,系统将不会显示该字符串内容,而是显示文档参数 DesignedBy 的当前值。

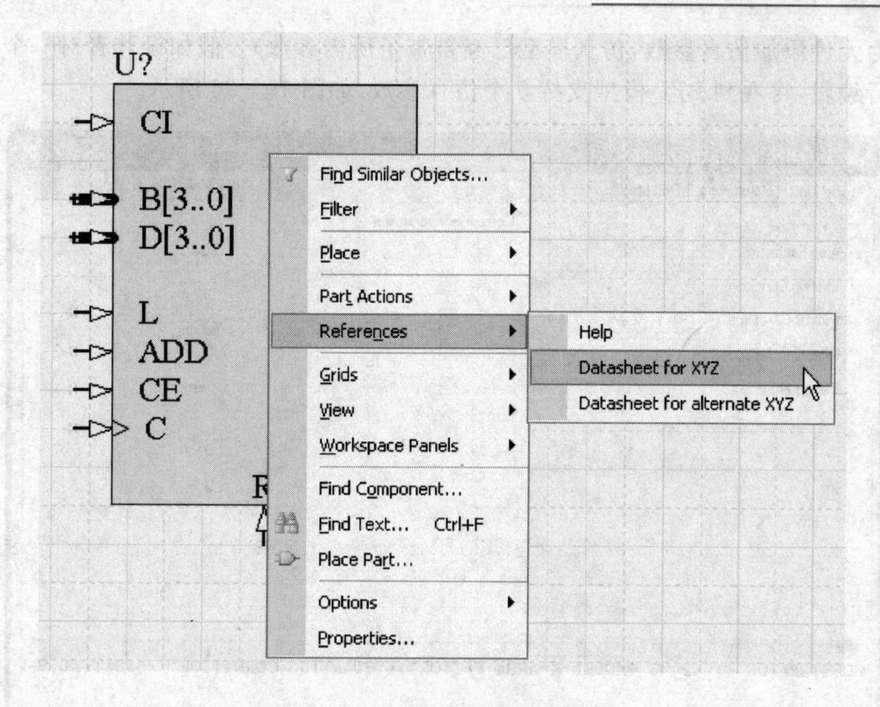

图 15-25 右击进入数据手册连接

注意：系统默认为不去分析间接字符串并显示其最终值，要启动该项功能，需要在 Preferences 对话框 Schematic-Graphical Editing 页面选中 Convert Special Strings 复选框。需要说明的是如果参数值为空，将看不到任何显示内容，这也是系统默认禁止 Convert Special Strings 功能的原因。

间接字符串也可以结合元件使用，如果元件使用了 Visible 功能，就可以在元件右边显示连接到该元件的任意参数，设计者也可以将间接字符串联到元件 Comment 部分。

一旦原理图元件使用了间接字符串，则也可间接用于 PCB 设计和电路仿真。在原理图到 PCB 设计转换时，原理图元件的 Comment 部分映射到 PCB 元件 Comment 部分；但在电路仿真时，不再使用原理图元件的 Comment 部分，因为仿真模拟器本身需要知道元件的许多特性。比如 BJT 的仿真需要 5 类特性，这些特性由参数来表示，任何一个电路仿真参数都可以通过字符串间接映射到 Comment 部分，只需要输入“=”加上对应的名称即可。再比如，电阻有一个仿真参数即电阻值，如果设置电阻 Comment 内容为“=Value”，则 Value 参数内容会显示为 Comment 的内容，这样一来，如果设计者在电路仿真时调整了电阻值，则调整后的电阻值可被用于 PCB 布板阶段。

15.7.3 仿真参数

如上所述，间接字符串功能可用于将参数映射到元件的 Comment 部分（注意：设计者没必要手动为元件添加仿真参数,仿真模型已经自带了所需参数)。假如设计者对一个三极管仿真模型进行编辑,将看到 BJT 模型支持 5 个仿真参数,如图 15-26 所示。

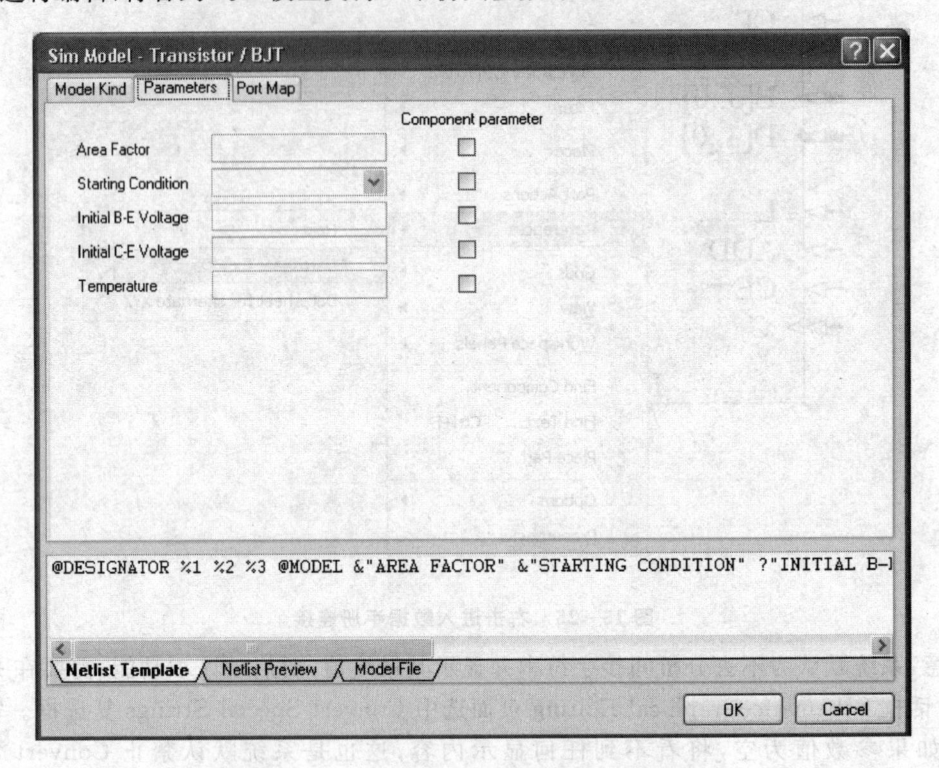

图 15-26 在 Sim Model 对话框中定义仿真参数

如果设计者想简化仿真参数的使用,或者想在原理图上显示这些参数,或者需要在输出设计文档中包含这些参数,则可通过使用 Component parameter 功能,将这些参数逐个变为元件参数。

15.8 检查元件并生成报表

对建立一个新元件是否成功进行检查,会生成 3 个报表,生成报表之前需确认已经对库文件进行了保存,关闭报表文件会自动返回 Schematic Library Editor 界面。

15.8.1 元件规则检查器

元件规则检查器会检查出引脚重复定义或者丢失等错误,步骤如下所示。

(1) 执行 Reports→Component Rule Check 命令 (快捷键:R,R),显示 Library Component Rule Check 对话框。

(2) 设置想要检查的各项属性，单击 OK 按钮，将在 Text Editor 中生成 libraryname. err 文件，里面列出了所有违反了规则的元件。

(3) 如果需要，对原理图库进行修改，重复上述步骤。

(4) 保存原理图库。

15.8.2 元件报表

生成包含当前元件可用信息的元件报表的步骤如下所示。

(1) 执行 Reports→Component 命令(快捷键：R,C)。

(2) 系统显示 libraryname. cmp 报表文件，里面包含了元件各个部分及引脚细节信息。

15.8.3 库报表

为库里面所有元件生成完整报表的步骤如下所示。

(1) 执行 Reports→Library 命令(快捷键：R,L)。

(2) 在弹出的 Library Report Settings 对话框中配置报表各设置选项，报表文件可用 Microsoft Word 软件或网页浏览器打开，并取决于选择的格式。

15.9 从其他库复制元件

设计者可从其他已打开的原理图库中复制元件到当前原理图库，然后根据需要对元件属性进行修改。如果该元件在集成库中，则需要先打开集成库文件(单击 File→Open 命令)，单击 Yes 按钮抽取源库文件，然后在 Projects 面板打开该源库文件。

(1) 在 SCH Library 面板 Components 列表中选择想复制的元件，该元件将显示在设计窗口中。

(2) 执行 Tools→Copy Component 命令将元件从当前库中复制到任一个已打开的库中。

(3) 选择想复制元件的库文档，单击 OK 按钮，元件将被复制到目标库文档中。如有必要，可以对元件进行修改。

设计者可以通过 SCH Library 面板一次复制一个或多个元件，按住 Ctrl 键并单击元件名或按住 Shift 键并单击元件名的方式可以同时选中多个元件，保持选中状态并右击在弹出的菜单中选择 Copy 选项，如图 15－27 所示。

接下来设计者可以右击 Components 列表，执行以下操作。

① 将元件粘贴回原来的库。

② 将元件粘贴到另一个打开的库。

③ 用相同的方法从原理图复制和粘贴元件到一个打开的库。

图 15-27　从当前库中复制选中的多个元件

15.10　创建多部件原理图元件

前面示例中所创建的三极管模型代表了整个元件,即单一模型代表了器件制造商所提供的全部物理意义上的信息(如封装)。但有时候,一个物理意义上的元件只代表某一部件会更好。比如一个由8只分立电阻构成,每一只电阻可以被独立使用的电阻网络。再比如高速四2输入与门芯片74F08,该芯片包括四路2输入与门,这些2输入与门可以独立地被随意放置在原理图上的任意位置,此时将该芯片描述成4个独立的2输入与门部件,比将其描述成单一模型更方便实用。多部件元件就是将元件按照独立的功能块进行描绘的一种方法。

作为示例,创建74F08SJX Quad 2-IN AND门电路的步骤如下所示。

(1) 在Schematic Library编辑器中执行Tools→New Component命令(快捷键为T,C),弹出New Component Name对话框,如图15-28所示。

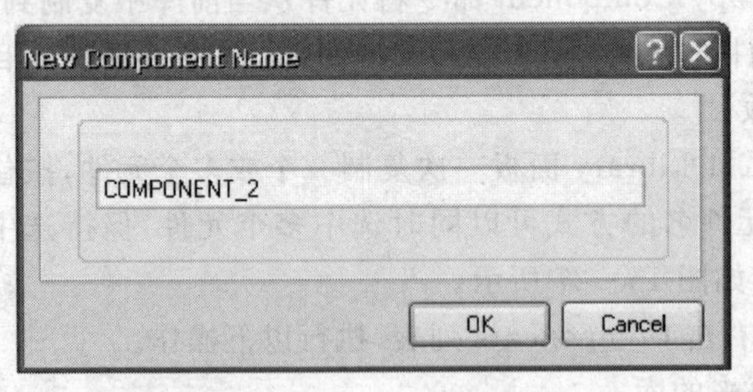

图 15-28　输入新元件的名字

(2) 输入新元件名称,如74F08SJX,单击OK按钮,在SCH Library面板Components列表中将显示新文件名,同时显示一张中心位置有一个巨大十字准线的空元件图纸以供编辑。

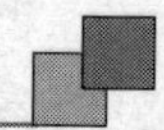

(3) 接下来还将详细介绍如何为上文所述文件建立第一个部件及其引脚,其他部件将以第一个部件为基础来建立,只需要更改引脚序号即可。

15.10.1　建立元件轮廓

元件体由若干线段和圆角组成,执行 Edit→Jump→Origin(快捷键为 J,O)使元件原点在编辑页的中心位置,同时要确保网格清晰可见(快捷键为 Page Up)。

1. 放置线段

(1) Altium Designer 状态显示条(底端左边位置)会显示当前网格信息,设计者按 G 键可以在定义好的 3 种网格设置中轮流切换,本例中设置网格值为 5。

(2) 执行 Place→Line 命令(快捷键为 P,L)或单击工具栏按钮,光标变为十字准线,进入折线放置模式。

(3) 按 Tab 键设置线段属性,在 Polyline 对话框中设置线段宽度为 Small。

(4) 参考状态显示条左侧 X,Y 坐标值,将光标移动到(25,－5)位置,按 Enter 键选定线段起始点,之后用鼠标单击各分点位置从而分别画出折线的各段(单击位置分别为 0,－5,(0,－35),25,－35)。

(5) 完成折线绘制后,右击或按 Esc 键退出放置折线模式。

(6) 所画折线如图 15－29 所示,注意要保存元件。

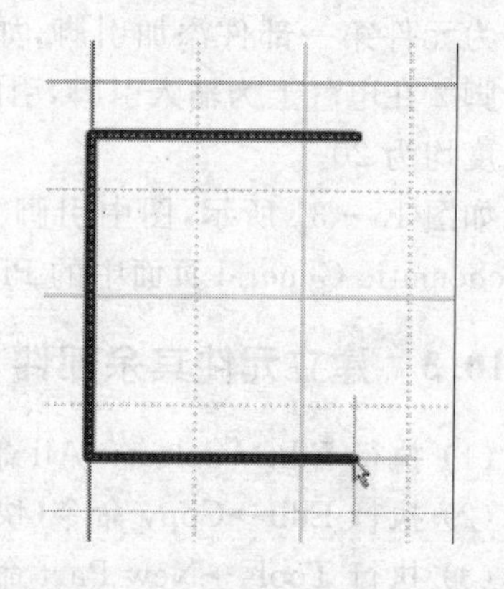

图 15－29　放置折线,界定了元件体第一部件的范围

2. 绘制圆弧

放置一个圆弧需要设置 4 个参数:中心点、半径、圆弧的起始角度、圆弧的终止角度。注意:可以按 Enter 键代替单击方式放置圆弧。

(1) 执行 Place→Arc (Center)命令(快捷键为 P,A),光标处显示最近所绘制的圆弧,进入圆弧绘制模式。

(2) 按 Tab 键弹出 Arc 对话框,设置圆弧的属性,这里将半径设置为 15,起始角度设置为 270,终止角度为 90,线条宽度为 Small,如图 15－30 所示。

(3) 移动光标到(25,－20)位置,按 Enter 键或单击选定圆弧的中心点位置,无须移动鼠标,光标会根据 Arc 对话框中所设置的半径自动跳到正确的位置,按 Enter 确认半径设置。

(4) 光标跳到对话框中所设置的圆弧起始位置,不移动鼠标按 Enter 键确定圆弧起始角度,此时光标跳到圆弧终止位置,按 Enter 键确定圆弧终止角度。

(5) 右击鼠标或按 Esc 键退出圆弧放置模式。

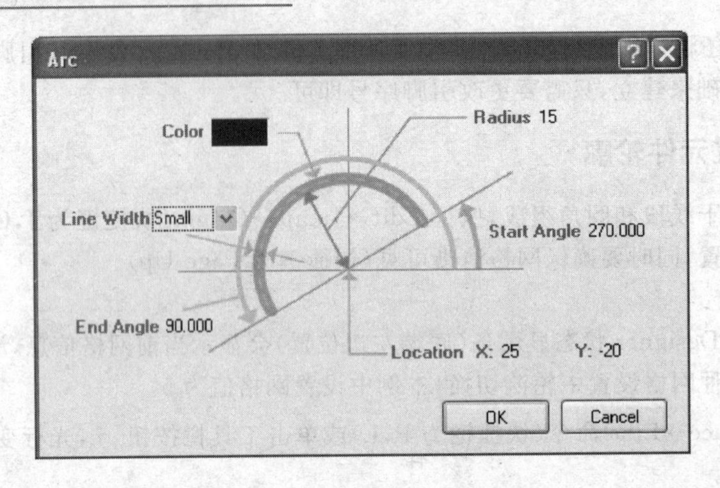

图 15-30 在 Arc 对话框中设置圆弧属性(可使用鼠标或直接输入数值)

15.10.2 添加信号引脚

设计者可使用“添加引脚到原理图元件”一节所介绍的方法为元件第一部件添加引脚，如图 15-31 所示，引脚 1 和引脚 2 在电气上为输入引脚，引脚 3 为输出引脚，所有引脚长度均为 20。

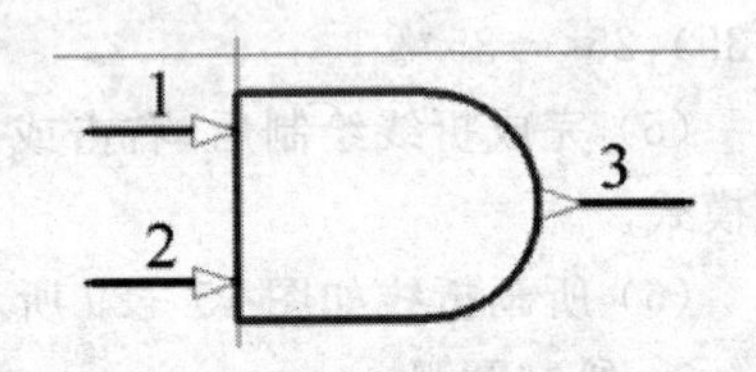

图 15-31 元件 74F08SJX 部件 A

如图 15-31 所示，图中引脚方向由 Preferences 对话框 Schematic-General 页面中的 Pin Direction 选项决定。

15.10.3 建立元件其余部件

(1) 执行 Edit→Select→All 命令(快捷键为 Ctrl+A)选择目标元件。

(2) 执行 Edit→Copy 命令(快捷键为 Ctrl+C)将前面所建立的第一部件复制到剪贴板。

(3) 执行 Tools→New Part 命令显示空白元件页面，此时若在 SCH Library 面板 Components 列表中单击元件名左侧“+”标识，将看到 SCH Library 面板元件部件计数被更新，包括 Part A 和 Part B 两个部件，如图 15-32 示。

(4) 执行 Edit→Paste 命令(快捷键为 Ctrl+P)，光标处将显示元件部件轮廓，以原点(黑色十字准线为原点)为参考点，将其作为部件 A 放置在页面的对应位置，如果位置没对应好，可以移动部件调整位置。

(5) 重复第(4)步生成部件 B，对部件 B 的引脚编号逐个进行修改。双击引脚在弹出的 Pin Properties 对话框中修改引脚编号和名称，修改后的部件 B 如图 15-33 所示。

(6) 重复步骤(3)→(5)生成余下的两个部件：部件 C 和部件 D，如图 15-34 所示，并保存库文件。

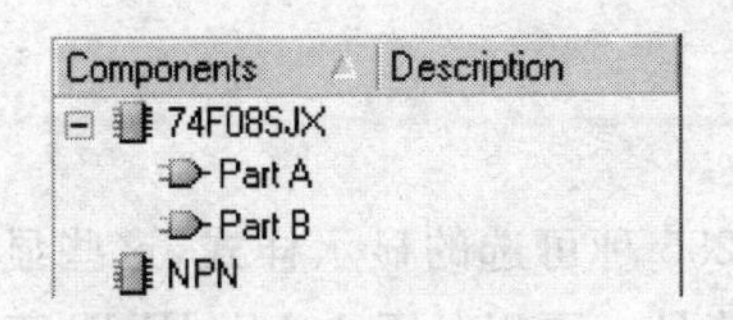

图 15－32　部件 B 被添加到元件

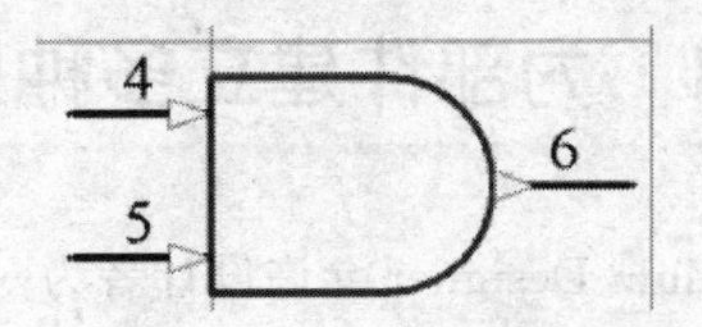

图 15－33　部件 B 被添加到元件

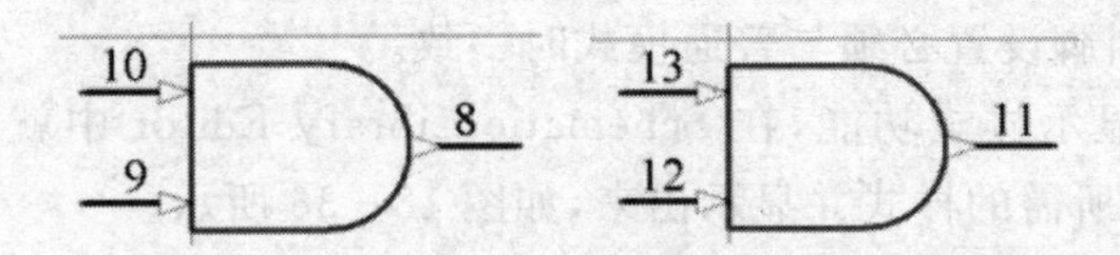

图 15－34　元件 74F08SJX 部件 C 和部件 D

15.10.4　添加电源引脚

为元件定义电源引脚有两种方法。第一种是建立元件的第五个部件，在该部件上添加 VCC 引脚和 GND 引脚，这种方法需要选中 Component Properties 对话框的 Locked 复选框（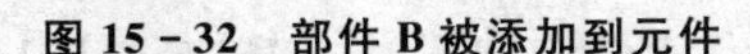），以确保在对元件部件进行重新注释的时候电源部分不会跟其他部件交换。第二种方法是将电源引脚设置成隐藏引脚，元件被使用时系统自动将其连接到特定网络。在多部件元件中，隐藏引脚不属于某一特定部件而是属于所有部件（不管原理图是否放置了某一部件，它们都会存在），只需要将引脚分配给一种特殊的部件——zero 部件，该部件存有其他部件都会用到的公共引脚。

(1) 为元件添加 VCC(Pin7)和 GND(Pin14)引脚，将其 Part Number 属性设置为 0，Electrical Type 设置为 Power，Hide 状态设置为 hidden，Connect to 分别设置为 VCC 和 GND。

(2) 从菜单栏中执行 View→Show Hidden Pins 命令以显示隐藏目标，则能看到完整的元件部件如图 15－35 所示，注意检查电源引脚是否在每一个部件中都有。

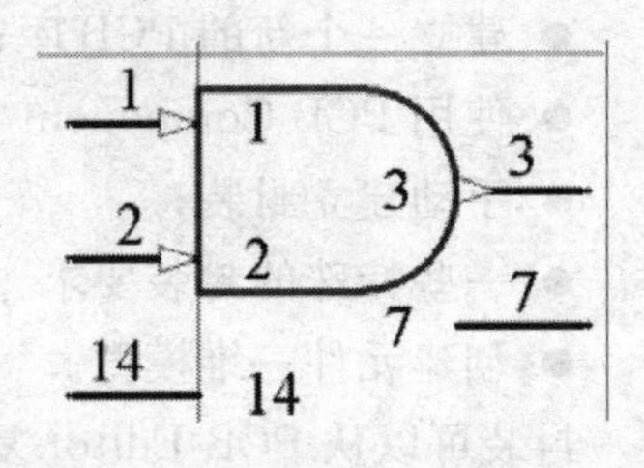

图 15－35　部件 A 显示出隐藏的电源引脚

15.10.5　设置元件属性

(1) 在 SCH Library 面板 Components 列表中选中目标元件后，单击 Edit 按钮进入 Library Component Properties 对话框，设置 Default Designator 为“U?”，Description 为 Quad 2-Input AND Gate，并在 Models 列表中添加名为 DIP14 的封装，稍后使用 PCB Component Wizard 建立 DIP14 封装模型。

(2) 执行 File→Save 命令保存该元件。

15.11 为部件建立多种显示样式

Altium Designer 允许设计者为一个部件建立多达 255 种可选的显示样式，这些显示样式包含不同的图形符号，如 DeMorgan 或 IEEE 所推荐的符号。可以从 Sch Lib IEEE 工具栏中选择 IEEE 符号(单击 View→Toolbars→Utilities 命令)，或单击 Place→IEEE Symbols 命令。每种可选显示样式其引脚设置必须与普通模式时一致。

如果使用了可选显示样式功能，在 Schematic Library Editor 中就可以从 Mode 工具条 Mode 下拉列表中选择所需的样式并显示出来，如图 15－36 所示。

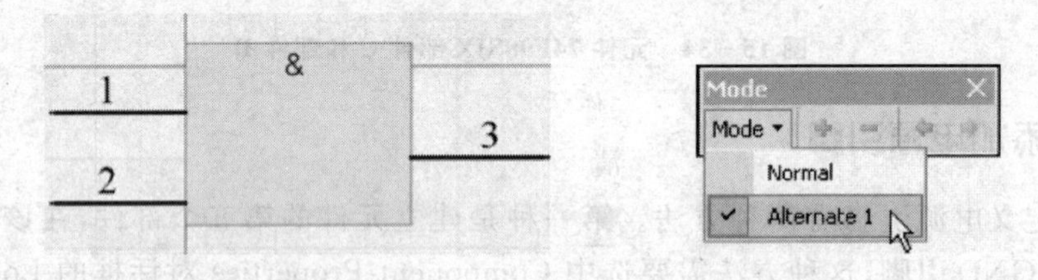

图 15－36 使用 Alternate 1 显示样式绘画 IEEE 风格的 AND 门

15.12 建立 PCB 元件封装

本节内容包括以下主题：

- 建立一个新的 PCB 库；
- 使用 PCB Component Wizard 为一个原理图元件建立 PCB 封装；
- 手动建立封装；
- 一些特殊的封装要求，如添加外形不规则的焊盘；
- 创建元件三维模型。

封装可以从 PCB Editor 复制到 PCB 库，从一个 PCB 库复制到另一个 PCB 库，也可以是通过 PCB Library Editor 的 PCB Component Wizard 或绘图工具画出来的。在一个 PCB 设计中，如果所有的封装已经放置好，设计者可以在 PCB Editor 中执行 Design→Make PCB Library 命令生成一个只包含所有当前封装的 PCB 库。

Altium Designer 为 PCB 设计提供了比较齐全的各类直插元件和 SMD 元件的封装库，这些封装库位于 Altium Designer 安装目录下 Library\Pcb 文件夹中。

本节示例采用手动方式创建 PCB 封装，只是为了介绍 PCB 封装建立的一般过程，这种方式所建立的封装其尺寸大小也许并不准确，实际应用时需要设计者根据器件制造商提供的元件数据手册进行检查。

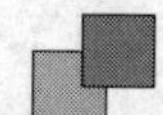

15.12.1 建立一个新的 PCB 库

建立新的 PCB 库包括以下步骤。

(1) 执行 File→New→Library→PCB Library 命令，建立一个名为 PcbLib1.PcbLib 的 PCB 库文档，同时显示名为 PCBComponent_1 的空白元件页。

(2) 重新命名该 PCB 库文档为 PCB Footprints.PcbLib(可以执行 File→Save As 命令)，新 PCB 封装库是库文件包的一部分，如图 15-37 所示。

(3) 单击 PCB Library 标签进入 PCB Library 面板。

(4) 单击一次 PCB Library Editor 工作区的灰色区域并按 Page Up 键进行放大直到能够看清网格，如图 15-38 所示。

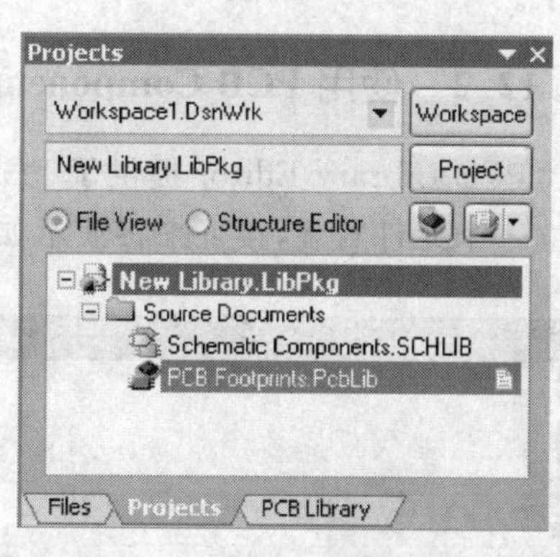

图 15-37 添加了封装库后的库文件包

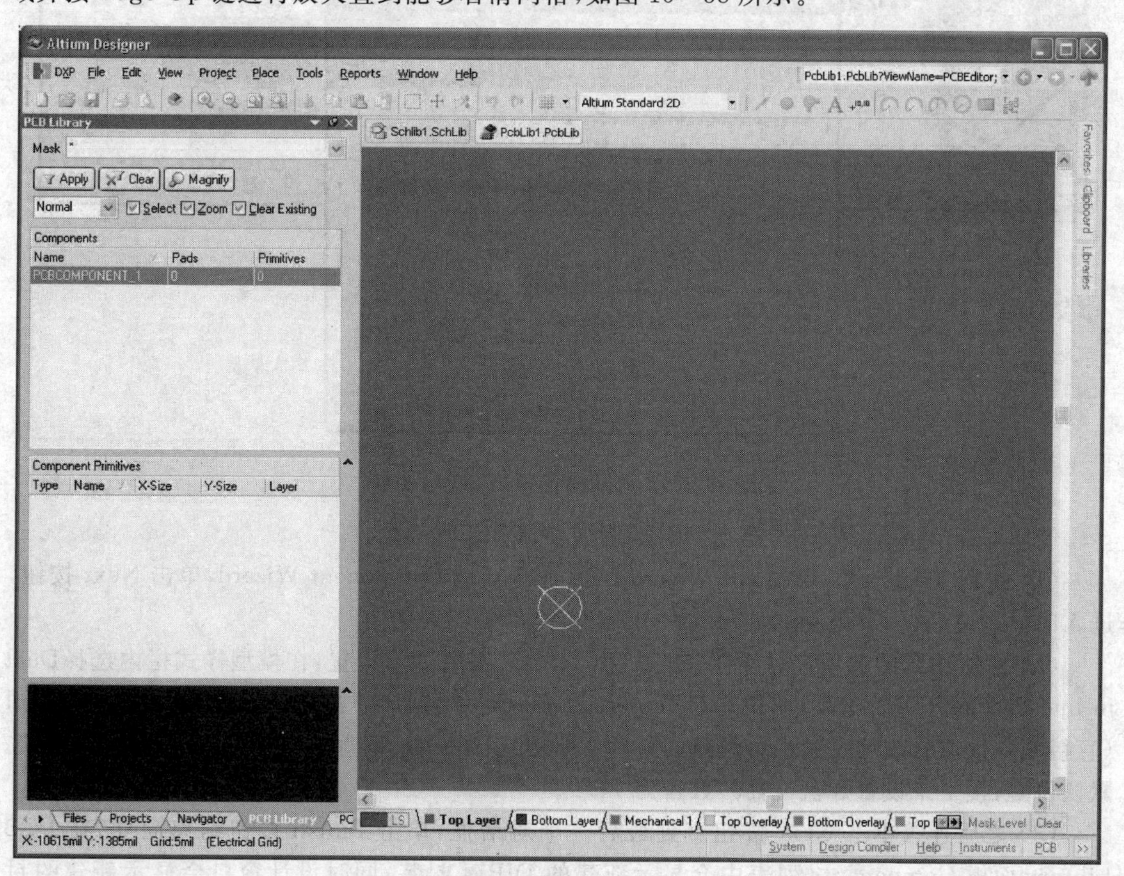

图 15-38 可以开始创建封装的新 PCB 库

现在就可以使用 PCB Library Editor 提供的命令在新建的 PCB 库中添加、删除或编辑封装了。

15.12.2 使用 PCB Component Wizard

PCB Library Editor 提供了 PCB Component Wizard 使设计者在输入一系列设置后可以建立一个元件封装，接下来将演示如何利用向导建立 DIP14 封装，如图 15-39 所示。

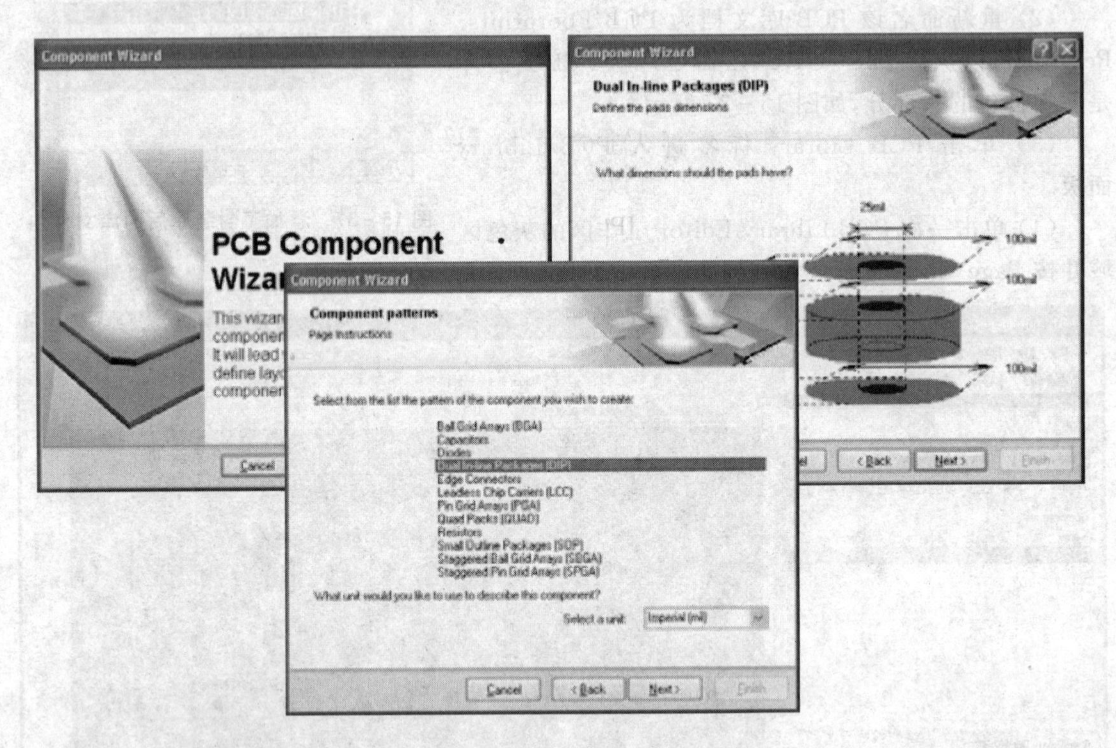

图 15-39 利用向导建立 DIP14 封装

使用 Component Wizard 建立 DIP14 封装步骤如下所示。

(1) 执行 Tools→Component Wizard PCB 命令启动 Component Wizard，单击 Next 按钮，进入向导。

(2) 对所用到的选项进行设置，建立 DIP14 封装需要如下设置：在模型样式栏内选择Dual in-line Package(DIP)选项，单位选择 Imperial units 选项，圆形焊盘选择外径 60mil、内径 3mil (直接输入数值修改尺度大小)，焊盘间距为水平方向 300mil、垂直方向 100mil，其余选项皆选默认设置，接下来设置焊盘(引脚)数目为 14。

(3) 之后连续单击 Next 按钮直到最后一个对话框，单击 Finish 按钮结束向导，在 PCB Library 面板 Components 列表中会显示新建的 DIP14 封装，同时设计窗口会显示新建的封

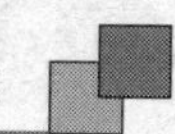

装，如有需要可以对封装进行修改，如图 15－40 所示。

（4）执行 File→Save 命令（快捷键为 Ctrl＋S）保存库文件。

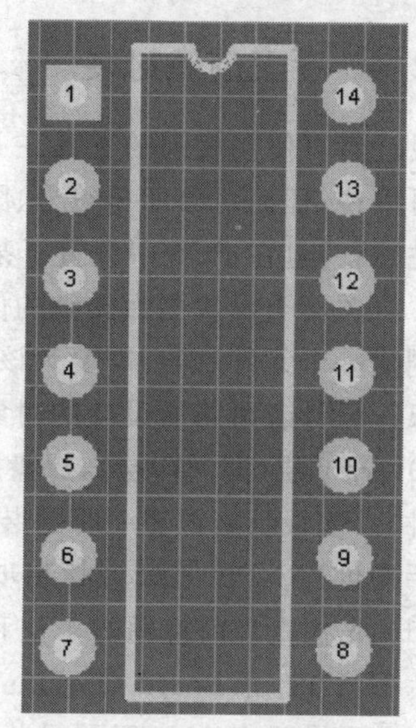

图 15－40　使用 PCB Component Wizard 建立的 DIP14 封装

15.12.3　使用 IPC Footprint Wizard

如同 PCB Component Wizard，设计者也可使用 IPC Footprint Wizard 创建元件封装。与 PCB Component Wizard 需要输入焊盘和线路参数不同的是，IPC Footprint Wizard 使用元件的真实尺寸作为输入参数，该向导基于 IPC-7351 规则使用标准的 Altium Designer 对象（如焊盘、线路）来生成封装。可以从 PCB Library Editor 菜单栏 Tools 菜单中启动 IPC Footprint Wizard 向导，如图 15－41 所示。

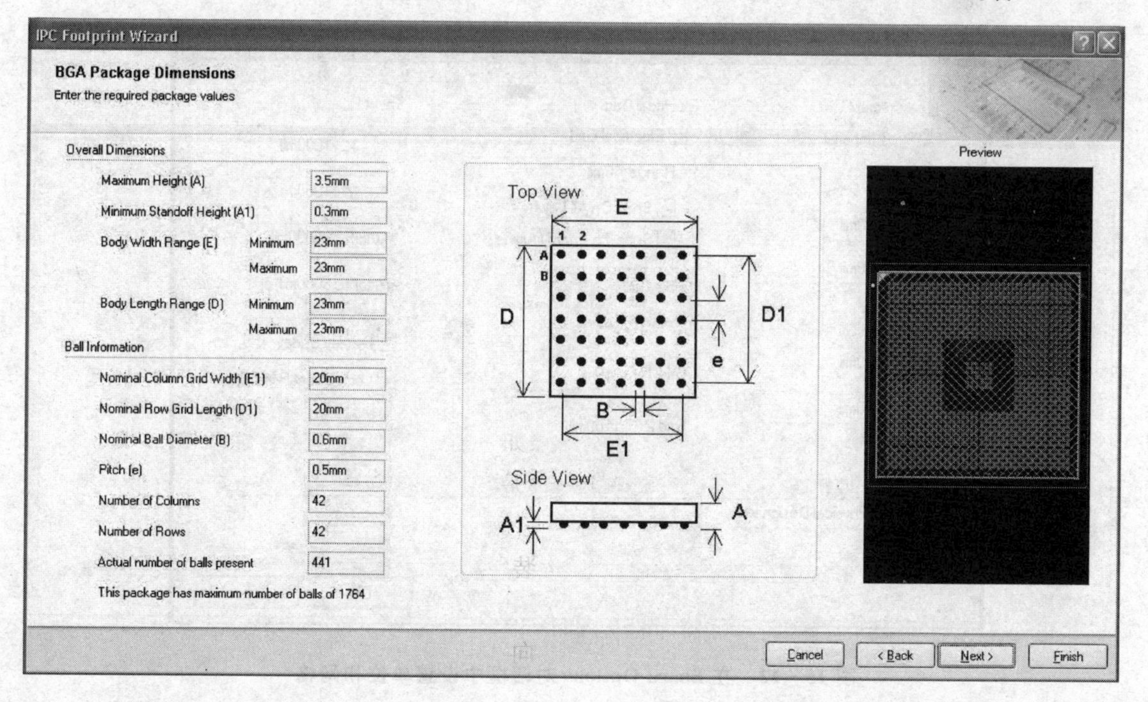

图 15－41　IPC Footprint Wizard 利用元件尺寸参数建立封装

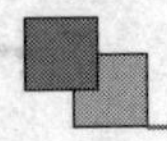

15.12.4 手工创建封装

设计者可使用相同的工具在 PCB Library Editor 中创建封装,再在 PCB Editor 使用该封装。可以说,任何对象如角符号、图形对象、机械参数等都可以保存为一个 PCB 封装。

注意:一旦在 PCB 中放置了某个封装,设计者就可以根据需要设置其类型为图形类或机械类。有关此类设置更为详细的信息请使用 Component 对话框中的"?"功能。

创建一个元件封装,需要为该封装添加用于连接元件引脚的焊盘和定义元件轮廓的线段和圆弧。设计者可将所设计的对象放置在任何一层,但一般的做法是将元件外部轮廓放置在 Top Overlay 层(即丝印层),焊盘放置在 Multilayer 层(对于直插元件)或顶层信号层(对于贴片元件)。当设计者放置一个封装时,该封装包含的各对象会被放到其本身所定义的层中。

手动创建 NPN 三极管封装步骤如下所示:

(1) 先检查当前使用的单位和网格显示是否合适,执行 Tools→Library Options 命令(快捷键为 D,O)打开 Board Options 对话框,设置 Units 为 Imperial,X,Y 方向的 Snap Grid 为 10mil,需要设置 Grid 以匹配封装焊盘之间的间距,设置 Visible Grid 1 为 10mil,Visible Grid 2 为 100mil,如图 15-42 所示。

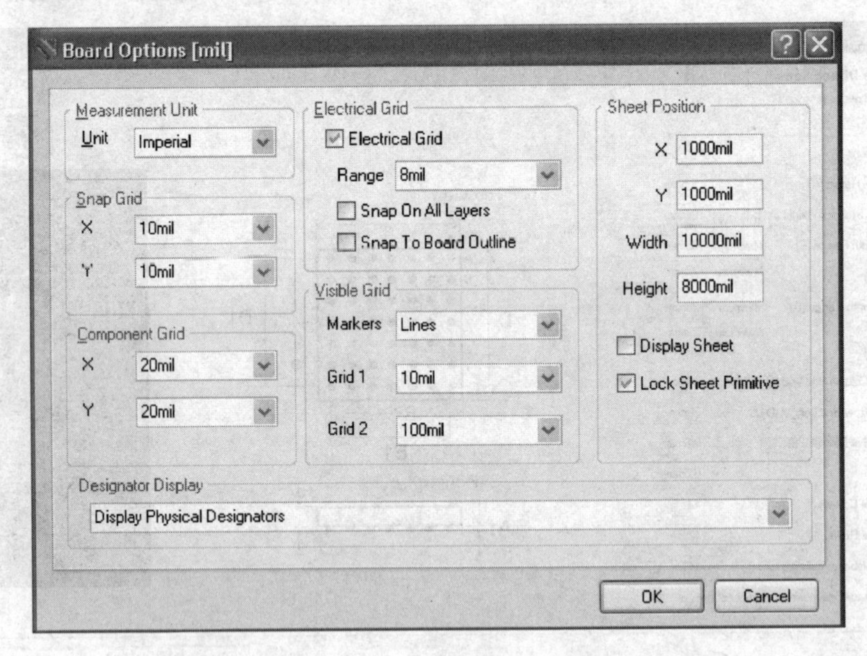

图 15-42 在 Board Options 对话框中设置单位和网格

(2) 执行 Tools→New Blank Component 命令(快捷键为 T,W)进入元件封装工作区,会看到已有一个包含空封装的库,接下来就可以使用这一空封装。

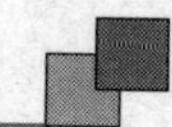

(3) 在PCB Library面板双击该空封装,为其重新命名(默认名称为PCBComponent_1),在PCB Library Component对话框中输入新名称BCY-W3。

(4) 推荐在工作区(0,0)参考点位置(有原点定义)附近创建封装,在设计的任何阶段,使用快捷键J,R就可使光标跳到原点位置。

参考点就是放置元件时,"拿起"元件的那一个点。一般将参考点设置在第一个焊盘中心点或元件的几何中心。设计者可单击Edit→Set Reference命令随时设置元件的参考点。

按Ctrl+G快捷键可以在工作时改变捕获网格大小,按L键在View Configurations对话框中设置网格是否可见。如果原点不可见,在该对话框View Options页面使用Origin Marker选项。

1. 为新封装添加焊盘

Pad properties对话框为设计者在所定义的层中检查焊盘形状提供了预览功能,设计者可以将焊盘设置为标准圆形、椭圆形、方形等,还可以决定焊盘是否需要镀金,同时其他一些基于散热、间隙计算,Gerber输出,NC Drill等设置可以由系统自动添加。无论是否采用了某种孔型,NC Drill Output (NC Drill Excellon format 2)将为3种不同孔型输出6种不同的NC钻孔文件。

放置焊盘是创建元件封装中最重要的一步,焊盘放置是否正确,关系到元件是否能够被正确焊接到PCB板,因此焊盘位置需要严格对应于器件引脚的位置。放置焊盘的步骤如下所示。

(1) 执行Place→Pad命令(快捷键为P,P)或单击工具栏按钮,光标处将出现焊盘,放置焊盘之前,先按Tab键,弹出Pad dialog对话框,如图15-43所示。

(2) 在图15-43所示对话框中编辑焊盘各项属性,建立一个椭圆形焊盘。

(3) 利用Status显示坐标,将第一个焊盘拖到(X:0, Y:-50)位置,单击或者按Enter确认放置。

(4) 放置完第一个焊盘后,光标处自动出现第二个焊盘,将第二个焊盘放到(X:0, Y:0)位置。注意:焊盘标识会自动增加。

(5) 在(X:0, Y:50)处放置第三个焊盘。

(6) 右击或者按Esc键退出放置模式,所放置焊盘如图15-44所示。

(7) 执行File→Save命令(快捷键为Ctrl+S)保存封装。

对于表面贴装元器件需将层属性设置为Top Layer,对于那些各层尺寸大小不一样的过孔焊盘,需设置Size and Shape项。

2. 焊盘标识符

焊盘由标识符(通常是元件引脚号)进行区分,标识符由数字和字母组成,最多允许20个数字和字母,也可以为空白。

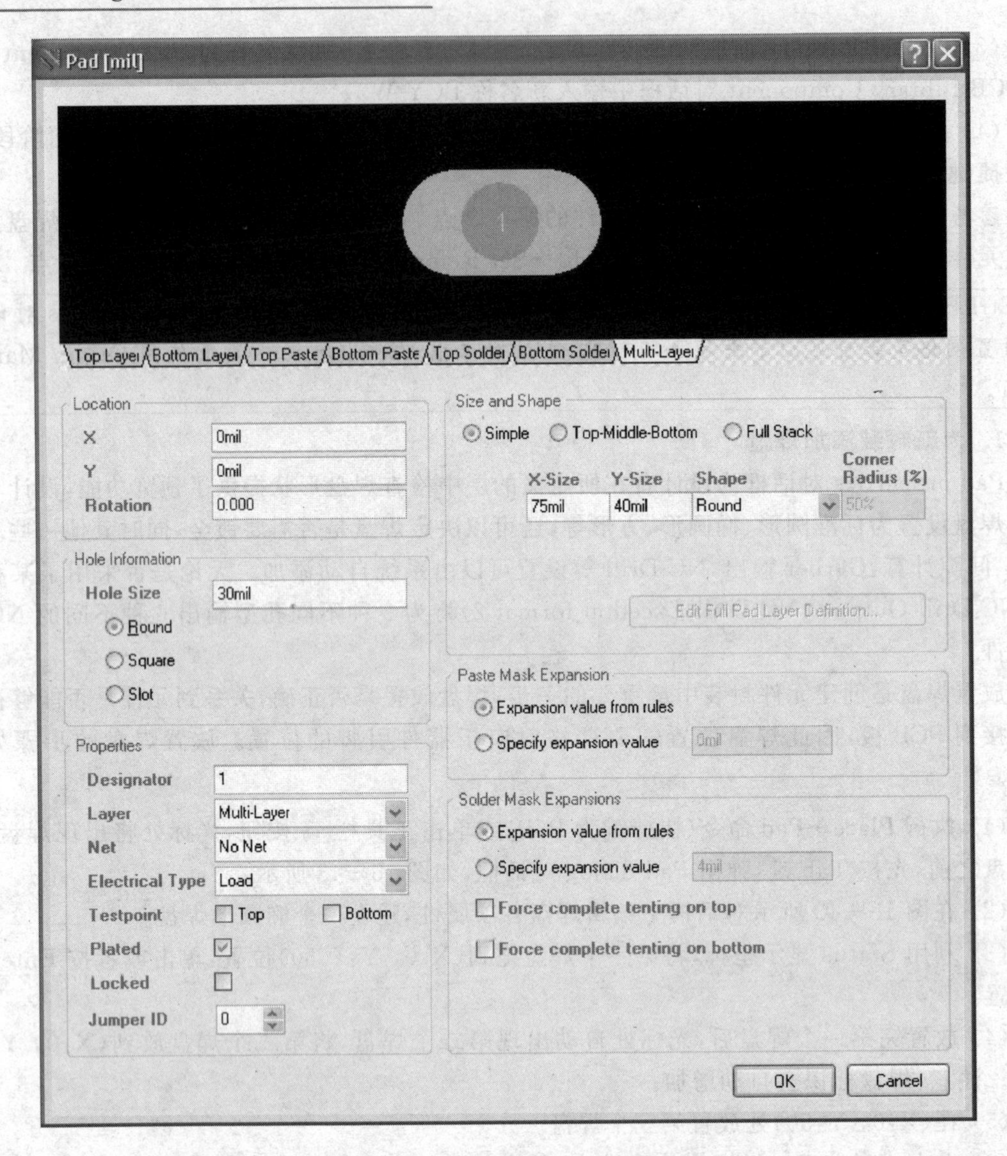

图 15-43 放置焊盘之前设置焊盘参数

如果标识符以数字开头或结尾,则当设计者连续放置焊盘时,该数字会自动增加,使用 Paste Array 功能可以实现字母(如 1A,1B 的递增)或数字递增步进时 1 以外的其他数值的应用。

不使用鼠标定位光标处浮现的焊盘的方法:按 J,L 快捷键弹出 Jump to Location 对话框,按 Tab 键在 X,Y 数值域切换,按 Enter 键接受所作的修改,再一次按 Enter 键放置焊盘。

3. 阵列粘贴功能

在设置好前一个焊盘标识符前提下，使用阵列粘贴功能可以在连续多次粘贴时，自动为焊盘分配标识符。通过设置 Paste Array 对话框 Text Increment 选项，可以使焊盘标识按以下方式递增：

① 数字方式(1,3,5)，

② 字母方式(A,B,C)，

③ 数字和字母组合方式(A1 A2，1A 1B，A1 B1 或 1A 2A 等)。

④ 以数字方式递增时，需要设置 Text Increment 选项为所需要的数字步进值。

⑤ 以字母方式递增时，需要设置 Text Increment 选项为字母表中的字母，代表每次所跳过的字母数。比如焊盘初始标识为 1A，设置 Text Increment 选项为 A(字母表中的第一个字母)，则标识符每次递增 1；设置 Text Increment 选项为 C(字母表中的第三个字母)，则标识符将为 1A，1D，1G...(每次增加 3)。

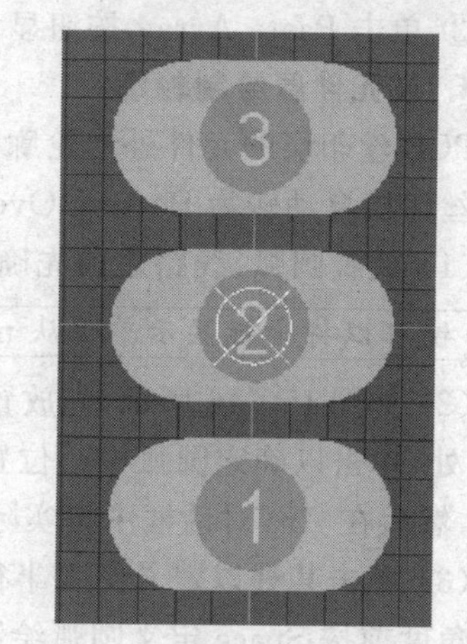

图 15－44　创建封装第一阶段：放置焊盘

使用阵列粘贴的步骤如下所示。

① 创建原始焊盘，输入起始标识符，如 1A，执行 Edit→Copy 命令将原始焊盘复制到剪粘板(快捷键为 Ctrl＋C)，单击焊盘中心复制参考点。

② 执行 Edit→Paste Special 命令(快捷键为 E，A)弹出 Paste Special 对话框，如图 15－45 所示。

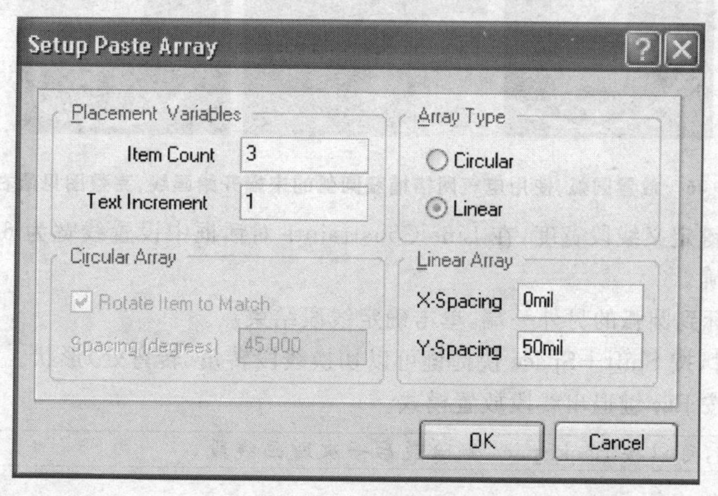

图 15－45　一次复制多个焊盘

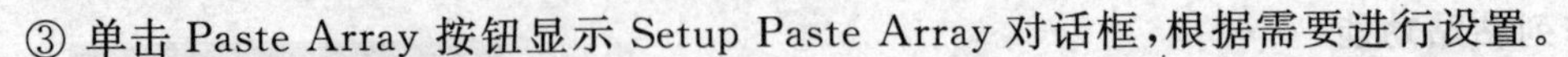

③ 单击 Paste Array 按钮显示 Setup Paste Array 对话框，根据需要进行设置。

4. 在元件层绘制轮廓

PCB 丝印层的元件外形轮廓在 Top Overlay(顶层)中定义，如果元件放置在电路板底面，则该丝印层自动转为 Bottom Overlay(底层)。

(1) 放置圆弧、线路之前先确定它们所属的层，单击编辑窗口底部的 Top Overlay 标签。

按 Q 键可以将坐标显示单位从 mil 改为 mm。

(2) 如图 15-46 所示，先放置圆弧，执行 Place→Arc (Center)命令并将光标移动到(X:0，Y:0)处，单击以确定圆弧中心位置，如果知道圆弧半径、起始角度、终止角度则放置圆弧会更容易，然后在 Arc 对话框中按实际需要进行编辑。

(3) 单击某处以定义圆弧半径，然后单击以定义圆弧起始角度，如有必要可以在定义圆弧终止角度前按 Space 定义圆弧绘制方向，如图 15-46 所示设置圆弧绘制方向，再单击确定圆弧终止角度，按 Esc 键退出圆弧放置模式。

现在可以双击刚才放置的圆弧，显示 Arc 对话框，设置其参数如下：

Width=6mil，Radius=105mil，Start Angle=55，End Angle=305。

(4) 接下来放置线段，执行 Place→Line 命令(快捷键为 P,L)或单击按钮，移动光标到圆弧末端附近，按 Page Up 进行放大，如图 15-46 所示，当设计者移动光标接近圆弧末端时，系统会使光标自动捕获到该电气节点，单击开始画线。

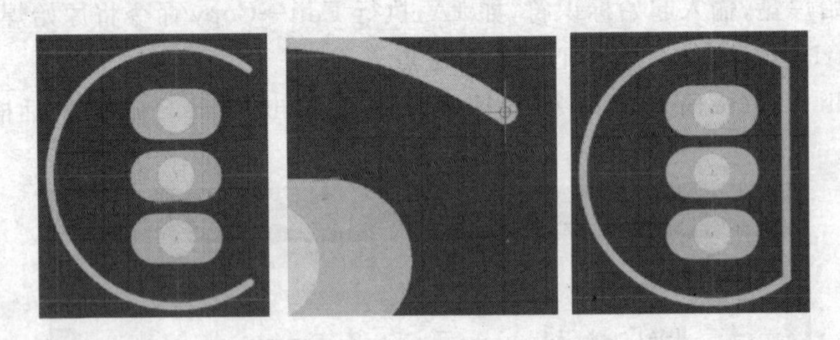

图 15-46 放置圆弧，使用电气网格捕获圆弧的末端开始画线，完整图见最右边图

(5) 按 Tab 键定义线段宽度，在 Line Constraints 对话框中设置线宽为 6mil，同时检查线段所属层是否正确。

(6) 移动光标到圆弧的另外一端，单击确定线段结束点。

注意：画线时，按 Shift+Space 快捷键可以切换线段转角(转弯处)形状。

(7) 右击或按 Esc 键退出线段放置模式。

画线时如果出错，可以按 BackSpace 删除最后一次所画线段。

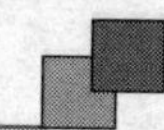

15.12.5 创建带有不规则形状焊盘的封装

有时候设计者可能需要创建一些包含不规则焊盘的封装，使用 PCB Library Editor 可以实现这类要求。但有一个很重要的因素需要注意。

Altium Designer 会根据焊盘形状自动生成阻焊和锡膏层，如果设计者使用多个焊盘创建不规则形状，则系统会为之生成匹配的不规则形状层；而如果设计者使用其他对象如线段(线路)、填充对象，区域对象或圆弧来创建不规则形状，则需要同时在阻焊和锡膏层定义大小适当的阻焊和锡膏蒙板。

图 15-47 给出了不同设计者所创建的同一封装 SOT-89 的两个不同版本。左边那个图使用了两个焊盘来合成中间那个大的不规则焊盘，而右边那个图则使用了“焊盘+线段”方式，因此需要手动定义阻焊和锡膏层。

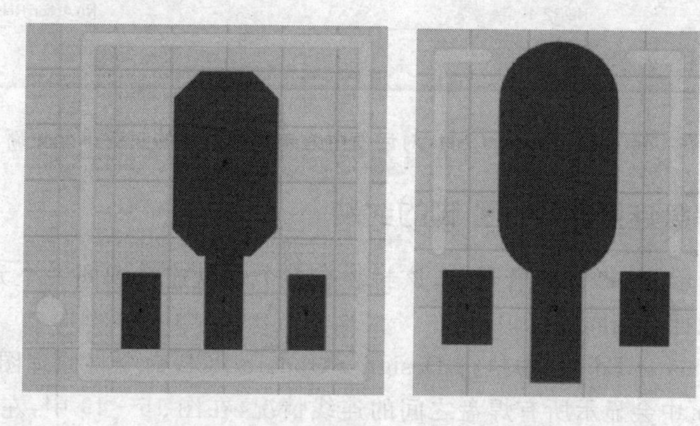

图 15-47 通过多个对象合成不规则焊盘

15.12.6 管理封装中包含布线基元的元件

当设计者将原理图转换到 PCB 设计时，系统会根据元件所选定的封装从可用库中提取出封装放置在 PCB 板上。封装中的每一个焊盘拥有自己的网络标号，通过网络标号与原理图中元件引脚对应起来。如果封装中含有连接到焊盘的铜皮，系统不会为这些铜皮分配网络标号，从而在设计检查时会出现违反布线规则的错误信息，因此需要设计者自己为之分配网络标号并进行更新。

PCB Editor 拥有一个功能强大的网络管理器，从菜单栏执行 Design→Netlist→Configure Physical Nets 命令，如图 15-48 所示，设计者可以在 Configure Physical Nets 对话框中为如图 15-50 所示系统检测到的按钮开关封装的额外铜皮分配网络标号。在对话框中单击 Menu 按钮可以查看所有菜单项，单击 New Net Name 下拉列表框为未分配网络标号的基元选定网络。

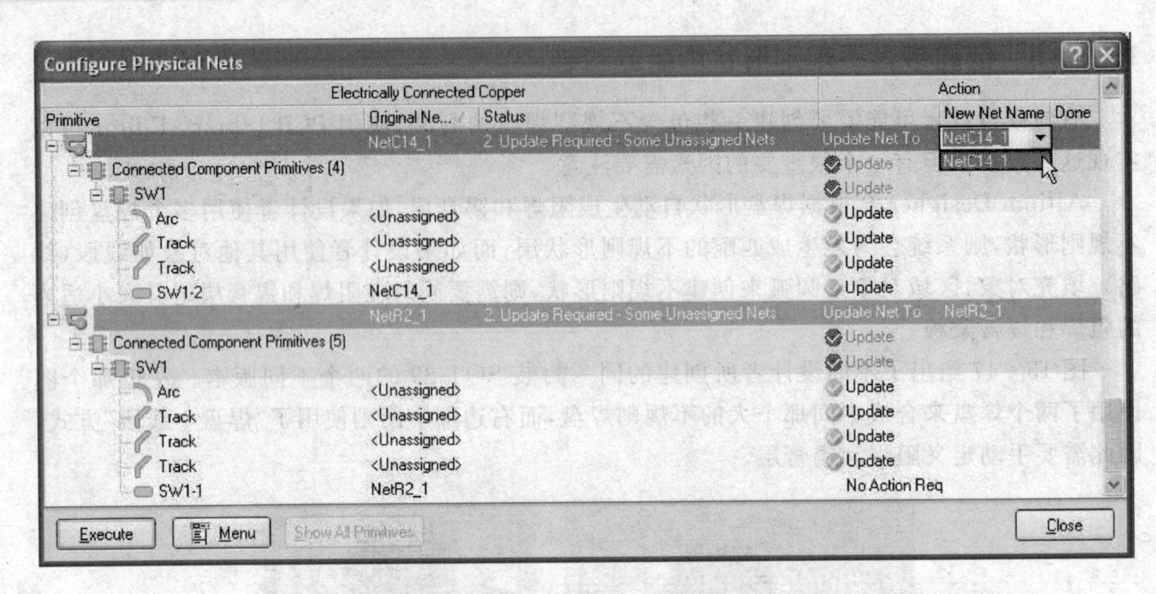

图 15-48　在 Configure Physical Nets 对话框中为未分配网络的封装单元更新网络标号

15.12.7　多个焊盘连接到同一引脚的封装

如图 15-49 所示 TO-3 三级管封装，该封装有多个焊盘连接到同一个元件引脚，对该元件而言，两个安装孔拥有相同的标识值 3。

设计者在 Schematic Editor 中执行 Design→Update PCB 命令将原理图设计信息转换到 PCB 时，PCB Editor 中会显示所有焊盘之间的连线情况，在图 15-49 中，左右两个焊盘拥有相同的网络，它们之间可以走线相连。

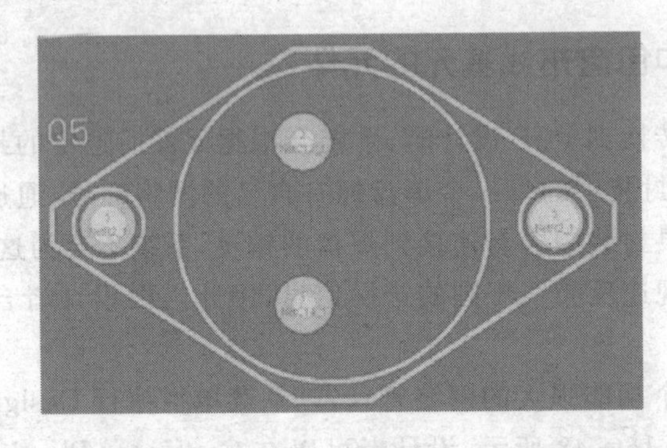

图 15-49　TO-3 封装两个焊盘有相同的标识符，有相同的网络

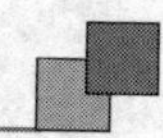

15.12.8　处理特殊的阻焊层设计要求

图 15－50 给出一种触摸按钮开关封装，该封装由 PCB 表面两组铜单元组成。在 PCB 上装有一个塑胶开关按钮，其中心为一块碳制导电材料，当设计者按住按钮时，该导电材料同时接触两组铜单元从而在电气上形成通路。

要实现上述功能，两组铜单元表面不能贴有阻焊层，因此其阻焊层的设计可以通过在两组铜单元下面放置一个线宽等于或大于其半径的圆弧来实现。

图 15－50 中两组铜元分别包括一个圆弧、若干水平线段和一个焊盘，焊盘需要设置其连线点。

注意：当把元件放置在 PCB 底面时，系统会自动对手动创建的阻焊层进行相应转换。

图 15－50　由焊盘、线段和圆弧组成的印刷按钮封装

15.12.9　其他封装属性

1. 阻焊层和助焊层(也称为锡膏层)

对于每一个焊点，系统会在 Solder Mask(阻焊层)and Paste Mask(助焊层)为其自动创建阻焊和锡膏蒙板，其形状与焊盘形状一致，其大小则根据 PCB Editor 中的 Solder Mask and Paste Mask 设计规则和 Pad 对话框的设置进行了适当缩放。

设计者在编辑焊盘属性时会看到阻焊和锡膏蒙板设置项，该功能用于限定焊盘的区域范围，一般应用中不会用到该功能。通常在 PCB Editor 设定适当的设计规则更易于满足阻焊和锡膏蒙板控制的需求。设计者可以通过规则方式为板上全部元件的范围建立一个设计规则，然后可以根据需要为某些特殊应用情形(如板上某一封装对应的所有元件或某一元件的某个焊盘)添加设计规则。

2. 显示隐藏层

在 PCB Library Editor 检查系统自动生成的阻焊和锡膏层，设计者需要打开 Top Solder layer 并检查以下内容。

(1) 先设置系统显示隐藏层：执行 Tools→Board Layers & Colors Show 命令(快捷键为 L)进入 View Configurations 对话框，选中 Show 复选框，然后单击 OK 按钮。

(2) 单击设计窗口底部的层标签，如 Top Solder，显示 top solder 层，如图 15－51 所示。注意：围绕焊盘边缘的显示颜色为 Top Solder Mask 层颜色的环形，即为阻焊层的形状，该形状由 multilayer 层下面的焊盘形状经过适当放大而成(从层绘制顺序角度来看，multilayer 层位于最顶端，可以在 Preferences 对话框的 PCB Editor-Display 选项卡设置层绘制顺序)。

3. 利用设计规则设置蒙板扩展域

利用设计规则设置蒙板扩展域的步骤如下。

(1) 确认已经选中了 Paste Mask Expansion 或 Pad 对话框中 Solder Mask Expansion 部分的 Solder Mask Expansion 复选框。

(2) 确认已打开一个 PCB(可以随便建立一个临时的 PCB),进入 PCB Editor 中执行 Design→Rules 命令,在 PCB Rules and Constraints Editor 对话框里检查 Mask 类设计规则,在 PCB 中放置封装时需要遵循这些规则。

注意:规则体系是分等级的,对于整个电路板,如有需要,设计者可以定义一个优先级更高的规则以屏蔽某些普通规则。

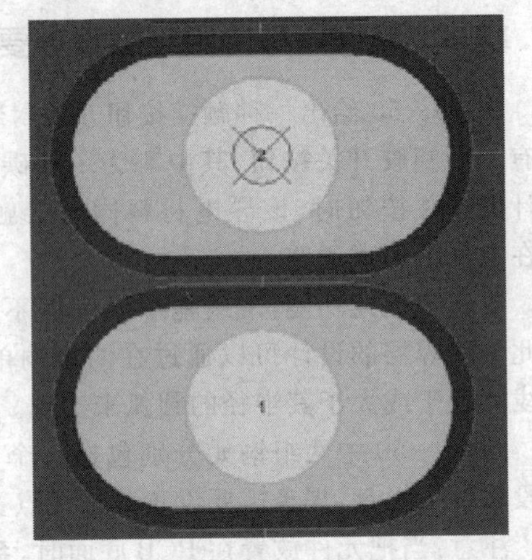

图 15-51 显示了助焊层的焊盘

4. 手动设置蒙板扩展域

将蒙板扩展作为焊盘属性,手动指定蒙板扩展以略过扩展设计规则的步骤如下:

(1) 在 Paste Mask Expansion 或 Pad 对话框中的 Solder Mask Expansion 部分选择 Specify expansion value 项。

(2) 输入要求值,单击 OK 按钮,最后保存封装。

5. 标识和注释字符串

(1) 默认的标识和注释字符串

在库中创建一个封装后,将封装放置到 PCB 板时,系统会为之分配标识符和注释——此时可以将其视为一个元件。设计者在创建封装时没必要手动为标识和注释定义占位符,因为使用该封装时,系统会自动添加标识符和注释。标识符和注释内容的显示位置由 Component 对话框中 Autoposition 项决定,设计者可以在 Preferences 对话框中 PCB Editor-Defaults 页预先定义想要的字符位置(大小)。

(2) 附加的标识和注释字符串

在有些应用场合,设计者可能需要附加的标识符和注释字符串信息,比如装配厂需要设计者结合标识符为每一个元件提供比较详细的装配信息,而公司需要设计者在 PCB 元件丝印层提供标识符信息。在封装中包括.Designator(对于注释则使用.Comment)特定字符串就可以实现附加标识符信息的功能,为满足装配厂的要求,设计者可以在库编辑器中,在机械层放置.Designator 字符串,然后打印包括该层的输出信息。

实现这一功能需要以下步骤。

① 显示选定的机械层,执行 Tools→Board Layers & Colors 命令,在弹出的 View Configurations 对话框中选中 Show and Enable 复选框。

② 在设计窗口底部单击 Mechanical layer 标签，激活该层，所有新的文本将放置在该层。

③ 执行 Place→String 命令(快捷建为 P,S)或单击放置 Place String 按钮 A。

④ 按 Tab 建显示 String 对话框，在放置字符串之前可先设置一些参数如字体、大小、所属层等。从 Text 列表中选择. Designator 选项，将高度设置为 40mil，宽度为 6mil，单击 OK 按钮，实际的标识符其左下角将移动到. Designator 字符串所放位置点。

⑤ 按 Space 键可以转动字符串，将其移动到所需位置，单击即可放置，右击或按 Esc 键可以退出放置模式。

⑥ 如有需要，可按相同步骤放置. Comment 特定字符串。

⑦ 在 PCB 中放置封装以测试刚才所建立的字符串是否合格。在 PCB Library 面板中右击封装名，选择 Place 选项放置封装(假定当前已打开了一个 PCB)。如果将封装放置到 PCB 文档时不能显示标识符，请先检查 PCB Editor 中 View Configurations 对话框 View Options 选项卡的 Convert Special Strings 复选框是否已经被选中。

15.13 胶合点等板层特效的处理

有时设计者对一个 PCB 元件会有许多特定要求，如需要胶合点或可分离阻焊层，大部分这类特定的要求取决于元件所在的电路板的某个板面。当设计者将元件翻转到电路板另一面时，需要将它们也翻转到板的另一面。

Altium Designer 的 PCB 编辑器提供所谓的“层对”功能来满足这类特殊需求，而不是采用包含许多可能很少使用的特定层的方法来实现。层对就是将两个机械层定义为一对，当设计者将元件从电路板的一面翻转到另一面时，层对中位于其中一个机械层的所有与该元件相关的对象会自动翻转到与之配对的另一个机械层中。

使用该方法需要先选择一个合适的含有胶合点(或其他特殊要求)的机械层，并根据对象定义其形状。设计者往电路板上放置封装时，必须建立层配对，告诉系统当翻转元件时，哪一个层的对象需要翻转到板的另一面。

注意：不能在 PCB Library Editor 中定义层对，只能在 PCB Editor 中定义，如图 15-52 所示。

15.13.1 添加元件的三维模型信息

鉴于现在所使用的元件的密度和复杂度，现在的 PCB 设计人员必须考虑元件水平间隙之外的其他设计需求，必须考虑元件高度的限制、多个元件空间叠放情况。此外将最终的 PCB 转换为一种机械 CAD 工具，以使用虚拟的产品装配技术全面验证元件封装是否合格，这已逐渐成为一种趋势。Altium Designer 拥有许多功能，其中的三维模型可视化功能就是为这些不同的需求而研发的。

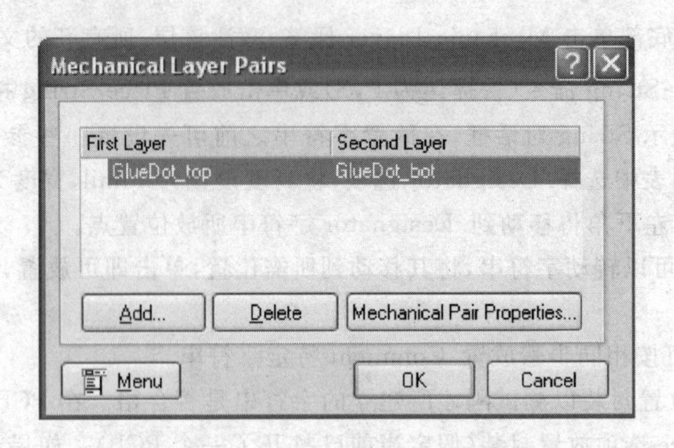

图 15-52　在 PCB Editor 中定义层对

15.13.2　为 PCB 封装添加高度属性

设计者可以用一种最简单的方式为封装添加高度属性,双击 PCB Library 面板 Component 列表中的封装,打开 PCB Library Components 对话框,在 Height 文本框中输入适当的高度数值。

可在电路板设计时定义设计规则(在 PCB Editor 中执行 Design→Rules 命令),对某一类元件的高度或空间参数进行检查。

1. 为 PCB 封装添加三维模型

为封装添加三维模型对象可使元件在 PCB Library Editor 的三维视图模式下显得更为真实(对应 PCB Library Editor 中的快捷键:2——二维,3——三维),设计者只能在有效的机械层中为封装添加三维模型。在 3D 应用中,一个简单条形三维模型是由一个包含表面颜色和高度属性的 2D 多边形对象扩展而来的。三维模型可以是球体或圆柱体。

多个三维模型组合起来可以定义元件任意方向的物理尺寸和形状,这些尺寸和形状应用于限定 Component Clearance 设计规则。使用高精度的三维模型可以提高元件间隙检查的精度,有助于提升最终 PCB 产品的视觉效果,有利于产品装配。

Altium Designer 还支持直接导入 3D STEP 模型(*.step 或 *.stp 文件)到 PCB 封装中生成 3D 模型,该功能十分有利于在 Altium Designer PCB 文档中嵌入或引用 STEP 模型,但在 PCB Library Editor 中不能引用 STEP 模型。

注意:三维模型在元件被翻转后必须翻转到板子的另一面。如果设计者想将三维模型数据(存放在一个机械层中)也翻转到另一个机械层中,需要在 PCB 文档中定义一个层对,具体实现方法在“胶合点等板层特效的处理”一节中已经介绍过。

2. 手工放置三维模型

在 PCB Library Editor 执行中 Place→3D Body 命令可以手工放置三维模型,也可以在 3D Body Manager 对话框(执行 Tools→Manage 3D Bodies for Library/Current Component 命

令)中设置成自动为封装添加三维模型。

注意:既可以用 2D 模型方式放置三维模型,也可以用 3D 模型方式放置三维模型。

下面将演示如何为前面所创建的 DIP-14 封装添加三维模型,在 PCB Library Editor 中手工添加三维模型的步骤如下:

(1) 在 PCB Library 面板双击 DIP-14 打开 PCB Library Component 对话框(图 15-53),该对话框详细列出了元件名称、高度、描述信息。这里元件的高度设置最重要,因为需要三维模型能够体现元件的真实高度。

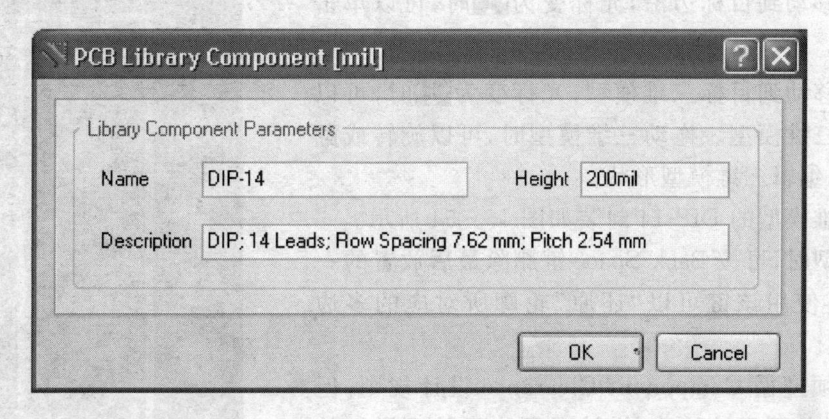

图 15-53　DIP-14 元件详细信息

注意:如果器件制造商能够提供元件尺寸信息,则尽量使用器件制造商提供的信息。

(2) 执行 Place→3D Body 命令显示 3D Body 对话框(图 15-55),在 3D Model Type 选项区域选中 Extruded 单选按钮。

(3) 设置 Properties 选项区域各选项,为三维模型对象定义一个名称(Identifier)以标识该三维模型,设置 Body Side 下拉列表为 Top Side,该选项将决定三维模型垂直投影到电路板的哪一个面。

注意:设计者可以为那些穿透电路板的部分如引脚设置负的支架高度值,Design Rules Checker 不会检查支架高度。

(4) 设置 Overall Height 为 20mil,Standoff Height(三维模型底面到电路板的距离)为 0mil,3D Color 为适当的颜色。

(5) 单击 OK 按钮关闭 3D Body 对话框,进入放置模式,在 2D 模式下,光标变为十字准线,在 3D 模式下,光标为蓝色锥形。

(6) 移动光标到适当位置,单击选定三维模型的起始点,接下来连续单击选定若干个顶点,组成一个代表三维模型形状的多边形。

(7) 选定好最后一个点,右击或按 Esc 键退出放置模式,系统会自动连接起始点和最后一个点,形成闭环多边形。

定义形状时,按 Shift + Space 快捷键可以轮流切换线路转角模式,可用的模式有:任意角、45°、45°圆弧、90°和 90°圆弧。按 Shift+句号按键和 Shift+逗号按键可以增大或减少圆弧半径,按 Space 可以选定转角方向。

当设计者选定一个扩展三维模型时,在该三维模型的每一个顶点会显示成可编辑点,当光标变为时,可单击并拖动光标到顶点位置。当光标在某个边沿的中点位置时,可通过单击并拖动的方式为该边沿添加一个顶点,并按需要进行位置调整。

将光标移动到目标边沿,光标变为时,可以单击拖动该边沿。

将光标移动到目标三维模型,光标变为时,可以单击拖动该三维模型。拖动三维模型时,可以旋转或翻动三维模型,编辑三维模型形状。

增加三维模型的 DIP-14 封装如图 15-54 所示。

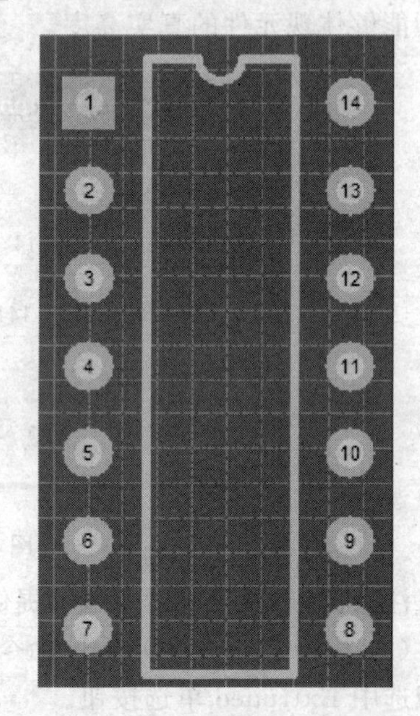

图 15-54 带三维模型的 DIP-14 封装

放置模型时,可按 Back Space 键删除最后放置的一个顶点,重复使用该键可以"还原"轮廓所对应的多边形,回到起点。

形状必须遵循 Component Clearance 设计规则,但在 3D 显示时并不足够精确,设计者可为元件更详细的信息建立三维模型。

完成三维模型设计后,会显示 3D Body 对话框中,设计者可以继续创建新的三维模型,也可以单击 Cancel 按钮或按 Esc 键关闭对话框。图 15-56 显示了在 Altium Designer 中建立的一个 DIP-14 三维模型。

设计者可以随时按 3 键进入 3D 显示模式以查看三维模型。如果不能看到三维模型,可以按 L 键打开 View Configurations 对话框,选中 Physical Materials 页的 Show Simple 3D Bodies 复选框,或在 3D 模式下使用 PCB 面板 3D Bodies Display Options 控制选项。按 2 键可以切换到 2D 模式。

最后要记得保存 PCB 库。

如图 15-56 所示,包括 16 个三维模型对象:轮廓主体、14 个引脚和一个标识引脚 1 的圆点。

3. 交互式创建三维模型

使用交互式方式通过封装创建三维模型对象的方法与手动方式类似,最大的区别是该方法中,Altium Designer 会检测那些闭环形状,这些闭环形状包含了封装细节信息,可被扩展成三维模型,该方法通过设置 3D Body Manager 对话框实现。

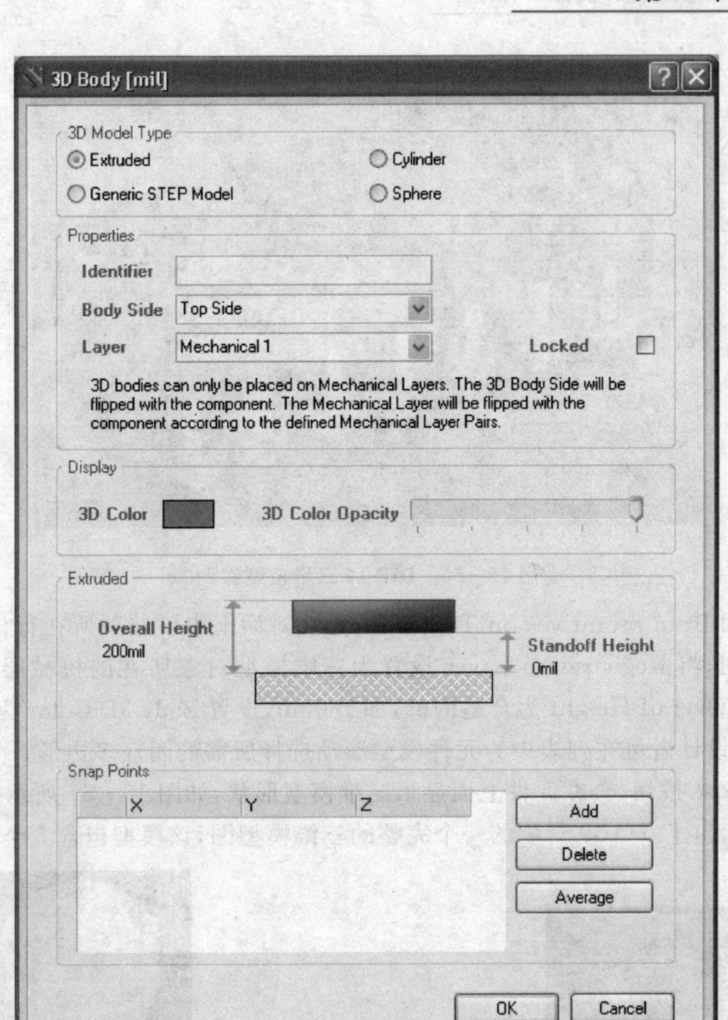

图 15-55　在 3D Body 对话框中定义三维模型参数

注意：只有闭环多边形才能够创建三维模型对象。

接下来将介绍如何使用 3D Body Manager 对话框为三极管封装 TO-39 创建三维模型，该方法比手工定义形状更简单。

使用 3D Body Manager 对话框方法如下：

(1) 在封装库中激活 TO-39 封装。

(2) 单击 Tools→Manage 3D Bodies for Current Component 命令，显示 3D Body Manager 对话框。

(3) 依据元件外形在三维模型中定义对应的形状，需要用到列表中的第二个选项 Polygo-

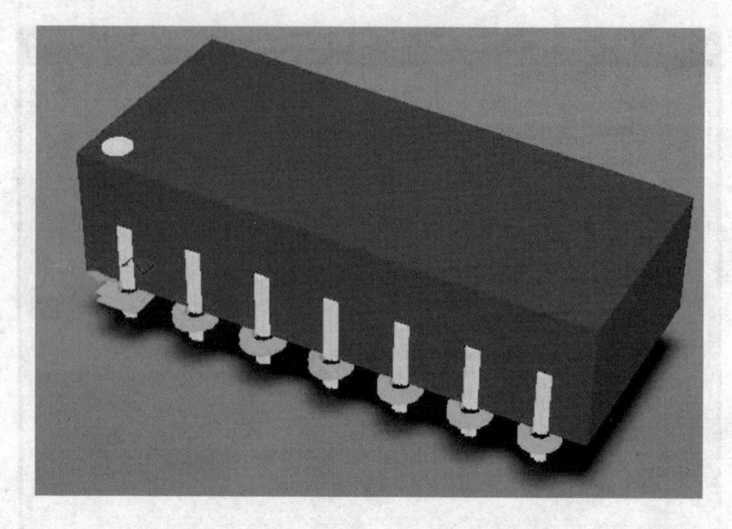

图 15－56　DIP-14 三维模型实例

nal shape created from primitives on TopOverlay，在对话框中该选项所在行位置单击 Action 列的 Add to 按钮，将 Registration Layer 设置为三维模型对象所在的机械层(本例中为 Mechanical1)，设置 Overall Height 为合适的值，如 180mil，设置 Body 3D Color 为合适的颜色，如图 15－59 所示，设计者可在列表中为元件模型滚动选择所需的闭环多边形。

(4) 单击 Close 按钮，会在元件上面显示三维模型形状，如图 15－57 所示，保存库文件。

图 15－58 给出了 TO-39 封装的一个完整的三维模型图，该模型包含 5 个三维模型对象。

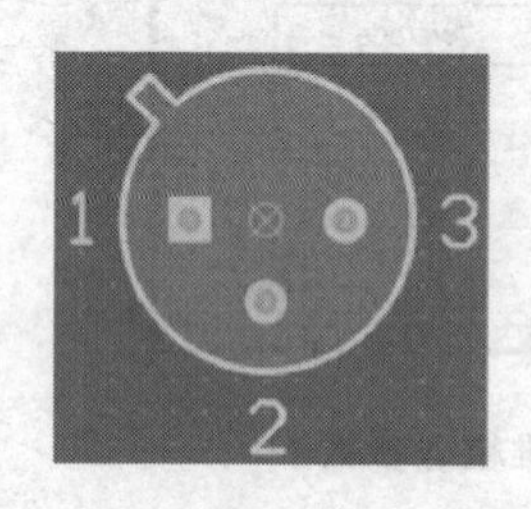

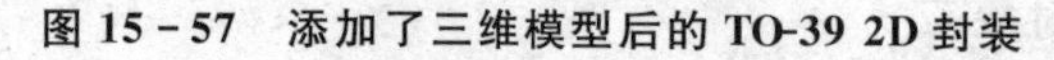

图 15－57　添加了三维模型后的 TO-39 2D 封装

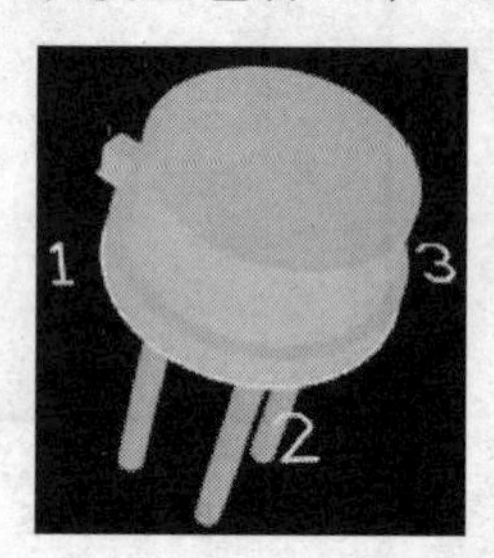

图 15－58　TO-39 3D 模型

① 一个基础性的三维模型对象，根据封装轮廓建立(overall height 50mil, standoff height 0mil, Body 3D color gray)。

② 一个代表三维模型的外围，通过放置一个圆，再以圆为蓝本生成闭环多边形，设计者可在 3D Body Manager 对话框检测该闭环多边形。闭环多边形参数设置为：overall height 180mil, standoff height 0mil, color gray。

③ 其他 3 个对象对应于 3 个引脚，通过放置圆柱体(圆参数为 overall height 0mil, stand-

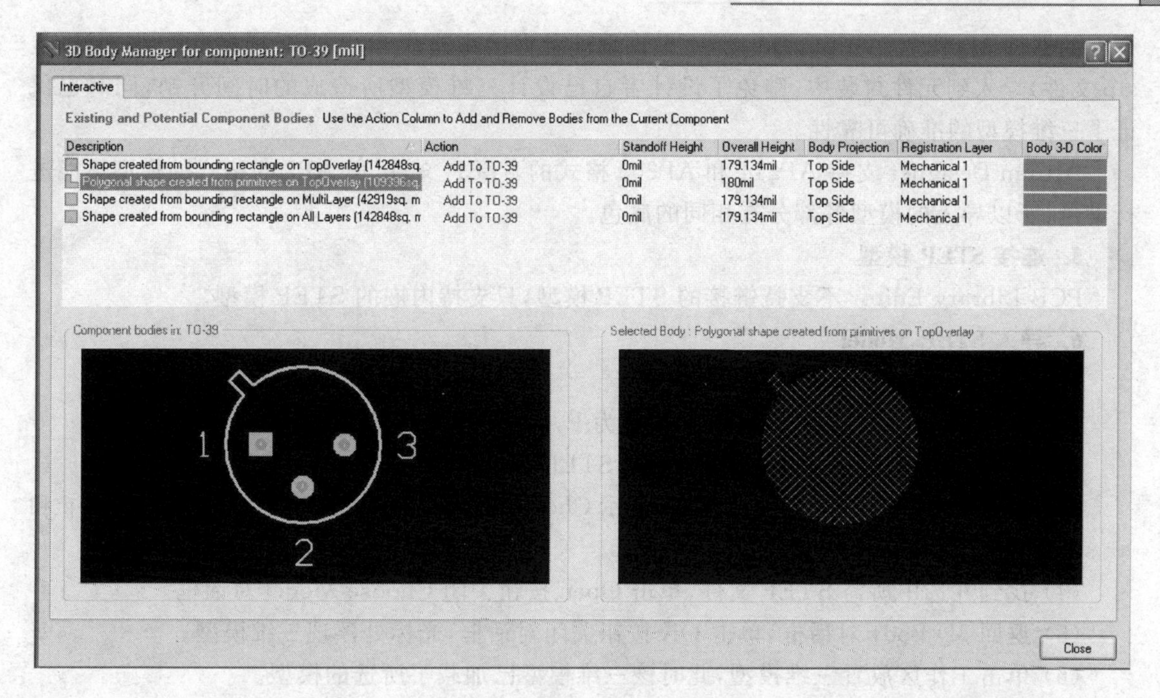

图 15-59 通过 3D Body Manager 对话框在现有基元的基础上快速建立三维模型对象

off height －450mil, color gold)。设计者可以先只为其中一个引脚创建三维模型对象，再复制、粘贴两次分别建立剩余两个引脚的三维模型对象。

设计者可以单击鼠标右键，从弹出的菜单中选择 Properties 选项进入 3D Body 对话框对三维模型进行编辑，如图 15－55 所示；也可以使用 PCBLib List 面板（图 15－60）列出所有三维模型，直接对其进行编辑。

PCBLIB List

Edit all objects from current component Include only ComponentBodies

Object Kind	Layer	Locked	Standoff Height	Overall Height	Body Projection	Body 3-D Color
Component Body	Mechanical 1		0mil	50mil	Top Side	15461355
Component Body	Mechanical 1		0mil	180mil	Top Side	15461355
Component Body	Mechanical 1		-450mil	0mil	Top Side	317938
Component Body	Mechanical 1		-450mil	0mil	Top Side	317938
Component Body	Mechanical 1		-450mil	0mil	Top Side	317938

5 of 12 Objects (1 Selected)

PCBLIB Inspector　PCBLIB List

图 15-60 PCBLib List 面板显示了详细的三维模型信息

4. 导入 STEP Model 形成三维模型

为了方便设计者使用器件，许多器件供应商以发布通用机械 CAD 文件包的方式提供了详细的器件3D模型，Altium Designer 允许设计者直接将这些3D STEP模型(*.step 或 *.stp 文件)导入到元件封装中，避免了设计者自己设计三维模型所造成的时间开销，同时也保证了三维模型的准确可靠性。

Altium Designer 支持 AP214 和 AP203 格式的 STEP 文件，但 AP203 格式的模型不能进行染色，所以导入的模型各部分有相同的底色。

5. 连接 STEP 模型

PCB Library Editor 不支持链接的 STEP 模型，只支持内嵌的 STEP 模型。

6. 导入 STEP Model

导入 STEP Model 步骤如下：

(1) 执行 Place→3D Body 命令(快捷键为 P,B)进入 3D Body 对话框。

(2) 在 3D Model Type 区选择 Generic STEP Model 选项。

(3) 单击 Embed STEP Model 按钮，显示 Choose Model 对话框，可在其中查找 *.step 和 *.stp 文件。

(4) 找到并选中所需 STEP 文件，单击 Open 按钮关闭 Choose Model 对话框。

(5) 返回 3D Body 对话框，单击 OK 按钮关闭对话框，光标处浮现三维模型。

(6) 单击工作区放置三维模型，此时该三维模型已加载了所选的模型。

7. 移动和定位 STEP 模型

导入 STEP 模型时，模型内各三维模型对象会依大小重新排列，由于原点的不一致，会导致 STEP 模型不能正确定位到 PCB 文档的轴线。系统通过在模型上放置参考点(也称捕获点)，为设计者提供了几种图形化配置 STEP 模型的方法，非图形化配置方法可以通过设置 3D Body 对话框的 Generic STEP Model 选项来实现。

8. 从其他来源添加封装

设计者可以将已有的封装复制到 PCB 库，并对封装进行重命名和修改以满足特定的需求，复制已有封装到 PCB 库可以参考以下方法。

(1) 在 PCB 文档中选定想要复制的封装，执行 Edit→Copy 命令复制该封装，执行 Edit→Paste Component 命令将其粘贴到一个已打开的 PCB 库文件中。

(2) 在 PCB Library Editor 中执行 Edit→Copy Component 命令，切换到已打开的目标 PCB 库中，执行 Edit→Paste Component 命令。

(3) 在 PCB Library 面板中按住 Shift 键＋单击或按住 Ctrl 键并单击选中一个或多个封装，然后右击选择 Copy 选项 ，切换到目标库，在封装列表栏中右击选择 Paste 选项。

9. 检查元件封装

Schematic Library Editor 提供了一系列输出报表供设计者检查所创建的元件封装是否正确以及当前 PCB 库中有哪些可用的封装。设计者可以通过 Component Rule Check 输出报表以检查当前 PCB 库中所有元件的封装，Component Rule Checker 可以检验是否存在重叠部分、焊盘标识符是否丢失、是否存在浮铜、元件参数是否恰当。

(1) 使用这些报表之前,先保存库文件。

(2) 执行 Reports→Component Rule Check 命令(快捷键为 R,R)打开 Component Rule Check 对话框,如图 15-61 所示。

(3) 检查所有项是否可用,单击 OK 按钮生成 PCBlibraryfilename.err 文件并自动在 Text Editor 打开,系统会自动标识出所有错误项。

(4) 关闭报表文件返回 PCB Library Editor。

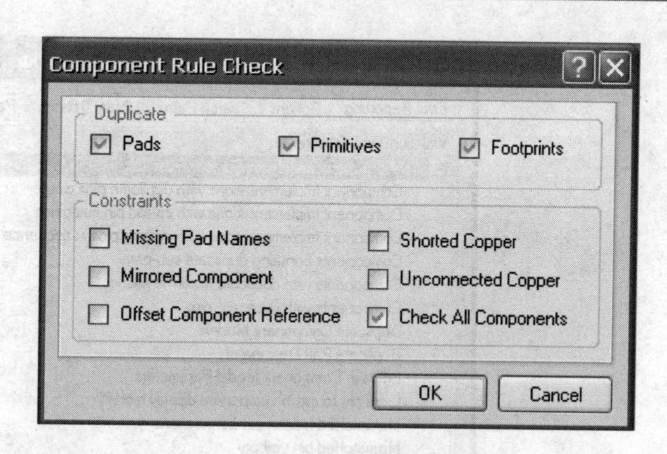

图 15-61　在封装应用于设计之前对封装进行查错

15.14　创建集成库

① 建立集成库文件包——集成库的原始工程文件。

② 为库文件包添加原理图库和在原理图库中建立一个原理图元件。

③ 为元件指定可用于板级设计和电路仿真的多种模型。

④ 为库文件包添加 PCB 封装库,建立封装并创建 3D 模型。

⑤ 如何处理一系列特殊封装要求。

在本章的最后,将编译整个库文件包以建立一个集成库,该集成库是一个包含了元件及其各类参考模型的单一文件。即便设计者可能不需要使用集成库而是使用源库文件和各类模型文件,也很有必要了解如何去编译集成库文件,这一步工作将对元件和跟元件有关的各类模型进行全面的检查,如图 15-62 所示。

编译库文件包步骤如下:

(1) 执行 Project→Compile Integrated Library 命令将库文件包中的源库文件和模型文件编译成一个集成库文件。系统将在 Messages 面板显示编译过程中的所有错误信息(执行 View→Workspace Panels→System→Messages 命令),在 Messages 面板双击错误信息可以查看更详细的描述,直接跳转到对应的元件,设计者可在修正错误后进行重新编译。

(2) 系统会生成名为.INTLIB 的集成库文件,并将其保存于 Project Options 对话框中 Options 项所指定的文件夹下,同时新生成的集成库会自动添加到当前安装库列表中,以供使用。

需要注意的是,设计者也可以通过执行 Design→Make Integrated Library 命令从一个已完成的项目中生成集成库文件,使用该方法时系统会先生成源库文件,再生成集成库。

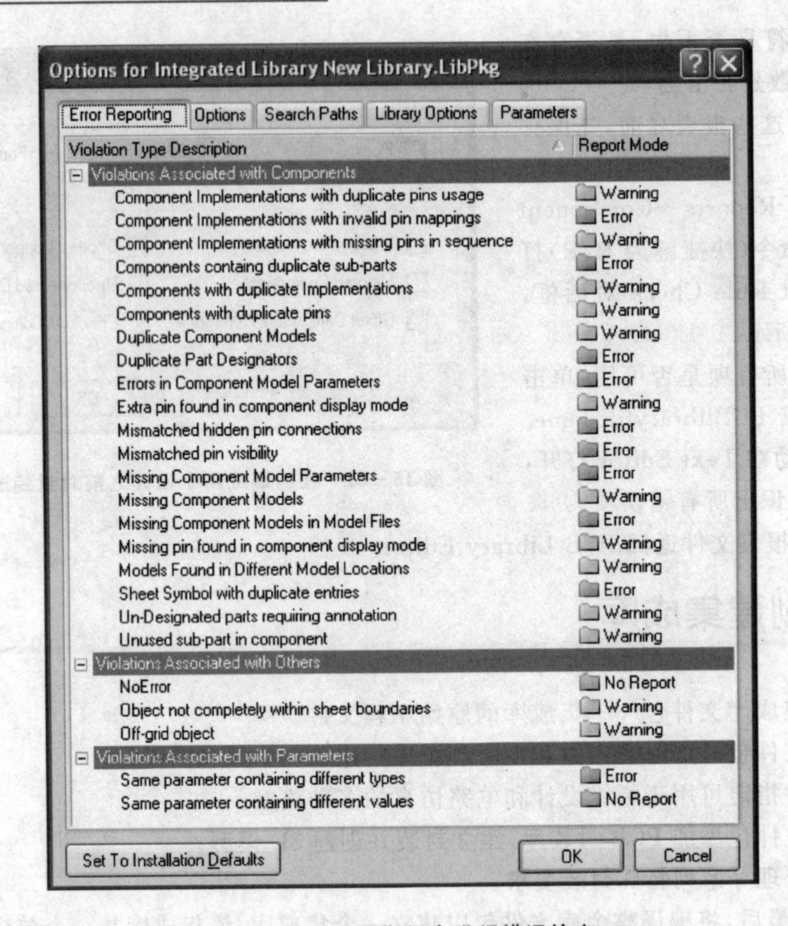

图 15－62　编译期间会进行错误检查

第 16 章

Altium Designer 资源定制

概　要：

这章介绍了如何为用户的 Altium Designer 定制资源，比如命令、菜单、工具栏以及快捷方式。内容包括重设已有菜单和工具栏、添加以及删除工具栏和菜单命令、创建新的下拉菜单或者工具栏以及用快捷键列表工作。

编辑器的资源有菜单栏、工具栏以及快捷键表。菜单中集成的所有命令对于添加和删除这些资源同样可用。

16.1　定制概述

在每个资源条（比如说一个工具栏图标或者菜单栏）的后台，都有一个预封装进程，该进程在它对应的资源被选中时会自动激活命令。预封装执行器在用户选中某命令时会整合进程，添加参数、位图（图标）、说明（在资源中显示的图标的名字）、描述以及关联的快捷方式。如果改变了其中的一个进程执行器，所有工具栏上的与命令连接的实例将会更新，如图 16－1 所示。用户可以根据自己的需要定制命令。定制的资源存放在目录 C:\Documents and Settings\User_name\Application Data\Altium Designer\DXP. rcs 中。

16.2　重设已有的菜单以及工具栏

当打开定制的表格时，用户可以在激活菜单和工具栏周围单击并且拖动选项。

(1) 右击一个菜单栏或工具栏并且选择 Customize 选项，将显示相应自定义对话框，例如右击 Schematic Editor 将会显示 Customizing Sch Editor 对话框，如图 16－2 所示。在显示对话框的同时，系统已完成了所有的自定义设置。

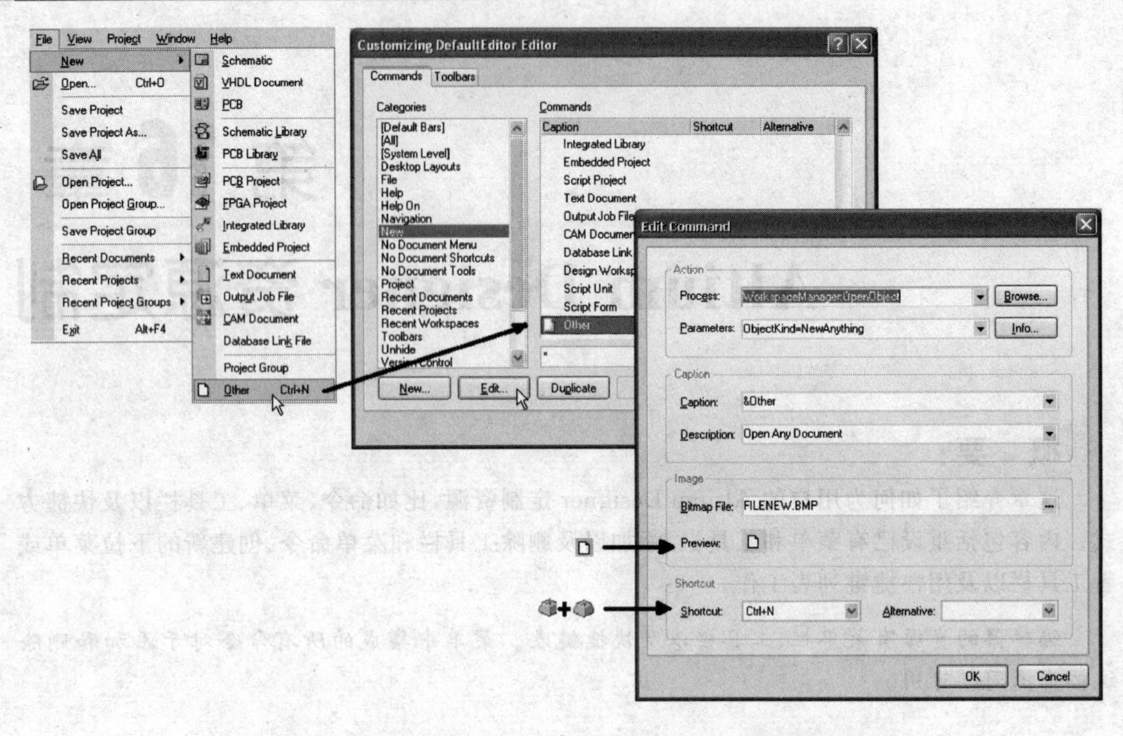

图 16－1　显示 Customizing Default Editor 对话框

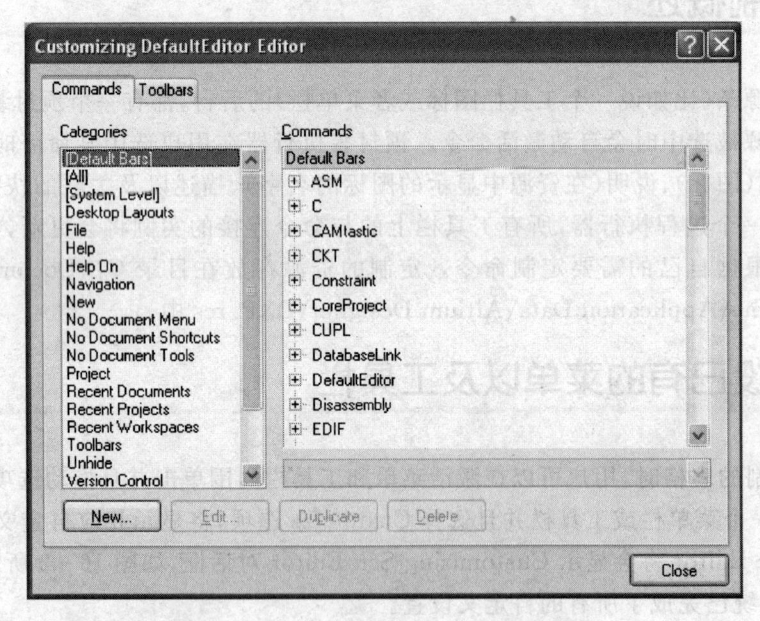

图 16－2　Customizing Default Editor 对话框

(2) 从已有菜单、子菜单或工具栏中选择选项(若在名字或图标周围有一个黑色方框,则表示其已被选中),并将其拖到菜单或者工具栏中的新位置。黑色栏表示命令将会加到何处,如图 16-3 所示。

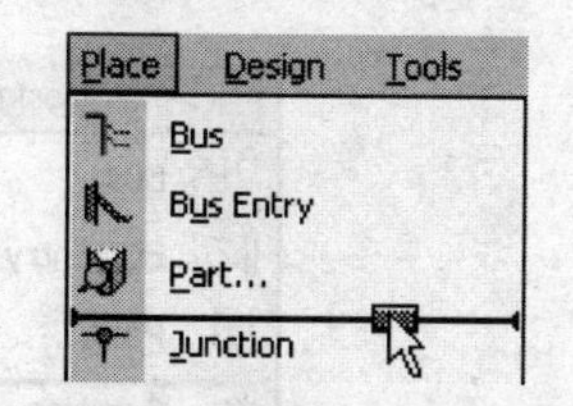

图 16-3 拖动命令图标到新位置

16.3 向工具栏或菜单添加命令

如果将一个命令添加到工具栏中,就可以对它进行连接或者复制。如果原进程执行器被改变了,会更新所连接的命令。然而,被复制的命令将保持原样且不会更新。可以通过修改进程执行器属性来改变所复制的命令,以创建一个新的命令。

如果想要给工具栏添加一个新的命令,可执行以下操作。

(1) 右击菜单栏或者工具栏选项并且在弹出菜单中选择 Customize 选项,将会显示对应的 Customizing 对话框。

(2) 找到想添加到另一个工具栏的命令。

Customizing 对话框中 Commands 的种类是按照菜单以及子菜单标题的字母顺序进行分类的。

在默认情况下,内置的工具栏(默认菜单和工具栏)在 Commands list 中显示。而这将会给用户显示所有已安装的命令。用户可以选择并且拖动命令以将其加入另外的工具栏或者菜单中,但是在这种情况下用户不能编辑它们。

单击一个 Category,将显示所有与此菜单栏相关的命令。

(3) 从 Customizing 对话框的命令部分,选择用户想要添加到工具栏或者菜单中的命令。

(4) 在对话框打开的情况下,在用户想要添加命令的菜单或者工具栏上右击则会显示 Customize 的弹出菜单。

(5) 选择 Insert Link (连接原先安装的进程) 或者 Insert Duplicate(复制命令)选项。在插入点将会出现一条线,当用户将光标放在可以添加命令的地方时,光标将会改变。光标在连接命令时为箭头,而复制命令时则为加号,如图 16-4 所示。

(6) 松开鼠标键,命令将会被添加到菜单或者工具栏中。

16.3.1 向已有工具栏添加快捷键的命令

在 Customizing 对话框打开的情况下,在菜单或者工具栏中选择用户想要复制或者连接的命令。

按住 Ctrl 键,按住鼠标左键并且将其拖动到新的安装处,这就完成了 Insert Duplicate 操作。

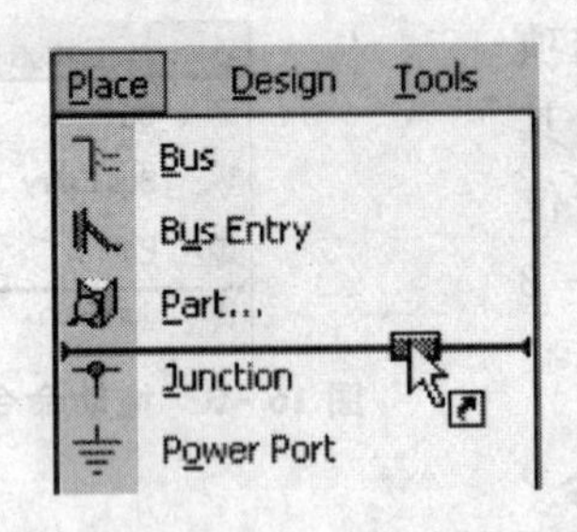

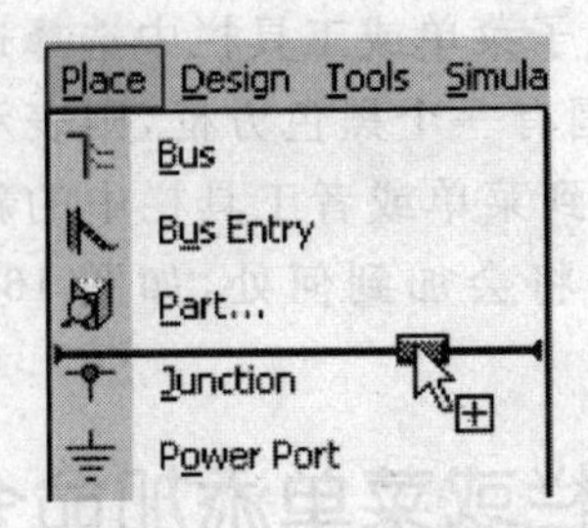

图 16-4 拖动命令图标,在新栏目中建立连接命令(左)或复制命令(右)

按住 Shift+Ctrl 快捷键,按住鼠标左键并且将其拖动到新的安装处以完成 Insert Link 操作。

16.3.2 给弹出菜单添加分组器

用户可以在菜单的栏目间或者在工具栏的对话框之上添加一道分割线。在 Customizing 对话框打开的情况下,右击菜单或者工具栏条目并且选择 Begin Group 选项即可。

16.4 删除命令

用户可以从菜单或者工具栏中删除定制命令的一个或者所有的实例。注意不能删除默认的实例。

16.4.1 删除一个定制的命令

删除 Custom 种类中保存的定制命令将会从所有资源中删除此命令的所有实例。

(1) 右击主菜单或者工具栏,并且在弹出菜单中选择 Customize 选项,将会打开 Customizing 对话框。

(2) 单击 Custom 种类并且选择用户想要删除的命令。

(3) 单击 Delete 按钮,将从工具栏中删除所有命令的实例。

16.4.2 从一个资源中删除命令

如果用户只是想要删除一个命令的一个实例而不影响其他的实例。

(1) 右击菜单栏或者工具栏并且在弹出菜单中选择 Customize 选项。将会打开 Customizing 对话框。

(2) 在对话框打开的情况下,选择想要从菜单或者工具栏中删除的命令。在工具旁边出现黑色的方框显示其被选中。

(3) 右击并且选择 Delete 选项。在菜单或者工具栏图标上按住鼠标左键,将其拖动到工

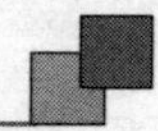

具栏。当用户松开鼠标键时，光标变成十字准线。

16.5 创建新的弹出菜单

（1）在 Customizing 对话框打开的情况下，将光标移到用户想要添加新菜单的地方。则可以通过将其添加到主菜单或者单击菜单中已有命令的方式来创建子菜单。

（2）右击并且选择 Insert Drop Down 选项，可以添加一个新的弹出菜单。弹出 Edit Drop Down Menu 对话框，如图 16-5 所示。

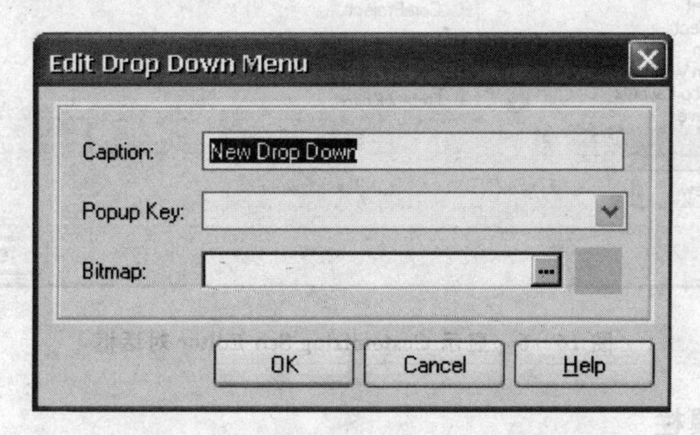

图 16-5 显示 Edit Drop Down Menu 对话框

（3）添加新的标题（菜单名）、快捷键（进入菜单的快捷方式）以及图标的位图（如果有要求）并且单击 OK 按钮。在菜单中将会显示菜单名（说明）。

（4）现在，即可给用户的新菜单添加命令。相关技术细节参照 Adding a command。

16.6 创建新的工具栏

在 Customizing Sch Editor 对话框的 Toolbars 选项卡中，用户可以选择显示哪个主菜单以及工具栏、新建或者复制工具栏，也可以重新命名、删除或者修复工具栏。

如果用户想要创建新的工具栏，可按如下步骤操作。

（1）右击菜单或者工具栏并且单击 Customize 命令。弹出 Customizing 对话框时（如图 16-6 所示），单击 Toolbars 标签。

（2）单击 New 按钮，这样可以创建一个新的工具栏 。在 Bars 部分会显示 New Toolbar。

（3）单击 Rename 按钮，重命名工具栏。

（4）单击 Selection box 按钮激活工具栏，在屏幕中的菜单区域会出现一个空的工具栏。

（5）向用户的新工具栏中添加命令。

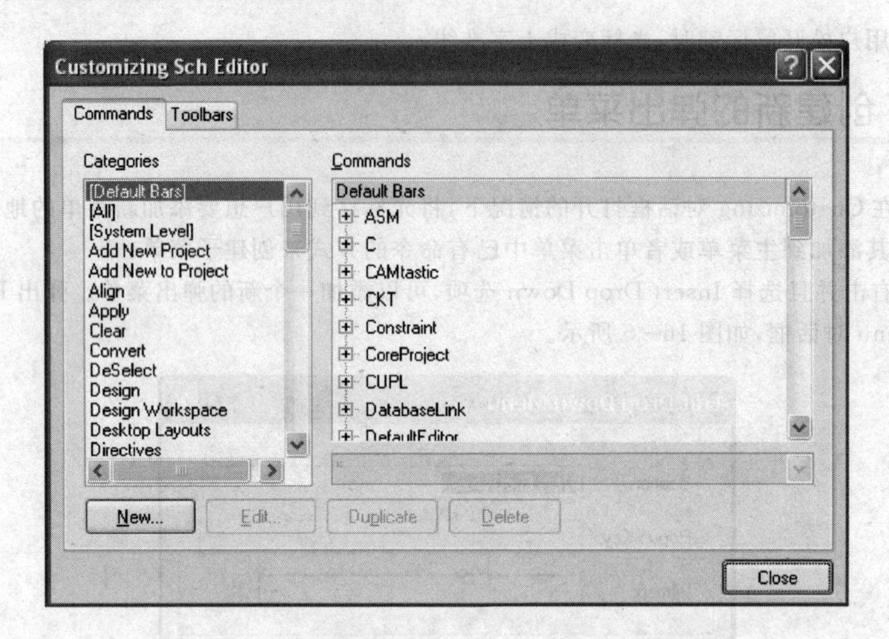

图 16-6 显示 Customizing Sch Editor 对话框

16.6.1 复制工具栏

如果用户想在原有工具栏基础上创建新的工具栏,更简单的方法是复制原有工具栏并编辑其中的命令。

(1) 单击 Duplicate 按钮,创建选中工具栏的一个新实例。

(2) 在 Bars section 中显示 Copy of xxx。单击 Rename 按钮,可以改变它的名字。

(3) 添加用户的命令。

16.6.2 激活工具栏

只有激活工具栏,它们才会在屏幕上显示。

(1) 单击 Customizing 对话框中的 Toolbars 标签,这样可以选择想要激活的工具栏(显示)。

(2) 按住激活工具栏旁边的 Is Active box 按钮不放,直到它们检查完毕。

将光标移到工具栏或者菜单上,右击并且在弹出菜单中选择需要激活的工具栏。

16.6.3 设置主菜单

在 Customizing 对话框的 Toolbars 选项卡中,选择 Bar to Use as Main Menu 选项,就可以选择用户想要激活的菜单栏。

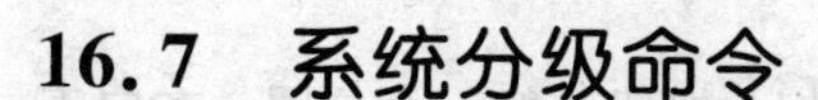

16.7 系统分级命令

Customizing 对话框中有一个叫做 System Level 的列表，它包含了触发浮动面板可视性的命令以及触发浮动面板中心的命令。添加到这个列表的所有命令都属于系统命令并且能在任何的编辑器中使用它们的快捷键。

16.8 创建新命令

使用 Customizing 对话框中的 New 或者 Duplicate 命令可以创建新命令，当创建完成后，这些命令将会出现在 Commands 标签的 Custom 类列表中。

(1) 右击一个菜单或者工具栏并且选择 Customize 选项。

(2) 单击 Customizing 对话框中的 New 按钮以创建一个新命令，并打开 New Command 对话框，如图 16-7 所示。

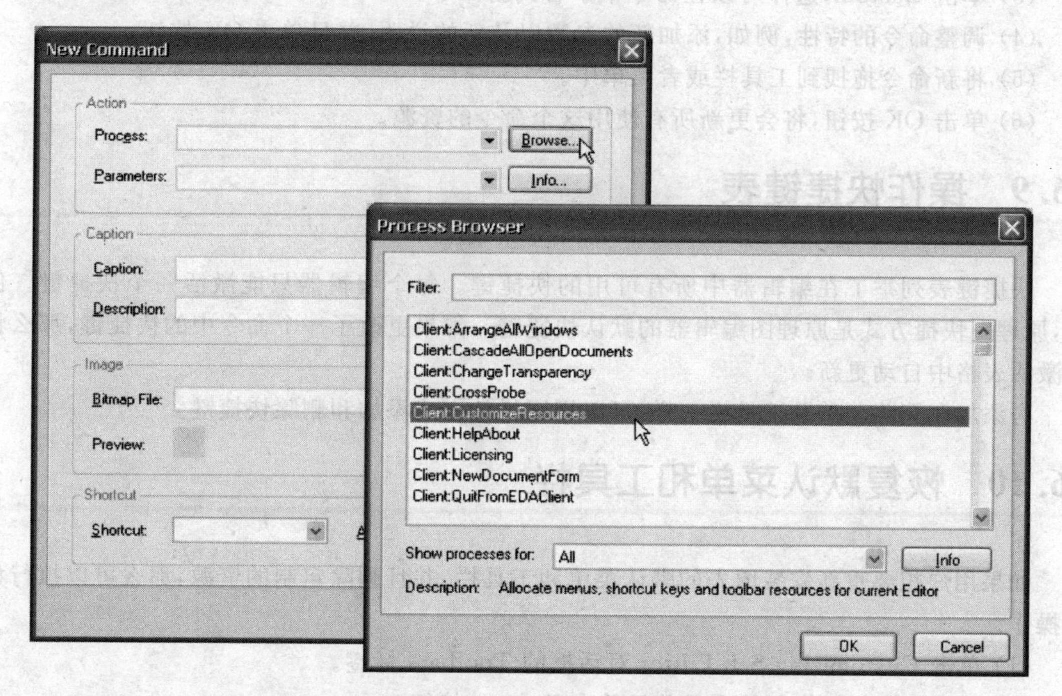

图 16-7 在 New Command 对话框中单击 Browse 按钮进入 Process Browser 对话框

(3) 输入所需特性。单击 Browse 按钮，这样可以找到所需的进程。

(4) 正如用户所看到的，当把说明添加到一个菜单中，那么它将会成为命令的名字，因此用户需要给新命令取一个合适的名称。

(5) 如果用户需要给新安装的进程添加相关的图像,单击…按钮寻找一个位图。在向工具栏添加新命令时,将会显示这幅图像(或者图标)。例如,使用 \System\ButtonsZoomin.bmp 文件夹中的 Zoomin.bmp 图像作为 Zoom 命令的说明。

(6) 如果有需要,可在弹出菜单中添加一个快捷键,并且单击 OK 按钮。

(7) 单击 Custom 种类,可以在命令表中看到新命令。

(8) 将新命令添加到相关的栏中。

复制命令

通常来说,复制已有命令,并改变其参数是新建命令的比较简单的做法。如果想要复制新命令,执行以下步骤。

(1) 右击主菜单或者工具栏并且选择 Customize 选项。将会打开 Customizing 对话框。

(2) 选择用户想要复制的命令,并且单击 Duplicate 按钮,这样可以创建选中命令的复制。

(3) 单击 Custom,这样可以在命令单中看到新命令。

(4) 调整命令的特性,例如,添加新的参数以及新的说明,并且单击 OK 按钮。

(5) 将新命令拖拽到工具栏或者菜单中。

(6) 单击 OK 按钮,将会更新所有使用这个命令的资源。

16.9 操作快捷键表

快捷键表列举了在编辑器中所有可用的快捷键。每个编辑器只能激活一个快捷键。例如,原理图快捷方式是原理图编辑器的默认快捷键。如果更改了一个命令中的快捷键,那么将在激活表格中自动更新。

与添加和删除菜单及工具栏一样,可以用同样的方式添加和删除快捷键。

16.10 恢复默认菜单和工具栏

如果用户想要重新安装原先的默认菜单和工具栏,并且删除定制的资源,那么可以执行如下操作。

(1) 单击 Customizing Sch Editor 对话框的 Toolbars 标签。

(2) 选择用户想要恢复的项目并且单击 Restore 按钮。

(3) 单击 OK 按钮,确认从选定的项目中删除所有定制的资源。

附录 A

快捷键定义

概　要：

本章介绍了 Altium Designer 中可用的快捷键的清单，内容涵盖了从开发环境到专用文档编辑器的范围。

A.1　环境快捷键

F1	打开帮助资料库（针对光标下面的对象）
Ctrl＋O	打开 Choose Document to Open（选择文档）对话框
Ctrl＋F4	关闭当前文档
Ctrl＋S	保存当前文档
Ctrl ＋ P	打印当前文档
Alt ＋ F4	关闭 Altium Designer
Ctrl ＋ Tab	遍历已打开的文档（向右）
Shift ＋ Ctrl ＋ Tab	遍历已打开的文档（向左）
拖动文件到 Altium Designer 中	将文档以自由文档的形式打开
F4	隐藏/显示所有浮动面板
Shift ＋ F4	平铺已打开的文档
Shift ＋ F5	在活动面板和工作区间切换
Shift ＋ F1	开启 Natural Language Search 功能（智能搜索）
移动面板的同时按下 Ctrl	防止面板的自动入坞、分组或边沿吸附

A.2　工程快捷键

C, C	编译当前的工程

C，R	重新编译当前工程
C，D	编译文档
C，O	打开当前工程的 Options 或 Project 对话框
Ctrl + Alt + O	打开当前工程的 Open Project Documents 对话框
C，L	关闭活动工程的所有文档
C，T，M	打开 Storage Manager 面板
C，T，L	打开当前工程的 Local History
C，P	打开 Project Packager 向导

A.3 面板快捷键

1. 公共面板快捷键

Home	跳至面板的首个条目
End	跳至面板的最后一个条目
↑	移到面板的上一个条目
↓	移到面板的下一个条目
←	折叠子目录
→	展开子目录
单击	选中光标所在的条目
右击	显示关联的弹出菜单
单击列标题	排序该列
单击并拖动列标题	移动列
单击并输入	按照所输入的字符进行直接过滤
Esc	使用直接过滤时，清除当前的过滤
Back Space	使用直接过滤时，清除刚输入的字符

2. 工程面板快捷键

双击	编辑关标所在的文档
从一个工程拖动到另一个工程	移动所选的文档
按住 Ctrl 键，并从一个工程拖动到另一个工程	连接所选的文档到另一个工程中

3. CAM 面板快捷键

选中层，←	关闭除选中层的所有层
选中层，→	打开所有层
双击层	将所选的层设为当前层
选中两个层，C	打开 Compare Layers 对话框
选中层，Delete	删除层

4. List 面板快捷键

↑ ↓ ←→	沿方向键方向移动
单击并拖动	随着鼠标的移动选择多个对象
Ctrl+单击	选择多个对象(不连续的)
Shift+单击	选择多个对象(连续的)
Space(原理图内)	编辑选中单元格
Space(PCB 内)	清除目前正在编辑的条目
F2	编辑选中的单元格
Enter(原理图内)	完成当前单元格的编辑
Enter(PCB 内)	完成当前单元格的编辑并进入下个单元格的编辑模式
Ctrl + C(或 Ctrl + Insert)	复制
Ctrl + V(或 Shift+ Insert)	粘贴
Page Up	跳转到可见图纸区域的顶部
Page Down	跳转到可见图纸区域的底部
鼠标滚轮	上或下滚动

A.4 编辑器快捷键

1. 原理图和 PCB 编辑器公共的快捷键

Shift	提高滚动速度
Y	放置对象的时候沿着 Y 轴翻转
X	放置对象的时候沿着 X 轴翻转
Ctrl + Shift + ↑ ↓ ←→	按照方向键指向移动已选对象 10 个栅格
Shift + ↑ ↓ ←→	按照方向键指向移动光标 10 个栅格
Ctrl + ↑ ↓ ←→	按照方向键指向移动已选对象 1 个栅格
↑ ↓ ←→	按照方向键指向移动光标 1 个栅格
Esc	从当前处理中退出
End	刷新屏幕
Home	定位中心到光标同时刷新屏幕
Ctrl + Home	跳转到绝对原点(工作区的左下角)
Ctrl + 鼠标滚轮下 (或 Page Down)	缩小
Ctrl + 鼠标滚轮上 (或 Page Down)	在光标处放大(先定位到光标处,再放大)
鼠标滚轮	上下滚动
Shift +鼠标滚轮	左右滚动
A	显示排列子菜单

B	显示工具栏子菜单
J	显示跳转子菜单
K	显示工作区面板子菜单
M	显示移动子菜单
O	弹出右键选项菜单
S	显示选择子菜单
X	显示取消选定子菜单
Z	带缩放命令的弹出菜单
Ctrl + Z	撤销
Ctrl + Y	重新执行
Ctrl + A	全选
Ctrl + C (或 Ctrl + Insert)	复制
Ctrl + X(或 Shift + Delete)	剪切
Ctrl + V(或 Shift + Insert)	粘贴
Ctrl + R	复制到剪贴板并重复粘贴选择的对象(Rubber Stamp)
Ctrl + R+Esc	采用当前剪贴板的内容重新进入 Rubber Stamp 模式
Ctrl + Q	打开 Selection Memory 对话框
Alt	强制沿水平和竖直方向移动
Delete	删除选中
V, D	查看文档
V, F	查看符合的已放对象
X, A	全部取消选中
按住右键	显示捉取表示并进入滑动视图
单击	选中/取消选中光标上的对象
右击	弹出浮动菜单或者退出当前操作
右击并选择 Find Similar 选项	将光标所指对象载入到 Find Similar Objects 对话框
按住左键并拖动鼠标	在区域内选中
按住左键	移动光标下选中的对象
双击	编辑对象
Shift +单击	从选中集合中添加或移除对象
Tab	放置的时候编辑属性
Shift + C	清除当前的过滤
Shift + F	单击对象以显示 Find Similar Objects 对话框
Y	弹出快速查询菜单
F11	切换 Inspector 或面板的开关
F12	切换过滤器面板的开关
Shift + F12	切换 List 面板的开关

Alt + F5	切换全屏模式
单击	在目标文档中交叉探测对象，并保持在源文档中
Ctrl +单击	在目标文档中交叉探测对象，并跳转到目标文档中
Shift + Ctrl + T	以顶栏排列选中对象
Shift + Ctrl + L	以左边栏排列选中对象
Shift + Ctrl + R	以右边栏排列选中对象
Shift + Ctrl + B	以底栏排列选中对象
Shift + Ctrl + H	水平平铺选中的对象
Shift + Ctrl + V	垂直平铺选中的对象
Shift + Ctrl + D	按照栅格排列对象
Ctrl + 数字 n	将当前选中对象存入存储单元 n 中
Alt + 数字 n	调出存储单元 n 的对象
Shift + 数字 n	添加当前选中对象到已存在存储单元 n 之中
Shift+ Alt+数字 n	调出存储单元 n 的对象并添加到工作区的已选对象中
Shift+Ctrl+数字 n	按照存储单元 n 中的对象来执行过滤

2. 仅在原理图编辑器中有效的快捷键

G	在跳转栅格设置间循环切换
F2	交替编辑
Ctrl + Page Down	调整视图以适合所有对象
Space	移动对象时逆时针 90°旋转 放置导线、总线、直线时切换转角模式
,Space	使用高亮绘图时切换颜色
Shift +Space	移动对象时顺时针 90°旋转 放置导线、总线、直线时在放置模式间循环切换
Ctrl +Space	拖动对象时顺时针 90°旋转
Shift+Ctrl+Space	拖动对象时逆时针 90°旋转
,Ctrl+在接口或图纸入口上单击	使用高亮画笔时高亮目标图纸的连接端口和网络
Shift + Ctrl + C	清除高亮应用
Back Space	在放置导线、总线、直线或多边形时移除最后一个顶点
单击，长按 Delete 键	移除选中导线的一个顶点
单击，长按 Insert	为选中的导线添加一个顶点
Ctrl+单击并拖动	拖动对象
在 Navigator 或面板中单击	在原理图文档中交叉探测对象
在 Navigator 或面板中 Alt+单击	在原理图文档和 PCB 中实现交叉探测对象

在网络对象中 Alt+左击	在图纸中高亮所有在网络的元素
Ctrl + 双击	将图纸符号降一个层次
	将接口升一个层次
+(小键盘)	在放置或移动时扩大 IEEE 符号
-(小键盘)	在放置或移动时缩小 IEEE 符号
Ctrl + F	搜索文本
Ctrl + H	搜索和替换文本
F3	搜索下一个
Insert	放置相同类型对象的时候复制对象的属性
S	移动一个或多个选中的图纸入口时翻转图纸入口的位置
V	移动两个或多个选中的图纸入口时上下翻转图纸入口
T	移动一个或多个选中的图纸入口时切换图纸入口 IO 类型
	重定义选中图纸符号尺寸时切换所有图纸入口的 IO 类型
T, P	打开 Preferences 对话框中的 Schematic-General 页

3. 仅在 PCB 编辑器中有效的快捷键

Shift + R	在三种布线模式间循环切换
Shift + E	开关电气栅格
Shift + B	建立查询
Shift + Page Up	以小幅度放大
Shift + Page Down	以小幅度缩小
Ctrl + Page Up	放大到 400%
Ctrl + Page Down	缩放到合适
Ctrl + End	跳转到工作区的相对起始坐标
Alt + End	重描画当前层
Alt + Insert	在当前层粘贴
Ctrl + G	弹出 Snap Grid 对话框
G	弹出 Snap Grid 菜单
N	移动元件时隐藏飞线
L	翻转正在移动的元件到板的另一边
Shift + F1	布线时按下可以显示合适的交互布线快捷键
Tab	布线、调整线长、放置元件或字符串时按下,可以显示合适的交互编辑对话框
F2	显示板卡洞察器(Board Insight)和平视(Heads Up)显视器选项
Ctrl + 单击	高亮光标下的已布线网络(在空白处重复操作以清除)
Ctrl + Space	在交互布线时循环切换走线模式
Back Space	交互布线时清除最后一个转角
Shift + S	开关单层模式

O，D，D，Enter	设置所有图元以草图模式显示
O，D，F，Enter	设置所有图元以最终模式显示
O，D（或 Ctrl + D）	打开 View Configurations 对话框
L	打开 View Configurations 对话框的板层和颜色页面
Ctrl + H	选中已连接的铜
Ctrl + Shift +长按左键	断线
Shift + Ctrl +单击	高亮光标所在的已连接网络
+（小键盘）	下一层
-（小键盘）	上一层
Ctrl + 单击	在层页面中高亮层
Ctrl + Shift +单击	在层页面中添加高亮
Ctrl + Alt +鼠标	在层页面中高亮显示鼠标接触的元件
*（小键盘）	下一个走线层
M	显示移动子菜单
Alt	按下来暂时从避免障碍模式切换到忽略障碍模式
Ctrl	走线时按下来暂时禁用电气栅格
Ctrl + M	测量距离
Space(交互过程中)	逆时针旋转
Space(交互布线时)	切换转角模式
Shift +Space(交互过程中)	顺时针旋转被移动的对象
Shift +Space(交互布线时)	交互布线时切换走线模式
[	降低过滤器的屏蔽水平
]	提高过滤器的屏蔽水平
Alt ←	在活动的库文档中查看上一个元件
Alt →	在活动的库文档中查看下一个元件
Q	切换单位(公制/英制)
T，B	打开 3D Body Manager 对话框
T，P	打开 Preferences 对话框
~	显示交互式长度调整快捷键清单
Back Space	移除最后依次交互式长度调整片段
Sapce	下一种交互式长度调整曲线
Shift + Space	上一种交互式长度调整曲线
Shift + R	切换走线模式
,(逗号)	以一个单元来降低交互式长度调整曲线的振幅
.(句点)	以一个单元来增加交互式长度调整曲线的振幅
1	降低交互式长度调整的半径
2	增加交互式长度调整的半径

3	以一个单元来降低交互式长度调整曲线的间距
4	以一个单元来增加交互式长度调整曲线的间距
Y	切换交互式长度调整振荡的方向

4. 设备视图快捷键

F5	全部刷新
Esc	终止进程
Ctrl + F9	编译 Bit 文件
Ctrl + F10	重建 Bit 文件
F12	复位硬件
F9	编译 Bit 文件并下载
F10	重建 Bit 文件并下载
F11	下载 Bit 文件
Shift + Ctrl + F9	编译所有 Bit 文件
Shift + Ctrl + F10	重建所有 Bit 文件
Shift + F12	复位所有设备
Shift + F9	编译所有 Bit 文件并下载
Shift + F10	重建所有 Bit 文件并下载
Shift + F11	下载所有 Bit 文件
Alt + T, P	打开 Preferences 对话框中的 FPGA-Devices 页面

5. 3D 可视化快捷键

0	旋转 3D 视图以使透视镜头正交于电路板,并旋转电路板使得水平面沿着编辑窗口的底部运动
9	旋转 3D 视图以使透视镜头正交于电路板,并旋转电路板使得水平面沿着编辑窗口的右侧运动
2	从 3D 切换到 2D,并采用最近使用过的 2D 查看配置
3	从 2D 切换到 3D,并采用最近使用过的 3D 查看配置
Shift	开启 3D 旋转运动球体
V, F	适合视图
V, F	沿着光标位置横向翻转电路板
鼠标滚轮	上下滚动
Shift+鼠标滚轮	左右滚动
Ctrl+鼠标滚轮	以步进单位进行缩放
Ctrl+右键拖拽	平滑缩放
Ctrl+C	在剪贴板上创建一个三维体视图的位图图像
Page Up/Page Down	以步进单位进行缩放
T, P	访问 PCB 编辑器——显示 Preferences 对话框属性页
L	访问 View Configurations 对话框的物理材质(三维体)

6. 放置三维体的快捷键

+(加号)	下一板层
-(减号)	上一板层
L	在配对机械层上翻转三维体
X	沿着 X 轴翻转三维体
Y	沿着 Y 轴翻转三维体
Space	逆时针方向旋转三维体

Shift+Space	顺时针方向旋转三维体
2	围绕三维体自身的X轴顺时针方向旋转
3	以一个捕捉栅格的步长减小三维体的支架高度(Z轴)
4	围绕三维体自身的Y轴逆时针方向旋转
6	围绕三维体自身的Y轴顺时针方向旋转
8	围绕三维体自身的X轴顺时针方向旋转
9	以一个捕捉栅格的步长减小三维体的支架高度(Z轴)
←	以一个捕捉栅格的步长沿X轴方向向左移动三维体
Shift+←	以10个捕捉栅格的步长沿X轴方向向左移动三维体
→	以一个捕捉栅格的步长沿X轴方向向右移动三维体
Shift+→	以10个捕捉栅格的步长沿X轴方向向右移动三维体
↑	以一个捕捉栅格的步长沿Y轴方向向后移动三维体
Shift+↑	以10个捕捉栅格的步长沿Y轴方向向后移动三维体
↓	以一个捕捉栅格的步长沿Y轴方向向前移动三维体
Shift+↓	以10个捕捉栅格的步长沿Y轴方向向前移动三维体

7. PCB3D 编辑器快捷键

Page Up	放大	Insert	拉近
Page Down	缩小	Delete	拉远
Alt+B	适合板卡尺寸	T，E	访问IGES/STEP格式导出对话框
↑↓→←	沿箭头方向拉近		

T，P　访问PCB编辑器——Preferences对话框下的PCB现有三维页面

8. PCB 三维图形库编辑器快捷方式

Page Up	放大	F2	重命名模型
Page Down	缩小	Shift+Delete	删除模型
Alt+M	适应图纸大小	Ctrl+T	设置旋转角度
↑↓←→	按箭头方向平面移动	T,I	导入三维模型
Insert	拉近	T,E	以IGES模式导出模型
Delete	拉远	T,P	打开参数设置对话框

9. 作业输出编辑器快捷方式

Ctrl+X(或 Shift+Delete)	剪切	Alt+Enter	确认
Ctrl+C(或 Ctrl+Insert)	复制	Ctrl+F9	运行并激活输出生成器
Ctrl+V(或 Shift+Insert)	粘贴	Shift+Ctrl+F9	运行并选择输出生成器
Ctrl+D	复制+粘贴	F9	批运行可用的输出生成器
Delete	清除	Shift+Ctrl+O	打开作业输出选项对话框

10. CAM 编辑器快捷方式

Ctrl+Z(或 Alt+Back Space)	撤销上一次操作
Ctrl+Y(或 Ctrl+Back Space)	重复上一次操作

快捷键	功能
Ctrl＋X	剪切
Ctrl＋C(或 Ctrl＋Insert)	复制
Ctrl＋V(或 Shift＋Insert)	粘贴
Ctrl＋E	清除
Ctrl＋M	镜像
Ctrl＋R	旋转
Ctrl＋L	选择性排列
L	合并图层
Alt＋C	选择使用中的多重窗口
Alt＋P	选择先前的选项
Ctrl＋F	切换 Flash selection 模式的开关
Ctrl＋T	切换 Trace selection 模式的开关
Ctrl＋A	排列对象
Ctrl＋D	修改/改变对象
Ctrl＋I	设置原点
Ctrl＋U	测量对象
Home	适应图纸大小
Shift＋P	观察特定区域
Ctrl＋Mouse-wheel up (或 Page Up)	放大
Ctrl＋Mouse-wheel down (或 Page Down)	缩小
Mouse-wheel up	向上水平移动
Mouse-wheel down	向下水平移动
Shift＋Mouse wheel up	向左水平移动
Shift＋Mouse-wheel down	向右水平移动
Shift＋V	聚焦到最后一个
End	刷新
D	Dynamic panning mode
Shift＋B	View Film Box
Ctrl＋Home	Zoom Film Box
Alt＋Home	缩放到当前的 DCode
Shift＋E	Toggle view of Extents Box On/Off
Shift＋F	Toggle Fill Mode On/Off
Shift＋H	Toggle highlight of current objects using current D code
N	改变反显状态
Shift＋T	改变半透明状态

Shift+G	调出 CAM 编辑器
Q	查询对象
Shift+N	查询网络
Shift+M	测量点对点距离
Shift+A	打开孔设置表格
K	打开已关闭图层设置对话框
Alt+K	打开当前图层设置对话框
Shift+S	改变对象捕捉模式
Esc	撤销操作
Shift+Ctrl+R	重复上一次操作
+(小键盘)	只显示下一个图层
-(小键盘)	只显示上一个图层
*(小键盘)	只显示下一个信号图层

11. 数字波形编辑器快捷方式

Page Up	在时间光标处放大
Page Down	在时间光标处缩小
Ctrl+Page Down	适应文档大小
Ctrl+A	选择所有的波形
Ctrl+C(或 Ctrl+Insert)	复制波形
Ctrl+X(或 Shift+Delete)	剪切波形
Ctrl+V(或 Shift+Insert)	粘贴波形
按住左键并拖动	波形重新定位
J	显示转跳子菜单
Shift+Ctrl+F	在当前窗口恢复到第一次转换的波形
Shift+Ctrl+N	在当前窗口恢复到下一次转换的波形
Shift+Ctrl+P	在当前窗口恢复到上一次转换的波形
Shift+Ctrl+L	在当前窗口恢复到最后一次转换的波形
T,P	打开参数设置对话框

12. 仿真数据编辑器快捷方式

Ctrl+X(或 Shift+Delete)	剪切
Ctrl+C	复制
Ctrl+V(或 Shift+Insert)	粘贴
Delete	清除
+(小键盘)	下一个图表
-(小键盘)	上一个图表
Page Up	放大
Page Down	缩小

Ctrl+Page Down	适应文档大小
End	刷新
Esc(或 Shift+C)	清空筛选器
↑ ↓	按箭头方向卷动图表页面
Shift+↑	每次一页向上卷动图表页面
Ctrl+↑(或 Ctrl+Home)	跳到图表的顶端
Shift+↓	每次一页向下卷动图表页面
Ctrl+↓(或 Ctrl+End)	跳到图表的底端
← →	按箭头方向沿 X 轴按每次一个刻度卷动页面
Shift+←	每次一页向左卷动图表页面
Ctrl+←	跳到 X 轴的起始位置
Shift+→	每次一页向右卷动图表页面
Ctrl+→	跳到 X 轴的末端

13. 文本类文档编辑器快捷方式

Ctrl+Z	撤销上一次操作
Ctrl+X(或 Shift+Delete)	剪切
Ctrl+C(或 Ctrl+Insert)	复制
Ctrl+V(或 Shift+InsertN)	粘贴
Enter	插入回车键
Ctrl+N	插入新的一行
Tab	插入 Tab 键
Shift+Tab	向后退一个 Tab 键
Inset	改变输入状态(插入或者覆盖)
Shift+Ctrl+C	清除筛选器标志
Ctrl+F	查找下一个目标
Ctrl+H(或 Ctrl+R)	查找并替换文本
F3(或 Ctrl+L)	查找搜索到下一个目标
Shift+Ctrl+F	查找下一个选定的目标
Ctrl+A	全选
Page Up	向上卷动一页
Page Down	向下卷动一页
Ctrl+↑	向上卷动一行
Ctrl+↓	向下卷动一行
Ctrl+Page Up	把光标移到窗口的上方
Ctrl+Page Down	把光标移到窗口的下方
Home	把光标移到该行的起始位置
End	把光标移到该行的起始末端

Ctrl＋Home	把光标移到该文件的起始位置
Ctrl＋End	把光标移到该文件的末端
↑ ↓	按箭头方向把光标移动一行
← →	按箭头方向把光标移动一个字符
Ctrl＋←	把光标向左移动一个单词
Ctrl＋→	把光标向右移动一个单词
Shift＋Ctrl＋Home	选择光标以上的所有文本
Shift＋Ctrl＋End	选择光标以下的所有文本
Shift＋Page Up	选择光标以上的一页文本
Shift＋Page Down	选择光标以下的一页文本
Shift＋Ctrl＋Page Up	当前窗口内，选择光标以上的所有文本
Shift＋Ctrl＋Page Down	当前窗口内，选择光标以下的所有文本
Shift＋Home	选择从当前光标到该行的起始位置的所有文本
Shift＋End	选择从当前光标到该行的末端的所有文本
Shift＋←	向左选中一个字符
Shift＋→	向右选中一个字符
Shift＋↑	选择当前光标至上一行光标所在列的所有字符
Shift＋↓	选择当前光标至下一行光标所在列的所有字符
Shift＋Ctrl＋←	向左选中一个单词
Shift＋Ctrl＋→	向右选中一个单词
Alt＋Shift＋Ctrl＋Home	选择当前光标至文件起始位置所在列
Alt＋Shift＋Ctrl＋End	选择当前光标至文件末端所在列
Alt＋Shift＋Page Up	在上一页中，选择光标以上所在列
Alt＋Shift＋Page Down	在下一页中，选择光标以下所在列
Alt＋Shift＋Ctrl＋Page Up	在当前窗口，选择光标以上所在列
Alt＋Shift＋Ctrl＋Page Down	在当前窗口，选择光标以下所在列
Alt＋Shift＋Home	选择当前光标至该行起始位的所有字符
Alt＋Shift＋End	选择当前光标至该行末端的所有字符
Alt＋Shift＋←	在所在行，向左按列选择字符
Alt＋Shift＋→	在所在行，向右按列选择字符
Alt＋Shift＋↑	在所在列，向上按行选择字符
Alt＋Shift＋↓	在所在列，向下按行选择字符
Alt＋Shift＋Ctrl＋←	在所在行，向左按列选择单词
Alt＋Shift＋Ctrl＋→	在所在行，向右按列选择单词
Alt＋按住左键并拖动	通过鼠标按列选择文本
Delete	删除光标右边字符
Back Space	删除光标左边字符

Ctrl+Back Space	删除前一个单词
Ctrl+T	删除后一个单词
Ctrl+Y	重复上一次操作
Ctrl+Q+Y	删除该行从光标到行末端的文本
Alt+T,P	打开文本编辑器参数设置对话框

14. 嵌入式软件编辑器快捷方式

F9	运行并开始调试程序
Ctrl+F9	运行到光标处
F5	改变当前行断点的状态
在装订槽内单击	改变某行断点的状态
Ctrl+F5	增加观测目标
F7	跳入当前行代码
Ctrl+F7	评估
F8	执行下一行代码
Shift+F7	进入当前指令
Shift+F8	执行下一条指令
Ctrl+F2	复位当前调试块
Ctrl+F3	完成当前调试
单击代码分级栏的+/−	展开/合并代码段
Ctrl+双击代码	展开/合并所有代码段
分级栏的+/−	
Ctrl+单击变量/函数	跳到当前变量或者函数定义处

15. VHDL 编辑器快捷方式

Ctrl+F9	编译 HDL 源代码
F9	执行
Ctrl+F5	按上次的时间执行仿真操作
Ctrl+F8	按设定的时间执行仿真操作
Ctrl+F11	执行至下一个断点
Ctrl+F7	执行一段时间的仿真操作
F6	执行仿真操作一小段时间
F7	跳入进程或函数,进行仿真操作
F8	跳出进程或函数
Ctrl+F2	复位当前仿真过程
Ctrl+F3	结束当前仿真过程
在装订槽内单击	改变某行断点的状态
左击代码分级栏的展开/合并代码段	
Ctrl+单击代码	展开/合并所有代码段
分级栏的 +/−	

脚本编辑器快捷方式

F9	运行脚本
Ctrl+F9	运行到光标处
F5	改变当前行断点的状态
在装订槽内单击	改变某行断点的状态
Ctrl+F7	评估
F7	跳入当前行
F8	执行下一行
Ctrl+F3	停止脚本执行
Ctrl+单击变量/函数	跳到当前变量或者函数定义处

附录B

软件激活和常见问题

1. 如何激活软件功能

(1) 在 Window 2000/XP /Vista 操作系统下,完成 Altium Designer 软件的安装。

(2) 运行 Altium Designer 软件,在 DXP 菜单下,执行 Licensing 命令。

(3) 在 License Management 环境内,选择 Standalone 单机版授权模式。

(4) 注册 License 可以通过两种途径,分别为网页信息注册和电子邮件信息注册。

(5) 分别依据页面提示,完成信息注册。选择邮件方式的,还需将产生的文本信息作为邮件的附件发送至 activation@altium. com 邮箱。

(6) 从 activation@altium. com 邮箱返回主题为 License File for Altium Designer 的邮件内,保存 *. alf 文件到指定的目录。

(7) 在 License Management 环境内,添加保存在指定目录下的 *. alf 文件。

2. 如何安装网络版

(1) 分别在服务器和终端机安装 Floating Server 和 Altium Designer 软件。

(2) 在服务器上运行 DXP Security Service,从系统开始菜单的快捷程序图标栏中单击 Altium Designer Security Service 图标。

(3) 在 Licensing 窗口内,选择 Server 类型为 Primary Server。

(4) 单击 Activate 按钮,打开 Floating License Activation 窗口,选择采用网页信息注册或电子邮件信息注册。

(5) 分别依据页面提示,完成信息注册。选择邮件方式时,还需将产生的文本信息作为邮件的附件发送至 activation@altium. com 邮箱。

(6) 从 activation@altium. com 邮箱返回主题为 License File for Altium Designer 的邮件内,保存 *. alf 文件到指定的目录。

(7) 返回 Licensing 窗口,添加保存在指定目录下的 *. alf 文件。

3. 如何实现双屏显示功能

(1) 在终端机上安装支持两个视频流输出端口(包括 VGA 或 DVI 类型)的显卡。

(2) 在操作系统的视窗内,调用显示属性面板。

(3) 单击设置栏内的高级按钮,在"显示输出"属性中选择"双屏输出"选项。

(4) 运行 Altium Designer 软件,将需要分屏编辑的页面拖拽到从显示器内。

4. 如何定制个性化设计环境

(1) 运行 Altium Designer 软件,打开需要定制的编辑窗口,如:原理图编辑器、PCB 编辑器等。

(2) 在被编辑的窗口内,打开 DXP 菜单,选择 Customize 选项。

(3) 在 Command 面板内目录栏中选择 All 选项,将需要的菜单命令直接拖拽到指定的菜单位置。在 Toolbars 面板内编辑需要显示的浮动工具图标。

(4) 完成设置后,关闭 Customizing 设置窗口。

5. 如何本地化(汉化)环境菜单

(1) 运行 Altium Designer 软件,打开 DXP 菜单,选择 Preferences 选项。

(2) Preferences 设计窗口内,展开 System 树状目录找到 General 配置面板。

(3) 在 General 配置面板的 Localization 属性栏内,选择 Use Localized Resources 选项。

6. 如何使用系统帮助资源

(1) 系统菜单 Help 中,执行 Knowledge Center 命令(快捷键为 F1),查询 Altium Designer 所有技术应用手册及操作功能命令。

(2) 执行菜单 DXP 的 Preferences 命令,在 Preferences 设计窗口内,展开 System 树状目录找到 Account Management 配置面板,分别在 Account Sign in 属性栏的 User Name 和 Password 文本框中,填写正确的官方论坛账户名称及密码并保存设置信息。这样,用户就可以随时通过菜单 Help 的 User Forums 命令进入 Altium 为用户设置的官方论坛。只要遇到问题,就可以提交到相关论坛主题内。

(3) 执行菜单 Help 的 Knowledge Base 命令,就可以打开 Altium 为用户建立的在线的问题库页面。

《Altium Designer 快速入门（第2版）》读者调查表

尊敬的读者：

感谢您对我们的支持与爱护。为了今后为您提供更优秀的图书，您抽出宝贵的时间将您的意见以下表的方式及时告知我们。

姓名：＿＿＿＿＿＿ 性别：□ 男 □ 女 年龄：＿＿＿ 部门：＿＿＿＿＿＿

电话：＿＿＿＿＿＿＿＿ 公司名称：＿＿＿＿＿＿＿＿＿＿＿＿＿＿

传真：＿＿＿＿＿＿＿＿ 通信地址：＿＿＿＿＿＿＿＿＿＿＿＿＿＿

手机：＿＿＿＿＿＿＿＿ Email：＿＿＿＿＿＿＿＿ 邮编：＿＿＿＿＿

1．影响您购买本书的因素（可多选）：

□封面封底 □价格 □内容提要、前言和目录 □书评广告 □出版物名声

□作者名声 □正文内容 □其他＿＿＿＿＿＿＿＿＿＿＿＿＿＿＿＿

2．您对本书的满意度：

从技术角度 □很满意 □比较满意 □一般 □较不满意 □不满意

□改进意见＿＿＿＿＿＿＿＿＿＿＿＿＿＿＿＿＿＿＿＿

从文字角度 □很满意 □比较满意 □一般 □较不满意 □不满意

□改进意见＿＿＿＿＿＿＿＿＿＿＿＿＿＿＿＿＿＿＿＿

3．书中的哪篇（或章、节）对您目前的工作或学习有较大帮助？请说明理由。

＿＿＿＿＿＿＿＿＿＿＿＿＿＿＿＿＿＿＿＿＿＿＿＿＿＿＿＿＿＿＿＿

＿＿＿＿＿＿＿＿＿＿＿＿＿＿＿＿＿＿＿＿＿＿＿＿＿＿＿＿＿＿＿＿

4．您平时从哪一些渠道获取 Altium 产品信息？(可多选，并填写详细网站地址等信息)

□网站＿＿＿＿＿＿＿＿＿＿＿＿ □杂志＿＿＿＿＿＿＿＿＿＿＿＿

□论坛＿＿＿＿＿＿＿＿＿＿＿＿ □培训＿＿＿＿＿＿＿＿＿＿＿＿

□其他＿＿＿＿＿＿＿＿＿＿＿＿

5．您在日常工作中使用的电子设计软件是什么？并希望得到哪一方面 Altium 产品信息，支持和培训？

＿＿＿＿＿＿＿＿＿＿＿＿＿＿＿＿＿＿＿＿＿＿＿＿＿＿＿＿＿＿＿＿

＿＿＿＿＿＿＿＿＿＿＿＿＿＿＿＿＿＿＿＿＿＿＿＿＿＿＿＿＿＿＿＿

调查表请寄：

对于完整填写并返回本调查表的读者，我们将免费赠送 Altium Designer 软件最新的官方培训视频光盘一张，并将优先提供产品试用、研讨会、展会和培训信息.

灵天慕信息技术（上海）有限公司 市场部收

上海浦东世纪大道 1777 号 东方希望大厦 9C，邮编：200122

电话(Tel)：+86 21 61823900，传真(Fax):+86 21 68764015，主页(Web)：www.altium.com